战略性新兴领域“十四五”高等教育系列教材

重载机器人技术

主编　熊晓燕　张金柱
参编　李聪明　代卓宏　宁峰平

U0433209

机 械 工 业 出 版 社

本书以工业用重载机器人为主要对象，围绕机器人技术中的“设计”“建模”“控制”三个主题，较为全面地介绍了重载机器人的概念、理论和实践知识。本书共8章，主要内容包括绪论、重载机器人机构设计、重载机器人运动学分析、重载机器人静力学与静刚度分析、重载机器人动力学分析、重载机器人轨迹规划、重载机器人运动控制技术和基于强化学习的重载机器人交互控制。

本书可作为高等院校机器人工程、机械工程、智能制造工程等专业的本科生、研究生教材，也可作为相关领域工程技术人员的参考书。

图书在版编目（CIP）数据

重载机器人技术 / 熊晓燕，张金柱主编. -- 北京 : 机械工业出版社，2024. 12. --（战略性新兴领域“十四五”高等教育系列教材）. -- ISBN 978-7-111-77618-5

Ⅰ. TP242. 2

中国国家版本馆 CIP 数据核字第 2024SH3434 号

机械工业出版社（北京市百万庄大街 22 号　邮政编码 100037）

策划编辑：徐鲁融　　　　责任编辑：徐鲁融　赵晓峰

责任校对：郑　雪　张　征　　封面设计：王　旭

责任印制：张　博

北京建宏印刷有限公司印刷

2024 年 12 月第 1 版第 1 次印刷

184mm×260mm · 19. 5 印张 · 480 千字

标准书号：ISBN 978-7-111-77618-5

定价：69. 80 元

电话服务　　　　　　　　　　　网络服务

客服电话：010-88361066　　机　工　官　网：www. cmpbook. com

　　　　　010-88379833　　机　工　官　博：weibo. com/cmp1952

　　　　　010-68326294　　金　　书　　网：www. golden-book. com

封底无防伪标均为盗版　　机工教育服务网：www. cmpedu. com

PREFACE

前言

随着计算机及人工智能技术的不断进步，机器人已逐步成为推动工业领域高质量发展的有力保障。机器人的工业应用与其负载能力息息相关，负载能力的每一次跃升均会极大地拓展机器人的应用边界。目前，已有诸多重载机器人应用于冶金、矿业、建筑、重型装备制造等重工业领域，并且随着重载机器人技术的不断革新，将会有越来越多的重载机器人参与到重工业生产的各个工序环节以促进重工业的快速发展。相比于常规负载能力的机器人，重载机器人在驱动系统、机构构型原理、精度补偿方法、轨迹规划等方面均存在一些特殊要求。在这一背景下，编者撰写了这本关于重载机器人技术的教材，旨在推动我国重载机器人技术的创新与发展，培养更多专业人才，促进我国高端装备制造业的发展。

本书以重载机器人为对象，在现有机器人相关理论的基础上，通过系统梳理本科研团队和国内外学者关于重载机器人的相关研究成果及文献，形成了包括重载机器人的基本概念、机构组成、建模理论、控制技术等关键技术在内的较为完整的重载机器人知识体系，为相关专业的本科生、研究生或相关研究人员提供一个选择，以便于更好地学习重载机器人技术的相关知识。

全书共分为 8 章：第 1 章绪论，论述重载机器人的发展历程、定义及系统组成、应用领域、关键技术参数及未来发展趋势；第 2 章重载机器人机构设计，论述重载机器人机构组成、自由度分析、构型综合及核心零部件；第 3 章重载机器人运动学分析，论述重载机器人位姿分析、工作空间分析、速度分析、运动性能指标和误差模型与参数辨识；第 4 章重载机器人静力学与静刚度分析，论述重载机器人的静力学分析、刚度、柔度以及力学性能；第 5 章重载机器人动力学分析，论述重载机器人动力学建模、模态及动刚度分析；第 6 章重载机器人轨迹规划，论述轨迹规划的约束条件与基本方法以及性能指标；第 7 章重载机器人运动控制技术，论述信息通信技术、控制系统组成、运动控制方法以及常用传感器；第 8 章基于强化学习的重载机器人交互控制，论述强化学习的基本原理和算法、重载机器人交互控制策略、碰撞检测以及在线轨迹规划。本书的知识布局由浅入深，囊括了基础知识和前沿技术，适合作为机器人工程与机械工程等专业本科生、研究生的学习用书，也可作为从事机器人技术开发与应用的工程技术人员的参考用书。

本书的主编为熊晓燕和张金柱，第 1 章和第 8 章由熊晓燕负责编写，第 2 章和第 6 章由张金柱负责编写，第 3 章由宁峰平负责编写，第 4 章和第 5 章由代卓宏负责编写，第 7 章由李聪明负责编写。

本书有关内容参考了国内外大量优秀的教材、学术论文以及行业报告，相关研究得到了国内外同仁的大力支持，在此表示衷心感谢。

限于编者的水平和时间，书中难免有疏漏之处，敬请广大读者批评指正。

编　者

CONTENTS

目录

第1章 绪论

重载机器人技术是机器人研究领域的一个重要分支，侧重于面向高负载任务的机器人系统的设计、制造和应用。相比于常规负载能力的机器人，重载机器人在驱动系统、机构构型原理、精度补偿方法、能量管理和振动抑制等方面均存在一些特殊要求，需根据具体的任务指标，有针对性地进行技术匹配。通常，根据应用领域的不同，可将重载机器人分为工业用重载机器人、重载足式机器人、重载自动引导车（AGV）等。由于不同分类下的重载机器人的技术特征存在较大差异，若将所有分类下的重载机器人都囊括在内，会使得本书的内容过于复杂，不成体系，因此本书在内容设置上重点围绕工业用重载机器人展开。此外，为了能让读者更好地把握工业用重载机器人技术的历史发展脉络，以工业机器人技术发展的重要节点为纽带，对工业机器人技术的发展历程进行了梳理。

1.1 工业机器人技术的发展历程

1.1.1 工业机器人的起源

工业机器人是现代科学技术的结晶，是提高工业生产率的有力工具，是人类工业文明发展之路上的一个里程碑。它不仅深刻改变了现代自动化工业生产的面貌，而且其自身仍在不断发展并拓宽应用领域，显示出强大的生命力。在介绍工业机器人的起源之前，应该简单了解什么是机器人?

“机器人”（Robot）一词来源于捷克斯洛伐克作家卡雷尔·恰佩克（Karel Čapek）（图1-1）于1921年创作的剧本《罗萨姆的万能机器人》（*Rossum's Universal Robots*）。该剧本展现出的Robot是没有情感和思维，只会劳动的自动机器。机器人的发展也引发了人们的一些忧虑，如机器人是否会伤害人。1940年，科幻作家阿西莫夫（图1-2）提出了“机器人三原则”，提出机器人不能伤害人的观点，因此阿西莫夫获得了“机器人学之父”的桂冠。此后，Robot一词逐渐被人们用来指代为人类服务的机器人，并一直沿用至今。

1948年，美国应用数学家诺伯特·维纳发表了《控制论：或关于在动物和机器中控制和通信的科学》，这一著作的诞生有力地推动了机器人向实用化方向发展。

工业机器人的起源可追溯至20世纪中叶，随着工业革命的深入推进和科技的快速发展，传统生产方式已无法满足日益增长的生产需求，对于提高生产率、减少人工干预、优化生产

图 1-1　Karel Capek

图 1-2　阿西莫夫

流程的需求日益迫切。在此背景下，工业机器人应运而生，成为工业生产领域的一股新生力量。

1954 年工业机器人先驱乔治 · 德沃尔（George Devol）获得了世界上第一台可编程机器人专利。两年后，乔治 · 德沃尔和约瑟夫 · 英格伯格（Joseph Engelberger）创立了世界上第一家机器人公司——Unimation。第一台可编程机器人 Unimate 重达 2t，通过磁鼓上的一个程序来控制。它采用液压执行机构驱动，基座上有一个大机械臂，大臂可绕轴在基座上转动，大臂上又伸出一个小机械臂，它相对大臂可以伸出或缩回，如图 1-3 所示。小臂顶部有一个腕子，可绕小臂转动，进行俯仰和侧摇。腕子前头是手，即操作器。这个机器人的功能和人手臂的功能相似。

1962 年，美国机械与铸造公司（American Machine and Foundry，AMF）制造出世界上第一台圆柱坐标型工业机器人 Verstran，意思是“万能搬动”，如图 1-4 所示。同年，AMF 制造的 6 台 Verstran 机器人应用于美国坎顿（Canton）的福特汽车生产厂。

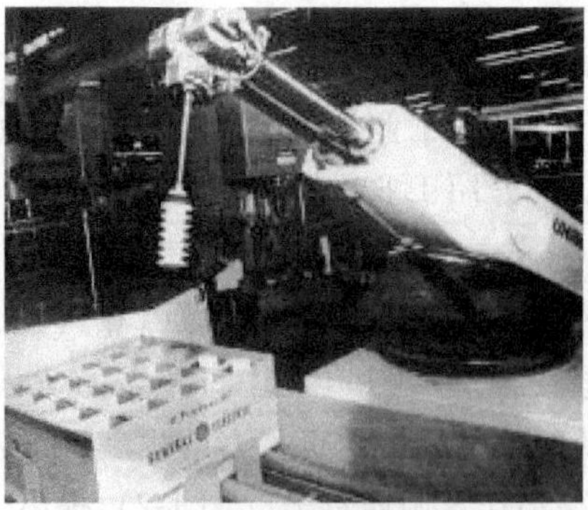

图 1-3　第一台可编程机器人 Unimate

图 1-4　Verstran 机器人

1969 年，通用汽车公司在洛兹敦（Lordstown）装配厂，在 Unimate 机器人的基础上安装实现了首台点焊机器人，如图 1-5 所示。该类机器人大幅提高了焊接作业生产率。

1969 年，Unimation 公司的工业机器人进入日本市场。Unimation 公司与日本川崎重工（Kawasaki Heavy Industries）签订许可协议，生产 Unimate 机器人专供亚洲市场销售。川崎重工把开发和生产能节省劳动力的机器人和系统作为一项重要任务来完成，成了日本在工业机器人领域的先驱。1969 年，川崎重工公司成功开发了 Kawasaki-Unimate2000 机器人，如图 1-6 所示，这是日本生产的第一台工业机器人。

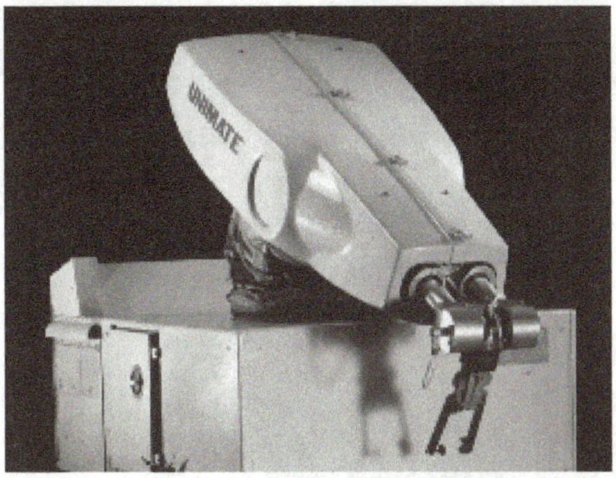

图 1-5　首台点焊机器人

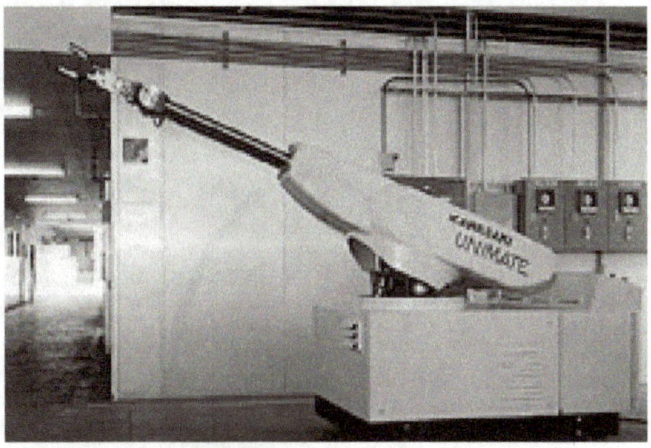

图 1-6　Kawasaki-Unimate 2000 机器人

1.1.2　工业机器人的发展

1. 国外工业机器人的发展

20 世纪 70 年代，全球工业机器人数量进入了爆发式增长的时期，世界各国的多家公司均推出了各自的工业机器人。例如，1973 年，德国库卡公司（KUKA）研发出世界上第一台电动机驱动的 6 轴工业机器人 FAMULUS，如图 1-7 所示。1974 年，瑞典通用电机公司 ASEA（ABB 公司的前身）开发出世界上第一台全电驱动、由微处理器控制的工业机器人 IRB6，如图 1-8 所示，该机器人负载 6kg，使用英特尔 8 位微处理器控制，其微处理器的内存容量仅 16KB，主要应用于工件取放和物料搬运。

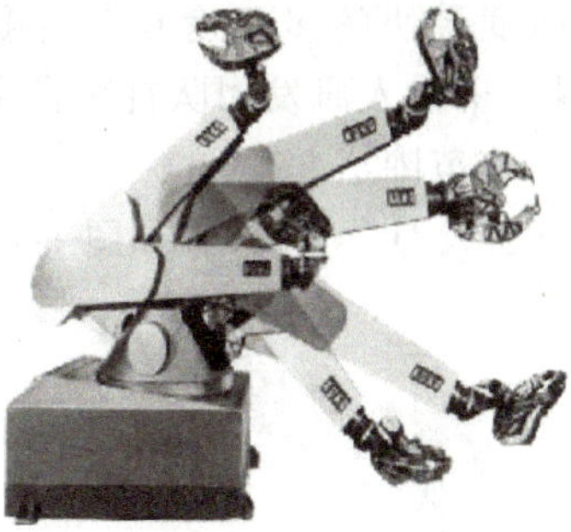

图 1-7　6 轴工业机器人 FAMULUS

图 1-8　工业机器人 IRB6

1978 年，日本山梨大学（University of Yamanashi）的牧野洋（Hiroshi Makino）教授发明了 SCARA（Selective Compliance Assembly Robot Arm，选择顺应性装配机械手臂）机器人，如图 1-9 所示。1981 年，Sankyo Seiki 公司和 Nitto Seiko 公司分别开发出了商业化的 SCARA 机器人产品。SCARA 机器人一般有 4 个自由度（3 个转动自由度和 1 个移动自由度），特别适合于轻型物品的快速转移和装配。

1978 年，美国 Unimation 公司推出通用工业机器人 PUMA，如图 1-10 所示。该机器人应用于通用汽车装配线，这标志着工业机器人技术已经完全成熟。PUMA 至今仍然工作在工厂第一线。

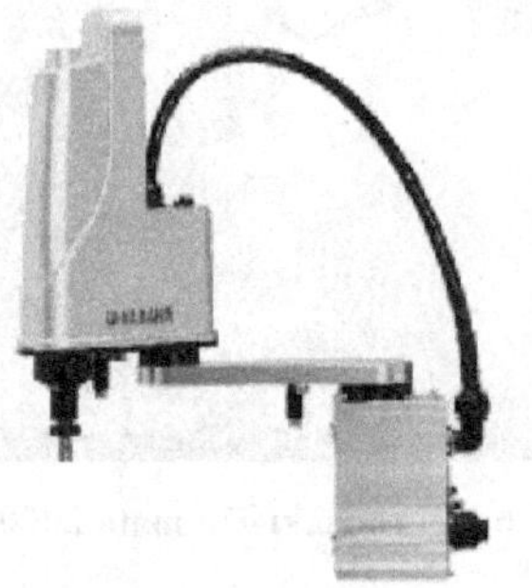

图 1-9　牧野洋教授发明的 SCARA 机器人

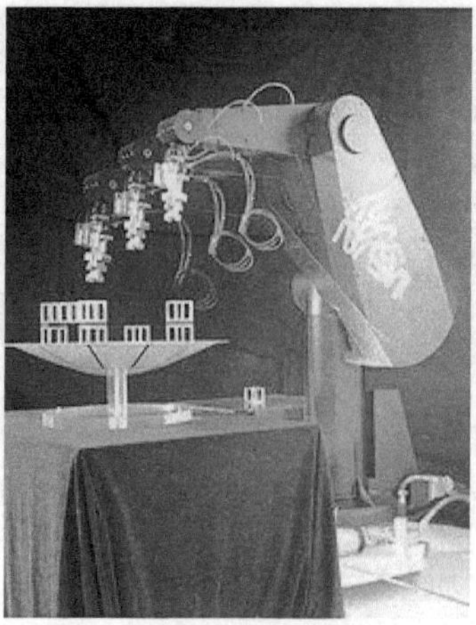

图 1-10　PUMA 机器人

进入 21 世纪，工业机器人的发展迎来了新的突破。随着人工智能、机器学习等技术的兴起，工业机器人开始具备一定程度的自主感知、决策和执行能力。它们能够通过传感器感知外部环境的变化，利用算法进行实时分析和决策，从而更好地适应复杂多变的生产环境。

国外工业机器人产业中，著名的公司有瑞典的 ABB，日本的 FANUC、YASKAWA，德国的 KUKA，美国的 Adept Technology、American Robot、Emerson Industrial Automation，意大利的 COMAU，英国的 AutoTech Robotics，加拿大的 Jcd Intematonal Robotics，以色列的 Robogroup TeK 公司，这些公司已经成为其所在地区的支柱性企业。其中，ABB、KUKA、FANUC、YASKAWA 这四个公司被称为工业机器人“四大家族”。这四家机器人企业占据的工业机器人市场份额达到 60%~80%。

2009 年，瑞典 ABB 公司推出了世界上最小和速度最快的多用途 6 自由度工业机器人 IRB120，如图 1-11 所示。该机器人是由 ABB（中国）机器人研发团队首次自主研发的一款新型机器人，重 25kg，负载 3kg（垂直腕为 4kg），工作范围达 580mm。

2010 年，KUKA 公司推出了一系列新的货架式机器人 QUANTEC，如图 1-12 所示。该系

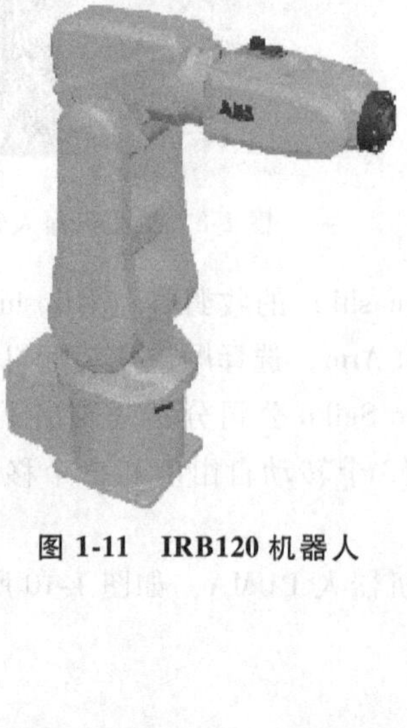

图 1-11　IRB120 机器人

图 1-12　QUANTEC 机器人

列机器人拥有 KR C4 机器人控制器。KR C4 是一款集机器人控制、运动控制、逻辑控制和过程控制于一体的控制系统。不仅如此，整个安全控制器被无缝集成至 KR C4 控制系统中，这意味着 KR C4 能够一次性执行所有任务。QUANTEC 机器人系列覆盖了负载能力从 90~300kg、最大作用范围从 2500~3100mm 的所有高负载机器人。

2008 年，FANUC 推出当时世界上最迷你的喷涂机器人 FANUC Paint Mate 200iA，其腕部负载能力大、位置重复精度高、所有电动机内置密封和运动速度快，为在危险的作业环境中进行涂装作业提供了最佳的解决方案，如图 1-13 所示。2010 年，FANUC 推出当时世界上最大的机器人 FANUC M-2000iA，其最大可搬运质量达到了 2300kg，能够做到快、准、稳地移动大型部件，用于物流搬运、机床上下料、装配、码垛及材料加工等，如图 1-14 所示。2015 年，FANUC 推出当时世界上负载最大的协作机器人 FANUC Robot CR-35iA，如图 1-15 所示，其负载达到 35kg。在 2016 年 11 月，FANUC 正式发布小型协作机器人 FANUC CR-7iA，它针对小型部件的搬运、装配等应用需求，为用户提供精准、灵活、安全的人机协作解决方案。

图 1-13　FANUC Paint Mate 200iA

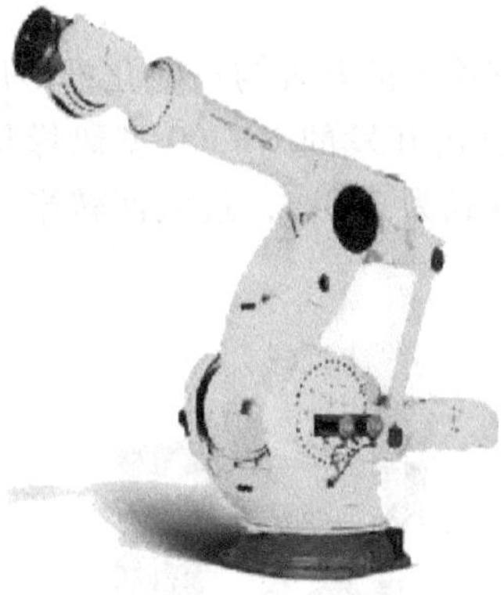

图 1-14　FANUC M-2000iA

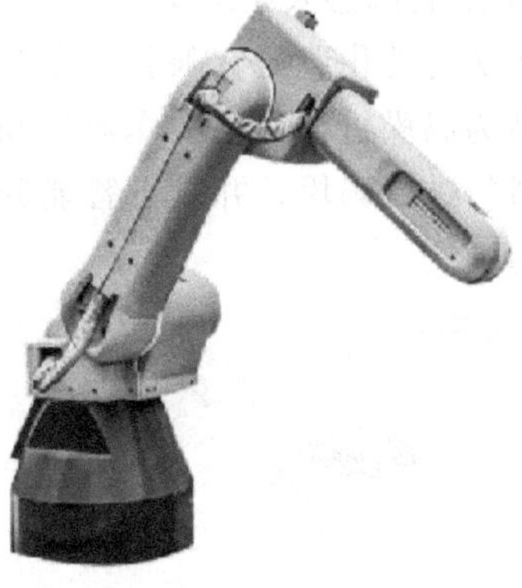

图 1-15　FANUC Robot CR-35iA

安川电机（YASKAWA）创立于 1915 年，是日本最大的工业机器人公司。目前，YASKAWA 代表性的工业机器人主要有应用于焊接、装配、搬运、码垛等领域的 MOTOMAN 系列、专为码垛设计的 MPL 系列，以及 HC 系列的人机协作机器人等。

2. 国内工业机器人的发展

我国的工业机器人研究工作开始于 20 世纪 70 年代初，从“七五”机器人技术攻关开始起步，在国家相关政策的支持下，我国的机器人技术得到了迅速发展。经过“七五”“八五”“九五”等科技攻关计划以及“863”国家高技术研究发展计划，我国的工业机器人技术取得了长足进步，并已应用于各行各业。

南京埃斯顿自动化股份有限公司研发的工业机器人涉及压铸、焊接、折弯、码垛、冲压等多个领域，负载范围为 3~700kg。通用型大负载系列机器人 ER700-2800 如图 1-16 所示。

沈阳新松机器人自动化股份有限公司在工业机器人研制方面取得了重要的市场突破。新松工业机器人额定载荷范围为4~500kg，目前最大工作范围达3053mm。新松500kg重载工业机器人SR500A-500/2.52在2014年研发成功，如图1-17所示。

图1-16　通用型大负载系列机器人ER700-2800

图1-17　新松500kg重载工业机器人SR500A-500/2.52

安徽埃夫特智能装备股份有限公司以通用机器人研发制造为基础，在喷涂、焊接、码垛、搬运、上下料等多个应用领域提供解决方案。其产品包含小负载、中负载和大负载机器人，机器人手腕可实现6~300kg物体的搬运，大负载机器人最大工作半径可达3192mm。ER300-2700型工业机器人如图1-18所示。

哈尔滨博实自动化股份有限公司专业从事工业机器人的开发与产业化推广应用，工业机器人主要产品为码垛机器人及防爆码垛机器人。该公司开发的RB300型码垛机器人可同时对多种包装料袋进行码垛，并具有智能分拣功能，负载为300kg，最大回转半径为2950mm，如图1-19所示。

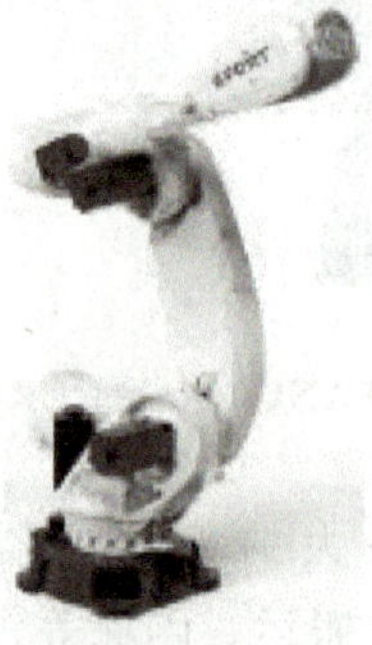

图1-18　ER300-2700型工业机器人

图1-19　博实RB300型码垛机器人

广州数控设备有限公司基于装备制造业在国内市场的发展形势，进行了数控技术领域的延伸，在工业机器人领域的应用和推广取得了突破性的成果，该公司研制的GSK系列工业机器人，主要用于搬运、焊接、码垛等。该公司最新研发的GSK RH06B1型七轴工业机器人的焊接范围灵活、成本更低、可以实现集成化作业，提升了工作效率和空间利用率，如图1-20所示。

奇瑞装备有限责任公司与哈尔滨工业大学合作研制的165kg点焊机器人，已在自动化生产线开始应用，分别用于焊接、搬运等场合。该生产线是我国自主研制出的第一条国产机器人自动化焊接生产线，如图 1-21 所示。

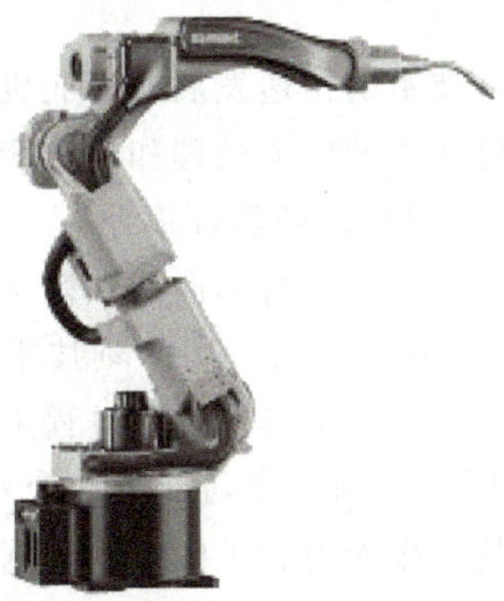

图 1-20　广州数控 GSK RH06B1 型七轴工业机器人

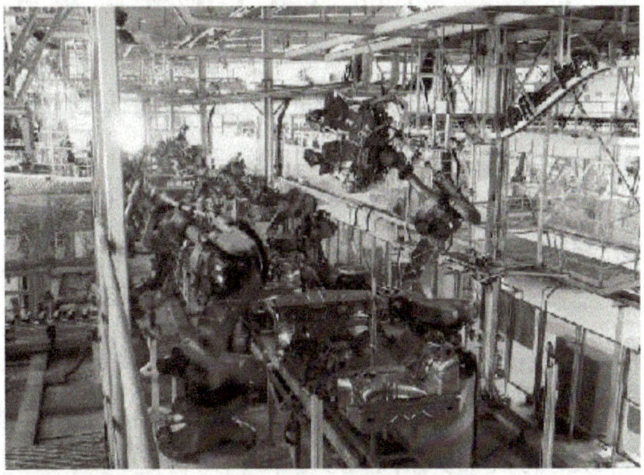

图 1-21　奇瑞公司机器人自动化焊接生产线

此外，华数机器人、青岛科捷、苏州博实、北京博创等公司在工业机器人整机、系统集成应用及核心部件方面也进行了研发和市场化产业推广。

3. 工业机器人的定义与分类

国内外的机器人专家们给出了多种工业机器人的定义。

国际机器人联盟将工业机器人定义为一种自动控制、可重复编程的（至少具有三个可重复编程轴）多功能操作机。

美国国家标准学会（ANSI）定义了工业机器人的标准。根据 ANSI/RIA R15. 06-2012 标准，工业机器人被定义为一种可编程的、多功能的、可用于自动化任务的机械装置。它可以被应用在各种工业领域中，用来搬运物品、加工制造以及进行其他任务。

欧洲标准化委员会（CEN）和国际标准化组织（ISO）制定了工业机器人的标准。根据 ISO 8373 标准，工业机器人被定义为可编程的多功能装置，具有自主性能，通常用于对物体进行处理或进行一系列任务。

日本汽车制造商协会（JAMA）对工业机器人进行了定义。根据 JAMA 的定义，工业机器人是自动操作装置，能够执行一系列的任务，包括生产和组装。

我国在 GB/T 12643—2013 中将工业机器人定义为自动控制的、可重复编程的、多用途的操作机，可对三个或三个以上轴进行编程。它可以是固定式或移动式，在工业自动化中使用。

如今在制造业，从简单的生产线自动化到复杂的加工、装配、包装等任务，都能看到工业机器人的身影，常用工业机器人的分类如图 1-22 所示。

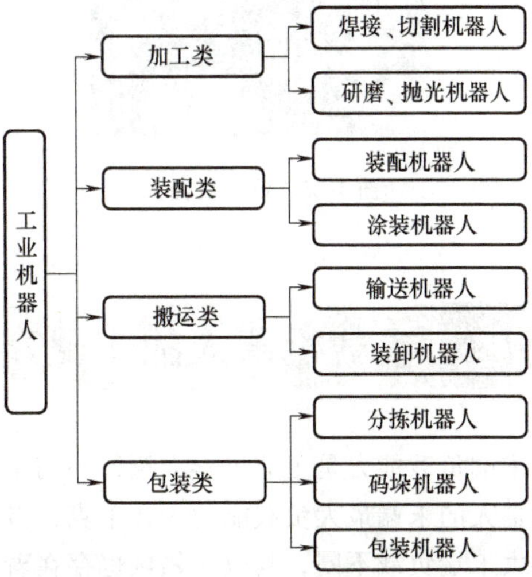

图 1-22　常用工业机器人的分类

1.1.3 工业机器人的发展趋势

近年来，随着物联网、云计算、大数据等新一代信息技术的快速发展，工业机器人的发展进入了全新的阶段。这些新技术为工业机器人提供了更强大的数据处理和通信能力，使得机器人能够与其他设备和系统进行无缝对接和协同工作。同时，随着深度学习等技术的突破，工业机器人开始具备更强的学习和优化能力，能够不断提升自身的性能和效率。

工业机器人与AI（人工智能）的结合，代表了工业制造领域的一次深刻技术革命。这种融合不仅显著提升了工业机器人的智能化水平，还极大地拓宽了其在生产过程中的应用范围与深度。AI技术的融入使得工业机器人拥有更强大的感知能力、学习能力和交互执行力，可以提高机器人的智能化水平和自适应性，进一步提升其协作能力和工作效率。例如，在协调与路径规划方面，AI能够辅助机器人在复杂环境中规划最优的运动轨迹，避免碰撞和冲突，从而实现高效的协同作业，如图1-23所示。通过智能算法的运用，机器人能够实现协同作业的平滑运动、动态调整以及具有对不确定性灵活应对的能力。结合视觉感知、深度学习和传感器融合等技术，机器人能够准确地感知周围环境中的物体、障碍物和姿态信息，从而做出精确的决策，避免碰撞以完成智能配送等，如图1-24所示。

图1-23 协作机器人

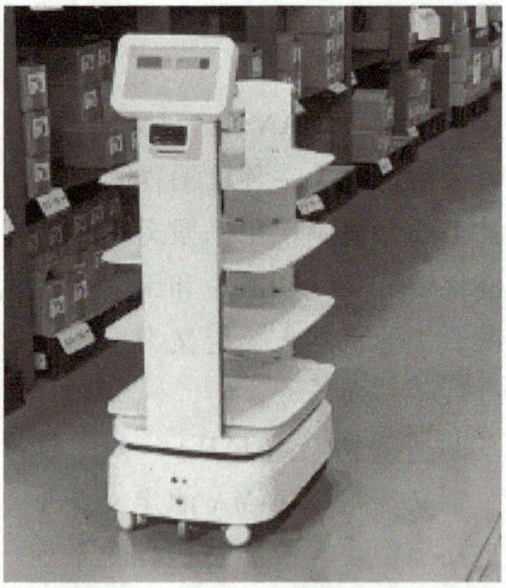

图1-24 智能配送机器人

1.2 重载机器人的定义及系统组成

末端负载能力是工业机器人执行一切生产任务的性能基础。在现有的工业机器人中，有的机器人的末端最大负载能力为几千克，有的机器人的末端最大负载能力可达数吨。机器人的最大末端负载不同，其应用领域也存在着较大区别，本书主要介绍末端负载较大的重载机器人。

1.2.1 重载机器人的定义

重载机器人一般是指机器人末端有效负载在100kg以上的机器人。重载机器人的主要用途是能够安全有效地搬运、装配或处理远超标准工业机器人负载限制的重型物品或作业任务。为减少关节部件负载，重载机器人内部一般设计有平衡装置，机器人的负载自重比在1∶8~1∶2，远大于轻载机器人的1∶40~1∶15。

然而，不同末端负载的重载机器人所面向的任务或作业对象不同，研发机器人所面临的技术难度也存在较大差别，为了更好地认知重载机器人，根据重载机器人末端所能承载的最大负载量将重载机器人分为以下三类：

1）常规型重载机器人。机器人末端负载能力在100~500kg范围内。这类机器人常用于汽车工业和冶金、矿业、建筑等重工业，搬运较重的组件和材料。

2）超重型重载机器人。机器人末端负载能力超过500kg，甚至可达数吨。它们主要用于重工业中的特殊重型制造和搬运任务，如铸造、锻造等。

3）特重型重载机器人。机器人末端负载能力为10t及以上。这类机器人用于极端重载场合，如超大型结构件的搬运、装配等。

1.2.2 重载机器人的系统组成

重载机器人系统主要包括机械系统、驱动系统、储能系统、控制系统、传感系统和能量管理系统，如图1-25所示。

机械系统：包括重载机器人的机架、关节、连杆、手臂、手腕和末端执行器等，它们共同决定了机器人的形态和运动/力传递性能。

驱动系统：提供重载机器人所需的动力，可以是液压驱动、气动驱动或电动驱动。

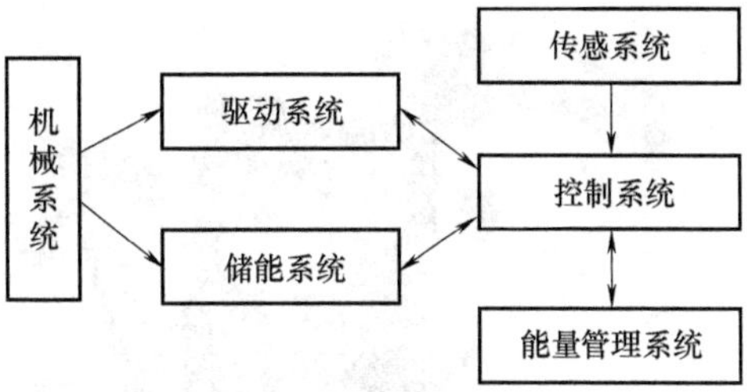

图1-25 重载机器人系统组成

储能系统：将电能转化为机械能储存，待需要时再将机械能转化为电能的系统。常见的机械储能系统有重力式储能系统、飞轮储能系统和压缩空气储能系统等。

控制系统：负责机器人的操作指令和运动控制，通常包括控制单元、控制算法和控制软件。

传感系统：包括位置传感器、力传感器、转矩传感器、视觉传感器等，用于监测机器人的运动状态和环境条件。

能量管理系统：可根据重载机器人运行轨迹参数对重载机器人的能量利用效率进行优化和管理的软件系统。

1.3 重载机器人技术的发展与应用

1.3.1 重载机器人技术的发展

重载机器人技术是典型的多学科交叉并深度融合的技术之一，涵盖机械设计、材料科学、控制理论、人工智能等多个学科领域。

在机械设计方面，重载机器人需要具备紧凑且稳固的底盘设计，以抵抗巨大的静态和动态负载。在材料科学方面，重载机器人的关键部件需要采用高强度、高耐磨的材料，以确保其在长时间、高负载的工作环境下仍能保持稳定的性能。

控制理论和人工智能的发展，为重载机器人提供了更加精准和高效的作业能力。通过先进的控制系统，重载机器人能够实时感知和分析环境信息，自动规划最优路径，并准确执行各种作业任务。同时，利用人工智能技术，重载机器人还能够实现自主学习和决策，以适应复杂多变的工作环境。

1.3.2 重载机器人技术的应用

重载机器人技术作为现代工业制造领域的重要支撑，近年来得到了长足的发展，并在多个行业中得到了广泛的应用，其强大的载重能力、高效的作业效率以及出色的作业精度，使得重载机器人在高端装备制造、汽车制造、航空航天等领域中发挥着不可替代的作用。例如，图 1-26 所示的新松重载工业机器人被开发并应用于高端装备和汽车制造领域。

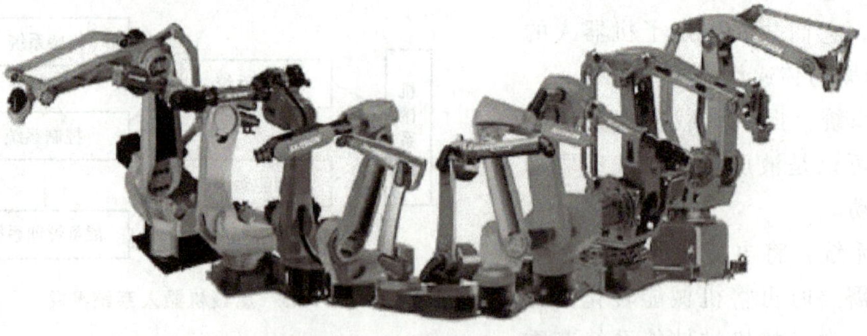

图 1-26 新松重载工业机器人

在钢铁行业，重载机器人被广泛应用于钢材棒体的上下料及出入库系统。传统的钢材搬运往往依赖叉车、吊车以及人工操作，这不仅劳动强度大，还存在安全隐患。重载机器人的引入，能够实现钢材棒体的自动化搬运和存储，大幅提高了工作效率，降低了安全风险。例如，一些企业采用了空中机器人进行样棒的搬运和存放，通过编程和控制系统，机器人能够准确地完成搬运任务，并在需要时进行检修和维护。

此外，重载机器人在煤矿机械行业、电力行业以及船舶行业等领域也有着广泛的应用。

在煤矿机械行业，重载机器人用于生产车间重型物件的转运和缓存；在电力行业，重载机器人用于大型耐高压模块的搬运和安装；在船舶行业，重载机器人能够满足各种尺寸工件的运输需求，实现自动化搬运，提高配送周转效率。

1.4 重载机器人的关键技术参数

重载机器人的关键技术参数包括最大负载能力、负载分布能力、重复定位精度、最快移动速度、臂展、抗干扰能力及能源效率等。这些参数不仅决定了机器人的工作能力，还直接关系到其在实际应用中的表现。因此，对重载机器人的关键技术参数进行深入研究和理解，对于提高机器人的性能、优化作业流程具有重要意义。

最大负载能力：重载机器人在工作范围内能够安全承载的最大质量。这一参数通常受到机器人结构强度、驱动系统功率以及材料选择等多种因素的影响。

负载分布能力：重载机器人在处理不规则或非均匀分布的负载时，需要具备良好的负载分布能力，以确保稳定性和安全性。

重复定位精度：重载机器人的工具中心点重复到达同一个目标位置的能力。

最快移动速度：在工作范围内重载机器人末端参考点所能移动的最大速度。

臂展：相对于重载机器人底部，其手腕所能达到的最大（远）距离。合理的臂展设计可以满足不同场景的作业需求。

抗干扰能力：重载机器人在工作过程中可能受到各种外部干扰，如振动、冲击等。机器人需要具备良好的抗干扰能力，以确保稳定运行。

能源效率：重载机器人在运行过程中需要消耗大量的能源。提高能源效率不仅有助于降低生产成本，还有利于环保和可持续发展。

重载机器人的关键技术参数是其性能和应用效果的重要决定因素。通过对承载能力、运动参数、稳定性参数以及其他关键技术参数的深入研究和优化，可以不断提高重载机器人的性能水平，满足各种复杂工业场景的需求。未来，随着技术的不断进步和应用领域的拓展，重载机器人的关键技术参数将面临更多新的挑战和机遇。

1.5 重载机器人的未来发展趋势

1. 承载能力极限不断拓展

随着工业机器人在冶金、矿业和建筑等重型工业领域应用的逐步深入，一些大型、超大型零部件的搬运、加工、装配等机器人化作业需求日趋强烈，对重载机器人末端负载能力的要求逐步提高。现有的重载机器人的末端承载能力无法覆盖所有的大型、超大型零部件加工工序，影响大型装备和重要基础设施建设效率。因此，逐步提高重载机器人的承载能力极限对提高重型工业领域的作业效率意义重大。

2. 人机协作特性不断提高

在作业过程中，重载机器人的末端负载大、转动惯量大。在人机协作过程中，人能给予机器人的力信号相比于重载机器人的末端输出力或惯性力可忽略不计，导致重载机器人的人机协作技术与轻载机器人的人机协作技术有较大区别，无法完全套用现有的轻载机器人的理论和方法。因此，在未来重工业逐步向柔性化方向发展的过程中，重载机器人的人机协作特性要逐步攻克，技术水平需不断提高。

3. 拥有高效的能源利用效率

重载机器人末端负载大、做功多、能量消耗大。在制造业逐步向智能化、绿色化发展的过程中，重载机器人的综合能效要实现优化控制。例如，重载机器人在执行某一项生产任务时，势必存在加速、减速等过程，在这些过程中机器人末端重物的重力做功与重载机器人关节电动机做功形成一个能量守恒系统，重力做功的正负与关节电动机的发电和耗电相对应，因此需要能源管理系统根据机器人末端轨迹参数对重载机器人的能耗进行优化控制，以提高重载机器人的能效。

习题

1-1　查阅文献，以时间为轴，梳理近 15 年国外重载机器人的最大负载能力的变化情况。

1-2　查阅文献，以时间为轴，梳理近 15 年我国重载机器人的最大负载能力的变化情况。

1-3　查阅文献，梳理目前汽车工业中所用的重载机器人的最大负载?

1-4　查阅资料，试分别给出基于液压驱动和基于电动机驱动的重载机器人的最大负载情况。

1-5　通过调研，试给出推出第一个负载能力为 100kg、500kg、1t 的重载机器人的企业的名称。

参考文献

[1] PEIPER D L. The kinematics of manipulators under computer control [D]. Palo Alto: Stanford University, 1968.

[2] MERLET J P. Parallel robots [M]. Dordrecht: Springer, 2006.

[3] FRENCH C W, SCHULTZ A E, HAJJAR J F, et al. Multi-axial subassemblage testing (MAST) system: description and capabilities [C]//13th World Conference on Earthquake Engineering. Vancouver, 2004.

[4] GOUGH V E. Contribution to discussion of papers on research in automobile stability, control and in tyre performance [J]. Proc. of the Automotive Division of the Institute of Mechanical Engineers, 1957, 180 (1957): 392-394.

[5] STEWART D. A platform with six degrees of freedom [J]. Proceedings of the Institution of Mechanical Engineers, 1965, 180 (1): 371-386.

[6] NAG A, BANDYOPADHYAY S. Singularity-free spheres in the position and orientation workspaces of stewart platform manipulators [J]. Mechanism and Machine Theory, 2021, 155 (1): 104041.

[7] NEILL D R, SNEED R, DAWSON J, et al. Baseline design of the LSST hexapods and rotator [C]//Conference on Advances in Optical and Mechanical Technologies for Telescopes and Instrumentation. [S.l.: s.n.], 2014, 9151: 772-787.

[8] TANG A F, LI Y, QIU Y Y. et al. Inverse dynamics of a long-span wire driven parallel robot [J]. Mechanical Science and Technology for Aerospace Engineering, 2010, 29 (4): 435-440.

[9] SHU Y, LI K. Design of a new type of hybrid heavy load palletizing robot [C]//IOP Conference Series: Materials Science and Engineering. IOP Publishing, 2020, 740 (1): 012042.

[10] QIU Y H H. A novel design for a giant arecibo-type spherical radio telescope with an active main reflector [J]. Monthly Notices of the Royal Astronomical Society, 1998, 301 (3): 827-830.

[11] CHAI X M, TANG X Q, TANG L W, et al. Error modeling and accuracy analysis of a multi-level hybrid support robot [C]//2012 IEEE International Conference on Robotics and Automation. IEEE, 2012: 2319-2324.

[12] 赵爽忻. 航空发动机自动调姿安装的设计与应用 [D]. 成都: 电子科技大学, 2019.

第 2 章　重载机器人机构设计

机构是机器人的“骨架”，是决定机器人性能的关键。随着机器人技术的发展，机器人的负载能力不断提升，越来越多重工业场景需要实现机器人化，对重载机器人的运动及力传递特性提出了新的要求。想要设计出新颖、合理、有用的重载机器人，不仅需要有丰富的实践经验，还需要熟悉重载机器人机构的组成原理。此外，机构的工程化实现也是从事机器人研发和应用的工程技术人员需要特别关注的，在进行重载机器人机构的结构化设计，特别是传动系统设计时，需要根据机器人的作业工况和关键技术参数制定合理的技术方案。本章紧密围绕重载机器人的机构创新设计与工程应用需求，主要介绍重载机器人机构组成、重载机器人机构自由度分析、重载机器人构型综合、重载机器人的核心零部件和重载机器人的轻量化设计。

2.1 重载机器人机构组成

2.1.1 重载机器人机构的基本组成

机构是重载机器人实现大负载的基础。在机械结构层面上，重载机器人的设计主要有两种思路：①在特定机构情况下，选用高转矩和高功率的驱动元件；②在特定驱动元件的情况下，选用力增益特性好的机构。在机构确定以后，重载机器人的设计与制造需考虑多种因素，以确保其在各种工作条件下的稳定性和可靠性，例如，用于铸造厂的重载机器人可能需要耐高温和抗冲击的结构，而用于装配线的机器人可能需要更精细的控制和精度。

不论何种机器人，其机构的组成基本相同，均是由构件与运动副按特定规律连接而形成的运动链系统，上下料机械手机构的基本组成如图 2-1 所示。构件、运动副和运动链均为机构的基本组成单元，其含义如下。

构件（Link）是机构中能够进行独立运动的单元体。构件可以是常见的刚体，如杆、齿轮、凸轮等；也可以是柔性体（如带、绳、链）或弹性体（如弹簧、气动人工肌肉），甚至还可以是流体（如油、气体等）。目前，机器人中的构件多为刚性连杆，但在某些特定应用中，构件的弹性或柔性不可忽视，或者本身即为弹性构件或柔性构件。

运动副（Kinematic Pair，简称关节或铰链）是指两构件既保持相互约束，又有相对运动的可动连接。运动副可以是传统的含有间隙的转动副、移动副、虎克铰等，也可以是一体化

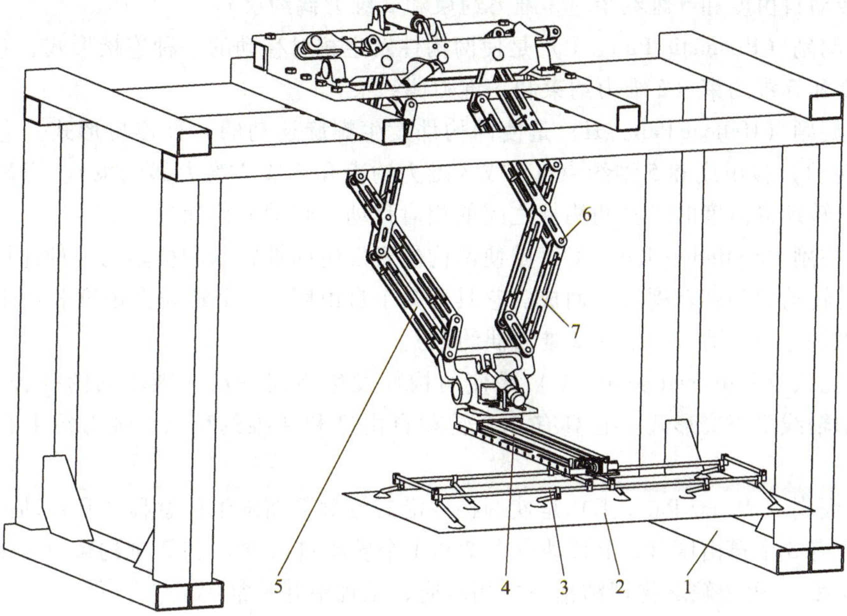

图 2-1　上下料机械手机构的基本组成

1—机架　2—工件　3—端拾器　4—小臂　5—大臂　6—运动副　7—连杆

的柔性铰链。

运动链（Kinematic Chain）是指两个或两个以上的构件通过运动副连接而组成的系统。组成运动链的各构件构成首末封闭系统的运动链称为闭链（Closed-loop），反之称为开链（Open-loop），开链内部同时含有闭链的系统称为混链，如图 2-2 所示。

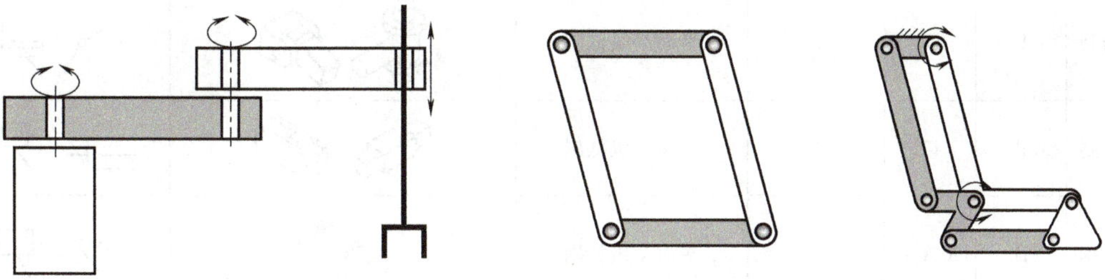

a) 开链　　b) 闭链　　c) 混链

图 2-2　运动链的类型

运动副包含高副和低副。当组成运动副的两构件接触形式为点或线时，该运动副为高副；当组成运动副的两构件接触形式为面时，该运动副为低副。相较于高副，低副的耐磨性、刚性均较高，因此机器人机构的运动副常采用低副。在机器人机构设计与分析的过程中，不仅需要关注运动副的自由度，而且还需要关注运动副的约束。由此引出了运动副的另一种分类方式，即按运动副的约束数目分类。当运动副的约束数目为 1 时为Ⅰ级副；当约束数目为 2 时为Ⅱ级副，依次类推，两构件组成运动副最多有 5 个约束，故最高级是Ⅴ级副。机器人常用运动副如下：

1）转动副（Revolute Pair，R）是使两构件绕同一轴发生相对转动的一种连接形式，它具有 1 个转动自由度和 5 维约束（3 维力约束和 2 维力偶约束）。

2）移动副（Prismatic Pair，P）是使两构件发生相对移动的一种连接形式，它具有 1 个移动自由度和 5 维约束（2 维力约束和 3 维力偶约束）。

3）螺旋副（Helical Pair，H）是使两构件发生螺旋运动的一种连接形式，它具有 1 个移动（或转动）自由度和 5 维约束（2 或 3 维力约束和 3 或 2 维力偶约束）。当螺旋副被认为具有 1 个转动自由度时，其两构件之间的相对移动是转动的伴随运动。

4）圆柱副（Cylindric Pair，C）是使两构件可发生同轴转动和移动的一种连接形式，通常由共轴的转动副和移动副组合而成。它具有 2 个自由度（1 个转动自由度和 1 个移动自由度）和 4 维约束（2 维力约束和 2 维力偶约束）。

5）虎克铰（Universal Joint，U）是使两构件发生绕同一点二维转动的一种连接形式，通常两转动轴线呈正交形式。它具有 2 个转动自由度和 4 维约束（3 维力约束和 1 维力偶约束）。

6）平面副（Planar Pair，E）是使两构件沿其接触平面发生任意移动和转动的一种连接形式，它具有 3 个自由度（2 个移动自由度和 1 个转动自由度）和 3 维约束（1 维力约束和 2 维力偶约束）。由于缺乏物理结构与之相对应，工程中并不常用。

7）球副（Spherical Pair，S）是使两构件在三维空间内绕同一点做任意相对转动的一种连接形式，它具有 3 个转动自由度和 3 维力约束。

常见运动副的类型及其代表符号见表 2-1。注意，表中自由度列中的“R”表示转动自由度，“T”表示移动自由度，前面的数字表示转动或者移动自由度的维数。

表 2-1　常见运动副的类型及其代表符号

名称	符号	自由度	约束数目	类型	图形	基本符号
转动副	R	1R	5	平面Ⅴ级低副		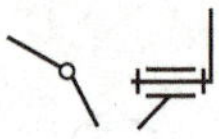
移动副	P	1T	5	平面Ⅴ级低副	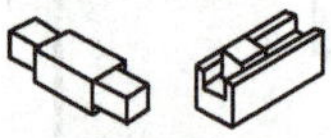	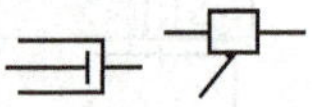
螺旋副	H	1R 或 1T	5	平面Ⅴ级低副		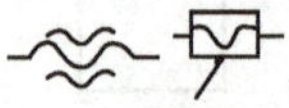
圆柱副	C	1R1T	4	空间Ⅳ级低副		
虎克铰	U	2R	4	空间Ⅳ级低副		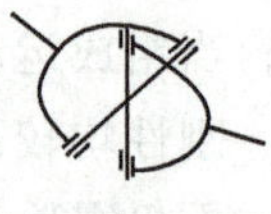
平面副	E	1R2T	3	空间Ⅲ级低副	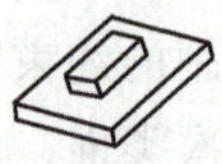	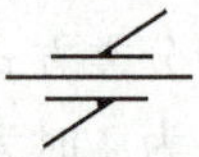
球副	S	3R	3	空间Ⅲ级低副	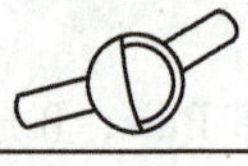	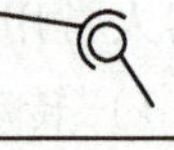

除上述按照自由度和约束的分类方法外，运动副还可以按照主动或者被动分为主动副（Active Joint）和被动副（Passive Joint）。在实际应用中，物理意义上的运动副表现形式其实还有很多，除上述 7 种运动副外，机器人内部的运动副还存在由上述 7 种运动副形成的等效形式，其表现形式可为机构。例如，球副就可以看作是转动轴线汇交于一点的 3 个转动副；平行四杆机构可以等效为 1 个移动副，如图 2-3 所示。

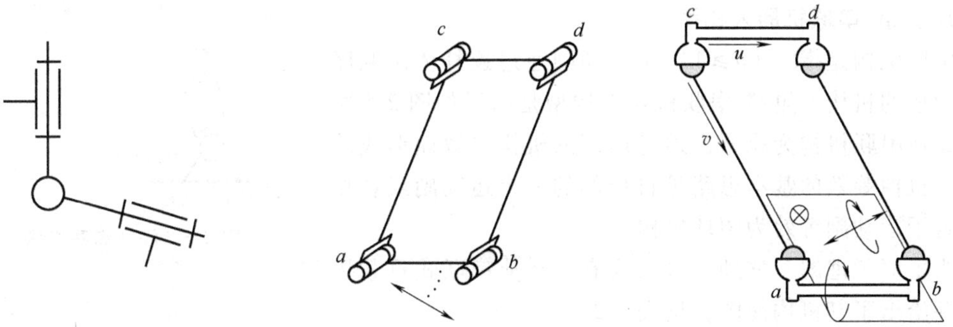

a) 球副等效运动副　　b) 平行四杆机构等效运动副　　c) 4S平行四杆机构等效运动副

图 2-3　典型等效运动副

在实际工程应用中，运动副的结构实现形式对机器人整体尺度大小、关节刚度与精度、关节负载等有重要影响。因此，通常在机器人运动副的结构设计时，需要考虑机器人的运行环境、精度、负载、润滑方式等因素。下面给出 R、P、H、C、U 和 S 六种常见的机器人运动副的基本结构形式，如图 2-4 所示，其中 R 和 P 是机器人常用的主动副。

a) 转动副(R)：轴承　　b) 移动副(P)：导轨　　c) 螺旋副(H)：丝杠螺母

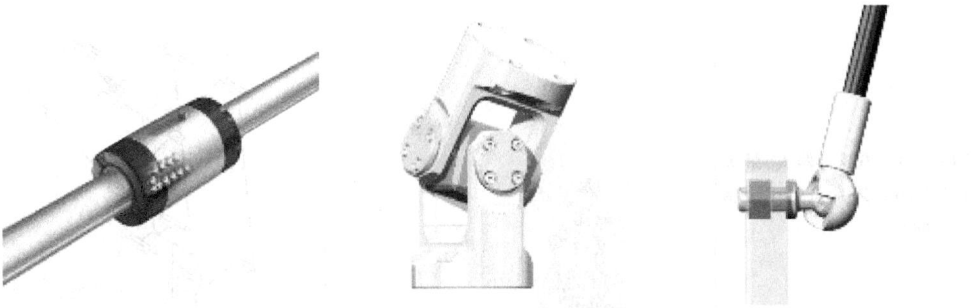

d) 圆柱副(C)：圆柱导轨　　e) 虎克铰(U)　　f) 球副(S)：球轴承

图 2-4　机器人运动副的基本结构形式

2.1.2 重载机器人机构形式

从机构构型角度而言，重载机器人机构构型包含串联构型、并联构型和混联构型。接下来，分别对上述三种构型进行介绍。

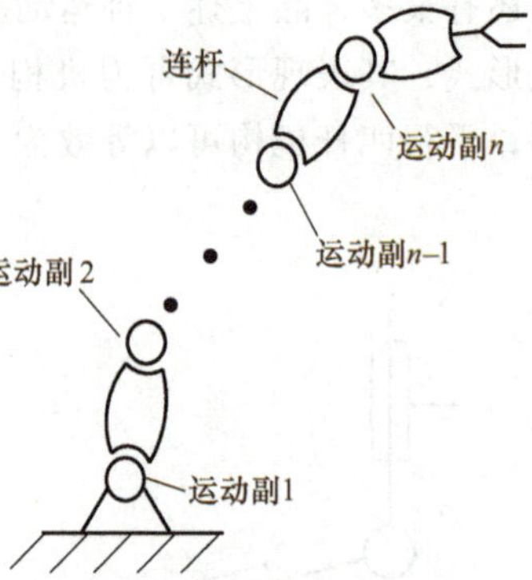

图 2-5 经典串联机构

1. 重载-串联机器人构型

串联机构是指 n（$n \geqslant 1$）个运动副通过连杆依次顺序连接而成的机构。重载-串联机器人构型是指以如图 2-5 所示的经典串联机构为原型，通过局部的机构等效而形成的机构。机构等效的基本思路是将局部的一个运动副或者相邻的若干运动副等效为闭环机构。

为了便于理解，整理了多款现有的经典串联式重载机器人并给出了其机构简图，见表 2-2。

表 2-2 经典串联式重载机器人

重载机器人型号及参数	重载机器人结构	机构简图
ABB—IRB-8700 机器人：最高负载可达 1000kg，运行速度相较于同级别机器人提升了 25%，末端重复定位精度<±0.05mm		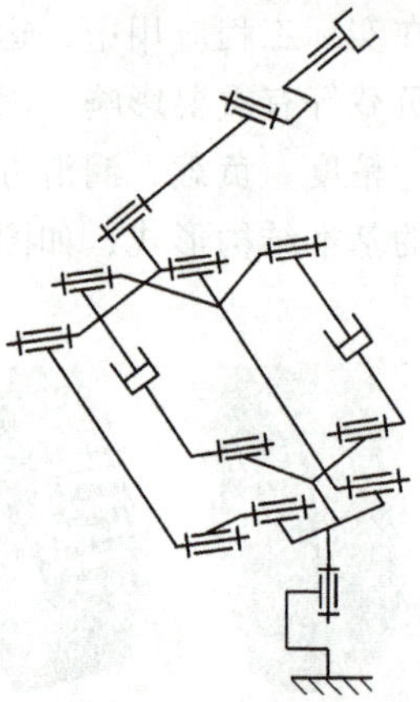
FANUC—M-410iB 机器人：最大负载能力 700kg，末端重复定位精度<±0.05mm	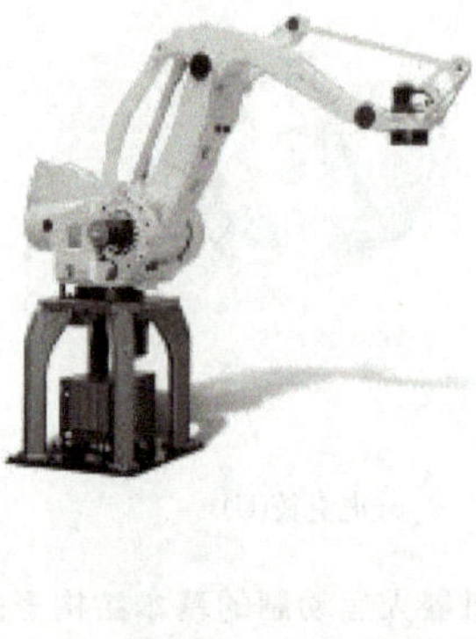	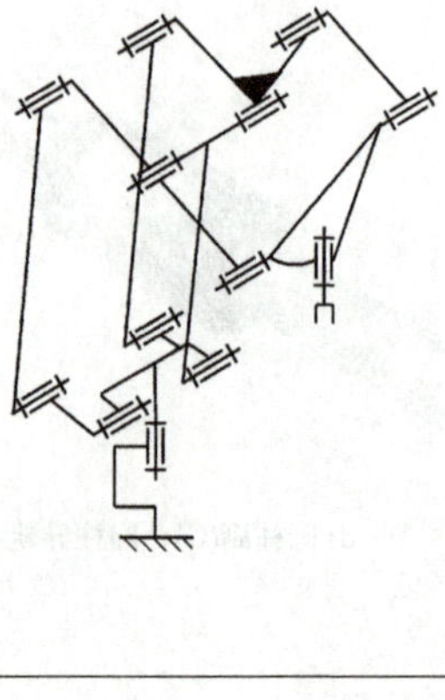

（续）

重载机器人型号及参数	重载机器人结构	机构简图
KUKA—KR 1000 titan 机器人：负载 1000kg，末端重复定位精度<±0.1mm		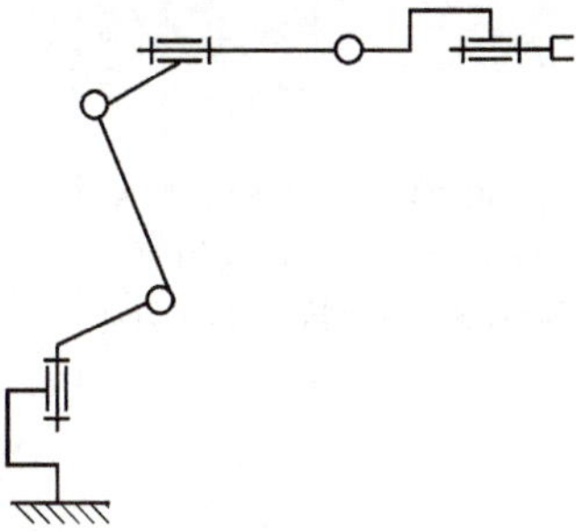
KUKA—KR 1000 1300 titan PA-F 机器人：额定负载 1300kg		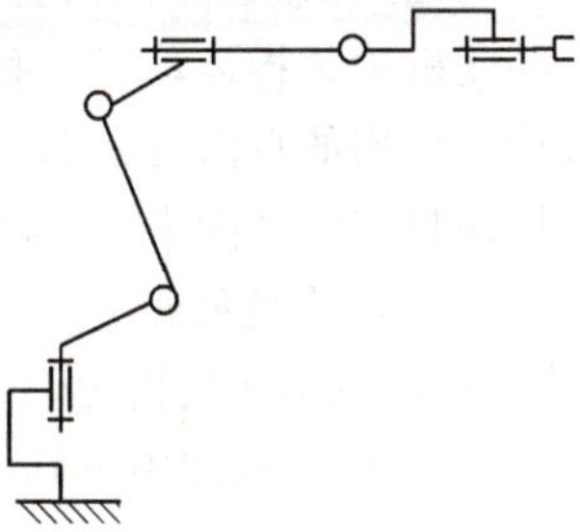
YASKAWA—PL800 机器人：负载能力 800kg，操作节拍最高可达 520 次循环/h，末端定位精度<±0.05mm		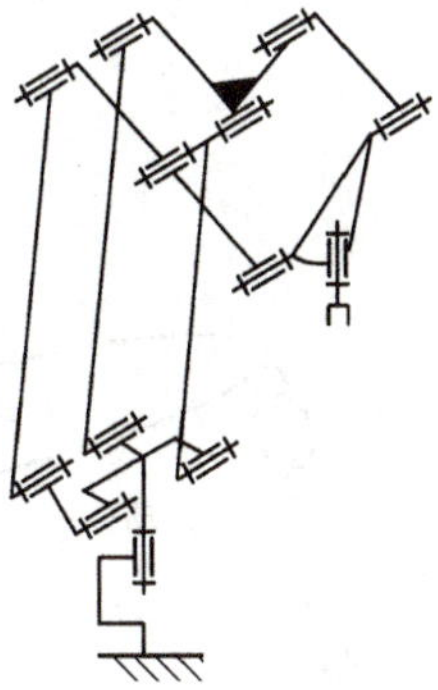
埃夫特 ER300-2700 机器人：手腕可搬运质量 300kg，工作半径可达 2702mm，重复定位精度为±0.05mm		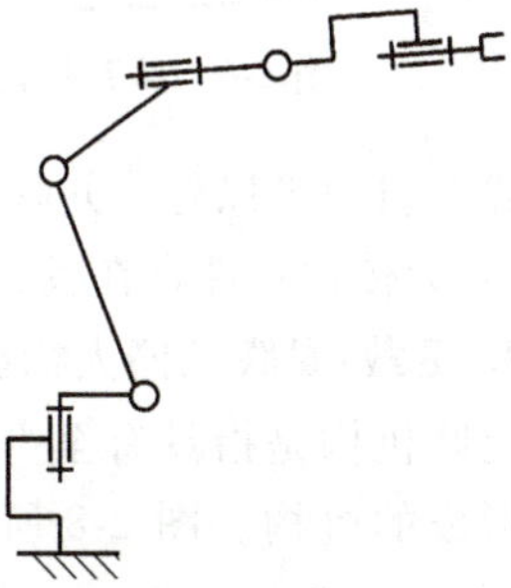

（续）

重载机器人型号及参数	重载机器人结构	机构简图
新松 SR500A-500/2.52 机器人：额定载荷 500kg，工作范围可达 2525mm，重复定位精度为±0.2mm		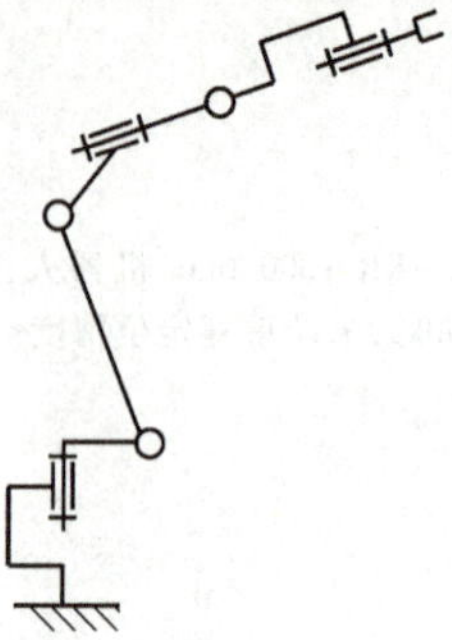

2. 重载-并联机器人构型

并联机构是指运动平台和固定平台通过 n（$n \geqslant 2$）个独立的运动分支并联连接的一种闭环机构，机构的自由度≥2，且运动平台和固定平台均为两个独立的杆件，如图 2-6 所示。并联机构具有负载能力大、动力学特性好、精度高等特性，是“天然”的重载机器人构型。

Stewart 机构是最经典的并联机构，最早于 1954 年被 V. Eric Gough 设计出来用于轮胎测试。本节以 Stewart 机构为例，对重载-并联机器人构型进行介绍。图 2-7 所示为 6-SPS Stewart 机构示意图，从图中可知，Stewart 机构由运动平台、固定平台和 6 条相同的运动链组成，每条运动链包含 3 个运动副，分别为球副 S、移动副 P 和球副 S，其中移动副 P 为主动副。6 条运动链之间呈一定的几何布局，在 6 条运动链（6-SPS）的协同驱动下实现运动平台的空间三维转动和三维移动。该机构被广泛应用于运动模拟、减振隔振、加工搬运等领域。

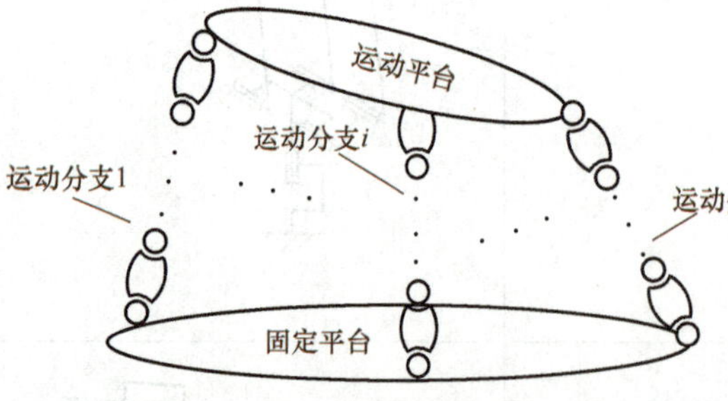

图 2-6 并联机器人构型示意图

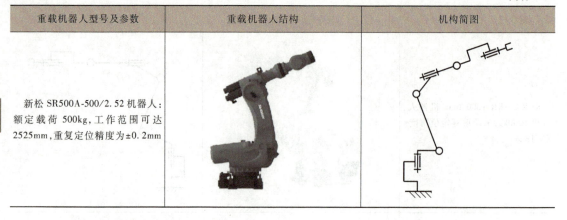

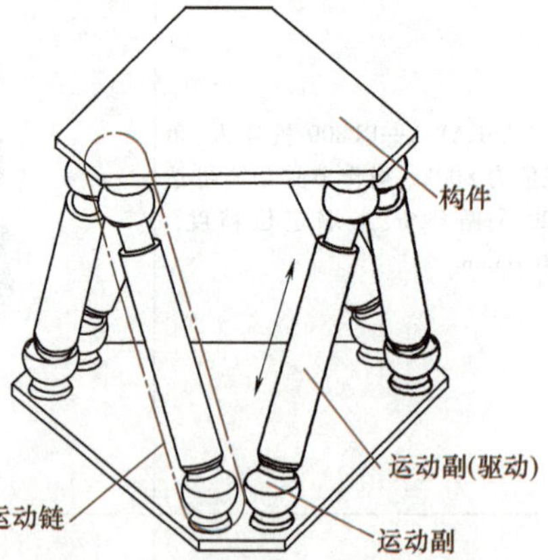

图 2-7 6-SPS Stewart 机构示意图

除 6 自由度以外，并联机构还存在 2~5 自由度等多种形式，不同自由度形式的并联机构的运动/力传递特性存在较大差异，通常需要根据实际应用需求选择合适的自由度及机构构型。

3. 重载-混联机器人构型

混联机构是指具有至少一个并联机构和一个或多个串联机构，按照一定的方式组合在一起而形成的机构。图 2-8 所示为两种常见的混联机器人构型示意图，分别为“并+串”和“串+并”形式。通常，在大负载工况时，并联机构在根部；多自由度精密微操作时，并联机构在末端。除上述两种形式以外，通过并联机构和串联机构可以组合出多种混联机构，如“并+串+并”“串+并+串”等。

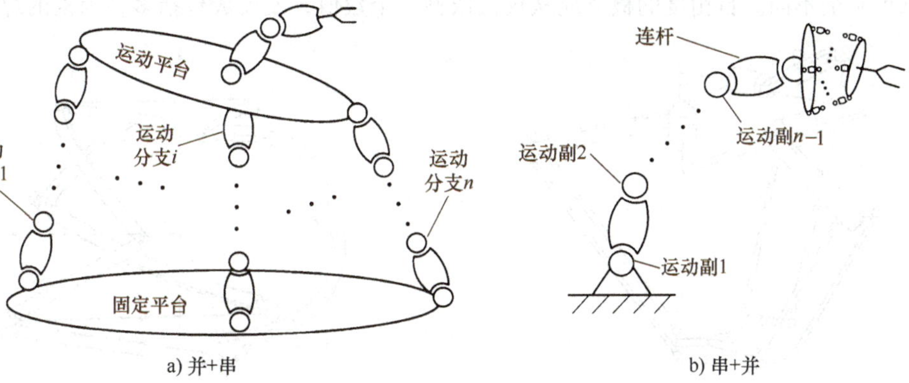

图 2-8　混联机器人构型示意图

混联机构兼具并联机构负载能力大、精度高和串联机构工作空间大、运动灵活等特点。混联式重载机器人通常可用于大型零部件装配的翻转台以及冶金、港口、农业等领域的物料搬运等场合。

2.2　重载机器人机构自由度分析

2.2.1　自由度分析中的基本概念

自由度（Degree of Freedom，DOF），也称为活动度（Mobility）。在国际机器理论与机构学联合会名词术语标准中，自由度被定义为“确定机构或运动链位形所需的独立参数的数目”，即为了确定机构或是运动链在一定的位形下所有构件位置所需要的独立参数的数目。其中，位形是指机器人机构中各构件在空间中的所有位姿（Pose）的总体。例如，如图 2-9 所示的曲柄滑块机构，如果要确定机构内部所有杆件的位姿，仅需要给定曲柄的旋转角度，此时独立参数的数目为 1，因此曲柄滑块机构的自由度即为 1。

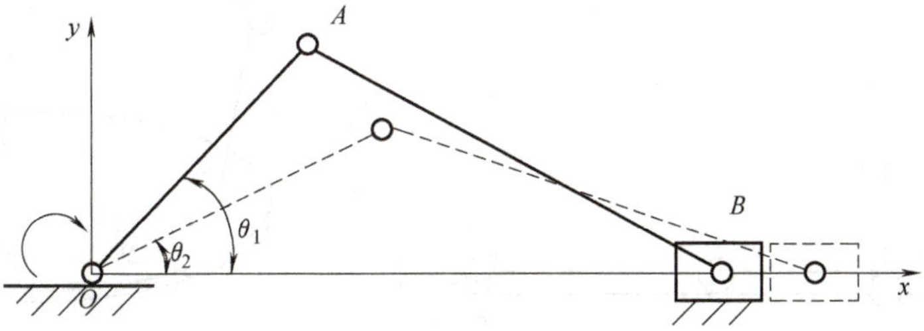

图 2-9　曲柄滑块机构

然而，因为上述自由度的定义中仅关注自由度的数目，从现今的实际问题看，对多自由度多环空间机构，仅仅确定自由度的数目远不能全面描述此类新机构的特点。尤其是对于并联机构，研究其末端执行器的运动性质显得尤为重要。例如，如图 2-10 所示的两个 3 自由度并联机构，其自由度数目完全相同，然而机构的运动性质却存在巨大差异，导致它们适用的应用领域也完全不同。自由度的概念应从仅仅依赖一个数值，发展成包括多种因素的综合概念。

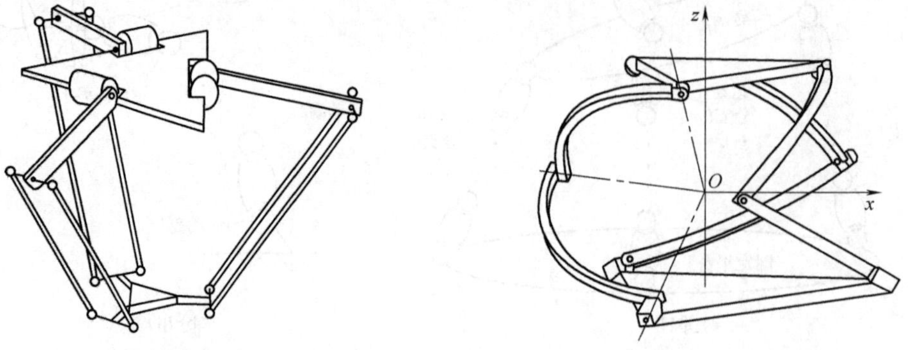

a) 3自由度平移并联机构　　b) 3自由度球面并联机构

图 2-10　3 自由度并联机构

因此自由度被重新定义为三维空间机构或运动链所具有的稳定的独立运动的能力称为机构的自由度。这个能力表现在以下三个方面：

1）确定机构或运动链位形的独立参数的数目。

2）自由度是瞬时自由度，还是全周自由度。

3）这个能力的性质以机构杆件所具有的移动自由度和转动自由度来表示；对于转动自由度还要考虑转动轴线的分布位置，是全空域还是部分空域；转动是绕固定轴线的转动还是不断变化轴线的瞬心线的相对滚动。

瞬时自由度：当机构的位形发生变化时，数目或性质也随之变化的自由度。拥有该类自由度的机构被称为瞬时自由度机构，如图 2-11 所示。

全周自由度：不随位形而改变的机构自由度，即自由度的数目和性质都不随位形变化而变化。在有限的运动区间内的全部位形下，机构的自由度的数目和性质都不发生变化，这样的自由度就是全周自由度，这样的机构称为全周自由度机构，如图 2-12 所示。

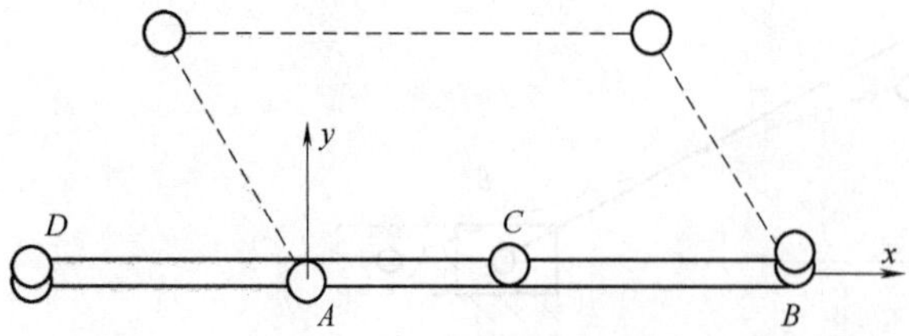

图 2-11　瞬时自由度机构

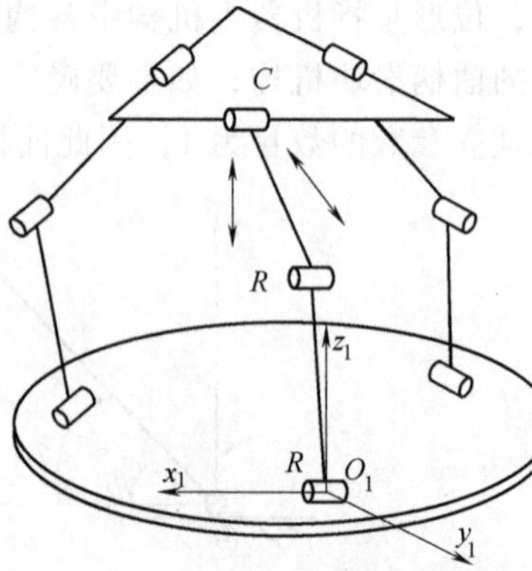

图 2-12　全周自由度机构

满自由度机构、冗余自由度机构与少自由度机构：可实现空间任意给定运动的 6 自由度机构称为满自由度机构；当机构自由度大于 6 时，此类机构称为冗余自由度机构；当机构的自由度小于 6 时，此类机构称为少自由度机构或欠自由度机构。

约束（Constraint）：当两构件通过运动副连接后，各自的运动都会受到一定程度的限制，这种限制就称为约束。

局部自由度：存在于局部、不影响其他构件尤其是输出构件运动的自由度称为局部自由度或消极自由度（Passive DOF 或 Idle DOF）。在平面机构中，典型的局部自由度出现在滚子构件中；在空间机构中，由 2 个球副串联而成的运动链 S-S、由凸轮及连杆组成的组合机构等，均存在 1 个局部自由度，如图 2-13 所示。

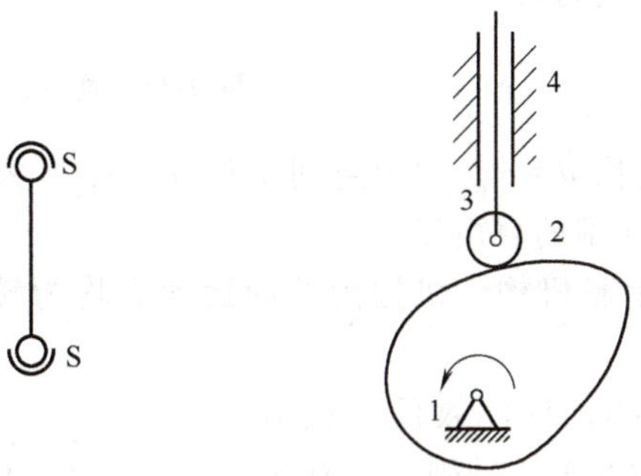

a) 2个球副串联　　b) 凸轮连杆机构

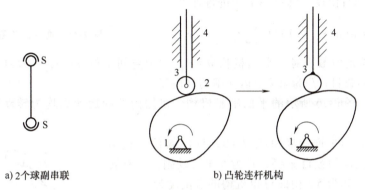

图 2-13　局部自由度机构

公共约束：机构中所有构件都受到的共同约束，如平面机构受到的面外约束。

冗余约束：若机构的部分运动副之间满足某种特殊的几何约束条件，这些约束关系对机构的运动不产生作用，则这部分约束称为冗余约束，又称为虚约束。

过约束：机构中的过约束都是在运动链闭合时发生的，最基本的方式是串联链经过闭合成为单闭环机构，此时就发生了过约束，单闭环的过约束即单闭环机构的公共约束，如图 2-14 所示。

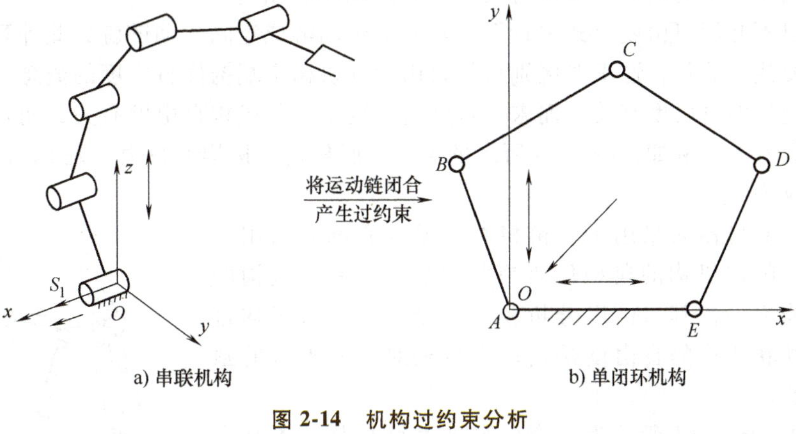

a) 串联机构　　b) 单闭环机构

图 2-14　机构过约束分析

2.2.2　重载机器人机构自由度计算

串联机构（Serial Mechanism）是由一系列连杆通过铰链顺序连接而形成的首尾不封闭

的开式运动链。除机架杆与地面固定外，其余连杆的位姿均由其前置运动副的自由度决定，如图2-15所示，关节 $i-1$ 即为连杆 $i-1$ 的前置运动副。因此，通常该类机构内部不存在局部自由度和虚约束，其自由度数目可以采用G-K公式计算。

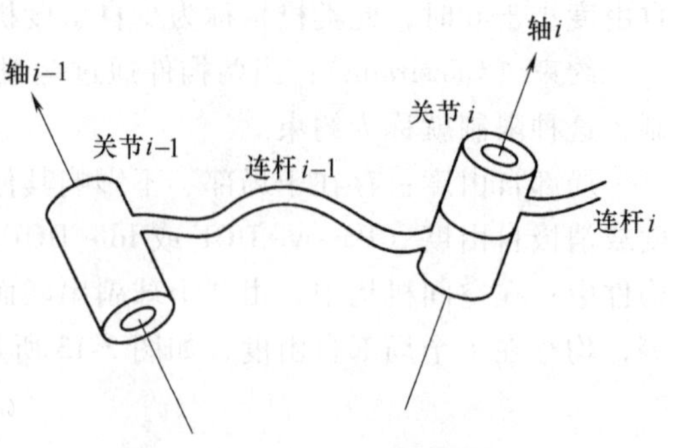

图 2-15　连杆的前置运动副

G-K公式是传统的自由度公式，若机构不存在过约束和局部自由度，则可用下式进行计算

$$F = d(n-g-1) + \sum_{i=1}^{n} f_i$$

式中，d 为机构的阶数，对于平面机构 $d=3$，对于空间机构 $d=6$；n 为包括机架的构件数目；g 为运动副数目；f_i 为第 i 个运动副的自由度。

【例 2-1】 图2-16所示的平面串联机构，机构内部的运动副均为转动副，求其自由度数目？

解： 该机构为平面串联机构 $d=3$，构件数目（包括机架）$n=6$，运动副数目 $g=5$，且为5个转动副，所有转动副的自由度之和为5，由此可得机构的自由度为

$$F = d(n-g-1) + \sum_{i=1}^{n} f_i = 3\times(6-5-1) + 5 = 5$$

其实，对于串联链的自由度实际上不必用公式计算。从逻辑上不难理解，设想当一个杆件用一个单自由度运动副连于机架，此时活动杆就具有一个自由度。若在其活动杆上再以一个单自由度运动副连接一个新的杆件，这个新的杆件就是新的末杆，此新末杆的自由度为2。依此类推，可以得到串联机构的自由度就直接等于其运动副自由度之和，所以不必用自由度公式去计算，对平面运动链或空间运动链皆如此计算。

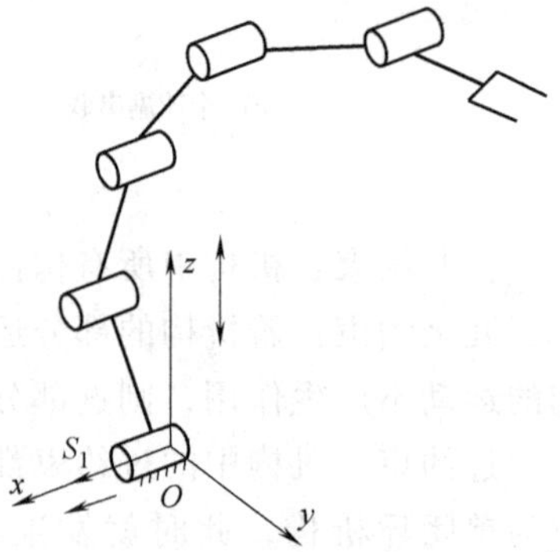

图 2-16　平面串联机构

特别需要注意的是，这里要区别机构自由度和机构末端构件自由度的概念。机构自由度仅与其组成构件的自由度有关，而末端构件自由度不仅与机构自由度有关，而且还与构件活动的空间维数有关。例如，图2-16所示的平面串联机构，机构的自由度是5，但是其末端构件的自由度仅为3。

大多数工业机器人采用了开链机构，但也有部分采用的是闭链机构。闭链机构的典型代表为并联机构。并联机构的支链多，结构复杂，其自由度分析较为复杂。与串联机构自由度不同，并联机构的自由度是指动平台相对于静平台的独立运动的维数。

【例 2-2】 图2-17所示为一个经典的并联机构，求其自由度数目？

解： 使用G-K公式，该机构的构件数目 $n=14$，运动副数目 $g=18$，所有运动副的自由度之和为 $\sum_{i=1}^{18} f_i = 42$，将它们代入

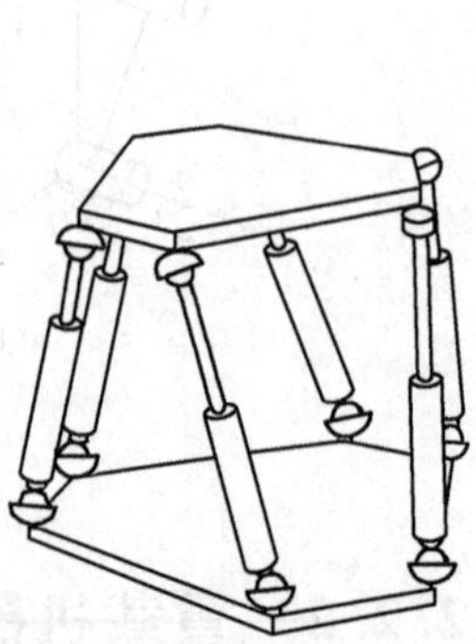

图 2-17　Stewart 并联机构

G-K 公式，可得

$$F = 6(n - g - 1) + \sum_{i=1}^{g} f_i = 12$$

然而，通过计算结果可以看出，上述 G-K 公式的计算结果不能真实地反应该机构的自由度数目。原因是，该机构内部每一条支链均存在一个局部自由度，影响了机构自由度计算结果。

在并联机构中，局部自由度经常存在，常见的并联机构的运动链如图 2-18 所示。图 2-18a 所示为 6 自由度 SPS 运动链，此 SPS 运动链是空间机构，由 2 个球副和 1 个移动副构成，Stewart 机构就是由 6 个这样的分支构成的，该支链有 7 个自由度，但其中绕 SS 轴线的转动自由度是一个局部自由度，末端有 6 个自由度。图 2-18b 所示为 SRS 运动链，也有 7 个自由度，它就是把前面 SPS 中的 P 副换成了 R 副，其末端也只有 6 个自由度，而其局部自由度是 SRS 运动链中间两杆能够绕两个 S 副连线转动。

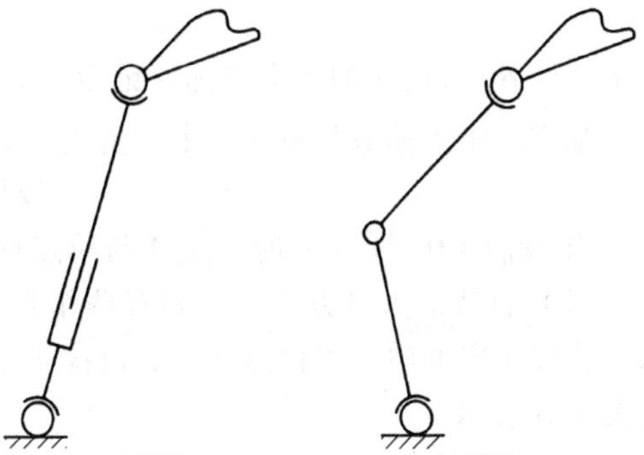

a) SPS　　b) SRS

图 2-18　常见的并联机构的运动链

介于此，学者们提出了修正的 G-K 公式，将机构中常存在的局部自由度和虚约束均考虑在内，修正的 G-K 公式为

$$F = d(n - g - 1) + \sum_{i=1}^{n} f_i + v - \zeta \tag{2-1}$$

式中，d 为机构的阶数，对于平面机构 $d = 3$，对于空间机构 $d = 6$；n 为包括机架的构件数目；g 为运动副数目；f_i 为第 i 个运动副的自由度；v 为并联冗余约束，它等于去除公共约束因素后的独立冗余约束的数目；ζ 为机构的局部自由度。对单环机构应用式（2-1）时，要令 $v=0$。

同理，利用修正的 G-K 公式计算 Stewart 并联机构的自由度数目，可得

$$F = 6(n - g - 1) + \sum_{i=1}^{g} f_i - \zeta = 6 \tag{2-2}$$

计算结果与机构自由度吻合。因此，通常可以利用上述修正的 G-K 公式计算并联机构的自由度数目。

2.2.3　机构自由度与约束分析的数学基础

前面介绍了采用 G-K 公式计算机构的自由度，然而在重载机器人设计过程中，只了解机构的自由度是不够的，还需要在自由度的基础上明确机构内部的约束情况，因此本书基于螺旋理论开展机构的自由度和约束分析。本节先从空间的点、线、面的矢量表示开始，建立它们的齐次坐标。在此基础上引出两个重要概念，即线矢量和旋量。

1. 点、线、面的齐次坐标

（1）点的齐次坐标　在坐标系 $Oxyz$ 中，点 A 的位置由矢量 $\boldsymbol{r} = \overrightarrow{OA} = x\boldsymbol{i} + y\boldsymbol{j} + z\boldsymbol{k}$ 决定，如

图 2-19 所示。若有 4 个数 x_0、y_0、z_0 和 d，使 $x_0/d=x$、$y_0/d=y$ 及 $z_0/d=z$，则点 A 的位置矢量可以表示为

$$\boldsymbol{r}=(x_0\boldsymbol{i}+y_0\boldsymbol{j}+z_0\boldsymbol{k})/d \tag{2-3}$$

注意，齐次坐标中 **0** 不表示任何点。如果令

$$(x\boldsymbol{i}+y\boldsymbol{j}+z\boldsymbol{k})=\boldsymbol{d}_0 \tag{2-4}$$

显然 $\boldsymbol{d}_0$ 是沿直线 $\overrightarrow{OA}$ 方向的矢量。将式（2-4）代入式（2-3）得 $\boldsymbol{r}=\boldsymbol{d}_0/d$，即

$$\boldsymbol{r}d=\boldsymbol{d}_0 \tag{2-5}$$

式中，d、$\boldsymbol{d}_0$ 为点 A 的齐次坐标，记为（d；$\boldsymbol{d}_0$）。由于点的坐标取决于 3 个独立的参数，故在三维空间中点的数目有 ∞^3 个。由式（2-5）可得点 A 至原点的距离为

$$|\boldsymbol{r}|=|\boldsymbol{d}_0|/d \tag{2-6}$$

当 $|\boldsymbol{d}_0|=0$、$|\boldsymbol{r}|=0$ 时，点 A 与原点重合；当 $d=0$、$|\boldsymbol{r}|=+\infty$ 时，点 A 在无穷远处。

（2）直线的矢量方程　空间有两个点 $A(x_1, y_1, z_1)$ 和 $B(x_2, y_2, z_2)$，如图 2-20 所示。若按一定的顺序连接这两点，就决定了一条空间直线的位置和方向，这条有向直线段可由矢量 $\boldsymbol{S}$ 表示。

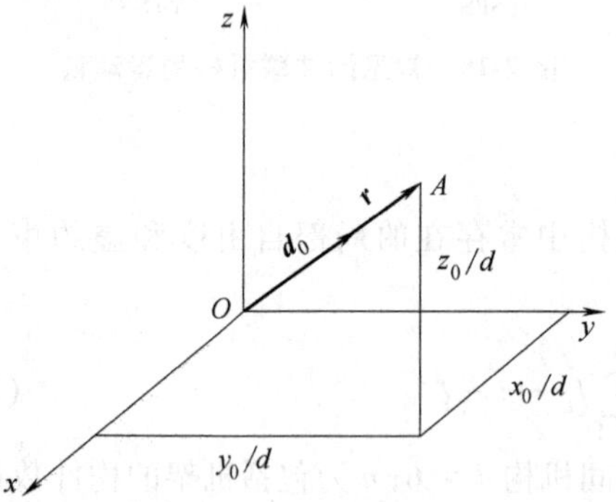

图 2-19　点的齐次坐标

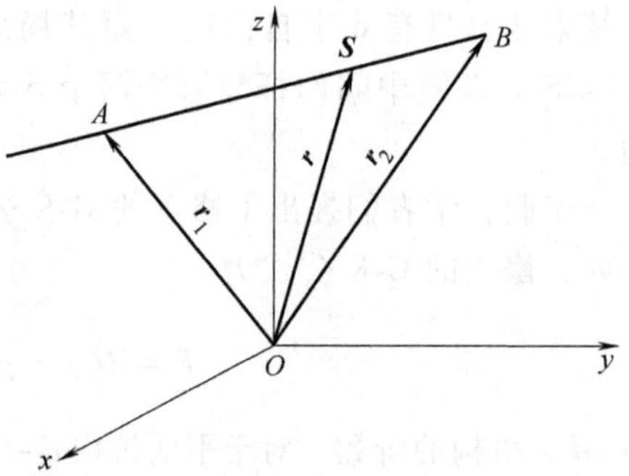

图 2-20　直线的矢量方程

在直角坐标系中，$\boldsymbol{S}$ 与其 3 个分量的关系为

$$\boldsymbol{S}=(x_2-x_1)\boldsymbol{i}+(y_2-y_1)\boldsymbol{j}+(z_2-z_1)\boldsymbol{k} \tag{2-7}$$

如果令

$$\begin{cases} x_2-x_1=L \\ y_2-y_1=M \\ z_2-z_1=N \end{cases} \tag{2-8}$$

将式（2-8）代入式（2-7），则此有向直线段为

$$\boldsymbol{S}=L\boldsymbol{i}+M\boldsymbol{j}+N\boldsymbol{k} \tag{2-9}$$

两点之间的距离或直线段的长度为

$$|\boldsymbol{S}|=\sqrt{L^2+M^2+N^2} \tag{2-10}$$

设

$$\begin{cases} l=L/|\boldsymbol{S}| \\ m=M/|\boldsymbol{S}| \\ n=N/|\boldsymbol{S}| \end{cases} \tag{2-11}$$

L、M、N 是有向线段 $\boldsymbol{S}$ 的方向数，而 l、m、n 是 $\boldsymbol{S}$ 的方向余弦。显然 $l^2+m^2+n^2=1$。若给定直线方向，则直线在空间的位置可通过直线上某点的矢量 $\boldsymbol{r}_1$ 给定。这样，这条直线的矢量方程可以写为

$$(\boldsymbol{r}-\boldsymbol{r}_1)\times\boldsymbol{S}=0 \tag{2-12}$$

再进一步改写就成为直线的标准形式

$$\boldsymbol{r}\times\boldsymbol{S}=\boldsymbol{S}_0 \tag{2-13}$$

式中，$\boldsymbol{S}_0$ 为直线的位置矢量 $\boldsymbol{r}_1$ 与矢量 $\boldsymbol{S}$ 的叉积，即

$$\boldsymbol{S}_0=\boldsymbol{r}_1\times\boldsymbol{S} \tag{2-14}$$

$\boldsymbol{S}_0$ 称为矢量 $\boldsymbol{S}$ 对原点的线距（Moment of Line）。线距也是矢量，其大小及方向与矢量 $\boldsymbol{S}$ 和 $\boldsymbol{r}_1$ 的大小以及它们相对坐标系在空间的方向位置有关。若 $\boldsymbol{S}$ 是单位矢量，即 $\boldsymbol{S}\cdot\boldsymbol{S}=1$，则线距 $\boldsymbol{S}_0$ 的模表示直线到原点的距离。$\boldsymbol{S}$ 是方向余弦，没有单位，$\boldsymbol{S}_0$ 却具有长度单位。当矢量 $\boldsymbol{S}$ 过原点，其线距为零，$\boldsymbol{S}_0=0$。当 $\boldsymbol{S}$ 及 $\boldsymbol{S}_0$ 给定后，直线在空间的方向及位置都被确定，而且它们是一一对应的。显然，矢量 $\boldsymbol{S}$ 对其原点的线距是互为正交的，即 $\boldsymbol{S}\cdot\boldsymbol{S}_0=0$。

决定直线矢量方程的两个参数 $\boldsymbol{S}$ 及 $\boldsymbol{S}_0$ 也是齐次坐标，因为以标量 λ 构成的 $\lambda\boldsymbol{S}$ 及 $\lambda\boldsymbol{S}_0$ 代入式（2-13），所表示的仍是同一条直线，只是直线段有不同的长度。这种满足正交条件的齐次坐标（$\boldsymbol{S}$；$\boldsymbol{S}_0$）表示了直线在空间的位置及方向，（$\boldsymbol{S}$；$\boldsymbol{S}_0$）称为直线的 Plücker（普吕克）坐标，或 Plücker 线坐标。空间中的直线与其 Plücker 坐标（$\boldsymbol{S}$；$\boldsymbol{S}_0$）是一一对应的。两个矢量的如此结合也称为对偶矢量，$\boldsymbol{S}$ 为对偶矢量的原部（Real Unit）；$\boldsymbol{S}_0$ 为对偶矢量的对偶部（Dual Unit）。式（2-13）中 $\boldsymbol{S}_0$ 表示的叉积，$\boldsymbol{S}_0=\boldsymbol{r}_1\times\boldsymbol{S}$，若写为行列式形式，则有

$$\boldsymbol{S}_0=\begin{vmatrix}\boldsymbol{i} & \boldsymbol{j} & \boldsymbol{k}\\ x_1 & y_1 & z_1\\ L & M & N\end{vmatrix} \tag{2-15}$$

行列式展开，有

$$\boldsymbol{S}_0=P\boldsymbol{i}+Q\boldsymbol{j}+R\boldsymbol{k} \tag{2-16}$$

式中，P、Q、R 为

$$\begin{cases}P=y_1N-z_1M\\ Q=z_1L-x_1N\\ R=x_1M-y_1L\end{cases} \tag{2-17}$$

同样，将式（2-13）左边的叉积也展开，并将式（2-17）代入，得到空间直线方程的代数式为

$$\begin{cases}yN-zM-P=0\\ zL-xN-Q=0\\ xM-yL-R=0\end{cases} \tag{2-18}$$

因为 $\boldsymbol{S}$ 与其线距为正交，即 $\boldsymbol{S}\cdot\boldsymbol{S}_0=0$，故由式（2-9）及式（2-16）有

$$LP+MQ+NR=0 \tag{2-19}$$

直线的 Plücker 坐标（$\boldsymbol{S}$；$\boldsymbol{S}_0$）中的两个矢量 $\boldsymbol{S}$ 及 $\boldsymbol{S}_0$ 都可以用直角坐标系的 3 个分量表示，这样 Plücker 坐标的标量形式即为（L，M，N；P，Q，R），L、M、N 是有向线段 $\boldsymbol{S}$ 的方向数，P、Q、R 是该线段 $\boldsymbol{S}$ 对原点的线距在 x、y、z 三轴的分量。因为这 6 个量 L、M、N、

P、Q、R 之间存在关系式（2-19），所以 6 个分量只有 5 个是独立的，在三维空间中就有 ∞^3 条不同方向、位置和长度的有向线段。从式（2-13）也可以看到，该直线方程取决于两矢量 $\boldsymbol{S}$ 和 $\boldsymbol{r}$ 的 5 个独立的参数。

从上面可以看到，直线可以用式（2-13）的矢量方程表示，也可以用 Plücker 坐标（$\boldsymbol{S}$; $\boldsymbol{S}_0$）或（$L, M, N; P, Q, R$）表示。此外，表示直线的对偶矢量还可以写成（$\boldsymbol{S}+\in \boldsymbol{S}_0$），$\in$ 被称为对偶标记，且有 $\in^2=\in^3=\cdots=0$。这里最重要的是这两个矢量 $\boldsymbol{S}$ 和 $\boldsymbol{S}_0$ 决定了一条直线在空间的方向和位置。（$\boldsymbol{S}$; $\boldsymbol{S}_0$）唯一地对应空间的一条直线，而空间的一条直线也唯一地对应一种对偶矢量（$\boldsymbol{S}$; $\boldsymbol{S}_0$），它们具有一一对应的性质。

例如，($l \quad m \quad n; \quad 0 \quad 0 \quad 0$) 为过原点的直线，方向余弦为 ($l \quad m \quad n$)；($l \quad 0 \quad 0; \quad 0 \quad a \quad b$) 为一条不过原点平行于 x 轴的空间直线；($l \quad m \quad n; \quad p \quad q \quad r$)，且 $lp+mq+nr=0$，是一条不过原点，方向为 ($l \quad m \quad n$) 的直线。

若有过原点的矢量 $\boldsymbol{P}$ 垂直相交于直线（$\boldsymbol{S}$; $\boldsymbol{S}_0$），如图 2-21 所示，则矢量 $\overrightarrow{OP}$ 的模是从原点 O 到直线的距离，由于矢量 $\boldsymbol{P}$ 的端点在直线 $\boldsymbol{S}$ 上，满足直线方程式（2-13），即 $\boldsymbol{P}\times\boldsymbol{S}=\boldsymbol{S}_0$。

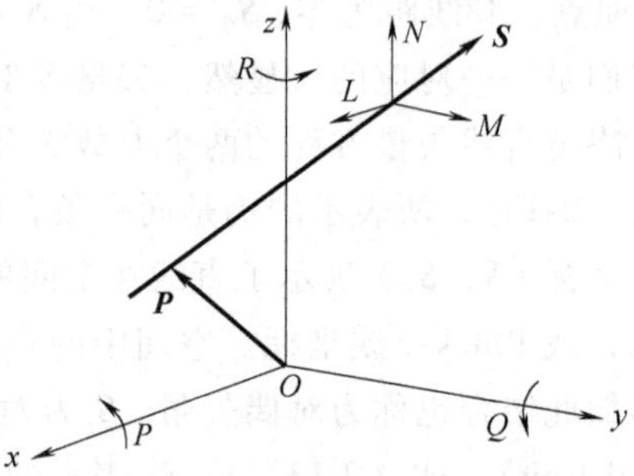

图 2-21　直线到原点的距离

将等式 $\boldsymbol{P}\times\boldsymbol{S}=\boldsymbol{S}_0$ 两边左侧叉乘 $\boldsymbol{S}$，有 $\boldsymbol{S}\times(\boldsymbol{P}\times\boldsymbol{S})=\boldsymbol{S}\times\boldsymbol{S}_0$，展开左边矢量的三重叉积，有

$$\boldsymbol{S}\times(\boldsymbol{P}\times\boldsymbol{S})=(\boldsymbol{S}\cdot\boldsymbol{S})\boldsymbol{P}-(\boldsymbol{S}\cdot\boldsymbol{P})\boldsymbol{S}=\boldsymbol{S}\times\boldsymbol{S}_0 \tag{2-20}$$

解出 $\boldsymbol{P}$，有

$$\boldsymbol{P}=\frac{\boldsymbol{S}\times\boldsymbol{S}_0}{\boldsymbol{S}\cdot\boldsymbol{S}} \tag{2-21}$$

因为直线 $\boldsymbol{S}$ 与线距相互垂直，式（2-21）可写为

$$\boldsymbol{P}=\frac{|\boldsymbol{S}||\boldsymbol{S}_0|}{|\boldsymbol{S}||\boldsymbol{S}|}\boldsymbol{e}=\frac{|\boldsymbol{S}_0|}{|\boldsymbol{S}|}\boldsymbol{e} \tag{2-22}$$

式中，$\boldsymbol{e}$ 为单位矢量，其方向由 $\boldsymbol{S}\times\boldsymbol{S}_0$ 决定。这样直线 $\boldsymbol{S}$ 到原点的距离 $|\boldsymbol{P}|$ 为

$$|\boldsymbol{P}|=\frac{|\boldsymbol{S}_0|}{|\boldsymbol{S}|} \tag{2-23}$$

由式（2-23）可知，当 $|\boldsymbol{S}_0|=0$，则 $|\boldsymbol{P}|=0$，直线到原点的距离为零，即直线过原点。此时直线的 Plücker 坐标可写为（$\boldsymbol{S}$; $\boldsymbol{0}$），或（$l \quad m \quad n; \quad 0 \quad 0 \quad 0$）。反之，若 Plücker 坐标的前 3 个标量为零，即当 $\boldsymbol{S}=\boldsymbol{0}$，而 $|\boldsymbol{S}_0|$ 为有限值时，$|\boldsymbol{P}|=\infty$，此时直线位于距原点无穷远的平面上，写成 Plücker 坐标是（$\boldsymbol{0}$; $\boldsymbol{S}_0$）。因为，此时对于任何选择的原点，无穷远处的一个无穷小的矢量，它对原点的线距皆为 $\boldsymbol{S}_0$。$\boldsymbol{S}_0$ 与原点位置选择无关，这说明（$\boldsymbol{0}$; $\boldsymbol{S}_0$）成为自由矢量。这就是说，若直线的 Plücker 坐标的第一个矢量为零，表示该直线位于无穷远处。通常自由矢量记为（$\boldsymbol{0}$; $\boldsymbol{S}$）。

（3）平面的矢量方程　若矢量 $\boldsymbol{n}(L, M, N)$ 表示平面的法线，如图 2-22 所示，平面又通过空间某已知点 $\boldsymbol{r}_1(x_1, y_1, z_1)$，此时平面的矢量方程可以表示为 $(\boldsymbol{r}-\boldsymbol{r}_1)\cdot\boldsymbol{n}=0$。这个方程可以改写成平面的标准形式

$$\boldsymbol{r}\cdot\boldsymbol{n}=n_0 \tag{2-24}$$

式中，标量

$$n_0=\boldsymbol{r}_1\cdot\boldsymbol{n}=x_1L+y_1M+z_1N \tag{2-25}$$

n_0 为点的位置矢量与平面的单位法矢的点积。显然，n_0 的大小与矢量 $\boldsymbol{n}$ 的大小、方向以及平面对坐标系的相对位置 $\boldsymbol{r}_1$ 有关。由式（2-24）可知，($\boldsymbol{n}$; n_0) 为平面的齐次坐标，因为（$\lambda\boldsymbol{n}$; λn_0）表示的是同一个平面。

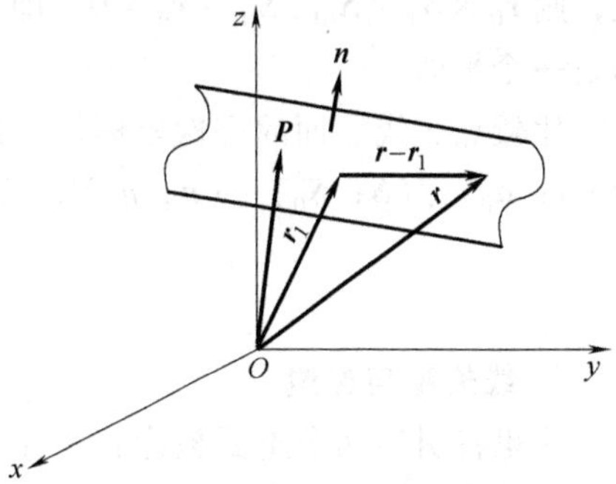

图 2-22　平面的矢量方程

平面的齐次坐标（$\boldsymbol{n}$; n_0）也可以表示为 x_1，x_2，x_3，x_4。这样平面的齐次方程为

$$a_1x_1+a_2x_2+a_3x_3+a_4x_4=0 \tag{2-26}$$

由于 $\boldsymbol{n}$ 和 n_0 决定 3 个独立变量，故在三维空间有 ∞^3 个平面。若平面到原点的距离用 $|\boldsymbol{P}|$ 表示，$\boldsymbol{P}$ 与 $\boldsymbol{n}$ 平行，故 $\boldsymbol{P}\times\boldsymbol{n}=0$。

在式 $\boldsymbol{P}\times\boldsymbol{n}=0$ 两边左侧同时叉乘 $\boldsymbol{n}$

$$\boldsymbol{n}\times(\boldsymbol{P}\times\boldsymbol{n})=0 \tag{2-27}$$

展开

$$(\boldsymbol{n}\cdot\boldsymbol{n})\boldsymbol{P}-(\boldsymbol{n}\cdot\boldsymbol{P})\boldsymbol{n}=0 \tag{2-28}$$

所以

$$\boldsymbol{P}=\frac{(\boldsymbol{n}\cdot\boldsymbol{P})\boldsymbol{n}}{\boldsymbol{n}\cdot\boldsymbol{n}}=\frac{n_0\boldsymbol{n}}{\boldsymbol{n}\cdot\boldsymbol{n}} \tag{2-29}$$

这样平面至原点的距离为

$$|\boldsymbol{P}|=\frac{|n_0\boldsymbol{n}|}{\boldsymbol{n}\cdot\boldsymbol{n}}=\frac{|n_0|}{|\boldsymbol{n}|} \tag{2-30}$$

故平面至原点的距离等于 n_0 的绝对值除以法矢的模。若 $n_0=0$，则平面过原点，齐次坐标为（$\boldsymbol{n}$; 0）；若 $\boldsymbol{n}=\boldsymbol{0}$，则平面在无穷远处，齐次坐标为（$\boldsymbol{0}$; n_0）。若 $\boldsymbol{n}$ 是单位矢量，则 n_0 是原点到平面的距离。

空间一条直线与该直线外一点也能决定一个平面。若有点 A，其位置矢量为 $\boldsymbol{r}_0$；空间另有一条直线，其方程为 $\boldsymbol{r}_1\times\boldsymbol{S}_1=\boldsymbol{S}_{01}$，如图 2-23 所示，这里 $\boldsymbol{r}_1$ 为直线上的动点。

显然，矢量 $\boldsymbol{S}_1$ 和（$\boldsymbol{r}_1-\boldsymbol{r}_0$）都在由该直线和点 A 所决定的平面内，因此这个平面的法线矢量可由叉积（$\boldsymbol{r}_1-\boldsymbol{r}_0$）$\times\boldsymbol{S}_1$ 决定。这样该平面可用下式表示

$$(\boldsymbol{r}-\boldsymbol{r}_1)\cdot(\boldsymbol{r}_1-\boldsymbol{r}_0)\times\boldsymbol{S}_1=0 \tag{2-31}$$

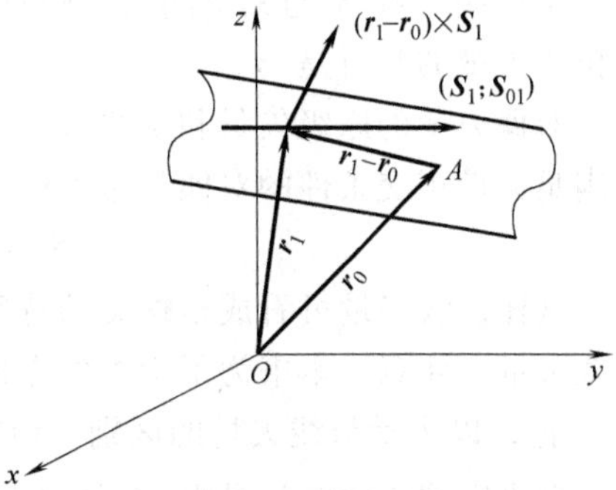

图 2-23　点和直线决定一平面

将式（2-31）的左边展开，因为 $\boldsymbol{r}_1\cdot(\boldsymbol{r}_1\times\boldsymbol{S}_1)=0$，有

$$\boldsymbol{r}\cdot(\boldsymbol{r}_1-\boldsymbol{r}_0)\times\boldsymbol{S}_1=-\boldsymbol{r}_1\cdot\boldsymbol{r}_0\times\boldsymbol{S}_1 \tag{2-32}$$

将 $\boldsymbol{r}_1\times\boldsymbol{S}_1=\boldsymbol{S}_{01}$ 代入式（2-32）后得到平面方程为

$$\boldsymbol{r}\cdot(\boldsymbol{S}_{01}-\boldsymbol{r}_0\times\boldsymbol{S}_1)=\boldsymbol{r}_0\cdot\boldsymbol{S}_{01} \tag{2-33}$$

此平面方程表示成齐次坐标为（$\boldsymbol{S}_{01}-\boldsymbol{r}_0\times\boldsymbol{S}_1$；$\boldsymbol{S}_{01}\cdot\boldsymbol{r}_0$）。若点 A 在这条已知的直线 $\boldsymbol{S}_1$ 上，则 $\boldsymbol{r}_0\times\boldsymbol{S}_1=\boldsymbol{S}_{01}$、$\boldsymbol{S}_{01}\cdot\boldsymbol{r}_0=0$，即平面的齐次坐标的两项都等于零，当然这样的条件不能确定一个平面。

比较点、线、面的齐次坐标，可以看到其形式是很相近的。点、线、面的齐次坐标分别为（d；$\boldsymbol{d}_0$）、（$\boldsymbol{S}$；$\boldsymbol{S}_0$）、（$\boldsymbol{n}$；n_0）。点、线、面至原点距离则分别为

$$\frac{|\boldsymbol{d}_0|}{|d|};\frac{|\boldsymbol{S}_0|}{|\boldsymbol{S}|};\frac{|n_0|}{|\boldsymbol{n}|} \tag{2-34}$$

2. 线矢量与旋量

这里将引出两个重要概念：一个是线矢量（Line Vector），另一个是螺旋（Screw）。在上文中曾建立了空间直线的矢量方程，这里将把这个概念再引申一步。如果空间的一个矢量被约束在一条方向、位置固定的直线上，仅允许该矢量沿直线前后移动，这个被直线约束的矢量称为线矢量。因此，线矢量在空间的位置和方向就由矢量 $\boldsymbol{S}$ 和其线距 $\boldsymbol{S}_0$ 决定，并且 $\boldsymbol{S}$ 与 $\boldsymbol{S}_0$ 为正交，$\boldsymbol{S}\cdot\boldsymbol{S}_0=0$。线矢量的 Plücker 坐标即（$\boldsymbol{S}$；$\boldsymbol{S}_0$）。因为线矢（$\boldsymbol{S}$；$\boldsymbol{S}_0$）表示的是齐次坐标，以标量 λ 数乘，λ（$\boldsymbol{S}$；$\boldsymbol{S}_0$）表示同一线矢。

矢量 $\boldsymbol{S}$ 表示直线的方向，它与原点的位置无关；线距 $\boldsymbol{S}_0$ 则与原点的位置有关。若原点的位置改变，由点 B 移至点 A，如图 2-24 所示，则矢量 $\boldsymbol{S}$ 对点 A 的线距 $\boldsymbol{S}_A$ 为

$$\boldsymbol{S}_A=\boldsymbol{r}_A\times\boldsymbol{S}=(\overrightarrow{AB}+\boldsymbol{r}_B)\times\boldsymbol{S} \tag{2-35}$$

即为

$$\boldsymbol{S}_A=\boldsymbol{S}_B+\overrightarrow{AB}\times\boldsymbol{S} \tag{2-36}$$

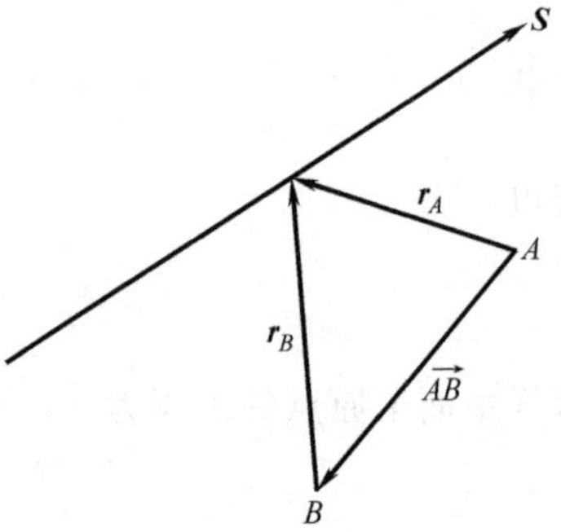

图 2-24　线距与原点位置关系

表示线矢的两个矢量还可以结合成对偶矢量的形式为

$$\boldsymbol{\$}=\boldsymbol{S}+\epsilon\ \boldsymbol{S}_0 \tag{2-37}$$

式中，ϵ 为对偶标记，且 $\epsilon^2=\epsilon^3=\cdots=0$。当 $\boldsymbol{S}$ 为单位矢量时，$\boldsymbol{\$}$ 称为单位线矢量，即

$$\boldsymbol{S}\cdot\boldsymbol{S}=1,\boldsymbol{S}\cdot\boldsymbol{S}_0=0 \tag{2-38}$$

单位线矢量 $\boldsymbol{\$}$ 与其空间表示的直线是一一对应的。在三维空间线矢量的数目是 ∞^5，而单位线矢量的数目是 ∞^4。

对偶矢量的原级矢量和次级矢量在一般情况下不满足矢量的正交条件，即 $\boldsymbol{S}\cdot\boldsymbol{S}^0\neq 0$。不满足矢量正交条件的对偶矢量（$\boldsymbol{S}$；$\boldsymbol{S}^0$）称为螺旋，也称为旋量，也记为 $\boldsymbol{\$}$。

$$\boldsymbol{\$}=\boldsymbol{S}+\epsilon\ \boldsymbol{S}^0,\boldsymbol{S}\cdot\boldsymbol{S}_0\neq 0 \tag{2-39}$$

这样，线矢量可看成是螺旋的特殊情况，当组成螺旋的两矢量的点积为零时，螺旋退化为线矢量。注意，本书为了学习的方便，将 $\boldsymbol{S}\cdot\boldsymbol{S}^0\neq 0$ 的对偶矢量（$\boldsymbol{S}$；$\boldsymbol{S}^0$）的对偶部矢量以 $\boldsymbol{S}^0$ 标记，以表示与线矢量的区别，但在国际上不加区别地都用 $\boldsymbol{S}_0$ 表示。

在决定螺旋的两矢量中，$\boldsymbol{S}$ 与原点的选择无关，而矢量 $\boldsymbol{S}^0$ 与原点的位置有关。当原点由点 B 移至点 A 时，$\boldsymbol{S}^A$ 仍可以按式（2-36）计算。

3. 机构自由度与约束分析的常用旋量运算

螺旋符合下列运算规则，并有特殊的应用意义。

（1）两螺旋的代数和　两螺旋 $\boldsymbol{\$}_1=\boldsymbol{S}_1+\epsilon\ \boldsymbol{S}_1^0$，$\boldsymbol{\$}_2=\boldsymbol{S}_2+\epsilon\ \boldsymbol{S}_2^0$，其代数和仍为螺旋，且

代数和螺旋的原部与对偶部分别为两螺旋的原部和对偶部之和，即

$$\$_1 + \$_2 = (\boldsymbol{S}_1 + \boldsymbol{S}_2) + \in (\boldsymbol{S}_1^0 + \boldsymbol{S}_2^0) \tag{2-40}$$

对于线矢量，若两线矢量共面，而且两原部矢量之和非零，则两线矢量之和仍为线矢量。这可证明如下：由于是线矢量，原部和对偶部矢量有正交性，即 $\boldsymbol{S}_1 \cdot \boldsymbol{S}_{01} = 0$，$\boldsymbol{S}_2 \cdot \boldsymbol{S}_{02} = 0$ 。又已知该两线矢量共面，则该两条直线的互矩为零，由式可得

$$(\boldsymbol{S}_1 + \boldsymbol{S}_2) \cdot (\boldsymbol{S}_{01} + \boldsymbol{S}_{02}) = 0 \tag{2-41}$$

这表明和线矢量的原部与对偶部是正交的，因此共面两线矢量之和即和线矢量仍为线矢量。但两单位线矢量之和不再为单位线矢量。

对于共面的两线矢量，和线矢量过两线矢量的交点。这是因为，共面两线矢量的和仍为线矢量，其矢量方程为

$$\boldsymbol{r} \times (\boldsymbol{S}_1 + \boldsymbol{S}_2) = \boldsymbol{S}_{01} + \boldsymbol{S}_{02} \tag{2-42}$$

若以 r_1 表示两线矢量交点的矢径，$\boldsymbol{r}_1$ 应分别在两线矢量上，同时满足两线矢量方程

$$\boldsymbol{r}_1 \times \boldsymbol{S}_1 = \boldsymbol{S}_{01}, \boldsymbol{r}_2 \times \boldsymbol{S}_2 = \boldsymbol{S}_{02} \tag{2-43}$$

将两式相加有

$$\boldsymbol{r}_1 \times (\boldsymbol{S}_1 + \boldsymbol{S}_2) = \boldsymbol{S}_{01} + \boldsymbol{S}_{02} \tag{2-44}$$

式（2-44）表明两线矢量的交点 $\boldsymbol{r}_1$ 满足和线矢量作用线方程，所以和线矢量过两线矢量的交点。

当两线矢量平行，且 $\boldsymbol{S}_2 = \lambda \boldsymbol{S}_1$，$\lambda \neq -1$ 时，则和线矢量的轴线以比 $\lambda/1$ 将 $\$_1$ 与 $\$_2$ 间的任何连线分为两段。这是因为，若 $\boldsymbol{r}_1$、$\boldsymbol{r}_2$ 分别是 $\$_1$和 $\$_2$上的两个点，则有 $\boldsymbol{r}_1 \times \boldsymbol{S}_1 = \boldsymbol{S}_{01}$，$\boldsymbol{r}_2 \times \boldsymbol{S}_2 = \boldsymbol{S}_{02}$，和线矢量可写为

$$\$_1 + \$_2 = (1 + \lambda)\boldsymbol{S}_1 + \in (\boldsymbol{r}_1 + \lambda \boldsymbol{r}_2) \times \boldsymbol{S}_1 \tag{2-45}$$

其轴线方程为

$$\boldsymbol{r} \times (1 + \lambda)\boldsymbol{S}_1 = (\boldsymbol{r}_1 + \lambda \boldsymbol{r}_2) \times \boldsymbol{S}_1 \tag{2-46}$$

点 $\boldsymbol{r}(1 + \lambda)\boldsymbol{S} = \boldsymbol{r}_1 + \lambda \boldsymbol{r}_2$ 满足此方程，且以比 $\lambda/1$ 分线段 $\boldsymbol{r}_1 - \boldsymbol{r}_2$。当 $\boldsymbol{S}_1$、$\boldsymbol{S}_2$ 方向相同时，$\lambda > 0$，和线矢量内分线段；当 $\boldsymbol{S}_1$、$\boldsymbol{S}_2$ 方向相反时，$\lambda < 0$，和线矢量外分线段。当 $\lambda = -1$ 时，$\boldsymbol{S}_2 = -\boldsymbol{S}_1$，两线矢量之和是偶量，即

$$\$_1 + \$_2 = \in [\boldsymbol{r}_1 \times \boldsymbol{S}_1 + \boldsymbol{r}_2 \times (-\boldsymbol{S}_2)] = \in (\boldsymbol{r}_2 - \boldsymbol{r}_1) \times \boldsymbol{S}_1 \tag{2-47}$$

注意，不共面的两线矢量之和一般为节距不为零的螺旋，而线矢量与偶量之和则为非线矢量。

（2）两螺旋的标量积　两螺旋的标量积（Scalar Product），也称点积，定义为

$$\$_1 \cdot \$_2 = (\boldsymbol{S}_1 + \in \boldsymbol{S}_1^0) \cdot (\boldsymbol{S}_2 + \in \boldsymbol{S}_2^0) \tag{2-48}$$

展开可以得到两螺旋的标量积公式为

$$\$_1 \cdot \$_2 = \boldsymbol{S}_1 \cdot \boldsymbol{S}_2 + \in (\boldsymbol{S}_1 \cdot \boldsymbol{S}_2^0 + \boldsymbol{S}_2 \cdot \boldsymbol{S}_1^0) \tag{2-49}$$

两螺旋的标量积仅是一个对偶数，不再是螺旋，而且其对偶部分与原点位置选择无关。两螺旋的标量积有如下性质：

交换律 $\$_1 \cdot \$_2 = \$_2 \cdot \$_1$；

分配律 $\$_1 \cdot (\$_2 + \$_3) = \$_1 \cdot \$_2 + \$_1 \cdot \$_3$。

（3）两螺旋互易积　从式（2-49）可知，两螺旋标量积的对偶部分是两螺旋的原部矢量与对偶矢量下标交换后做点积之和，这个乘法被定义为两螺旋的互易积（Reciprocal Product），记为

$$\$_1 \circ \$_2 = S_1 \cdot S_2^0 + S_2 \cdot S_1^0 \tag{2-50}$$

互易积是螺旋理论中最有意义的一种运算。若 $\$_1$ 及 $\$_2$ 是两线矢量，则式（2-50）为

$$\$_1 \circ \$_2 = S_1 \cdot S_{02} + S_2 \cdot S_{01} \tag{2-51}$$

等式右边表示两线矢量的互易积就是两直线的互矩。两线矢量共面的充分必要条件是它们的互易积为零。

有两个螺旋 $\$_1(S_1;\ S_1^0)$ 和 $\$_2(S_2;\ S_2^0)$，它们的互易积为

$$\$_1 \circ \$_2 = S_1 \cdot S_2^0 + S_2 \cdot S_1^0 \tag{2-52}$$

若原点从点 O 移动到点 A，这两个螺旋变成

$$\$_1^A = (S_1; S_1^A) = (S_1; S_1^0 + \overrightarrow{AO} \times S_1) \tag{2-53}$$

$$\$_2^A = (S_2; S_2^A) = (S_2; S_2^0 + \overrightarrow{AO} \times S_2) \tag{2-54}$$

这两个新的螺旋的互易积为

$$\$_1^A \circ \$_2^A = S_1 \cdot (S_2^0 + \overrightarrow{AO} \times S_2) + S_2 \cdot (S_1^0 + \overrightarrow{AO} \times S_1) = \$_1 \circ \$_2 \tag{2-55}$$

这个结果表示互易积与原点的选择无关，在后面还将看到它导出了两螺旋的相逆与原点的选择无关。它们都是十分有用的性质。

（4）两螺旋的叉积　两螺旋的叉积也称旋量积，定义为

$$\$_1 \times \$_2 = (S_1 + \in S_1^0) \times (S_2 + \in S_2^0) \tag{2-56}$$

将等式右边展开，得到两螺旋叉积的计算公式为

$$\$_1 \times \$_2 = S_1 \times S_2 + \in (S_1 \times S_2^0 + S_1^0 \times S_2) \tag{2-57}$$

从式（2-57）可以看出，螺旋叉积仍为螺旋。

当原点 O 移动到点 A 时，$\$_1$ 与 $\$_2$ 叉积的对偶部为

$$\begin{aligned} S_1 \times S_2^A + S_1^A \times S_2 &= S_1 \times (S_2^0 + \overrightarrow{AO} \times S_2) + (S_1^0 + \overrightarrow{AO} \times S_1) \times S_2 \\ &= S_1 \times S_2^0 + S_1^0 \times S_2 + \overrightarrow{AO} \times (S_1 \times S_2) \end{aligned} \tag{2-58}$$

这里应用了恒等式

$$\overrightarrow{AO} \times (S_1 \times S_2) + S_1 \times (S_2 \times \overrightarrow{AO}) + S_2 \times (\overrightarrow{AO} \times S_1) = 0 \tag{2-59}$$

因此，叉积的对偶部与原点位置有关。

螺旋叉积有如下性质：

分配律 $\$_1 \times (\$_2 + \$_3) = \$_1 \times \$_2 + \$_1 \times \$_3$；

反交换律 $\$_1 \times \$_2 = -\$_2 \times \$_1$。

2.2.4　重载机器人机构自由度与约束分析

图 2-25 所示的 3 自由度 Hunt 机构，是用 3 个结构相同的 RPS 分支连接上下平台，每个分支中的 R 副与基面平行，3 个分支的 3 个 R 副的方向矢量构成一个正三角形，计算其自由度？

机构的自由度可以按照修正的 G-K 公式计算，即

$$F = d(n - g - 1) + \sum_{i=1}^{n} f_i + v - \zeta = 6 \times (8 - 9 - 1) + 15 + 0 - 0 = 3 \tag{2-60}$$

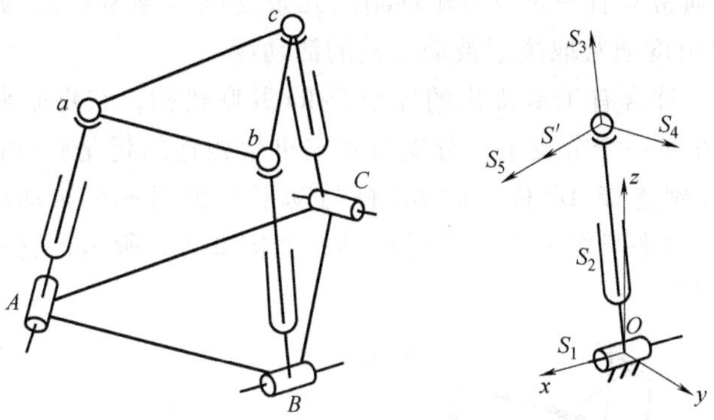

a) 3-RPS机构　　b) 分支分析

图 2-25　3 自由度 Hunt 机构

因此，该机构为 3 自由度并联机构。然而，在并联机构实际应用过程中，仅知道并联机构的自由度数目是远远不够的，通常还需要知道自由度的特性，即转动还是移动。约束螺旋分析法是分析并联机构自由度特性的常用方法。

以上述 3-RPS 机构为例，利用约束螺旋分析法分析机构的自由度，取出一个 RPS 分支，坐标系如图 2-25b 所示，原点在分支的第一个运动副上，x 轴沿该转动副轴线，z 轴垂直于基面，基于式（2-39）可得分支的螺旋系为

$$
\begin{aligned}
\$_1 &= (1\quad 0\quad 0;0\quad 0\quad 0)\\
\$_2 &= (0\quad 0\quad 0;0\quad -e_2\quad f_2)\\
\$_3 &= (1\quad 0\quad 0;0\quad f_2\quad e_2)\\
\$_4 &= (0\quad 1\quad 0;\ -f_2\quad 0\quad 0)\\
\$_5 &= (0\quad 0\quad 1;\ -e_2\quad 0\quad 0)
\end{aligned}
$$

用上述相同代数原理和方法，可以得到这 5 个螺旋的反螺旋为

$$
\$' = (1\quad 0\quad 0;0\quad f_2\quad e_2)
$$

从上述的约束分析可以看到，动平台受到 3 个独立的约束力，机构动平台只能做动平面内的 2 维转动，和沿 z 方向的转动。

对并联机构而言，除机构动平台的自由度外，机构内部支链的数目和驱动的数目都对机构的性能有较大影响。为了便于研究，根据机构自由度数目、支链数目和驱动数目，将并联机构进行分类。

假设并联机构的动平台的自由度为 n、支链数目为 m（$m>1$，且可能大于或小于 n），且机构由 k（$k \geqslant n$）个指定运动副上的驱动器驱动。根据 n、m 和 k 之间的关系，并联机构可分为如下几种：

1）$k=n$，非冗余驱动并联机构，是并联机构中最常见的一种。

2）$k>n$，冗余驱动并联机构。

3）$m>n$，具有冗余支链的并联机构。

4）$m<n$，每条支链上具有一个或多个驱动副的并联机构。

5）$n=m=k$，全并联机构。

在情况 3）中，通常只有一条没有驱动副的冗余支链（通常称之为被动支链）。对于这种机构，动平台的自由度通常取决于被动支链的活动度。

图 2-26a 所示为一种含有 Tsai 提出的异型 Delta 并联机构，它将原来的 4S 闭环改成平行四边形的 4R 闭环。在每一个分支上，分支与固定机架相连的仍是转动副，机架的第一杆与 4R 闭环使用一个转动副连接 AD 杆，而 BC 杆与动平台也用一个转动副相连。现在单独把 4R 平行四边形机构拿出来当作一个广义运动副，如图 2-26b 所示，它可以用一个单自由度的等效广义移动副替代。

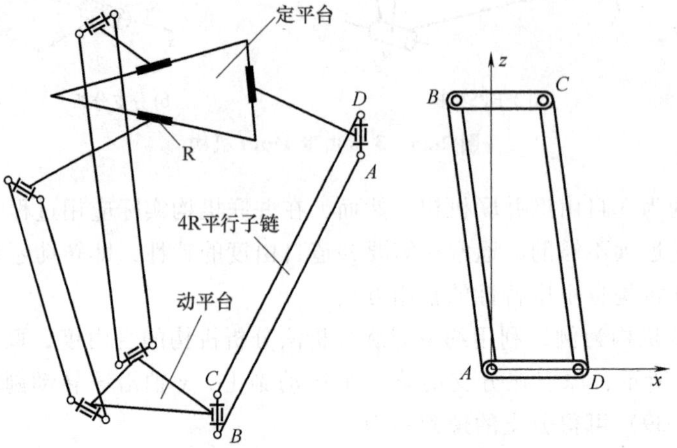

a) Tsai氏并联机构　　b) 4R平行四边形机构

图 2-26　Tsai 氏并联机构和 4R 平行四边形机构

在将图 2-26a 中 Tsai 氏并联机构的每个分支的闭环都以广义移动副代替后，该分支可看作由 4 个运动副 RRPR 构成，因为每个分支中的第 1 个 R 副是 Tsai 氏并联机构中分支与机架相连接的那个转动副，后两个转动副连接平行四边形的上下两杆，平行四边形相当于一个移动副。

当在机构上取分支坐标系时，可以让原点在分支中间闭环的 A 点，x 轴沿 AD 方向，它还平行于机架上的第 1 个转动副轴线，y 轴沿四杆环平面的法线方向。这样 Tsai 氏并联机构的等效分支运动螺旋系为

$$\$_1 = (1 \quad 0 \quad 0; 0 \quad e_1 \quad f_1)$$
$$\$_2 = (1 \quad 0 \quad 0; 0 \quad 0 \quad 0)$$
$$\$_3 = (0 \quad 0 \quad 0; d_3 \quad 0 \quad f_3)$$
$$\$_4 = (1 \quad 0 \quad 0; 0 \quad e_4 \quad f_4)$$

分支约束反螺旋为

$$\$_1^r = (0 \quad 0 \quad 0; 1 \quad 0 \quad 0)$$
$$\$_2^r = (0 \quad 0 \quad 0; 0 \quad 1 \quad 0)$$

上式表明，这个具有 4R 闭环的机构的每个分支对动平台都施加两个约束力偶，这两个约束力偶都垂直于定平台上的转动副。

全部 3 个分支对动平台共施加 6 个约束力偶，其中 3 个是过约束；还可以将与动平台 3 个转动副轴线相垂直的 6 个力偶如此分解，3 个力偶是沿动平台的法向，另外 3 个力偶则与

动平台相平行，这样法线方向的 3 个力偶将形成一个公共约束，而共面的 3 个力偶则引起一个并联冗余约束，即 $\lambda = 1$、$v = 1$。这样机构在计算自由度时就要考虑它的等效机构，即一个 3-RRPR 机构。由式（2-60）可知，该机构的自由度数为

$$M = d(n - g - 1) + \sum_{i=1}^{g} f_1 + v = 5 \times (11 - 12 - 1) + 12 + 1 = 3$$

考虑到 3 个分支对动平台共施加了 3 个力偶，它们的秩为 3。构成动平台的约束螺旋系是约束动平台的 3 个转动自由度，故该机构也被称为 3 维移动并联机构。上述分析与位形无关，自由度是全周的。

2.3　重载机器人构型综合

机构的构型综合是指在给定机构末端自由度数和形式的条件下，寻求机构的具体结构，包括运动副和连杆的数目以及运动副轴线之间的空间几何布局。常用的机构构型综合方法有基于约束螺旋的构型综合法、基于 G_F 集理论的构型综合法、基于位移群论的构型综合法、基于方位特征集的构型综合法等。本节重点介绍基于约束螺旋的构型综合法和基于 G_F 集理论的构型综合法的机构构型综合步骤。

2.3.1　基于约束螺旋的构型综合

1. 运动链的螺旋表示

在用约束螺旋进行机构构型综合时，首先需要了解运动链的运动螺旋和约束螺旋的求解方法与表示形式。

（1）串联运动链的运动螺旋　一个由 n 个运动副连接而成的串联运动链，描述其末端相对于惯性坐标系的瞬时运动，可表示为

$$\omega_i \$_i = \omega_1 \$_1 + \omega_1 \$_1 + \cdots + \omega_n \$_n = \sum \omega_j \$_j \tag{2-61}$$

式中，单位螺旋 $\$_j$ 为运动副 j 的运动螺旋，其描述了运动副轴线的位置以及类型。

转动副的运动副螺旋为（$\boldsymbol{S}$; $\boldsymbol{r} \times \boldsymbol{S}$），$\boldsymbol{S}$ 为转动副轴线方向的单位矢量；$\boldsymbol{r}$ 为坐标原点到转动副轴线的位置矢量；移动副的运动副螺旋为（0; $\boldsymbol{S}$），$\boldsymbol{S}$ 为移动副中心线方向的单位矢量；螺旋副的运动副螺旋表示为（$\boldsymbol{S}$; $\boldsymbol{r} \times \boldsymbol{S} + h\boldsymbol{S}$），$\boldsymbol{S}$ 为螺旋副轴线方向的单位矢量；$\boldsymbol{r}$ 为坐标原点到螺旋副轴线的矢量；h 为螺旋的节距。

（2）串联运动链的约束螺旋系　在已知运动螺旋的情况下，求解串联运动链的约束螺旋系。首先，假设串联运动链的任一约束螺旋为 $\$_k^r$（$k=1, 2, \cdots, n-6$），然后基于约束螺旋和运动螺旋的互易积为零求解所有的约束螺旋。

例如，RRC 串联运动链，选择适当的参考坐标系后，其运动副螺旋组可以表示为

$$\$_1 = (1\ 0\ 0;\ 0\ 0\ 0),\ \$_2 = (1\ 0\ 0;\ 0\ q_2\ r_2)$$

$$\$_3 = (1\ 0\ 0;\ 0\ q_3\ r_3),\ \$_4 = (0\ 0\ 0;\ 1\ 0\ 0)$$

该串联分支末端有 4 个自由度，受到 2 个约束，对应这 2 个约束的反螺旋可由互易积为零求得：

$$\$_1^r=(0\,0\,0;\,0\,1\,0),\ \$_2^r=(0\,0\,0;\,0\,0\,1)$$

通过上述分析可知，串联运动链的约束螺旋的数量与运动副螺旋组中的螺旋数量及其线性相关性有关。根据串联运动链的约束反螺旋的数量，可将串联运动链分为无约束串联运动链、单约束串联运动链、双约束串联运动链、三约束串联运动链、四约束串联运动链和五约束串联运动链。串联运动链的约束情况见表 2-3。

表 2-3　串联运动链的约束情况

串联运动链类型	运动副数量及其线性相关性	末端件所受运动链的结构约束	约束螺旋系的组成
无约束	6 个线性无关的单自由度运动副	未受到任何约束	∅
单约束	5 个线性无关的单自由度运动副	受到 1 个力螺旋约束	1 个约束力线矢
			1 个约束力偶
			1 个约束力螺旋
双约束	4 个线性无关的单自由度运动副	受到 2 个力螺旋约束	2 个约束力线矢
			1 个约束力线矢和 1 个约束力偶
			2 个约束力偶
			2 个约束力螺旋
			1 个约束力线矢和 1 个约束力螺旋
			1 个约束力偶和 1 个约束力螺旋
三约束	3 个线性无关的单自由度运动副	受到 3 个力螺旋约束	3 个约束力线矢
			2 个约束力线矢和 1 个约束力偶
			1 个约束力线矢和 2 个约束力偶
			3 个约束力偶
			1 个约束力线矢和 2 个约束力螺旋
			2 个约束力线矢和 1 个约束力螺旋
			1 个约束力偶和 2 个约束力螺旋
			2 个约束力偶和 1 个约束力螺旋
			1 个约束力线矢、1 个约束力偶和 1 个约束力螺旋
			3 个约束力螺旋
四约束	2 个线性无关的单自由度运动副	受到 4 个力螺旋约束	3 个约束力线矢和 1 个约束力偶
			2 个约束力线矢和 2 个约束力偶
			1 个约束力线矢和 3 个约束力偶
			2 个约束力螺旋和 2 个约束力偶
			1 个约束力螺旋和 3 个约束力偶
			1 个约束力线矢、1 个约束力螺旋和 2 个约束力偶
五约束	1 个线性无关的单自由度运动副	受到 5 个力螺旋约束	3 个约束力线矢和 2 个约束力偶
			2 个约束力线矢和 3 个约束力偶
			2 个约束力螺旋和 3 个约束力偶
			1 个约束力线矢、1 个约束力螺旋和 3 个约束力偶

2. 约束螺旋综合的原理和步骤

约束螺旋综合方法从机构运动与约束的本质出发，首先根据机构末端自由度求解机构运动链的约束螺旋系与运动副螺旋系，然后应用线性组合的方法，构造出实际的机构模型。机构构型综合的具体步骤如下。

1）首先根据工况需求的自由度写出机器人动平台的运动螺旋系，再通过求反螺旋的方法获得动平台的约束螺旋系。一般地，设动平台受到 i 个线性无关力螺旋的约束（$1 \leqslant i \leqslant 5$），此时动平台自由度为 $6-i$。

2）求解约束螺旋系的基。当机构有 m 个运动链，动平台约束螺旋系是各运动链约束螺旋的最大线性无关组，即

$$\hat{\boldsymbol{S}} = \bigcup^{m} \hat{\boldsymbol{S}}_j \tag{2-62}$$

式中，$\hat{\boldsymbol{S}}$ 为动平台的约束螺旋系；$\hat{\boldsymbol{S}}_j$ 为串联分支约束螺旋系。

例如，空间三维移动并联机构动平台的约束螺旋系为

$$\boldsymbol{\$}_1^r = (0\ 0\ 0;\ 1\ 0\ 0),\ \boldsymbol{\$}_2^r = (0\ 0\ 0;\ 0\ 1\ 0),\ \boldsymbol{\$}_3^r = (0\ 0\ 0;\ 0\ 0\ 1) \tag{2-63}$$

该空间三维移动并联机构各分支的约束螺旋系可以与上述动平台约束螺旋系相同，也可以是其中的一个或两个力偶。

3）求与分支约束螺旋系相逆的基础运动螺旋系。根据运动螺旋与约束螺旋的互逆性，分支基础运动螺旋系可以通过解方程组法确定或是通过观察法确定。

$$\boldsymbol{\$}^r \circ \boldsymbol{\$}_j = 0 \quad j = 1, 2, \cdots, n \tag{2-64}$$

例如，当选取运动链的约束螺旋为式（2-63）中的 $\boldsymbol{\$}_1^r$ 和 $\boldsymbol{\$}_3^r$ 时，约束了串联分支末端绕 x、z 轴的转动，与之相逆的基础运动螺旋系为

$$\boldsymbol{\$}_{m1} = (0\ 0\ 0;\ 1\ 0\ 0),\ \boldsymbol{\$}_{m2} = (0\ 0\ 0;\ 0\ 1\ 0),$$
$$\boldsymbol{\$}_{m3} = (0\ 0\ 0;\ 0\ 0\ 1),\ \boldsymbol{\$}_{m4} = (0\ 1\ 0;\ 0\ 0\ 0)$$

4）构造串联分支。基于基础运动螺旋系，应用线性组合原理构造出许多满足同样约束要求的等效运动副螺旋组，即前述等效串联分支的构造方法，如与 RRC 串联分支等效的 RPRP 分支和 PPPR 分支。在求得分支的运动副螺旋组中，各运动螺旋副的顺序是可以变化的，选择合适的空间分布最终得到满足约束要求的运动分支。

5）配置串联运动分支的空间分布，考虑机构的简单性、对称性、受力情况、驱动器安装等机构性能的要求，将运动分支构造为并联机构。

基于约束螺旋综合法可以得到许多具有相同自由度而结构不同的新机构，在上述方法与步骤的基础上，还可以利用一些机构构型综合技巧获得更多的机构，具体如下：

1）通过分支运动螺旋系不同的线性组合改变分支的结构。

2）增加或改变分支运动螺旋系中螺旋的数目。

3）改变分支运动螺旋系中运动副的排列次序，使分支运动螺旋系的结构不同。

4）将移动副转换为转动副或将转动副转换为移动副；将单自由度运动副转换为多自由度运动副。

5）将动静平台颠倒。

上述基于约束螺旋理论对称的少自由度并联机构构型综合方法具有普遍意义，读者可依据实际情况应用此原理进行综合得到所需机构。

3. 构型综合实例

以 $3R2T^{xy}$ 五自由度并联机构构型综合为例，基于约束螺旋方法进行机构构型综合。该机构具有 3 个转动自由度和 2 个 Oxy 平面内的移动自由度。动平台约束螺旋为

$$\$^{r}_{m1} = (0\ 0\ 1;\ 0\ 0\ 0)$$

式中，$\$^{r}_{m1}$ 为过参考系原点沿 z 轴方向的约束力线矢量，各分支约束螺旋系和机构约束螺旋系相同。机构运动螺旋系和分支运动螺旋系也相同，故第 i 个分支的基础运动螺旋系为

$$\$_{i1} = (1\ 0\ 0;\ 0\ 0\ 0),\ \$_{i2} = (0\ 1\ 0;\ 0\ 0\ 0),\ \$_{i3} = (0\ 0\ 1;\ 0\ 0\ 0)$$
$$\$_{i4} = (0\ 0\ 0;\ 1\ 0\ 0),\ \$_{i5} = (0\ 0\ 0;\ 0\ 1 0)$$

对其进行线性组合可以得到不同的运动组合形式，为避免螺旋副的出现，$\$_{i1}$ 和 $\$_{i2}$ 只能与 $\$_{i3}$ 线性组合，得到相交于原点的 3 个转动副，为 3R 球面子链，记为 $({}^{i}R^{j}R^{k}R)_N$，运动螺旋为

$$\$'_{i1} = (l_1\ m_1\ n_1;\ 0\ 0\ 0),\ \$'_{i2} = (l_2\ m_2\ n_2;\ 0\ 0\ 0),\ \$'_{i3} = (l_3\ m_3\ n_3;\ 0\ 0\ 0)$$

其中，$\$'_{i1}$，$\$'_{i2}$ 也可以组合为 2R 球面子链，记为（${}^{i}R^{j}R)_N$。

考虑 $\$_{i4}$ 和 $\$_{i5}$ 分别表示沿 x_i 轴和 y_i 轴的移动副，其线性组合形式（$0\ 0\ 0;\ l_i\ m_i\ 0$）为平行于 Oxy 平面的移动自由度，因此该机构中的移动副必定平行于定平台。

所有的分支约束力线矢量必须共轴，多个力线矢量共轴必须满足方向相同且过同一点。结构上要求所有分支的中心点重合，形成机构的中心点。为了得到通常机构，2R 和 3R 球面子链必须同时连接于动平台或静平台。

顺序放置 $\$_{i4}$-$\$_{i5}$-$\$'_{i1}$-$\$'_{i2}$-$\$'_{i3}$ 运动副由上可以得到 ${}^{x_1}P^{x_2}P({}^{i}R^{j}R^{k}R)_N$ 分支运动链，在满足 3 个分支中心点重合的条件下可构成 3-${}^{x_1}P^{x_2}P({}^{i}R^{j}R^{k}R)_N$ 并联机构。机构中心位置相对动平台固定，分支中的移动副始终平行于静平台。螺旋系的一般形式为

$$\$_{i1} = (0\ 0\ 0;l_{i1}\ m_{i1}\ 0),\ \$_{i2} = (0\ 0\ 0;l_{i2}\ m_{i2}\ 0),\ \$_{i3} = (l_{i3}\ m_{i3}\ n_{i3};\ 0\ 0\ 0)$$
$$\$_{i4} = (l_{i4}\ m_{i4}\ n_{i5};\ 0\ 0\ 0),\ \$_{i5} = (l_{i5}\ m_{i5}\ n_{i5};\ 0\ 0\ 0)$$

对上式求反螺旋，可得分支约束螺旋系的标准基为

$$\$^{r}_{m1} = (0\ 0\ 1;\ 0\ 0\ 0)$$

同理，可将移动副转换为转动副，$\$'_{i4} = (0\ 0\ 1;\ a_{i4}\ b_{i4}\ 0)$、$\$'_{i5} = (0\ 0\ 1;\ a_{i5}\ b_{i5}\ 0)$，表示两个空间任意一点，轴线平行于 z_i，即垂直于静平台的转动副。对 $\$_{i3}$线性变换可得 $\$''_{i3} = (0\ 0\ 1;\ a_{i3}\ b_{i3}\ 0)$。将 $\$'_{i4}$，$\$'_{i5}$ 转动副组合为 2R 平行子链，记为 ${}^{z}R^{z}R$。或是将 $\$'_{i4}$、$\$'_{i5}$、$\$''_{i3}$ 转动副组合为 3R 平行子链，记为 ${}^{z}R^{z}R^{z}R$。

顺序放置运动副，$\$'_{i1}$-$\$'_{i2}$-$\$''_{i3}$-$\$'_{i4}$-$\$'_{i5}$，将 2R 球面子链与 3R 平行子链顺序相连得到 ${}^{z}R^{z}R^{z}R({}^{j}R^{k}R)_N$ 分支运动链，在满足 3 个分支中心点重合的条件下可构成 5-${}^{z}R^{z}R^{z}R({}^{j}R^{k}R)_N$ 并联机构，该机构为包括输入对称的完全对称 5 自由度并联机构。螺旋系的一般形式为

$$\$_{i1} = (0\ 0\ 1;\ a_{i1}\ b_{i1}\ 0),\ \$_{i2} = (0\ 0\ 1;\ a_{i2}\ b_{i2}\ 0),\ \$_{i3} = (0\ 0\ 1;\ a_{i3}\ b_{i3}\ 0)$$
$$\$_{i4} = (l_{i4}\ m_{i4}\ n_{i5};\ 0\ 0\ 0),\ \$_{i5} = (l_{i5}\ m_{i5}\ n_{i5};\ 0\ 0\ 0)$$

本节得到的 5-${}^{z}R^{z}R^{z}R({}^{j}R^{k}R)_N$ 并联机构与 3-${}^{x_1}P^{x_2}P({}^{i}R^{j}R^{k}R)_N$ 并联机构分别如图 2-27 和图 2-28 所示。

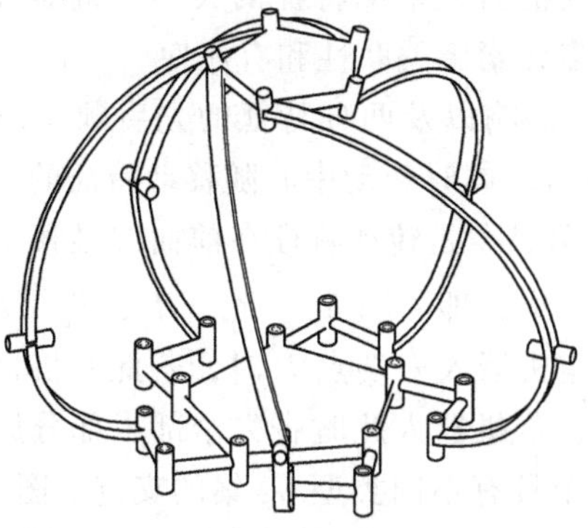

图 2-27　5-$^{z}R^{z}R^{z}R(^{j}R^{k}R)_{N}$ 并联机构

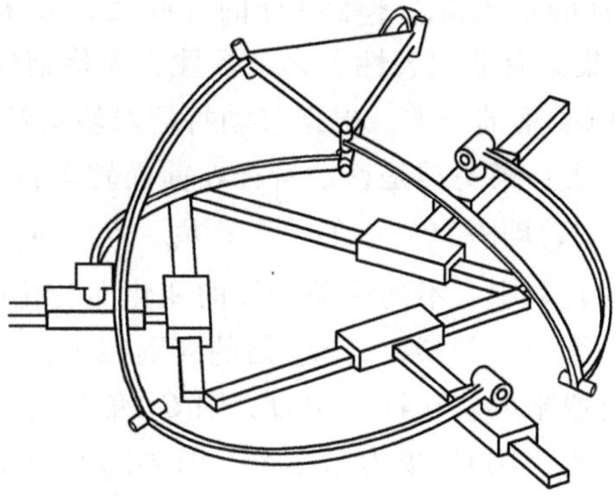

图 2-28　3-$^{x_1}P^{x_2}P(^{i}R^{j}R^{k}R)_{N}$ 并联机构

2.3.2　基于 G_F 集理论的构型综合

1. 构型综合步骤

(1) G_F 集的含义　G_F 集为机器人末端一般特征的集合。G_F 集由 6 个元素构成：

$$G_F(T_a \quad T_b \quad T_c;R_\alpha \quad R_\beta \quad R_\gamma) \tag{2-65}$$

式中，$T_i(i=a,\ b,\ c)$ 描述了机器人末端的移动特征；$R_j(j=\alpha,\ \beta,\ \gamma)$ 描述了机器人末端的转动特征。

如图 2-29 所示，G_F 集的三个移动项 $T_i(i=a,\ b,\ c)$ 不同时共面，任意两个移动项不共线；三个转动项 $R_j(j=\alpha,\ \beta,\ \gamma)$ 交于一点，且不同时共面，任意两个转动项不共线。如图 2-29 所示，R_α、R_β 和 R_γ 分别代表三个转动的轴线方向，而且 R_α 是第一转动轴线，R_β 是相对于 R_α 的转动轴线，R_γ 是相对于 R_α 和 R_β 的转动轴线。

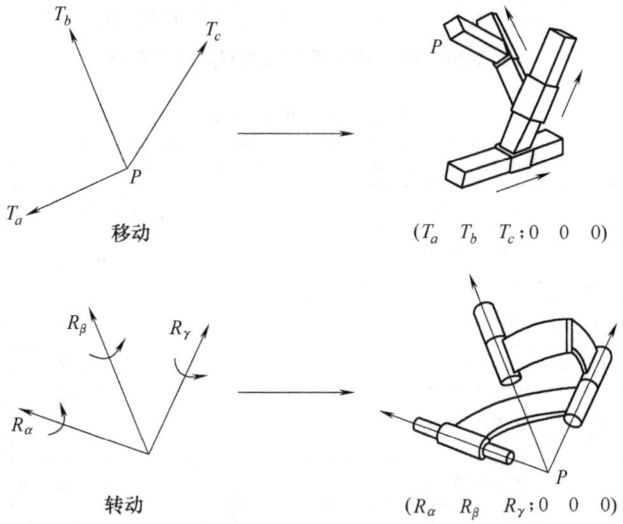

图 2-29　G_F 集的移动与转动特征元素的描述

根据集合的特点，规定当机器人末端具有某些特征时，G_F 集中的相关元素不为零，用相应的符号表示；当机器人末端不具有某些特征时，G_F 集中的相关元素用 0 表示。由此可知，

G_F 集描述的是机器人末端特征的有或无，并未涉及机器人末端特征的大小，机器人末端的特征 G_F 集具有非代表性、无坐标性、无量纲性、多元素无关联性和有序性。

（2）G_F 集的分类　根据移动特征对转动特征的影响以及两种特征的先后顺序，G_F 集可分为两大类：第一类是移动特征在前而转动特征在后，同时转动中心随移动特征的变化而变化的 G_F 集，即 $G_F^{\mathrm{I}}(T_a\quad T_b\quad T_c;\ R_\alpha\quad R_\beta\quad R_\gamma)$；第二类是转动特征在前而二维移动特征在后，同时转动中心不随移动特征的变化而变化的 G_F 集，即 $G_F^{\mathrm{II}}(R_\alpha\quad R_\beta\quad R_\gamma;\ T_a\quad T_b\quad 0)$。换言之，第一类和第二类 G_F 集的区别在于，当给定机器人末端点 P 时，若此时机器人仍然完全具有原来的转动特征能力，则 G_F 集为第一类；若机器人此时丧失全部或部分原来的转动特征能力，则 G_F 集为第二类。图 2-30 所示为两个具有不同类型 G_F 集的支链。图 2-30a 所示的机器人支链的转动轴心 O，在三个移动副的作用下可以在三维空间内移动。图 2-30b 所示支链的移动副的作用对转动中心 O 的空间位置没有影响。根据维数的不同将两类 G_F 集归纳分类，具体见表 2-4。

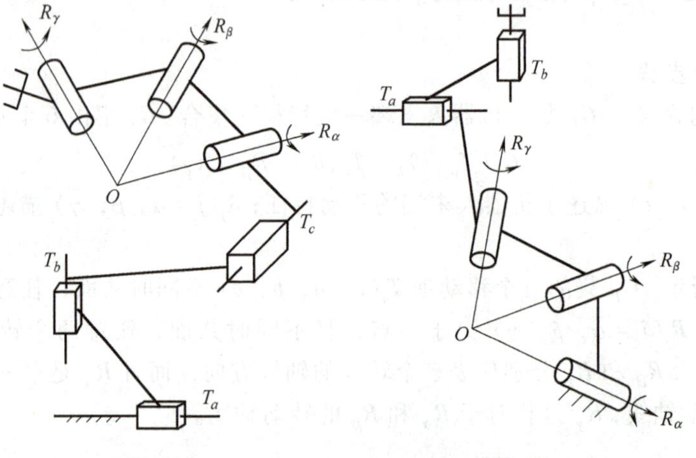

图 2-30　两个具有不同类型 G_F 集的支链

表 2-4　G_F 集的分类

维数	第一类 G_F 集	第二类 G_F 集
一	$G_F^{\mathrm{I}}(T_a\quad 0\quad 0;0\quad 0\quad 0)$	$G_F^{\mathrm{II}}(R_\alpha\quad 0\quad 0;0\quad 0\quad 0)$
二	$G_F^{\mathrm{I}}(T_a\quad 0\quad 0;R_\alpha\quad 0\quad 0)$ R_α 与 T_a 不重合	$G_F^{\mathrm{II}}(R_\alpha\quad 0\quad 0;T_a\quad 0\quad 0)$
	$G_F^{\mathrm{I}}(T_a\quad T_b\quad 0;0\quad 0\quad 0)$	$G_F^{\mathrm{II}}(R_\alpha\quad R_\beta\quad 0;0\quad 0\quad 0)$
三	$G_F^{\mathrm{I}}(T_a\quad 0\quad 0;R_\alpha\quad R_\beta\quad 0)$	$G_F^{\mathrm{II}}(R_\alpha\quad R_\beta\quad 0;T_a\quad 0\quad 0)$
	$G_F^{\mathrm{I}}(T_a\quad T_b\quad 0;R_\alpha\quad 0\quad 0)$	$G_F^{\mathrm{II}}(R_\alpha\quad 0\quad 0;T_a\quad T_b\quad 0)$ $R_\alpha\perp\square T_aT_b$
	$G_F^{\mathrm{I}}(T_a\quad T_b\quad T_c;0\quad 0\quad 0)$	$G_F^{\mathrm{II}}(R_\alpha\quad R_\beta\quad R_\gamma;0\quad 0\quad 0)$
四	$G_F^{\mathrm{I}}(T_a\quad 0\quad 0;R_\alpha\quad R_\beta\quad R_\gamma)$	$G_F^{\mathrm{II}}(R_\alpha\quad R_\beta\quad R_\gamma;T_a\quad 0\quad 0)$
	$G_F^{\mathrm{I}}(T_a\quad T_b\quad 0;R_\alpha\quad R_\beta\quad 0)$	$G_F^{\mathrm{II}}(R_\alpha\quad R_\beta\quad 0;T_a\quad T_b\quad 0)$
	$G_F^{\mathrm{I}}(T_a\quad T_b\quad T_c;R_\alpha\quad 0\quad 0)$	—

（续）

维数	第一类 G_F 集	第二类 G_F 集
五	$G_F^{\mathrm{I}}(T_a\quad T_b\quad 0;R_\alpha\quad R_\beta\quad R_\gamma)$	$G_F^{\mathrm{II}}(R_\alpha\quad R_\beta\quad R_\gamma;T_a\quad T_b\quad 0)$
	$G_F^{\mathrm{I}}(T_a\quad T_b\quad T_c;R_\alpha\quad R_\beta\quad 0)$	—
六	$G_F^{\mathrm{I}}(T_a\quad T_b\quad T_c;R_\alpha\quad R_\beta\quad R_\gamma)$	—

注意：

1）当转动轴线与移动方向重合时，即 $R_\alpha=T_a$，此类 G_F 集属于 $G_F^{\mathrm{II}}(R_\alpha\quad 0\quad 0;T_a\quad 0\quad 0)$。

2）当转动轴线垂直于移动方向构成的平面时，即 $R_\alpha\perp\square T_aT_b$，此类 G_F 集属于 $G_F^{\mathrm{I}}(T_a\quad T_b\quad 0;\ R_\alpha\quad 0\quad 0)$。

3）当 G_F 集所有特征元素为 0 时，G_F 集为空集，即 $G_F(0\quad 0\quad 0;\ 0\quad 0\quad 0)$。

4）当两个 G_F 集相等时，两个 G_F 集类型（第一或第二类）和元素相同。

G_F 集与通常利用转动自由度数和移动自由度数描述机器人的末端特征不同，表 2-4 中所示的各种末端特征不仅包含了末端特征的维数性质，还包含了转动特征与移动特征之间的非代数性、无坐标性、无量纲性、多元素无关联性和有序性关系。

（3）并联机构拓扑的构成条件　并联机器人是由两条或两条以上的支链连接动平台与静平台组成的机构，且通过各条支链的约束使并联机器人末端获得期望的运动特征。并联机器人的末端特征是组成机器人的各条支链的末端特征的交集，即

$$G_F=G_{F1}\cap G_{F2}\cap\cdots\cap G_{Fn}\tag{2-66}$$

式中，G_F 为并联机器人动平台的末端特征；G_{Fi} 为并联机器人第 i 个支链的末端特征，$i=1,2,\cdots,n$。

由式（2-66）可知，若综合具有特定末端特征的机构，则需要找到具有该特定末端特征的支链并按照一定方式连接在动平台和静平台之间。

2. 构型综合实例

二维移动并联机构的末端特征为 $G_F^{\mathrm{I}}(T_a\quad T_b\quad 0;\ 0\quad 0\quad 0)$。该类并联机构要求每个支链的末端特征必须包含 $G_F^{\mathrm{I}}(T_a\quad T_b\quad 0;\ 0\quad 0\quad 0)$ 特征，且各个支链的末端特征求交之后不满足一维转动存在的条件。

假设该二维移动并联机构由两条主动支链构成，不含被动支链，且每条主动支链具有一个驱动器。

表 2-5 列出了末端特征为 $G_F^{\mathrm{I}}(T_a\quad T_b\quad 0;\ 0\quad 0\quad 0)$ 的二维移动并联机构类型。由表 2-5 可以看出，第 1 项、第 9 项、第 16 项、第 18 项和第 21 项组合形式有可能产生结构对称的二维移动并联机构。也就是说，针对以上几种组合形式，可以通过相同的支链构造对称型并联机器人。类似的，也可以通过具有相同末端特征而支链结构不同的支链构造非对称型二维移动并联机构。

图 2-31 所示为几种典型的具有 G_F^{I}（$T_a\ T_b\ 0;\ 0\ 0\ 0$）型末端特征的移动并联机构。图 2-31a 所示的 2-$\mathrm{PP_a}$ 机构和图 2-31b 所示的 2-$\mathrm{P_aP_a}$ 机构是通过表 2-5 中的第一项组合形式综合得到的。

图 2-31c 所示的 2-$(\mathrm{P_aP_aR})_{\mathrm{sp}}$ 机构是根据表 2-5 的第 9 项组合形式综合的。2-$(\mathrm{P_aP_aR})_{\mathrm{sp}}$

机构中的 R 属于消极运动副，两个 R 的存在对 2-(P$_a$P$_a$R)$_{sp}$ 并联机构末端特征没有影响。图 2-31d 所示的 2-CP$_a$ 机构通过表 2-5 中的第 18 项组合形式综合得到。表 2-5 列出的仅是一部分二维移动并联机构。

表 2-5　末端特征为 G_F^{I}（T_a　T_b　0; 0　0　0）的二维移动并联机构类型

序号	机构类型		备注
1	2-PP	2-PP$_a$	对称
	2-P$_a$P	2-P$_a$P$_a$	
	(1-PP)∪(1-PP$_a$)	1-PP$_a$&1-P$_a$P	非对称
	1-P$_a$P&1-PP$_a$	1-PP&1-P$_a$P$_a$	
2	1-PP&1-(RRR)$_{pl}$	1-PP$_a$&1-(RP$_a$R)$_{pl}$	非对称
	1-P$_a$P&1-(P$_a$RP$_a$)$_{pl}$	1-P$_a$P$_a$&1-(RRP$_a$)$_{pl}$	
	1-PP&1-(PPR)$_{sp}$	1-PP$_a$&1-(P$_a$PR)$_{sp}$	
	1-P$_a$P&1-(P$_a$P$_a$R)$_{sp}$	1-P$_a$P$_a$&1-(PC)$_{sp}$	
3	1-PP&1-PPP	1-PP$_a$&1-P$_a$P$_a$P	非对称
	1-P$_a$P&1-PU*	1-P$_a$P$_a$&1-U*P$_a$	
4	1-PP&1-(RRP$_a$)$_{pl}$R	1-PP$_a$&1-(RRP)$_{pl}$R	非对称
	1-P$_a$P&1-(RRP$_a$)$_{pl}$R	1-P$_a$P$_a$&1-PP(RR)$_O$	
5	1-PP&1-RPPP	1-PP$_a$&1-PU*R	非对称
	1-P$_a$P&1-R$_{/\!/}$PR$_{/\!/}$ P	1-P$_a$P&1-P$_a$R$_{/\!/}$ R$_{/\!/}$ R$_{/\!/}$	
	1-P$_a$P$_a$&1-U*RP	1-P$_a$P$_a$&1-R$_{/\!/}$(2-UU)$_{/\!/}$	
6	1-PP&1-(RR)$_{/\!/}$(RRR)$_O$	1-PP$_a$&1-(RP$_a$)$_\perp$(RRR)$_O$	非对称
	1-P$_a$P&1-(RRR)$_{pl}$(RR)$_O$	1-P$_a$P$_a$&1-(RP$_a$R)$_{pl}$(RR)$_O$	
7	1-PP&1-PPPR$_1$R$_2$	1-P$_a$P&1-PR$_1$R$_2$U*	非对称
	1-P$_a$P&1-P$_a$R$_1$R$_1$R$_1$R$_2$	1-P$_a$P$_a$&1-R$_1$R$_1$(2-UU)$_2$	
8	1-PP&1-SPS	1-PP$_a$&1-UPS	非对称
	1-P$_a$P$_a$&1-PU*S	1-P$_a$P$_a$&1-P$_a$P$_a$P$_a$S	
9	2-(PPR)$_{sp}$	2-(P$_a$P$_a$R)$_{sp}$	对称
	2-(PC)$_{sp}$	2-(P$_a$PR)$_{sp}$	
	1-(RPP)$_{pl}$&1-(PPR)$_{sp}$	1-(P$_a$PR)$_{pl}$&1-(P$_a$PR)$_{sp}$	非对称
	1-(PPR)$_{sp}$&1-(PC)$_{sp}$	1-(P$_a$PR)$_{sp}$&1-(P$_a$C)$_{sp}$	
10	1-(PRP)$_{pl}$&1-PPP	1-(P$_a$RP)$_{pl}$&1-P$_a$P$_a$P$_a$	非对称
	1-(P$_a$PR)$_{sp}$&1-U*P	1-(P$_a$P$_a$R)$_{pl}$&1-U*P$_a$	
11	1-(PRP)$_{pl}$&1-PP(RR)$_O$	1-(RPP)$_{/\!/}$ &1-PP$_a$(RR)$_O$	非对称
	1-(RRR)$_{/\!/}$ &1-P$_a$P(RR)$_O$	1-(PRP)$_{pl}$&1-P$_a$P$_a$(RR)$_O$	
12	1-(P$_a$RP)$_{pl}$&1-PPPR	1-(P$_a$RP$_a$)$_{pl}$&1-PRU*	非对称
	1-(P$_a$PR)$_{sp}$&1-(2-UU)$_{/\!/}$ R$_{/\!/}$	1-(P$_a$P$_a$R)$_{sp}$&1-R$_{/\!/}$ R$_{/\!/}$PR$_{/\!/}$	
13	1-(P$_a$PR)$_{pl}$&1-PPR$_1$PR$_2$	1-(RP$_a$P$_a$)$_{pl}$&1-R$_1$PR$_2$U*	非对称
	1-(PP$_a$R)$_{sp}$&1-PR$_1$R$_1$R$_2$R$_2$	1-(P$_a$P$_a$R)$_{sp}$&1-R$_1$(2-UU)$_1$R$_1$	
14	1-PPP&1-(RRR)$_{/\!/}$ R	1-PU*&1-(PPR)$_{pl}$R	非对称
	1-U*P$_a$&1-(RP$_a$P$_a$)$_{/\!/}$ R	1-P$_a$U*&1-(RP$_a$R)$_{/\!/}$ R	

（续）

序号	机构类型		备注
15	1-PU*&1-PP(RRR)$_O$	1-P$_a$U*&1-(RR)$_{/\!/}$(RRR)$_O$	非对称
	1-U*P$_a$&1-(RP$_a$)(RRR)$_O$	1-U*P$_a$&1-(RRP$_a$)$_{pl}$(RR)$_O$	
16	2-PP(RR)$_O$	2-P$_a$P$_a$(RR)$_O$	对称
	1-PP(RR)$_O$&1-PP$_a$(RR)$_O$	1-P$_a$P(RR)$_O$&1-P$_a$P$_a$(RR)$_O$	非对称
17	1-PP(RR)$_O$&1-PU*R	1-P$_a$P(RR)$_O$&1-P$_a$P$_a$P$_a$R	非对称
	1-(PP$_a$R)$_{pl}$R&1-PR$_{/\!/}$R$_{/\!/}$P	1-(P$_a$PR)$_{pl}$R&1-R$_{/\!/}$(2-UU)$_{/\!/}$	
18	2-RPP	2-RP$_a$P$_a$	对称
	2-CP	2-CP$_a$	
	1-RPP&1-CP	1-RP$_a$P&1-CP$_a$	非对称
19	1-RPP&1-R(RRR)$_{pl}$	1-CP$_a$&1-R(PRP)$_{pl}$	非对称
	1-RPP$_a$&1-R(P$_a$PR)$_{pl}$	1-RPP$_a$&1-R(RP$_a$P$_a$)$_{pl}$	
20	1-RPP&1-(RRR)$_O$PP$_a$	1-CP&1-(RRR)$_O$RP$_\perp$	非对称
	1-CP$_a$&1-(RR)$_O$(P$_a$PR)$_{pl}$	1-RPP$_a$&1-(RR)$_O$(PPR)$_{pl}$	
21	2-(RR)$_O$PP	2-(RR)$_O$PP$_a$	对称
	2-(RR)$_O$P$_a$P	2-(RR)$_O$P$_a$P$_a$	
	1-(RR)$_O$PP&1-R(PPR)$_{pl}$	1-(RR)$_O$PP&1-R(P$_a$PR)$_{pl}$	非对称

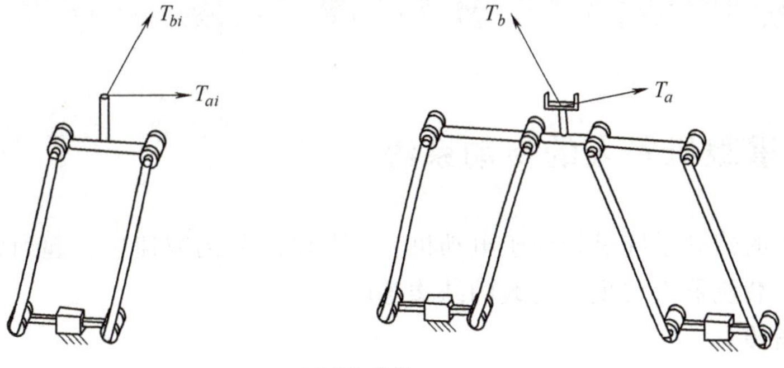

a) 2-PP$_a$ 机构

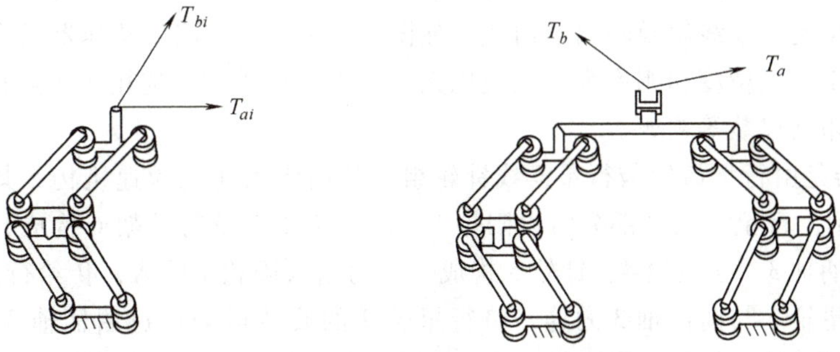

b) 2-P$_a$P$_a$ 机构

图 2-31 几种典型的具有 G_F^{I}（T_a T_b 0；0 0 0）型末端特征的移动并联机构

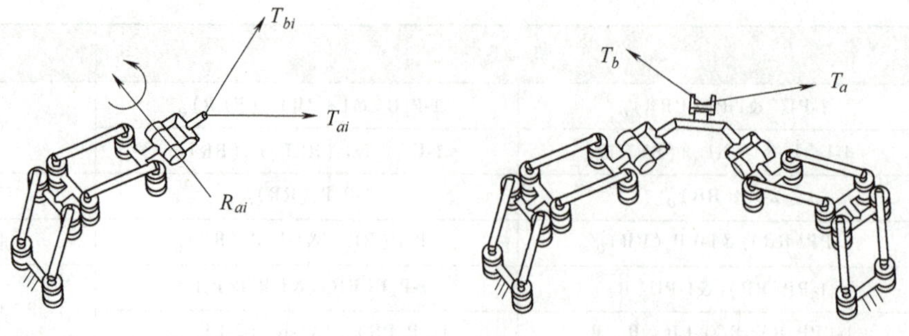

c) 2-$(P_a P_a R)_{sp}$机构

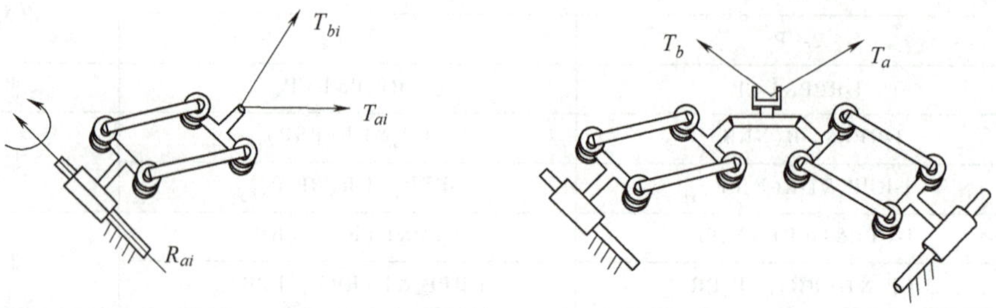

d) 2-CP_a机构

图 2-31　几种典型的具有 G_F^{I}（$T_a\ T_b\ 0;\ 0\ 0\ 0$）型末端特征的移动并联机构（续）

2.4　重载机器人的核心零部件

2.4.1　重载机器人的传动系统

重载机器人的传动系统是指介于电动机和关节轴之间的减速器，起到放大电动机输出转矩的作用，是重载机器人实现大负载的结构基础。

1. RV 减速器

RV 减速器是在传统摆线针轮减速机和行星齿轮传动装置的基础上发展而来的，其主体由太阳轮、行星轮、摆线轮及输出盘组成，如图 2-32a 所示。该类减速器具有体积小、结构简单、传动效率高、精度和刚度大、减速比大等特点，已被广泛应用于工业机器人、医疗机器人、机床、印刷包装等领域。

RV 减速器是由行星齿轮与行星摆线针轮组成的两级大速比减速机构，其传动机构简图如图 2-32b 所示。行星齿轮系部分由太阳轮 1、行星轮 2 以及行星架 6 构成；摆线针轮行星传动机构由曲柄轴 3、摆线轮 4、针轮 5 构成。动力由太阳轮 1 输入，传给行星轮 2，进行第一级减速。行星轮 2 与曲柄轴 3 固连，将行星轮 2 的旋转运动通过曲柄轴 3 传给摆线轮 4，构成摆线行星传动的平行四边形输入，从而使摆线轮 4 产生偏心运动。同时摆线轮 4 与针轮 5 啮合产生转动，此运动又通过曲柄轴 3 传递给输出盘 6 实现等速输出转动。由于输出盘 6 也作为第一级行星齿轮传动的行星架，因此输出盘 6 的运动也将通过曲柄轴 3 反馈给第一级差

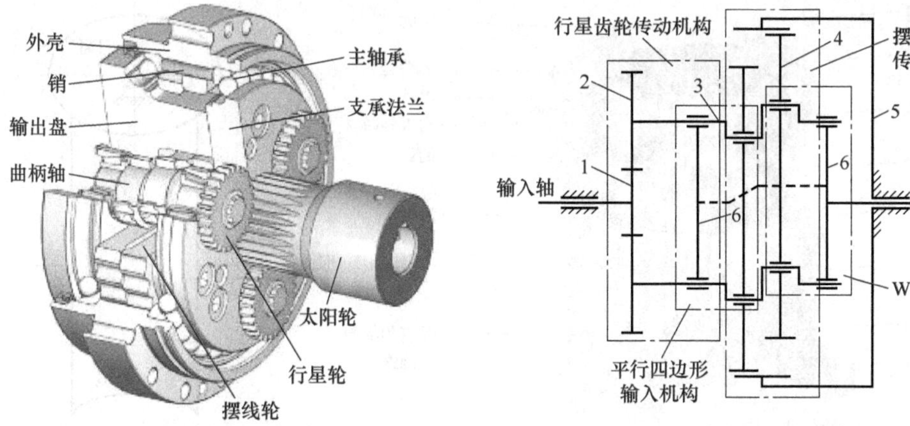

a) RV减速器结构组成　　b) RV减速器传动机构简图

图 2-32　RV 减速器

1—太阳轮　2—行星轮　3—曲柄轴　4—摆线轮　5—针轮　6—行星架（输出盘）

动机构形成运动封闭。根据上述分析可知，RV 减速器传动机构中包含行星齿轮传动机构、平行四边形输入机构、摆线行星传动机构以及 W 输出机构 4 个子机构。

如图 2-32b 所示，第一级行星传动比为

$$i_{12}^{6}=\frac{n_1-n_6}{n_2-n_6}=-\frac{z_2}{z_1} \tag{2-67}$$

第二级摆线针轮行星传动比为

$$i_{45}^{3}=\frac{n_4-n_3}{n_5-n_3}=1-\frac{n_4}{n_3}=\frac{z_5}{z_4} \tag{2-68}$$

由其传动原理可知，二级系杆（曲柄轴）转速等于一级传动的行星轮转速，即 $n_3=n_2$。由输出机构传动原理可知，行星架的转速等于摆线轮的自转转速，即 $n_6=n_4$。所以，RV 减速器的传动比为

$$i_{16}=\frac{n_1}{n_6}=1+\frac{z_2z_5}{z_1(z_5-z_4)} \tag{2-69}$$

式中，z_1 为输入轴太阳轮齿数；z_2 为行星轮齿数；z_4 为摆线轮齿数；z_5 为针轮齿数。通常摆线轮齿数 z_4 比针轮齿数 z_5 少 1，即 $z_5-z_4=1$。代入式（2-69）简化后的 RV 减速器的传动比为

$$i_{16}=\frac{n_1}{n_6}=1+\frac{z_2}{z_1}z_5 \tag{2-70}$$

2. 蜗杆减速器

蜗杆减速器是一种动力传达机构，它是利用蜗轮的转速转换，将电动机的转速减到所需的转速，并得到较大转矩的机构，主要由传动零件蜗轮、蜗杆，以及轴承、轴、箱体及其附件所构成，如图 2-33 所示。该类减速器具有结构紧凑、承载能力大、传动平稳、噪声小、能够自锁、减速比大等特点。但由于蜗轮、蜗杆啮合传动时，啮合轮齿间的相对滑动速度大，故摩擦损耗大、效率低。在工业应用上，蜗杆减速器具有减速及增加转矩的功能，因此被广泛应用在速度与转矩的转换设备中。

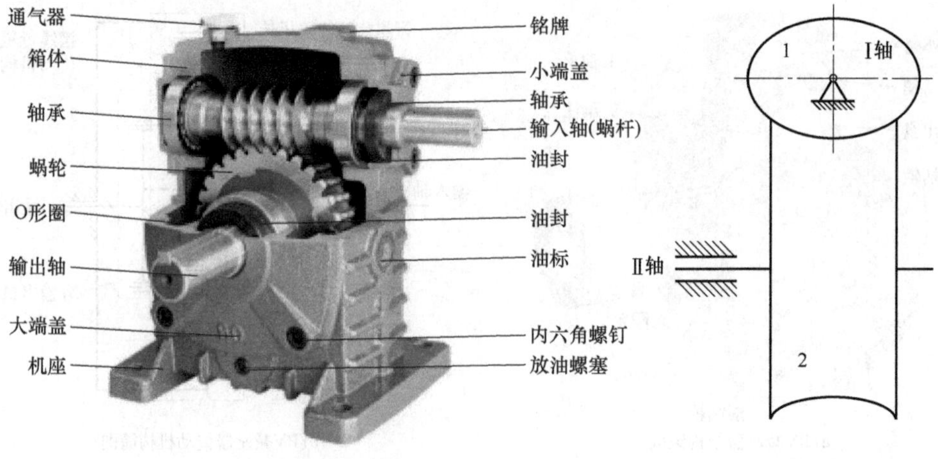

a) 结构组成　　b) 传动机构简图

图 2-33　蜗杆减速器

蜗杆减速器由三大基本结构组成：蜗轮与蜗杆、箱体、轴承与轴。蜗轮与蜗杆的主要作用是传递两交错轴之间的运动和动力；箱体是蜗杆减速器中所有配件的基座，是支承固定轴系部件、保证传动配件正确相对位置并支承作用在减速器上载荷的重要配件；轴承与轴的主要作用是动力传递、运转并提供效率。蜗杆减速器的部分附件及其作用：油封主要防止机箱内部的润滑油外泄，提高润滑油的使用时间；端盖分为大端盖和小端盖，作用是固定轴系部件的轴向位置并承受轴向载荷；轴承座孔两端用轴承盖封闭；油盖/通气器，主要用于排出蜗杆减速器机箱内的气体。在用于传递动力与运动的机构中，蜗杆减速器的应用范围相当广泛。

当蜗杆的导程角小于啮合轮齿间的当量摩擦角时，机构具有自锁性，可实现反向自锁，即只能由蜗杆带动蜗轮，而不能由蜗轮带动蜗杆。

该减速器传动比为

$$i = \frac{z_2}{z_1} \tag{2-71}$$

式中，z_1 为蜗杆头数，即蜗杆上螺旋线的数目；z_2 为蜗轮齿数，即蜗轮上齿的总数。

3. 行星齿轮减速器

行星齿轮减速器是一种利用齿轮速比关系将电动机轴转速减到所需转速的传动机构，主要由行星轮、太阳轮、行星架及内齿圈组成，如图 2-34 所示。该类减速器整体尺寸小、输出转矩大、效率高且安全可靠，被广泛应用于起重、挖掘、运输、建筑等行业。通常用于提高输出转矩和降低转速，以满足工业机器人对精确控制和大力矩的需求。

常用行星齿轮减速器可分为 2K-H 行星齿轮减速器、3K 行星齿轮减速器。2K-H 行星齿轮减速器机构简图如图 2-35a 所示，其运动由太阳轮 1 输入，经过内齿圈 2、行星轮 3 传动到达行星架 H 实现输出。采用转化机构法，可得该减速器的传动比为

$$i = \frac{\omega_1}{\omega_H} = 1 + \frac{z_2}{z_1} \tag{2-72}$$

对比 2K-H 行星齿轮减速器，3K 行星齿轮减速器可实现大传动比及高效传动，其机构

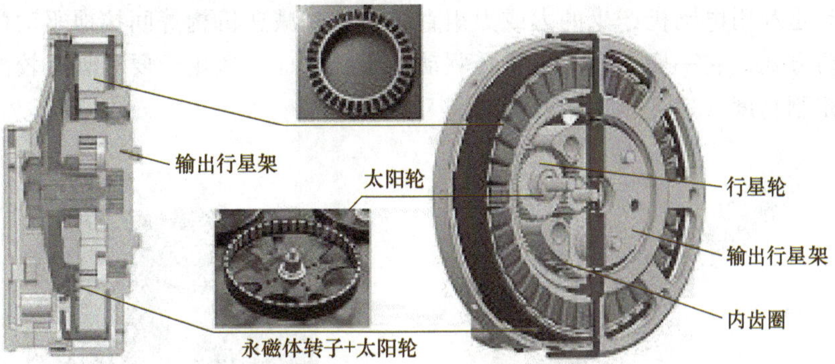

图 2-34　行星齿轮减速器结构

简图如图 2-35b 所示，主体结构由太阳轮、第一行星轮、第一内齿圈、第二行星轮、第二内齿圈和行星架组成。运动由太阳轮 S 输入，经内齿圈 R1、行星轮 P1 及行星轮 P2 传动到内齿圈 R2 实现输出。整个传动机构形成三个啮合齿轮副，分别为行星轮 P1 与太阳轮 S 啮合、行星轮 P1 与内齿圈 R1 啮合及行星轮 P2 与内齿圈 R2 啮合。采用转化机构法，可得到 3K 行星齿轮减速器的传动比为

$$i=\frac{\omega_1}{\omega_H}=\left(1+\frac{z_{R1}}{z_S}\right)\times\left(1-\frac{z_{R1}z_{P2}}{z_{R2}z_{P1}}\right)=\frac{1+I_1}{1-I_2} \tag{2-73}$$

式中，z_j 为各齿轮的齿数，$j\in\{S, P1, R1, P2, R2\}$；$I_1=z_{R1}/z_S$；$I_2=z_{R1}z_{P2}/z_{R2}z_{P1}$；当 $z_{R2}z_{P1}$ 和 $z_{R1}z_{P2}$ 接近时，可获得大传动比。当 $z_{P1}>z_{R2}$ 时，$I_2<1$，输入和输出方向相同；$z_{P1}<z_{R2}$ 时，$I_2>1$，输入和输出方向相反。

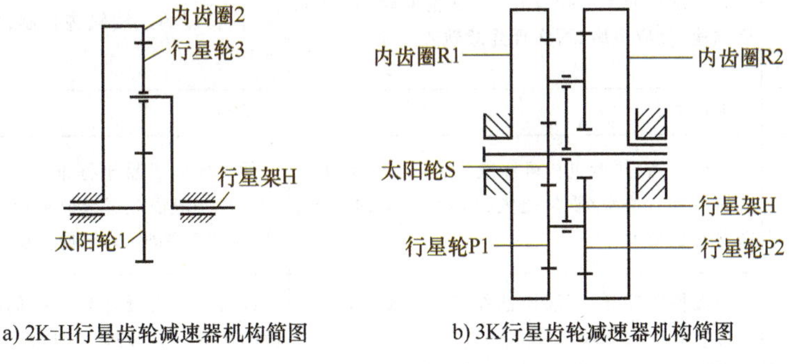

图 2-35　行星齿轮减速器机构简图

2.4.2　重载机器人的驱动与储能系统

1. 重载机器人的驱动系统

重载机器人驱动系统按动力源可分为液压、电动两种基本类型，如图 2-36 所示。根据需要，可采用由两种基本驱动类型的一种或多种复合的驱动系统。

液压驱动是利用油液作为工作介质传递运动，最终推动机器人关节转动，适用于重载、

低速驱动的机器人。

电动驱动是利用电动机产生的力或力矩直接或通过减速机构等间接地驱动机器人各个运动关节的驱动方式，它一般由电动机及其驱动器系统组成，适用于要求具有较高的位置控制精度和轨迹控制精度、速度较快的机器人。

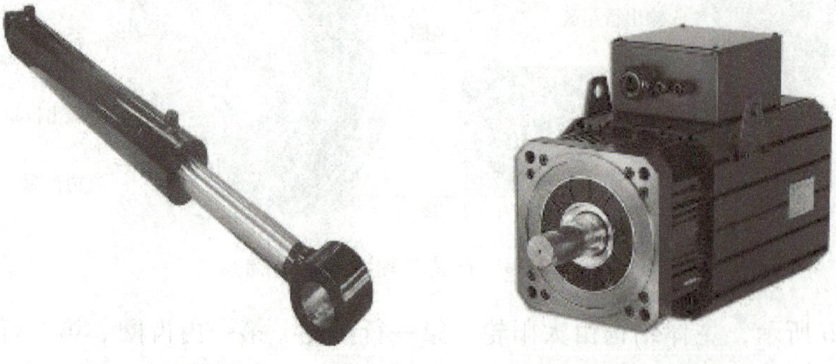

a) 液压驱动　　b) 电动驱动

图 2-36　重载机器人的驱动系统类型

在选择驱动系统时，需要考虑机器人的工作负载、速度要求、控制精度、作业环境、成本预算等因素，液压、电动驱动的主要特点见表 2-6。

表 2-6　液压、电动驱动的主要特点

内容	驱动方式	
	液压驱动	电动驱动
输出功率	很大	较大
控制性能	利用液体的不可压缩性,控制精度较高,可无级调速,反应灵敏,可实现连续轨迹控制	控制精度高,能精确定位,反应灵敏,可实现高速、高精度的连续轨迹控制,伺服特性好,控制系统复杂
响应速度	很快	很快
结构性能及体积	结构适当,执行机构可标准化、模块化,易实现直接驱动。功率/质量比大,体积小,结构紧凑,密封问题较大	伺服电动机易于标准化,结构性能好,噪声低,电动机一般需配置减速装置,除直驱(DD)电动机外,难以直接驱动,结构紧凑,无密封问题
安全性	防爆性能较好,用液压油作传动介质,在一定条件下有火灾危险	设备自身无爆炸和火灾危险,直流有刷电动机换向时有火花,防爆性能较差
对环境的影响	液压系统易漏油,对环境有污染	无
成本	液压元件成本较高	成本适中

2. 重载机器人的储能系统

重载机器人的储能系统通常位于机器人的根部，以 6 自由度串联机器人为例，储能系统通常与第二关节并联，用以提高第二关节的关节峰值力矩，提升机器人的最大负载能力。

目前，从能量存储方式而言，主要分为物理储能、电磁储能、电化学储能和相变储能。物理储能（又称为机械储能）主要包括抽水储能、压缩空气储能、弹性储能和飞轮储能。电磁储能包括超导储能、超级电容储能和高能密度电容储能。电化学储能包括铅酸、镍氢、镍镉、锂离子、钠硫和液流等电池储能。相变储能包括冰蓄冷储能等。以上不同储能方式，由于自身特点，在储能转换效率、储能功率以及应用场合等方面存在差异，具体见表 2-7。

表 2-7　不同储能方式的特点

储能方式		功率密度/(W/kg)	质量能量密度/(kJ/kg)	体积能量密度/(kJ/m³)	优点	缺点	使用场合
物理储能	飞轮储能	12000	18～360	—	大容量、高转换率	强度、安全防护要求高	不间断电源、应急电源
	抽水储能	—	—	—	大容量、低成本	地理条件要求高	电网调峰
	压缩空气储能	—	12.6	18000	大功率、大容量、低成本	场地要求特殊	调峰发电厂、系统备用电源
	弹性储能	—	—	—	高效率、低成本、无污染	稳定性差、容量小	力矩变换场合、作为应急能源、往复运动回程能量收集
电磁储能	超导储能	10400～105000	—	—	能量返回效率高、能量释放速度快	制造成本高、维护困难	电能质量调节、输配电系统稳定性
	超级电容储能	800～20000	7～100	36000	安装简单、体积小	成本高、储能低	短时间、大功率的负载平滑和电能质量高峰值功率场合
电化学储能	钠硫电池	100～200	20～576	54000～1.6×10^6	成本低、效率高	安全顾虑	电源、可再生储能
	液流电池	—	—	—	寿命长、易于组合、效率高	容量小	电源、可再生储能
	锂离子电池	—	—	—	质量小、容量大、功率大	成本高	电源、可再生储能

由表 2-7 可知，储能方式应用模式可以分为容量型和功率型两种。容量型储能方式包括飞轮储能、超导储能以及超级电容储能，该类储能方式适合用于需要提供短时较大的脉冲功率的场合，如应对电压暂降和瞬时停电、提高用户的用电质量，抑制电力系统低频振荡、提高系统稳定性等。功率型储能方式包括抽水储能、压缩空气储能和电化学电池储能，该类储能方式适合用于系统调峰、大型应急电源、可再生能源并入等大规模、大容量的应用场合。

弹性储能作为物理储能的一种，主要利用弹簧在受载条件下产生变形能并将其储存起来的原理，以静态形式将能量存储在弹性材料的弹性变形之中，不仅可以将能量传递给机械负载，而且还可以将其转换成驱动电负载的系统，具有低成本、可重复利用、无污染等特点。弹性储能的主要运用场合有以下几种：①用于提供短时巨大转矩，如弹性驱动陀螺仪；②用于有固定运动周期的机械控制机构，如摆轮游丝机构；③用于环境能量、运动能量采集和力矩变换场合，如重力势能的收集利用。此外就弹性储能输出方式而言，目前主要有两种：一是通过机械构件以机械能形式输出，直接驱动机械负载工作；二是通过双馈电动机以电能形式输出，通过电驱动负载工作。

重载机器人储能系统指的是一种能够为重载机器人在执行长时间、高负载工作任务时提供稳定能源供应的系统。现阶段，锂离子电池、燃料电池等具有能量密度高和工作时间长的优点，可作为动力源为重载机器人提供稳定的电力输入。重载机器人储能系统还可以从可再生能源（如太阳能）和弹性储能机构入手研究，为特殊工作环境下重载机器人的储能系统开辟新篇章。

2.4.3 重载机器人的精度补偿系统

精度补偿是指通过检测和校正机器人操作中的位姿误差，以提高机器人的定位精度和重复定位精度。在重载机器人的精度补偿中，传感器起着至关重要的作用。下面是一些与重载机器人精度补偿相关的传感器类型。

1）力觉传感器：用于测量机器人与环境之间的接触力，帮助机器人更精确地进行力控制和精度补偿，如图 2-37 所示。

2）位置传感器：包括编码器、IMU 等，用于提供机器人关节角度的精确位置信息，以便进行位置误差的检测和补偿，如图 2-38 所示。

图 2-37　力觉传感器

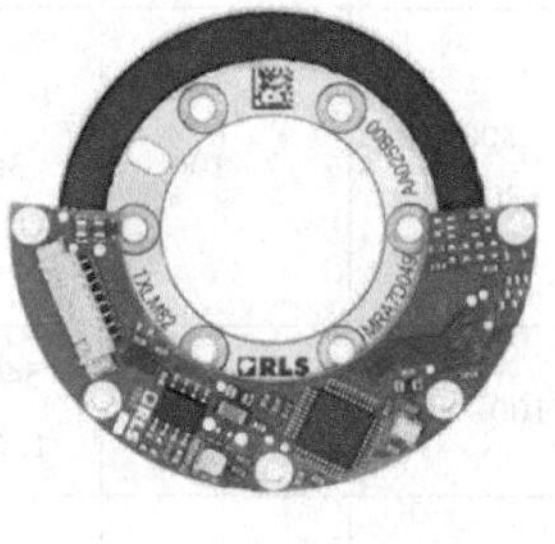

图 2-38　编码器

3）激光跟踪仪：用于测量机器人末端执行器的精确位置，提供高精度的空间定位数据，以实现精密的精度补偿，如图 2-39 所示。

4）视觉传感器：如摄像头或 3D 视觉系统，可以监测机器人的动作和环境，提供视觉反馈以辅助精度补偿，如图 2-40 所示。

5）应变计：安装在机器人的关节或连杆上，用于测量由负载引起的变形，进而进行精度补偿，如图 2-41 所示。

6）电流传感器：监测机器人电动机的电流变化，可以用于辨识机器人的负载状态和进行相应的补偿，如图 2-42 所示。

图 2-39　激光跟踪仪

图 2-40　视觉传感器

图 2-41　应变计

7）温度传感器：监测机器人在重载下工作时的温度变化，因为温度变化可能影响机器人的力学性能和精度，如图 2-43 所示。

图 2-42　电流传感器

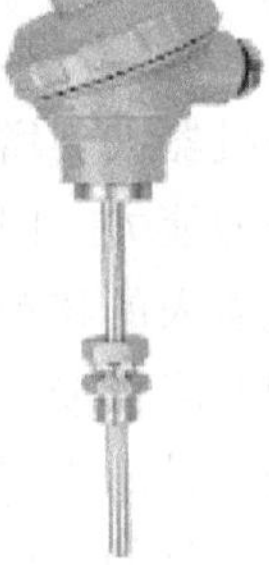

图 2-43　温度传感器

8）触觉传感器：在机器人的接触点安装触觉传感器，以感知接触的力度和位置，用于执行精细操作时的精度补偿，如图 2-44 所示。

9）关节转矩传感器：测量机器人关节的转矩，有助于理解机器人的负载情况和进行相应的控制调整，如图 2-45 所示。

图 2-44　触觉传感器

图 2-45　关节转矩传感器

这些传感器可以单独使用，也可以组合使用，安装在机器人基座、关节与末端处，如图 2-46 所示，以提供全面的机器人状态信息，实现更为精确的精度补偿。通过这些传感器收集的数据，机器人控制系统可以实时调整机器人的动作，以适应不同的工作条件和负载要求。

图 2-46　机器人传感器安装

2.5 重载机器人的轻量化设计

自重过重的机器人会增加伺服电动机的转矩负载，降低运动效率，增加能耗，甚至影响其完成特定任务的能力。因此，实现机器人本体的轻量化是提升其整体性能的关键。轻量化不仅可以提高机器人的移动速度、敏捷性和续航能力，还能减少运动惯性，增强操作的精准度和安全性，同时降低能耗和环境污染。

轻量化是跨学科的工程科学，由材料力学、计算机技术、材料学和制造技术等领域的知识基础构成。轻量化的目标是在给定的边界条件下，实现结构自重的最小化，同时满足一定的寿命和可靠性要求。为了实现这个目标，需要选择适当的构造、轻质材料、连接技术、尽可能准确的设计以及可实现的制造工艺。

重载机器人本体的结构轻量化方式主要包括利用新材料替换、结构优化和柔性绳驱动。

1. 利用新材料替换

利用新材料替换是指在重载机器人零部件设计与制造时，一些零部件使用高强低密度的新型材料进行结构轻量化的方法。例如，采用铝合金、钛合金、镁合金和碳纤维复合材料等制造零部件。然而，采用新材料对机器人进行轻量化的方式存在成本高、研发周期长、加工难度大等问题，在产业化应用推广方面具有较大的困难。

2. 结构优化

结构优化是通过改变机器人内部零部件的结构形状实现结构轻量化的方法，该方法成本低且容易实现，因此，结构优化成为机器人轻量化设计的主要方法。结构优化设计方法主要包括形状优化、尺寸优化和拓扑优化。

常规重载机器人的二三关节可能会采用双电动机带一个大型减速器和一个大的平衡缸，如 KUKA 现有产品 Titan（图 2-47）和 FANUC 的 M-1000iA（图 2-48），都是采用这种结构。

但是存在的现实问题是，大减速器的设计与制造难度是呈指数上升的，成本也是呈指数上涨的。KUKA 创新地把早期小六轴上的双臂结构设计引入到了重载机器人设计中，与原来的设计反过来，一个电动机带两个中型减速器，分别驱动两个臂，而且用了两个平衡缸。这种创新的设计突破了大型减速器的瓶颈，明显降低了机器人的自重。

相比而言，拓扑优化属于新兴的优化方法。随着有限元分析的兴起及计算机性能的提高，拓扑优化在近几年崭露头角，并逐渐应用到了机器人结构轻量化设计中。

图 2-47　Titan

图 2-48　M-1000iA

3. 柔性绳驱动

柔性绳驱动是指使用轻型绳索作为驱动而实现结构轻量化的方法。图 2-49 所示为 4 自由度绳索驱动重载工业机器人，该机器人是典型的采用柔性绳驱动实现结构轻量化的实例。该机器人包括由两个支承架支承的基座，基座上设置有转座，转座上安装有大臂，大臂的另一端与小臂连接，小臂的一端设置有绳索固定装置，另一端连接有末端执行装置，末端执行装置上设置有吸盘，转座上设置有绕绳装置，绕绳装置上缠绕有两股驱动绳索，驱动绳索的另一端与小臂上的绳索固定装置连接，其中控制转座、大臂及驱动绳索运动的驱动电动机均设置在转座上。转座上还设置有可根据负载大小调整位置的配重结构，用于机器人的平衡。由于自重和末端负载的因素，驱动绳索始终保持绷紧状态，第三驱动电动机与第四驱动电动机驱动绕绳装置转动时带动驱动绳索缠绕到绕绳轴上，对小臂另一端的绳索固定装置产生拉力以及对末端执行装置上设置的绳索固定装置产生拉力，从而带动小臂和末端执行装置转动，实现末端 4 个自由度。该结构绳索驱动轻量化重载机器人大、小臂均是成本低、质量轻

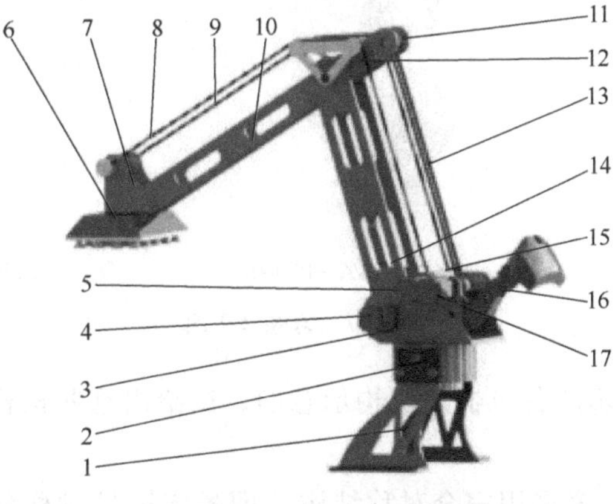

图 2-49　4 自由度绳索驱动重载工业机器人

1—支承架　2—基座　3—转座　4—第二驱动电动机　5—第三驱动电动机　6—末端吸盘　7—末端执行装置　8—第一绳索固定装置　9—第一驱动绳索　10—小臂　11—第二绳索固定装置　12—连接结构　13—第二驱动绳索　14—大臂　15—第一绕绳装置　16—可调节配重　17—第四驱动电动机

的钣金件，结构简单、生产方便，利用自重小的驱动绳索代替传统刚性杆实现了机器人轻量化，同时驱动电动机都安装在转座上，有效降低了电动机自重对机器人性能的影响。该机器人实用性强，在搬运、码垛、机床上下料等方面具有良好的应用价值。

在重载机器人研发时，研发的重点并不在于减重，而是如何在运动构件的刚性与性能（如强度或灵活性）之间取舍，针对这一矛盾，轻量化是最好的解决方法之一。例如，轻量化组件可以使重载机器人的动作更快更敏捷、精度更高、寿命更长。通过轻量化，重载机器人还可以采用更小、更经济的驱动系统，从而提升产品的市场竞争力。

习题

2-1　分别简述串联、并联和混联重载机器人的特点。

2-2　根据所学知识，试绘制图 2-50 所示重载机器人的机构简图，并计算其自由度。

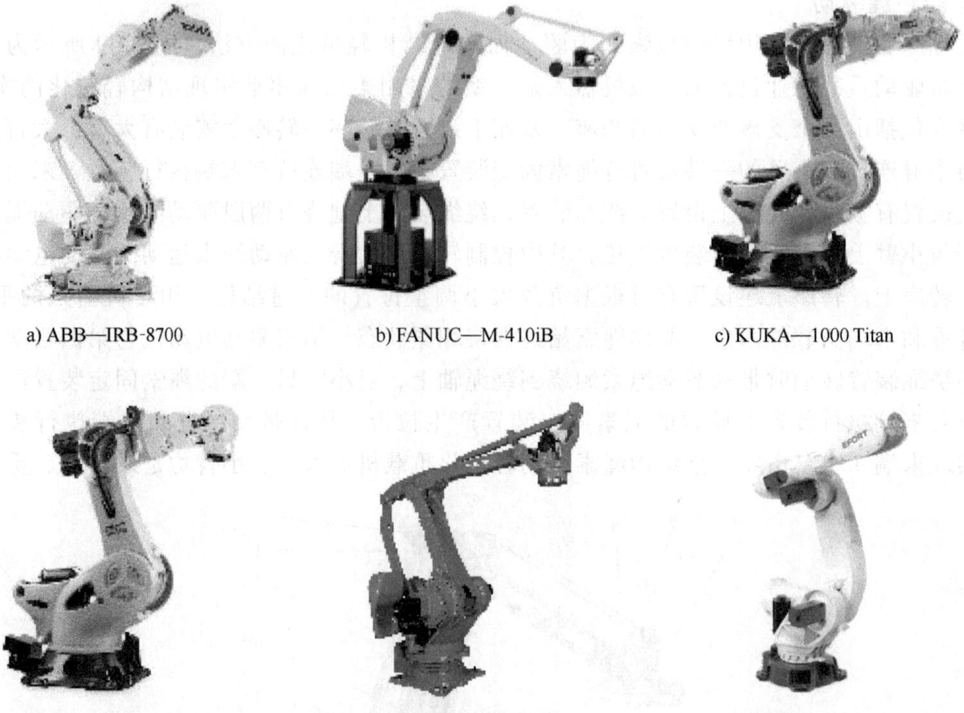

a) ABB—IRB-8700　b) FANUC—M-410iB　c) KUKA—1000 Titan

d) KUKA—1300 Titan PA-F　e) YASKAWA—PL800　f) 埃夫特—ER300-2700

图 2-50　习题 2-2 图

2-3　根据图 2-51 所示的各机器人机构示意图，试给出这些机构的符号表示，并计算这些机构的自由度。

2-4　在并联机构中，多采用完全对称结构（即各支链呈对称分布，且支链数与驱动数相同）。但是，为了实现某种特殊的运动性能，如更大的运动转角等，有时也采用非对称结构（各支链不完全相同）或准对称结构构型（如增加支链数）。试列举出对称结构和非对称结构工业机器人的并联机构，并分析该机器人的构型和优缺点。

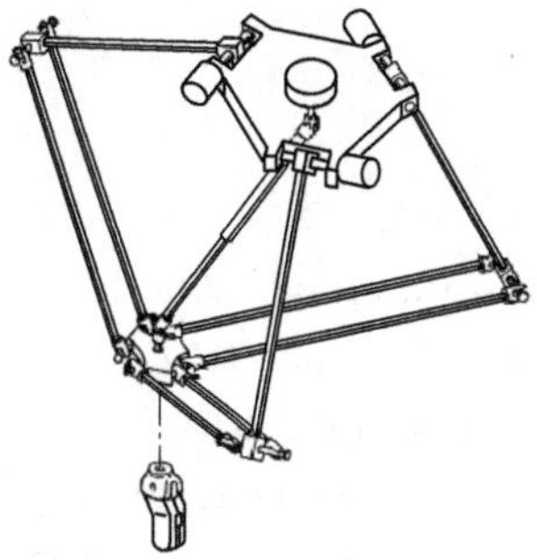

a) delta并联机构

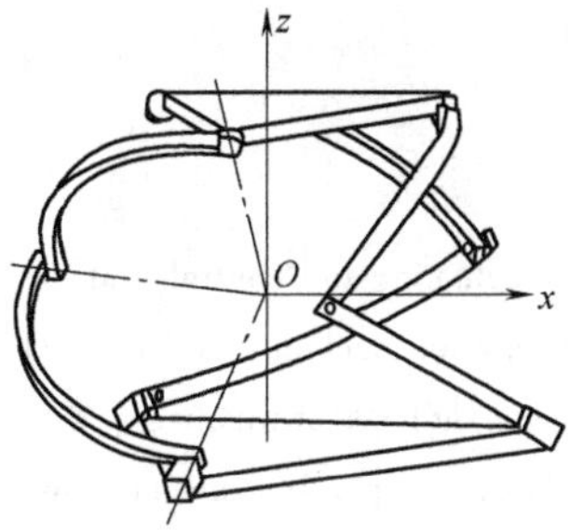

b) 球面并联机构

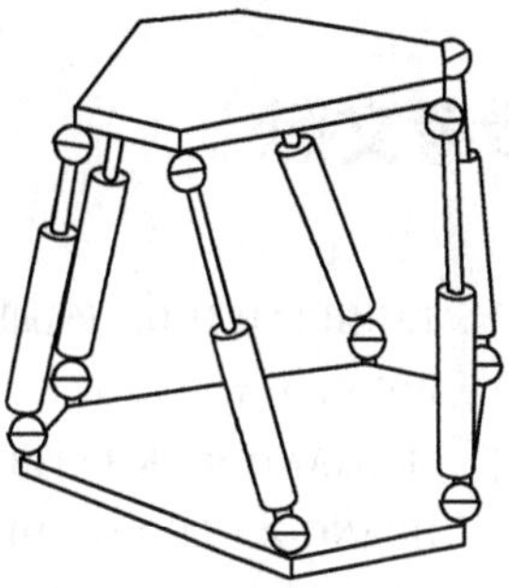

c) Stewart并联机构

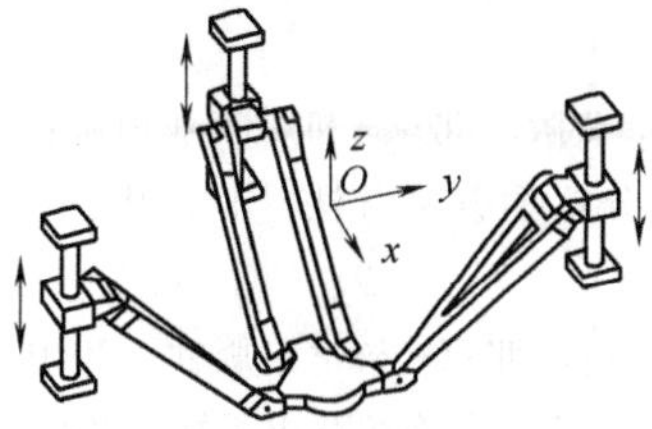

d) 6自由度飞行模拟器

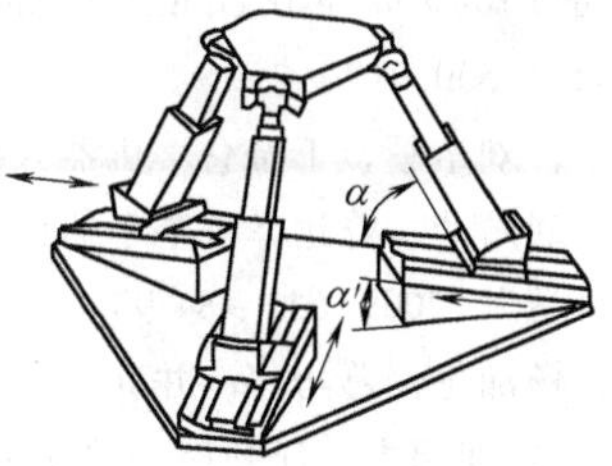

e) X4并联机器人

图 2-51　习题 2-3 图

2-5　图 2-52 所示为一种用于机器人的减速器，齿轮 1 为输入齿轮，转速为 n_1，双联齿轮 4 为输出齿轮。已知各齿轮齿数为 $z_1=20$，$z_2=40$，$z_3=72$，$z_4=70$。要求：

1）分析内齿轮 3 的运动（说明是否存在自转角速度）。

2）计算内齿轮 3 的公转角速度。

3）计算减速器的转速比 i_{14}。

2-6　图 2-53 所示为一种专用 RV 减速器，齿轮 1 为主动件，两个从动齿轮 2 各固连着一个曲拐，两曲拐的偏心距及偏移方向相同。曲拐偏心端插入内齿轮 3 的孔中，在该传动装置运行时，内齿轮 3 做平动。求该传动装置的自由度及传动比 i_{14}（假设各齿轮齿数已知）。

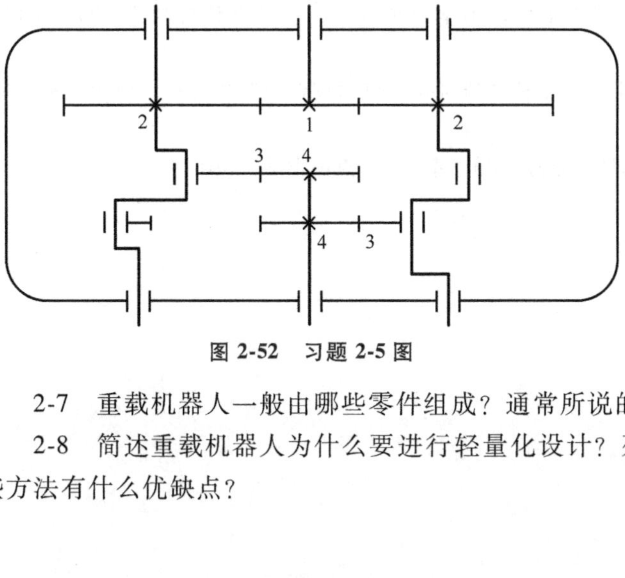

图 2-52　习题 2-5 图

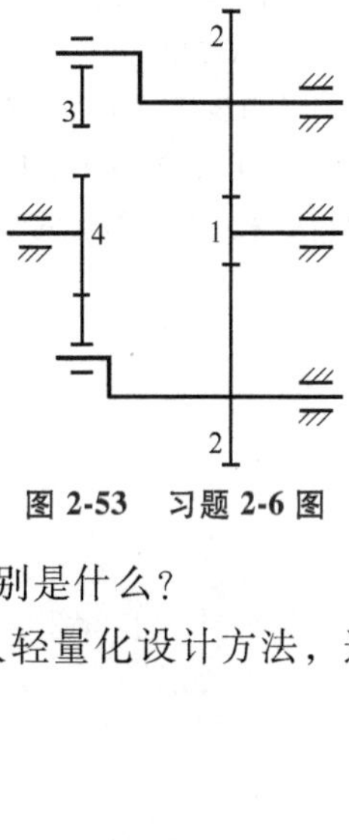

图 2-53　习题 2-6 图

2-7　重载机器人一般由哪些零件组成？通常所说的核心零部件分别是什么？

2-8　简述重载机器人为什么要进行轻量化设计？列举重载机器人轻量化设计方法，这些方法有什么优缺点？

参考文献

[1] TAGHIRAD H D. Parallel robots: mechanics and control [M]. Boca Raton: CRC press, 2013.

[2] BONEV I A. Geometric analysis of parallel mechanisms [D]. Quebec: Université Laval, 2002.

[3] SICILIANO B, KHATIB O. Springer handbook of robotics [M]. Heidelberg: Springer, 2008.

[4] HUANG Z, LI Q C, DING H F. Theory of parallel mechanisms [M]. Dordrecht: Springer, 2012.

[5] KONG X W, GOSSELIN C. Type synthesis of parallel mechanisms [M]. Heidelberg: Springer, 2007.

[6] ZHANG Y B, ZHANG J Z, LI C M, et al. Dynamic analysis and dimensional synthesis of easy-to-protect large-load robot for extracting fermented grains [J]. Journal of Beijing Institute of Technology, 2023, 32 (4): 529-550.

[7] 于靖军，刘辛军，丁希仑. 机器人机构学的数学基础 [M]. 2 版. 北京：机械工业出版社，2016.

[8] 黄真，刘婧芳，曾达幸. 基于约束螺旋理论的机构自由度分析的普遍方法 [J]. 中国科学（E 辑：技术科学），2009（1）：84-93.

[9] 高峰，杨加伦，葛巧德. 并联机器人型综合的 G_F 集理论 [M]. 北京：科学出版社，2010.

[10] 刘辛军，谢福贵，汪劲松. 并联机器人机构学基础 [M]. 北京：高等教育出版社，2018.

[11] 刘辛军，于靖军，孔宪文. 机器人机构学 [M]. 北京：机械工业出版社，2021.

[12] 师忠秀. 机械原理 [M]. 北京：机械工业出版社，2012.

[13] 熊有伦，丁汉，刘恩沧. 机器人学 [M]. 北京：机械工业出版社，1993.

[14] 杨廷力. 机器人机构拓扑结构学 [M]. 北京：机械工业出版社，2004.

[15] 于靖军，毕树生，裴旭. 柔性设计：柔性机构的分析与综合 [M]. 北京：高等教育出版社，2018.

[16] 张启先. 空间机构的分析与综合：上册 [M]. 北京：机械工业出版社，1984.

[17] 王东宝，张静，吴娟，等. 含四杆机构单元的重载转运机器人构型综合 [J]. 机械设计与制造，2023，384（2）：299-304.

[18] 顾聪聪，刘送永. 高速重载堆垛机器人末端执行器结构设计及力学特性分析 [J]. 机械设计，2021，38（S2）：60-67.

[19] 丰飞，杨海涛，唐丽娜，等. 大尺度构件重载高精加工机器人本体设计与性能提升关键技术 [J]. 中国机械工程，2021，32（19）：2269-2287.

[20] 芮执元，刘清辉. 高速重载码垛机器人柔性动力学建模 [J]. 机械设计与制造，2020（12）：236-239.

[21] 李阁强，王帅，邓效忠，等. 新型全液压重载锻造机器人机构设计及分析 [J]. 中国机械工程，2016，27（9）：1168-1175.

[22] 宋景礼. 新型混联机构机械手设计与性能分析 [D]. 秦皇岛：燕山大学，2016.

第3章 重载机器人运动学分析

在现代工业生产中，重载机器人被广泛应用于汽车制造、航空航天和金属加工等领域。与中轻载机器人相比，其设计和控制面临更多技术挑战，运动学分析尤为重要。运动学分析主要研究机器人各构件间的位置、速度及加速度关系。重载机器人的运动学分析分为正运动学和逆运动学。正运动学确定给定关节变量下末端执行器的位置和姿态，而逆运动学则根据期望的末端执行器位姿求解关节变量。重载机器人在处理复杂任务时需要高精度和可靠性的运动学分析，通常采用优化技术进行参数辨识和误差补偿。

本章将全面探讨重载机器人的运动学，主要包括以下内容：位姿表示、连杆参数与坐标系的建立，串联和并联机器人的运动学模型；求解工作空间，了解操作范围；详述速度雅可比矩阵及其在串联和并联机器人中的应用，理解关节速度与末端执行器速度的关系；奇异性分析和灵巧性分析，评估机器人任务性能；进行误差分析、标定模型建立、参数辨识及精度补偿，提升操作安全性和精准性。通过本章的学习，掌握重载机器人运动学的核心概念与技术，为工业实践中的重载机器人应用提供了理论基础和技术支持。

3.1 重载机器人位姿分析

3.1.1 机器人的位姿表示

在研究重载机器人运动学时，首要解决的问题是如何描述机器人末端的运动。在描述机器人的位姿和进行运动学研究时，坐标系的使用是不可或缺的。机器人位姿的描述，主要有两类坐标系，如图3-1所示。

世界坐标系$\{A\}$：与地面或机器人基座相固定的坐标系，也称为固定坐标系、全局坐标系或惯性坐标系，常用$\{A\}$或O_A-$x_Ay_Az_A$表示，并用$\boldsymbol{x}_A$、$\boldsymbol{y}_A$、$\boldsymbol{z}_A$分别表示该坐标系三个坐标轴方向的单位矢量。通常情况下，世界坐标系的原点选在机器人的基座处。

物体坐标系$\{B\}$：与机器人末端固连并跟随其运动的坐标系，也称为局部坐标系，常用$\{B\}$或O_B-$x_By_Bz_B$表示，并用$\boldsymbol{x}_B$、$\boldsymbol{y}_B$、$\boldsymbol{z}_B$分别表示该坐标系三个坐标轴方向的单位矢量。一般情况下，物体坐标系的原点选在末端执行器的某个重要标志点，如质心。无论是世界坐标系还是物体坐标系，都符合右手定则。

1. 机器人的位置

如图3-2所示，用$^A\boldsymbol{p}$表示空间一点P在世界坐标系$\{A\}$中的位置，其坐标可以描述成

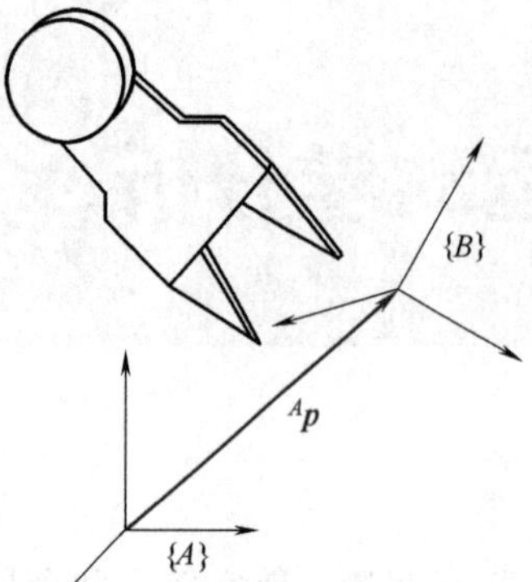

a) 用于描述机器人位姿的坐标系

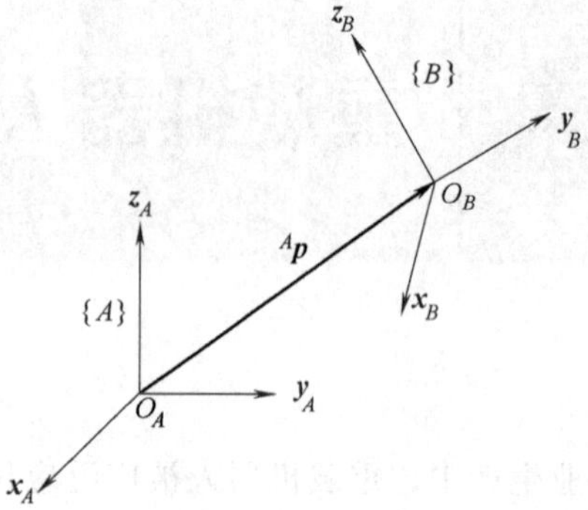

b) 两类坐标系的关系

图 3-1　描述刚体运动的两类坐标系

三维矢量的形式，即

$$ {}^{A}\boldsymbol{p}=\begin{pmatrix} {}^{A}p_x \\ {}^{A}p_y \\ {}^{A}p_z \end{pmatrix} \tag{3-1}$$

根据矢量（与坐标轴）点积的几何投影意义，${}^{A}\boldsymbol{p}$ 三个分量的几何意义为该点在三个单位坐标轴上的投影，即

$$\begin{cases} {}^{A}p_x={}^{A}\boldsymbol{p}\cdot\boldsymbol{x}_A \\ {}^{A}p_y={}^{A}\boldsymbol{p}\cdot\boldsymbol{y}_A \\ {}^{A}p_z={}^{A}\boldsymbol{p}\cdot\boldsymbol{z}_A \end{cases} \tag{3-2}$$

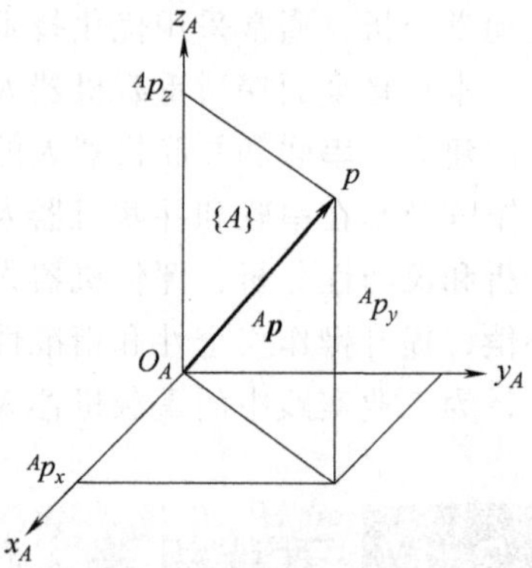

图 3-2　点的位置表示

式中

$$\boldsymbol{x}_A=\begin{pmatrix}1\\0\\0\end{pmatrix},\boldsymbol{y}_A=\begin{pmatrix}0\\1\\0\end{pmatrix},\boldsymbol{z}_A=\begin{pmatrix}0\\0\\1\end{pmatrix} \tag{3-3}$$

由此可知，矢量与某坐标系各坐标轴单位矢量的点积，就是矢量在该坐标系中的表达。类似地，若点 P 在物体坐标系 $\{B\}$ 中的位置用${}^{B}\boldsymbol{p}$ 表示，即

$$ {}^{B}\boldsymbol{p}=\begin{pmatrix} {}^{B}p_x \\ {}^{B}p_y \\ {}^{B}p_z \end{pmatrix} \tag{3-4}$$

则${}^{B}\boldsymbol{p}$ 三个分量的几何意义为该点在物体坐标系 $\{B\}$ 中的三个单位坐标轴上的投影，即

$$\begin{cases} {}^{B}p_x={}^{B}\boldsymbol{p}\cdot\boldsymbol{x}_B \\ {}^{B}p_y={}^{B}\boldsymbol{p}\cdot\boldsymbol{y}_B \\ {}^{B}p_z={}^{B}\boldsymbol{p}\cdot\boldsymbol{z}_B \end{cases} \tag{3-5}$$

2. 机器人的姿态

机器人末端的姿态可通过描述物体坐标系 $\{B\}$ 相对于世界坐标系 $\{A\}$ 的姿态来进行

表示。一个简单的方法是确定物体坐标系 {B} 的三个单位坐标轴在世界坐标系 {A} 中的方位。

假设两个坐标系的原点是重合的，如图 3-3 所示，{B} 坐标系的三个单位坐标轴相对于 {A} 坐标系的坐标分别用 ${}^A\boldsymbol{x}_B$、${}^A\boldsymbol{y}_B$、${}^A\boldsymbol{z}_B$ 表示。其中：${}^A\boldsymbol{x}_B$ 是 {B} 坐标系的 x_B 轴在 {A} 坐标系中的表示矢量，${}^A\boldsymbol{y}_B$ 是 {B} 坐标系的 y_B 轴在 {A} 坐标系中的表示矢量，${}^A\boldsymbol{z}_B$ 是 {B} 坐标系的 z_B 轴在 {A} 坐标系中的表示矢量。将 ${}^A\boldsymbol{x}_B$、${}^A\boldsymbol{y}_B$、${}^A\boldsymbol{z}_B$ 写成矩阵，这个矩阵被称为旋转矩阵或方向余弦矩阵，该矩阵可表示为

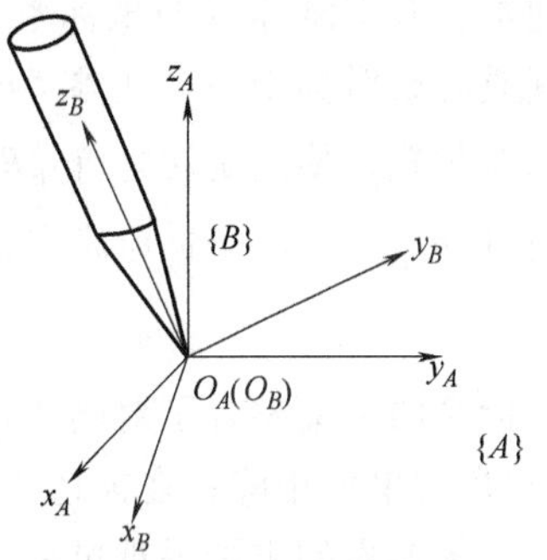

图 3-3　姿态矩阵

$$ {}_B^A\boldsymbol{R} = ({}^A\boldsymbol{x}_B \quad {}^A\boldsymbol{y}_B \quad {}^A\boldsymbol{z}_B)_{3\times3} = \begin{pmatrix} r_{11} & r_{12} & r_{13} \\ r_{21} & r_{22} & r_{23} \\ r_{31} & r_{32} & r_{33} \end{pmatrix} \tag{3-6} $$

式中，${}_B^A\boldsymbol{R}$ 为姿态矩阵，表示物体坐标系 {B} 相对世界坐标系 {A} 的姿态。${}_B^A\boldsymbol{R}$ 有 9 个元素，其中只有 3 个是独立的。因为 ${}_B^A\boldsymbol{R}$ 的三个列矢量 ${}^A\boldsymbol{x}_B$、${}^A\boldsymbol{y}_B$、${}^A\boldsymbol{z}_B$ 都是单位主矢量，且两两相互垂直，属于右手坐标系，所以 ${}_B^A\boldsymbol{R}$ 的 9 个元素满足 6 个约束条件（称为正交条件），即

$$ {}^A\boldsymbol{x}_B\,{}^A\boldsymbol{x}_B = {}^A\boldsymbol{y}_B\,{}^A\boldsymbol{y}_B = {}^A\boldsymbol{z}_B\,{}^A\boldsymbol{z}_B = 1 \tag{3-7} $$

$$ {}^A\boldsymbol{x}_B\,{}^A\boldsymbol{y}_B = {}^A\boldsymbol{y}_B\,{}^A\boldsymbol{z}_B = {}^A\boldsymbol{z}_B\,{}^A\boldsymbol{x}_B = 0 \tag{3-8} $$

因此，旋转矩阵 ${}_B^A\boldsymbol{R}$ 是正交的，并且满足条件

$$ \begin{cases} {}_B^A\boldsymbol{R}^{-1} = {}_B^A\boldsymbol{R}^{\mathrm{T}} \\ \det({}_B^A\boldsymbol{R}) = 1 \end{cases} \tag{3-9} $$

式中，上标 T 表示转置；det(·) 是矩阵的行列式符号。

绕 x 轴、y 轴、z 轴旋转 θ 角的旋转矩阵分别为

$$ \boldsymbol{R}(x,\theta) = \begin{pmatrix} 1 & 0 & 0 \\ 0 & \cos\theta & -\sin\theta \\ 0 & \sin\theta & \cos\theta \end{pmatrix} \tag{3-10} $$

$$ \boldsymbol{R}(y,\theta) = \begin{pmatrix} \cos\theta & 0 & \sin\theta \\ 0 & 1 & 0 \\ -\sin\theta & 0 & \cos\theta \end{pmatrix} \tag{3-11} $$

$$ \boldsymbol{R}(z,\theta) = \begin{pmatrix} \cos\theta & -\sin\theta & 0 \\ \sin\theta & \cos\theta & 0 \\ 0 & 0 & 1 \end{pmatrix} \tag{3-12} $$

总的来说，旋转矩阵 $\boldsymbol{R} \in \mathbf{R}^{3\times3}$ 的 9 个元素满足 6 个约束条件。这意味着，虽然使用 9 个参数来描述姿态，但实际上只有 3 个是独立的，其余的由约束条件决定，导致信息具有冗余性。使用方向余弦矩阵来表示刚体的姿态虽然在数学运算上较为便利，但每次需要完整输入一个 9 元素的矩阵，这在操作上较为烦琐。同时，从几何直观性角度来看，这种表示方法也存在局限，不够直观。

3. 机器人位姿

要全面确定刚体 B 在空间中的位姿，必须明确其相对于某个参考坐标系的位置和姿态。通常，假定刚体 B 与坐标系 $\{B\}$ 固接，坐标系 $\{B\}$ 的原点位于物体的一个特征位置，如其质心或对称中心。在参考坐标系 $\{A\}$ 内，使用位置矢量 ${}^{A}\boldsymbol{p}_{BO}$ 来表示坐标系 $\{B\}$ 原点的相对位置，使用旋转矩阵 ${}^{A}_{B}\boldsymbol{R}$ 来表示坐标系 $\{B\}$ 的姿态。因此，坐标系 $\{B\}$ 的位姿可以通过 ${}^{A}\boldsymbol{p}_{BO}$ 和 ${}^{A}_{B}\boldsymbol{R}$ 完整地确定，即

$$\{{}^{A}_{B}\boldsymbol{R} \quad {}^{A}\boldsymbol{p}_{BO}\} \tag{3-13}$$

坐标系的定义整合了对刚体位置和姿态的描述。在表达位置信息时，式（3-13）中的旋转矩阵 ${}^{A}_{B}\boldsymbol{R}$ 为单位矩阵；在描述姿态时，式（3-13）中的位置矢量 ${}^{A}\boldsymbol{p}_{BO}$ 则为零矢量。

机器人的末端手爪可视为一个刚体，其空间位姿的描述方法与坐标系的描述方法一致。如图 3-4 所示，为了定义机器人手爪位姿，选定一个参考坐标系 $\{A\}$，并将手爪固定连接另一个坐标系，称为工具坐标系 $\{T\}$。该坐标系的 z 轴指向手指接近物体的方向，其单位矢量 $\boldsymbol{a}$ 称为接近向量；y 轴沿两个手指的连线方向，其单位向量 $\boldsymbol{o}$ 称为方位矢量；x 轴根据右手定则确定，其单位矢量 $\boldsymbol{n}$ 称为法向量，计算方式为 $\boldsymbol{n}=\boldsymbol{o}\times\boldsymbol{a}$。如此一来，手爪的方位由旋转矩阵 $\boldsymbol{R}$ 确定，即

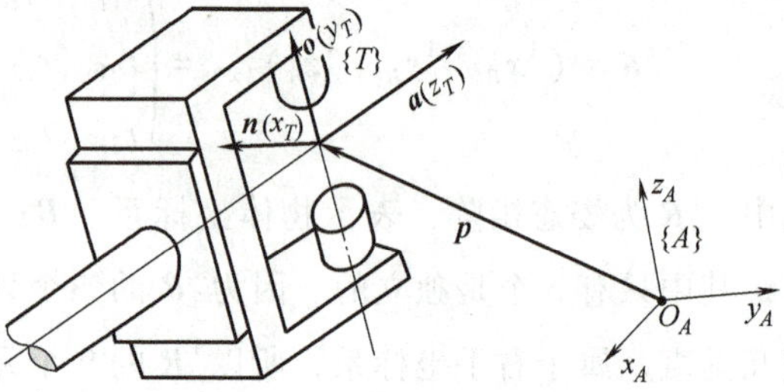

图 3-4 手爪坐标系

$$\boldsymbol{R}=[\boldsymbol{n} \quad \boldsymbol{o} \quad \boldsymbol{a}]$$

三个单位正交矢量 $\boldsymbol{n}$、$\boldsymbol{o}$ 和 $\boldsymbol{a}$ 共同定义了手爪的姿态。手爪的位置由位置矢量 $\boldsymbol{p}$ 确定，该矢量表示工具坐标系原点相对于参考坐标系的位置。综合这些信息，手爪的位姿可以通过 $\{\boldsymbol{n}\ \boldsymbol{o}\ \boldsymbol{a}\ \boldsymbol{p}\}$ 四个矢量的集合来完整表达，记为

$$\{\boldsymbol{T}\}=\{\boldsymbol{n} \quad \boldsymbol{o} \quad \boldsymbol{a} \quad \boldsymbol{p}\} \tag{3-14}$$

4. 坐标变换

在空间中，点 P 在不同坐标系中的表示是不同的。接下来探讨点 P 如何从一个坐标系的表示转换到另一个坐标系的表示，这个过程称为坐标变换。

（1）坐标平移　假设坐标系 $\{B\}$ 与 $\{A\}$ 方向一致，但它们的原点不在同一点，如图 3-5a 所示。位置矢量 ${}^{A}\boldsymbol{p}_{BO}$ 用来表示坐标系 $\{B\}$ 相对于 $\{A\}$ 的位置，${}^{A}\boldsymbol{p}_{BO}$ 被称为 $\{B\}$ 相对于 $\{A\}$ 的平移矢量。若点 P 在坐标系 $\{B\}$ 中的位置矢量为 ${}^{B}\boldsymbol{p}$，则其在坐标系 $\{A\}$ 中的位置矢量 ${}^{A}\boldsymbol{p}$ 可以通过矢量相加得到，即

$${}^{A}\boldsymbol{p}={}^{B}\boldsymbol{p}+{}^{A}\boldsymbol{p}_{BO} \tag{3-15}$$

式（3-15）等号右侧表示的操作称为坐标平移，或平移映射。

（2）坐标旋转　设坐标系 $\{B\}$ 与 $\{A\}$ 有共同的坐标原点，但是两者的姿态不同，如图 3-5b 所示。用旋转矩阵 ${}^{A}_{B}\boldsymbol{R}$ 描述 $\{B\}$ 相对于 $\{A\}$ 的姿态。同一点 $\boldsymbol{p}$ 在两个坐标系 $\{A\}$ 和 $\{B\}$ 中的描述 ${}^{A}\boldsymbol{p}$ 和 ${}^{B}\boldsymbol{p}$ 具有以下变换关系

$${}^{A}\boldsymbol{p}={}^{A}_{B}\boldsymbol{R}\,{}^{B}\boldsymbol{p} \tag{3-16}$$

式（3-16）等号右侧表示的操作称为坐标旋转，或旋转映射。

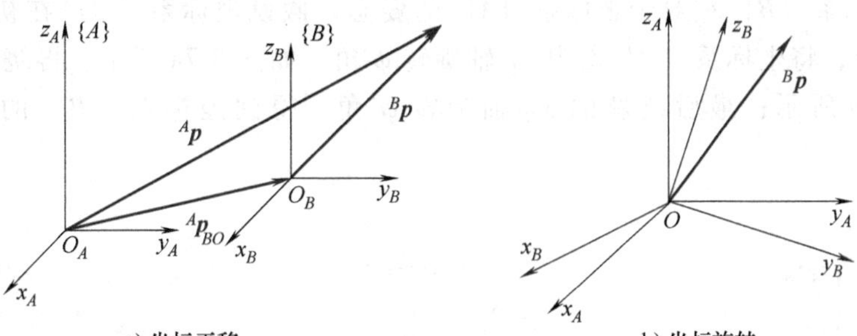

a) 坐标平移　　b) 坐标旋转

图 3-5　坐标变换

同样，可用$_A^B\boldsymbol{R}$描述坐标系｛A｝相对于｛B｝的方位。$_B^A\boldsymbol{R}$和$_A^B\boldsymbol{R}$都是正交矩阵，两者互逆。根据正交矩阵的性质，见式（3-9），得出

$$_A^B\boldsymbol{R} = {_B^A\boldsymbol{R}}^{-1} = {_B^A\boldsymbol{R}}^{\mathrm{T}} \tag{3-17}$$

（3）一般刚体变换　在一般情况下，坐标系｛B｝与｛A｝不仅原点位置不同，而且它们的姿态也不一致。位置矢量$^A\boldsymbol{p}_{BO}$用来描述坐标系｛B｝的原点相对于｛A｝的位置，复合变换如图 3-6 所示。

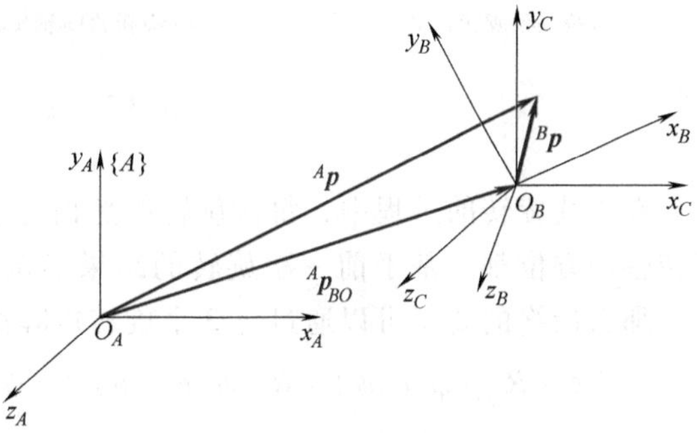

图 3-6　复合变换

旋转矩阵$_B^A\boldsymbol{R}$用来表达坐标系｛B｝相对于｛A｝的姿态。任意一点$\boldsymbol{p}$在这两个坐标系｛A｝和｛B｝中的位置矢量$^A\boldsymbol{p}$和$^B\boldsymbol{p}$遵循特定的坐标变换关系，即

$$^A\boldsymbol{p} = {_B^A\boldsymbol{R}}\,{^B\boldsymbol{p}} + {^A\boldsymbol{p}_{BO}} \tag{3-18}$$

式（3-18）等号右侧所表达的操作可以视为一个包含坐标旋转和平移的复合变换。实际上，可以定义一个过渡坐标系｛C｝，其原点与坐标系｛B｝的原点重合，同时其方位与坐标系｛A｝的保持一致。依据式（3-18），可以推导出点到过渡坐标系的变换关系为

$$^C\boldsymbol{p} = {_B^C\boldsymbol{R}}\,{^B\boldsymbol{p}} = {_B^A\boldsymbol{R}}\,{^B\boldsymbol{p}} \tag{3-19}$$

再由式（3-15），得到复合变换为

$$^A\boldsymbol{p} = {^C\boldsymbol{p}} + {^A\boldsymbol{p}_{CO}} = {_B^A\boldsymbol{R}}\,{^B\boldsymbol{p}} + {^A\boldsymbol{p}_{BO}} \tag{3-20}$$

3.1.2　欧拉角与 RPY 角

描述物体坐标系｛B｝相对于世界坐标系｛A｝姿态的另一种方法是使用 3 个角度的集合。理论上，存在 27 种不同的组合方式来表示这三个姿态角，但实际应用中，为了确保这些角度的独立性，需要避免出现连续旋转轴平行的情况，因此，可行的描述方法为 12 种（3×2×2＝12），具体包括 *x-y-z*、*x-z-y*、*y-x-z*、*y-z-x*、*z-x-y*、*z-y-x*、*z-y-z*、*z-x-z*、*y-z-y*、*y-x-y*、*x-y-x*、*x-z-x*。下面，将重点介绍这 12 种方法中的 3 种常用姿态角组合。

1. *z-y-x* 欧拉角

为描述坐标系 {*B*} 相对于坐标系 {*A*} 的姿态，假设坐标系 {*B*} 在初始状态下与坐标系 {*A*} 重合，将坐标系 {*B*} 绕其 z_B 轴旋转 ϕ 角，如图 3-7a 所示；再绕新的 $y_{B'}$ 轴旋转 θ 角，如图 3-7b 所示；最后绕新的 $x_{B''}$ 轴旋转 ψ 角，得到坐标系 {*B*} 的最终姿态，如图 3-7c 所示。

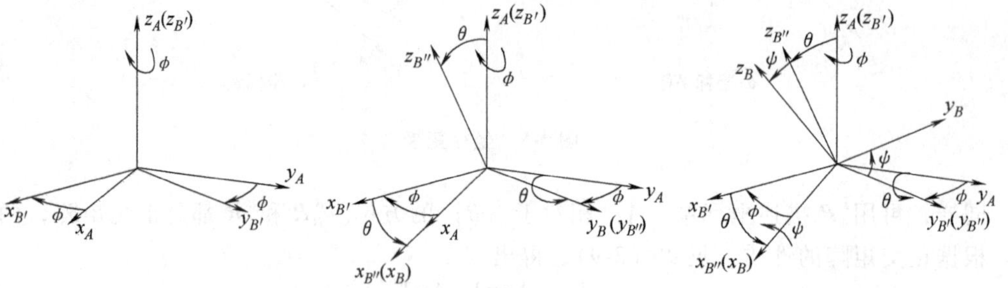

a) 绕z_B轴旋转ϕ角　b) 绕新的$y_{B'}$轴旋转θ角　c) 绕新的$x_{B''}$轴旋转ψ角

图 3-7　*z-y-x* 欧拉角变换

在连续旋转的过程中，每次旋转都是相对于动态坐标系的坐标轴进行的，这意味着每次旋转轴的方位都是基于前一次旋转的结果确定的。如果使用旋转矩阵来表达这些连续的旋转，那么最终的姿态可以通过将 3 个旋转矩阵按照从左至右的顺序相乘来表示，即

$$
\begin{aligned}
{}^A_B\boldsymbol{R} &= \boldsymbol{R}_{zyx}(\phi,\theta,\psi) = \boldsymbol{R}_z(\phi)\boldsymbol{R}_{y'}(\theta)\boldsymbol{R}_{x''}(\psi) \\
&= \begin{pmatrix} \cos\phi & -\sin\phi & 0 \\ \sin\phi & \cos\phi & 0 \\ 0 & 0 & 1 \end{pmatrix}\begin{pmatrix} \cos\theta & 0 & \sin\theta \\ 0 & 1 & 0 \\ -\sin\theta & 0 & \cos\theta \end{pmatrix}\begin{pmatrix} 1 & 0 & 0 \\ 0 & \cos\psi & -\sin\psi \\ 0 & \sin\psi & \cos\psi \end{pmatrix} \\
&= \begin{pmatrix} \cos\theta\cos\phi & \sin\psi\sin\theta\cos\phi - \cos\psi\sin\phi & \cos\psi\sin\theta\cos\phi + \sin\psi\sin\phi \\ \cos\theta\sin\phi & \sin\psi\sin\theta\sin\phi + \cos\psi\cos\phi & \cos\psi\sin\theta\sin\phi - \sin\psi\cos\phi \\ -\sin\theta & \sin\psi\cos\theta & \cos\psi\cos\theta \end{pmatrix}
\end{aligned} \tag{3-21}
$$

注意：以上的旋转顺序不能随意调换（旋转矩阵不满足交换律）。

2. *z-y-z* 欧拉角

假设坐标系 {*B*} 在初始状态下与坐标系 {*A*} 重合，将坐标系 {*B*} 绕其 z_B 轴旋转 ϕ 角，如图 3-8a 所示；再绕新的 $y_{B'}$ 轴旋转 θ 角，如图 3-8b 所示；最后绕新的 $z_{B''}$ 轴旋转 ψ 角，得到坐标系 {*B*} 的最终姿态，如图 3-8c 所示。

绕 z_B 轴旋转的 ϕ 角称为进动角（Precession Angle），绕新的 $y_{B'}$ 轴旋转的 θ 角称为章动角（Nutation Ngle），绕新的 $z_{B''}$ 轴旋转的 ψ 角称为自旋角（Spin Angle）。

与 *z-y-x* 欧拉角的旋转过程一致，在连续旋转过程中，每次旋转始终是围绕新的动坐标系的坐标轴进行的，意味着每次旋转轴的方位是由前一次旋转决定的。若采用旋转矩阵来表达这些连续的旋转，最终的姿态可以通过 3 个旋转矩阵依次从左至右相乘来获得，即

$$
\begin{aligned}
{}_B^A\boldsymbol{R} &= \boldsymbol{R}_{zyz}(\phi,\theta,\psi) = \boldsymbol{R}_z(\phi)\boldsymbol{R}_{y'}(\theta)\boldsymbol{R}_{z''}(\psi) \\
&= \begin{pmatrix} \cos\phi & -\sin\phi & 0 \\ \sin\phi & \cos\phi & 0 \\ 0 & 0 & 1 \end{pmatrix}\begin{pmatrix} \cos\theta & 0 & \sin\theta \\ 0 & 1 & 0 \\ -\sin\theta & 0 & \cos\theta \end{pmatrix}\begin{pmatrix} \cos\psi & -\sin\psi & 0 \\ \sin\psi & \cos\psi & 0 \\ 0 & 0 & 1 \end{pmatrix} \\
&= \begin{pmatrix} \cos\phi\cos\theta\cos\psi-\sin\phi\sin\psi & -\cos\phi\cos\theta\sin\psi-\sin\phi\cos\psi & \cos\phi\sin\theta \\ \sin\phi\cos\theta\cos\psi+\cos\phi\sin\psi & -\sin\phi\cos\theta\sin\psi+\cos\phi\cos\psi & \sin\phi\sin\theta \\ -\sin\theta\cos\psi & \sin\theta\sin\psi & \cos\theta \end{pmatrix}
\end{aligned} \tag{3-22}
$$

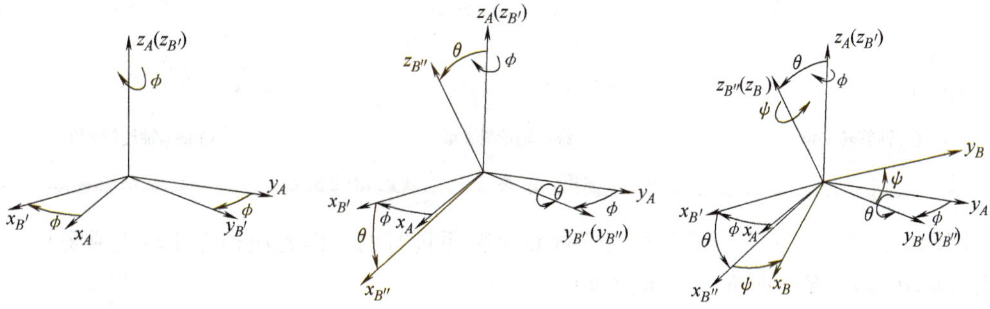
a) 绕z_B轴旋转ϕ角
b) 绕新的$y_{B'}$轴旋转θ角
c) 绕新的$z_{B''}$轴旋转ψ角
图 3-8　z-y-z 欧拉角变换

注意： 以上的旋转顺序不能随意调换（旋转矩阵不满足交换律）。

3. z-x-z 欧拉角

通过相似的推导过程，同样可以得到 z-x-z 欧拉角所对应的姿态矩阵，即

$$
\begin{aligned}
{}_B^A\boldsymbol{R} &= \boldsymbol{R}_{zxz}(\phi,\theta,\psi) = \boldsymbol{R}_z(\phi)\boldsymbol{R}_{x'}(\theta)\boldsymbol{R}_{z''}(\psi) \\
&= \begin{pmatrix} \cos\phi\cos\psi - \sin\phi\cos\theta\sin\psi & -\cos\phi\sin\psi - \sin\phi\cos\theta\cos\psi & \sin\phi\sin\theta \\ \sin\phi\cos\psi + \cos\phi\cos\theta\sin\psi & -\sin\phi\sin\psi + \cos\phi\cos\theta\cos\psi & -\cos\phi\sin\theta \\ \sin\theta\sin\psi & \sin\theta\cos\psi & \cos\theta \end{pmatrix}
\end{aligned} \tag{3-23}
$$

在欧拉角的众多组合之中，z-y-z 与 z-x-z 使用更为频繁。例如，工业机器人的末端执行器姿态常常通过 z-y-z 欧拉角来定义，这样可与机器人手腕处 3 个垂直正交旋转关节的转角直接相匹配。

4. RPY 角

工程实践中还广泛采用 RPY［Roll-Pitch-Yaw，即翻滚（横滚）、俯仰、偏转（偏航）］角来描述空间姿态或三维旋转。事实上，RPY 角源于对船舶在海中航行时的姿态描述方式。如图 3-9 所示，以船行进的方向为 z 轴（做翻滚运动），以垂直于甲板的法线方向为 x 轴（做偏转运动），y 轴（做俯仰运动）依据右手定则确定。

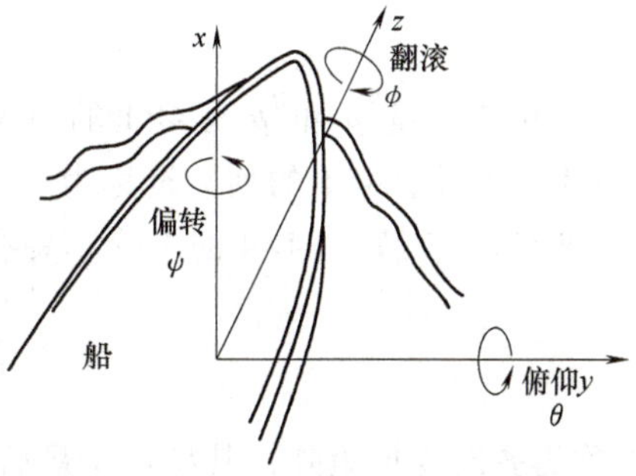

图 3-9　实际物理模型的 RPY 角描述

与欧拉角采用动轴旋转不同，RPY 角采用的是基于固定坐标轴的旋转。为描述坐标系 {B} 相对于坐标系 {A} 的姿态，假设坐标系 {B} 在初始状态下与坐标系 {A} 重合，然后在 3 个旋

转算子的作用下，使坐标系 {B} 依次绕坐标系 {A} 的 3 个坐标轴 x_A、y_A、z_A 旋转 ψ、θ、ϕ 角，得到坐标系 {B} 的最终姿态，如图 3-10 所示。将通过绕固定坐标系 3 个轴的 3 次转动得到的 3 个转角（ψ，θ，ϕ）称为 x-y-z 固定角。

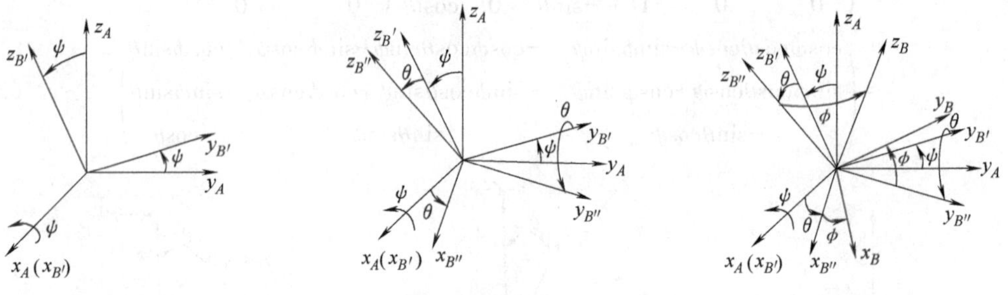

a) 绕 x_A 轴旋转 ψ 角　　b) 绕 y_A 轴旋转 θ 角　　c) 绕 z_A 轴旋转 ϕ 角

图 3-10　RPY 变换（x-y-z 固定角变换）

由于以上所有旋转变换都是相对于固定坐标系进行的，因此应遵循矩阵左乘原则，即

$$\boldsymbol{R}_{xyz}(\psi,\theta,\phi)=\boldsymbol{R}_{z_A}(\phi)\boldsymbol{R}_{y_A}(\theta)\boldsymbol{R}_{x_A}(\psi)$$

$$=\begin{pmatrix}\cos\theta\cos\phi & \sin\psi\sin\theta\cos\phi-\cos\psi\sin\phi & \cos\psi\sin\theta\cos\phi+\sin\psi\sin\phi\\ \cos\theta\sin\phi & \sin\psi\sin\theta\sin\phi+\cos\psi\cos\phi & \cos\psi\sin\theta\sin\phi-\sin\psi\cos\phi\\ -\sin\theta & \sin\psi\cos\theta & \cos\psi\cos\theta\end{pmatrix} \tag{3-24}$$

对比式（3-21）和式（3-24）可以看出，两者完全相同，即 3 次绕固定轴旋转的姿态与以相反顺序 3 次绕动轴旋转的姿态等价。

3.1.3　齐次坐标和齐次变换

式（3-18）所描述的复合变换对于 ${}^{B}\boldsymbol{p}$ 是非齐次的，它可以被转换成等价的齐次变换形式，即

$$\begin{pmatrix}{}^{A}\boldsymbol{p}\\ 1\end{pmatrix}=\begin{pmatrix}{}^{A}_{B}\boldsymbol{R} & {}^{A}\boldsymbol{p}_{BO}\\ 0 & 1\end{pmatrix}\begin{pmatrix}{}^{B}\boldsymbol{p}\\ 1\end{pmatrix} \tag{3-25}$$

或表示成矩阵的形式，即

$${}^{A}\boldsymbol{p}={}^{A}_{B}\boldsymbol{T}\,{}^{B}\boldsymbol{p} \tag{3-26}$$

式中，位置矢量 ${}^{A}\boldsymbol{p}$ 和 ${}^{B}\boldsymbol{p}$ 是 4×1 的列矢量，与式（3-18）中的维数不同，其中加入了第四个分量 1。这两个 4×1 的列矢量称为点 P 的齐次坐标。

变换矩阵 ${}^{A}_{B}\boldsymbol{T}$ 是 4×4 的矩阵，具有下面的形式

$${}^{A}_{B}\boldsymbol{T}=\begin{pmatrix}{}^{A}_{B}\boldsymbol{R} & {}^{A}\boldsymbol{p}_{BO}\\ \boldsymbol{0} & 1\end{pmatrix} \tag{3-27}$$

${}^{A}_{B}\boldsymbol{T}$ 称为齐次变换矩阵，其特点是最后一行元素为 [0 0 0 1]。它综合地表示了平移变换和旋转变换两者的复合。

对照式（3-25）和式（3-18）可以看出，两者是等价的，实质上，将式（3-25）展开则可得到方程组

$$\begin{cases} {}^{A}\boldsymbol{p} = {}^{A}_{B}\boldsymbol{R}\,{}^{B}\boldsymbol{p} + {}^{A}\boldsymbol{p}_{BO} \\ 1 = 1 \end{cases} \tag{3-28}$$

齐次变换式（3-26）的优势在于其表达的简洁性和紧凑性，使得书写和表述更为高效。然而，将这种变换应用于编程时可能会遇到不便，因为在执行乘法操作时，所包含的1和0可能会导致耗费大量无用机时。

位置矢量${}^{A}\boldsymbol{p}$和${}^{B}\boldsymbol{p}$究竟是3×1的列矢量（直角坐标），还是4×1的列矢量（齐次坐标），应根据与它相乘的矩阵是3×3的还是4×4的而定。

在计算机视觉和计算机图学等领域，齐次变换有着广泛的应用，尽管实际使用的齐次变换矩阵可能在形式上与式（3-27）有所区别。

若空间一点P用直角坐标表示为

$$\boldsymbol{p} = \begin{pmatrix} x \\ y \\ z \end{pmatrix} \tag{3-29}$$

则它的齐次坐标表示为

$$\boldsymbol{p} = \begin{pmatrix} x \\ y \\ z \\ 1 \end{pmatrix} \tag{3-30}$$

值得注意的是，齐次坐标表示具有多样性，例如，将这些坐标的每个元素乘以同一个非零因子ω后，仍然能够表示相同的点P，即

$$\boldsymbol{p} = \begin{pmatrix} x \\ y \\ z \\ 1 \end{pmatrix} = \begin{pmatrix} a \\ b \\ c \\ \omega \end{pmatrix} \tag{3-31}$$

式中，$a=\omega x$；$b=\omega y$；$c=\omega z$。

例如，点$\boldsymbol{p}=2\boldsymbol{i}+3\boldsymbol{j}+4\boldsymbol{k}$的齐次坐标可以表示为

$$\begin{aligned} \boldsymbol{p} &= (2\quad 3\quad 4\quad 1)^{\mathrm{T}} \\ \boldsymbol{p} &= (4\quad 6\quad 8\quad 2)^{\mathrm{T}} \\ \boldsymbol{p} &= (-16\quad -24\quad -32\quad -8)^{\mathrm{T}} \end{aligned} \tag{3-32}$$

注意：$[0\;0\;0\;0]^{\mathrm{T}}$没有意义。

规定：列矢量$[a\;b\;c\;0]^{\mathrm{T}}$（$a^2+b^2+c^2\neq 0$）表示空间的无穷远点。把包括无穷远点的空间称为扩大空间，而把第4个元素为非零的点称为非无穷远点。

无穷远点$[a\;b\;c\;0]^{\mathrm{T}}$的三元素$a$、$b$、$c$称为该点的方向数。下面三个无穷远点

$$\begin{pmatrix} 1 \\ 0 \\ 0 \\ 0 \end{pmatrix}\begin{pmatrix} 0 \\ 1 \\ 0 \\ 0 \end{pmatrix}\begin{pmatrix} 0 \\ 0 \\ 1 \\ 0 \end{pmatrix} \tag{3-33}$$

分别表示x、y、z轴上的无穷远点，可用它们分别表示这三个坐标轴的方向。非无穷远点$[0\;0\;0\;1]^{\mathrm{T}}$表示坐标原点。

这样，利用齐次坐标不仅可以规定点的位置，还可以规定矢量的方向。当第四个元素非

零时，齐次坐标表示点的位置；当第四个元素为零时，齐次坐标表示方向。

利用这一性质，可以赋予齐次变换矩阵又一物理解释：齐次变换矩阵 ${}_B^A\boldsymbol{T}$ 描述了坐标系 $\{B\}$ 相对于坐标系 $\{A\}$ 的位置和姿态。${}_B^A\boldsymbol{T}$ 的第四个列矢量 ${}^A\boldsymbol{p}_{BO}$ 描述坐标系 $\{B\}$ 的坐标原点相对于坐标系 $\{A\}$ 的位置；其他三个列矢量分别表示坐标系 $\{B\}$ 的三个坐标轴相对于坐标系 $\{A\}$ 的方向。

坐标系 $\{B\}$ 相对于坐标系 $\{A\}$ 的位姿如图 3-11 所示。

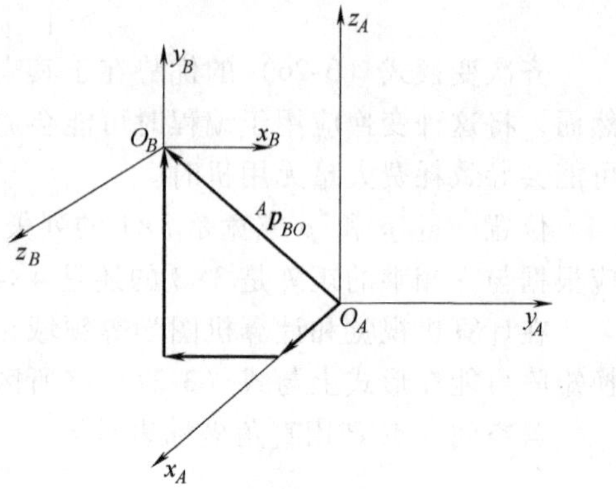

图 3-11　坐标系 {B} 相对于坐标系 {A} 的位姿

式（3-27）所示的齐次变换矩阵也表示坐标平移与坐标旋转的复合。将其分解成两个矩阵相乘的形式之后就可以看出这一点，即

$$\begin{pmatrix} {}_B^A\boldsymbol{R} & {}^A\boldsymbol{p}_{BO} \\ \boldsymbol{0} & 1 \end{pmatrix} = \begin{pmatrix} \boldsymbol{I}_{3\times3} & {}^A\boldsymbol{p}_{BO} \\ \boldsymbol{0} & 1 \end{pmatrix} \begin{pmatrix} {}_B^A\boldsymbol{R} & \boldsymbol{0} \\ \boldsymbol{0} & 1 \end{pmatrix} \tag{3-34}$$

式中，$\boldsymbol{I}_{3\times3}$ 是 3×3 的单位矩阵。等号右侧第一个矩阵称为平移变换矩阵，常用 $\mathrm{Trans}({}^A\boldsymbol{p}_{BO})$ 来表示；等号右侧第二个矩阵称为旋转变换矩阵；$\boldsymbol{0}$ 是零矩阵。

3.1.4　连杆参数与坐标系建立

1. 连杆参数

（1）中间连杆的描述　相邻两连杆之间有一条关节轴线。因此，每一关节轴线有两条公法线与它垂直，每条公法线对应于一条连杆。这两条公法线（连杆）的距离称为连杆的偏距，记为 d_i，它代表连杆 i 相对连杆 $i-1$ 的偏距。这两条公法线（连杆）之间的夹角称为关节角，记为 θ_i，它表示连杆 i 相对连杆 $i-1$ 绕该轴线 i 的旋转角度。

连杆 $i-1$ 和连杆 i 的连接关系如图 3-12 所示。a_{i-1} 是连接连杆 $i-1$ 的两关节轴线的公垂线，a_i 是连接连杆 i 的两关节轴线的公垂线。表示连杆 i 与连杆 $i-1$ 连接关系的第一个参数是连杆偏距 d_i，第二个参数是关节角 θ_i。d_i 和 θ_i 都带正负号。d_i 表示 a_{i-1} 与轴线 i 的交点到 a_i 与该轴线交点的距离，沿轴线 i 测量。若连杆 i 的关节是移动关节，则偏距 d_i 是关节变量。θ_i 表示 a_{i-1} 与 a_i 的延长线间的夹角，可绕轴线 i 的测量。若连杆 i 的关节是旋转关节，则关节角 θ_i 是关节变量，d_i 固定不变。

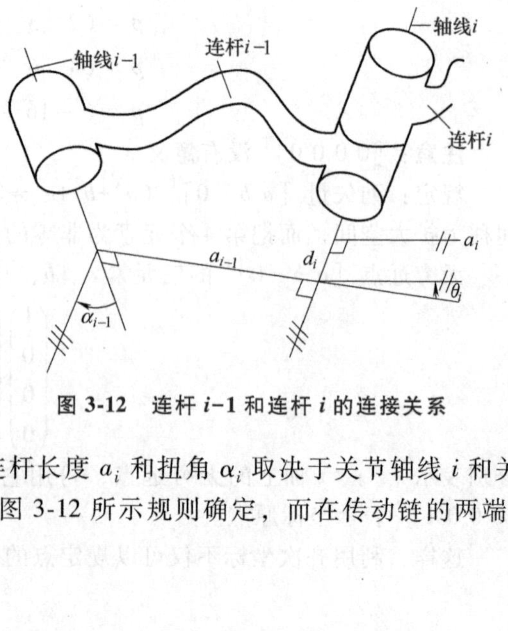

图 3-12　连杆 i-1 和连杆 i 的连接关系

（2）对首端连杆和末端连杆的描述　规定连杆长度 a_i 和扭角 α_i 取决于关节轴线 i 和关节轴线 $i-1$。因此 $a_1 \sim a_{n-1}$ 以及 $\alpha_1 \sim \alpha_{n-1}$ 按照如图 3-12 所示规则确定，而在传动链的两端，习惯约定 $a_0 = a_n = 0$。

同样，$d_2 \sim d_{n-1}$ 以及 $\theta_2 \sim \theta_{n-1}$ 按照上面讨论的方法规定。若关节 1 是旋转关节，则 θ_1 是关节变量，θ_1 的零位可以任意选择，d_1 固定不变，通常习惯规定 $d_1=0$；若关节 1 是移动关节，则 d_1 是关节变量，d_1 的零位可以任意选择，θ_1 固定不变，通常约定 $\theta_1=0$。上面的规定完全适用于关节 n。这样规定的目的是使今后的计算简便。显然，一个量任意选定，另一个量取为 0，可使连杆坐标系相应的齐次变换尽可能简单。也可以采用其他的约定值，只是相应的齐次变换有所不同而已。

2. 前置坐标系

作为机器人结构的关键部分之一，各个连杆可视为刚体，其结构特性（这里仅关注对其运动学有影响的参数）可以通过分析它所连接的两个关节轴线在空间中的相对位置关系来确定；同时，关节作为连接连杆的参数，也可以通过它们连接的两个连杆的空间关系来界定。换句话说，每个连杆坐标系都与特定的参数集相关联，包括两个关于连杆的结构参数和连接参数，如图 3-13 所示。

（1）连杆 $i-1$ 的长度 a_{i-1}　连杆 $i-1$ 的长度 a_{i-1} 定义为关节 $i-1$ 轴线 S_{i-1} 与关节 i 轴线 S_i 的公垂线（或公法线）长度，如图 3-13 所示，它实际反映的是相邻两关节轴线之间的最短距离。显然，当两轴线相交时，$a_{i-1}=0$。

注意：图 3-13 中故意将连杆画成弯曲的形状，就是为了说明 a_{i-1} 与连杆的几何形状是无关的。

（2）连杆 $i-1$ 的扭角 α_{i-1}　连杆 $i-1$ 的扭角 α_{i-1} 定义为关节 $i-1$ 轴线 S_{i-1} 与关节 i 轴线 S_i 之间的夹角，其取值范围为$-90° \sim +90°$；方向则遵循右手定则，从轴 S_{i-1} 转到轴 S_i 为正。若关节轴线平行，则 $\alpha_{i-1}=0°$。

（3）连杆 i 的偏距 d_i　连杆 i 的偏距 d_i 定义为从 a_{i-1} 与轴线 S_i 的交点到 a_i 与轴线 S_i 的交点的有向距离，如图 3-14 后置坐标系所示。对于移动关节，d_i 为变量；对于旋转关节，d_i 则为结构参数（常值）。

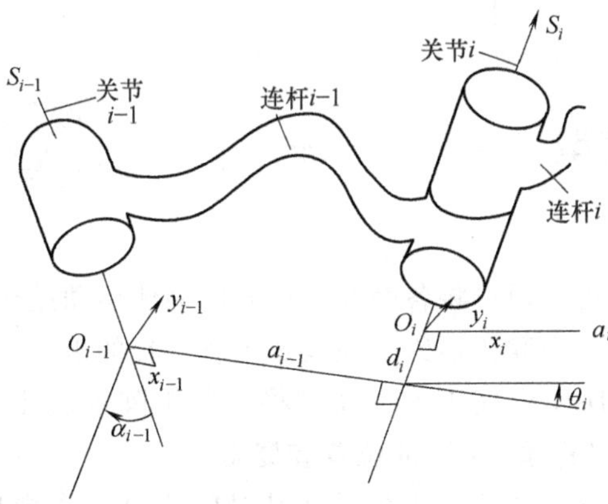

图 3-13　前置坐标系

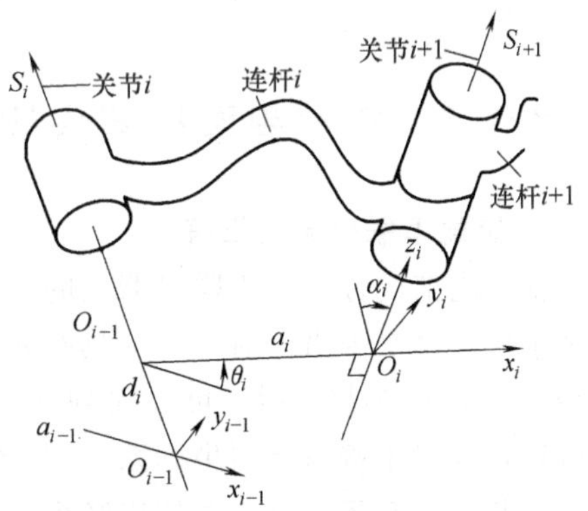

图 3-14　后置坐标系

（4）关节 i 的转角 θ_i　关节 i 的转角 θ_i 定义为两连杆公法线 a_{i-1} 与 a_i 之间的夹角，其方向是以 d_i 方向为转轴方向，遵循右手定则绕 S_i 旋转，从 a_{i-1} 到 a_i 为正，如图 3-14 所示。关节角 θ_i 实质反映的是连杆 i 相对连杆 $i-1$ 的转角。因此，对于旋转关节，θ_i 为变量；对于移动关节，θ_i 则为结构参数（常值）。

注意：机器人的结构参数受机器人本体结构特征所决定，当机械结构装配完成后，结构参数就保持固定不变。

3. 后置坐标系

后置坐标系如图 3-14 所示，在标准 D-H 参数法中，连杆坐标系 $\{i\}$ 置于连杆的后端或远端，因此，又称其为后置坐标系下的 D-H 参数法。

关节角 θ_i：绕 z_{i-1} 轴，x_{i-1} 旋转到 x_i 的角度。

偏距 d_i：沿 z_{i-1} 轴，x_{i-1} 移动到 x_i 的距离。

连杆长度 a_i：沿 x_i 轴，z_{i-1} 移动到 z_i 的距离。

连杆扭角 α_i：绕 x_i 轴，z_{i-1} 旋转到 z_i 的角度。

对于连杆 $i-1$，首先将连杆 $i-1$ 的远端轴线（即关节 i 轴）作为 z_{i-1} 轴，关节 $i-1$ 轴与关节 i 轴的公垂线作为 x_{i-1} 轴，右手定则确定 y_{i-1} 轴。

x_{i-1} 轴绕 z_{i-1} 轴旋转 θ_i 角度，S_{i-1} 沿 z_{i-1} 轴移动 d_i，S_{i-1} 沿 x_i 轴移动 a_i，z_{i-1} 轴绕 x_i 轴旋转 α_i 角度。

通过以上变换就可以将坐标系 S_{i-1} 转换到 S_i。

通过依次右乘 4 个运动矩阵就可得到变换矩阵 ${}^{i-1}\boldsymbol{T}_i$ 为

$$
\begin{aligned}
{}^{i-1}\boldsymbol{T}_i &= \mathrm{Rot}(z_{i-1},\theta_i)\,\mathrm{Trans}(z_{i-1},d_i)\,\mathrm{Trans}(x_i,a_i)\,\mathrm{Rot}(x_i,a_i)\\
&=\begin{pmatrix}\cos\theta_i & -\sin\theta_i & 0 & 0\\ \sin\theta_i & \cos\theta_i & 0 & 0\\ 0 & 0 & 1 & 0\\ 0 & 0 & 0 & 1\end{pmatrix}\begin{pmatrix}1 & 0 & 0 & 0\\ 0 & 1 & 0 & 0\\ 0 & 0 & 1 & d_i\\ 0 & 0 & 0 & 1\end{pmatrix}\begin{pmatrix}1 & 0 & 0 & a_i\\ 0 & 1 & 0 & 0\\ 0 & 0 & 1 & 0\\ 0 & 0 & 0 & 1\end{pmatrix}\begin{pmatrix}1 & 0 & 0 & 0\\ 0 & \cos\alpha_i & -\sin\alpha_i & 0\\ 0 & \sin\alpha_i & \cos\alpha_i & 0\\ 0 & 0 & 0 & 1\end{pmatrix}\\
&=\begin{pmatrix}\cos\theta_i & -\sin\theta_i\cos\alpha_i & \sin\theta_i\sin\alpha_i & a_i\cos\theta_i\\ \sin\theta_i & \cos\theta_i\cos\alpha_i & -\cos\theta_i\sin\alpha_i & a_i\sin\theta_i\\ 0 & \sin\alpha_i & \cos\alpha_i & d_i\\ 0 & 0 & 0 & 1\end{pmatrix}
\end{aligned}
\tag{3-35}
$$

3.1.5 重载串联机器人运动学模型

1. 重载串联机器人正解

根据之前的分析，串联机器人的正向运动学可以通过将各个关节引起的刚体运动进行合成来求解。这是因为，对于一个具有 n 个自由度的串联机器人，在设定了各连杆的坐标系以及相应的 D-H 参数之后，可以得到 n 个对应的 D-H 变换矩阵。通过将这些矩阵依次相乘，就可以计算出末端执行器坐标系 $\{n\}$ 相对于基坐标系 $\{0\}$ 的位置和姿态。

这是因为对于 n 自由度的串联机器人，在建立了各连杆坐标系及其对应的 D-H 参数后，便得到了相应的 n 个 D-H 矩阵，将所有矩阵按顺序相乘，即可计算出末端工具坐标系 $\{n\}$ 相对于基坐标系 $\{0\}$ 的位形。

对于具有 n 个关节的串联机器人而言，其位移求解的一般计算公式为

$$
{}^0_n\boldsymbol{T} = {}^0_1\boldsymbol{T}\,{}^1_2\boldsymbol{T}\cdots{}^{n-1}_{\ n}\boldsymbol{T} \tag{3-36}
$$

式中，${}^0_n\boldsymbol{T}$ 为机器人末端执行器的位姿，且满足

$$
{}^{0}_{n}\boldsymbol{T}=\begin{pmatrix} {}^{0}_{n}\boldsymbol{R} & {}^{0}\boldsymbol{p} \\ \boldsymbol{0} & 1 \end{pmatrix} \tag{3-37}
$$

式（3-37）也称为串联机器人位移求解的闭环方程。

【例 3-1】 利用 D-H 参数法对 PUMA560 机器人进行正向位移分析，其机构示意图如图 3-15a 所示。

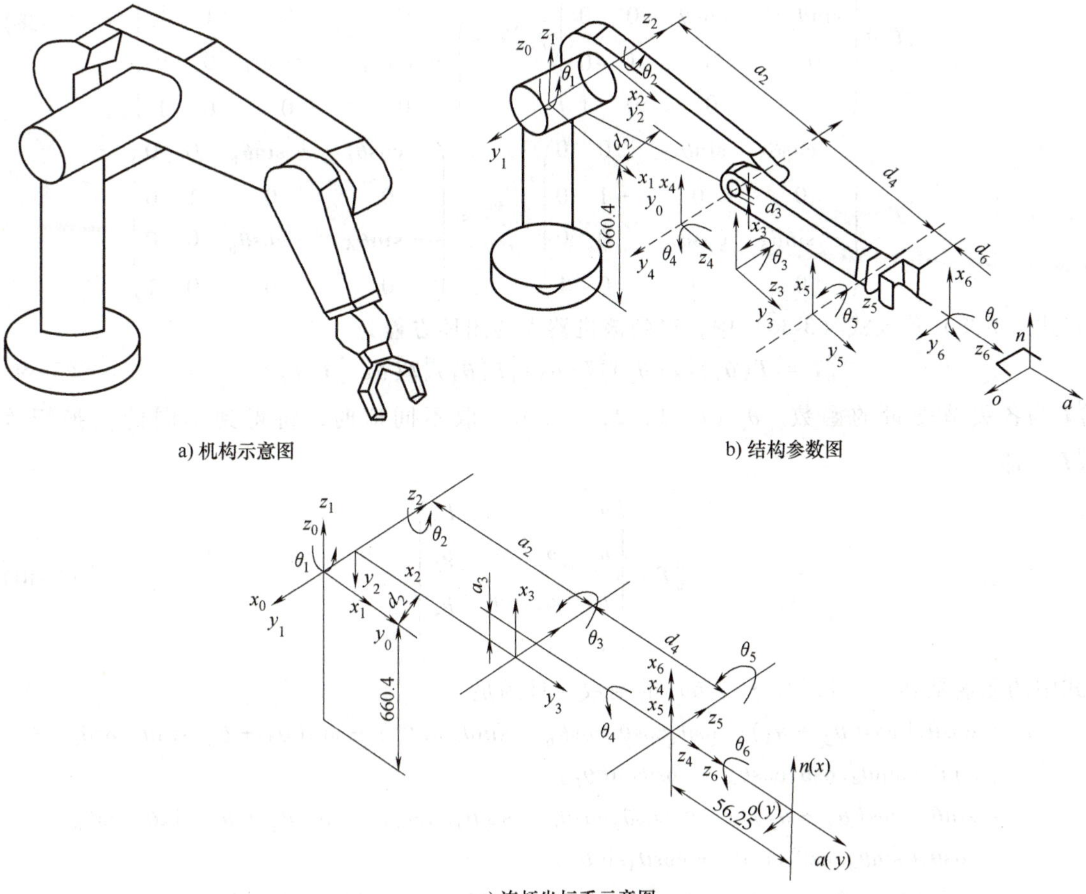

a) 机构示意图

b) 结构参数图

c) 连杆坐标系示意图

图 3-15　PUMA560 机器人及其坐标系选取

解：首先建立各连杆坐标系，如图 3-15b、图 3-15c 所示。相关连杆参数及其几何参数的取值见表 3-1。

表 3-1　PUMA560 机器人的连杆参数及其几何参数的取值

连杆 i	变量 θ_i	α_{i-1}	a_{i-1}	d_i	变量范围
1	θ_1	0°	0	0	−160°~160°
2	θ_2	−90°	0	d_2	−225°~45°
3	θ_3	0°	a_2	0	−45°~225°
4	θ_4	−90°	a_3	d_4	−110°~170°
5	θ_5	90°	0	0	−100°~100°
6	θ_6	−90°	0	0	−266°~266°

根据表 3-1 所列的连杆参数，可求得各连杆的齐次变换矩阵为

$$
{}^0_1\boldsymbol{T}=\begin{pmatrix}\cos\theta_1 & -\sin\theta_1 & 0 & 0\\ \sin\theta_1 & \cos\theta_1 & 0 & 0\\ 0 & 0 & 1 & 0\\ 0 & 0 & 0 & 1\end{pmatrix},\quad {}^1_2\boldsymbol{T}=\begin{pmatrix}\cos\theta_2 & -\sin\theta_2 & 0 & 0\\ 0 & 0 & 1 & d_2\\ -\sin\theta_2 & -\cos\theta_2 & 0 & 0\\ 0 & 0 & 0 & 1\end{pmatrix},
$$

$$
{}^2_3\boldsymbol{T}=\begin{pmatrix}\cos\theta_3 & -\sin\theta_3 & 0 & a_2\\ \sin\theta_3 & \cos\theta_3 & 0 & 0\\ 0 & 0 & 1 & 0\\ 0 & 0 & 0 & 1\end{pmatrix},\quad {}^3_4\boldsymbol{T}=\begin{pmatrix}\cos\theta_4 & -\sin\theta_4 & 0 & a_3\\ 0 & 0 & 1 & d_4\\ -\sin\theta_4 & -\cos\theta_4 & 0 & 0\\ 0 & 0 & 0 & 1\end{pmatrix}, \tag{3-38}
$$

$$
{}^4_5\boldsymbol{T}=\begin{pmatrix}\cos\theta_5 & \sin\theta_5 & 0 & 0\\ 0 & 0 & -1 & 0\\ -\sin\theta_5 & \cos\theta_5 & 0 & 0\\ 0 & 0 & 0 & 1\end{pmatrix},\quad {}^5_6\boldsymbol{T}=\begin{pmatrix}\cos\theta_6 & -\sin\theta_6 & 0 & 0\\ 0 & 0 & 1 & 0\\ -\sin\theta_6 & -\cos\theta_6 & 0 & 0\\ 0 & 0 & 0 & 1\end{pmatrix}
$$

将式（3-38）代入式（3-36）中，得到该机器人的闭环方程为

$$
{}^0_6\boldsymbol{T}={}^0_1\boldsymbol{T}(\theta_1)\,{}^1_2\boldsymbol{T}(\theta_2)\,{}^2_3\boldsymbol{T}(\theta_3)\,{}^3_4\boldsymbol{T}(\theta_4)\,{}^4_5\boldsymbol{T}(\theta_5)\,{}^5_6\boldsymbol{T}(\theta_6) \tag{3-39}
$$

${}^0_6\boldsymbol{T}$ 为各关节变量的函数。θ_i（$i=1$，2，…，6）取不同值时，将得到不同的变换矩阵 ${}^0_6\boldsymbol{T}$，即

$$
{}^0_6\boldsymbol{T}=\begin{pmatrix}n_x & o_x & a_x & p_x\\ n_y & o_y & a_y & p_y\\ n_z & o_z & a_z & p_z\\ 0 & 0 & 0 & 1\end{pmatrix} \tag{3-40}
$$

式中的元素是 θ_i（$i=1$，2，…，6）的函数，且满足

$$
\begin{aligned}
n_x &= \cos\theta_1[\cos(\theta_2+\theta_3)(\cos\theta_4\cos\theta_5\cos\theta_6-\sin\theta_4\sin\theta_6)-\sin(\theta_2+\theta_3)\sin\theta_5\cos\theta_6]+\\
&\quad \sin\theta_1(\sin\theta_4\cos\theta_5\cos\theta_6+\cos\theta_4\sin\theta_6)\\
n_y &= \sin\theta_1[\cos(\theta_2+\theta_3)(\cos\theta_4\cos\theta_5\cos\theta_6-\sin\theta_4\sin\theta_6)-\sin(\theta_2+\theta_3)\sin\theta_5\cos\theta_6]-\\
&\quad \cos\theta_1(\sin\theta_4\cos\theta_5\cos\theta_6+\cos\theta_4\sin\theta_6)\\
n_z &= -\sin(\theta_2+\theta_3)(\cos\theta_4\cos\theta_5\cos\theta_6-\sin\theta_4\sin\theta_6)-\cos(\theta_2+\theta_3)\sin\theta_5\cos\theta_6\\
o_x &= \cos\theta_1[\cos(\theta_2+\theta_3)(-\cos\theta_4\cos\theta_5\sin\theta_6-\sin\theta_4\cos\theta_6)+\sin(\theta_2+\theta_3)\sin\theta_5\sin\theta_6]+\\
&\quad \sin\theta_1(-\sin\theta_4\cos\theta_5\sin\theta_6+\cos\theta_4\cos\theta_6)\\
o_y &= \sin\theta_1[\cos(\theta_2+\theta_3)(-\cos\theta_4\cos\theta_5\sin\theta_6-\sin\theta_4\cos\theta_6)+\sin(\theta_2+\theta_3)\sin\theta_5\sin\theta_6]-\\
&\quad \cos\theta_1(-\sin\theta_4\cos\theta_5\cos\theta_6+\cos\theta_4\cos\theta_6)\\
o_z &= -\sin(\theta_2+\theta_3)(-\cos\theta_4\cos\theta_5\cos\theta_6-\sin\theta_4\sin\theta_6)+\cos(\theta_2+\theta_3)\sin\theta_5\sin\theta_6\\
a_x &= -\cos\theta_1[\cos(\theta_2+\theta_3)\cos\theta_4\sin\theta_5+\sin(\theta_2+\theta_3)\cos\theta_5]-\cos\theta_1\sin\theta_4\sin\theta_5\\
a_y &= -\sin\theta_1[\cos(\theta_2+\theta_3)\cos\theta_4\sin\theta_5+\sin(\theta_2+\theta_3)\cos\theta_5]+\cos\theta_1\sin\theta_4\sin\theta_5\\
a_z &= \sin(\theta_2+\theta_3)\cos\theta_4\sin\theta_5-\cos(\theta_2+\theta_3)\cos\theta_5\\
p_x &= \cos\theta_1[a_2\cos\theta_2+a_3\cos(\theta_2+\theta_3)-d_4\sin(\theta_2+\theta_3)]-d_2\sin\theta_1\\
p_y &= \sin\theta_1[a_2\cos\theta_2+a_3\cos(\theta_2+\theta_3)-d_4\sin(\theta_2+\theta_3)]-d_2\cos\theta_1\\
p_z &= -a_3\sin(\theta_2+\theta_3)-a_2\sin\theta_2-d_4\cos(\theta_2+\theta_3)
\end{aligned} \tag{3-41}
$$

为验证所得 ${}^{0}_{6}\boldsymbol{T}$ 是否正确，选取一组特殊参数 $\theta_1=90°$，$\theta_2=0°$，$\theta_3=-90°$，$\theta_4=\theta_5=\theta_6=0°$，求对应的齐次变换矩阵 ${}^{0}_{6}\boldsymbol{T}$ 的值。直接给出计算结果

$$
{}^{0}_{6}\boldsymbol{T}=\begin{pmatrix} 0 & 1 & 0 & -d_2 \\ 0 & 0 & 1 & a_2+d_4 \\ 1 & 0 & 0 & a_3 \\ 0 & 0 & 0 & 1 \end{pmatrix} \tag{3-42}
$$

2. 重载串联机器人逆解

串联机器人的逆运动学求解过程与正运动学求解过程相反，它涉及给定末端执行器期望的位置和姿态，然后确定达到这一目标所需的各个关节的配置。对于串联机器人，一旦确定关节变量，末端执行器的位置通常是唯一的，这意味着正运动学的解是确定的，求解过程相对简单。然而，逆运动学的问题则更为复杂，以上面给出的运动学公式为例，重写如下：

$$
{}^{0}_{6}\boldsymbol{T}={}^{0}_{1}\boldsymbol{T}(q_1){}^{1}_{2}\boldsymbol{T}(q_2){}^{2}_{3}\boldsymbol{T}(q_1){}^{3}_{4}\boldsymbol{T}(q_4){}^{4}_{5}\boldsymbol{T}(q_5){}^{5}_{6}\boldsymbol{T}(q_6)=\begin{pmatrix} r_{11} & r_{12} & r_{13} & p_1 \\ r_{21} & r_{22} & r_{23} & p_2 \\ r_{31} & r_{32} & r_{33} & p_3 \\ 0 & 0 & 0 & 1 \end{pmatrix} \tag{3-43}
$$

式中，r_{ij}、p_i 是已知值，待求值为 q_i。换句话说，串联机器人位移逆解的过程可以归结为求解其逆运动学模型的过程，即

$$
q_{1\sim n}=f_{1\sim n}(r_{11},\cdots,r_{33},p_1,p_2,p_3) \tag{3-44}
$$

以 PUMA560 机器人的逆运动学求解为例，从式（3-41）中得到的 12 个等式可以推导出该机器人的正向运动学解；然而，当尝试利用这些方程来求解逆向运动学时，会发现过程比正向求解要困难得多。由于需要求解的是关节角度，方程中包含大量的反三角函数，并且变量间存在相互耦合，这可能导致超越方程的出现，从而没有解析解。

从一般性角度考虑，关节变量之间的耦合通常会导致求解方程的非线性，这可能意味着存在封闭解，或者只能通过数值方法求解，这为串联机器人的逆运动学求解带来了挑战。更复杂的是，逆运动学解通常是多解的，不具备唯一性。与串联机器人的正向运动学求解相比，逆运动学问题无疑要复杂得多，具体如下：

1）运动学方程通常为非线性，可能导致无封闭解或解析解，只有数值解。

2）可能存在多解，视运动学方程的最高次数而定。

3）可能存在无穷多个解，如运动学冗余的情况。

4）可能不存在可行解，如运动学奇异的情况。

写出运动方程：

$$
{}^{0}_{6}\boldsymbol{T}=\begin{pmatrix} n_x & o_x & a_x & p_x \\ n_y & o_y & a_y & p_y \\ n_z & o_z & a_z & p_z \\ 0 & 0 & 0 & 1 \end{pmatrix}={}^{0}_{1}\boldsymbol{T}(\theta_1){}^{1}_{2}\boldsymbol{T}(\theta_2){}^{2}_{3}\boldsymbol{T}(\theta_3){}^{3}_{4}\boldsymbol{T}(\theta_4){}^{4}_{5}\boldsymbol{T}(\theta_5){}^{5}_{6}\boldsymbol{T}(\theta_6) \tag{3-45}
$$

若末端连杆的位姿已经给定，即式（3-45）中 ${}^{0}_{6}\boldsymbol{T}$ 的元素均为已知，则求关节变量 θ_1，θ_2，…，θ_6 的值称为求位移逆解。

对于关节变量较多的串联机器人，由于关节之间高度耦合，需要进行逐次消元，以达到

简化求逆解的目的。为此，可利用 Paul 反变换法来实现。具体而言，对于一般性的串联机器人运动学方程

$$ {}_{1}^{0}\boldsymbol{T}(\theta_1){}_{2}^{1}\boldsymbol{T}(\theta_2)\cdots{}_{n}^{n-1}\boldsymbol{T}(\theta_n)={}_{n}^{0}\boldsymbol{T} \tag{3-46} $$

等式两边左乘 ${}_{1}^{0}\boldsymbol{T}^{-1}$，得到

$$ {}_{2}^{1}\boldsymbol{T}(\theta_2)\cdots{}_{n}^{n-1}\boldsymbol{T}(\theta_n)={}_{1}^{0}\boldsymbol{T}^{-1}{}_{n}^{0}\boldsymbol{T} \tag{3-47} $$

从等式两边矩阵对应的元素中寻找含单关节变量的等式，进而解出该变量。不断重复此过程，直到解出所有变量。

（1）求 θ_1　考虑到具体的关节数，式（3-46）与式（3-47）可写成

$$ {}_{1}^{0}\boldsymbol{T}(\theta_1){}_{2}^{1}\boldsymbol{T}(\theta_2)\cdots{}_{6}^{5}\boldsymbol{T}(\theta_6)={}_{6}^{0}\boldsymbol{T} \tag{3-48} $$

用逆变换 ${}_{1}^{0}\boldsymbol{T}^{-1}$ 左乘式（3-48）两边，得

$$ {}_{2}^{1}\boldsymbol{T}(\theta_2)\cdots{}_{6}^{5}\boldsymbol{T}(\theta_6)={}_{1}^{0}\boldsymbol{T}^{-1}{}_{6}^{0}\boldsymbol{T}={}_{6}^{1}\boldsymbol{T} \tag{3-49} $$

即

$$ \begin{pmatrix} \cos\theta_1 & \sin\theta_1 & 0 & 0 \\ -\sin\theta_1 & \cos\theta_1 & 0 & 0 \\ 0 & 0 & 1 & 0 \\ 0 & 0 & 0 & 1 \end{pmatrix}\begin{pmatrix} n_x & o_x & a_x & p_x \\ n_y & o_y & a_y & p_y \\ n_z & o_z & a_z & p_z \\ 0 & 0 & 0 & 1 \end{pmatrix}={}_{6}^{1}\boldsymbol{T} \tag{3-50} $$

为进一步求解，可以先把求解过程中要用到的几个中间变换矩阵求出，具体如下

$$ {}_{6}^{4}\boldsymbol{T}=\begin{pmatrix} \cos\theta_5\cos\theta_6 & -\cos\theta_5\sin\theta_6 & -\sin\theta_5 & 0 \\ \sin\theta_6 & \cos\theta_6 & 0 & 0 \\ \sin\theta_5\sin\theta_6 & -\sin\theta_5\cos\theta_6 & \cos\theta_5 & 0 \\ 0 & 0 & 0 & 1 \end{pmatrix} \tag{3-51} $$

$$ {}_{6}^{3}\boldsymbol{T}={}_{4}^{3}\boldsymbol{T}{}_{6}^{4}\boldsymbol{T}=\begin{pmatrix} \cos\theta_4\cos\theta_5\cos\theta_6-\sin\theta_4\sin\theta_6 & -\cos\theta_4\cos\theta_5\sin\theta_6-\sin\theta_4\cos\theta_6 & -\cos\theta_4\sin\theta_5 & a_3 \\ \sin\theta_5\sin\theta_6 & -\sin\theta_5\cos\theta_6 & \cos\theta_5 & d_4 \\ -\sin\theta_4\sin\theta_5\sin\theta_6-\cos\theta_4\sin\theta_6 & \sin\theta_4\cos\theta_5\sin\theta_6-\cos\theta_5\cos\theta_6 & \sin\theta_4\sin\theta_5 & 0 \\ 0 & 0 & 0 & 1 \end{pmatrix} \tag{3-52} $$

$$ {}_{3}^{1}\boldsymbol{T}={}_{2}^{1}\boldsymbol{T}{}_{3}^{2}\boldsymbol{T}=\begin{pmatrix} \cos(\theta_2+\theta_3) & -\sin(\theta_2+\theta_3) & 0 & a_2\cos\theta_2 \\ 0 & 0 & 1 & d_2 \\ -\sin(\theta_2+\theta_3) & -\cos(\theta_2+\theta_3) & 0 & -a_2\sin\theta_2 \\ 0 & 0 & 0 & 1 \end{pmatrix} \tag{3-53} $$

由式（3-52）和式（3-53）可得 ${}_{6}^{1}\boldsymbol{T}$，即

$$ {}_{6}^{1}\boldsymbol{T}={}_{3}^{1}\boldsymbol{T}{}_{6}^{3}\boldsymbol{T} \tag{3-54} $$

令

$$ {}_{6}^{1}\boldsymbol{T}=\begin{pmatrix} {}^{1}n_x & {}^{1}o_x & {}^{1}a_x & {}^{1}p_x \\ {}^{1}n_y & {}^{1}o_y & {}^{1}a_y & {}^{1}p_y \\ {}^{1}n_z & {}^{1}o_z & {}^{1}a_z & {}^{1}p_z \\ 0 & 0 & 0 & 1 \end{pmatrix} \tag{3-55} $$

由式（3-54）和式（3-55），可导出

$$
\begin{aligned}
{}^1n_x &= \cos(\theta_2+\theta_3)(\cos\theta_4\cos\theta_5\cos\theta_6-\sin\theta_4\sin\theta_6)-\sin(\theta_2+\theta_3)\sin\theta_5\cos\theta_6\\
{}^1n_y &= \sin\theta_4\cos\theta_5\cos\theta_6-\cos\theta_4\sin\theta_6\\
{}^1n_z &= -\sin(\theta_2+\theta_3)(\cos\theta_4\cos\theta_5\cos\theta_6-\sin\theta_4\sin\theta_6)-\cos(\theta_2+\theta_3)\sin\theta_5\cos\theta_6\\
{}^1o_x &= -\cos(\theta_2+\theta_3)(\cos\theta_4\cos\theta_5\sin\theta_6+\sin\theta_4\cos\theta_6)+\sin(\theta_2+\theta_3)\sin\theta_5\sin\theta_6\\
{}^1o_y &= \sin\theta_4\cos\theta_5\cos\theta_6-\cos\theta_4\cos\theta_6\\
{}^1o_z &= \sin(\theta_2+\theta_3)(\cos\theta_4\cos\theta_5\sin\theta_6+\sin\theta_4\cos\theta_6)+\cos(\theta_2+\theta_3)\sin\theta_5\cos\theta_6\\
{}^1a_x &= -\cos(\theta_2+\theta_3)\cos\theta_4\sin\theta_5-\sin(\theta_2+\theta_3)\cos\theta_5\\
{}^1a_y &= \sin\theta_4\sin\theta_5\\
{}^1a_z &= \sin(\theta_2+\theta_3)\cos\theta_4\sin\theta_5-\cos(\theta_2+\theta_3)\cos\theta_5\\
{}^1p_x &= a_2\cos\theta_2+a_3\cos(\theta_2+\theta_3)-d_4\sin(\theta_2+\theta_3)\\
{}^1p_y &= d_2\\
{}^1p_z &= -a_2\sin\theta_2-a_3\sin(\theta_2+\theta_3)-d_4\cos(\theta_2+\theta_3)
\end{aligned}
\tag{3-56}
$$

令式（3-56）两端第二行第四列（2，4）对应的元素相等，结合式（3-50）的计算结果，可得

$$-p_x\sin\theta_1+p_y\cos\theta_1=d_2={}^1p_y \tag{3-57}$$

式（3-57）是一个只含有未知数 θ_1 的三角函数方程，很容易求解，这里不再赘述。

（2）求 θ_3、θ_2　在选定 θ_1 的一个解后，令式（3-56）两端（1，4）和（3，4）对应的元素分别相等，可得两方程：

$$
\begin{cases}
\cos\theta_1p_x+\sin\theta_1p_y=a_3\cos(\theta_2+\theta_3)-d_4\sin(\theta_2+\theta_3)+a_2\cos\theta_2\\
-p_z=a_3\sin(\theta_2+\theta_3)+d_4\cos(\theta_2+\theta_3)+a_2\sin\theta_2
\end{cases}
\tag{3-58}
$$

化简式（3-58），消去 θ_2，得

$$a_3\cos\theta_3-d_4\sin\theta_3=k \tag{3-59}$$

式中

$$k=\frac{p_x^2+p_y^2+p_z^2-a_2^2-a_3^2-d_2^2-d_4^2}{2a_2} \tag{3-60}$$

将 θ_3 解出后代回式（3-58），即可求出 θ_2。

（3）求 θ_4、θ_5　写出相应的矩阵方程：

$${}^0_3\boldsymbol{T}^{-1}{}^0_6\boldsymbol{T}={}^3_4\boldsymbol{T}(\theta_4){}^4_5\boldsymbol{T}(\theta_5){}^5_6\boldsymbol{T}(\theta_6)={}^3_6\boldsymbol{T} \tag{3-61}$$

式（3-52）已经给出了 ${}^3_6\boldsymbol{T}$ 的值，这里重写一下，即

$$
{}^3_6\boldsymbol{T}={}^3_4\boldsymbol{T}{}^4_6\boldsymbol{T}=
\begin{pmatrix}
\cos\theta_4\cos\theta_5\cos\theta_6-\sin\theta_4\sin\theta_6 & -\cos\theta_4\cos\theta_5\sin\theta_6-\sin\theta_4\cos\theta_6 & -\cos\theta_4\sin\theta_5 & a_3\\
\sin\theta_5\sin\theta_6 & -\sin\theta_5\cos\theta_6 & \cos\theta_5 & d_4\\
-\sin\theta_4\sin\theta_5\sin\theta_6-\cos\theta_4\sin\theta_6 & \sin\theta_4\cos\theta_5\sin\theta_6-\cos\theta_5\cos\theta_6 & \sin\theta_4\sin\theta_5 & 0\\
0 & 0 & 0 & 1
\end{pmatrix}
\tag{3-62}
$$

由于 $\theta_1\sim\theta_3$ 的值已求出，因此，式（3-61）等号左侧为已知值（代入相关参数即可求解）；式（3-61）等号右侧值见式（3-62）。

再令式（3-61）两端（1，3）和（3，3）对应的元素分别相等，可得

$$\begin{cases} a_x\cos\theta_1\cos(\theta_2+\theta_3)+a_y\sin\theta_1\cos(\theta_2+\theta_3)-a_z\sin(\theta_2+\theta_3)=-\cos\theta_4\sin\theta_5 \\ -a_x\sin\theta_1+a_y\cos\theta_1=\sin\theta_4\sin\theta_5 \end{cases} \tag{3-63}$$

只要 $\sin\theta_5\neq 0$ 时，便可求出 θ_4，即

$$\theta_4=\mathrm{Atan2}(-a_x\sin\theta_1+a_y\cos\theta_1,\ -a_x\cos\theta_1\cos(\theta_2+\theta_3)-a_y\sin\theta_1\cos(\theta_2+\theta_3)+a_z\sin(\theta_2+\theta_3)) \tag{3-64}$$

当 $\sin\theta_5=0$ 时，机械手处于奇异位形。此时，关节轴 4 和 6 重合，只能解出 θ_4 与 θ_6 的和或差。奇异位形可以由式（3-57）中的两个变量是否都接近零来判别：若都接近零，则为奇异位形；否则，不是奇异位形。在奇异位形时，可任意选取 θ_4 的值，再计算相应 θ_5 的值。θ_4 解出后代回式（3-63）可求出 θ_5。

（4）求 θ_6　写出相应的矩阵方程：

$${}_5^0\boldsymbol{T}^{-1}(\theta_1,\theta_2,\cdots,\theta_5)\,{}_6^0\boldsymbol{T}={}_6^5\boldsymbol{T}(\theta_6) \tag{3-65}$$

由于 $\theta_1\sim\theta_5$ 的值已求出，因此，式（3-65）等号左侧为已知值（代入相关参数即可求解），其等号右侧满足齐次变换矩阵

$${}_6^5\boldsymbol{T}=\begin{pmatrix} \cos\theta_6 & -\sin\theta_6 & 0 & 0 \\ 0 & 0 & 1 & 0 \\ -\sin\theta_6 & -\cos\theta_6 & 0 & 0 \\ 0 & 0 & 0 & 1 \end{pmatrix} \tag{3-66}$$

再令式（3-65）两端（3，1）和（1，1）对应的元素分别相等，即可求得 θ_6。

求解过程中，发现该机器人的位移逆解不是唯一的，理论上存在八组解。这意味着机器人到达一个确定的目标或者实现相同的位姿有八个不同的解，图 3-16 所示为 PUMA 机器人同一位姿下的四种构型。但是，也许由于关节运动等限制，这八组解中的一部分在实际中可能并不存在。

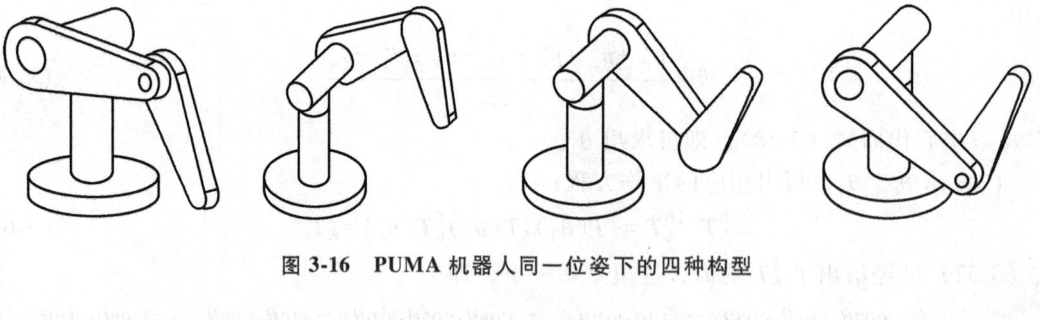

图 3-16　PUMA 机器人同一位姿下的四种构型

3.1.6　重载并联机器人运动学模型

1. 重载并联机器人逆解

这里将以 6-SPS 并联机器人（并联机构）为例讨论并联机构的位置逆解求解方法。6-SPS 并联机构上、下平台以 6 个分支相连，每个分支两端是两个球铰，中间是一个移动副。驱动器推动移动副做相对移动，改变各杆的长度，使上平台在空间的位置和姿态发生变化。若给定上

平台在空间的位置和姿态，求各个杆长，即各移动副的位移，这就是该机构的位置逆解。

在机构的上、下平台上各建立一坐标系，如图 3-17a 所示，动坐标系 $P\text{-}x'y'z'$ 建立在上平台上，坐标系 $O\text{-}xyz$ 固定在下平台上。在动坐标系中的任一矢量 $\boldsymbol{R}'$ 可以通过坐标变换方法变换到固定坐标系中，即

$$\boldsymbol{R} = [\boldsymbol{T}]\boldsymbol{R}' + \boldsymbol{P} \tag{3-67}$$

式中

$$[\boldsymbol{T}] = \begin{pmatrix} d_{11} & d_{12} & d_{13} \\ d_{21} & d_{22} & d_{23} \\ d_{31} & d_{32} & d_{33} \end{pmatrix} \tag{3-68}$$

$$\boldsymbol{P} = (x_p \quad y_p \quad z_p)^{\mathrm{T}} \tag{3-69}$$

式中，$[\boldsymbol{T}]$ 为上平台姿态的方向余弦矩阵，式中的三列分别为动坐标系的 x'、y' 和 z' 在固定坐标系中的方向余弦；$\boldsymbol{P}$ 为上平台选定的参考点位置矢量，即动坐标系的原点在固定坐标系中的坐标。如图 3-17b 所示，当给定机构的各个结构尺寸后，利用几何关系，可以很容易地写出上下平台各铰链点（b_i，B_i，$i=1，2，\cdots，6$）在各自坐标系中的坐标值，再由式（3-67）可求出上下平台铰链点在固定坐标系 $O\text{-}xyz$ 中的坐标值。这时 6 个驱动器杆长矢量 $\boldsymbol{l}_i$（$i=1，2，\cdots，6$）可在固定坐标系中表示为

$$\boldsymbol{l}_i = \boldsymbol{b}_i - \boldsymbol{B}_i \quad (i = 1,2,\cdots,6) \tag{3-70}$$

或

$$\boldsymbol{l}_i = \begin{pmatrix} d_{11}b'_{ix} + d_{12}b'_{iy} + x_p - B_{ix} \\ d_{21}b'_{ix} + d_{22}b'_{iy} + y_p - B_{iy} \\ d_{31}b'_{ix} + d_{32}b'_{iy} + z_p \end{pmatrix} \tag{3-71}$$

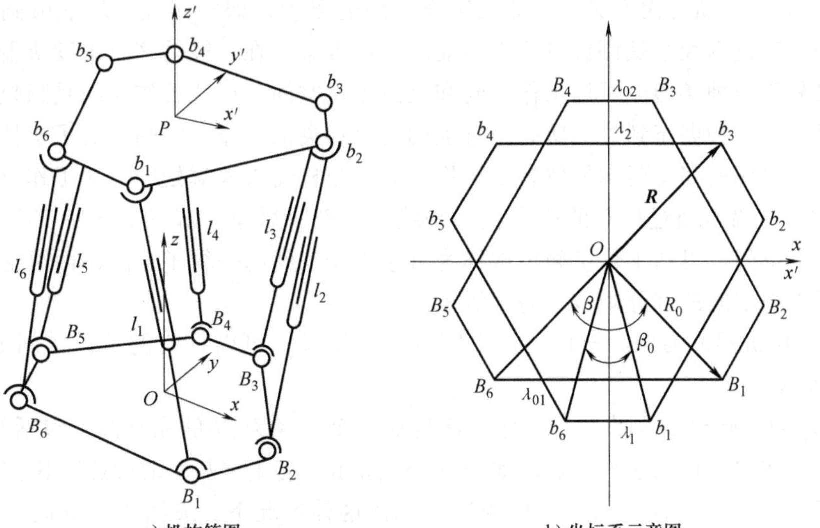

a) 机构简图　　　　b) 坐标系示意图

图 3-17　6-SPS 并联机构

从而得到机构的位置逆解计算方程为

$$l_i = \sqrt{l_{ix}^2 + l_{iy}^2 + l_{iz}^2} \quad (i = 1,2,\cdots,6) \tag{3-72}$$

式（3-72）是 6 个独立的显式方程，当已知机构的基本尺寸和上平台的位置和姿态后，就可以利用该式求出 6 个驱动器的位移。这里讨论的方法不但适用于 6-SPS 并联机构，而且普遍适用于从 6-SPS 并联机构演化出来的许多其他平台机构。从上面的讨论可以看出，6-SPS 类型的并联机构的位置逆解是十分简单的，这正是这类机构的优点之一。

2. 重载并联机器人正解

重载并联机器人正解问题，即正运动学问题，是指通过已知的关节变量（如关节角度、长度等）计算出机器人末端执行器的位置和姿态。由于并联机构的复杂性，求解其位置正解相对困难。重载并联机器人正解问题的核心在于通过数学模型和求解方法，从已知的关节变量准确计算出末端执行器的位姿，其求解正解的方法可以分为数值法和解析法。数值法主要包括牛顿-拉弗森法、迭代法、数值积分法等。解析法主要包括代数解法和几何解法。

在工业制造中，通过正解求解末端执行器位置，精确进行加工和装配操作。在航空航天领域，特别是在航天器组装和卫星调整中，使用正解计算来确保高精度的操作。在医疗设备领域，通过正解计算保证手术器械的精确定位和操作。

通过掌握基本原理、建立精确的数学模型，并利用数值和解析法求解，工程师和研究人员能够设计和控制高效、精准的并联机器人系统。

3.2 重载机器人工作空间分析

3.2.1 工作空间定义

在 1975 年，罗斯首次定义了机器人工作空间的概念，即机器人末端能够到达的所有空间点的总和，其范围大小是评价机器人性能的关键因素。在一般的多自由度机器人中，其工作空间主要分为两种类型：可达工作空间和灵活工作空间。可达工作空间是指机器人末端执行器能够以至少一种姿态到达的所有位置点的集合；灵活工作空间则涵盖了机器人末端能够从任何方向、以任何姿态到达的位置点。换言之，当机器人末端处于灵活工作空间的任意一点 Q 时，它可以沿着通过该点的所有直线轴线进行整周转动。显然，灵活工作空间是可达工作空间的子空间。灵活工作空间也被称为可达工作空间的一级子空间，而可达工作空间中不包含灵活工作空间的部分则被称为二级子空间。

以平面 2R 机器人为例。根据工作空间分类的定义，可以将它的工作空间划分为两类，如图 3-18 所示。

若 $l_1=l_2=l$，则机器人的可达工作空间构成一个半径为 $2l$ 的完整圆，包括圆内所有点；此时，灵活工作空间仅限于圆心点，如图 3-18a 所示。若 $l_1 \neq l_2$，则可达工作空间则变为一个环形区域，其内径为 $|l_1-l_2|$，外径为 l_1+l_2，在这种情况下，灵活工作空间不存在，如图 3-18b 所示。

显而易见，如果灵活工作空间仅局限于一个点或完全不存在，那么机器人的运动能力将受到限制。为了增强机器人的灵活性，可以考虑在机器人的结构中增加一个 R 关节，从而将其变为平面 3R 机器人。

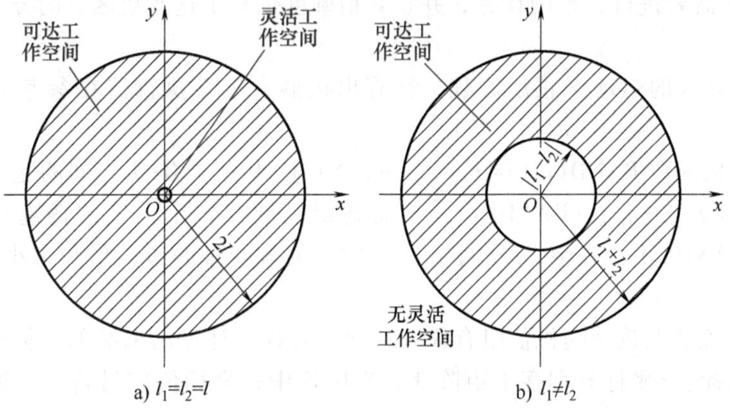

图 3-18　不同尺寸参数下的两类工作空间对比

3.2.2　重载串联机器人工作空间求解

1. 几何法

在串联机器人的工作空间分析中几何法是一种直观且相对简单的方法。几何法的优点是直观、快速；缺点是难以将所有的物理和几何约束都考虑进去，缺少完整的数学描述，限制了进一步的分析和优化。在某些情况下，几何法可能无法提供足够的精确度，特别是在复杂或高精度要求的应用中。下面是几何法求解的主要步骤。

1）确定关节约束：首先，分析每个关节的运动约束，包括关节的旋转范围和连杆的长度限制。

2）建立工作空间模型：根据关节的约束条件，建立机器人末端执行器的工作空间模型。这通常涉及机器人的物理尺寸和关节的运动范围。

3）CAD 软件辅助：利用计算机辅助设计（CAD）软件，根据输入杆长或关节限制条件，直接描述工作空间的边界点。

4）设置杆长和关节范围：给定各个输入杆长和关节的变化范围，确保它们满足最小值和最大值的限制，即 $r_{\min} \leqslant r_i \leqslant r_{\max}$，$\varphi_{\min} \leqslant \varphi_i \leqslant \varphi_{\max}$。

5）计算参考点坐标：通过给定不同的输入杆长，依次取极值、变化值或一系列固定值，利用 CAD 软件自动计算出动平台参考点 O 的位置坐标（x_O，y_O，z_O）。

6）构建工作空间：将计算得到的坐标点通过样条曲线连接，然后通过放样命令将这些曲线组成一系列的曲面，最终构成整个机构的工作空间。

几何法特别适用于初步设计阶段和概念验证，可以快速评估机器人的工作空间，为后续的详细设计和分析提供基础。然而，对于需要精确控制和优化的场合，可能还需要结合更复杂的数学模型和算法。

2. 蒙特卡洛法

蒙特卡洛法（或称离散法）：针对串联机器人，考虑到驱动关节的运动限制和连杆可能发生的干涉，关节空间可以被划分成多个离散点。通过应用正运动学的原理来计算机器人所有可能的姿态，能够获得该机器人的离散工作空间。这种方法具有普适性，适用于各类机器人，但缺点在于需要进行大量的计算，并且其精确度依赖于这些离散点的分布。具体的计算步骤如下：

1）根据机器人的运动学正解方程，计算出机器人末端执行器在参考坐标系中的位置矢量。

2）利用随机函数 RAND(j)(j=1，2，…，N）产生 N 个 0~1 之间的随机值，由此产生一个随机步长 $(q_{\max i}-q_{\min i})$RAND(j)，从而确定机械臂各个关节的伪随机值 $q_i=q_{\min i}+(q_{\max i}-q_{\min i})$RAND($j$)。其中，$q_{\max i}$、$q_{\min i}$ 分别为关节变量的最大值和最小值；i 为关节数目，取 1~4。

3）将 N 个关节变量伪随机值组合代入运动学方程，计算出末端的坐标值，并将其对应的 x 坐标、y 坐标、z 坐标分别存于矩阵 $\boldsymbol{X}$、$\boldsymbol{Y}$ 和 $\boldsymbol{Z}$ 中；坐标值数目越多，越能反映机器人的实际工作空间。

4）通过在图形设备上绘制所有位置矢量的点，可以形成机器人工作空间点集的云图。

3.2.3 重载并联机器人工作空间求解

并联机器人的工作空间计算方法主要分为数值法和解析法两种。数值法基于并联机器人的逆运动学求解，由于逆运动学求解过程相对简单，因此使用数值法计算并联机器人的工作空间较为容易。解析法则基于并联机器人的正运动学求解，由于正运动学求解过程较为复杂，并且并联机构在结构、运动等方面存在多种限制条件，以及奇异位形问题，这使得解析法求解并联机器人工作空间的问题变得极为复杂，求解过程困难重重。

1. 工作空间的影响因素

并联机器人的工作空间受到杆长、铰链转角和连杆间距的限制，求解并联机器人的工作空间要满足这些限制条件。

图 3-19 所示为具有操作器的 6-SPS 并联机构。操作器固定在动平台上，建立定坐标系 O-XYZ 并用 $\{A\}$ 表示，建立动坐标系 P-xyz 并用 $\{D\}$ 表示，建立连杆坐标系 B-$x_iy_iz_i$ 并用 $\{B_{li}\}$ 表示，点 d 为操作器的工作点，在动坐标系 P-xyz 的 z 轴上。

并联机器人的工作空间与操作器及操作器在动平台上的位置有关，在工作空间的分析中，要用到操作器的位姿。

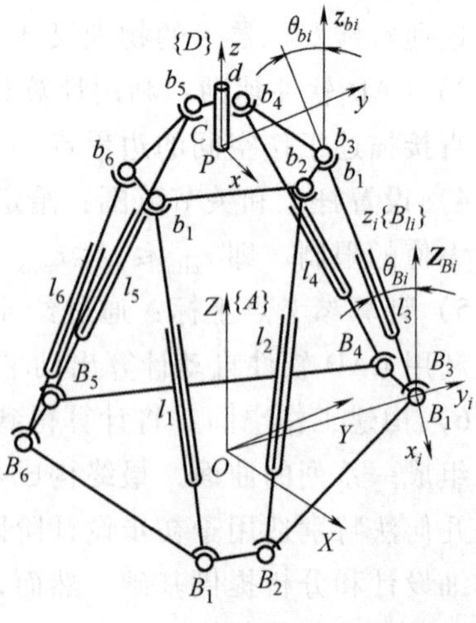

图 3-19 具有操作器的 6-SPS 并联机构

根据图 3-19 所示的并联机构，点 O 到操作器上点 d 的长度矢量为

$$\boldsymbol{O}_d=\boldsymbol{P}_O+\boldsymbol{P}_d \tag{3-73}$$

式中，$\boldsymbol{P}_O$ 为点 O 到点 P 的长度矢量；$\boldsymbol{P}_d$ 为点 P 到点 d 的长度矢量。

操作器上点 d 在定坐标系 O-XYZ 下的位置的列矩阵为

$$^A\boldsymbol{d}={}^A\boldsymbol{P}_O+{}^A\boldsymbol{d}_p={}^A\boldsymbol{P}_O+{}^A_D\boldsymbol{R}\,^D\boldsymbol{d} \tag{3-74}$$

式中，${}^{A}\boldsymbol{d}$ 为点 O 到操作器上点 d 的长度矢量 $\boldsymbol{O}_d$ 在定坐标系 $O\text{-}XYZ$ 下的位置的列矩阵，${}^{A}\boldsymbol{d}=(X_d \quad Y_d \quad Z_d)^{\mathrm{T}}$，$X_d$、$Y_d$ 和 Z_d 分别为操作器上点 d 在定坐标系 $O\text{-}XYZ$ 的 X、Y 和 Z 轴上的坐标；${}^{A}\boldsymbol{P}_O$ 为长度矢量 $\boldsymbol{P}_O$ 在定坐标系 $O\text{-}XYZ$ 下的位置的列矩阵；${}^{A}\boldsymbol{d}_p$ 为矢量 $\boldsymbol{P}_d$ 在定坐标系 $O\text{-}XYZ$ 下的位置的列矩阵，${}^{A}\boldsymbol{d}_p=(X_{pd} \quad Y_{pd} \quad Z_{pd})^{\mathrm{T}}={}^{A}_{D}\boldsymbol{R}{}^{D}\boldsymbol{d}$，$X_{pd}$、$Y_{pd}$ 和 Z_{pd} 分别为矢量 $\boldsymbol{P}_d$ 在定坐标系 $O\text{-}XYZ$ 的 X、Y 和 Z 轴上的坐标，${}^{A}_{D}\boldsymbol{R}$ 为动坐标系 $P\text{-}xyz$ 相对于定坐标系 $O\text{-}XYZ$ 的旋转变换矩阵，${}^{D}\boldsymbol{d}$ 为矢量 $\boldsymbol{P}_d$ 在动坐标系 $P\text{-}xyz$ 下的位置的列矩阵，${}^{D}\boldsymbol{d}=(x_d \quad y_d \quad z_d)^{\mathrm{T}}$，$x_d$、$y_d$ 和 z_d 分别为矢量 $\boldsymbol{P}_d$ 在动坐标系 $P\text{-}xyz$ 的 x、y 和 z 轴上的三个坐标分量。

（1）杆长的限制条件　各连杆的杆长变化受到并联机构结构尺寸的限制，存在极限杆长，第 i 根连杆的杆长 l_i 满足

$$l_{i\text{-min}} \leqslant l_i \leqslant l_{i\text{-max}} \tag{3-75}$$

式中，$l_{i\text{-min}}$ 为第 i 根连杆的最小杆长；$l_{i\text{-max}}$ 为第 i 根连杆的最大杆长。

（2）铰链转角的限制条件　在图 3-19 所示的并联机构中，动、定平台通过 6 根可伸缩的连杆相连，每根连杆的两端是两个球铰。当动平台在其工作空间内运动时，动、定平台与各连杆相连的铰链的转角是受到其结构限制的，由此产生铰链转角的限制条件。

铰链 B_i 的转角受其最大转角的限制。在图 3-19 所示的并联机构中，过铰链 B_i 的中心作平行于 Z 轴的矢量 $\boldsymbol{Z}_{Bi}$，第 i 根连杆的 z_i 轴与矢量 $\boldsymbol{Z}_{Bi}$ 夹角为 θ_{Bi}。Z 轴与矢量 $\boldsymbol{Z}_{Bi}$ 平行，其单位矢量相等，$\boldsymbol{e}_3$ 为 Z 轴的单位矢量，$\boldsymbol{W}_i$ 为第 i 根连杆的单位矢量，也是第 i 根连杆的 z 轴的单位矢量，$\boldsymbol{W}_i=\boldsymbol{L}_i/l_i$；根据两矢量之间的夹角计算公式及铰链 B_i 的最大转角，得铰链 B_i 转角的限制条件为

$$\theta_{Bi}=\arccos(\boldsymbol{e}_3 \cdot \boldsymbol{W}_i)=\arccos\frac{{}^{A}\boldsymbol{e}_3^{\mathrm{T}A}\boldsymbol{L}_i}{l_i} \leqslant \theta_{Bi\text{-max}} \tag{3-76}$$

式中，${}^{A}\boldsymbol{e}_3$ 为 Z 轴的单位矢量 $\boldsymbol{e}_3$ 在定坐标系 $OXYZ$ 下位置的列矩阵，${}^{A}\boldsymbol{e}_3=(0 \quad 0 \quad 1)^{\mathrm{T}}$；$\theta_{Bi\text{-max}}$ 为铰链 B_i 的最大转角，取决于铰链 B_i 的转动结构。在工作空间的计算中，要给出 $\theta_{Bi\text{-max}}$。

铰链 b_i 的转角也受其最大转角的限制。在图 3-19 所示的并联机构中，过铰链 b_i 的中心作平行于 z 轴的矢量 $\boldsymbol{z}_{bi}$，第 i 根连杆的 z 轴与矢量 $\boldsymbol{z}_{bi}$ 夹角为 θ_{bi}。z 轴与矢量 $\boldsymbol{z}_{bi}$ 平行，其单位矢量相等，$\boldsymbol{e}_6$ 为 z 轴的单位矢量，$\boldsymbol{w}_i$ 为第 i 根连杆的单位矢量，根据两矢量之间的夹角计算公式及铰链 b_i 的最大转角，得铰链 b_i 的转角的限制条件为

$$\theta_{bi}=\arccos(\boldsymbol{e}_6 \cdot \boldsymbol{w}_i)=\arccos\frac{{}^{A}\boldsymbol{e}_6^{\mathrm{T}A}\boldsymbol{L}_i}{l_i}=\arccos\frac{{}^{A}_{D}\boldsymbol{R}{}^{D}\boldsymbol{e}_6^{\mathrm{T}A}L_i}{l_i} \leqslant \theta_{bi\text{-max}} \tag{3-77}$$

式中，${}^{A}\boldsymbol{e}_6$ 为 z 轴的单位矢量 $\boldsymbol{e}_6$ 在定坐标系 $OXYZ$ 下位置的列矩阵，${}^{A}\boldsymbol{e}_6={}^{A}_{D}\boldsymbol{R}{}^{D}\boldsymbol{e}_6$，${}^{D}\boldsymbol{e}_6$ 为 z 轴的单位矢量 $\boldsymbol{e}_6$ 在动坐标系 $Pxyz$ 下的位置的列矩阵，${}^{D}\boldsymbol{e}_6=(0 \quad 0 \quad 1)^{\mathrm{T}}$；$\theta_{bi\text{-max}}$ 为铰链 b_i 的最大转角，取决于铰链 b_i 的转动结构。在工作空间的计算中，要给出 $\theta_{bi\text{-max}}$。

（3）杆间距的限制条件　因为连接上下平台的连杆是有一定的尺寸大小的，因此，各杆之间有可能发生干涉。为了简化分析，假定所有的连杆都是圆柱形，其直径为 D，若 D_i（$i=1, 2, \cdots, 6$）为任意两个相邻连杆中心线之间的最短距离，那么，两杆不发生干涉的条件为

$$D_i \geqslant D \tag{3-78}$$

若 $\boldsymbol{n}_i$ 表示相邻两杆矢量 $\boldsymbol{l}_i$ 和 $\boldsymbol{l}_{i+1}$ 之间的公法线向量，则

$$\boldsymbol{n}_i = \frac{\boldsymbol{l}_i \times \boldsymbol{l}_{i+1}}{|\boldsymbol{l}_i \times \boldsymbol{l}_{i+1}|} \tag{3-79}$$

用 Δ_i 表示两矢量 $\boldsymbol{l}_i$ 和 $\boldsymbol{l}_{i+1}$ 之间的最短距离，如图 3-20 所示，则

$$\Delta_i = |\boldsymbol{n}_i \cdot (c_{i+1} - c_i)| \tag{3-80}$$

这里需要强调的是，连杆之间的最短距离 D_i，不一定等于两杆矢量之间的最短距离 Δ_i，这两者之间的关系取决于连杆矢量与它们的公法线之间的交点 C_i 和 C_{i+1} 的位置，其中交点 C_i 的坐标 c_i 的计算公式为

$$\frac{c_i - \boldsymbol{b}_i}{{}^A\boldsymbol{P}_i - \boldsymbol{b}_i} = \left| \frac{(\boldsymbol{b}_{i+1} - \boldsymbol{b}_i) \cdot \boldsymbol{m}_i}{({}^A\boldsymbol{P}_i - \boldsymbol{b}_i) \cdot \boldsymbol{m}_i} \right| \tag{3-81}$$

式中，${}^A\boldsymbol{P}_i$ 表示 $\boldsymbol{P}_i$ 在坐标系 $\{A\}$ 中的坐标；$\boldsymbol{m}_i$ 则由下式定义，即

$$\boldsymbol{m}_i = \boldsymbol{n}_i \times ({}^A\boldsymbol{P}_{i+1} - \boldsymbol{b}_{i+1}) \tag{3-82}$$

同理可以计算 $\boldsymbol{c}_{i+1}$，根据交点 C_i 和 C_{i+1} 的位置可以有下列 3 种不同的情况。

1）两交点都在连杆上，如图 3-20a 所示。这时 $\Delta_i = D_i$，若 $D_i > \Delta_i$，则连杆发生干涉。

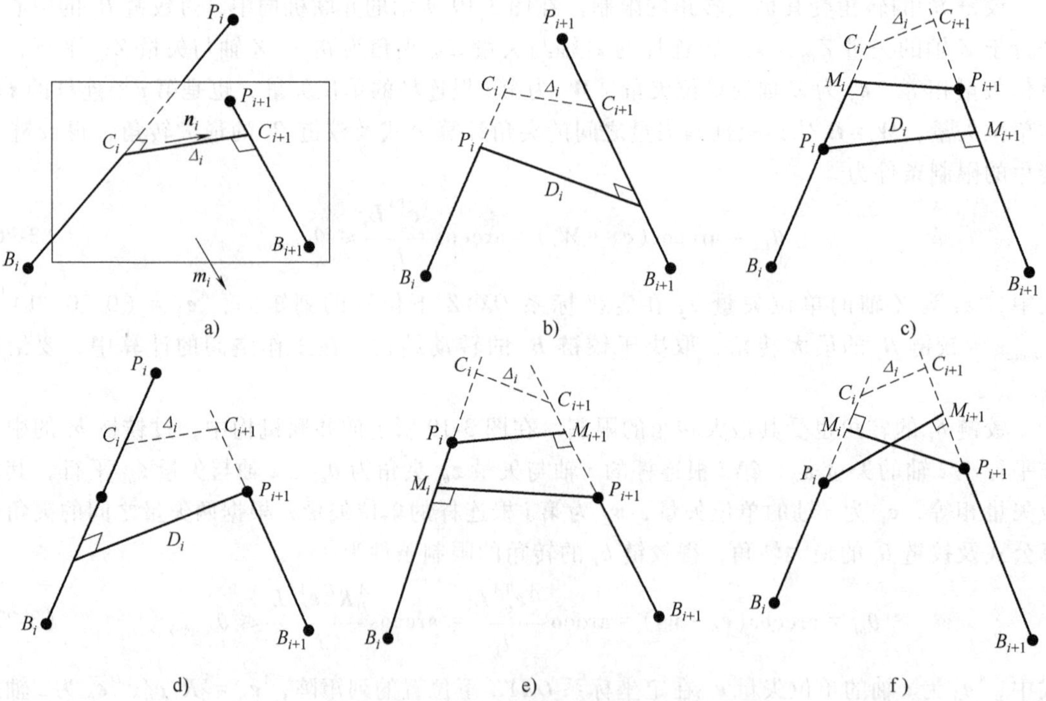

图 3-20　连杆干涉的 3 种情况

2）其中的一个交点不在连杆上，如图 3-20b、c 所示。这时 D_i 可以根据交点的位置来计算，若交点 C_i 超过关节 P_i，但 C_{i+1} 是在连杆 i+1 上，如图 3-20b 所示，则 D_i 为 P_i 到连杆 i+1 的距离

$$D_i = \frac{|({}^B\boldsymbol{P}_i - \boldsymbol{b}_{i+1}) \times \boldsymbol{l}_{i+1}|}{|\boldsymbol{l}_{i+1}|} \tag{3-83}$$

若交点 C_{i+1} 超过关节 P_{i+1}，但 C_i 是在连杆 i 上，如图 3-20c 所示，则 D_i 为 P_{i+1} 到连杆 i

的距离

$$D_i = \frac{|({}^B\boldsymbol{P}_{i+1} - \boldsymbol{b}_i) \times \boldsymbol{l}_i|}{|\boldsymbol{l}_i|} \tag{3-84}$$

3）两个交点都不在连杆上，如图 3-20d~f 所示。这时的 D_i 取决于 M_i 和 M_{i+1} 的位置，M_i 是 $\boldsymbol{l}_i$ 和通过 P_{i+1} 且垂直于 $\boldsymbol{l}_i$ 的直线的交点，而 M_{i+1} 是 $\boldsymbol{l}_{i+1}$ 和通过 P_i 且垂直于 $\boldsymbol{l}_{i+1}$ 的直线的交点，这时有下列 3 种可能性：

① 若 M_{i+1} 在连杆 $P_{i+1}B_{i+1}$ 上，且 M_i 是在连杆 P_iB_i 之外，如图 3-20d 所示，则 D_i 可由式（3-83）确定。

② 若 M_i 在连杆 P_iB_i 上，且 M_{i+1} 是在连杆 $P_{i+1}B_{i+1}$ 之外，如图 3-20e 所示，则 D_i 可由式（3-84）确定。

③ 若 M_i 和 M_{i+1} 都在连杆的外边，如图 3-20f 所示，则 D_i 为 P_i 和 P_{i+1} 之间的距离。

（4）奇异位形的限制条件　在并联机构的奇异姿态下，机构将无法正常工作或无法进行确定的运动。因此，在并联机构的运动空间中，应避免出现奇异姿态。奇异姿态可以通过直观判断机构的姿态，或者通过速度雅可比矩阵 $\boldsymbol{J}(\boldsymbol{q})$ 来识别。当雅可比矩阵的行列式 $\det\boldsymbol{J}(\boldsymbol{q})$ 为零时，表明机构处于奇异姿态。因此，为确保机构不产生奇异姿态，需要满足的条件是雅可比矩阵的行列式不为零，即

$$\det\boldsymbol{J}(\boldsymbol{q}) \neq 0 \tag{3-85}$$

2. 工作空间的确定

如前所述，机器人的工作空间是指操作器上某一特定参考点能够到达的所有点的集合。在此，选择运动平台的中心点，也就是坐标系 $\{P\}$ 的原点作为参考点。在确定了上平台的位置后，可以利用之前讨论的方法来计算各连杆的长度 L_i、关节的转动角度 θ_{Bi} 和 θ_{bi} 以及相邻杆之间的距离 D_i。然后，将这些计算结果与它们的允许范围允许值 $L_{\max}$、$L_{\min}$、$\theta_{B\max}$、$\theta_{b\max}$ 和 D 进行比较。若有任何计算值超出了允许的范围，则表明操作器在此时的位置是不可实现的，即参考点位于工作空间外；若计算值等于允许范围的边界，则参考点位于作业范围的边缘；若所有参数值都在允许范围内，则参考点位于作业范围内。作业范围通常通过体积 V 来量化表示。

具体的工作空间边界的确定和体积的计算方法如下：

1）将操作器可能到达的空间定义为搜索空间，并将此空间按 XY 平面平行的平面分割成厚度为 ΔZ 的微分子空间。假设这些子空间是高度为 ΔZ 的圆柱形，如图 3-21 所示。

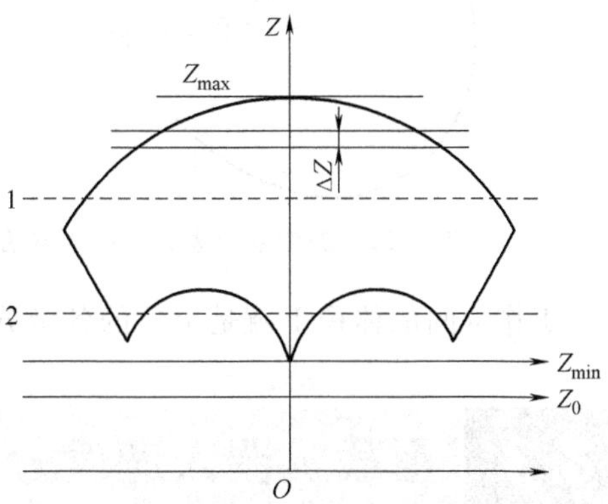

图 3-21　工作空间微分子空间

2）对于每个微分子空间，根据给定的约束条件，搜索其对应于给定位姿的边界。此步骤应从 $Z=Z_0$ 开始，其中 $Z_{\min}$ 是对应于约束条件的工作空间在 Z 轴方向的最低点，Z_0 应该要比 $Z_{\min}$ 小，如图 3-21 所示。完成一个子空间的搜索后，再分析 Z 方向增量为 ΔZ 的下一个子空间，直到 $Z=Z_{\max}$，其中 $Z_{\max}$ 是约束条件允许的工作空间的最高点。作业范围的横截面可能是单一域的，如图 3-21 中的虚线 1 所示，它表示与 XY 平

面平行的平面与作业范围的横截面；也可能是多域的，如图 3-21 中的虚线 2 所示，它表示与 XY 平面平行的平面与作业范围的横截面。

3）在进行子空间边界的确定时，可采用快速极坐标搜索法，如图 3-22 所示，采用极坐标表示工作空间内的点。起始时极角为 γ_0，给定极径 ρ 进行边界搜索。当关节的最大转角和相邻杆的最短距离等参数满足式（3-86）的约束条件之一时，坐标点就是工作空间的第一个边界点 A_1，如图 3-22 所示。

$$\begin{cases} L = L_{\min} \\ L = L_{\max} \\ \theta_{Bi} = \theta_{b\max} \\ \theta_{bi} = \theta_{b\max} \\ D_i = D \end{cases} \tag{3-86}$$

给极角 γ 一增量 $\Delta\gamma$ 后，再得到极坐标为（ρ_1，$\gamma+\Delta\gamma$）的点 A。如果点 T 在工作空间的外边，图 3-22 所示的点 T_2，则可以递减极径直至满足式（3-86）的条件之一，即可得到工作空间的边界点 A_3。重复上述的步骤，直至找到所有的空间边界点，这样该微分工作空间的体积可以用下式计算：

$$V_i = \frac{1}{2}\sum_j \rho_j^2 \Delta\gamma \Delta Z \tag{3-87}$$

4）若要求的工作空间的截面是多域的，如图 3-23 所示，这时对于工作空间的每一条边界都要采用步骤 3）中的搜索方法，搜索的最大极径 $\rho_{\max}$ 要足够大。这时工作空间的体积可以采用下述的公式：

$$V_i = \frac{1}{2}\sum_j (\rho_{j1}^2 + \rho_{j2}^2 - \rho_{j3}^2)\Delta\gamma \Delta Z \tag{3-88}$$

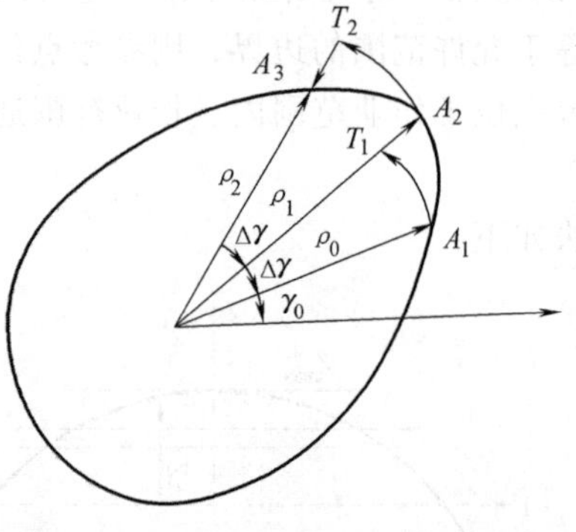

图 3-22　工作空间边界的搜索方法

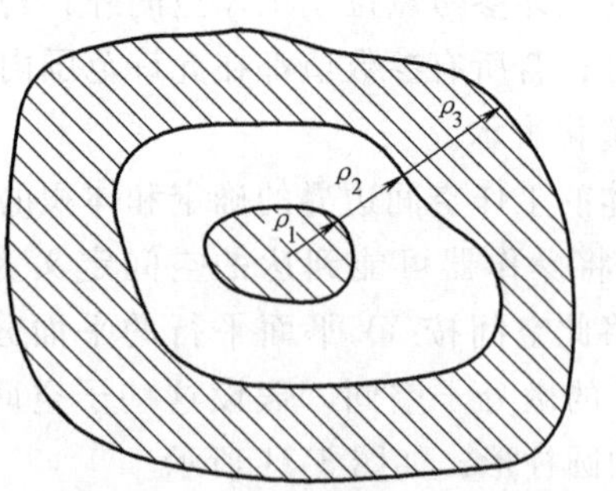

图 3-23　多域工作空间截面

工作空间的体积 V 就是上述的各微分子空间的体积的总和，$V = \sum V_i$。

3.3　重载机器人速度分析

前述章节不仅建立了重载机器人的运动学模型，还介绍了运动学方程逆解的存在性、唯一性以及相应的求解方法。此外，还成功构建了操作臂关节变量与末端执行器位姿之间的映射关系。本节在前述章节分析的基础上，进一步探讨重载机器人的速度特性。首先定义了操作臂的速度雅可比矩阵，建立了末端执行器与各连杆之间的动态关系；其次对操作臂的奇异性、操作性能以及条件数进行了深入分析，旨在揭示操作臂在不同工况下的性能表现。

3.3.1　重载串联机器人速度分析

1. 速度雅可比矩阵的定义

【例 3-2】 RP 平面机械手如图 3-24 所示，它由两个关节构成：一个为旋转型关节，其关节变量记作 θ；另一个为移动关节，其关节变量记作 r。该机械手的运动学方程为

解：

$$\begin{cases} x = r\cos\theta \\ y = r\sin\theta \end{cases} \tag{3-89}$$

将方程的两侧分别对时间 t 求导，得到操作速度与关节速度之间的关系为

$$\begin{cases} \dot{x} = -\dot{\theta}r\sin\theta + \dot{r}\cos\theta \\ \dot{y} = \dot{\theta}r\cos\theta + \dot{r}\sin\theta \end{cases} \tag{3-90}$$

表达为矢量矩阵的形式为

$$\dot{\boldsymbol{X}} = \begin{pmatrix} -r\sin\theta & \cos\theta \\ r\cos\theta & \sin\theta \end{pmatrix} \dot{\boldsymbol{q}} = \boldsymbol{J}(\boldsymbol{q})\dot{\boldsymbol{q}} \tag{3-91}$$

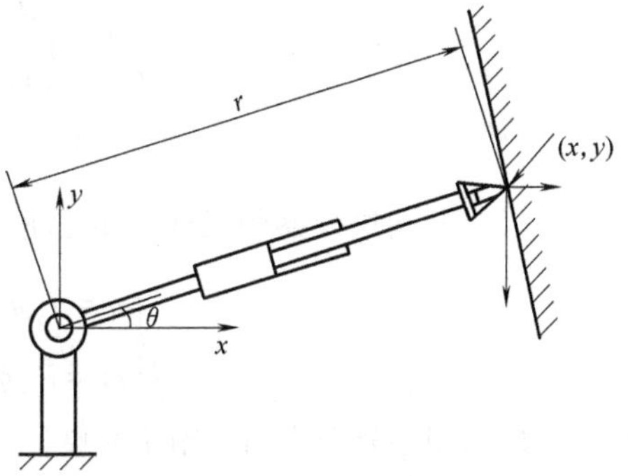

图 3-24　RP 平面机械手

式中，$\dot{\boldsymbol{X}} = (\dot{x} \quad \dot{y})^{\mathrm{T}}$ 为末端手爪的操作速度矢量；$\dot{\boldsymbol{q}} = (\dot{\theta} \quad \dot{r})^{\mathrm{T}}$ 为机械手关节速度矢量。速度雅可比矩阵 $\boldsymbol{J}(\boldsymbol{q})$ 描述了从关节速度矢量 $\dot{\boldsymbol{q}}$ 到操作速度矢量 $\dot{\boldsymbol{X}}$ 的线性映射关系。给定操作速度矢量 $\dot{\boldsymbol{X}}$，可以通过以下公式求解对应的关节速度矢量：

$$\dot{\boldsymbol{q}} = \boldsymbol{J}^{-1}(\boldsymbol{q})\dot{\boldsymbol{X}} \tag{3-92}$$

式中，$\boldsymbol{J}^{-1}(\boldsymbol{q}) = \begin{pmatrix} -y/r^2 & x/r^2 \\ x/r & y/r \end{pmatrix}$ 称为逆雅可比矩阵。若 $r=0$，此时逆雅可比矩阵 $\boldsymbol{J}^{-1}(\boldsymbol{q})$ 无法定义，导致与给定的操作速度矢量 $\dot{\boldsymbol{X}}$ 相关的关节速度矢量 $\dot{\boldsymbol{q}}$ 可能趋向无穷大，此时雅可比矩阵行列式为

$$|\boldsymbol{J}(\boldsymbol{q})| = 0 \tag{3-93}$$

当满足特定条件时，机器人会进入奇异状态，某些运动能力会受限。利用式（3-93），可以轻松判断机器人是否处于奇异状态。这个例子说明了机器人的速度雅可比矩阵通常不是常数矩阵，广义的传动比也并非一个固定值，它会随着机器人的形位 $\boldsymbol{q}$ 的变化而变化。

如前所述，速度雅可比矩阵 $\boldsymbol{J}(\boldsymbol{q})$ 定义为关节速度矢量 $\dot{\boldsymbol{q}}$ 向操作速度矢量 $\dot{\boldsymbol{X}}$ 的线性映射，即

$$\dot{X} = J(q)\dot{q} \tag{3-94}$$

速度作为单位时间内的微分运动，其雅可比矩阵也可以看成是关节空间的微分运动 d$\boldsymbol{q}$ 向操作空间的微分运动 D 之间的转换矩阵，即

$$D = J(q)\mathrm{d}q \tag{3-95}$$

需要强调的是，雅可比矩阵 $\boldsymbol{J}(\boldsymbol{q})$ 与机器人的形位紧密相关，它是一个随 $\boldsymbol{q}$ 变化的线性变换矩阵。雅可比矩阵 $\boldsymbol{J}(\boldsymbol{q})$ 并非总是一个方阵，它可能是一个长矩阵或者高矩阵，其行数对应于操作空间的维数，而列数则对应于机器人的关节数。例如，平面机械臂的雅可比矩阵有 3 行，而空间机械臂则有 6 行。对于一个关节数为 n 的机器人，雅可比矩阵 $\boldsymbol{J} \in \mathbf{R}^{6\times n}$ 通常是一个 $6\times n$ 的矩阵。矩阵的前三行与末端执行器的线速度相关，后三行则与角速度相关。同时，矩阵的每一列都反映了相应的关节速度 $\dot{\boldsymbol{q}}_i$ 对末端执行器线速度和角速度的传递比。因此，雅可比矩阵 $\boldsymbol{J}(\boldsymbol{q})$ 可进一步细分为不同的部分，具体为

$$\begin{pmatrix} \boldsymbol{v} \\ \boldsymbol{\omega} \end{pmatrix} = \begin{pmatrix} \boldsymbol{J}_{l1} & \boldsymbol{J}_{l2} & \cdots & \boldsymbol{J}_{ln} \\ \boldsymbol{J}_{a1} & \boldsymbol{J}_{a2} & \cdots & \boldsymbol{J}_{an} \end{pmatrix} \begin{pmatrix} \dot{\boldsymbol{q}}_1 \\ \dot{\boldsymbol{q}}_2 \\ \vdots \\ \dot{\boldsymbol{q}}_n \end{pmatrix} \tag{3-96}$$

因此，末端执行器的线速度 $\boldsymbol{v}$ 和角速度 $\boldsymbol{\omega}$ 可以表示为各关节速度 $\dot{\boldsymbol{q}}$ 的线性组合，即

$$\begin{cases} \boldsymbol{v} = \boldsymbol{J}_{l1}\dot{\boldsymbol{q}}_1 + \boldsymbol{J}_{l2}\dot{\boldsymbol{q}}_2 + \cdots + \boldsymbol{J}_{ln}\dot{\boldsymbol{q}}_n \\ \boldsymbol{\omega} = \boldsymbol{J}_{a1}\dot{\boldsymbol{q}}_1 + \boldsymbol{J}_{a2}\dot{\boldsymbol{q}}_2 + \cdots + \boldsymbol{J}_{an}\dot{\boldsymbol{q}}_n \end{cases} \tag{3-97}$$

式中，$\boldsymbol{J}_{li}$ 和 $\boldsymbol{J}_{ai}$ 分别为由关节 i 的单位速度所产生的末端执行器的线速度和角速度。

通过分析微分运动矢量 $\boldsymbol{d}$ 和微分转动矢量 $\boldsymbol{\delta}$ 与各关节微分运动 d$\boldsymbol{q}$ 之间的关系，可得

$$\begin{cases} \boldsymbol{d} = \boldsymbol{J}_{l1}\mathrm{d}\boldsymbol{q}_1 + \boldsymbol{J}_{l2}\mathrm{d}\boldsymbol{q}_2 + \cdots + \boldsymbol{J}_{ln}\mathrm{d}\boldsymbol{q}_n \\ \boldsymbol{\delta} = \boldsymbol{J}_{a1}\mathrm{d}\boldsymbol{q}_1 + \boldsymbol{J}_{a2}\mathrm{d}\boldsymbol{q}_2 + \cdots + \boldsymbol{J}_{an}\mathrm{d}\boldsymbol{q}_n \end{cases} \tag{3-98}$$

2. 雅可比矩阵的矢量积方法

Whitney 在 1972 年基于运动坐标系的概念，提出了一种求解雅可比矩阵的矢量积构造方法。如图 3-25 所示，末端执行器的微分运动和微分转动分别用矢量 $\boldsymbol{d}$ 和 $\boldsymbol{\delta}$ 来表示。线速度和角速度分别用矢量 $\boldsymbol{v}$ 和 $\boldsymbol{\omega}$ 来表示，$\boldsymbol{v}$ 和 $\boldsymbol{\omega}$ 与关节速度 $\dot{\boldsymbol{q}}_i$ 相关。

对于移动关节 i，在末端执行器上产生与 z_i 相同的线速度 $\boldsymbol{v}$，即

$$\begin{pmatrix} \boldsymbol{v} \\ \boldsymbol{\omega} \end{pmatrix} = \begin{pmatrix} z_i \\ 0 \end{pmatrix} \dot{\boldsymbol{q}}_i, \boldsymbol{J}_i = \begin{pmatrix} z_i \\ 0 \end{pmatrix} \tag{3-99}$$

对于旋转关节 i，在末端执行器上产生的角速度 $\boldsymbol{\omega}$ 为

$$\boldsymbol{\omega} = z_i \dot{\boldsymbol{q}}_i \tag{3-100}$$

同时，在末端执行器上产生的线速度为矢量

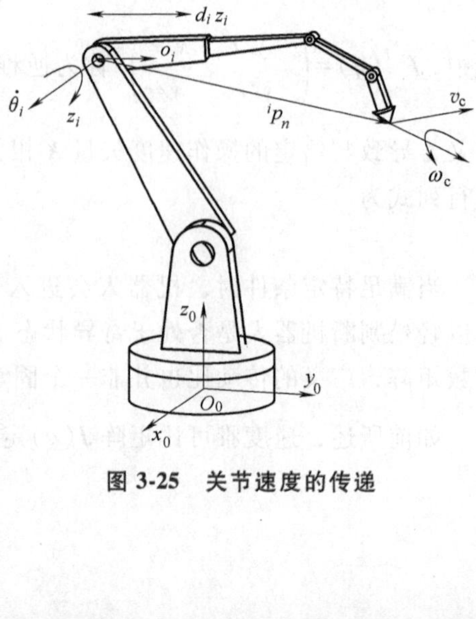

图 3-25　关节速度的传递

积，即

$$\boldsymbol{v}=(\boldsymbol{z}_i\times{}^i\boldsymbol{p}_n^0)\dot{\boldsymbol{q}}_i \tag{3-101}$$

因此，雅可比矩阵的第 i 列可以表示为

$$\boldsymbol{J}_i=\begin{pmatrix}\boldsymbol{z}_i\times{}^i\boldsymbol{p}_n^0\\ \boldsymbol{z}_i\end{pmatrix}=\begin{pmatrix}\boldsymbol{z}_i\times({}_i^0\boldsymbol{R}\,{}^i\boldsymbol{p}_n)\\ \boldsymbol{z}_i\end{pmatrix} \tag{3-102}$$

式中，${}^i\boldsymbol{p}_n^0$ 为末端执行器坐标原点相对于坐标系 $\{i\}$ 的位置矢量在基坐标系 $\{0\}$ 中的表示，即

$${}^i\boldsymbol{p}_n^0={}_i^0\boldsymbol{R}\,{}^i\boldsymbol{p}_n \tag{3-103}$$

z_i 为坐标系 $\{i\}$ 的 z 轴单位矢量（在基坐标系 $\{0\}$ 中表示）。

有时需要沿着工具坐标系的某轴进行控制，这就需要将线速度和角速度转换到工具坐标系 $\{T\}$ 中。因此，需要在 $\boldsymbol{v}$ 和 $\boldsymbol{\omega}$ 前乘以 3×3 的旋转矩阵 ${}_n^0\boldsymbol{R}^{\mathrm{T}}$，以实现坐标系的变换，表达式为

$$\begin{pmatrix}{}^n\boldsymbol{v}\\ {}^n\boldsymbol{\omega}\end{pmatrix}=\begin{pmatrix}{}_n^0\boldsymbol{R}^{\mathrm{T}} & 0\\ 0 & {}_n^0\boldsymbol{R}^{\mathrm{T}}\end{pmatrix}\begin{pmatrix}\boldsymbol{v}\\ \boldsymbol{\omega}\end{pmatrix}=\begin{pmatrix}{}_n^0\boldsymbol{R}^{\mathrm{T}} & 0\\ 0 & {}_n^0\boldsymbol{R}^{\mathrm{T}}\end{pmatrix}\boldsymbol{J}(\boldsymbol{q})\dot{\boldsymbol{q}}={}^{\mathrm{T}}\boldsymbol{J}(\boldsymbol{q})\dot{\boldsymbol{q}} \tag{3-104}$$

式中，${}^{\mathrm{T}}\boldsymbol{J}(\boldsymbol{q})$ 为在工具坐标系 $\{T\}$ 中的雅可比矩阵。

3. 雅可比矩阵的微分变换法

前面介绍了基于连杆坐标系的 D-H 方法。利用连杆变换矩阵 ${}_i^{i-1}\boldsymbol{T}$ 和 ${}_n^i\boldsymbol{T}$ 的定义，可以得到雅可比矩阵的另一种构造方法。

对于旋转关节 i，当连杆 i 相对于连杆 $i-1$ 绕坐标系 $\{i\}$ 的 z_i 轴做微分转动，其旋转量为 $\mathrm{d}\theta_i$ 时，相对连杆 $i-1$ 的微分运动矢量为

$$\boldsymbol{d}=\begin{pmatrix}0\\0\\0\end{pmatrix},\boldsymbol{\delta}=\begin{pmatrix}0\\0\\1\end{pmatrix}\mathrm{d}\theta_i \tag{3-105}$$

因此，对于旋转关节，末端执行器相应的微分运动矢量为

$${}^{\mathrm{T}}\boldsymbol{d}=\begin{pmatrix}(\boldsymbol{p}\times\boldsymbol{n})_z\\(\boldsymbol{p}\times\boldsymbol{o})_z\\(\boldsymbol{p}\times\boldsymbol{a})_z\end{pmatrix},\ {}^{\mathrm{T}}\boldsymbol{\delta}=\begin{pmatrix}\boldsymbol{n}_z\\ \boldsymbol{o}_z\\ \boldsymbol{a}_z\end{pmatrix} \tag{3-106}$$

对于移动关节 i，当连杆 i 沿 z_i 轴相对连杆 $i-1$ 做微分移动，移动量为 $\mathrm{d}d_i$ 时，则产生微分运动矢量为

$$\boldsymbol{d}=\begin{pmatrix}0\\0\\1\end{pmatrix}\mathrm{d}d_i,\ \boldsymbol{\delta}=\begin{pmatrix}0\\0\\0\end{pmatrix} \tag{3-107}$$

末端执行器相应的微分运动矢量为

$${}^{\mathrm{T}}\boldsymbol{d}=\begin{pmatrix}\boldsymbol{n}_z\\ \boldsymbol{o}_z\\ \boldsymbol{a}_z\end{pmatrix}\mathrm{d}d_i,\ {}^{\mathrm{T}}\boldsymbol{\delta}=\begin{pmatrix}0\\0\\0\end{pmatrix} \tag{3-108}$$

由此得出雅可比矩阵 ${}^{\mathrm{T}}\boldsymbol{J}(\boldsymbol{q})$ 的第 i 列为

$$\begin{cases} {}^{T}\boldsymbol{J}_{li}=\begin{pmatrix}(\boldsymbol{p}\times\boldsymbol{n})_z\\(\boldsymbol{p}\times\boldsymbol{o})_z\\(\boldsymbol{p}\times\boldsymbol{a})_z\end{pmatrix}(\text{旋转关节 } i),\ {}^{T}\boldsymbol{J}_{li}=\begin{pmatrix}\boldsymbol{n}_z\\\boldsymbol{o}_z\\\boldsymbol{a}_z\end{pmatrix}(\text{移动关节 } i),\\ {}^{T}\boldsymbol{J}_{ai}=\begin{pmatrix}\boldsymbol{n}_z\\\boldsymbol{o}_z\\\boldsymbol{a}_z\end{pmatrix}(\text{旋转关节 } i),\ {}^{T}\boldsymbol{J}_{ai}=\begin{pmatrix}(\boldsymbol{p}\times\boldsymbol{n})_z\\(\boldsymbol{p}\times\boldsymbol{o})_z\\(\boldsymbol{p}\times\boldsymbol{a})_z\end{pmatrix}(\text{移动关节 } i)\end{cases} \tag{3-109}$$

式中，$\boldsymbol{n}$、$\boldsymbol{o}$、$\boldsymbol{a}$ 和 $\boldsymbol{p}$ 为 ${}^{i}_{n}\boldsymbol{T}$ 的四个列矢量。上面求雅可比矩阵 ${}^{T}\boldsymbol{J}(\boldsymbol{q})$ 的方法是构造性的，只要知道各连杆变换 ${}^{1}_{0}\boldsymbol{T}$，就可自动生成雅可比矩阵，不需求导和解方程等操作。

（1）雅可比矩阵自动生成步骤

1）计算各连杆变换矩阵 ${}^{0}_{1}\boldsymbol{T}$，${}^{1}_{2}\boldsymbol{T}$，…，${}^{n-1}_{n}\boldsymbol{T}$。

2）计算末端连杆至各连杆的变换矩阵：

$${}^{n-1}_{n}\boldsymbol{T}={}^{n-1}_{n}\boldsymbol{T},\ {}^{n-2}_{n}\boldsymbol{T}={}^{n-2}_{n-1}\boldsymbol{T}{}^{n-1}_{n}\boldsymbol{T},\cdots,\ {}^{i-1}_{n}\boldsymbol{T}={}^{i-1}_{i}\boldsymbol{T}{}^{i}_{n}\boldsymbol{T},\cdots,\ {}^{0}_{n}\boldsymbol{T}={}^{0}_{1}\boldsymbol{T}{}^{1}_{n}\boldsymbol{T}$$

3）计算 ${}^{T}\boldsymbol{J}(\boldsymbol{q})$ 的各列元素，第 i 列 ${}^{T}\boldsymbol{J}_{i}$ 由 ${}^{i}_{n}\boldsymbol{T}$ 所决定，如图 3-26 所示。根据式（3-109）计算 ${}^{T}\boldsymbol{J}_{li}$ 和 ${}^{T}\boldsymbol{J}_{ai}$。

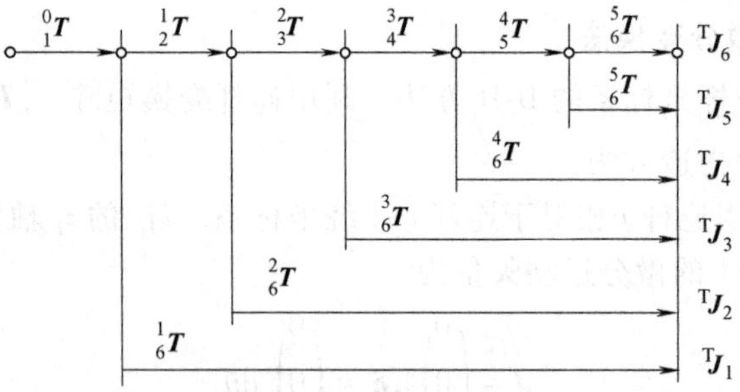

图 3-26　${}^{T}\boldsymbol{J}_{i}$ 和 ${}^{i}_{n}\boldsymbol{T}$ 的关系

（2）雅可比矩阵求解实例　下面以 PUMA560 机器人为例介绍求 ${}^{T}\boldsymbol{J}(\boldsymbol{q})$ 和 $\boldsymbol{J}(\boldsymbol{q})$ 的具体方法。PUMA560 机器人具有 6 个旋转关节，其雅可比矩阵有 6 列。按式（3-102）可计算各列元素。为此，首先计算 6 个变换矩阵 ${}^{1}_{6}\boldsymbol{T}$，${}^{2}_{6}\boldsymbol{T}$，…，${}^{5}_{6}\boldsymbol{T}$ 和 ${}^{6}_{6}\boldsymbol{T}$，分别对应 6 个关节的微分运动（即角度）$\mathrm{d}\theta_1$，$\mathrm{d}\theta_2$，…，$\mathrm{d}\theta_5$，$\mathrm{d}\theta_6$。

1）用微分变换法计算 ${}^{T}\boldsymbol{J}(\boldsymbol{q})$。第一列 ${}^{T}\boldsymbol{J}_{1}(\boldsymbol{q})$ 对应的变换矩阵是 ${}^{1}_{6}\boldsymbol{T}$，首先计算出变换矩阵：${}^{1}_{6}\boldsymbol{T}$，${}^{2}_{6}\boldsymbol{T}$，…，${}^{5}_{6}\boldsymbol{T}$ 的各元素，再利用 ${}^{1}_{6}\boldsymbol{T}$ 由式（3-109）得 ${}^{T}\boldsymbol{J}_{1}(\boldsymbol{q})$。

同理，利用变换矩阵 ${}^{2}_{6}\boldsymbol{T}$ 得出 ${}^{T}\boldsymbol{J}(\boldsymbol{q})$ 的第二列 ${}^{T}\boldsymbol{J}_{2}(\boldsymbol{q})$；由 ${}^{3}_{6}\boldsymbol{T}$ 得出 ${}^{T}\boldsymbol{J}(\boldsymbol{q})$ 的第三列 ${}^{T}\boldsymbol{J}_{3}(\boldsymbol{q})$。同理得到 ${}^{T}\boldsymbol{J}_{4}(\boldsymbol{q})$、${}^{T}\boldsymbol{J}_{5}(\boldsymbol{q})$、${}^{T}\boldsymbol{J}_{6}(\boldsymbol{q})$。

2）用矢量积方法计算 $\boldsymbol{J}(\boldsymbol{q})$。由于 PUMA560 机器人有 6 个旋转关节，其雅可比矩阵具有以下形式：

$$\boldsymbol{J}(\boldsymbol{q})=\begin{pmatrix}z_1\times{}^{1}\boldsymbol{p}^{0}_{6}z_2 & z_2\times{}^{2}\boldsymbol{p}^{0}_{6} & \cdots & z_6\times{}^{6}\boldsymbol{p}^{0}_{6}\\ z_1 & z_2 & \cdots & z_6\end{pmatrix} \tag{3-110}$$

由各连杆变换矩阵可以得到各个旋转变换矩阵：${}^{0}_{1}\boldsymbol{R}$，${}^{0}_{2}\boldsymbol{R}$，…，${}^{0}_{6}\boldsymbol{R}$，由此得到各连杆坐

标系的 z_i 轴。再由 6 个变换矩阵$^1_6\boldsymbol{T}$，$^2_6\boldsymbol{T}$，…，$^5_6\boldsymbol{T}$ 和$^6_6\boldsymbol{T}$，得到

$$
{}^1\boldsymbol{p}_6^0=\begin{pmatrix} a_2\cos(\theta_2+\theta_3)\sin\theta_4-\sin\theta_1\cos\theta_4 \\ \sin\theta_1\cos(\theta_2+\theta_3)\sin\theta_4+\cos\theta_1\cos\theta_4 \\ -\sin(\theta_2+\theta_3)\sin\theta_4 \end{pmatrix},\quad {}^2\boldsymbol{p}_6^0=\begin{pmatrix} a_2\cos\theta_3-d_4\sin\theta_3+a_2 \\ a_3\sin\theta_3+d_4\cos\theta_3 \\ 0 \end{pmatrix},
$$

$$
{}^3\boldsymbol{p}_6^0=\begin{pmatrix} a_3 \\ d_4 \\ 0 \end{pmatrix},{}^4\boldsymbol{p}_6^0={}^5\boldsymbol{p}_6^0={}^6\boldsymbol{p}_6^0=0 \tag{3-111}
$$

值得注意的是，在式（3-111）中：

$$
{}^1\boldsymbol{p}_6^0={}^0_1\boldsymbol{R}{}^3\boldsymbol{p}_6,\quad {}^2\boldsymbol{p}_6^0={}^0_2\boldsymbol{R}{}^2\boldsymbol{p}_6,\quad {}^3\boldsymbol{p}_6^0={}^0_3\boldsymbol{R}{}^3\boldsymbol{p}_6,{}^4\boldsymbol{p}_6^0={}^5\boldsymbol{p}_6^0={}^6\boldsymbol{p}_6^0=0
$$

将上面的 z_1，z_2，…，z_6 和 ${}^1\boldsymbol{p}_6^0$，${}^2\boldsymbol{p}_6^0$，…，${}^6\boldsymbol{p}_6^0$ 代入式（3-102），得出 $\boldsymbol{J}(\boldsymbol{q})$ 的各列元素：$\boldsymbol{J}_1(\boldsymbol{q})$，$\boldsymbol{J}_2(\boldsymbol{q})$，…，$\boldsymbol{J}_6(\boldsymbol{q})$。

注意：在工具坐标系中的雅可比矩阵${}^T\boldsymbol{J}(\boldsymbol{q})$与 $\boldsymbol{J}(\boldsymbol{q})$之间的关系为

$$
{}^T\boldsymbol{J}(\boldsymbol{q})=\begin{pmatrix} {}^0_n\boldsymbol{R}^T & 0 \\ 0 & {}^0_n\boldsymbol{R}^T \end{pmatrix}\boldsymbol{J}(\boldsymbol{q}),\quad \boldsymbol{J}(\boldsymbol{q})=\begin{pmatrix} {}^0_n\boldsymbol{R} & 0 \\ 0 & {}^0_n\boldsymbol{R} \end{pmatrix}^T\boldsymbol{J}(\boldsymbol{q}) \tag{3-112}
$$

将各个旋转变换矩阵 $\boldsymbol{R}$ 和 $\boldsymbol{J}(\boldsymbol{q})$代入式（3-112），把所得结果与由微分变换法所得结果对照，可以验证所得结果的正确性。$\boldsymbol{J}(\boldsymbol{q})$称为机器人的空间雅可比矩阵，而${}^T\boldsymbol{J}(\boldsymbol{q})$称为物体雅可比矩阵。

前面介绍了如何用矢量积方法求空间雅可比矩阵 $\boldsymbol{J}(\boldsymbol{q})$和用微分变换法求物体雅可比矩阵${}^T\boldsymbol{J}(\boldsymbol{q})$。下面还将介绍用指数积求雅可比矩阵的方法，三种方法均是构造性的方法，便于雅可比矩阵的自动生成。此外，还有两种方法：一种是从基座向指端的速度传播的递推方法；另一种是从指端向基座的静力传播的递推方法。

4. 雅可比矩阵的指数积方法

根据机器人运动学方程的指数积公式${}^S_T\boldsymbol{T}(\boldsymbol{\theta})=\mathrm{e}^{(\boldsymbol{V}_1)\theta_1}\mathrm{e}^{(\boldsymbol{V}_2)\theta_2}\cdots\mathrm{e}^{(\boldsymbol{V}_n)\theta_n}{}^S_T\boldsymbol{T}(0)$，可以得到末端执行器的瞬时空间速度为

$$
({}^S_T\boldsymbol{V}^s)={}^S_T\dot{\boldsymbol{T}}(\boldsymbol{\theta}){}^S_T\boldsymbol{T}^{-1}(\boldsymbol{\theta}) \tag{3-113}
$$

根据运动学方程指数积公式的特点，得到

$$
({}^S_T\boldsymbol{V}^s)=\sum_{i=1}^{n}\left(\frac{\partial({}^S_T\boldsymbol{T})}{\partial\theta_i}\dot{\theta}_i\right){}^S_T\boldsymbol{T}^{-1}(\boldsymbol{\theta})^z=\sum_{i=1}^{n}\left(\frac{\partial({}^S_T\boldsymbol{T})}{\partial\theta_i}{}^S_T\boldsymbol{T}^{-1}(\boldsymbol{\theta})\right)\dot{\theta}_i \tag{3-114}
$$

可见，末端执行器的速度与各个关节速度呈线性关系，则运动旋量坐标可写成

$$
{}^S_T\boldsymbol{V}^s={}^S_T\boldsymbol{J}^s(\boldsymbol{\theta})\dot{\boldsymbol{\theta}} \tag{3-115}
$$

式中，矩阵 ${}^S_T\boldsymbol{J}^s\in\mathbf{R}^{6\times n}$ 为操作臂的空间雅可比矩阵，具有以下特性：

$$
{}^S_T\boldsymbol{J}^s(\boldsymbol{\theta})=\left(\left(\frac{\partial({}^S_T\boldsymbol{T})}{\partial\theta_1}{}^S_T\boldsymbol{T}^{-1}(\boldsymbol{\theta})\right)^{\vee}\left(\frac{\partial({}^S_T\boldsymbol{T})}{\partial\theta_2}{}^S_T\boldsymbol{T}^{-1}(\boldsymbol{\theta})\right)^{\vee}\cdots\left(\frac{\partial({}^S_T\boldsymbol{T})}{\partial\theta_n}{}^S_T\boldsymbol{T}^{-1}(\boldsymbol{\theta})\right)^{\vee}\right) \tag{3-116}
$$

它将关节速度矢量映射为相应的末端执行器的运动旋量坐标。设$(\boldsymbol{V}_i)\in se(3)$为单位运动旋量，则空间雅可比矩阵的每一列可以表示为

$$\left(\frac{\partial({}_T^S\boldsymbol{T})}{\partial\theta_i}{}_T^S\boldsymbol{T}^{-1}(\boldsymbol{\theta})\right)=\mathrm{e}^{[\boldsymbol{V}_1]\theta_1}\mathrm{e}^{[\boldsymbol{V}_2]\theta_1}\cdots\mathrm{e}^{[\boldsymbol{V}_{i-1}]\theta_{i-1}}\frac{\partial}{\partial\theta_i}(\mathrm{e}^{[\boldsymbol{V}_i]\theta_i})\mathrm{e}^{[\boldsymbol{V}_{i+1}]\theta_{i+1}}\cdots\mathrm{e}^{[\boldsymbol{V}_n]\theta_n}{}_T^S\boldsymbol{T}(\boldsymbol{0}){}_T^S\boldsymbol{T}^{-1}(\boldsymbol{\theta})$$
$$=\mathrm{e}^{[\boldsymbol{V}_1]\theta_1}\mathrm{e}^{[\boldsymbol{V}_2]\theta_1}\cdots\mathrm{e}^{[\boldsymbol{V}_{i-1}]\theta_{i-1}}[\boldsymbol{V}_i]\mathrm{e}^{[\boldsymbol{V}_i]\theta_i}\mathrm{e}^{[\boldsymbol{V}_{i+1}]\theta_{i+1}}\cdots\mathrm{e}^{[\boldsymbol{V}_n]\theta_n}{}_T^S\boldsymbol{T}(\boldsymbol{0}){}_T^S\boldsymbol{T}^{-1}(\boldsymbol{\theta})$$
$$=\mathrm{e}^{[\boldsymbol{V}_1]\theta_1}\mathrm{e}^{[\boldsymbol{V}_2]\theta_1}\cdots\mathrm{e}^{[\boldsymbol{V}_{i-1}]\theta_{i-1}}[\boldsymbol{V}_i]\mathrm{e}^{-[\boldsymbol{V}_{i-1}]\theta_{i-1}}\cdots\mathrm{e}^{-[\boldsymbol{V}_1]\theta_1} \tag{3-117}$$

转化为运动旋量坐标，即

$$\left(\frac{\partial({}_T^S\boldsymbol{T})}{\partial\theta_i}{}_T^S\boldsymbol{T}^{-1}(\theta)\right)^{\vee}=\mathrm{Ad}_V(\mathrm{e}^{[\boldsymbol{V}_1]\theta_1}\mathrm{e}^{[\boldsymbol{V}_2]\theta_2}\cdots\mathrm{e}^{[\boldsymbol{V}_{i-1}]\theta_{i-1}})\boldsymbol{V}_i \tag{3-118}$$

则得到机器人的空间雅可比矩阵为

$${}_T^S\boldsymbol{J}^s(\boldsymbol{\theta})=[\boldsymbol{V}_1' \quad \boldsymbol{V}_2' \quad \cdots \quad \boldsymbol{V}_n']$$
$$\boldsymbol{V}_i'=\mathrm{Ad}_V(\mathrm{e}^{(\boldsymbol{V}_1)\theta_1}\mathrm{e}^{(\boldsymbol{V}_2)\theta_1}\cdots\mathrm{e}^{(\boldsymbol{V}_{i-1})\theta_{i-1}})\boldsymbol{V}_i \tag{3-119}$$

显然，${}_T^S\boldsymbol{J}^s(\boldsymbol{\theta})$：$\mathbf{R}^n\rightarrow\mathbf{R}^6$ 将关节速度映射为末端执行器的运动旋量坐标。它与机器人的形位有关。根据雅可比矩阵各列的定义式可以看出，雅可比矩阵的第 i 列 $\boldsymbol{V}_i'$ 仅与 θ_1，θ_2，…，θ_{i-1} 有关。实际上，第 i 个关节的运动旋量坐标 $\boldsymbol{V}_i$ 经伴随变换即得到雅可比矩阵的第 i 列 $\boldsymbol{V}_i'$。

用相似的方法可以得到机器人的物体雅可比矩阵为

$$\begin{cases}{}_T^S\boldsymbol{V}^b={}_T^S\boldsymbol{J}^b(\boldsymbol{\theta})\dot{\boldsymbol{\theta}}\\ {}_T^S\boldsymbol{J}^b(\boldsymbol{\theta})=[\boldsymbol{V}_1^+\boldsymbol{V}_2^+\cdots\ \boldsymbol{V}_n^+]\\ \boldsymbol{V}_i^+=\mathrm{Ad}_V^{-1}(\mathrm{e}^{[\boldsymbol{V}_i]\theta_i}\cdots\mathrm{e}^{[\boldsymbol{V}_n]\theta_n}{}_T^S\boldsymbol{T}(0))\boldsymbol{V}_i\end{cases} \tag{3-120}$$

雅可比矩阵的各列是相应关节运动旋量坐标在当前形位的工具坐标系中的表示。为计算简单起见，通常取 ${}_T^S\boldsymbol{T}(0)=\boldsymbol{I}$。机器人的空间雅可比矩阵与物体雅可比矩阵之间的关系可用伴随变换表示，即

$${}_T^S\boldsymbol{J}^s(\boldsymbol{\theta})=\mathrm{Ad}_V({}_T^S\boldsymbol{T}(\theta)){}_T^S\boldsymbol{J}^b(\boldsymbol{\theta}) \tag{3-121}$$

根据关节速度矢量 $\dot{\boldsymbol{\theta}}$，利用机器人的空间雅可比矩阵和物体雅可比矩阵，可以计算末端执行器上任一点的瞬时速度，即

$$\begin{aligned}\boldsymbol{v}_q^b&=[{}_T^S\boldsymbol{V}^b]\boldsymbol{q}^b=[{}_T^S\boldsymbol{J}^b(\boldsymbol{\theta})\dot{\boldsymbol{\theta}}]\boldsymbol{q}^b\\ \boldsymbol{v}_q^s&=[{}_T^S\boldsymbol{V}^s]\boldsymbol{q}^s=[{}_T^S\boldsymbol{J}^s(\boldsymbol{\theta})\dot{\boldsymbol{\theta}}]\boldsymbol{q}^s\end{aligned} \tag{3-122}$$

两者分别为在物体坐标系和空间坐标系中表示的瞬时速度。

注意，工具坐标系原点 $\boldsymbol{q}^b=0$，而在参考系中，$\boldsymbol{q}^s={}_T^S\boldsymbol{T}(\boldsymbol{\theta})\boldsymbol{q}^b=\boldsymbol{p}(\boldsymbol{\theta})$，表示运动学方程的位置分量。由此得到原点空间速度的齐次坐标为

$$\boldsymbol{v}_q^s=\begin{bmatrix}\dot{\boldsymbol{p}}(\boldsymbol{\theta})\\0\end{bmatrix}={}_T^S\boldsymbol{R}[{}_T^S\boldsymbol{V}^b]\begin{bmatrix}0\\1\end{bmatrix}=[{}_T^S\boldsymbol{V}^s]\begin{bmatrix}\boldsymbol{p}(\boldsymbol{\theta})\\1\end{bmatrix} \tag{3-123}$$

对于机器人的规划与控制而言，重要的是由末端执行器的速度求解关节速度。若雅可比矩阵可逆，则可以通过下式求解：

$$\dot{\boldsymbol{\theta}}(t)=({}_T^S\boldsymbol{J}^s(\boldsymbol{\theta}))^{-1}{}_T^S\boldsymbol{V}^s(t) \tag{3-124}$$

对于给定的空间速度，末端执行器的起始和终止位姿分别为 $\boldsymbol{T}(\boldsymbol{0})=\boldsymbol{T}_1$ 和 $\boldsymbol{T}(\tau)=\boldsymbol{T}_2$，则可以利用关于 $\boldsymbol{\theta}$ 的常微分方程对其进行积分求解。

5. 重载串联机器人雅可比矩阵

【例 3-3】 以 SCARA 机器人的雅可比矩阵为例，介绍串联机器人的雅可比矩阵如何求解。

解：SCARA 机器人的显著特征在于其每个关节的旋转运动方向是预先设定的，如图 3-27 所示。各个旋量轴的线矢量上的一点是 $\boldsymbol{\theta}$ 的函数，取为

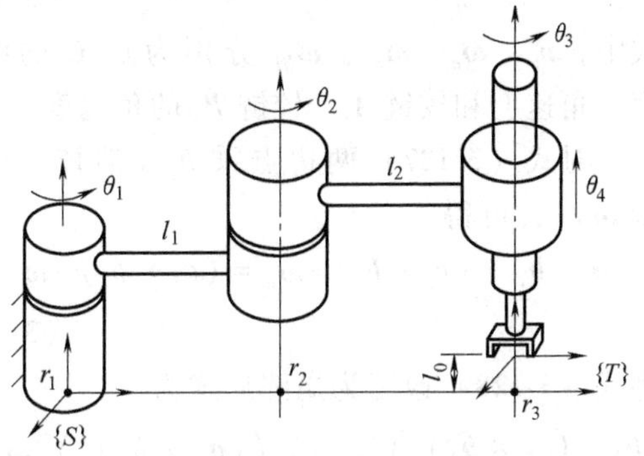

图 3-27　处于参考形位的 SCARA 机器人

$$\boldsymbol{r}_1=\begin{pmatrix}0\\0\\0\end{pmatrix},\ \boldsymbol{r}_2=\begin{pmatrix}-l_1\sin\theta_1\\l_1\cos\theta_1\\0\end{pmatrix},\ \boldsymbol{r}_3=\begin{pmatrix}-l_1\sin\theta_1-l_2\sin(\theta_1+\theta_2)\\l_1\cos\theta_1+l_2\cos(\theta_1+\theta_2)\\0\end{pmatrix}$$

计算各个关节的运动旋量坐标，可得

$${}_T^S\boldsymbol{J}^s(\boldsymbol{\theta})=\begin{pmatrix}0 & l_1\cos\theta & l_1\cos\theta_1+l_2\cos(\theta_1+\theta_2) & 0\\0 & l_1\sin\theta_1 & l_1\sin\theta_1+l_2\sin(\theta_1+\theta_2) & 0\\0 & 0 & 0 & 1\\0 & 0 & 0 & 0\\0 & 0 & 0 & 0\\1 & 1 & 1 & 0\end{pmatrix}$$

读者可自行验证上述结果的准确性，计算末端执行器的线速度 $[{}_T^S\boldsymbol{J}^s(\boldsymbol{\theta})\dot{\boldsymbol{\theta}}]\boldsymbol{p}(\boldsymbol{\theta})$ 和 $\dot{\boldsymbol{p}}(\boldsymbol{\theta})$ 是否一致。同样，这种方法也适用于求解 Stanford 机器人的雅可比矩阵。

3.3.2　重载并联机器人速度分析

1. 速度分析

与串联机器人相比，计算并联机器人的速度雅可比矩阵要复杂得多，这主要是由于并联机器人具有多环结构的特性。雅可比矩阵的求解方法多样，常见的两种方法是位移方程直接求导法以及旋量法。

(1) 位移方程直接求导法　下面以平面 3-RRR 并联机器人为例，说明位移方程直接求导法的应用。

从图 3-28 所示的平面 3-RRR 并联机器人机构简图中的矢量关系，可以得到

$$\overrightarrow{OC}+\overrightarrow{CC_i}=\overrightarrow{OA_i}+\overrightarrow{A_iB_i}+\overrightarrow{B_iC_i}(i=1,2,3) \tag{3-125}$$

或者表达为

$$\boldsymbol{p}_c+\boldsymbol{r}_i=\boldsymbol{R}_i+\boldsymbol{a}_i+\boldsymbol{b}_i(i=1,2,3) \tag{3-126}$$

对式 (3-125) 两边关于时间求导，可得到该机构的速度关系表达式，即

$$\boldsymbol{v}_c+\boldsymbol{\omega}_c\times\boldsymbol{r}_i=\boldsymbol{\omega}_{Ai}\times(\boldsymbol{a}_i+\boldsymbol{b}_i)+\boldsymbol{\omega}_{Bi}\times\boldsymbol{b}_i \tag{3-127}$$

式中，$\boldsymbol{v}_c$、$\boldsymbol{\omega}_c$、$\boldsymbol{\omega}_{Ai}$、$\boldsymbol{\omega}_{Bi}$ 分别为点 C 的线速度、角速度和铰链 A_i、铰链 B_i 的角速度。

对式（3-127）两边点乘 $\boldsymbol{b}_i$（消掉中间变量 $\boldsymbol{\omega}_{Bi}$），可得

$$\boldsymbol{v}_c\cdot\boldsymbol{b}_i+(\boldsymbol{r}_i\times\boldsymbol{b}_i)\cdot\boldsymbol{\omega}_c=(\boldsymbol{a}_i\times\boldsymbol{b}_i)\cdot\boldsymbol{\omega}_{Ai} \tag{3-128}$$

将式（3-128）改写为矩阵形式为

$$\begin{pmatrix}\boldsymbol{b}_1^{\mathrm{T}} & (\boldsymbol{r}_1\times\boldsymbol{b}_1)^{\mathrm{T}}\\ \boldsymbol{b}_2^{\mathrm{T}} & (\boldsymbol{r}_2\times\boldsymbol{b}_2)^{\mathrm{T}}\\ \boldsymbol{b}_3^{\mathrm{T}} & (\boldsymbol{r}_3\times\boldsymbol{b}_3)^{\mathrm{T}}\end{pmatrix}\begin{pmatrix}\boldsymbol{v}_c\\ \boldsymbol{\omega}_c\end{pmatrix}=\begin{pmatrix}(\boldsymbol{a}_1\times\boldsymbol{b}_1)^{\mathrm{T}}\\ (\boldsymbol{a}_2\times\boldsymbol{b}_2)^{\mathrm{T}}\\ (\boldsymbol{a}_3\times\boldsymbol{b}_3)^{\mathrm{T}}\end{pmatrix}\begin{pmatrix}\boldsymbol{\omega}_{A1}\\ \boldsymbol{\omega}_{A2}\\ \boldsymbol{\omega}_{A3}\end{pmatrix} \tag{3-129}$$

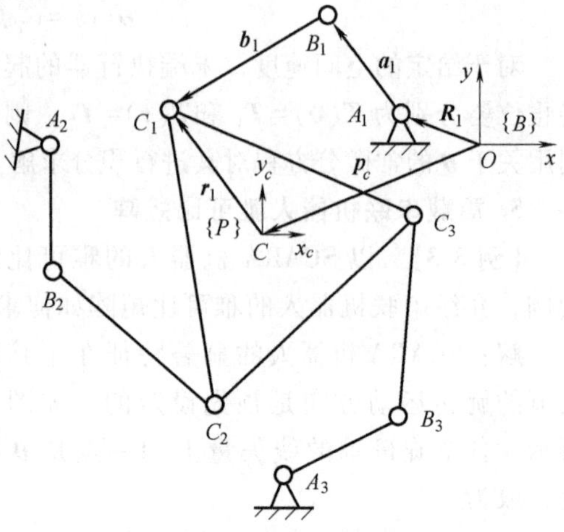

图 3-28 平面 3-RRR 并联机器人机构简图

考虑到该机构只输出平面运动，因此有$\boldsymbol{v}_c=(v_x,\ v_y,\ v_z)^{\mathrm{T}}=(v_x,\ v_y,\ 0)$，且 $\boldsymbol{\omega}_c=(\omega_x,\ \omega_y,\ \omega_z)^{\mathrm{T}}=(0,\ 0,\ \omega_z)$。

此外，机构中转动副 A_i、B_i、C_i 的转轴方向为 $(0,\ 0,\ 1)^{\mathrm{T}}$，因此，$\boldsymbol{\omega}_{Ai}=(0,\ 0,\ \dot{\theta}_{Ai})^{\mathrm{T}}$。另外，从图 3-28 所示机构简图中可以看出，矢量 $\boldsymbol{b}_i$ 沿 z 轴的方向矢量为 0，而 $\boldsymbol{r}_i\times\boldsymbol{b}_i$ 沿 x 轴、y 轴的方向矢量均为 0，只存在 z 轴的方向矢量，即 $\boldsymbol{r}_i\times\boldsymbol{b}_i=(0,\ 0,\ |\boldsymbol{r}_i\times\boldsymbol{b}_i|)^{\mathrm{T}}$。因此，式（3-129）可简化为

$$\boldsymbol{J}_X\dot{\boldsymbol{X}}=\boldsymbol{J}_\theta\dot{\boldsymbol{\Theta}} \tag{3-130}$$

式中，$\dot{\boldsymbol{X}}=(v_x,v_y,\omega_z)^{\mathrm{T}}$；$\dot{\boldsymbol{\Theta}}=(\dot{\theta}_1,\dot{\theta}_2,\dot{\theta}_3)^{\mathrm{T}}$；$\boldsymbol{J}_X=\begin{pmatrix}(\boldsymbol{b}_1+\boldsymbol{r}_1\times\boldsymbol{b}_1)^{\mathrm{T}}\\ (\boldsymbol{b}_2+\boldsymbol{r}_2\times\boldsymbol{b}_2)^{\mathrm{T}}\\ (\boldsymbol{b}_3+\boldsymbol{r}_3\times\boldsymbol{b}_3)^{\mathrm{T}}\end{pmatrix}$；$\boldsymbol{J}_\theta=\begin{pmatrix}(\boldsymbol{a}_1\times\boldsymbol{b}_1)^{\mathrm{T}}\\ (\boldsymbol{a}_2\times\boldsymbol{b}_2)^{\mathrm{T}}\\ (\boldsymbol{a}_3\times\boldsymbol{b}_3)^{\mathrm{T}}\end{pmatrix}$。

由式（3-130）可以得到平面 3-RRR 并联机器人的一阶运动学方程为

$$\dot{\boldsymbol{X}}=\boldsymbol{J}\dot{\boldsymbol{\Theta}} \tag{3-131}$$

式中，$\boldsymbol{J}$ 为平面 3-RRR 并联机器人的速度雅可比矩阵，$\boldsymbol{J}=\boldsymbol{J}_X^{-1}\boldsymbol{J}_\theta$。

（2）旋量法　典型的并联机构由 m 个分支构成，每个分支通常至少包含一个驱动关节（主动关节），而其他关节则为从动关节。为了简化描述，需要将多自由度的运动副转换为等效的单自由度运动副的组合。通过这种方式，可以将每个分支视为由多个单自由度运动副构成的开环运动链，其末端与动平台相连。因此，动平台的瞬时速度旋量可以表示为

$$\boldsymbol{V}_c=\begin{pmatrix}\boldsymbol{\omega}_i\\ \boldsymbol{v}_{co}\end{pmatrix}=\sum_{j=1}^{n}\dot{q}_{j,i}\,\$_{j,i}=(\$_{1,i}\quad \$_{2,i}\quad\cdots\quad \$_{n,i})\begin{pmatrix}\dot{q}_{1,i}\\ \dot{q}_{2,i}\\ \vdots\\ \dot{q}_{n,i}\end{pmatrix}\quad(i=1,2,\cdots,m) \tag{3-132}$$

式（3-132）中，与消极副相对应的运动副旋量可以通过互易旋量系理论被消除。假设在每

个支链中最先以 g 个关节作为驱动副，那么在每个支链中至少有 g 个反旋量与该支链内所有消极副构成的旋量系互易。因此，可以将它们的单位旋量表示为 $\$_{j,i}^{r}$（$j=1，2，\cdots，g$）。对式（3-132）的两边与 $\$_{j,i}^{r}$ 进行正交运算，可以得到以下关系式：

$$J_{r,i}V_c=J_{\theta,i}\dot{\Theta}_i \tag{3-133}$$

式中，矩阵$J_{r,i}=\begin{pmatrix}\$_{r1,i}^{\mathrm{T}}\\ \$_{r2,i}^{\mathrm{T}}\\ \$_{r3,i}^{\mathrm{T}}\\ \vdots\\ \$_{rg,i}^{\mathrm{T}}\end{pmatrix}_{g\times 6}$；$J_{\theta,i}=\begin{pmatrix}\$_{r1,i}^{\mathrm{T}}\$_{1,i} & \$_{r1,i}^{\mathrm{T}}\$_{2,i} & \cdots & \$_{r1,i}^{\mathrm{T}}\$_{g,i}\\ \$_{r2,i}^{\mathrm{T}}\$_{1,i} & \$_{r2,i}^{\mathrm{T}}\$_{2,i} & \cdots & \$_{r2,i}^{\mathrm{T}}\$_{g,i}\\ \vdots & \vdots & & \vdots\\ \$_{rg,i}^{\mathrm{T}}\$_{1,i} & \$_{rg,i}^{\mathrm{T}}\$_{2,i} & \cdots & \$_{rg,i}^{\mathrm{T}}\$_{g,i}\end{pmatrix}$；$\dot{\Theta}_i=\begin{pmatrix}\dot{\theta}_{1,i}\\ \dot{\theta}_{2,i}\\ \vdots\\ \dot{\theta}_{g,i}\end{pmatrix}$。

式（3-133）包含 m 个方程，矩阵形式可表示为

$$J_rV_c=J_\theta\dot{\Theta} \tag{3-134}$$

式中，

$$J_r=\begin{pmatrix}J_{r,1}\\ J_{r,2}\\ \vdots\\ J_{r,m}\end{pmatrix};\ J_\theta=\begin{pmatrix}J_{\theta,1} & 0 & \cdots & 0\\ 0 & J_{\theta,2} & \cdots & 0\\ \vdots & \vdots & & \vdots\\ 0 & 0 & \cdots & J_{\theta,m}\end{pmatrix};\ \dot{\Theta}=(\dot{\theta}_{1,1}\ \cdots\ \dot{\theta}_{g,1}\ \ \dot{\theta}_{1,2}\ \cdots\ \dot{\theta}_{g,2}\ \cdots\ \dot{\theta}_{g,m})^{\mathrm{T}}。$$

2. 重载并联机器人雅可比矩阵

以 Stewart-Gough 平台为例，介绍如何求解并联机构的速度雅可比矩阵。

【例 3-4】 计算如图 3-29 所示 Stewart-Gough 平台的速度雅可比矩阵。

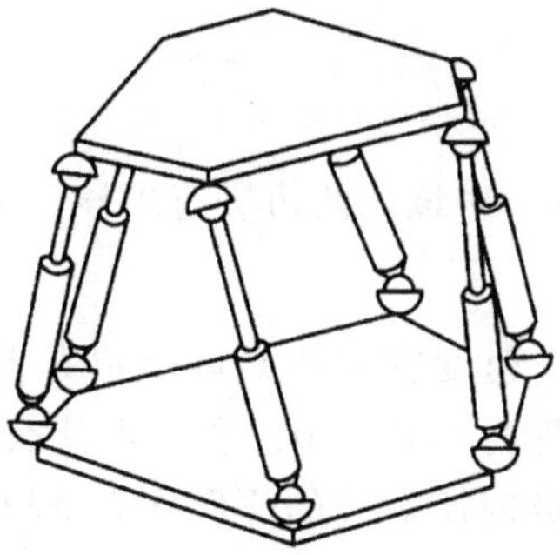

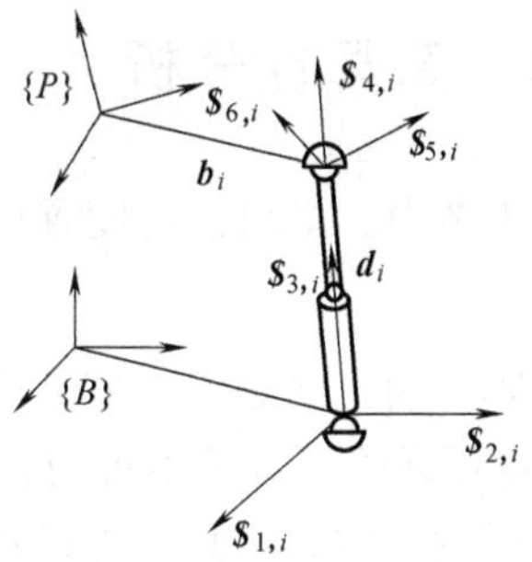

图 3-29　Stewart-Gough 平台

解：在 Stewart-Gough 平台中，每个支链的等效运动链为 UPS，意味着每个支链配备了 6 个具有单一自由度的运动副，从而对应产生 6 个运动副旋量。在这些旋量中，第三个运动副被指定为驱动副，负责实现移动功能。

$$\$_{1,i}=\begin{pmatrix}\hat{s}_{1,i}\\ (b_i-d_i)\times\hat{s}_{1,i}\end{pmatrix},\ \$_{2,i}=\begin{pmatrix}\hat{s}_{2,i}\\ (b_i-d_i)\times\hat{s}_{2,i}\end{pmatrix},\ \$_{3,i}=\begin{pmatrix}0\\ \hat{s}_{3,i}\end{pmatrix},$$

$$\$_{4,i}=\begin{pmatrix}\hat{s}_{4,i}\\ b_i\times\hat{s}_{4,i}\end{pmatrix},\ \$_{5,i}=\begin{pmatrix}\hat{s}_{5,i}\\ b_i\times\hat{s}_{5,i}\end{pmatrix},\ \$_{6,i}=\begin{pmatrix}\hat{s}_{6,i}\\ b_i\times\hat{s}_{6,i}\end{pmatrix}$$

鉴于所有消极副的轴线在支链中与驱动副的轴线相交，因此，可以直接得到消极副旋量系的一个反旋量，即

$$\$_{r,i}=\begin{pmatrix}\hat{\boldsymbol{s}}_{3,i}\\ \boldsymbol{b}_i\times\hat{\boldsymbol{s}}_{3,i}\end{pmatrix}\ (i=1,2,\cdots,6)$$

满足以下关系：

$$\$_{r,i}^{\mathrm{T}}\boldsymbol{V}_c=d_i\ (i=1,2,\cdots,6)$$

矩阵形式可表示为

$$\boldsymbol{J}_r\boldsymbol{V}_c=\dot{\boldsymbol{\Theta}}$$

也可表示为

$$\boldsymbol{V}_c=\boldsymbol{J}_r^{-1}\dot{\boldsymbol{\Theta}}$$

式中，$\boldsymbol{J}_r=\begin{pmatrix}\$_{r,1}^{\mathrm{T}}\\ \$_{r,2}^{\mathrm{T}}\\ \vdots\\ \$_{r,3}^{\mathrm{T}}\end{pmatrix}=\begin{pmatrix}\hat{\boldsymbol{s}}_{3,1} & (\boldsymbol{b}_1\times\hat{\boldsymbol{s}}_{3,1})^{\mathrm{T}}\\ \hat{\boldsymbol{s}}_{3,2} & (\boldsymbol{b}_2\times\hat{\boldsymbol{s}}_{3,2})^{\mathrm{T}}\\ \vdots & \\ \hat{\boldsymbol{s}}_{3,6} & (\boldsymbol{b}_6\times\hat{\boldsymbol{s}}_{3,6})^{\mathrm{T}}\end{pmatrix}$；$\dot{\boldsymbol{\Theta}}_i=\begin{pmatrix}\dot{d}_1\\ \dot{d}_2\\ \vdots\\ \dot{d}_6\end{pmatrix}$。

3.4 重载机器人运动性能指标

3.4.1 奇异性分析

在 3.3.1 节中，提出了速度雅可比定义式（3-94），对该式两边进行求导，可得

$$\dot{\boldsymbol{q}}=\boldsymbol{J}^{-1}\dot{\boldsymbol{X}} \tag{3-135}$$

根据矩阵行列式的定义，式（3-135）如果有解，速度雅可比矩阵 $\boldsymbol{J}$ 必须是可逆矩阵。但是，$\boldsymbol{J}$ 一定可逆吗？若 $\boldsymbol{J}$ 不可逆，则速度雅可比矩阵行列式为 0，会出现什么情形呢？当不可逆的情况发生时，将其称为机构的奇异性，机构此时所对应的位形称为奇异位形。

奇异性在机构学中是一个重要的概念，它指的是机构在某些特定位置时出现的特殊状态，这些状态可能对机构的正常工作产生不利影响。对于人类而言，机构的奇异位形具有两面性，既有其不利的一面，又有其有利的一面。在实际应用中，增力机械和自锁机械就是利用了奇异性有利的一面。然而，奇异位形的存在往往对机构控制不利，可能导致机构在特定位置出现特殊现象，如死点、稳定性丧失或自由度变化，甚至受力状态变差，从而影响机构的正常工作。例如，汽车发动机由多个曲柄滑块机构组成，每个活塞都有自己的死点位置。设计人员通过错开各个活塞的死点位置，确保发动机能够正常工作。对于多自由度的机器人机构，奇异位形更为常见且复杂，需要特别关注和处理。

1. 奇异性类别

（1）按机构的运动状态分类　奇异性对机构性能有深远影响，研究奇异性的目的是对

机构进行优化设计，避免奇异性对机构产生不利影响。将奇异性进行分类，有助于理解其对机构运动状态的影响，以改善机构性能。从奇异性对机构运动状态的影响角度来看，可以将机构的奇异性分为 7 大类。

1）极限位置奇异。极限位置奇异是指机构在主动件的推动下，从动件到达其运动极限位置时发生的一种奇异状态。在这种情况下，机构无法继续沿原方向运动，只能反向运动。如图 3-30a、b 所示，四杆机构的输出摇杆和曲柄滑块机构的输出滑块在极限位置时，都只能反向运动，这体现了极限位置奇异的特性。同样，如图 3-30c 所示，3 自由度串联机器人在杆件排成一条直线时，也属于极限位置奇异，此时，末端执行器的自由度降低，3 个转动副轴线的运动螺旋发生线性相关情况，变为二系螺旋，通过求解，可以得出 4 个线性无关的约束反螺旋，故末端执行器在此时的自由度为 2。注意，这里的自由度为末端执行器的自由度，并非机构的自由度，机构此时自由度仍为 3。

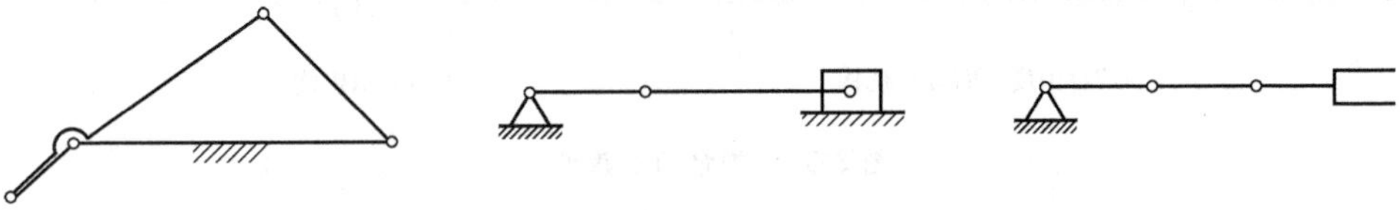

a) 四杆机构　　b) 曲柄滑块机构　　c) 串联机器人

图 3-30　极限位置奇异

从以上分析可以看出，机构的极限位置奇异出现在工作空间边界，包括具有内孔的工作空间边缘。在这种奇异状态下，主动件以极小的力可以平衡极大的工作力，这一特性被应用于压力加工机械的设计。此外，机构在反行程中很容易发生自锁现象，这一特性可用于设计自锁机构。

2）死点奇异。以曲柄摇杆机构为例，当滑块为原动件，如图 3-31 所示，在这种特殊位形时，对滑块施加的作用力不管多大，也不能推动末端执行器运动称为死点奇异，不难看出，机构此时处于死点位置，机构原动件在此时失去自由度。当机构的连架杆作为原动件时，图 3-31 所示位置也是机构死点发生位置。

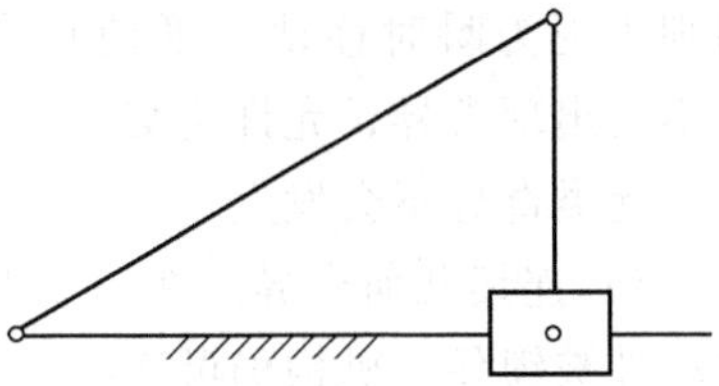

图 3-31　死点奇异

3）剩余自由度奇异。并联机构在特定位形下，如果所有主动件被锁住，理论上动平台应受 6 个独立约束。然而，若这些约束线性相关，无法对自由度进行完全约束，会出现剩余自由度，机构将不稳定，这种现象称为剩余自由度奇异。这种奇异是并联机构的一般形式，具有瞬时性。剩余自由度通常为 1，但也可能多于 1。如图 3-32a 所示的 2 自由度平面五杆机构，当 BCD 成直线，AB、DE 两杆被锁时，施加于节点 C 的两个结构约束力共线，线性相关，仅相当于一个约束，点 C 因此存在瞬时自由度，机构不稳定。同时，两个主动运动也变得不独立，但机构的总自由度仍为 2，并未增加。

关于机器人奇异性的一些观点存在误解。串联机器人发生奇异时，仅末端件的自由度减少，整体自由度保持不变；并联机构发生奇异时，自由度同样不会增加。以 Stewart 机构为例，当上平台绕竖直轴转动 90°并锁住 6 个主动杆时，由于约束力线性相关，机构会有 1 个未被约束的瞬时自由度，这是该机构的典型奇异，如图 3-32b 所示。在这种奇异状态下，机构受力状态恶化，需要极大的驱动力来平衡小的外力，机构容易损坏。

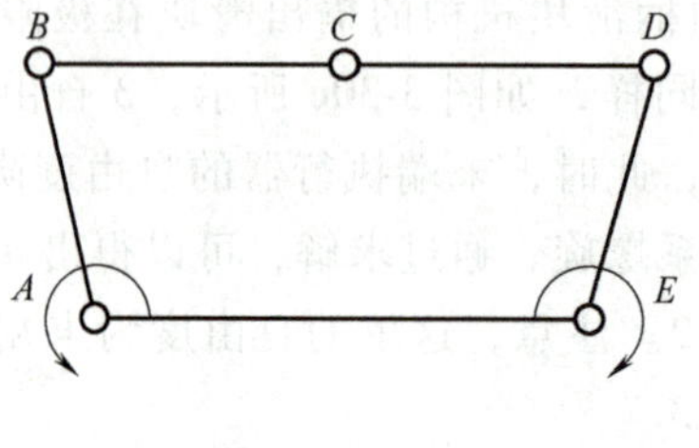

a) 2自由度平面五杆机构

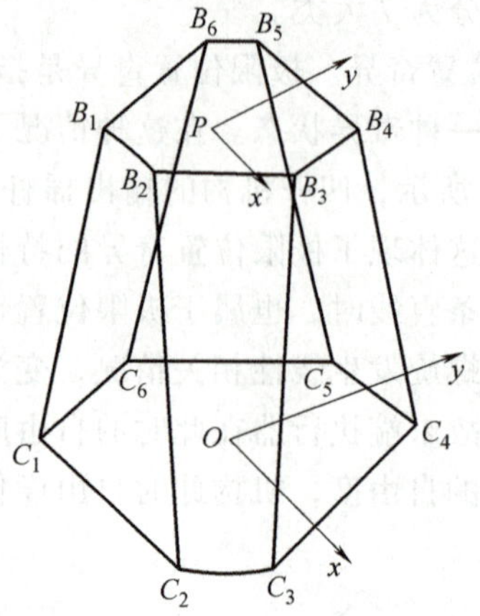

b) Stewart机构

图 3-32　剩余自由度奇异

4）瞬时几何奇异。在特定的几何条件和位形下，机构所有主动件被锁住时，6 个约束可能线性相关，导致机构保留自由度并具有瞬时性。如图 3-33 所示，平面 3 自由度八杆机构中，3 个移动副作为输入副，其上下平台尺寸按一定比例设计。在特定位形下，锁住 3 个输入副，若 3 个作用线交于一点，则 3 个约束力线性相关，仅剩 2 个约束有效，机构因此获得 1 个未被约束的瞬时转动自由度。当 3 个作用线平行时，机构则表现为瞬时移动（平动）自由度。在一般位形下，该机构不会出现奇异，允许绕交点进行瞬时转动。若无特定几何条件，此类奇异不会发生。

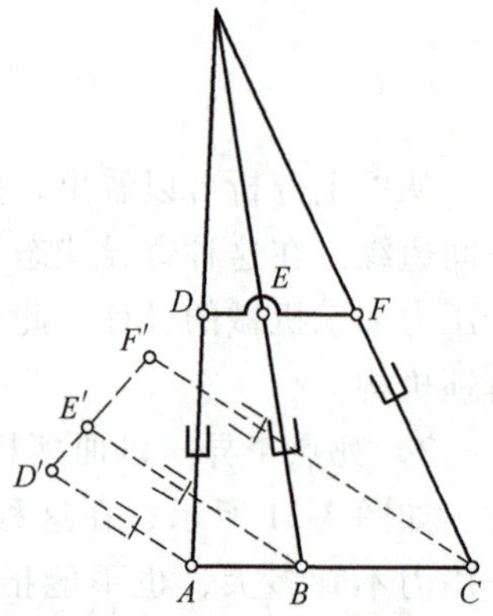

图 3-33　瞬时几何奇异

5）连续几何奇异。在特定几何条件和位形下，即使所有主动件被锁住，机构仍可连续运动，这种位形称为连续几何奇异。这种奇异是由于约束相关导致的。1987 年有文献首次提出“几何奇异”这一概念，国际上后来称之为“结构奇异”。在奇异情况下发生的连续运动，文献中常称为自运动。如图 3-34a 所示，某四杆机构在特定位形下，转动副 B 和 D 共轴，杆 BC 和 CD 绕点 D 连续转动，表明机构处于连续几何奇异位形。图 3-34b 所示为某五杆机构发生自运动的条件和位形。图 3-34c 所示的 3 自由度八杆机构，在形成平行四边形的几何条件下，可进行圆周自运动，表现为连续几何奇异。图 3-34d 所示为一种 Stewart 平台的奇异，上下平台为相等正六边形，在杆长不变时可出现连续运动。自运动可为单自由度或多自由度。如图 3-34d 所示的机构，自运动具有 3 个自由度，但当上平台转动后，上下平台不再平行，自由度减少至 1。自运动奇异可能导致操纵失控，对机构工作不利。

6）自由度瞬时变化奇异。在特定位形下，机构可能经历自由度的瞬时变化，这种现象称为自由度瞬时变化奇异。如图 3-35 所示，平行四杆机构在特定位形下可能突然增加 1 个

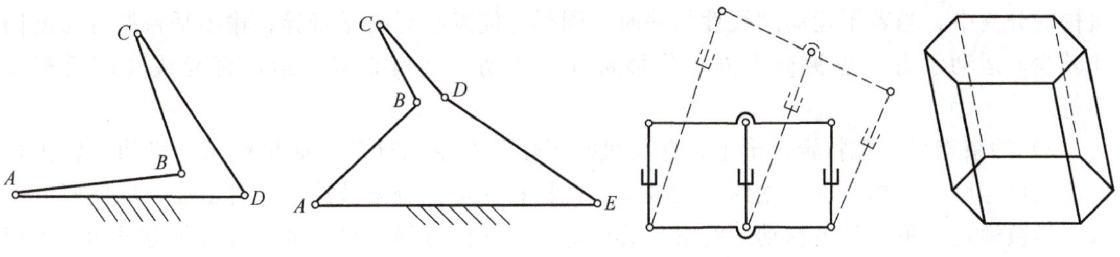

图 3-34　连续几何奇异

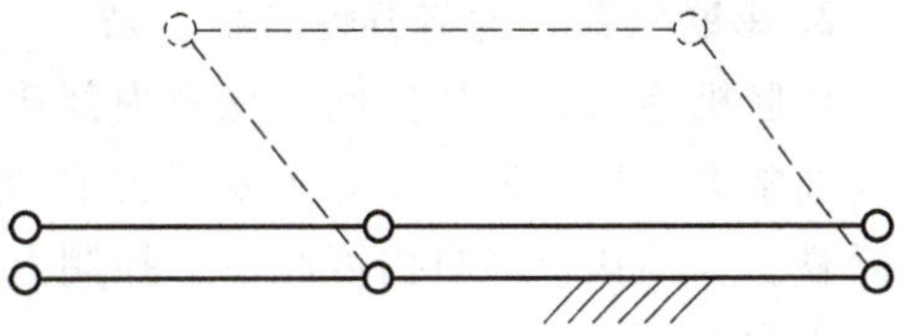

图 3-35　自由度瞬时变化奇异

自由度，从而具有 2 个自由度。串联机器人在某些位形下，如果三个平行轴线共面或共点，会导致运动副发生线性相关，造成机构奇异。这种奇异会导致末端件的自由度瞬时减少，是串联机构常见的一种奇异类型。对于并联机构，特别是少自由度的并联机构，也可能发生自由度减少的奇异。一些少自由度机构的分支可能包含多个单自由度运动副，这使得它们容易发生类似于串联机器人的奇异。此外，多关节多手指等复杂机构也可能经历这种奇异。

奇异现象对机构操作和性能影响很大，设计需考虑规避或利用。

7）自由度变化奇异。机构在特定几何条件和输入参数下可能发生自由度变化，形成变自由度机构。如图 3-36 所示的 3-UPU 机构，自由度在不同位形下从 5 变至 3，奇异点即为过渡点。

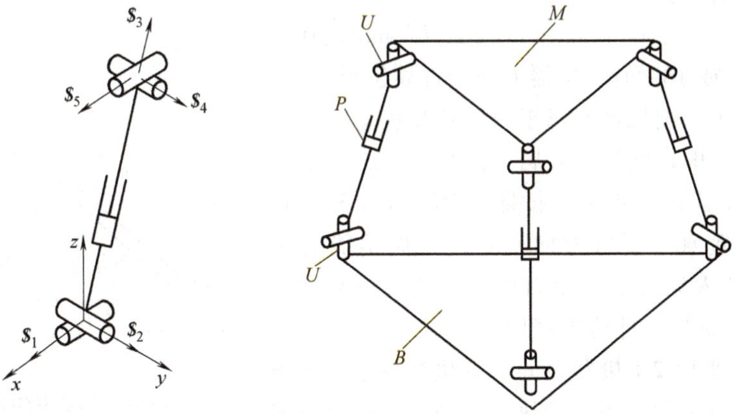

图 3-36　3-UPU 机构

（2）按奇异形成的原因分类

1）运动学奇异。在特定位形下，机构的运动副螺旋线出现线性相关，导致输出构件自由度减少，这种现象称为机构的运动学奇异。极限位置奇异、死点奇异和自由度瞬时变化奇异都属于运动学奇异。极限位置奇异和死点奇异的状态会随着原动件的选择而变化。在并联机构的分支中，当若干运动副线性相关时，同样可能发生运动学奇异，输出平台的自由度因此减少。运动学奇异也被称为静止位形奇异、运动学逆解奇异、运动奇异或速度反解奇异等。

2）约束奇异。在特定位形下，并联机构锁住所有主动件后，如果作用于机构或输出构件的约束螺旋线性相关，独立约束数减少，机构将保留部分未被约束的自由度，即使所有输入变量被锁定，平台仍可移动。约束相关性奇异、几何奇异、自由度瞬时变化奇异和自由度变化奇异都属于约束奇异。这种奇异也称为不定位形奇异、静力学奇异或运动学正解奇异，意味着在给定原动件位置求解机构运动学正解时可能得到多解，如自运动情况。原动件的选择会影响奇异状态，改变原动件可克服奇异。

2. 串联机器人的奇异性分析方法

串联机器人在工作空间边缘及内部普遍存在奇异位形。串联机器人关节独立驱动，关节空间通常无奇异位形。奇异主要因关节到操作空间映射产生。在奇异位形时，速度雅可比矩阵降秩，末端执行器自由度减少。控制上，奇异位形导致末端执行器无法运动，关节速度可能无限大。

判断或求解串联机器人奇异位形的直接方法是分析速度雅可比矩阵。设定速度雅可比矩阵行列式 $\det(\boldsymbol{J})=0$，通过解方程确定奇异位形。此解析求解法称为代数法。

以平面 2R 机器人为例，对其奇异位形发生的条件以及可能出现的后果进行分析。

【例 3-5】 求平面 2R 机器人的奇异位形。

解：根据代数法，求解平面 2R 机器人奇异位形的发生条件。该机器人发生奇异位形的条件为

$$\det(\boldsymbol{J})=\begin{vmatrix} -l_1\sin\theta_1-l_2\sin(\theta_1+\theta_2) & -l_2\sin(\theta_1+\theta_2) \\ l_1\cos\theta_1+l_2\cos(\theta_1+\theta_2) & l_2\cos(\theta_1+\theta_2) \end{vmatrix}=0$$

求解该方程可以得到

$$l_1 l_2\sin\theta_2=0$$

显然，当 $\theta_2=0°$或 $180°$时，机器人处于奇异位形。

1）若 $\theta_2=0°$，则机器人属于全部展开状态。

2）若 $\theta_2=180°$，则机器人属于折叠状态。

在这两种位形下，机器人末端只能沿如图 3-37 所示的 y_3 方向（垂直于手臂方向）移动，而不能沿 x_3 方向移动，机器人失去了 1 个自由度。此类奇异属于工作空间边界的奇异，即**边界奇异**。

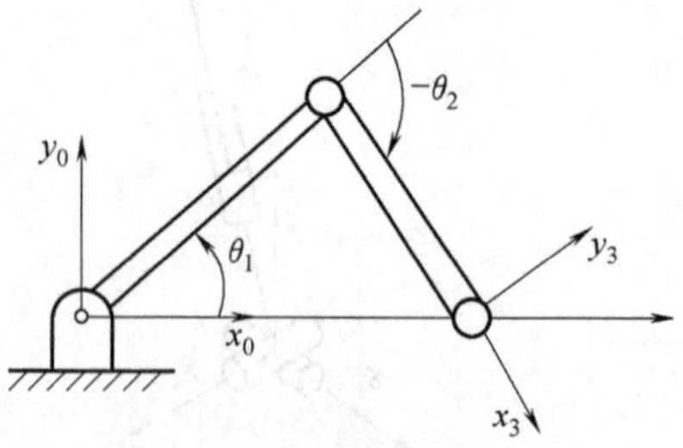

图 3-37 末端以恒定速度运动的平面 2R 机器人

【例 3-6】 平面 2R 机器人的末端执行器沿 x 轴方向以 1m/s 的速度运动，当末端执行器的位置接近奇异位形时，运动副关节的速度如何变化？

解：首先，需要计算出速度雅可比矩阵的逆，即

$$\boldsymbol{J}^{-1}=\frac{1}{l_1 l_2\sin\theta_2}\begin{pmatrix} l_1\cos(\theta_1+\theta_2) & l_2\sin(\theta_1+\theta_2) \\ -l_1\cos\theta_1-l_2\cos(\theta_1+\theta_2) & -l_1\sin\theta_1-l_2\sin(\theta_1+\theta_2) \end{pmatrix}$$

当末端执行器以 1m/s 的速度沿 x 轴方向运动时，关节速度为

$$\begin{pmatrix}\dot{\theta}_1\\ \dot{\theta}_2\end{pmatrix}=\boldsymbol{J}^{-1}\begin{pmatrix}\dot{x}_B\\ \dot{y}_B\end{pmatrix}=\boldsymbol{J}^{-1}\begin{pmatrix}1\\0\end{pmatrix}=\begin{pmatrix}\dfrac{\cos(\theta_1+\theta_2)}{l_2\sin\theta_2}\\ -\dfrac{\cos\theta_1}{l_2\sin\theta_2}-\dfrac{\cos(\theta_1+\theta_2)}{l_1\sin\theta_2}\end{pmatrix}$$

显然，当 $\theta_2=0°$或 180°时，代入上式可知，每个关节的速度都将趋向于无穷大。

机器人运动中若性能突变、达死点、失稳或自由度变化，导致运动以及动力传递异常，则位形为奇异。分析奇异位形需找出满足的几何条件，除代数法外，也可用几何法如线几何法、旋量法等。

串联机器人可能遇到的五种典型的奇异类型，通过考察雅可比矩阵的特性，或者应用线几何和旋量理论来识别这些情况。

（1）共轴转动副的奇异性　如图 3-38a 所示，当两个转动副的轴线（作为线矢量）重合时，仅存在一条独立线，另一条则成为多余线，导致奇异位形的出现。

（2）平行且共面转动副的奇异性　如图 3-38b 所示，三个转动副的轴线（线矢量）若平行且在同一平面内，仅有两条线具有独立性，第三条线则为多余线，从而产生奇异位形。

（3）共点转动副的奇异性　如图 3-38c 所示，四个转动副的轴线（线矢量）在空间中汇聚于一点时，仅有三条线是独立存在的，剩余一条线为多余线；若所有点位于同一平面，则只有两条线独立，其余两条为多余线。这种奇异位形常见于肘节型机器人，其腕部中心恰好位于肩部轴线上。

（4）共面转动副的奇异性　依据线几何原理，若四个转动副的轴线（线矢量）处于同一平面，只有三条线保持独立，而第四条线则为多余线，从而出现奇异位形。

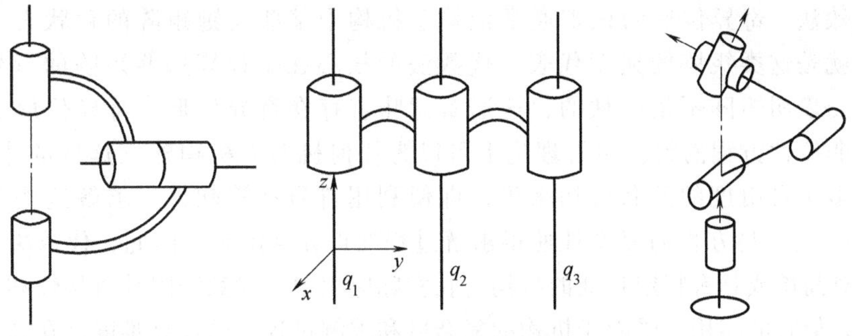

a) 两个转动副共轴　　b) 三个转动副轴线共面平行　　c) 四个转动副轴线共点

图 3-38　串联机器人中典型的奇异类型

（5）六转动副轴线与单一直线的交点奇异性　根据线几何的描述，若六个转动副的轴线（作为线矢量）均与一个共同的直线相交，那么在这种情况下，只有五条线保持独立，而第六条线则变得多余，从而出现奇异位形。

【例 3-7】　求平面 3R 机器人的奇异位形。

解：应用代数法，对 3R 机器人的奇异位形进行分析。该机器人的速度雅可比矩阵为

$$J=\begin{pmatrix} -(l_1\sin\theta_1+l_2\sin(\theta_1+\theta_2)+l_3\sin(\theta_1+\theta_2+\theta_3)) & -(l_2\sin(\theta_1+\theta_2)+l_3\sin(\theta_1+\theta_2+\theta_3)) & -l_3\sin(\theta_1+\theta_2+\theta_3) \\ l_1\cos\theta_1+l_2\cos(\theta_1+\theta_2)+l_3\cos(\theta_1+\theta_2+\theta_3) & l_2\cos(\theta_1+\theta_2)+l_3\cos(\theta_1+\theta_2+\theta_3) & l_3\cos(\theta_1+\theta_2+\theta_3) \\ 1 & 1 & 1 \end{pmatrix}$$

根据该机器人发生奇异位形的条件

$$\det(\boldsymbol{J})=\begin{vmatrix} -(l_1\sin\theta_1+l_2\sin(\theta_1+\theta_2)+l_3\sin(\theta_1+\theta_2+\theta_3)) & -(l_2\sin(\theta_1+\theta_2)+l_3\sin(\theta_1+\theta_2+\theta_3)) & -l_3\sin(\theta_1+\theta_2+\theta_3) \\ l_1\cos\theta_1+l_2\cos(\theta_1+\theta_2)+l_3\cos(\theta_1+\theta_2+\theta_3) & l_2\cos(\theta_1+\theta_2)+l_3\cos(\theta_1+\theta_2+\theta_3) & l_3\cos(\theta_1+\theta_2+\theta_3) \\ 1 & 1 & 1 \end{vmatrix}=0$$

求解该方程可以得到

$$l_1 l_2 \sin\theta_2=0$$

由此可以得到以下结论：

1）当 $\theta_2=0°$ 时，机器人的自由度减少一个，此时机器人的形态达到完全展开状态，如图 3-39 所示。

2）当 $\theta_2=180°$ 时，机器人同样会减少一个自由度，其形态变为折叠状态。

求解过程与平面 2R 机器人的情形相似，但区别在于 3R 机器人在这种情况下会遇到内部工作空间的奇异现象。

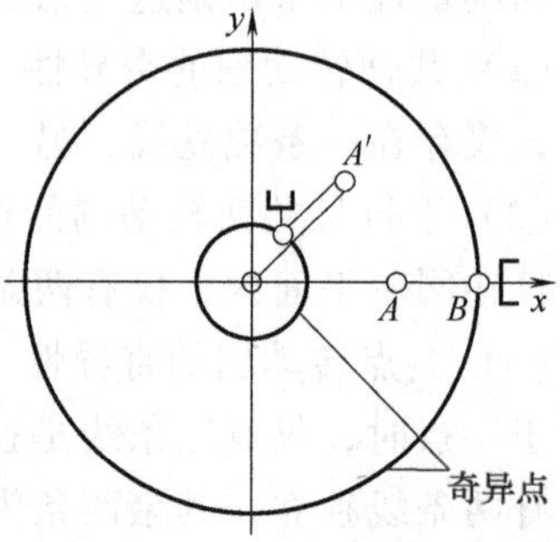

图 3-39　平面 3R 机器人的奇异位形（工作空间内部奇异）

此外，还可以通过几何方法直接识别奇异状态，即当三轴出现平行共面的情况，如图 3-39 所示，机器人便进入奇异状态。这两种方法得出的结论可以相互验证。

3. 并联机器人的奇异性分析方法

（1）代数法　奇异位形的识别通常依赖于机构中某些关键矩阵的秩状态，机器人的雅可比矩阵就是这类矩阵的典型代表。代数法的核心在于计算这些矩阵的行列式，当行列式为零时，表明矩阵不是满秩的，这通常意味着存在奇异位形。奇异位形本质上是行列式对应的非线性方程的解。尽管理论上可以为任何机器人机构建立这样的非线性方程，但对于具有多个自由度的并联机构来说，即便利用符号运算软件，求解这些非线性方程仍然极具挑战。这些方程的复杂性使得求解过程变得异常困难。因此，代数法主要适用于那些结构相对简单或具有特定特征的机构。在实际应用中，代数法因其直接性和理论完备性而受到重视，但它的实用性受限于机构的复杂度和求解过程中的计算难度。在处理复杂机构时，可能需要结合其他方法，如几何法或数值法，以获得更有效的解决方案。此外，随着计算技术的发展，高级的数值算法和优化技术也在不断进步，为解决这些复杂问题提供了新的可能。

（2）旋量理论与线几何　旋量理论因其在并联机构奇异位形分析中的有效性而受到重视。Jean-Pierre Merlet 通过应用线几何理论，展示了一种无需复杂代数运算，即可分析特定 Stewart 平台所有潜在奇异位形的方法。Merlet 的工作表明，通过线几何的直观和简化特性，可以避免代数法中烦琐的计算过程，从而更直接地识别和理解机构的奇异位形。这种方法利用了旋量理论中的几何概念，如线和旋量，来描述机构的运动和约束，从而简化了分析过程。旋量理论的优势在于它提供了一种结构化的几何框架，使得对机构运动学和动力学的分析更为直观和易于理解。通过这种理论，可以更清晰地识别出机构的奇异位形，这些位形通常对应于机构运动学性能的退化，如自由度的丧失或运动控制的困难。Merlet 的研究为并联机构的奇异位形分析提供了一种新的视角，展示了几何方法在解决复杂工程问题中的潜力。这种方法不仅有助于提高分析效率，还有助于深入理解机构的内在运动学特性，从而为设计更高效、更可靠的机器人和机械系统提供理论基础。

【例 3-8】 对如图 3-40a 所示的平面 3-RRR 并联机构进行奇异性分析。

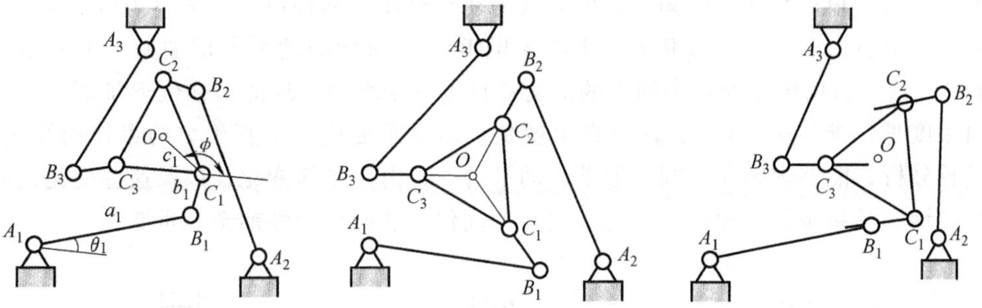

a) 机构简图　　b) 正向运动学奇异情况1　　c) 正向运动学奇异情况2

图 3-40　平面 3-RRR 并联机构

解法一：根据封闭矢量多边形法建立以下三个独立的闭环方程：

$$\overrightarrow{A_iO}+\overrightarrow{OC_i}=\overrightarrow{A_iB_i}+\overrightarrow{B_iC_i}\ (i=1,2,3)$$

对上式关于时间求导，可以得到以下关系式：

$$\boldsymbol{J}_X\dot{\boldsymbol{X}}=\boldsymbol{J}_\theta\dot{\boldsymbol{\Theta}}$$

式中，输入变量 $\dot{\boldsymbol{\Theta}}=(\dot{\theta}_1\dot{\theta}_2\dot{\theta}_3)^{\mathrm{T}}$；输出变量 $\dot{\boldsymbol{X}}=(\boldsymbol{v}_{ox}\boldsymbol{v}_{oy}\dot{\phi})^{\mathrm{T}}$；

$$\boldsymbol{J}_X=\begin{pmatrix} b_{1x} & b_{1y} & c_{1x}b_{1y}-c_{1y}b_{1x} \\ b_{2x} & b_{2y} & c_{2x}b_{2y}-c_{2y}b_{2x} \\ b_{3x} & b_{3y} & c_{3x}b_{3y}-c_{3y}b_{3x} \end{pmatrix};\ \boldsymbol{J}_\theta=\begin{pmatrix} a_{1x}b_{1y}-a_{1y}b_{1x} & 0 & 0 \\ 0 & a_{2x}b_{2y}-a_{2y}b_{2x} & 0 \\ 0 & 0 & a_{3x}b_{3y}-a_{3y}b_{3x} \end{pmatrix}$$

发生第一类奇异（逆运动学奇异）的条件：$\det(\boldsymbol{J}_\theta)$，即 $a_i\times b_i=a_{ix}b_{iy}-a_{iy}b_{ix}=0$（$i=1$，2，3），这意味着每个支链中靠近机架的两根杆处于折叠在一起或完全展开的状态。这时，动平台的自由度数减少。

发生第二类奇异（正运动学奇异）的条件：$\det(\boldsymbol{J}_X)$。这时有两种可能：

1）$c_i\times b_i=c_{ix}b_{iy}-c_{iy}b_{ix}=0$（$i=1$，2，3），这意味着每个支链中靠近动平台的两根杆处于折叠在一起或完全展开的状态，其中完全展开的示意图如图 3-40b 所示。

2）矩阵 $\boldsymbol{A}$ 的前两列线性相关，表示三个 B_iC_i 杆相互平行，如图 3-40c 所示。在这两种情况下，动平台的自由度数增多，即使锁住输入，动平台也可能存在自由度的输出。

发生第三类奇异（组合型奇异）的条件：$\det(\boldsymbol{J}_X)=0$ 且 $\det(\boldsymbol{J}_\theta)=0$。这时也存在有两种可能：

1）$|A_1A_2|=|A_2A_3|=|A_1A_3|=\sqrt{3}a_i$；$b_i=c_i(i=1,\ 2,\ 3)$。

2）$|A_1A_2|=|A_2A_3|=|A_1A_3|=|C_1C_2|=|C_2C_3|=|C_1C_3|$，$b_i=a_i(i=1,\ 2,\ 3)$。

解法二：根据并联机构学理论，当机构的所有驱动副被锁定时，动平台将无法进行任何运动，否则机构的自由度将会增加。现在，分析图 3-41 所示的机构在三种不同位形下，锁住所有驱动副后动平台所受的约束情况。位形Ⅰ中，动平台受到三个既不相交也不平行的平面力的约束（这些力都是由二力杆产生的），因此，动平台受到的力约束维数是 3，这表示动平台处于完全约束状态。位形Ⅱ中，动平台受到三个平面共点的约束力作用，这是因为与动平台直接相连的三个杆均为二力杆。位形Ⅲ中，动平台受到三个平面平行的约束力作用。在位形Ⅱ和位形Ⅲ中，约束中包含了一个冗余约束，导致动平台的约束空间从三维退化为二维平面力约束。根据线几何的知识，可以确定动平台在这两种位形下的自由度为 4，即在平面内具有 1 个自由度。在位形Ⅱ下，平面 3-RRR 并联机构的动平台增加的自由度是一维转动（1R），这个自由度是通过力约束的汇交点且垂直于纸面实现的。在位形Ⅲ下，动平台增加的自由度是一维移动（1T），这个自由度是在运动平面内且垂直于力约束作用线实现的。通过这种分析，能够理解在不同位形下，动平台的自由度如何变化，以及这些变化是如何受到机构设计和约束条件的影响。这对于设计和优化并联机构的性能至关重要。

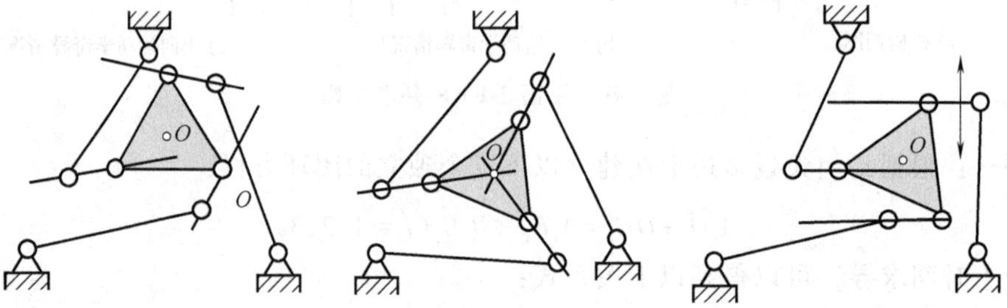

a) 位形Ⅰ　　b) 位形Ⅱ　　c) 位形Ⅲ

图 3-41　锁住驱动副后动平台所受约束情况

3.4.2　灵巧性分析

奇异位形主要从定性的角度描述了机器人的运动性能，由此可以判断出机器人的输入与输出之间的运动传递是否失真。同样，有必要引入新的评价标准，来定量地衡量这种运动传递失真的程度或传动效果。其中一个评价标准称为**灵巧度**（Dexterity）或灵巧性。具体而言，衡量机器人灵巧度的指标目前主要有两种：**条件数**（Condition Number）和**可操作度**（Manipulability）。

1. 条件数

当机器人接近奇异位形时，其性能会受到影响，主要体现在末端执行器在某些方向上的运动能力下降。对于纯移动或纯转动的机器人，可以通过雅可比条件数来定量评估这种影响。

首先回顾一下矩阵理论的有关知识。对于一般的方阵，其条件数 c 的定义为

$$c = \| \boldsymbol{A} \| \| \boldsymbol{A}^{-1} \| \tag{3-136}$$

若采用矩阵的谱范数形式，则有

$$\| \boldsymbol{A} \| = \max_{x \neq 0} \frac{\| \boldsymbol{A}\boldsymbol{x} \|}{\| \boldsymbol{x} \|} \tag{3-137}$$

或者

$$\| \boldsymbol{A}\boldsymbol{x} \| \leqslant \| \boldsymbol{A} \| \| \boldsymbol{x} \| \tag{3-138}$$

若令 $\| \boldsymbol{x} \| = 1$，则式（3-137）可化简为

$$\| \boldsymbol{A} \| = \max_{\| \boldsymbol{x} \| = 1} \| \boldsymbol{A}\boldsymbol{x} \| \tag{3-139}$$

类似地，机器人的条件数可以通过速度雅可比定义为

$$\kappa(\boldsymbol{J}) = \| \boldsymbol{J} \| \| \boldsymbol{J}^{-1} \| \tag{3-140}$$

且

$$\| \boldsymbol{J} \| = \max_{\| \boldsymbol{x} \| = 1} \| \boldsymbol{J}\boldsymbol{x} \| \tag{3-141}$$

对式（3-141）两边取平方，得

$$\| \boldsymbol{J} \|^2 = \max_{\| \boldsymbol{x} \| = 1} = \boldsymbol{x}^{\mathrm{T}}(\boldsymbol{J}^{\mathrm{T}}\boldsymbol{J})\boldsymbol{x} \tag{3-142}$$

由矩阵理论可知，若 $\boldsymbol{J}$ 为非奇异矩阵，则 $\boldsymbol{J}^{\mathrm{T}}\boldsymbol{J}$ 为对称正定矩阵，其特征值均为正数，矩阵 $\boldsymbol{J}^{\mathrm{T}}\boldsymbol{J}$ 的最大特征值 $\lambda_{\max}(\boldsymbol{J}^{\mathrm{T}}\boldsymbol{J}) = \| \boldsymbol{J} \|^2$。因此，$\boldsymbol{J}$ 的谱范数等于该矩阵的最大奇异值 $\sigma_{\max} = \sqrt{\lambda_{\max}(\boldsymbol{J}^{\mathrm{T}}\boldsymbol{J})}$。同理，$\boldsymbol{J}^{-1}$ 的谱范数等于该矩阵最小奇异值的倒数 $1/\sigma_{\min}$（其中，$\sigma_{\min}$ 为 $\boldsymbol{J}^{\mathrm{T}}\boldsymbol{J}$ 最小特征值的开方 $\sqrt{\lambda T_{\min}}$）。因此，有

$$\kappa(\boldsymbol{J}) = \frac{\sigma_{\max}}{\sigma_{\min}} = \frac{\sqrt{\lambda_{\max}(\boldsymbol{J}^{\mathrm{T}}\boldsymbol{J})}}{\sqrt{\lambda_{\min}(\boldsymbol{J}^{\mathrm{T}}\boldsymbol{J})}} \tag{3-143}$$

速度雅可比矩阵与机器人的几何尺寸和位形紧密相关，因此雅可比条件数也受到这些因素影响。在不同的位形下，末端执行器对应的雅可比条件数通常有所差异，但条件数的最小值是 1。当工作空间内的条件数为 1 时，对应的点称为各向同性点，此时的位形则称为运动学各向同性位形，即

$$\kappa(\boldsymbol{J}) = 1 \tag{3-144}$$

机器人的运动传递性能在雅可比条件数为 1 时达到最佳状态。当雅可比条件数趋于无穷大时，表明机构处于奇异位形。值得注意的是，并非所有机器人的工作空间内都存在各向同性点。

【例 3-9】 求平面 2R 机器人的雅可比条件数及各向同性的条件，设定杆长参数 $l_1 = \sqrt{2}\,\mathrm{m}$，$l_2 = 1\mathrm{m}$。

解： 首先应用代数法求解平面 2R 机器人的雅可比条件数。平面 2R 机器人的速度雅可比矩阵代入相关参数可得

$$\boldsymbol{J} = \begin{pmatrix} -\sqrt{2}\sin\theta_1 - \sin(\theta_1 + \theta_2) & -\sin(\theta_1 + \theta_2) \\ \sqrt{2}\cos\theta_1 + \cos(\theta_1 + \theta_2) & \cos(\theta_1 + \theta_2) \end{pmatrix}$$

因此

$$\boldsymbol{J}^{\mathrm{T}}\boldsymbol{J} = \begin{pmatrix} 2\sqrt{2}\cos\theta_2 + 3 & \sqrt{2}\cos\theta_2 & 1 \\ & \sqrt{2}\cos\theta_2 + 1 & 1 \end{pmatrix}$$

可以看出，矩阵 $\boldsymbol{J}^{\mathrm{T}}\boldsymbol{J}$ 与 θ_1 无关。进一步求解该矩阵的特征值，得到

$$\begin{cases}\lambda_1 = (2-\sqrt{2})(-\cos\theta_2+1)\\ \lambda_2 = (2+\sqrt{2})(\cos\theta_2+1)\end{cases}$$

由此可知，该机器人的雅可比条件数随着 θ_2 的变化而变化。当 $\theta_2=0$ 时，λ_1 为 0，此时雅可比条件数为无穷大，机构处于奇异位形；当 $\theta_2=90°$ 时，$\lambda_1=2-\sqrt{2}$，$\lambda_2=2+\sqrt{2}$，该位形下的雅可比条件数为 $\kappa=1+\sqrt{2}$。雅可比条件数越接近 1 越好，最好等于 1，此时具有各向同性，即满足条件 $\lambda_1=\lambda_2$。

当 $\lambda_1=\lambda_2$ 时，很容易计算出

$$\theta_2=3\pi/4 \text{ 或 } \theta_2=5\pi/4$$

可画出此参数条件下，该机器人处于运动学各向同性的位形点位，如图 3-42 所示。

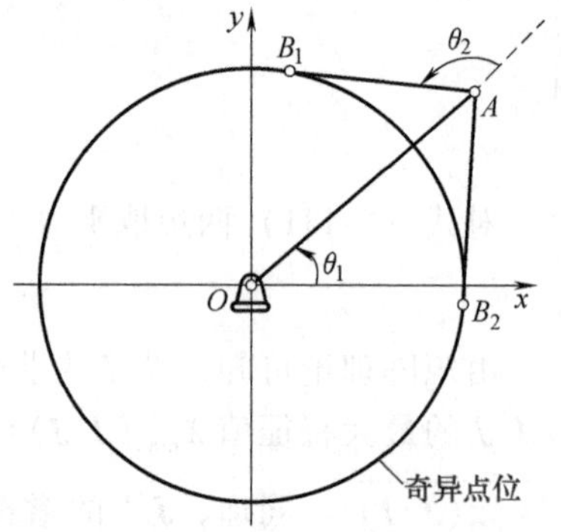

图 3-42　平面 2R 机器人运动学各向同性位形点位分布

在某些参考文献中，将 $1/\kappa(\boldsymbol{J})$ 定义为**局部条件数指标**，将其作为串联机器人的运动性能评价指标。

2. 可操作度

可通过速度雅可比将关节速度的边界映射到末端执行器速度的边界中。这里以平面 2R 机器人为例，首先将关节速度 $\dot{\boldsymbol{q}}=(\dot{\theta}_1,\ \dot{\theta}_2)^{\mathrm{T}}$ 映射成一单位圆，如图 3-43a 所示，$\dot{\theta}_1$ 与 $\dot{\theta}_2$ 分别代表横轴和纵轴，且满足 $\dot{\boldsymbol{q}}^{\mathrm{T}}\dot{\boldsymbol{q}}=1$。通过速度雅可比的逆映射，即

$$\dot{\boldsymbol{X}}^{\mathrm{T}}(\boldsymbol{J}\boldsymbol{J}^{\mathrm{T}})^{-1}\dot{\boldsymbol{X}}=1 \tag{3-145}$$

令 $\boldsymbol{H}=\boldsymbol{J}\boldsymbol{J}^{\mathrm{T}}$，则式（3-145）可简化为

$$\dot{\boldsymbol{X}}^{\mathrm{T}}\boldsymbol{H}^{-1}\dot{\boldsymbol{X}}=1 \tag{3-146}$$

通过式（3-146），关节速度的单位圆被映射到末端执行器速度的椭圆边界，这个椭圆称为**可操作度椭圆**。图 3-43 所示为平面 2R 机器人两组不同位姿的可操作度椭圆。

可操作度椭圆用于衡量机构位姿接近奇异位形的程度。通过比较椭圆的长半轴 $l_{\max}$ 和短半轴 $l_{\min}$ 的长度，可以判断接近程度：椭圆越圆，$l_{\max}/l_{\min}$ 越接近 1，末端执行器到达任意方向越容易，位姿越远离奇异位形。相反，随着位姿接近奇异位形，椭圆形状退化，末端执行器沿某一方向的运动能力将丧失。

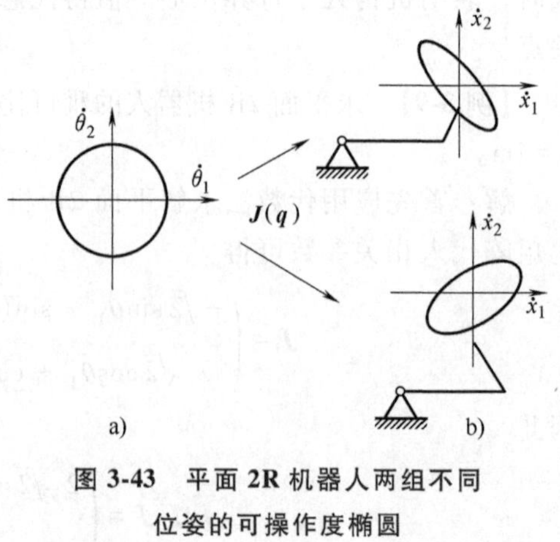

图 3-43　平面 2R 机器人两组不同位姿的可操作度椭圆

下面将上述思想扩展到一般情况。

对于一个通用的 n 自由度串联机器人，首先定义一个可表示 n 维关节速度空间 $\dot{\boldsymbol{q}}$ 的单元球，即满足

$$\dot{\boldsymbol{q}}^{\mathrm{T}}\dot{\boldsymbol{q}}=1 \tag{3-147}$$

通过速度雅可比的逆映射，即

$$\dot{\boldsymbol{q}}^{\mathrm{T}}\dot{\boldsymbol{q}} = (\boldsymbol{J}^{-1}\dot{\boldsymbol{X}})^{\mathrm{T}}(\boldsymbol{J}^{-1}\dot{\boldsymbol{X}}) = \dot{\boldsymbol{X}}^{\mathrm{T}}\boldsymbol{J}^{-\mathrm{T}}\boldsymbol{J}^{-1}\dot{\boldsymbol{X}} = \dot{\boldsymbol{X}}^{\mathrm{T}}(\boldsymbol{J}\boldsymbol{J}^{\mathrm{T}})^{-1}\dot{\boldsymbol{X}} = 1 \tag{3-148}$$

令 $\boldsymbol{H}=\boldsymbol{J}\boldsymbol{J}^{\mathrm{T}}$，由线性代数的知识可知，若 $\boldsymbol{J}$ 满秩，则矩阵 $\boldsymbol{H}=\boldsymbol{J}\boldsymbol{J}^{\mathrm{T}}$ 为方阵，且为对称正定矩阵，$\boldsymbol{H}^{-1}$ 也是如此。因此，对于任一对称正定矩阵 $\boldsymbol{H}^{-1}$，有

$$\dot{\boldsymbol{X}}^{\mathrm{T}}\boldsymbol{H}^{-1}\dot{\boldsymbol{X}} = 1 \tag{3-149}$$

由此，可根据式（3-149）定义 n 维**可操作度椭球**的概念。物理上，可操作度椭球对应的就是关节速度满足 $\|\dot{\boldsymbol{q}}\|=1$ 时的末端速度。类似于前面对可操作度椭圆的分析，当椭球的形状越接近于球，即所有半径均在同一数量级时，机器人的运动性能越好；反之，若其中一个或几个半径比其他半径小若干个数量级，则表明机器人在该位形下很难实现小半径所对应的末端速度。

再令 $\boldsymbol{H}$ 的特征矢量和特征值分别为 $\boldsymbol{v}_i$ 和 λ_i，$\boldsymbol{v}_i$ 表示椭球的主轴方向，$\sqrt{\lambda_i}$ 为主轴的半径，而椭球的体积 V 与主轴半径的乘积成正比，即

$$V \propto \sqrt{\lambda_1\lambda_2\cdots\lambda_n} = \sqrt{\det(\boldsymbol{A})} = \sqrt{\det(\boldsymbol{J}\boldsymbol{J}^{\mathrm{T}})} \tag{3-150}$$

因此，可将椭球的体积定义为机器人可操作度的度量指标（Yoshikawa 可操作度），即

$$w = \sqrt{\det(\boldsymbol{J}\boldsymbol{J}^{\mathrm{T}})} \tag{3-151}$$

基于 $\boldsymbol{J}$ 的奇异值，式（3-151）也可以写成

$$w = \sigma_1\sigma_2\cdots\sigma_n \tag{3-152}$$

显然，当机器人处于奇异位形时，可操作度为 0。

可操作度和雅可比条件数是评估机器人灵巧度的两种度量指标，它们各有优势和局限。可操作度便于直接识别奇异位形，但在全面评估灵巧度时可能存在不足。雅可比条件数适用于评估纯移动或纯转动机构的灵巧度，但在评估既有转动又有移动的机器人时，可能无法确保结论的准确性。

3.4.3　其他运动学性能展望

1. 速度指标

机器人末端构件的速度和雅可比矩阵 $\boldsymbol{J}$ 是紧密相关的，依据速度椭圆的概念，可以把速度极值作为机器人的速度衡量指标，即 $\boldsymbol{J}^{\mathrm{T}}\boldsymbol{J}$ 的最大、最小特征值即表征机构的最大和最小速度。

2. 运动/力传递性能指标

运动/力传递性能指标是被广泛应用于并/混联机构的性能分析与优化设计。在并联机构中，如果某个传递力旋量所对应的输入或输出传递性能指标等于或接近零，那么该传递力旋量将无法传递或无法较好地传递相应的运动或力到机构的末端执行器，此时机构将处于奇异位形或接近奇异位形。因此，为了让每个传递力旋量都具有较好的运动和力传递性能以使机构远离奇异位形，输入和输出传递指标的值越大越好。为此，定义 n 自由度并联机构整体的传递性能指标为

$$\gamma = \min\{\gamma_{\mathrm{I}},\gamma_{\mathrm{O}}\} \tag{3-153}$$

式中，γ 为局部传递性能指标；γ_{I} 为输入传递性能指标；γ_{O} 为输出传递性能指标。

由于输入和输出传递性能指标的值与机构所处的位形有关，即机构在不同的位形下，其输入和输出传递性能指标值的大小不同，故将 γ 称为局部传递性能指标。由于机构的输入和输出传递性能指标的取值范围均是［0，1］，且都与坐标系的选取无关，因此，局部传递性能指标的取值范围也是［0，1］，且与坐标系的选取无关，值越大，机构的运动传递性能越好。

3. 运动/力约束性能指标

并联机构的运动/力约束特性变差或者消失时，机构会发生不可控的现象，约束性能指标为

$$\kappa = \min\{\kappa_{\mathrm{I}}, \kappa_{\mathrm{O}}\} \tag{3-154}$$

式中，κ 为整体约束性能指标；κ_{I} 为输入端约束性能指标；κ_{O} 为输出端约束性能指标。

运动/力约束性能指标取值范围是［0，1］，且与坐标系的选取无关。该值越大，说明机构整体的运动/力约束性能越好，越接近于完全约束（约束性能指标为 1）；相反地，若运动/力约束性能指标为 0，则说明机构输入端或输出端的约束性能指标为 0，由此对应地产生了约束奇异状态。

4. 运动解耦性能指标

驱动输入是否解耦直接关系到机器人控制的难易程度，因而机构的运动学解耦设计便显得十分必要。机构的运动解耦性一般也是基于雅可比矩阵进行评价的，雅可比矩阵表示的是机构某一瞬时位形下关节空间与操作空间之间速度的线性映射关系，其主对角线元素为对应方向上的速度比例因子，副对角线元素为不同方向上的速度耦合因子。若雅可比矩阵是对角阵，则表明机构完全解耦，否则机构耦合。

5. 定位精度指标

机构的雅可比矩阵能够表征机器人的运动学性能，如果雅可比矩阵为非奇异矩阵，假设驱动副的输入速度有一定偏差 δ_q，那么，动平台的运动速度也会有一定的偏差 δ_p，可得

$$\begin{cases} \dot{\boldsymbol{q}} = \boldsymbol{J}\dot{\boldsymbol{P}} \\ \boldsymbol{J}^{-1}\delta_q = \delta_p \end{cases} \tag{3-155}$$

$$C(\boldsymbol{J}) = \|\boldsymbol{J}\| \, \|\boldsymbol{J}^{-1}\| = \frac{\lambda_{\max}}{\lambda_{\min}} \tag{3-156}$$

式中，$\boldsymbol{J}$ 为机构的雅可比矩阵；$C(\boldsymbol{J})$ 为 $\boldsymbol{J}$ 的条件数；$\dot{\boldsymbol{q}}$ 为驱动副的输入速度；$\dot{\boldsymbol{P}}$ 为动平台的运动速度；$\lambda_{\max}$、$\lambda_{\min}$ 分别为 $\boldsymbol{J}$ 的奇异值 λ_i 的最大值和最小值。

可以选择 $C(\boldsymbol{J})$ 或 $C(\boldsymbol{J})$ 的倒数作为放大因子，表征机器人的定位精度。为了提高运动的精确性，应使 $C(\boldsymbol{J})$ 在其操作范围内尽可能取最小值。

3.5 误差模型与参数辨识

在广泛的行业应用中，重载机器人面临一系列挑战，特别是提升精确度。精确度的提升涉及机械结构误差和路径偏差，关键因素包括制造部件误差、组装误差、安装误差，以及温度、外力导致的机械变形、传动系统误差和控制系统误差。实际应用中，测量和校正这些误

差至关重要。本节将探讨重载机器人结构误差、误差模型及参数辨识方法，为提升精度提供理论基础和技术支持。

3.5.1 误差分析

在多种外部因素的共同作用下，重载机器人的准确定位能力可能会受到影响，其中运动学参数的偏差是最主要的因素。通过将 MD-H 模型中的实际测量值与理论值进行对比，可以确定运动学参数的偏差量。

在进行实际的测量工作时，由于机器人末端的位置和姿态通常难以直接测量，可以采用一种间接的方法。具体来说，可以使用激光跟踪仪配备的靶球，并将其通过磁性底座固定在转接板上，然后将转接板与机器人末端的法兰盘相连。这样做相当于在机器人末端增加了一个新的平行连杆结构，而且这个新增的连杆与机器人末端之间只存在线性移动的关系。然而，这种方法也带来了新的靶球安装误差，这些误差可以表示为 t_x、t_y、t_z。至于机器人末端与新增连杆之间的转换关系 $\boldsymbol{T}$，可以通过特定的数学模型来表达，即

$$\boldsymbol{T}=\begin{pmatrix}1&0&0&t_x\\0&1&0&t_y\\0&0&1&t_z\\0&0&0&1\end{pmatrix}\tag{3-157}$$

为了确保机器人末端定位的精确度，首要任务是确定机器人的基础坐标系与测量坐标系之间的转换关系，以实现不同坐标系数据的一致性。在建立坐标系对应关系的过程中，由于测量过程的复杂性，不可避免地会产生一定的误差，包括测量误差和计算误差等，这些误差累积起来会导致最终的转换结果出现小幅度的偏差，用 $\boldsymbol{T}_{\mathrm{r}}$ 来表示这种偏差。

$$\boldsymbol{T}_{\mathrm{r}}=\begin{pmatrix}1&-\delta_z&\delta_y&d_x\\\delta_z&1&-\delta_x&d_y\\-\delta_y&\delta_x&1&d_z\\0&0&0&1\end{pmatrix}\tag{3-158}$$

六轴机器人的每个关节可以定义一个坐标系，每个坐标系包含四个 D-H 参数，需要进行辨识。考虑到第二和第三关节可能存在平行的情况，因此引入了 β_2 这个旋转参数。同时，末端靶球在三个坐标轴方向上分别存在安装误差，分别标记为 t_x、t_y 和 t_z。此外，从跟踪仪坐标系到机器人末端坐标系的转换矩阵中，还包含了旋转误差 δ_x、δ_y、δ_z 和平移误差 d_x、d_y、d_z，每项误差都有三个方向，总共涉及 34 个几何参数的误差。

针对 KUKA 大型工业机器人，通过引入末端法兰工作系到工具坐标系的齐次变换矩阵，可以将六轴关节坐标系中的误差传递到机器人的世界坐标系中。这样，可以得到机器人末端法兰在这两个坐标系下的转换关系，从而实现对机器人末端定位误差的准确测定。

$$
{}_6^0\boldsymbol{T}={}_1^0\boldsymbol{T}{}_2^1\boldsymbol{T}\cdots{}_6^5\boldsymbol{T}\begin{pmatrix} n_x & o_x & a_x & p_x \\ n_y & o_y & a_y & p_y \\ n_z & o_z & a_z & p_z \\ 0 & 0 & 0 & 1 \end{pmatrix} \tag{3-159}
$$

根据微分变换法，存在 $\Delta \boldsymbol{T}_i$ 使得

$$
\mathrm{d}\boldsymbol{T}_i = \boldsymbol{T}_i \times \Delta \boldsymbol{T}_i \tag{3-160}
$$

对运动学方程进行全微分，可得机器人末端法兰的位置误差近似为

$$
\mathrm{d}\boldsymbol{T}_i = \frac{\partial \boldsymbol{T}_i}{\partial a_i}\Delta a_i + \frac{\partial \boldsymbol{T}_i}{\partial \alpha_i}\Delta \alpha_i + \frac{\partial \boldsymbol{T}_i}{\partial d_i}\Delta d_i + \frac{\partial \boldsymbol{T}_i}{\partial \theta_i}\Delta \theta_i + \frac{\partial \boldsymbol{T}_i}{\partial \beta_i}\Delta \beta_i \tag{3-161}
$$

结合式（3-160）和式（3-161）可计算

$$
\Delta \boldsymbol{T}_i = \boldsymbol{T}_i^{-1}\mathrm{d}\boldsymbol{T}_i =
$$

$$
\begin{pmatrix} 0 & -\sin\beta_i\delta\alpha_i - \cos\alpha_i\cos\beta_i\delta\theta_i & \sin\alpha_i\delta\theta_i + \delta\beta_i & \cos\beta_i\delta\alpha_i + a_i\sin\alpha_i\sin\beta_i\delta\theta_i - \cos\alpha_i\sin\beta_i\delta d_i \\ \sin\beta_i\delta\alpha_i + \cos\alpha_i\cos\beta_i\delta\theta_i & 0 & -\cos\beta_i\delta\alpha_i + \cos\alpha_i\sin\beta_i\delta\theta_i & a_i\cos\alpha_i\delta\theta_i + \sin\alpha_i\delta d_i \\ -\sin\alpha_i\delta\theta_i - \delta\theta_i & \cos\beta_i\delta\alpha_i - \cos\alpha_i\sin\beta_i\delta\theta_i & 0 & \sin\beta_i\delta\alpha_i - a_i\sin\alpha_i\cos\beta_i\delta\theta + \cos\alpha_i\cos\beta_i\delta d_i \\ 0 & 0 & 0 & 0 \end{pmatrix} \tag{3-162}
$$

式中，$\Delta \boldsymbol{T}_i$ 为每个关节误差引起的微分变换矩阵，根据微分运动学原理可得

$$
\Delta \boldsymbol{T}_i = \begin{pmatrix} 0 & -\delta_z & \delta_y & d_x \\ \delta_z & 0 & -\delta_x & d_y \\ -\delta_y & \delta_x & 0 & d_z \\ 0 & 0 & 0 & 0 \end{pmatrix} \tag{3-163}
$$

式中，$(\delta_x, \delta_y, \delta_z)$、$(d_x, d_y, d_z)$ 分别为姿态误差和位置误差矢量。

联立式（3-162）和式（3-163）可得到在关节坐标系下，每个关节臂的运动学参数误差，即

$$
\boldsymbol{e}_i = \begin{pmatrix} d_{xi} \\ d_{yi} \\ d_{zi} \\ \delta_{xi} \\ \delta_{yi} \\ \delta_{zi} \end{pmatrix} = \begin{pmatrix} a_i\sin\alpha_i\sin\beta_i & -\cos\alpha_i\sin\beta_i & \cos\beta_i & 0 & 0 \\ a_i\cos\alpha_i & \sin\alpha_i & 0 & 0 & 0 \\ -a_i\sin\alpha_i\cos\beta_i & \cos\alpha_i\cos\beta_i & \sin\beta_i & 0 & 0 \\ -\cos\alpha_i\sin\beta_i & 0 & 0 & \cos\beta_i & 0 \\ \sin\alpha_i & 0 & 0 & 0 & 1 \\ \cos\alpha_i\cos\beta_i & 0 & 0 & \sin\beta_i & 0 \end{pmatrix}\begin{pmatrix} \Delta\theta_i \\ \Delta d_i \\ \Delta a_i \\ \Delta\alpha_i \\ \Delta\beta_i \end{pmatrix} = \boldsymbol{G}_i\Delta\boldsymbol{q}_i \tag{3-164}
$$

式（3-164）描述了连杆参数误差到其连杆坐标系微分误差的线性模型，前三行元素表示位置矢量变化，后三行元素表示姿态矢量变化。

最后计算出连杆坐标系下产生的各项误差传递到末端法兰坐标系下的误差总和为

$$e_n = \sum_{i=1}^{n} {}^{n}J_i e_i = \sum_{i=1}^{n} {}^{n}J_i G_i \Delta q_i = J\Delta q \tag{3-165}$$

${}^{n}J_i$ 的形式为

$$ {}^{n}J_i = \begin{pmatrix} n_{ix} & n_{iy} & n_{iz} & (p_i \times n_i)_x & (p_i \times n_i)_y & (p_i \times n_i)_z \\ o_{ix} & o_{iy} & o_{iz} & (p_i \times o_i)_x & (p_i \times o_i)_y & (p_i \times o_i)_z \\ a_{ix} & a_{iy} & a_{iz} & (p_i \times a_i)_x & (p_i \times a_i)_y & (p_i \times a_i)_z \\ 0 & 0 & 0 & n_{ix} & n_{iy} & n_{iz} \\ 0 & 0 & 0 & o_{ix} & o_{iy} & o_{iz} \\ 0 & 0 & 0 & a_{ix} & a_{iy} & a_{iz} \end{pmatrix} \tag{3-166}$$

3.5.2　误差的标定模型

根据 3.5.1 节所述的连杆变换的 D-H 方法，相邻两连杆坐标系之间的运动关系完全可以由四个运动参数（a_{i-1}，α_{i-1}，d_i，θ_i）进行描述，即

$$ {}^{i-1}_{i}T(a_{i-1},\alpha_{i-1},d_i,\theta_i) = \mathrm{Trans}(x,a_{i-1})\mathrm{Rot}(x,\alpha_{i-1})\mathrm{Trans}(z,d_i)\mathrm{Rot}(z,\theta_i) \tag{3-167}$$

显然，这些参数误差直接影响机器人的运行精度和定位准确性。构建误差模型时，通常将参数误差分为关节变量误差和固定参数误差。然而，当相邻两个关节轴线平行或近乎平行时，相对位置误差会导致末端执行器的微小位姿误差，无法通过 D-H 方法中的四个微小参数进行建模和补偿。

为了解决这个问题，Hayati 等人在 D-H 运动模型的基础上进行了改进，增加了一个新的误差参数，构建了一个新的误差模型。他们还在连杆变换矩阵的公式中引入了一个额外的旋转变换项 $\mathrm{Rot}(y,\beta)$，并将其作为右乘项加入到连杆变换矩阵公式中，从而得到了改进后的模型。这种方法有助于更准确地描述和补偿机器人在特定情况下的误差，即

$$ {}^{i-1}_{i}T=\begin{pmatrix} \cos\theta_i\cos\beta_i & -\sin\theta_i & \cos\theta_i\sin\beta_i & a_{i-1} \\ \sin\theta_i\cos\alpha_{i-1}\cos\beta_i+\sin\alpha_{i-1}\sin\beta_i & \cos\theta_i\cos\alpha_{i-1} & \sin\theta_i\cos\alpha_{i-1}\sin\beta_i-\sin\alpha_{i-1}\cos\beta_i & -d_i\sin\alpha_{i-1} \\ \sin\theta_i\cos\alpha_{i-1}\cos\beta_i-\cos\alpha_{i-1}\sin\beta_i & \cos\theta_i\sin\alpha_{i-1} & \sin\theta_i\cos\alpha_{i-1}\sin\beta_i-\sin\alpha_{i-1}\cos\beta_i & d_i\cos\alpha_{i-1} \\ 0 & 0 & 0 & 1 \end{pmatrix} \tag{3-168}$$

利用这一连杆变换和相应的运动学方程，便得到操作臂末端在操作空间的位置误差和方位误差，分别由微分移动矢量 $\boldsymbol{d}$ 和微分转动矢量 $\boldsymbol{\delta}$ 表示，即

$$\boldsymbol{d} = \boldsymbol{M}_\theta\Delta\boldsymbol{\theta} + \boldsymbol{M}_d\Delta\boldsymbol{d} + \boldsymbol{M}_a\Delta\boldsymbol{a} + \boldsymbol{M}_\alpha\Delta\boldsymbol{\alpha} + \boldsymbol{M}_\beta\Delta\boldsymbol{\beta} \tag{3-169}$$

$$\boldsymbol{\delta} = \boldsymbol{R}_\theta\Delta\boldsymbol{\theta} + \boldsymbol{R}_\alpha\Delta\boldsymbol{\alpha} + \boldsymbol{R}_\beta\Delta\boldsymbol{\beta} \tag{3-170}$$

式中，连杆参数误差矢量 $\Delta\boldsymbol{\theta} = (\Delta\theta_1\ \Delta\theta_2 \cdots \Delta\theta_n)^{\mathrm{T}}$；$\Delta\boldsymbol{d} = (\Delta d_1\ \Delta d_2 \cdots \Delta d_n)^{\mathrm{T}}$；$\Delta\boldsymbol{a} = (\Delta a_1\ \Delta a_2 \cdots \Delta a_n)^{\mathrm{T}}$；$\Delta\boldsymbol{\alpha} = (\Delta\alpha_1\ \Delta\alpha_2 \cdots \Delta\alpha_n)^{\mathrm{T}}$；$\Delta\boldsymbol{\beta} = (\Delta\beta_1\ \Delta\beta_2 \cdots \Delta\beta_n)^{\mathrm{T}}$；$\boldsymbol{M}_\theta$、$\boldsymbol{M}_d$、$\boldsymbol{M}_\alpha$、$\boldsymbol{M}_\beta$ 为 $3\times n$ 的偏导数矩阵，表示末端位置对运动误差参数求偏导，其分量是 $5n$ 个连杆参数的函数；$\boldsymbol{R}_\alpha$、$\boldsymbol{R}_\beta$、$\boldsymbol{R}_\theta$ 为 $3\times n$ 的偏导数矩阵，表示末端方位对运动误差参数求偏导。矩阵 $\boldsymbol{M}_\theta$ 和 $\boldsymbol{R}_\alpha$、$\boldsymbol{R}_\beta$、$\boldsymbol{R}_\theta$ 的计算与雅可比矩阵类似，在此不再赘述。

在进行机器人标定时，可以选择仅测定参考点的直角坐标位置，或者同时测定参考点的位置和姿态。如果只测定参考点的位置，那么需要确定的独立运动学误差参数总共有 $4n+3$ 个：连杆 0 到连杆 $n-1$ 每个连杆有 4 个参数，而连杆 n 有 3 个参数；如果同时测定参考点的位置和姿态，以建立操作臂的误差模型，则需要确定的独立运动误差参数总数为 $4n+6$ 个：连杆 0 到连杆 $n-1$ 每个连杆有 4 个参数，而连杆 n 有 6 个参数。

操作臂运动参数误差的标定过程，是基于微分移动矢量和微分转动矢量与运动参数误差之间的关系来实现的。根据实际测量的结果，可以推导出观测方程，这些方程将帮助我们确定和校正操作臂的运动参数误差。

$$\boldsymbol{B}\boldsymbol{x} = \boldsymbol{b} \tag{3-171}$$

式中，$\boldsymbol{B}$ 为偏导数矩阵；$\boldsymbol{b}$ 为 $k\times1$ 次观测矢量；$\boldsymbol{x}$ 为待标定的运动参数误差。若仅测量笛卡儿位置，则式（3-171）是由 $k/3$ 次观测式（3-169）组成的；若同时观测笛卡儿位置和姿态，则式（3-171）是由 $k/6$ 观测式（3-169）和式（3-170）联立而成的。对于 n 个关节的操作臂，待标定的运动参数误差矢量 $\boldsymbol{x}$ 是 $4n+3$ 维的（当仅测量笛卡儿位置时）或 $4n+6$ 维的（当同时测量笛卡儿位置和姿态时）。

测量误差是不可避免的，因此在进行位置测量时，次数 $k/3$ 必须大于未知数的总数，即 $k>4n+3$，以确保观测方程组是可解的。在这种情况下，观测方程组通常是过约束的。若偏导数矩阵 $\boldsymbol{B}$ 的列矢量是线性独立的，则可以通过最小二乘法来求解待标定的运动参数误差 $\boldsymbol{x}$。若 $\boldsymbol{B}$ 的列矢量是线性相关的，则矩阵是奇异的，这意味着最小二乘解将不确定，存在多解性。

同样，当同时测量位置和姿态时，测量次数也必须满足 $k>4n+6$。将式（3-169）和式（3-170）联立，可以构成一个观测方程组，这个方程组同样是过约束的。在 $\boldsymbol{B}$ 的列矢量线性独立的情况下，可以使用最小二乘法来求解待标定的运动参数误差。实际上，也可以只使用式（3-169）来单独标定转动误差项。

至于式（3-171）的正则方程，它是用来进一步处理最小二乘问题的，确保在求解过程中能够获得稳定的解。正则方程通常涉及对最小二乘问题进行正则化处理，以解决可能的奇异性问题或提高解的稳定性。不过，具体的正则方程内容需要根据式（3-171）的具体形式来确定。

$$\boldsymbol{B}^{\mathrm{T}}\boldsymbol{B}\boldsymbol{x} = \boldsymbol{B}^{\mathrm{T}}\boldsymbol{b} \tag{3-172}$$

若偏导数矩阵 $\boldsymbol{B}$ 的列矢量线性独立，则 $\boldsymbol{x}$ 的最小二乘解为

$$\hat{x}_{1s} = (\boldsymbol{B}^{\mathrm{T}}\boldsymbol{B})^{-1}\boldsymbol{B}^{\mathrm{T}}\boldsymbol{b} \tag{3-173}$$

$\hat{x}_{1s}$ 即为运动参数误差的近似解。据此修正矩阵 $\boldsymbol{B}$，重新再求 $\boldsymbol{x}$，若无测量误差，$\boldsymbol{B}$ 将逼近其真实值。

连杆参数误差标定可以通过以下步骤进行：

1）初始化阶段，设定连杆参数至其名义值。

2）基于名义值和实际测量的位置数据（以及姿态数据），计算微分移动矢量 $\boldsymbol{d}$ 和微分转动矢量 $\boldsymbol{\delta}$，进而得到相应的矩阵 $\boldsymbol{M}$ 以及 $\boldsymbol{R}_\theta$、$\boldsymbol{R}_\alpha$、$\boldsymbol{R}_\beta$。利用这些矩阵，构建观测方程组。

3）用最小二乘法解不相容的观测方程组，得运动参数误差的近似解 $\hat{x}_{1s}$ 。

4）根据连杆误差矢量 $\boldsymbol{x}$ 的各分量，修改连杆参数值，如按 $\theta + \Delta\theta$ 来更新 θ 。

5）回到步骤 2)，直至所得的连杆误差矢量 $\boldsymbol{x}$ 的各分量都小于某一最小值为止。

6）使连杆运动参数误差为其初始名义值与最后所得到的值之差。

3.5.3　参数辨识方法

参数辨识中，最小二乘法是一种广泛采用的技术，其核心目标是找到一个最优解，使得理论预测的位置与实际测量的位置之间的差异（即误差）最小化，具体迭代运算流程图如图 3-44 所示。该方法通过最小化误差的平方和来寻找最佳拟合参数。

在应用最小二乘法时，首先需要收集一组数据点，这些数据点包括机器人在不同位置的实际测量值和理论预测值。然后，构建一个方程组，其中每个方程代表一个数据点的误差函数。未知数的数量，即模型参数的数量，决定了需要的数据点数量。

通过最小二乘法，可以计算出一组参数值，这组值在数学上能够很好地拟合所有给定的数据点。得到最优解之后，这些参数可以被用来修正机器人的运动轨迹，以补偿由于模型误差或测量误差造成的位置偏差。

在实际应用中，还需要考虑其他因素，如数据的质量和分布，以及模型的假设是否合理等。此外，最小二乘法可能需要结合正则化技术来避免过拟合，或者在某些情况下，可能需要采用更高级的优化算法来提高求解的稳定性和准确性。

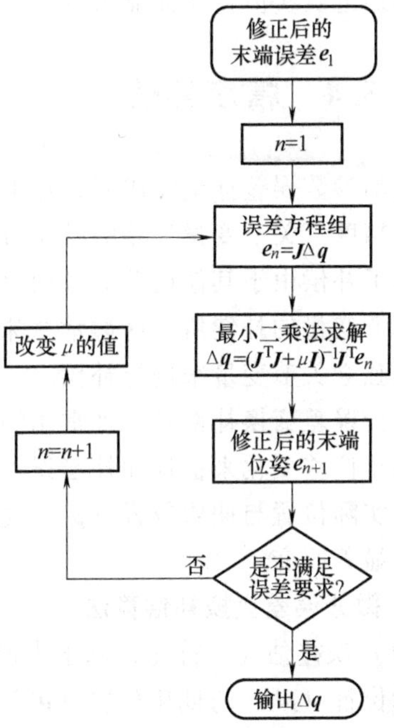

图 3-44　最小二乘法迭代运算流程图

$$\Delta \boldsymbol{q} = (\boldsymbol{J}^{\mathrm{T}}\boldsymbol{J})^{-1}\boldsymbol{J}^{\mathrm{T}}\boldsymbol{e}_n \tag{3-174}$$

式中，$\boldsymbol{e}_n$ 为 n 组实际位置误差 ΔP 的集合，若雅可比矩阵中存在冗余参数，则会导致误差模型中的部分数据难以准确辨识，误差补偿就可能产生偏差，因此引入 L-M 算法完善最小二乘算法，改进后的求解公式可写成

$$\Delta \boldsymbol{q} = (\boldsymbol{J}^{\mathrm{T}}\boldsymbol{J} + \mu\boldsymbol{I})^{-1}\boldsymbol{J}^{\mathrm{T}}\boldsymbol{e}_n \tag{3-175}$$

式中，μ 为权系数，初始值一般取 0.001。

在实际应用中，最小二乘法通常与迭代算法相结合，以提高参数辨识的效率和准确性。通过这种改进的最小二乘法，可以更有效地识别出机器人几何参数的误差，并将这些误差补偿到运动学参数的初始值中。具体步骤如下：

（1）初始化　设定初始的运动学参数，这些参数基于机器人的设计数据或制造商提供的信息。

（2）构建观测方程　根据机器人的实际运动数据和理论模型，构建观测方程组。

（3）迭代计算　使用最小二乘法结合迭代算法，对观测方程进行求解。在每次迭代中，根据当前解的残差（即理论值与实际值之间的差值），调整权系数，以减小误差。

（4）误差补偿　将辨识出的几何参数误差补偿到运动学参数的初始值中，更新机器人的运动学模型。

（5）误差评估　评估末端执行器的位置误差，确保其接近或达到真实值。

（6）终止条件　当末端位置误差的偏差满足预定的精度要求，或者迭代次数达到预设的上限时，停止迭代。

（7）结果输出　输出最终的参数辨识结果，这些结果将用于修正机器人的运动轨迹，提高其定位精度。

改进的迭代最小二乘法通过不断调整权系数，并进行有限次迭代，逐步减小末端位置误差，直至达到所需的精度。这种方法不仅提高了参数辨识的准确性，而且通过迭代过程，可以逐步逼近真实值，从而显著提高工业机器人的定位精度。

3.5.4　精度补偿

运动参数误差标定完成后，接下来就是通过特定的方法来修正这些误差，以提升机器人的定位精度。关节变量误差的补偿过程相对直接，可以通过调整关节变量的设定值来实现。

为了补偿由于其他运动参数误差导致的位置偏差，通常需要在理想位姿的基础上，增加一个关节变量的补偿值。这通常意味着机器人的操作臂至少需要具备6个自由度，以确保有足够的独立关节变量来进行补偿。

微分误差变换补偿是一种常用的补偿方法，其核心思想是利用末端执行器在期望位置附近的微小位移变化来估计和补偿误差。这种方法的假设是，在末端执行器的期望位置（$\boldsymbol{p}^{d}$）附近，实际位置与期望位置（$\boldsymbol{p}^{d}$）之间的差异（$\mathrm{d}\boldsymbol{p}=\boldsymbol{p}^{c}-\boldsymbol{p}^{d}$）不会因关节变量的微小变化而发生显著改变。

1. 微分误差变换补偿算法

（1）误差估计　首先，基于当前的关节变量和机器人的运动学模型，估计末端执行器的实际位置（$\boldsymbol{p}^{c}$）与期望位置（$\boldsymbol{p}^{d}$）之间的误差（$\mathrm{d}\boldsymbol{p}$）。

（2）微分计算　计算关节变量的微小变化对末端执行器位置的影响，即微分变换 $\mathrm{d}\boldsymbol{p}=\boldsymbol{p}^{c}-\boldsymbol{p}^{d}$。

（3）误差补偿　根据微分变换的结果，调整关节变量的设定值，以补偿误差。

（4）迭代优化　重复上述步骤，通过迭代过程不断优化补偿值，直至末端执行器的位置误差降至可接受范围内。

（5）算法终止　当误差补偿达到预定的精度要求，或者达到迭代次数的上限时，结束补偿过程。

假定在 $\boldsymbol{p}^{c}$ 和 $\boldsymbol{p}^{d}$ 之间，$\mathrm{d}\boldsymbol{p}$ 变化不大，由 $\boldsymbol{p}^{c}$ 得到名义关节（变量）解。由于运动误差将使参考点到达 $\boldsymbol{p}^{d}$，该算法需要两次计算关节解。当 $\boldsymbol{p}^{c}$ 与 $\boldsymbol{p}^{d}$ 的距离减小时，该方法的精度将提高。

2. 基于牛顿-拉弗森（Newton-Raphson）的迭代法

该算法的步骤如下：

1）利用名义关节解，估计期望位置（$\boldsymbol{p}^{d}$）对应的关节变量。

2）计算实际位置（$\boldsymbol{p}^{c}$）和偏导数 $\dfrac{\partial \boldsymbol{p}^{c}}{\partial \theta_i}(i=1,2,\cdots,6)$，$\boldsymbol{p}^{c}$ 考虑了除关节变量误差之

外的其他运动误差。

3）根据方程

$$\boldsymbol{p}^{\mathrm{d}}=\boldsymbol{p}^{\mathrm{c}}=\frac{\partial \boldsymbol{p}^{\mathrm{c}}}{\partial \theta_1}\Delta\theta_1+\frac{\partial \boldsymbol{p}^{\mathrm{c}}}{\partial \theta_2}\Delta\theta_2+\cdots+\frac{\partial \boldsymbol{p}^{\mathrm{c}}}{\partial \theta_6}\Delta\theta_6 \tag{3-176}$$

利用 6 个独立的分量（6 个偏导数）解出 $\Delta\theta_1$，$\Delta\theta_2$，…，$\Delta\theta_6$，再把所得的解与步骤 1）所得的关节解相加。

4）使旋转关节变量值为步骤 3）中所得值与标定时所得的关节变量误差之差。

利用 PUMA560 进行的试验结果表明，仅测量工具参考点的笛卡儿位置，两种补偿算法都十分有效。定位精度较原来的高出 70 倍以上。未补偿时的定位误差是 21.746mm，补偿后降为 0.3mm。总之，用连杆变换和连杆四个参数 a_{i-1}、α_{i-1}、θ_i 和 d_i 进行误差标定和补偿比较方便，但当机器人在奇异位形附近时，补偿精度下降，效果变差。

习题

3-1　一矢量 $\boldsymbol{P}$ 绕 z_A 轴旋转 30°，然后绕 x_A 轴旋转 45°，求按上述顺序旋转后得到的旋转矩阵。

3-2　物体坐标系 $\{B\}$ 最初与惯性坐标系 $\{A\}$ 重合，将坐标系 $\{B\}$ 绕 z_B 轴旋转 30°，再绕新坐标系的 x_B 轴旋转 45°，求按上述顺序旋转后得到的旋转矩阵。

3-3　已知姿态矩阵

$$\boldsymbol{R}=\begin{pmatrix}\frac{\sqrt{3}}{2} & -\frac{1}{2} & 0\\ \frac{\sqrt{3}}{4} & \frac{3}{4} & -\frac{1}{2}\\ \frac{1}{4} & \frac{\sqrt{3}}{4} & \frac{\sqrt{3}}{2}\end{pmatrix}$$

求与其等效的 z-x-z 欧拉角。

3-4　对于下面给出的各 ${}^{i-1}_{i}\boldsymbol{T}$，求出与其对应的四个 D-H 参数值（前置坐标系下度量）。

（1）$\boldsymbol{T}=\begin{pmatrix}0 & 1 & 1 & 3\\ 1 & 0 & 0 & 0\\ 0 & 1 & 0 & 1\\ 0 & 0 & 0 & 1\end{pmatrix}$　（2）$\boldsymbol{T}=\begin{pmatrix}\cos\beta & \sin\beta & 0 & 1\\ \sin\beta & -\cos\beta & 0 & 0\\ 0 & 0 & -1 & -2\\ 0 & 0 & 0 & 1\end{pmatrix}$

（3）$\boldsymbol{T}=\begin{pmatrix}0 & -1 & 0 & -1\\ 0 & 0 & -1 & 0\\ 1 & 0 & 0 & 2\\ 0 & 0 & 0 & 1\end{pmatrix}$

3-5　利用改进的 D-H 参数法求 Stanford 机器人的位移正、反解。

3-6　利用几何法求平面 3R 机器人（$l_1=l_2=2l_3$）的可达工作空间和灵活工作空间。

3-7 查找文献，阅读串联机器人与并联机器人工作空间分析的文献，简述其工作空间的计算过程及分析结论。

3-8 利用微分法求解平面 3R 机器人相对于基坐标系｛0｝的速度雅可比矩阵。

3-9 利用直接微分变换法求解图 3-45 所示的 RRRP 串联机器人相对基坐标系｛0｝的速度雅可比矩阵。

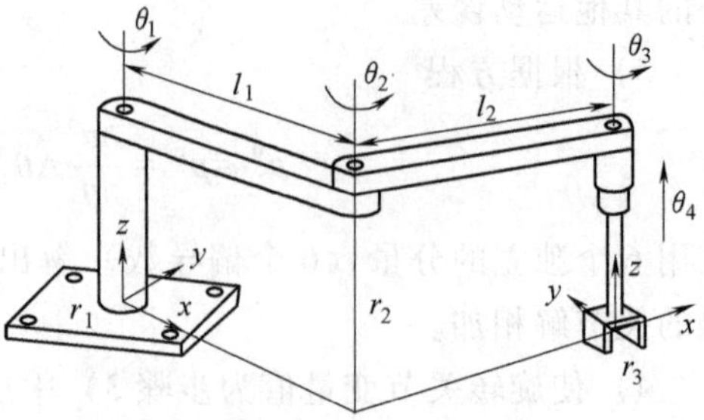

图 3-45 习题 3-9 图

3-10 试推导平面串联 3R 机器人奇异性存在的条件。

参考文献

[1] 黄真，赵永生，赵铁石. 高等空间机构学［M］. 2 版. 北京：高等教育出版社，2014.

[2] 蔡自兴，谢斌. 机器人学［M］. 3 版. 北京：清华大学出版社，2014.

[3] 熊有伦. 机器人学：建模、控制与视觉［M］. 2 版. 武汉：华中科技大学出版社，2020.

[4] 刘辛军，于靖军，孔宪文. 机器人机构学［M］. 北京：机械工业出版社，2021.

[5] 李博文，张晓辉，何煦，等. 大型工业机器人运动学标定及精度补偿方法［J］. 机械设计与制造，2023，394（12）：275-280.

[6] TSAI L W. Robot analysis: the mechanics of serial and parallel manipulators［M］. New York: John Wiley & Sons, Inc, 1999.

[7] ZLATANOV D, FENTON R G, BENHABIB B. Identification and classification of the singular configurations of mechanisms［J］. Mechanism and Machine Theory, 1998, 33（6）: 743-760.

[8] XU K, SIMAAN N. Intrinsic wrench estimation and its performance index for multisegment continuum robots［J］. IEEE Transactions on Robotics, 2010, 26（3）: 555-561.

[9] JORGE A. Fundamentals of robotic mechanical systems: theory, methods, and algorithms［M］. New York: Springer, 2003.

[10] ICLI C, STEPANENKO O, BONEV I. New method and portable measurement device for the calibration of industrial robots［J］. Sensors, 2020, 20（20）: 5919.

[11] WU J, GAO Y, ZHANG B, et al. Workspace and dynamic performance evaluation of the parallel manipulators in a spray-painting equipment［J］. Robotics and Computer-Integrated Manufacturing, 2017, 44: 199-207.

[12] NUBIOLA A, SLAMANI M, JOUBAIR A, et al. Comparison of two calibration methods for a small industrial robot based on an optical CMM and a laser tracker［J］. Robotica, 2014, 32（3）: 447-466.

[13] HAO F, MERLET J P. Multi-criteria optimal design of parallel manipulators based on interval analysis［J］. Mechanism and machine theory, 2005, 40（2）: 157-171.

第4章　重载机器人静力学与静刚度分析

为确保重载机器人在高负载条件下的稳定性和精确性，有必要对其开展静力学与静刚度的分析。机器人静力学的核心内容是建立力旋量在关节空间与操作空间之间的映射。机器人静刚度则反映了本体抵抗外载荷的变形能力，直接影响机器人的定位精度。

例如，当重载机器人执行某项任务时，末端执行器会对周围环境施加一定的力或力矩（可用力旋量表示）。力旋量从驱动器通过传动系统传递到末端执行器。同时，这种关节驱动力/力矩和传递力/力矩也会使末端执行器偏离理想的位置。前者属于静力学的研究范畴，而后者中偏移量的大小与重载机器人的静刚度有关，且会直接影响该机器人的定位精度。

机器人静力学分析的主要用途之一在于通过确定驱动力/力矩经过机器人关节后的传动效果，进而合理的选择驱动器或者有效进行机器人刚度控制。当需要考虑机器人中某些元素的变形时，机器人静力学分析的重心便转移到静刚度分析中。机器人的静刚度与多种因素有关，如各组成构件的材料及几何特性、传动机构类型、驱动器、控制器等。

4.1　连杆受力分析与静力平衡方程

刚性机器人的静力学分析是指在机器人处于静态平衡状态下，建立末端负载或广义力（包含力与力矩）与关节驱动或平衡力/力矩（简称关节力/力矩）之间的映射关系，它主要关注的是广义力在关节空间与操作空间之间的映射。

机器人作为一类机构不仅传递运动，也传递力。显然，机器人从驱动端到末端的力/力矩的传递可通过杆与杆递推来实现。当机器人承受外部静载荷，该载荷可从末端通过各杆的连接形式传递到每个关节，包括所有的驱动关节和传递关节。为保证整个机器人系统的静力平衡状态，需要通过连杆受力分析建立静力平衡方程，求出驱动关节处要施加的平衡力或平衡力矩，这也是选择驱动器参数的理论基础。

因此，可以采用类似于D-H参数法建立机器人运动学方程的方法，建立静力平衡方程。首先建立如图4-1所示的静力连杆坐标系。

忽略所有杆件的自重，可建立第 i 个杆的静力平衡方程为

$$ {}^{i}\boldsymbol{f}_i - {}^{i}\boldsymbol{f}_{i+1} = 0 \tag{4-1}$$

式中，${}^{i}\boldsymbol{f}_i$ 为 $i-1$ 杆施加给 i 杆的力在 $\{i\}$ 系中的表达；${}^{i}\boldsymbol{f}_{i+1}$ 为 $i+1$ 杆施加给 i 杆的力（或末端杆件所受的外力）在 $\{i\}$ 系中的表达。

同理可得出第 i 个杆的力矩平衡方程为

$$ {}^{i}\boldsymbol{m}_{i}-{}^{i}\boldsymbol{m}_{i+1}-{}^{i}\boldsymbol{p}_{i+1}\times{}^{i}\boldsymbol{f}_{i+1}=0 \tag{4-2}$$

式中，${}^{i}\boldsymbol{m}_i$ 为 $i-1$ 杆施加给 i 杆的力矩在 $\{i\}$ 系中的表达；${}^{i}\boldsymbol{m}_{i+1}$ 为 $i+1$ 杆施加给 i 杆的力矩在 $\{i\}$ 系中的表达；${}^{i}\boldsymbol{p}_{i+1}$ 为 $\{i\}$ 系原点到 $\{i+1\}$ 系原点的位置矢量在 $\{i\}$ 中的表达。上述物理量一般情况下都是在本身的连杆坐标系中表达，因此，需要通过旋转矩阵将其变换到统一的坐标系中来描述，式 (4-1) 和式 (4-2) 可分别描述为连杆间静力“传递”的递推方程，即

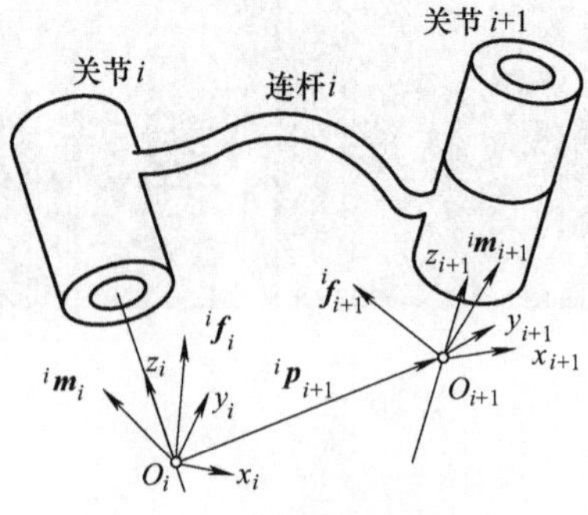

图 4-1　静力连杆坐标系

$$ {}^{i}\boldsymbol{f}_{i+1}={}_{i+1}^{\ \ i}\boldsymbol{R}\,{}^{i+1}\boldsymbol{f}_{i+1} \tag{4-3}$$

$$ {}^{i}\boldsymbol{m}_{i}={}_{i+1}^{\ \ i}\boldsymbol{R}\,{}^{i+1}\boldsymbol{m}_{i+1}+{}^{i}\boldsymbol{p}_{i+1}\times{}^{i}\boldsymbol{f}_{i} \tag{4-4}$$

当 $i=n$ 时，${}^{n+1}\boldsymbol{m}_{n+1}$ 和 ${}^{n+1}\boldsymbol{f}_{n+1}$ 为已知，根据上述递推方程可以得到 ${}^{n}\boldsymbol{m}_n$ 和 ${}^{n}\boldsymbol{f}_n$。继续递推下去，即可得到每个连杆两端的作用力和力矩。由于连杆 $i-1$ 对连杆 i 的作用力 ${}^{i}\boldsymbol{f}_i$ 或力矩 ${}^{i}\boldsymbol{m}_i$ 中，沿移动关节轴的力分量或绕旋转关节轴的力矩分量由驱动器提供。因此，${}^{i}\boldsymbol{f}_i$ 或 ${}^{i}\boldsymbol{m}_i$ 与关节轴线矢量 ${}^{i}\hat{z}_i$ 的点积，即为待求关节力/力矩。

转动关节的关节驱动力矩可表示为

$$ \boldsymbol{\tau}_i={}^{i}\boldsymbol{m}_i^{\mathrm{T}}\,{}^{i}\hat{z}_i \tag{4-5}$$

移动关节的关节驱动力可表示为

$$ \boldsymbol{\tau}_i={}^{i}\boldsymbol{f}_i^{\mathrm{T}}\,{}^{i}\hat{z}_i \tag{4-6}$$

对于关节型机器人（串联机器人）来说，理论上都可以采用向内递推法计算出机器人关节（平衡）力及力矩，即向内递推法也可以作为一种关节型机器人（串联机器人）静力学分析的通用性方法来使用。此外，向内递推法提供了编程计算的可行性，可有效提高计算效率。这与关节型机器人（串联机器人）速度分析的向外递推法非常类似。

对重载并联机器人而言，如何建立其静力平衡方程呢？下面以一个最典型的并联机器人——Stewart 平台（图 4-2）进行说明。

在没有外力的情况下，唯一施加于该机构动平台的力作用在上方的球铰关节上。所有的矢量均为在 $\{s_i\}$ 系中的表示。设第 i 条支链所提供的纯力为

$$ \boldsymbol{f}_i=f_i\hat{\boldsymbol{s}}_i \tag{4-7}$$

式中，$\hat{\boldsymbol{s}}_i$ 为作用力方向的单位矢量；f_i 为力的大小。由 $\boldsymbol{f}_i$ 产生的力矩 $\boldsymbol{m}_i$ 可表示为

$$ \boldsymbol{m}_i=\boldsymbol{r}_i\times\boldsymbol{f}_i \tag{4-8}$$

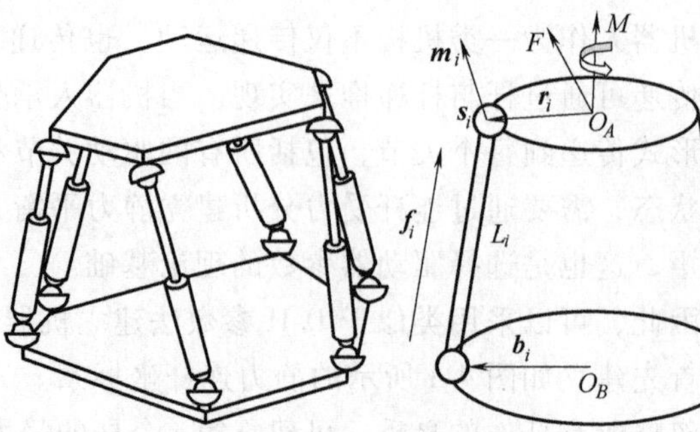

图 4-2　Stewart 平台结构简图

式中，$\boldsymbol{r}_i$ 为从 $\{s_i\}$ 坐标系原点到力作用点的矢量（这里是球铰 i 的位置）。由于无论动平台还是定平台上的球铰都不能承受对其作用的任何力矩，所以力 $\boldsymbol{f}_i$ 必然沿着支链

所在直线的方向。因此，可以用定平台上的球铰来计算力矩 $\boldsymbol{m}_i$，而不需要用动平台上的球铰，即

$$\boldsymbol{m}_i = \boldsymbol{b}_i \times \boldsymbol{f}_i \tag{4-9}$$

式中，$\boldsymbol{b}_i$ 为从基坐标系原点到第 i 条支链的球关节的矢量。

将 $\boldsymbol{f}_i$ 和 $\boldsymbol{m}_i$ 组合成六维力旋量 $\boldsymbol{F}_i=(\boldsymbol{f}_i,\boldsymbol{m}_i)^{\mathrm{T}}$，作用于动平台上的力旋量 $\boldsymbol{F}$ 可表示为

$$\boldsymbol{F} = \sum_{i=1}^{6}\boldsymbol{F}_i = \sum_{i=1}^{6}\begin{pmatrix}\hat{\boldsymbol{s}}_i \\ \boldsymbol{b}_i \times \hat{\boldsymbol{s}}_i\end{pmatrix} f_i = \boldsymbol{J}^{-\mathrm{T}}\boldsymbol{f} \tag{4-10}$$

式（4-10）即为 Stewart 平台的静力平衡方程。

4.2 静力雅可比矩阵

雅可比矩阵是空间机构性能分析的一个重要工具，空间机构的驱动杆与动平台（操作臂）之间的速度映射和力映射关系，均可以通过同一个矩阵——雅可比矩阵来进行，这种现象称为速度映射与力映射之间存在对偶关系。本节将具体介绍空间机构的力雅可比矩阵。

4.2.1 静力雅可比矩阵求解

机器人静力学，通常是指当机器人处于静平衡状态，建立末端负载或广义力（包含力与力矩）与关节驱动或平衡力/力矩（简称关节力/力矩）之间的映射关系。通用分析方法可采用虚功原理，把机器人视为一个从关节到末端的功率传动装置，当不考虑功率损失时，关节输出功率等于末端功率。

利用虚功原理，可以导出作用在末端执行器的广义输出力（力旋量）与关节力/力矩之间的映射关系。为此，假设末端执行器的广义输出力为 $\boldsymbol{F}_e$，末端的微位移输出为 $\delta\boldsymbol{X}$，则系统所做的虚功为 $\boldsymbol{F}_e^{\mathrm{T}}\delta\boldsymbol{X}$。如果不考虑摩擦及重力影响，系统所做的功等于关节力/力矩对系统所做的虚功，即

$$\boldsymbol{F}_e^{\mathrm{T}}\delta\boldsymbol{X} = \boldsymbol{\tau}^{\mathrm{T}}\delta\boldsymbol{q} \tag{4-11}$$

根据机器人速度雅可比矩阵的定义，有

$$\delta\boldsymbol{X} = \boldsymbol{J}\delta\boldsymbol{q} \tag{4-12}$$

整理式（4-11）和式（4-12），可得

$$\boldsymbol{F}_e^{\mathrm{T}}\boldsymbol{J}\delta\boldsymbol{q} = \boldsymbol{\tau}^{\mathrm{T}}\delta\boldsymbol{q} \tag{4-13}$$

由此可得

$$\boldsymbol{\tau} = \boldsymbol{J}^{\mathrm{T}}\boldsymbol{F}_e \tag{4-14}$$

但是，在式（4-14）中并没有明确各物理量所描述的参考坐标系。实际上，作用在机器人末端的广义输出力有两种表达方式，一种在末端坐标系下定义为 ${}^{n}\boldsymbol{F}_e$，另一种在基坐标系下定义为 ${}^{0}\boldsymbol{F}_e$。因此，若明确式（4-14）中的参考坐标系，可细分成两种常见的形式，一种是相对于末端坐标系 $\{n\}$，即

$$\boldsymbol{\tau} = {}^{n}\boldsymbol{J}_F^{\mathrm{T}}\,{}^{n}\boldsymbol{F}_e \tag{4-15}$$

另一种是相对基坐标系 {0}，即

$$\boldsymbol{\tau} = {}^0\boldsymbol{J}_F^{\mathrm{T}}\,{}^0\boldsymbol{F}_e \tag{4-16}$$

由式（4-15）和式（4-16）可以得出结论：机器人速度雅可比矩阵的转置可以表征末端输出力与关节力/力矩之间的映射关系，这时称其为机器人的静力雅可比矩阵（简称静力雅可比）。

静力雅可比矩阵建立了从笛卡儿空间到关节空间的力映射。这种从末端到关节的力映射可直接基于正运动学模型获得，而无须求逆运算。这一特性有利于在控制中实现末端的力控制或末端负载补偿。

一般情况下，如果关节数与串联机器人的自由度相等，静力雅可比矩阵是满秩矩阵。可以思考一下：如果关节数与机器人的自由度不相等，静力雅可比矩阵会发生什么变化？所对应的物理意义是什么？

静力雅可比矩阵同样存在奇异性，反映在静力雅可比矩阵上的特征就是不满秩，意味着其速度雅可比也不满秩，机器人处于奇异位形。这种情况下，微小的关节力/力矩将对应着极大的末端输出力，几何上对应着机构的死点位置（连杆间的压力角为 90°）。

当参考坐标系不变，针对同一个末端速度矢量的速度雅可比分别在坐标系 {0} 和 {n} 中描述时，满足

$${}^0\boldsymbol{J} = \begin{pmatrix} {}^0_n\boldsymbol{R} & 0 \\ 0 & {}^0_n\boldsymbol{R} \end{pmatrix} {}^n\boldsymbol{J} \tag{4-17}$$

根据转置关系，静力雅可比满足

$${}^0\boldsymbol{J}_F = {}^n\boldsymbol{J}_F \begin{pmatrix} {}^n_0\boldsymbol{R} & 0 \\ 0 & {}^n_0\boldsymbol{R} \end{pmatrix} \tag{4-18}$$

4.2.2 关节力与操作力之间的映射关系（力椭球）

通过静力雅可比将关节力矩的边界映射到末端力的边界中。以平面 2R 机器人为例，将关节力矩 $\boldsymbol{\tau}=(\tau_1, \tau_2)^{\mathrm{T}}$ 映射成一单位圆的形状，τ_1 与 τ_2 分别代表横、纵轴，且满足 $\boldsymbol{\tau}^{\mathrm{T}}\boldsymbol{\tau}=1$，如图 4-3 所示。

通过静力雅可比的映射，即式（4-14），可得

$$\boldsymbol{F}_e^{\mathrm{T}}\boldsymbol{J}\boldsymbol{J}^{\mathrm{T}}\boldsymbol{F}_e = 1 \tag{4-19}$$

令 $\boldsymbol{A}=\boldsymbol{J}\boldsymbol{J}^{\mathrm{T}}$，式（4-19）可简化为

$$\boldsymbol{F}_e^{\mathrm{T}}\boldsymbol{A}\boldsymbol{F}_e = 1 \tag{4-20}$$

通过式（4-20），可将表示关节力矩（边界）的单位圆映射成表示末端力（边界）的一个椭圆，这个椭圆称为力椭圆（Force Ellipse）。图 4-3 所示为对应平面 2R 机器人两组不同位姿下的力椭圆实例，所示的力椭圆反映了机器人

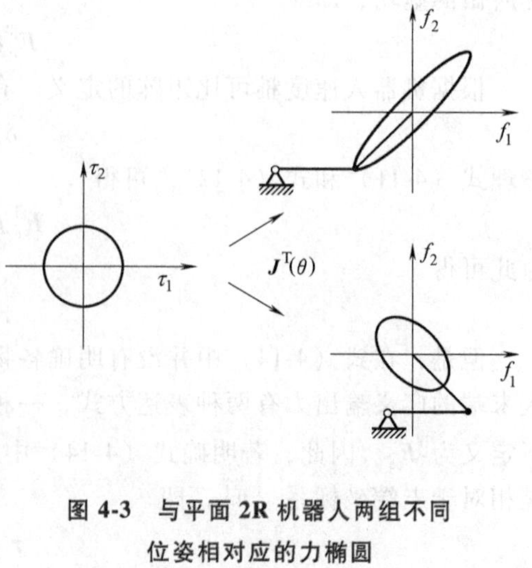

图 4-3　与平面 2R 机器人两组不同位姿相对应的力椭圆

末端在不同方向上输出力的难易程度。对照图 4-4 所示的可操作度椭圆和图 4-3 所示的力椭圆，明显可以看出，若在某一方向上比较容易产生末端速度，该方向产生力就变得比较困难，反之亦然。事实上，对于给定的机器人位形，可操作度椭圆与力椭圆的主轴方向完全重合，但力椭圆的主轴长短与可操作度椭圆的主轴长短正好相反（如果前者长，后者一定短；反之亦然）。

同样可将上述思想扩展到 n 维力椭球的概念中。物理上，力椭球对应的就是当关节力矩满足 $|\boldsymbol{\tau}|=1$ 时的末端力。类似于前面对力椭圆的分析，当椭球的形状越接近球，即所有的半径在同一数量级时，机器人的传力性能就越好。力椭球反映了机器人末端在不同方向上输出力的难易程度。

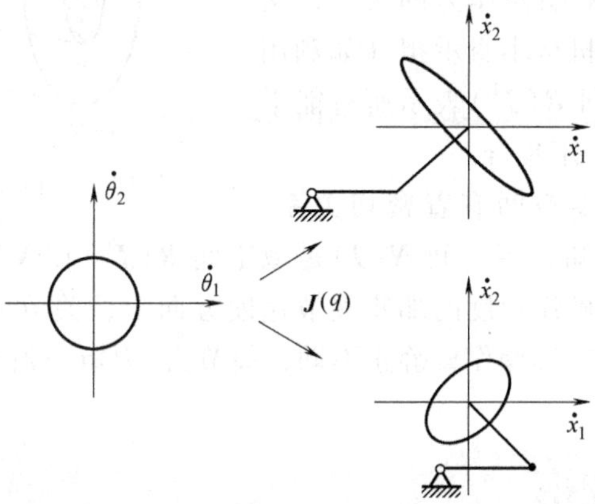

图 4-4　可操作度椭圆

4.2.3　静力与速度雅可比的对偶性

由以上讨论可知，一方面施加给末端的广义力与关节力/力矩之间的映射关系可用机器人的静力雅可比来表达；另一方面，静力雅可比的转置就是速度雅可比，可用来描述机器人末端广义速度与关节速度之间的映射关系。前者反映的是机器人静力传递关系，而后者描述的是速度传递关系。因此，机器人静力学与其微分运动学（速度）之间必然存在某种密切的联系。

$$\begin{aligned}\dot{\boldsymbol{X}}&=\boldsymbol{J}(\boldsymbol{q})\dot{\boldsymbol{q}}\\ \boldsymbol{\tau}&=\boldsymbol{J}^{\mathrm{T}}(\boldsymbol{q})\boldsymbol{F}\end{aligned}\tag{4-21}$$

机器人的速度与静力传递之间的对偶性（Duality）可用如图 4-5 所示的线性映射来表示。

机器人的速度方程可以看成是从关节空间（n 维矢量空间 $\mathbf{V}^n$）向操作空间（m 维矢量空间 $\mathbf{V}^m$）的线性映射，雅可比矩阵 $\boldsymbol{J}(\boldsymbol{q})$ 与给定的位形 $\boldsymbol{q}$ 一一对应。其中，n 表示关节数，m 表示操作空间的维数。$\boldsymbol{J}(\boldsymbol{q})$ 的域空间 $\boldsymbol{R}(\boldsymbol{J})$ 代表关节运动能够产生的全部操作速度集合。当 $\boldsymbol{J}(\boldsymbol{q})$ 降秩时，机器人处于奇异位形，$\boldsymbol{R}(\boldsymbol{J})$ 不能张满整个操作空间，即存在至少一个末端操作手不能运动的方向。子空间 $\boldsymbol{N}(\boldsymbol{J})$ 为 $\boldsymbol{J}(\boldsymbol{q})$ 的零空间，用来表示不产生操作速度的关节速度集合，即满足 $\boldsymbol{J}(\boldsymbol{q})\dot{\boldsymbol{q}}=0$。如果 $\boldsymbol{J}(\boldsymbol{q})$ 满秩，$\boldsymbol{N}(\boldsymbol{J})$ 的维数为机器人的冗余自由度（$n-$

m)；当 $\boldsymbol{J}(\boldsymbol{q})$ 降秩时，$\boldsymbol{R}(\boldsymbol{J})$ 的维数减少，$\boldsymbol{N}(\boldsymbol{J})$ 的维数增多，但两者的总和总是为 n，即

$$\dim(\boldsymbol{R}(\boldsymbol{J})) + \dim(\boldsymbol{N}(\boldsymbol{J})) = n \tag{4-22}$$

与速度映射不同，静力映射是从操作空间（m 维矢量空间 $\mathbf{V}^m$）向关节空间（n 维矢量空间 $\mathbf{V}^n$）的线性映射。因此，关节力/力矩总是由末端操作力唯一地确定。反过来，对于给定的关节力/力矩，末端操作力却不总存在，这与速度的情况类似。令零空间 $\boldsymbol{N}(\boldsymbol{J}^{\mathrm{T}})$ 表示不需要任何关节力/力矩与之平衡的所有末端操作力的集合，这时的末端力全部由机器人机构本身承担（如利用约束反力来平衡）。域空间 $\boldsymbol{R}(\boldsymbol{J}^{\mathrm{T}})$ 表示所有能平衡末端操作力的关节力/力矩集合。

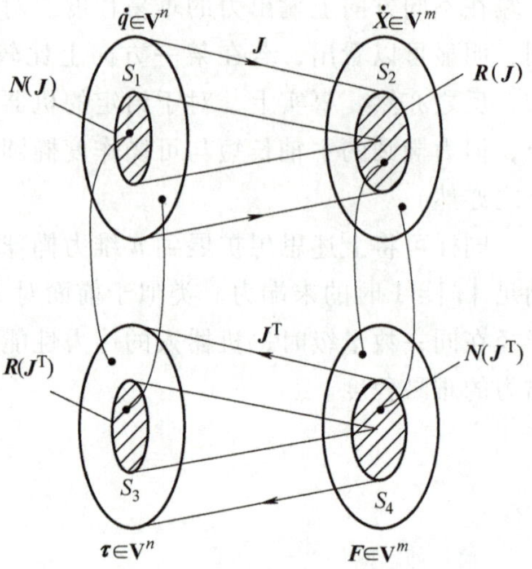

图 4-5　一阶运动学与静力学的对偶性

$\boldsymbol{J}$ 与 $\boldsymbol{J}^{\mathrm{T}}$ 的域空间和零空间有着密切关系。由线性代数的相关理论可知，零空间 $\boldsymbol{N}(\boldsymbol{J})$ 是域空间 $\boldsymbol{R}(\boldsymbol{J}^{\mathrm{T}})$ 在 $\mathbf{V}^n$ 上的正交补，反之亦然。这说明在不产生任何末端操作速度的那些关节速度方向上，关节力/力矩不可能被任何末端操作力所平衡。为了保持末端操作臂静止不动，关节力/力矩必须为零。

4.3 柔度与变形

以上章节的研究对象限定在具有理想刚度特性的刚性体机器人，本节开始考虑实际机器人系统中存在真实变形的情况。

4.3.1 刚度与柔度的基本概念

首先回顾材料力学中的两个重要概念。刚度（Stiffness）是指在运动方向上产生单位位移时所需要力的大小，这里所说的位移和力都是指广义的；柔度（Compliance）是与刚度互逆的，指的是在运动方向上施加单位力所产生的位移量。

强度（Strength）特性也很重要，因为它反映的是承受负载能力的大小，即任何柔性元件都有变形的极限（一般以到达屈服强度极限为标志）。疲劳断裂是许多机械零件发生破坏的主要原因。柔性单元在经过一定次数的运动循环后，也会产生疲劳。疲劳寿命受许多因素的影响，如表面粗糙度、缺口类型、应力水平等。

在弹/柔性系统中，刚度与强度的概念经常被混淆。本质上，强度与抵御失效的能力有关，刚度反映的是抵抗变形的能力。换句话说，刚度大的强度不一定大，强度大的刚度也不一定大。实际应用中，既有刚度大且强度大的实例，也有柔度大且强度大的实例，前者如桥梁、建筑等，后者如秋千、肌腱等。

一般线弹性元件都遵循线性小变形假设，即假设相对结构的几何尺寸而言其变形很小时材料的应变与应力成正比。在实际中，当有结构非线性的情况发生时，这种假设将会失效。

结构非线性可分成两类：材料非线性和几何非线性。材料非线性是指应力与应变不成正比的情况（即不满足胡克定律），典型的例子是发生塑性变形、超弹性变形及蠕变等。几何非线性通常是指几何大变形、应力刚化（stress stiffening）或大应变的情况。当结构刚度是变形的函数时，应力与应变仍然成正比，而变形体的挠曲线方程为

$$\frac{1}{\rho}=\frac{\dfrac{\mathrm{d}^2y}{\mathrm{d}x^2}}{\left[1+\left(\dfrac{\mathrm{d}y}{\mathrm{d}x}\right)^2\right]^{\frac{3}{2}}} \tag{4-23}$$

4.3.2　基于旋量理论的空间柔度矩阵建模

鉴于任何柔性单元本质上都可以看作是柔性梁，且主要应用其线弹性特性，因此，可以基于弹性小变形的假设，建立起一般形式的弹性梁力学模型。对于均质梁结构，伯努利-欧拉（Bernoulli-Euler）和铁木辛柯（Timoshenko）分别给出了细长及短粗均质悬臂梁结构的弹性力学模型。

如图 4-6 所示，当在均质梁末端施加载荷时，梁末端产生变形或者微小运动。根据旋量理论，在给定如图 4-7 所示的坐标系下，梁末端的变形可用变形旋量 $\boldsymbol{\zeta}=(\boldsymbol{\theta};\boldsymbol{\delta})=(\theta_x,\theta_y,\theta_z;\delta_x,\delta_y,\delta_z)$ 来表示；施加在其上的载荷可以用力旋量 $\boldsymbol{W}=(\boldsymbol{m};\boldsymbol{f})=(m_x,m_y,m_z;f_x,f_y,f_z)$ 来表示（这里的力旋量表示与之前的不太一致，是为了通过旋量理论更好地反映柔度或刚度矩阵的物理意义）。这里，$\boldsymbol{\theta}$、$\boldsymbol{\delta}$ 分别表示梁末端的角变形和线变形，而 $\boldsymbol{m}$、$\boldsymbol{f}$ 则表示施加在梁上的力矩和纯力。

在满足线弹性假设前提下，变形旋量与力旋量之间存在如下的映射关系：

$$\boldsymbol{\zeta}=\boldsymbol{CW},\ \boldsymbol{W}=\boldsymbol{K\zeta},\ \boldsymbol{C}=\boldsymbol{K}^{-1} \tag{4-24}$$

式中，$\boldsymbol{C}$ 和 $\boldsymbol{K}$ 分别为梁的柔度矩阵和刚度矩阵（6×6 阶）。根据 Von Mises 的细长梁变形理论，当参考坐标系位于梁的质心时（图 4-7），长度为 l 的空间均质梁柔度矩阵为

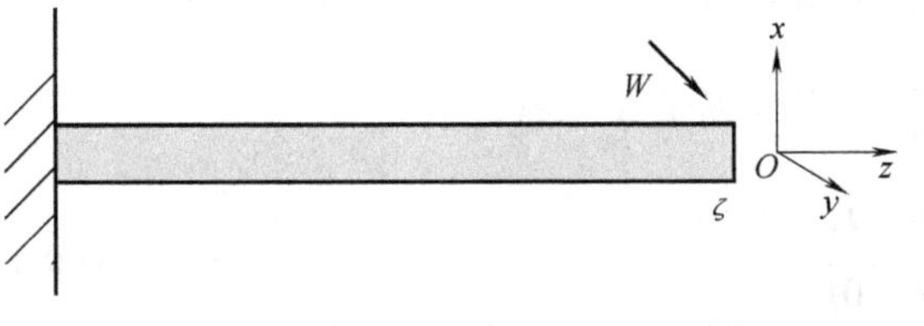

图 4-6　均质悬臂梁结构的弹性力学模型

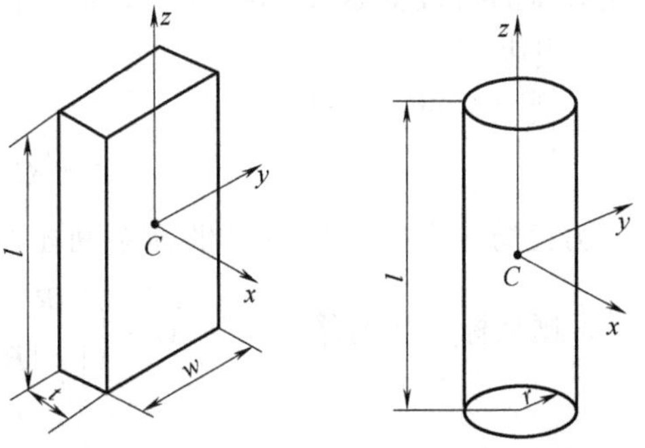

a) 截面为矩形　　b) 截面为圆形

图 4-7　均质梁单元

$$\begin{aligned}{}^{C}\boldsymbol{C}&=\mathrm{diag}(c_{11},c_{22},c_{33},c_{44},c_{55},c_{66})\\&=\mathrm{diag}\left(\frac{l}{EI_x},\frac{l}{EI_y},\frac{l}{GI_p},\frac{l^3}{12EI_y},\frac{l^3}{12EI_x},\frac{l}{EA}\right)\end{aligned} \tag{4-25}$$

式中，I_x 与 I_y 分别为 x、y 轴的惯性矩；I_p 为极惯性矩；E、G 分别为弹性模量和剪切模量，$E/G=2(1+\mu)$，μ 为泊松比；A 为截面积。

变换式（4-25），可以得到无量纲形式的柔度矩阵，即

$$^{C}\boldsymbol{C}=\frac{l}{EI_y}\begin{pmatrix}\frac{I_y}{I_x} & & & & & \\ & 1 & & & & \\ & & \frac{EI_y}{GI_p} & & & \\ & & & \frac{l^2}{12} & & \\ & & & & \frac{l^2 I_y}{12I_x} & \\ & & & & & \frac{I_y}{A}\end{pmatrix} \tag{4-26}$$

4.3.3 柔度矩阵的坐标变换

一般情况下，对柔度矩阵的讨论只有在同一个坐标系下才有意义。例如，为了建立某一柔性系统的整体柔度矩阵（有文献也称之为笛卡儿空间的柔度矩阵，简称笛卡儿柔度矩阵），需要将各局部坐标系（或物体坐标系）下的柔度矩阵转化到统一的全局坐标系（或惯性坐标系）下，即涉及柔度矩阵的坐标变换。

首先来推导柔度（或刚度）矩阵在不同坐标系下的映射关系。

假设在惯性坐标系下，变形旋量和力旋量分别表示为$^{A}\boldsymbol{\zeta}=(^{A}\boldsymbol{\theta};^{A}\boldsymbol{\delta})$，$^{A}\boldsymbol{W}=(^{A}\boldsymbol{m};\ ^{A}\boldsymbol{f})$；在物体坐标系下，变形旋量和力旋量分别表示为$^{B}\boldsymbol{\zeta}=(^{B}\boldsymbol{\theta};\ ^{B}\boldsymbol{\delta})$，$^{B}\boldsymbol{W}=(^{B}\boldsymbol{m};\ ^{B}\boldsymbol{f})$。其中，变形旋量是旋量的射线坐标（Ray Coordinate）表达，而力旋量则是旋量的轴线坐标（Axis Coordinate）表达。

由式（4-24）可得

$$^{A}\boldsymbol{\zeta}={}^{A}\boldsymbol{C}{}^{A}\boldsymbol{W},\quad {}^{B}\boldsymbol{\zeta}={}^{B}\boldsymbol{C}{}^{B}\boldsymbol{W} \tag{4-27}$$

另设局部坐标系与参考坐标系间坐标变换的旋转矩阵为 $\boldsymbol{R}$，平移矢量为 $\boldsymbol{P}=(p_x,p_y,p_z)^{\mathrm{T}}$，则坐标变换的伴随矩阵 $A_T=\begin{pmatrix}\boldsymbol{R} & 0\\ [\boldsymbol{p}]\boldsymbol{R} & \boldsymbol{R}\end{pmatrix}$。引入算子 Δ，有

$$\Delta=\begin{pmatrix}0 & \boldsymbol{I}\\ \boldsymbol{I} & 0\end{pmatrix} \tag{4-28}$$

式中，$\boldsymbol{I}$ 为 3×3 阶单位矩阵。算子 Δ 可以将轴线坐标表达的力旋量 $\boldsymbol{W}$ 转化成射线坐标形式 $\Delta\boldsymbol{W}$。因此，可以导出柔度矩阵在不同坐标系下的变换关系式，即

$$^{A}\boldsymbol{W}=\Delta\boldsymbol{A}_T\Delta{}^{B}\boldsymbol{W} \tag{4-29}$$

结合运动旋量和力旋量的坐标变换关系，整理可得

$$\Delta \boldsymbol{A}_T^{-1}\Delta = \begin{pmatrix} 0 & \boldsymbol{I} \\ \boldsymbol{I} & 0 \end{pmatrix}\begin{pmatrix} \boldsymbol{R}^{\mathrm{T}} & 0 \\ -\boldsymbol{R}^{\mathrm{T}}[\boldsymbol{p}] & \boldsymbol{R}^{\mathrm{T}} \end{pmatrix}\begin{pmatrix} 0 & \boldsymbol{I} \\ \boldsymbol{I} & 0 \end{pmatrix} = \boldsymbol{A}_T^{\mathrm{T}} \tag{4-30}$$

将式（4-30）代入式（4-29），得到柔度矩阵在不同坐标系下的变换关系为

$$^{A}\boldsymbol{C} = \boldsymbol{A}_T{}^{B}\boldsymbol{C}\boldsymbol{A}_T^{\mathrm{T}} \tag{4-31}$$

对于刚度矩阵，变换关系可根据 $\boldsymbol{K}=\boldsymbol{C}^{-1}$ 直接得到，即

$$^{A}\boldsymbol{K} = \boldsymbol{A}_T^{-\mathrm{T}}{}^{B}\boldsymbol{K}\boldsymbol{A}_T^{-1} \tag{4-32}$$

式（4-31）和式（4-32）分别给出了柔度矩阵和刚度矩阵在不同坐标系下的映射关系。特殊情况下，梁在其末端处的柔度矩阵与其质心处的柔度矩阵之间的关系可以写成

$$^{E}\boldsymbol{C} = \boldsymbol{A}_T{}^{C}\boldsymbol{K}\boldsymbol{A}_T^{\mathrm{T}} \tag{4-33}$$

4.4 刚性机器人的静刚度建模

4.4.1 多构件系统的组合刚度

多构件系统的组合刚度是指由多个构件组合而成的系统的整体刚度。这个刚度可以通过计算每个构件的刚度和它们之间的相互作用来得到。具体而言，组合刚度可以表示为系统中所有构件的刚度之和再加上构件之间的相互作用导致的额外刚度。

对于一个多构件系统，若每个构件都是线弹性的，则组合刚度可以通过构件刚度和它们之间的相对位置关系来计算。但是，若系统中存在非线性或非弹性的构件，则需要考虑这些构件的行为以及它们与其他构件的相互作用对整体刚度的影响。

4.4.2 机器人机构静刚度分析

1. 串联机构的静刚度分析

对于串联机器人，可将驱动系统与传动系统的刚度合在一起看作线弹性系统，并用弹簧常数 k_i 表示，以反映关节 i 的变形与所传递力/力矩之间的关系，即

$$\tau_i = k_i \Delta q_i \tag{4-34}$$

式中，τ_i 为关节力矩；Δq_i 为各关节的变形。该式写成矩阵的形式为

$$\boldsymbol{\tau} = \boldsymbol{\chi}\Delta\boldsymbol{q} \tag{4-35}$$

式中，$\boldsymbol{\tau}=(\tau_1, \tau_2, \cdots, \tau_n)^{\mathrm{T}}$；$\Delta\boldsymbol{q}=(\Delta q_1, \Delta q_2, \cdots, \Delta q_n)^{\mathrm{T}}$；$\boldsymbol{\chi}=\mathrm{diag}(k_1, k_2, \cdots, k_n)$。

由速度雅可比矩阵（$m\times n$ 维）及力雅可比矩阵的定义可得

$$\Delta\boldsymbol{X} = \boldsymbol{J}\Delta\boldsymbol{q}, \boldsymbol{\tau} = \boldsymbol{J}^{\mathrm{T}}\boldsymbol{F} \tag{4-36}$$

式中，$\Delta\boldsymbol{X}$ 为机器人末端的变形；$\boldsymbol{F}$ 为机器人末端的等效力旋量。并定义

$$\Delta\boldsymbol{X} = \boldsymbol{C}\boldsymbol{F} \tag{4-37}$$

式中，

$$\boldsymbol{C} = \boldsymbol{J}\boldsymbol{X}^{-1}\boldsymbol{J}^{\mathrm{T}} \tag{4-38}$$

C 为机器人的柔度矩阵（$m\times m$ 维），而它的逆为机器人的静刚度矩阵，即

$$K = C^{-1} = J^{-T} X J^{-1} \tag{4-39}$$

由式（4-38）和式（4-39）可以看出，柔度矩阵和刚度矩阵都是对称矩阵，且结果与机构的驱动刚度和雅可比矩阵有关。雅可比矩阵与机器人的位形参数（包括参考坐标系的选择）都有关，因此，机器人的柔度（刚度）矩阵也与机器人的位形参数（包括参考坐标系的选择）有关。

2. 并联机构的静刚度分析

对于并联机器人，其静刚度是指动平台处的输出刚度。因此，求解并联机器人静刚度的问题实质上是建立驱动和传动系统的输入刚度与动平台输出刚度之间的映射关系，具体过程与串联机器人刚度矩阵的建立过程类似。同样，可以假设机器人的各杆件没有柔性，只有驱动系统和传动系统是机器人中唯一的柔性源。

令 $\boldsymbol{\tau}=(\tau_1, \tau_2, \cdots, \tau_n)^{\mathrm{T}}$ 为各分支中驱动副处的驱动力旋量，Δq_i 为相应关节的变形。同样，设 $\boldsymbol{\chi}=\mathrm{diag}(k_1, k_2, \cdots, k_n)$，$k_i$ 为等效弹簧常数。写成矩阵的形式为

$$\boldsymbol{\tau} = \boldsymbol{\chi}\Delta \boldsymbol{q} \tag{4-40}$$

并联机构的速度雅可比矩阵，可以写成

$$V_c = J\Theta = J_r^{-1} J_\theta \Theta \tag{4-41}$$

式中，$J = J_r^{-1} J_\theta$。

或者

$$\Theta = J^{-1} V_c = J_\theta^{-1} J_r V_c \tag{4-42}$$

式（4-42）的微分形式为

$$\Delta q = J^{-1} \Delta X \tag{4-43}$$

式中，ΔX 为动平台的微小变形。并定义

$$F = K\Delta X \tag{4-44}$$

根据静力雅可比矩阵的定义

$$\boldsymbol{\tau} = J^{\mathrm{T}} F \tag{4-45}$$

综合式（4-44）和式（4-45），可以导出

$$K = J^{-T} \boldsymbol{\chi} J^{-1} \tag{4-46}$$

若各个分支完全一样，则各分支的等效弹簧系数完全相同，式（4-46）可进一步简化为

$$K = kJ^{-T} J^{-1} \tag{4-47}$$

由式（4-47）可以看出，并联机器人的刚度（柔度）矩阵也是对称矩阵，且结果与机器人的位形参数（包括参考坐标系的选择）有关。

3. 柔度矩阵与力椭球

类似于前面对可操作度椭球和力椭球的讨论，考虑

$$(\Delta X)^{\mathrm{T}} (\Delta X) = I \tag{4-48}$$

可得

$$F^{\mathrm{T}} C^{\mathrm{T}} C F = I \tag{4-49}$$

注意到 $C^{\mathrm{T}}C$ 是对称半正定矩阵，其特征矢量相互正交。在几何上，这种变换可用超椭球来表示，各主轴方向与 $C^{\mathrm{T}}C$ 的特征矢量一致，并且主轴长度为 $C^{\mathrm{T}}C$ 特征值的平方根。由

此，单位变形下所需要的最大力和最小力可分别用特征值极值平方根的倒数来表示，即 $1/\sqrt{\lambda_{\min}}$ 和 $1/\sqrt{\lambda_{\max}}$。

类似于前面通过 $\boldsymbol{JJ}^{\mathrm{T}}$ 映射得到力椭球，通过 $\boldsymbol{C}^{\mathrm{T}}\boldsymbol{C}$ 映射也可以得到另一种形式的力椭球，而后者反映了机器人在不同方向上变形的难易程度。更为重要的是，基于 $\boldsymbol{JJ}^{\mathrm{T}}$ 度量的力椭球与基于 $\boldsymbol{C}^{\mathrm{T}}\boldsymbol{C}$ 度量的力椭球有许多相似之处。

4.4.3　传动系统静刚度分析

1. 构件结构刚度

静刚度（或柔度）是设计和评价柔性机器人机构的一项重要指标，因为静刚度（柔度）在很大程度上影响着机器人末端的定位精度，因此，建立柔性机器人（机构）的静刚度（柔度）矩阵极为重要。

串联重载机器人末端的变形是各柔性单元变形的总和，因此，在参考坐标系下，机器人的全局柔度矩阵为各柔性单元柔度矩阵的总和。设各柔性单元的柔度矩阵为 $\boldsymbol{C}_{Si}$，则整个系统的全局柔度矩阵为

$$\boldsymbol{C}_S = \sum_{i=1}^{m} \boldsymbol{A}_{Ti}\boldsymbol{C}_{Si}\boldsymbol{A}_{Ti}^{\mathrm{T}} \tag{4-50}$$

式中，$\boldsymbol{A}_{Ti}$ 为串联柔性机器人中第 i 个柔性单元到参考坐标系的坐标变换运算；m 为柔性单元的数量。

在并联重载机器人中，动平台产生相同变形所需载荷为各柔性单元所需载荷的总和，因此，在参考坐标系下，并联柔性机器人的全局刚度矩阵为各柔性单元刚度矩阵的总和。设各柔性单元柔度矩阵为 $\boldsymbol{C}_{pi}$，则整个系统的全局柔度矩阵为

$$\boldsymbol{C}_p = \left(\sum_{j=1}^{n} (\boldsymbol{A}_{Tj}\boldsymbol{C}_{pj}\boldsymbol{A}_{Tj}^{\mathrm{T}})^{-1}\right)^{-1} \tag{4-51}$$

式中，$\boldsymbol{A}_{\mathrm{T}j}$ 为并联柔性机器人中第 j 个柔性单元到参考坐标系的坐标变换运算；n 为柔性单元的数量。

2. 电动机的扭转刚度

电动机轴在受到外部负载变化或扰动时的偏移量反应电动机刚度的大小。重载机器人在大负载条件下，电动机的刚度会直接影响机器人运动轨迹的精确性和重复定位精度，影响整个机械臂的动力学特性，包括响应速度和稳定性等。因此，对重载机器人电动机刚度的分析关乎机器人的性能表现，是确保机器人高效、精确和稳定工作的关键因素之一。

以一款选用交流伺服电动机的重载机器人为例，选用的是西门子公司生产的 1FT7 和 1FK 系列交流伺服电动机，把交流伺服电动机视为机械扭振系统，其扭振模型如图 4-8 所示，该系统的固有频率 ω_0 为

$$\omega_0 = \frac{1}{t} = \frac{1}{2\pi}\sqrt{\frac{K_d}{J}} \tag{4-52}$$

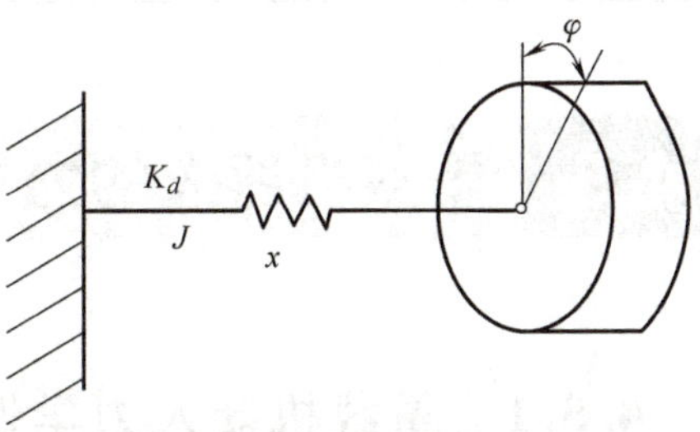

图 4-8　交流伺服电动机扭振模型

由式（4-52）可得电动机的扭转刚度为

$$K_d = \frac{4\pi^2}{t^2}J \tag{4-53}$$

式中，t 为电动机的机械时间常数（s）；J 为电动机转子的转动惯量（kg·m^2）；K_d 为电动机系统的扭转刚度（N·m/rad）。

从西门子公司生产的 1FT7 与 1FK 系列交流伺服电动机产品样本中查到 t、J 值，就可以具体算出各个伺服电动机型号与其对应的扭转刚度，见表 4-1。

表 4-1　伺服电动机型号与其对应的扭转刚度

电动机型号	扭转刚度/(N·m/rad)
1FT7086-5AF70-1FB1	5.49×10^4
1FK7060-5AH71-1FB5	3.37×10^4

3. RV 减速器的扭转刚度

对于 RV 减速器，固定它的输入轴（输入齿轮）并在输出轴上施加转矩，则会产生与转矩相应的扭转，由此可描绘出其迟滞曲线，通过迟滞曲线即可计算出静刚度。具体方法为当系统在某一方向消除间隙后，固定输入轴，在输出轴上将载荷由零级逐级加到额定转矩，在输出轴端测量每一级加载所对应的扭转角。RV 减速器的扭转刚度为输出轴上负载转矩与相应的扭转角的增量比值，即 b/a。

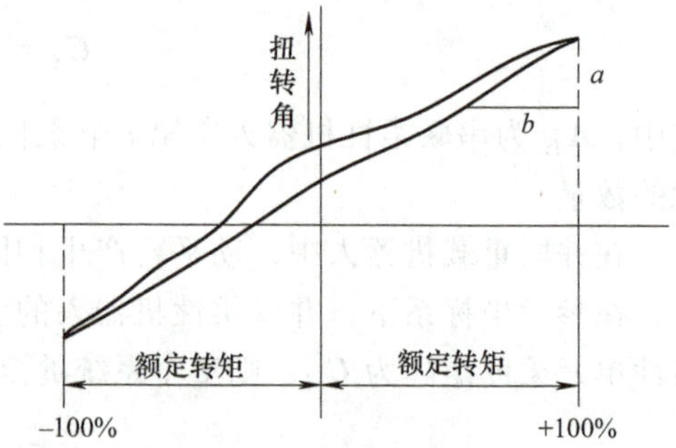

图 4-9　RV 减速器迟滞曲线

以一款选用了日本帝人公司生产的 RV-E 系列与 RV-C 系列减速器的高速重载码垛机器人为例，它们转矩-扭转角的对应关系如图 4-9 所示，由此可计算出所选 RV 减速器的扭转刚度，见表 4-2。

表 4-2　减速器型号与其对应的扭转刚度

减速器型号	扭转刚度/(N·m/rad)
RV-50C-32.54-A-T	7.77×10^6
RV-500C-37.34-A-B	1.04×10^8
RV-320E-185-A-P	2.99×10^7
RV-450E-210.23-A-B	3.58×10^7

4.5　重载机器人的力学性能评价

4.5.1　重载机器人力学性能评价的意义

考虑重载机器人末端操作对象的重载特性，为保障机器人的应用需求，对重载机器人开展力学性能评价研究是非常重要的。良好的力学性能可以保证机器人在承受高负载工作时结构的稳定性和安全性，预防因材料疲劳、过载或结构失效导致的事故，保障作业安全；静刚度、力的传递性能等指标关系到机器人在运动过程中的精度和重复定位精度，良好的力学性能可以保证高精度的作业能力和高可靠性；同时，力学性能评价是机器人优化设计的理论基础，用以指导产品的优化设计，确保设计的合理性和高效性。因此，对重载机器人开展力学性能评价的研究具有重要的理论和实际意义。

4.5.2　基于力雅可比矩阵的重载机器人力学性能评价

1. 重载机器人承载力性能

重载机器人的承载力性能是衡量其在执行高负载任务时的关键指标，需要综合考虑负载、结构和动力等多方面的因素，以满足重工业与其他高负载应用领域的需求，主要包括但不限于：

1）最大有效负载。机器人在工作空间内能够安全承受的最大质量。

2）结构强度与刚性。重载机器人需要有坚固的结构和高刚性，以确保在承载重物时不会发生过度变形，影响精度或安全性。

3）动力系统。为驱动重载机器人，系统必须提供足够的驱动力/力矩，保证在满载状态下机器人的平稳运行。

4）稳定性。机器人必须具备良好的动态平衡控制能力。

2. 重载机器人承载力均衡性

重载机器人的承载力均衡性是指机器人在携带或操作重物时，能够确保在整个工作空间内，各个方向上对负载的支持和控制能力保持一致和稳定。这对于保障作业精度、安全性和机器人的长期可靠性至关重要。实现承载力均衡性通常涉及但不限于：设计足够坚固且质量分布均匀的机器人机构，以防止在重载情况下发生扭曲或形变，设计时需考虑材料的强度、关节的支承结构以及重心位置，确保即使在极端工况下也能维持结构的稳定性；保证动力系统的均衡，每个驱动器（如电动机、液压缸）的输出力需经过精确调校，确保在多轴协同工作时力量分配均匀，避免某一轴过载或欠载；采用先进的控制算法来实时监控和调整机器人的姿态和力的分布，确保在运动过程中承载力的均衡；集成高精度的力觉传感器和位置传感器，实时监测负载状态和机器人的受力情况，使控制系统能够基于实际负载调整动作，维持操作的平稳和均衡；开发专门的平衡算法实时计算并调整机器人的重心位置，尤其是在动态操作和复杂地形上，保持机器人的稳定性等。

4.5.3　力传递和约束性能评价指标

1. 传递与约束力旋量的计算

以重载并联机器人为例，末端执行器往往通过至少两条支链与机架（或称为定平台）相连接。一方面，这些支链将来自输入关节的运动传递至输出端，以实现末端执行器所要求完成的动作；另一方面，为了平衡作用在末端执行器上的外力，这些支链还可能对末端执行器提供一定的约束力。无论是在传递运动还是平衡外力的过程中，支链中都会产生一些内力。运动/力传递特性分析的第一步就是求出机构运动学支链中存在的力旋量。

考察一个 n 自由度的支链，可以找到一组由 n 个运动副旋量组成的 n 阶旋量系 $\boldsymbol{S}_n$，即

$$\boldsymbol{S}_n = \{\$_1, \$_2, \$_3, \cdots, \$_n\} \tag{4-54}$$

（1）$n<6$　当支链的自由度数 $n<6$ 时，可得到（$6-n$）个线性无关的旋量 $\$_j$（$j=1$，2，…，$6-n$），它们与该支链运动副旋量系 $\boldsymbol{S}_n$ 中的旋量 $\$_i$（$i=1$，2，…，$n$）均互为反旋量，即

$$\$_i \circ \$_j^r = 0 \qquad (i = 1,2,\cdots,n; j = 1,2,\cdots,6-n) \tag{4-55}$$

由于旋量 $\$_j^r$ 可用来表示该支链对机构末端执行器所提供的约束力，故将 $\$_j^r$ 称为该支链的约束力旋量（Constraint Wrench Screw，CWS），后文中用 $\$_c$ 表示。

这（$6-n$）个约束力旋量可构成该支链的（$6-n$）阶约束力旋量系 $\boldsymbol{S}_c$，表示如下

$$\boldsymbol{S}_c = \{\$_1^r, \$_2^r, \cdots, \$_{6-n}^r\} = \{\$_{c1}, \$_{c2}, \cdots, \$_{c(6-n)}\} \tag{4-56}$$

若该 n 自由度支链中存在一个输入关节（或称驱动关节），那么，该输入关节所对应的运动副旋量 $\$_k$ 就称为输入运动旋量（Input Twist Screw，ITS）。当此输入关节被锁住时，$\$_k$ 将不属于该支链的运动副旋量系 $\boldsymbol{S}_n$，此时 $\boldsymbol{S}_n$ 减小为 $\boldsymbol{S}_{n-1}$。于是，可构造出至少一个新的旋量 $\$_r$，它与 $\boldsymbol{S}_{n-1}$ 中所有运动副旋量的互易积为零，即

$$\$_r \circ \$_i = 0 \qquad (i = 1,2,\cdots,n \text{ 且 } i \neq r) \tag{4-57}$$

同时它还与约束力旋量系 $\boldsymbol{S}_c$ 中的所有约束力旋量之间线性无关。这样一个旋量表示的是支链中的广义传递力，该传递力将来自输入关节的运动/力传递到机构的末端执行器上。因此，$\$_r$ 称为该支链的传递力旋量（Transmission Wrench Screw，TWS）。值得一提的是，并联机构的一条支链可能含有一个或多个输入关节，但在该支链中，传递力旋量的数目与输入关节的数目相等。

【例 4-1】 计算由圆柱副（C）、移动副（P）和虎克铰（U）构成的 CPU 支链中的传递与约束力旋量。

解： CPU 支链中含有五个运动副旋量，其运动副旋量系为一个五阶旋量系。各运动副旋量可表示为

$$\begin{cases} \$_1 = (0,0,0;1,0,0) \\ \$_2 = (1,0,0;0,0,0) \\ \$_3 = (0,0,0;0,\cos\alpha_1,\sin\alpha_1) \\ \$_4 = (1,0,0;0,l_1\sin\alpha_1, -l_1\cos\alpha_1) \\ \$_5 = (0,\cos\alpha_2,\sin\alpha_2;l_2,0,0) \end{cases}$$

式中，l_1 和 l_2 分别为旋量 $\$_4$ 和 $\$_5$ 的轴线与 x 轴之间的距离；α_1 和 α_2 分别为旋量 $\$_3$ 和 $\$_5$ 的轴线与 x 轴之间的夹角。相应的运动副旋量系为

$$\boldsymbol{S}_5 = \{\$_1, \$_2, \cdots, \$_5\}$$

可求得该支链的约束力旋量为

$$\$_C = (0,0,0;0,\sin\alpha_2, -\cos\alpha_2)$$

此约束力旋量表示的是 CPU 支链所提供的一个约束力偶，其轴线经过虎克铰中心且与虎克铰所在的平面垂直。

由于支链中的 P 副为驱动副，那么，其对应的运动副旋量 $\$_3$ 为输入运动旋量。假定 P 副被锁住，$\$_3$ 将从 $\boldsymbol{S}_5$ 中删除，此时 $\boldsymbol{S}_5$ 变为

$$S_4 = \{\$_1, \$_2, \$_4, \$_5\}$$

因此，根据传递力旋量的定义，该 CPU 支链的传递力旋量为

$$\$_T = (0, \cos\alpha_1, \sin\alpha_1; 0, 0, 0)$$

$\$_T$ 与 S_4 中的四个运动旋量互易，且与 $\$_C$ 表示的约束力旋量线性无关。$\$_T$ 表示的是经过虎克铰中心且沿着 P 副移动方向的一个纯力。

（2）$n=6$　当支链的自由度数等于 6 时，该支链称为全自由度（或 6 自由度）支链。这类支链的运动副旋量系 S_6 中含有六个线性无关的运动副旋量，因此，不存在与这六个运动副旋量同时互为反旋量的力旋量。这意味着 6 自由度支链中不存在约束力，故无法对机构的末端执行器提供约束力。

一般情况下，6 自由度支链中都至少含有一个输入关节，否则，该支链将不会对机构运动和力的传递产生作用，可能起到的作用是作为辅助支链对机构末端执行器的位姿进行测量和信息反馈。这里，假设 6 自由度支链中有两个输入关节，对应的运动副旋量分别是 $\$_{k1}$ 和 $\$_{k2}$，当对应于 $\$_{k1}$ 的输入关节被锁住时，$\$_{k1}$ 将不属于该支链的运动副旋量系 S_6，由此将 $\$_{k1}$ 从 S_6 中删去，此时 S_6 减少为 S_5。那么，与 S_5 中所有运动副旋量均互为反旋量的力旋量，即为该 6 自由度支链中对应于 $\$_{k1}$ 的传递力旋量 $\$_{T1}$。同理可得该支链中对应于 $\$_{k2}$ 的传递力旋量 $\$_{T2}$。与少自由度支链一样，6 自由度支链中传递力旋量的数目与输入关节的数目相等。

【例 4-2】　计算由圆柱副（C）、移动副（P）和球副（S）构成的 CPS 支链中的传递与约束力旋量。

解：由于可将 C 副看作 P 副和 R 副的组合运动副，且其中的 P 副也为驱动副，故 CPS 支链也可表示为（PR）PS 支链。

由于 S 副为 3 自由度运动副，其余均为单自由度运动副，因此，该支链含有六个运动副旋量。各运动副旋量可表示为

$$\begin{cases} \$_1 = (0,0,0;1,0,0) \\ \$_2 = (1,0,0;0,0,0) \\ \$_3 = (0,0,0;0,\cos\alpha_3,\sin\alpha_3) \\ \$_4 = (1,0,0;0,l_3\sin\alpha_3,\ -l_3\cos\alpha_3) \\ \$_5 = (0,1,0;\ -l_3\sin\alpha_3,0,0) \\ \$_6 = (0,0,1;l_3\cos\alpha_3,0,0) \end{cases}$$

式中，l_3 为球副中心到 x 轴的距离；α_3 为旋量 $\$_3$ 的轴线与 y 轴的夹角。通过简单的线性变换可知，以上六个旋量之间线性无关。那么，该 CPS 支链为一个 6 自由度支链，其运动副旋量系为一个六阶旋量系，可表示为

$$S_6 = \{\$_1, \$_2, \cdots, \$_6\}$$

式中，两个 P 副分别对应于 $\$_1$ 和 $\$_3$。

假定对应于 $\$_1$ 的输入移动副被锁住，则将 $\$_1$ 从 S_6 中除去，可得与 S_6 中其余五个运动副旋量均互易的传递力旋量为

$$\$_{T1} = (1,0,0;0,l_3\sin\alpha_3,\ -l_3\cos\alpha_3)$$

此传递力旋量表示的是沿 x 轴方向且经过球副中心的一个纯力。

类似地，当对应于 $\$_3$ 的输入移动副被锁住时，可计算出与其对应的传递力旋量为

$$\$_{T2}=(0,\cos\alpha_3,\sin\alpha_3;0,0,0)$$

此传递力旋量表示沿旋量 $\$_3$ 轴线方向且经过球副中心的一个纯力。

2. 运动与力传递的对偶关系

运动与力传递之间存在着对偶关系，这种对偶关系是在刚体动力学中的重要概念，它揭示了运动和受力之间的内在联系。

（1）运动描述和力描述

1）运动描述：运动描述是指对刚体在运动过程中的几何和运动状态进行描述，包括位置、速度、加速度等。运动描述用于描绘刚体的运动轨迹和动态特性。

2）力描述：力描述是指刚体受到的外部作用力和约束条件，包括力的大小、方向、点位和力矩等。力描述用于分析刚体的受力情况和动力学特性。

（2）对偶关系

1）位置和力矩对偶：刚体的位置和力矩之间存在对偶关系。位置描述了刚体在空间中的位置和姿态，而力矩描述了作用在刚体上的力的偏置效应。通过位置和力矩之间的对偶关系，可以理解力矩是如何影响刚体的旋转运动的。

2）速度和力对偶：刚体的速度和受力之间也存在对偶关系。速度描述了刚体在运动过程中的变化率，而力则描述了刚体所受到的外部作用。通过速度和力之间的对偶关系，可以理解力是如何影响刚体的线性运动的。

3）加速度和力矩对偶：加速度描述了刚体速度的变化率，而力矩描述了刚体受力偏置的效应。通过加速度和力矩之间的对偶关系，可以理解力矩是如何影响刚体的旋转加速度的。

对偶关系在刚体动力学的分析和设计中具有重要意义。通过理解运动与力传递之间的对偶关系，可以更好地理解刚体的运动行为，从而指导系统的设计和优化。例如，在机械系统设计中，可以根据受力情况来预测刚体的运动状态。

3. 力传递性能评价指标

首先分析能否给出评价力旋量和运动旋量之间能量传递效率的方法。单位运动旋量 $\$_1$ 和单位力旋量 $\$_2$ 的互易积为

$$\$_1\circ\$_2=(h_1+h_2)\cos\theta-d\sin\theta \tag{4-58}$$

式（4-58）的物理意义是单位力旋量 $\$_2$ 对单位运动旋量 $\$_1$ 做功的功率，称为实际功率，或称为有功功率。

由三角函数性质可知，$\$_1\circ\$_2$ 的最大值为 $|\$_1\circ\$_2|\max_{h_1,h_2,d}\sqrt{(h_1+h_2)^2+d_{\max}^2}$。由于节距是旋量本身的固有参数，则一旦给定了 $\$_1$ 和 $\$_2$，它们的节距 h_1 和 h_2 可看作不变量。因此，$|\$_1\circ\$_2|_{\max}$ 与 h_1 和 h_2 无关。于是，$\$_1\circ\$_2$ 的最大值可改写为

$$|\$_1\circ\$_2|_{\max}\sqrt{(h_1+h_2)^2+d_{\max}^2} \tag{4-59}$$

式中，$d_{\max}$ 为单位运动旋量 $\$_1$ 和单位力旋量 $\$_2$ 之间公垂线的潜在最大值；$|\$_1\circ\$_2|_{\max}$ 的物理意义就是单位力旋量 $\$_2$ 对单位运动旋量 $\$_1$ 可能做功的最大功率，称为视在功率。

一般情况下，$\$_2$ 对 $\$_1$ 做功的实际功率小于其视在功率。实际功率越接近视在功率，说明 $\$_1$ 和 $\$_2$ 之间的能量传递效率越高。于是，将 $\$_2$ 对 $\$_1$ 做功的实际功率与视在功率之

比定义为 $\$_1$ 和 $\$_2$ 之间的能效系数。能效系数越大，所示能量传递效率越高。因此，根据定义可将 $\$_1$ 和 $\$_2$ 之间的能效系数表示为

$$\delta=\frac{|\$_1\circ\$_2|}{|\$_1\circ\$_2|_{\max}\dfrac{|(h_1+h_2)\cos\theta-d\sin\theta|}{\sqrt{(h_1+h_2)^2+d_{\max}^2}}} \tag{4-60}$$

此处由于不考虑 $\$_2$ 对 $\$_1$ 所做功的正负，故用其互易积的绝对值表示实际功率。由于旋量的互易积是坐标系不变量，单位运动旋量和单位力旋量之间的能效系数 δ 也是坐标系不变量，且能效系数的取值范围是［0，1］。

下面考虑几种特殊情况：

1）当节距 h_1 为无穷大时，运动旋量 $\$_1$ 表示纯移动，记作（$\mathbf{0}$；$\boldsymbol{v}_1$）。这种情况下有

$$\delta=\frac{|\$_1\circ\$_2|}{|\$_1\circ\$_2|_{\max}\dfrac{|\boldsymbol{f}_2\cdot\boldsymbol{v}_1|}{|\boldsymbol{f}_2\cdot\boldsymbol{v}_1|_{\max}}} \tag{4-61}$$

2）当节距 h_2 为无穷大时，力旋量 $\$_2$ 表示纯力矩，记作（$\mathbf{0}$；$\boldsymbol{m}_2$）。这种情况下有

$$\delta=\frac{|\$_1\circ\$_2|}{|\$_1\circ\$_2|_{\max}\dfrac{|\boldsymbol{m}_2\cdot\boldsymbol{\omega}_1|}{|\boldsymbol{m}_2\cdot\boldsymbol{\omega}_1|_{\max}}} \tag{4-62}$$

3）当节距 h_1 和 h_2 都为无穷大时，$\$_1$ 和 $\$_2$ 的互易积等于零，此时的能效系数也等于零。这说明纯力矩无法对做纯移动运动的物体做功。

基于上述能效系数的概念，力传递性能的评价指标定义如下。

（1）输入传递指标　对于 n 自由度的并联机构，由于各个输入关节可以单独驱动，因此，每个输入关节都有相对应的输入传递指标。第 i 个传递力旋量与第 i 个输入运动旋量之间的能效系数为

$$\boldsymbol{\lambda}_i=\frac{|\$_{Ti}\circ\$_{Ii}|}{|\$_{Ti}\circ\$_{Ii}|_{\max}} \tag{4-63}$$

由式（4-63）可看出，$\boldsymbol{\lambda}_i$ 实际上是单位传递力旋量与单位输入运动旋量之间的能效系数，与传递力旋量和输入运动旋量的幅值无关。

$\boldsymbol{\lambda}_i$ 的物理意义是并联机构第 i 个传递力对第 i 个输入关节运动的传递效率。$\boldsymbol{\lambda}_i$ 的值越大，表示机构第 i 个驱动关节的输入运动被传递出去的效率越高，或者说第 i 个驱动关节的运动传递性能越好。因此，为了整体评价机构输入端的运动传递性能，定义机构的输入传递指标（Input Transmission Index，ITI）为

$$\gamma_i=\min\{\boldsymbol{\lambda}_i\}=\min\left\{\frac{|\$_{Ti}\circ\$_{Ii}|}{|\$_{Ti}\circ\$_{Ii}|_{\max}}\right\} \tag{4-64}$$

γ_i 的值越大，表示机构输入端（即各驱动关节）的运动传递性能越好。由于能效系数是坐标系不变量且取值范围是［0，1］，故 γ_i 的值也与坐标系原点的选取无关，且分布于 0~1 之间。

【例 4-3】　计算由转动副（R）、球副（S）和球副（S）构成的 RSS 运动链的输入传递指标。

解：该支链的转动副为驱动关节，驱动杆 RS_1 和随动杆 S_1S_2 的杆长分别用 a 和 b 表示。

坐标系 O-xyz 的原点选在 R 副中心，x 轴与 R 副轴线重合。

单位输入运动旋量为

$$\$_1 = (\boldsymbol{\omega}_{12};0) = (1,0,0;0,0,0)$$

由前文分析可知，该支链的传递力旋量为沿着随动杆杆长方向且经过球铰中心的一个纯力，因此单位传递力旋量为

$$\$_T = (\boldsymbol{f}_{12};\boldsymbol{a}\times\boldsymbol{f}_{12})$$

式中，$\boldsymbol{f}_{12}$ 为沿着随动杆 S_1S_2 杆长方向的单位矢量；$\boldsymbol{a}$ 为沿着驱动杆 RS_1 方向的矢量，它的模等于驱动杆杆长 a。

结合以上两式，可得该 RSS 支链的输入传递指标为

$$\lambda_{12} = \frac{|\$_T \circ \$_1|}{|\$_T \circ \$_1|_{\max}} = \frac{|(\boldsymbol{a}\times\boldsymbol{f}_{12})\cdot\boldsymbol{\omega}_{12}|}{|(\boldsymbol{a}\times\boldsymbol{f}_{12})\cdot\boldsymbol{\omega}_{12}|_{\max}} = \frac{|\boldsymbol{f}_{12}\cdot\boldsymbol{v}_{12}|}{|\boldsymbol{f}_{12}\cdot\boldsymbol{v}_{12}|_{\max}}$$

式中，$\boldsymbol{v}_{12}$ 为球铰 S_1 中心的单位速度矢量。

由于 $\boldsymbol{f}_{12}$ 和 $\boldsymbol{v}_{12}$ 均为单位矢量，故可将上式改写为

$$\lambda_{12} = \frac{|\boldsymbol{f}_{12}\cdot\boldsymbol{v}_{12}|}{|\boldsymbol{f}_{12}\cdot\boldsymbol{v}_{12}|_{\max}} = \frac{|\boldsymbol{f}_{12}\cdot\boldsymbol{v}_{12}|}{a} = |\cos\varphi|$$

由上式可看出，RSS 支链的输入传递指标只与力线矢 $\boldsymbol{f}_{12}$ 和球铰 S_1 中心速度矢量的夹角 φ（也称为逆压力角）有关，与所选参考坐标系的原点位置无关。

（2）输出传递指标　由于 n 自由度并联机构的所有传递力旋量都会对机构末端的输出运动产生一定的作用，故每个传递力旋量都有其对应的输出传递指标。类似地，第 i 个传递力旋量与输出运动旋量之间的能效系数为

$$\eta_i = \frac{|\$_{Ti} \circ \$_{Oi}|}{|\$_{Ti} \circ \$_{Oi}|_{\max}} \tag{4-65}$$

该指标反映了机构的第 i 个传递力旋量在动平台输出运动方向上的运动与力传递效率。η_i 的值越大，表示第 i 个传递力旋量对动平台的运动传递效率越高，同时意味着在给定外力的作用下，机构内部所需的传递力越小，也即机构在其输出运动旋量 $\$_{Oi}$ 的轴线方向上平衡外力的能力越强，或者说承载能力越大。

为了整体评价机构输出端的运动与力传递性能，定义机构的输出传递指标（Output Transmission Index，OTI）为

$$\gamma_O = \min\{\eta_i\} = \min\left\{\frac{|\$_{Ti} \circ \$_{Oi}|}{|\$_{Ti} \circ \$_{Oi}|_{\max}}\right\} \tag{4-66}$$

γ_O 的值越大，表示机构输出端的运动与力传递性能越好。同输入传递指标 γ_i 一样，γ_O 也是坐标系不变量，且取值范围是［0，1］。

【例 4-4】 计算 6-UPS Stewart 并联机构的输出传递指标。

解： 前面已求得 Stewart 平台的单位传递力旋量 $\$$ 以及与其相对应的单位输出运动旋量 $\$_{Oi}$，将其代入公式便可得出相应输出传递指标的求解公式。例如，与 $\$_{T1}$ 对应的输出传递

指标为

$$\eta_1=\frac{|\$_{T1}\circ\$_{O1}|}{|\$_{T1}\circ\$_{O1}|_{\max}}\frac{|(h_1+h_2)\cos\theta-d\sin\theta|}{\sqrt{(h_1+h_2)^2+d_{\max}^2}}\tag{4-67}$$

(3) 局部传递指标　还需要定义一个指标来评价整体的运动/力传递性能。

如果某个传递力旋量所对应的输入或输出传递性能指标等于或接近零，那么，该传递力旋量将无法传递或无法较好地传递相应的运动或力到机构的末端执行器，此时机构处于奇异位形或接近奇异位形。因此，为了让每个传递力旋量都具有较好的运动和力传递性能以使机构远离奇异位形，输入和输出传递指标的值越大越好。为此，定义 n 自由度的传递性能指标为

$$\gamma=\min\{\gamma_i,\gamma_O\}\tag{4-68}$$

由于输入和输出传递指标的值与机构所处的位形有关，即机构在不同的位形下，其输入和输出传递指标值的大小不同，故将 γ 称为局部传递指标（Local Transmission Index，LTI）。由于机构的输入和输出传递指标的取值范围均是［0，1］，且都与坐标系的选取无关，因此，局部传递性能指标的取值范围也是［0，1］，且与坐标系的选取无关。

4.5.4　力约束性能评价指标

1. 输入端运动/力约束性能指标

少自由度并联机构至少有一个欠约束的支链，即自由度数目小于 6 的支链，这意味着该支链至少包含一个约束力旋量。对机构的输入端进行约束特性分析的关键，就是寻找其中的约束力旋量和与之对应的受限运动旋量。

一般而言，支链的约束力旋量可以通过与支链所有许动运动旋量的互易关系求得，相对来说，对应的受限运动旋量的求解则不是那么直观。具体来说，约束力子空间基底中的第 i 个约束力旋量表示为 $\$_{Ci}$，对应的在受限运动子空间基底内的第 i 个受限运动旋量表示为 $\$_{Ri}$。

根据功率系数的概念，定义并联机构第 i 个支链中对应的第 j 个约束力旋量的运动/力约束性能指标为

$$\xi_{ij}=\frac{|\$_{Cij}\circ\$_{Rij}|}{|\$_{Cij}\circ\$_{Rij}|_{\max}}\tag{4-69}$$

该指标的取值范围为［0，1］，指标值越大，说明约束运动和力的效果越理想。根据“最坏工况”准则，定义并联机构的输入端运动/力约束性能指标（Input Constraint Index，ICI）为

$$k_I=\min\{\xi_{ij}\}=\min\left\{\frac{|\$_{Cij}\circ\$_{Rij}|}{|\$_{Cij}\circ\$_{Rij}|_{\max}}\right\}\tag{4-70}$$

2. 输出端运动/力约束性能指标

在少自由度并联机构中，由约束力旋量约束机构的受限自由度，可以理解为约束力在受限运动方向上做虚功的效果。若约束力旋量不能在受限运动方向上做虚功，则说明该运动方向未被约束住，机构的瞬时自由度将增加，即出现所谓的约束奇异。根据功率系数法，可求得输出端第 i 个约束力旋量对应的约束特性指标为

$$v_i=\frac{|\$_{Ci}\circ\Delta\$_{Oi}|}{|\$_{Ci}\circ\Delta\$_{Oi}|_{\max}}\tag{4-71}$$

如何求解$\Delta \$_{Oi}$是判定该指标能否使用的关键之一，此处运用“释放”约束的手段进行求解。具体来说，就是在保持所有驱动锁定的状态下“释放”一个约束力，此时，该并联机构将多出一个瞬时运动，此运动即为所求解的对应于释放的约束力旋量的输出受限运动旋量。由于约束力是机构的内力，在实际机构中，无法真正控制机构释放约束力，因此，该运动为假想的受限运动旋量方向上的微小变形，而非真实运动，故用$\Delta \$_{Oi}$表示

$$\begin{cases} \$_{Tk} \circ \Delta \$_{Oi} = 0 & (k = 1,2,\cdots,n) \\ \$_{Cj} \circ \Delta \$_{Oi} = 0 & (i,j = 1,2,\cdots,6-n \text{ 且 } i \neq j) \end{cases} \tag{4-72}$$

由式（4-72）可知，对于n自由度机构，可以求得（$6-n$）个受限运动旋量$\Delta \$_{Oi}$，它们之间的关系如下所述。

类似于输入端指标的定义，可以定义该机构的输出端运动/力约束指标（Output Constraint Index，OCI）为

$$k_O = \min\{v_i\} = \min\left\{\frac{|\$_{Ci} \circ \Delta \$_{Oi}|}{|\$_{Ci} \circ \Delta \$_{Oi}|_{\max}}\right\} \tag{4-73}$$

3. 整体运动/力约束性能指标

为了评价并联机构的整体约束性能，应同时考虑输入端和输出端的约束性能，取输入端和输出端约束性能指标的较小值作为整体运动/力约束性能指标（Total Constraint Index，TCI），即

$$k = \min\{k_I, k_O\} \tag{4-74}$$

由于ICI和OCI都与坐标系无关，且为归一化指标，因此，由式（4-74）定义的TCI指标也与坐标系无关，且取值范围也是［0，1］。TCI的值越大，说明机构整体的运动/力约束性能越好，越接近于完全约束（指标值为1）；反之，若TCI为0，则说明机构输入端或输出端的指标值为0，相应地出现了约束奇异状态。

习题

4-1　试推导曲柄摇杆机构的传动角与压力角通用计算公式及最大压力角（或最小传动角）计算公式。

4-2　假设用转动关节连接的连杆i处于静平衡状态，关节i处所受的力矩${}^i\boldsymbol{m}_i=(10,10,100)^{\mathrm{T}}$。求转动关节$i$处需要施加的平衡驱动力矩。

4-3　假设用移动关节连接的连杆i处于静平衡状态，关节i处所受的力${}^i\boldsymbol{f}_i=(10,10,100)^{\mathrm{T}}$。求移动关节$i$处需要施加的平衡驱动力。

4-4　试给出图4-10a所示PSS支链和图4-10b所示SPS支链的输入与输出评价指标。

4-5　试利用递推法推导图4-11所示平面2R机器人的静力平衡方程。

4-6　讨论平面2R机器人的静力雅可比矩阵。

4-7　讨论平面2R机器人的力椭球。设定杆长参数$l_1=\sqrt{2}\text{m}$，$l_{12}=1\text{m}$。

4-8　如图4-11所示平面2R机器人的末端施加一个静态操作力，该力在其末端坐标系下的表示为${}^3F$。不考虑重力和摩擦力的影响，求此时该机器人相对应的关节平衡力矩。

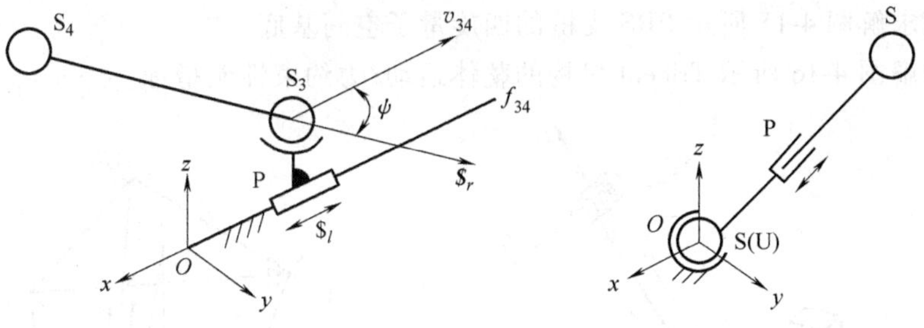

a) PSS支链　　b) SPS支链

图 4-10　习题 4-4 图

4-9　试推导图 4-12 所示平面 3-RRR 并联机器人的静刚度矩阵，假设驱动关节处的等效刚度相同（均为 k）。

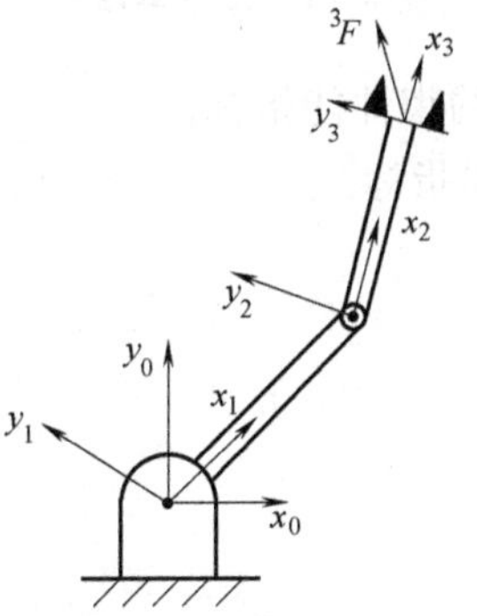

图 4-11　习题 4-5 图

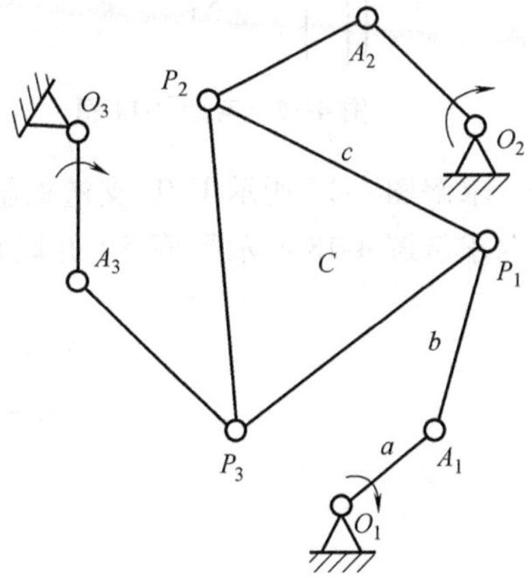

图 4-12　习题 4-9 图

4-10　讨论平面 3R 机器人的静力雅可比矩阵。

4-11　讨论 6-6 型 Stewart 平台的静力雅可比矩阵。

4-12　试给出图 4-13 所示球面 RRR 支链的输入与输出评价指标。

4-13　试求解图 4-14 所示 3-UPU 并联机构的运动/力传递性能和运动/力约束性能。

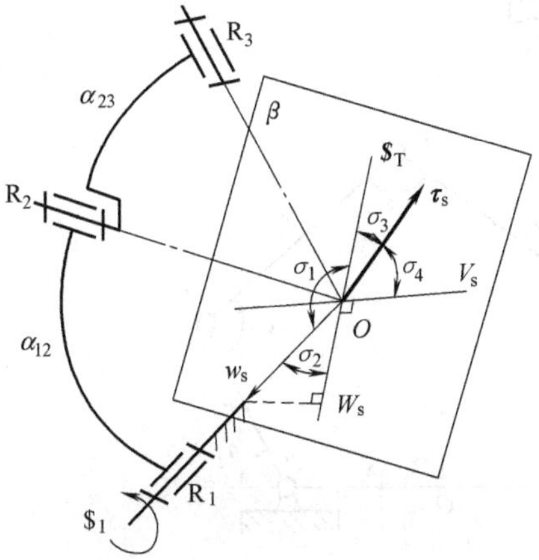

图 4-13　习题 4-12 图

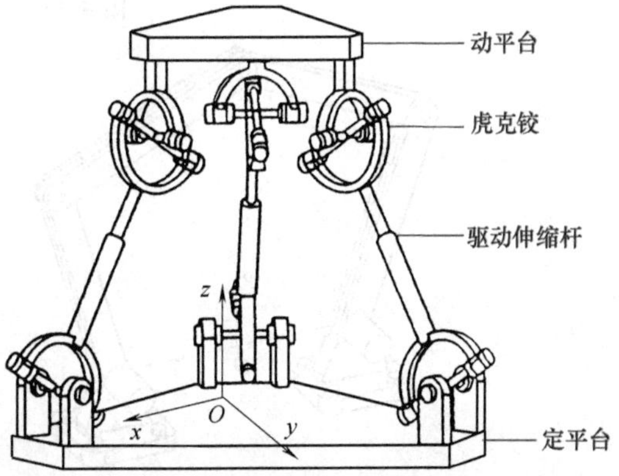

图 4-14　习题 4-13 图

4-14　试求解图 4-15 所示 PRS 支链的四旋量子空间基底。

4-15　求解图 4-16 所示 Tricept 机构的整体运动/力约束性能指标。

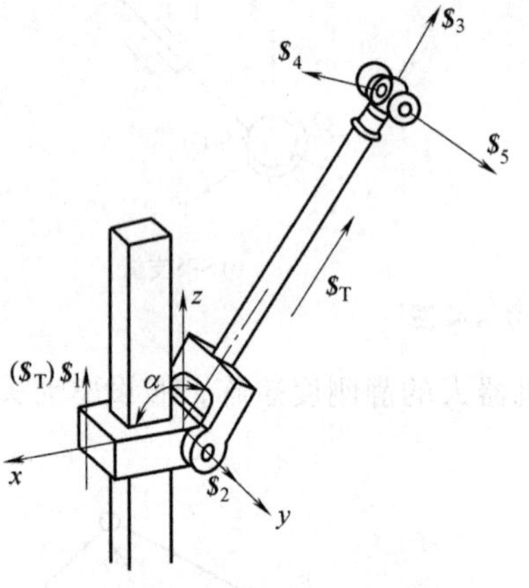

图 4-15　习题 4-14 图

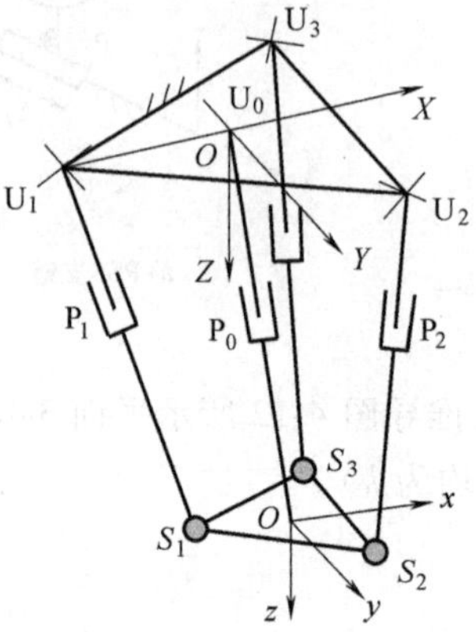

图 4-16　习题 4-15 图

4-16　求解图 4-17 所示 UPU 支链的输入端运动/力约束性能指标。

4-17　求解图 4-18 所示平面 5R 并联机构的局部传递指标。

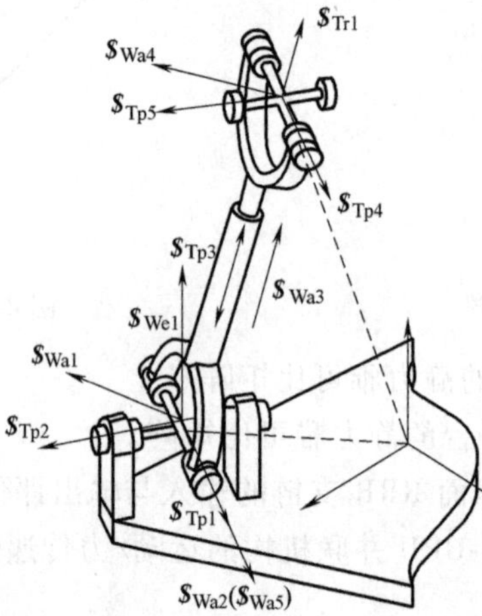

图 4-17　习题 4-16 图

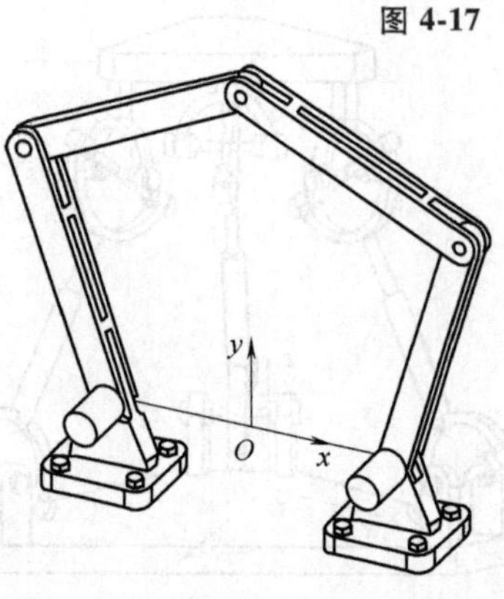

a) 三维模型

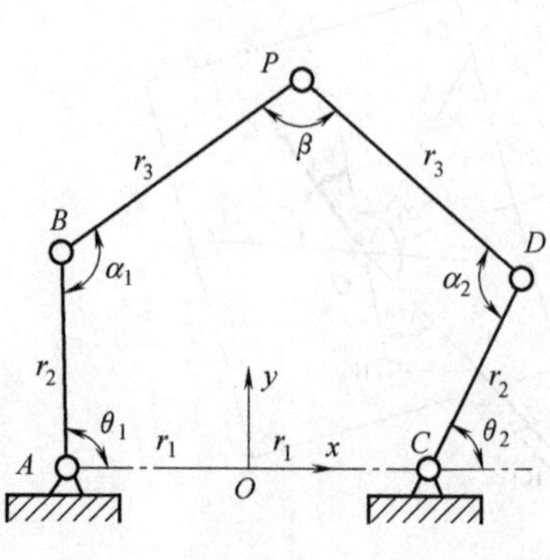

b) 机构示意图

图 4-18　习题 4-17 图

参考文献

[1] 刘海涛. 少自由度机器人机构一体化建模理论、方法及工程应用［D］. 天津：天津大学，2010.

[2] 梁顺攀. 五自由度冗余驱动并联机构性能分析与力/位混合控制研究［D］. 秦皇岛：燕山大学，2013.

[3] 于靖军，毕树生，宗光华. 空间全柔性机构位置分析的刚度矩阵法［J］. 北京航空航天大学学报，2002，28（3）：323-326.

[4] 曲海波. 冗余驱动并联机构的构型综合与伴随运动的消除［D］. 北京：北京交通大学，2013.

[5] 李秦川. 对称少自由度并联机器人型综合理论及新机型综合［D］. 秦皇岛：燕山大学，2003.

[6] 黄真. 并联机器人及其机构学理论［J］. 燕山大学学报，1998，22（1）：13-27.

[7] 黄真，赵永生，赵铁石. 高等空间机构学［M］. 2 版. 北京：高等教育出版社，2014.

[8] 邓亚玲，许煜，曲雅微. "机器人机构学"本科课程教学改革与探索［J］. 教育教学论坛，2023（2）：65-68.

[9] 张明路，李凡，吕晓玲，等. 被动自适应机器人机构学与运动机理研究［J］. 华中科技大学学报（自然科学版），2017，45（3）：46-50.

[10] 倪受东，袁祖强，文巨峰. 冗余度机器人机构学研究现状［J］. 南京工业大学学报（自然科学版），2002，24（4）：107-110.

[11] 杨廷力，沈惠平，刘安心，等. 机器人机构学理论进展的哲学思考与认识［J］. 常州工学院学报，2012，25（5）：1-8.

[12] 刘辛军，谢福贵，汪劲松. 并联机器人机构学基础［M］. 北京：高等教育出版社，2018.

[13] 胡杰，张铁. 基于 SCARA 机器人的运动学分析及关节解耦［J］. 机床与液压，2011，39（21）：28-31.

[14] 朱伟，马致远，沈惠平，等. 一种新型 SCARA 型并联机构运动学及优化设计［J］. 机械设计与研究，2019，35（3）：54-60.

[15] 刘文光，陈和恩，陈扬枝. 医用管道微机器人的研究进展［J］. 现代制造工程，2004（5）：14-16.

[16] 于靖军，毕树生，裴旭，等. 柔性设计：柔性机构的分析与综合［M］. 北京：高等教育出版社，2017.

[17] 贠远，徐青松，李杨民. 并联微操作机器人技术及应用进展［J］. 机械工程学报，2008，44（12）：12-23.

[18] 贾庆轩，魏秋霜，孙汉旭，等. 并联微动机器人的研究现状［J］. 山东理工大学学报（自然科学版），2003，17（6）：98-102.

[19] 赵杰. 空间柔性并联 3-DOF 微操作平台的设计与分析［D］. 天津：天津理工大学，2019.

[20] 冯超. 一种空间三自由度柔顺并联精密定位平台的设计与分析［D］. 太原：中北大学，2018.

[21] 楼向明，曹家鑫，梅江平，等. 高速重载码垛机器人静刚度分析［J］. 机械制造与自动化，2013，42（3）：158-161.

[22] 张小光，邓启超，许德章. 重载焊接机器人刚度与变形分析［J］. 滁州学院学报，2016，18（5）：78-81.

第 5 章 重载机器人动力学分析

相对运动学分析而言，机器人动力学分析较为复杂，而机器人动力学的研究却日益重要，尤其在对高速重载机器人的研究方面。重载机器人末端需要承受较大的负载，这直接影响到系统的惯性矩和转动惯量，导致动力学方程更加复杂。重载机器人在工作过程中，负载的动态变化（如摆动、振动）会引入额外的动力学效应，动力学模型通常包含强烈的非线性特性，因此，研究重载机器人的动力学问题非常重要，对动力学的分析与建模是机器人控制、结构设计和驱动器选型的基础。

机器人的动力学研究内容较多，最基本的问题之一是要建立机器人的动力学模型，即建立外力与运动学参数之间的关系式，揭示外力作用下机器人的真实运动规律。对机器人进行动力学建模的方法主要有拉格朗日法、牛顿-欧拉法、虚功原理和凯恩方程法等，本章以重载串联机器人为例，重点讨论拉格朗日法和牛顿-欧拉法两种建模方法。此外，对重载机器人动力学特性的分析也是本章要讨论的问题之一，可为结构的振动特性分析和优化设计提供依据，包括模态分析和动刚度分析等。一般模态分析方法有计算模态分析方法和试验模态分析方法两种，本章结合重载机器人实例介绍两种方法的原理及其应用。动刚度分析在控制结构变形、防止振动方面非常重要，本章将重点讨论对重载机器人的动刚度辨识方法。

5.1 组成构件的加速度

组成构件的加速度是在已知构件位置和速度的前提下，研究关节加速度与杆件加速度之间的关系。加速度分析是进行更复杂动力学分析的基础，尤其在重载条件下，机器人运动构件的惯性力会显著增加，快速的加速度变化也会导致结构产生较大的冲击和振动。因此，了解并精确计算构件加速度有助于后续计算惯性力和动态载荷，这对于评估整个系统的动力学行为至关重要。

5.1.1 构件的线速度

首先，计算机器人机构中组成构件的线速度，设坐标系 $\{B\}$ 与某一构件固连，坐标系 $\{A\}$ 是固定的参考坐标系，现构件上任一点 P 的速度可以用 $^{B}\boldsymbol{P}$ 相对于坐标系 $\{A\}$ 的运动来描述，如图 5-1 所示。

坐标系 $\{B\}$ 相对于坐标系 $\{A\}$ 的位姿可用位置矢量 $^{A}\boldsymbol{P}_{BO}$ 和旋转矩阵 $^{A}_{B}\boldsymbol{R}$ 来描述。此

时，假定方向 ${}_B^A\boldsymbol{R}$ 不随时间变化，即点 P 相对于坐标系｛A｝的运动是由于 ${}^A\boldsymbol{P}_{BO}$ 或 ${}^B\boldsymbol{P}$ 随时间的变化引起的。此时，坐标系｛A｝中的点 P 的线速度为两个速度分量的求和，即

$$ {}^A\boldsymbol{V}_P = {}^A\boldsymbol{V}_{BO} + {}_B^A\boldsymbol{R}\,{}^B\boldsymbol{V}_P \tag{5-1} $$

式（5-1）只适用于坐标系｛B｝和坐标系｛A｝的姿态保持不变的情况。

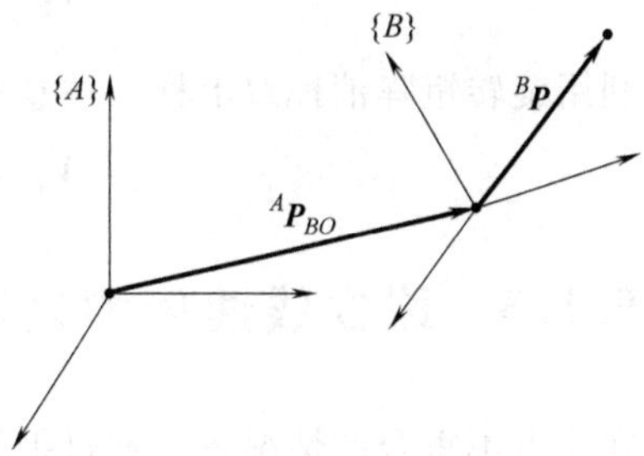

图 5-1　坐标系｛B｝以速度 ${}^A\boldsymbol{P}_{BO}$ 相对于坐标系｛A｝平移

5.1.2　构件的角速度

当两坐标系的原点重合、相对线速度为零，而坐标系｛B｝相对于坐标系｛A｝的方向随时间变化时，如图 5-2 所示，｛B｝相对于｛A｝旋转速度用矢量 ${}^A\boldsymbol{\omega}_B$ 来表示。已知矢量 ${}^B\boldsymbol{P}$ 确定了坐标系｛B｝中一个固定点的位置。现在，从坐标系｛A｝看固定在坐标系｛B｝中的矢量，如果该系统是转动的，这个矢量如何随时间变化？

从坐标系｛B｝看矢量 ${}^B\boldsymbol{P}$ 是速度不变的，即

$$ {}^B\boldsymbol{V}_P = 0 \tag{5-2} $$

尽管它相对于坐标系｛B｝不变，但是从坐标系｛A｝中看点 P 是有速度的，这个速度是由于旋转角速度 ${}^A\boldsymbol{\omega}_B$ 引起的。为求点 P 的速度，可用如下一种直观的方法求解。图 5-3 所示的 $P(t)$ 和 $P(t+\Delta t)$ 是两个瞬时量，表示矢量 $\boldsymbol{P}$ 绕 ${}^A\boldsymbol{\omega}_B$ 旋转。这是从坐标系｛A｝中观测到的。

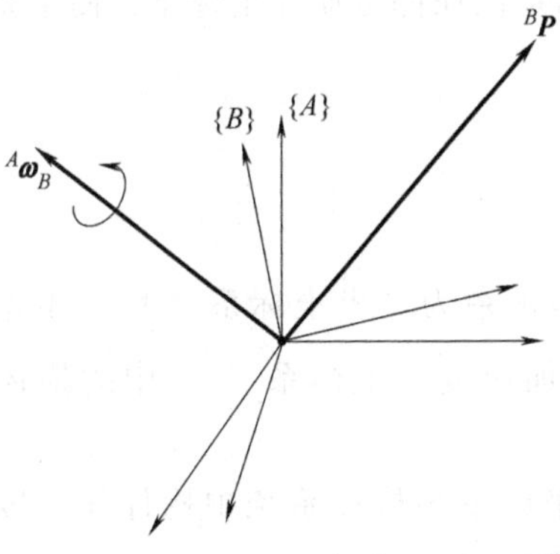

图 5-2　固定在坐标系｛B｝中的矢量 ${}^B\boldsymbol{P}$ 以角速度 ${}^A\boldsymbol{\omega}_B$ 相对于坐标系｛A｝旋转

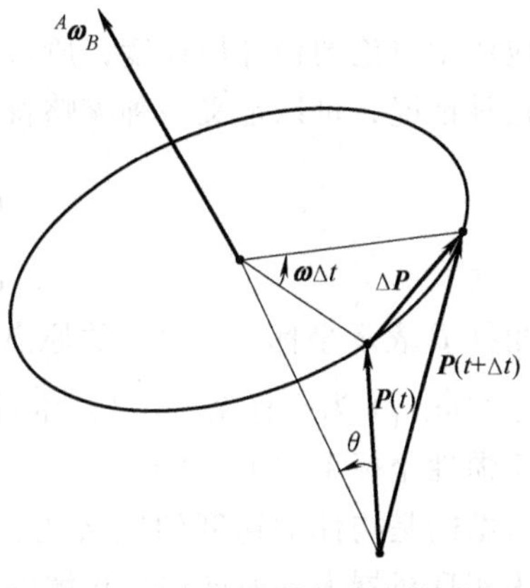

图 5-3　由角速度引起的点的速度

下面，计算这个从坐标系｛A｝中观测到的矢量的方向和大小变化。显然 ${}^A\boldsymbol{P}$ 的微分增量一定垂直于 ${}^A\boldsymbol{\omega}_B$ 和 ${}^A\boldsymbol{P}$，并且微分增量的大小为

$$ |\Delta\boldsymbol{P}| = (|{}^A\boldsymbol{P}|\sin\theta)(|{}^A\boldsymbol{\omega}_B|\Delta t) \tag{5-3} $$

有了大小和方向这些条件即可得到矢量叉积。这些矢量的大小和方向满足

$$ {}^A\boldsymbol{V}_P = {}^A\boldsymbol{\omega}_B \times {}^A\boldsymbol{P} \tag{5-4} $$

在一般情况下，矢量 $\boldsymbol{P}$ 是相对于坐标系｛B｝变化的，因此要加上此分量，得

$$^{A}\boldsymbol{V}_{P}={}^{A}({}^{B}\boldsymbol{V}_{P})+{}^{A}\boldsymbol{\omega}_{B}\times{}^{A}\boldsymbol{P} \tag{5-5}$$

利用旋转矩阵消掉双上标，注意在任一瞬时矢量$^{A}\boldsymbol{P}$的描述为$^{A}_{B}\boldsymbol{R}^{B}\boldsymbol{P}$，最后得到

$$^{A}\boldsymbol{V}_{P}={}^{A}_{B}\boldsymbol{R}^{B}\boldsymbol{V}_{P}+{}^{A}\boldsymbol{\omega}_{B}\times{}^{A}_{B}\boldsymbol{R}^{B}\boldsymbol{P} \tag{5-6}$$

5.1.3 联立线速度和角速度

在原点不重合的情况下，通过把原点的线速度加到式（5-6）中去，可以得到相对于坐标系{A}的坐标系{B}中的固定矢量的速度普遍公式，即

$$^{A}\boldsymbol{V}_{P}={}^{A}\boldsymbol{V}_{BO}+{}^{A}_{B}\boldsymbol{R}^{B}\boldsymbol{V}_{P}+{}^{A}\boldsymbol{\omega}_{B}\times{}^{A}_{B}\boldsymbol{R}^{B}\boldsymbol{P} \tag{5-7}$$

式（5-7）是关于从固定坐标系观测运动坐标系中的矢量导数的最终结果。

5.1.4 构件的加速度

一般情况下，直接对构件线速度和角速度求导即可得到线加速度和角加速度。构件的线加速度可表示成其所对应的线速度矢量的导数，即

$$^{A}\dot{\boldsymbol{V}}_{P}=\frac{\mathrm{d}}{\mathrm{d}t}({}^{A}\boldsymbol{V}_{P})=\lim_{\Delta t\to 0}\frac{{}^{A}\boldsymbol{V}_{P}(t+\Delta t)-{}^{A}\boldsymbol{V}_{P}(t)}{\Delta t} \tag{5-8}$$

类似地，角加速度矢量的导数可写成

$$^{A}\dot{\boldsymbol{\omega}}_{P}=\frac{\mathrm{d}}{\mathrm{d}t}({}^{A}\boldsymbol{\omega}_{P})=\lim_{\Delta t\to 0}\frac{{}^{A}\boldsymbol{\omega}_{P}(t+\Delta t)-{}^{A}\boldsymbol{\omega}_{P}(t)}{\Delta t} \tag{5-9}$$

实际应用中讨论的构件加速度，所参考的坐标系往往都是惯性坐标系，而不是任意坐标系。对于这种情况，可以定义一种缩略符号

$$\dot{\boldsymbol{v}}_{B}={}^{A}\dot{\boldsymbol{V}}_{BO} \tag{5-10}$$

$$\dot{\boldsymbol{\omega}}_{B}={}^{A}\dot{\boldsymbol{\omega}}_{B} \tag{5-11}$$

式中，下角标B表示坐标系{B}的原点，参考坐标系为世界坐标系{A}。本章后面经常看到的$^{i}\dot{\boldsymbol{v}}_{i+1}$（$^{i}\dot{\boldsymbol{\omega}}_{i+1}$）为坐标系{$i$+1}的线（角）加速度在坐标系{$i$}中的描述（尽管求导是相对于惯性坐标系{$A$}进行的）。

以上所给的是构件加速度的定义式。下面再来讨论多构件系统中构件加速度的求解公式，以作为实现机器人加速度递推求解的理论基础。

下面讨论构件线加速度。在一般构件运动情况下，构件速度基于两个参考坐标系的通用表达式，见式（5-7），对其求导得

$$^{A}\dot{\boldsymbol{V}}_{P}={}^{A}\dot{\boldsymbol{V}}_{BO}+{}^{A}_{B}\dot{\boldsymbol{R}}^{B}\boldsymbol{V}_{P}+{}^{A}_{B}\boldsymbol{R}^{B}\dot{\boldsymbol{V}}_{P}+{}^{A}\dot{\boldsymbol{\omega}}_{B}\times({}^{A}_{B}\boldsymbol{R}^{B}\boldsymbol{P})+{}^{A}\boldsymbol{\omega}_{B}\times({}^{A}_{B}\dot{\boldsymbol{R}}^{B}\boldsymbol{P})+{}^{A}\boldsymbol{\omega}_{B}\times({}^{A}_{B}\boldsymbol{R}^{B}\dot{\boldsymbol{P}}) \tag{5-12}$$

由于

$$^{A}_{B}\dot{\boldsymbol{R}}={}^{A}\boldsymbol{\omega}_{B}\times{}^{A}_{B}\boldsymbol{R},\quad {}^{B}\dot{\boldsymbol{P}}={}^{B}\boldsymbol{V}_{P} \tag{5-13}$$

将式（5-13）代入式（5-12），得

$$
\begin{aligned}
{}^{A}\dot{\boldsymbol{V}}_{P} &= {}^{A}\dot{\boldsymbol{V}}_{BO} + {}^{A}\boldsymbol{\omega}_{B} \times ({}_{B}^{A}\boldsymbol{R}^{B}\boldsymbol{V}_{P}) + {}_{B}^{A}\boldsymbol{R}^{B}\dot{\boldsymbol{V}}_{P} + {}^{A}\dot{\boldsymbol{\omega}}_{B} \times ({}_{B}^{A}\boldsymbol{R}^{B}\boldsymbol{P}) + {}^{A}\boldsymbol{\omega}_{B} \times ({}^{A}\boldsymbol{\omega}_{B} \times {}_{B}^{A}\boldsymbol{R}^{B}\boldsymbol{P}) + \\
&\quad {}^{A}\boldsymbol{\omega}_{B} \times ({}_{B}^{A}\boldsymbol{R}^{B}\boldsymbol{V}_{P}) \\
&= \underbrace{{}^{A}\dot{\boldsymbol{V}}_{BO} + {}_{B}^{A}\boldsymbol{R}^{B}\dot{\boldsymbol{V}}_{P}}_{\text{线加速度}} + \underbrace{2\,{}^{A}\boldsymbol{\omega}_{B} \times ({}_{B}^{A}\boldsymbol{R}^{B}\boldsymbol{V}_{P})}_{\text{科氏加速度}} + \underbrace{{}^{A}\dot{\boldsymbol{\omega}}_{B} \times ({}_{B}^{A}\boldsymbol{R}^{B}\boldsymbol{P})}_{\text{欧拉加速度}} + \underbrace{{}^{A}\boldsymbol{\omega}_{B} \times ({}^{A}\boldsymbol{\omega}_{B} \times {}_{B}^{A}\boldsymbol{R}^{B}\boldsymbol{P})}_{\text{向心加速度}}
\end{aligned}
\tag{5-14}
$$

当${}^{B}\boldsymbol{P}$是常量时，

$$
{}^{B}\boldsymbol{V}_{P} = {}^{B}\dot{\boldsymbol{V}}_{P} = 0 \tag{5-15}
$$

式（5-14）可简化为

$$
{}^{A}\dot{\boldsymbol{V}}_{P} = {}^{A}\dot{\boldsymbol{V}}_{BO} + {}^{A}\dot{\boldsymbol{\omega}}_{B} \times ({}_{B}^{A}\boldsymbol{R}^{B}\boldsymbol{P}) + {}^{A}\boldsymbol{\omega}_{B} \times ({}^{A}\boldsymbol{\omega}_{B} \times {}_{B}^{A}\boldsymbol{R}^{B}\boldsymbol{P}) \tag{5-16}
$$

再来讨论构件角加速度。假设坐标系 $\{B\}$ 以角速度${}^{A}\boldsymbol{\omega}_{B}$ 相对于坐标系 $\{A\}$ 转动，坐标系 $\{C\}$ 以角速度${}^{B}\boldsymbol{\omega}_{A}$ 相对于坐标系 $\{B\}$ 转动，则坐标系 $\{C\}$ 相对于坐标系 $\{A\}$ 的角速度可以通过矢量相加得到，即

$$
{}^{A}\boldsymbol{\omega}_{C} = {}^{A}\boldsymbol{\omega}_{B} + {}_{B}^{A}\boldsymbol{R}^{B}\boldsymbol{\omega}_{C} \tag{5-17}
$$

式（5-17）对时间求导，得

$$
{}^{A}\dot{\boldsymbol{\omega}}_{C} = {}^{A}\dot{\boldsymbol{\omega}}_{B} + {}_{B}^{A}\boldsymbol{R}^{B}\dot{\boldsymbol{\omega}}_{C} + {}_{B}^{A}\dot{\boldsymbol{R}}^{B}\boldsymbol{\omega}_{C} \tag{5-18}
$$

由于 ${}_{B}^{A}\dot{\boldsymbol{R}} = {}^{A}\boldsymbol{\omega}_{B} \times {}_{B}^{A}\boldsymbol{R}$，代入式（5-18）得

$$
{}^{A}\dot{\boldsymbol{\omega}}_{C} = {}^{A}\dot{\boldsymbol{\omega}}_{B} + {}_{B}^{A}\boldsymbol{R}^{B}\dot{\boldsymbol{\omega}}_{C} + {}^{A}\boldsymbol{\omega}_{B} \times ({}_{B}^{A}\boldsymbol{R}^{B}\boldsymbol{\omega}_{C}) \tag{5-19}
$$

式（5-16）常用于串联机器人的连杆线加速度求解，而式（5-19）常用于串联机器人的连杆角加速度求解。

5.2 组成构件的惯性

对构成一个机器人系统所有构件的惯性属性进行分析是动力学分析的基础，对重载机器人而言，系统运行过程中惯性力会显著增加，对机器人的动态响应和稳定性构成巨大挑战，影响其动态性能优化和结构优化，因此，对组成重载机器人的各个构件的惯性分析是确保机器人高效、稳定和安全运行的基础。这里重点讨论质量与质心、转动惯量与惯性张量、惯性矩与惯性积等与构件惯性有关的基本概念。

5.2.1 质量与质心

由理论力学的知识可知，刚体可看作是由若干个刚性连接的质点组成的质点系。其中，质点 i 的质量记为 m_i，$\boldsymbol{r}_i = (x_i, y_i, z_i)^{\mathrm{T}}$ 为该质点相对参考坐标系原点的矢径，如图 5-4a 所示。这时，刚体的质量为

$$
m = \sum_{i} m_i \tag{5-20}
$$

或者如图 5-4b 所示，令 $V \in R^3$ 表示刚体的体积，$\rho(\boldsymbol{r})(\rho \in V)$ 表示刚体的密度，若刚体由各

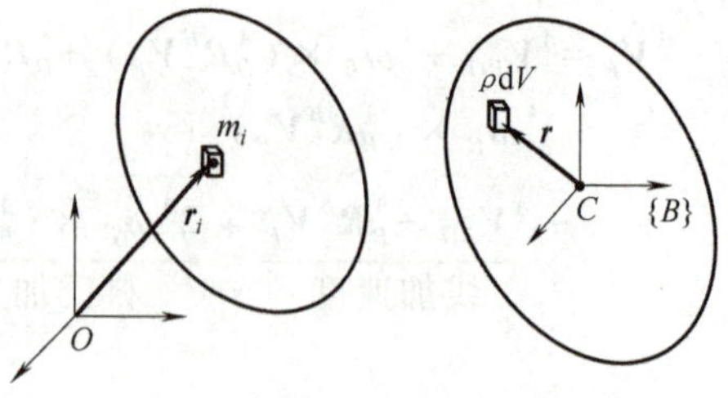

图 5-4　刚体的质量与质心

向同性的材料（质量均匀分布）组成，则 $\rho(\boldsymbol{r})=\rho$ 是个常值（本章只涉及此类情况）。这时，刚体的质量可以表示成

$$m=\int_V \rho \mathrm{d}V \tag{5-21}$$

在刚体的质心处，应满足

$$m\bar{\boldsymbol{r}}=\left(\sum_i m_i\right)\bar{\boldsymbol{r}}=\sum_i m_i\bar{\boldsymbol{r}}_i \tag{5-22}$$

由此可确定质心的位置，即质心的矢径满足

$$\bar{\boldsymbol{r}}=\frac{1}{m}\sum_i m_i\bar{\boldsymbol{r}}_i \tag{5-23}$$

因此，当参考坐标系的原点取在质心的位置时，有

$$\bar{\boldsymbol{r}}=\sum_i m_i\boldsymbol{r}_i=0 \tag{5-24}$$

5.2.2　转动惯量与惯性张量

转动惯量是刚体转动时惯性的度量，刚体对任意轴 z 的转动惯量定义为

$$\boldsymbol{J}_z=\sum_{i=1}^{n} m_i\boldsymbol{r}_i^2 \tag{5-25}$$

转动惯量的大小不仅与质量大小有关，而且与质量的分布情况有关，在国际单位制中其单位为 $\mathrm{kg\cdot m^2}$。不同形状刚体转动惯量的计算公式不同，均质刚体的转动惯量见表 5-1。

表 5-1　均质刚体的转动惯量

刚体类型	转动惯量	说明
细长均质杆（杆长为 l，质量为 m）	$I=\frac{1}{12}ml^2$	转轴通过杆的中心且垂直于杆
	$I=\frac{1}{3}ml^2$	转轴通过杆的端点且垂直于杆
均质圆盘（圆盘半径为 r，质量为 m）	$I=\frac{1}{2}mr^2$	转轴垂直于圆盘面并通过圆心
	$I=\frac{3}{2}mr^2$	转轴垂直于圆盘面并通过圆盘边缘
空心圆柱（圆柱半径为 r，质量为 m，忽略壁厚）	$I=mr^2$	转轴通过圆柱的轴线
实心圆球（圆球半径为 r，质量为 m）	$I=\frac{2}{5}mr^2$	转轴通过圆球的任意直径
空心圆球（圆球半径为 r，质量为 m，忽略壁厚）	$I=\frac{2}{3}mr^2$	转轴通过圆球的任意直径
均质矩形板（矩形板长为 a，宽为 b，质量为 m）	$I=\frac{1}{12}m(a^2+b^2)$	转轴通过矩形板的中心且垂直于板面
	$I=\frac{1}{3}ma^2$	转轴通过矩形板的宽所在边

惯性张量是表示刚体相对于某一坐标系的质量分布的二阶矩阵，是由表示刚体质量分布的惯性矩和惯性积组成的。

惯性矩也称为面积惯性矩，是刚体的质量微元与其到某坐标轴距离平方乘积的积分，表示刚体抵抗扭动、扭转的能力，通常表示截面抗弯曲能力。

图 5-5 所示的均质刚体，绕 x、y、z 轴的惯性矩定义为

$$\begin{cases} I_{xx}=\iiint_V (y^2+z^2)\rho \mathrm{d}V=\iiint_m (y^2+z^2)\mathrm{d}m \\ I_{yy}=\iiint_V (x^2+z^2)\rho \mathrm{d}V=\iiint_m (x^2+z^2)\mathrm{d}m \\ I_{zz}=\iiint_V (y^2+x^2)\rho \mathrm{d}V=\iiint_m (y^2+x^2)\mathrm{d}m \end{cases} \tag{5-26}$$

式中，ρ 为刚体的密度；$\mathrm{d}m=\rho\mathrm{d}V$ 为体积微元的质量。

惯性积也称为质量惯性积，是刚体的质量微元与两个直角坐标乘积的积分总和。均质刚体的惯性积定义为

$$\begin{cases} I_{xy}=\iiint_V xy\rho \mathrm{d}V=\iiint_m xy\mathrm{d}m \\ I_{yz}=\iiint_V yz\rho \mathrm{d}V=\iiint_m yz\mathrm{d}m \\ I_{zx}=\iiint_V zx\rho \mathrm{d}V=\iiint_m zx\mathrm{d}m \end{cases} \tag{5-27}$$

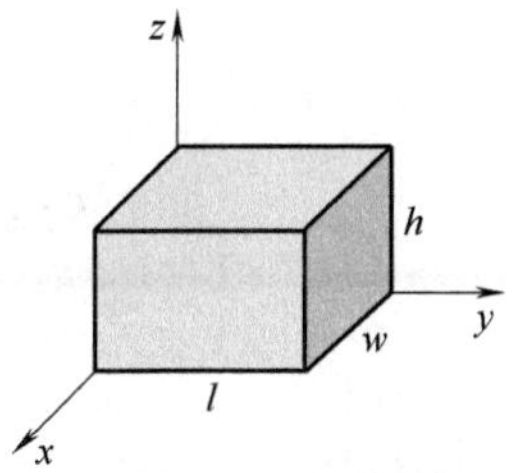

图 5-5　均质刚体在坐标系中的表示

对于给定的刚体，惯性积的值与参考坐标系的位置及方向有关，如果选择的坐标系合适，可使惯性积的值为零。当相对于某一坐标轴的惯性积为零时，该坐标轴称为惯性主轴或主轴。很显然，如果刚体本身具有几何对称性，那么它的对称轴就是它的惯性主轴。但是，即使是完全没有任何对称性的刚体也是存在惯性主轴的。

惯性张量是描述刚体做定点转动时转动惯性的一种度量，描述了刚体的质量分布，用包含惯性矩与惯性积的 9 个分量构成的对称矩阵表示。以坐标系 $\{A\}$ 为参考系，刚体相对于参考系 $\{A\}$ 的惯性张量定义为

$$^{A}\boldsymbol{I}=\begin{pmatrix} I_{xx} & -I_{xy} & -I_{xz} \\ -I_{xy} & I_{yy} & -I_{yz} \\ -I_{xz} & -I_{yz} & I_{zz} \end{pmatrix} \tag{5-28}$$

惯性张量跟坐标系的选取有关，若选取的坐标系使各惯性积为零，则此坐标系下的惯性张量是对角型的，此坐标系的各坐标轴称为惯性主轴。

与惯性张量不同，转动惯量是表示刚体绕定轴转动时转动惯性的一种度量。在经典力学中，转动惯量又称为质量惯性矩，用 $J=mr^2$ 表示，式中，m 为质点的质量；r 为质点到转轴的距离。刚体做定点转动的力学情况要比绕定轴转动复杂。

【例 5-1】　已知均质杆为长方体，质量为 m，长度为 l，宽度为 w，高为 h，分别在杆的质心处和某个顶点处建立参考坐标系，坐标轴沿杆的主轴方向，如图 5-6 所示。分别求质心 C 处和顶点 A 处的惯性矩阵。

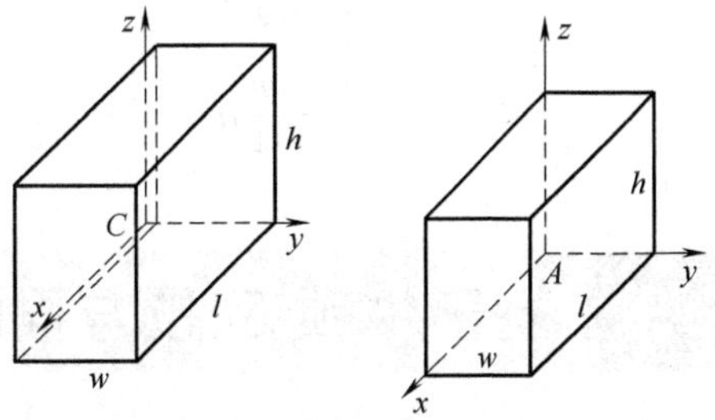

a) 参考坐标系原点在质心C处　b) 参考坐标系原点在顶点A处

图 5-6　长方体的广义惯性矩阵

解： 首先计算参考坐标系原点在质心 C 处的惯性矩阵。根据定义式可得

$$^{C}I_{xx} = \int_V \rho(y^2+z^2)\,\mathrm{d}V = \int_{-h/2}^{h/2}\int_{-w/2}^{w/2}\int_{-l/2}^{l/2} \frac{m}{lwh}(y^2+z^2)\,\mathrm{d}x\mathrm{d}y\mathrm{d}z = \frac{m}{12}(w^2+h^2)$$

$$^{C}I_{yy} = \int_V \rho(x^2+z^2)\,\mathrm{d}V = \int_{-h/2}^{h/2}\int_{-w/2}^{w/2}\int_{-l/2}^{l/2} \frac{m}{lwh}(x^2+z^2)\,\mathrm{d}x\mathrm{d}y\mathrm{d}z = \frac{m}{12}(l^2+h^2)$$

$$^{C}I_{zz} = \int_V \rho(x^2+y^2)\,\mathrm{d}V = \int_{-h/2}^{h/2}\int_{-w/2}^{w/2}\int_{-l/2}^{l/2} \frac{m}{lwh}(x^2+y^2)\,\mathrm{d}x\mathrm{d}y\mathrm{d}z = \frac{m}{12}(l^2+w^2)$$

$$^{C}I_{xy} = \int_V \rho xy\,\mathrm{d}V = -\int_{-h/2}^{h/2}\int_{-w/2}^{w/2}\int_{-l/2}^{l/2} \frac{m}{lwh} xy\,\mathrm{d}x\mathrm{d}y\mathrm{d}z = 0$$

同理，$^{C}I_{xz} = {}^{C}I_{yz} = 0$。因此，质心 C 处的惯性矩阵为

$$^{C}\boldsymbol{I} = \begin{pmatrix} \frac{m}{12}(w^2+h^2) & 0 & 0 \\ 0 & \frac{m}{12}(l^2+h^2) & 0 \\ 0 & 0 & \frac{m}{12}(l^2+w^2) \end{pmatrix}$$

再计算参考坐标系原点在顶点 A 处的惯性矩阵。同样的根据定义式可得

$$^{A}I_{xx} = \int_V \rho(y^2+z^2)\,\mathrm{d}V = \int_0^h\int_0^w\int_0^l \frac{m}{lwh}(y^2+z^2)\,\mathrm{d}x\mathrm{d}y\mathrm{d}z = \frac{m}{3}(w^2+h^2)$$

$$^{A}I_{yy} = \int_V \rho(x^2+z^2)\,\mathrm{d}V = \int_0^h\int_0^w\int_0^l \frac{m}{lwh}(x^2+z^2)\,\mathrm{d}x\mathrm{d}y\mathrm{d}z = \frac{m}{3}(l^2+h^2)$$

$$^{A}I_{zz} = \int_V \rho(x^2+y^2)\,\mathrm{d}V = \int_0^h\int_0^w\int_0^l \frac{m}{lwh}(x^2+y^2)\,\mathrm{d}x\mathrm{d}y\mathrm{d}z = \frac{m}{3}(l^2+w^2)$$

$$^{A}I_{xy} = \int_V \rho xy\,\mathrm{d}V = \int_0^h\int_0^w\int_0^l \frac{m}{lwh} xy\,\mathrm{d}x\mathrm{d}y\mathrm{d}z = \frac{m}{4}lw$$

$$^{A}I_{yz} = \int_V \rho yz\,\mathrm{d}V = \int_0^h\int_0^w\int_0^l \frac{m}{lwh} yz\,\mathrm{d}x\mathrm{d}y\mathrm{d}z = \frac{m}{4}wh$$

$$^{A}I_{xz} = \int_V \rho xz\,\mathrm{d}V = \int_0^h\int_0^w\int_0^l \frac{m}{lwh} xz\,\mathrm{d}x\mathrm{d}y\mathrm{d}z = \frac{m}{4}lh$$

因此，顶点 A 处的惯性矩阵为

$$^{A}\boldsymbol{I} = \begin{pmatrix} \frac{m}{3}(w^2+h^2) & -\frac{m}{4}wl & -\frac{m}{4}lh \\ -\frac{m}{4}wl & \frac{m}{3}(l^2+h^2) & -\frac{m}{4}hw \\ -\frac{m}{4}lh & -\frac{m}{4}hw & \frac{m}{3}(l^2+w^2) \end{pmatrix}$$

5.3 基于牛顿-欧拉方程的动力学建模

牛顿-欧拉方程是基于矢量力学的动力学建模方法，基于速度和加速度及力/力矩的传递关系，采用递推算法进行求解，是一种解决动力学问题的力平衡方法。该方法分析了系统中

每个构件的受力情况，表达了系统完整的受力关系，因此，物理意义明确，对于构件数目较少时，计算量较小，但是随着构件数目的增多，方程数目会增加，会导致计算量增大，影响计算效率。

5.3.1　牛顿方程和欧拉方程

任意刚体的运动可分解为质心的平动与绕质心的转动，质心的平动可用牛顿方程描述，绕质心的转动可用欧拉方程描述。

牛顿第二运动定律指出了力、加速度、质量三者之间的关系：物体加速度的大小跟作用力成正比，跟物体的质量成反比，加速度的方向跟作用力的方向相同。

如图 5-7 所示，对于质量为 m 的刚性连杆，力 $\boldsymbol{F}_C$ 作用在连杆质心上使它做直线运动，依据牛顿第二运动定律，可建立如下力平衡方程（牛顿方程）：

$$\boldsymbol{F}_C = m\dot{\boldsymbol{v}}_C \tag{5-29}$$

式中，$\dot{\boldsymbol{v}}_C$ 为连杆质心的线加速度。

欧拉方程是欧拉运动定律的定量描述，而欧拉运动定律是牛顿运动定律的延伸，在牛顿运动定律发表超过半个世纪后，1750 年欧拉提出了欧拉方程。欧拉方程是建立在角动量定理的基础上描述刚体旋转运动时所受外力矩与角速度、角加速度之间的关系。

如图 5-8 所示，对于绕质心旋转角速度为 $\boldsymbol{\omega}$，角加速度为 $\dot{\boldsymbol{\omega}}$ 的刚性连杆，可以采用欧拉方程建立如下的力矩平衡方程：

$$\boldsymbol{N}_C = {}^C\boldsymbol{I}\dot{\boldsymbol{\omega}} + \boldsymbol{\omega} \times {}^C\boldsymbol{I}\boldsymbol{\omega} \tag{5-30}$$

式中，$\boldsymbol{N}_C$ 为作用在连杆质心上的合外力矩；${}^C\boldsymbol{I}$ 为连杆在质心坐标系 $\{C\}$ 中的惯性张量，质心坐标系 $\{C\}$ 的原点位于刚体的质心。

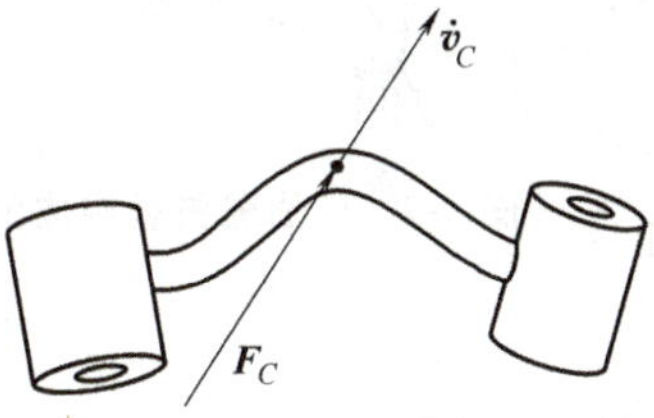

图 5-7　力 F_C 作用在刚体质心

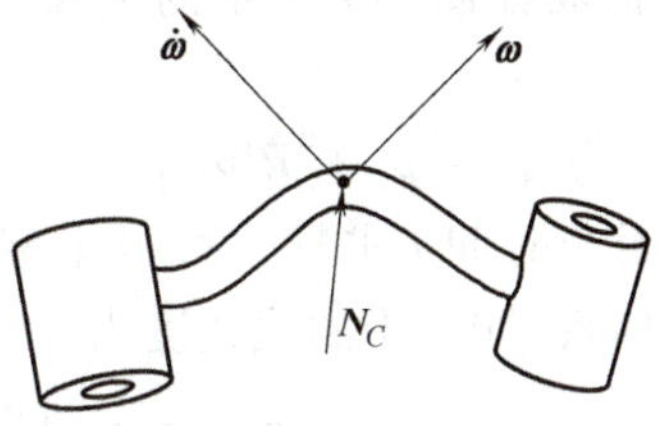

图 5-8　力矩 N_C 作用在刚体质心

需要注意的是，刚体绕定轴转动时，角速度矢量 $\boldsymbol{\omega}$ 和角加速度矢量 $\dot{\boldsymbol{\omega}}$ 都是绕着固定轴线的；刚体绕定点运动时，角速度矢量 $\boldsymbol{\omega}$ 的大小和方向都在不断变化，角加速度矢量 $\dot{\boldsymbol{\omega}}$ 的方向是沿着 $\boldsymbol{\omega}$ 的矢量曲线的切线。一般情况下，角加速度矢量 $\dot{\boldsymbol{\omega}}$ 与角速度矢量 $\boldsymbol{\omega}$ 不重合。

式（5-29）和式（5-30）组合起来称为牛顿-欧拉方程，它是牛顿-欧拉动力学方法的基础。

5.3.2　递推算法

如果已知机器人关节的位置、速度和加速度以及机器人的运动学和质量分布信息，可以采用牛顿-欧拉动力学方法求出关节需要提供的驱动力/力矩。牛顿-欧拉动力学方法主要包括速度和加速度的递推计算及力和力矩的递推计算两个步骤。

1. 速度和加速度的外推公式

对于一个具有 n 个关节的机器人，采用牛顿-欧拉方程计算作用在连杆上的惯性力/力矩，需要知道任意时刻连杆质心的线加速度、绕质心的角速度和角加速度。这里采用一种递推的方式，从连杆 1 开始向外递推，直到连杆 n，依次计算出需要的速度和加速度。

假设已知连杆 i 在连杆坐标系 $\{i\}$ 中的角速度 ${}^i\boldsymbol{\omega}_i$，则连杆 $i+1$ 在连杆坐标系 $\{i+1\}$ 中的角速度为

$$
{}^{i+1}\boldsymbol{\omega}_{i+1}=\begin{cases}{}^{i+1}_{i}\boldsymbol{R}\,{}^{i}\boldsymbol{\omega}_{i}+\dot{\boldsymbol{\theta}}_{i+1}\,{}^{i+1}\boldsymbol{Z}_{i+1} & （关节\ i+1\ 为转动关节）\\ {}^{i+1}_{i}\boldsymbol{R}\,{}^{i}\boldsymbol{\omega}_{i} & （关节\ i+1\ 为移动关节）\end{cases} \tag{5-31}
$$

式中，$\dot{\boldsymbol{\theta}}_{i+1}$ 为关节 $i+1$ 的转动速度；${}^{i+1}\boldsymbol{Z}_{i+1}$ 为连杆坐标系 $\{i+1\}$ 中 z 轴的矢量表达。

式（5-31）相对于时间 t 求导，可得连杆 $i+1$ 在坐标系 $\{i+1\}$ 中的角加速度为

$$
{}^{i+1}\dot{\boldsymbol{\omega}}_{i+1}=\begin{cases}{}^{i+1}_{i}\boldsymbol{R}\,{}^{i}\dot{\boldsymbol{\omega}}_{i}+{}^{i+1}_{i}\boldsymbol{R}\,{}^{i}\boldsymbol{\omega}_{i}\times\dot{\boldsymbol{\theta}}_{i+1}\,{}^{i+1}\boldsymbol{Z}_{i+1}+\ddot{\boldsymbol{\theta}}_{i+1}\,{}^{i+1}\boldsymbol{Z}_{i+1} & （关节\ i+1\ 为转动关节）\\ {}^{i+1}_{i}\boldsymbol{R}\,{}^{i}\dot{\boldsymbol{\omega}}_{i} & （关节\ i+1\ 为移动关节）\end{cases} \tag{5-32}
$$

为了求连杆坐标系 $\{i+1\}$ 原点的线速度和线加速度，令 ${}^0\boldsymbol{p}_i$ 和 ${}^0\boldsymbol{p}_{i+1}$ 分别为坐标系 $\{i\}$ 和坐标系 $\{i+1\}$ 的原点在基坐标系 $\{0\}$ 中的位置矢量，令 ${}^i\boldsymbol{p}_{i+1}$ 为坐标系 $\{i+1\}$ 的原点在坐标系 $\{i\}$ 中的位置矢量，则在坐标系 $\{0\}$、$\{i\}$ 和 $\{i+1\}$ 中，三个位置矢量可构成如图 5-9 所示的矢量三角形，表示为

$$
{}^0\boldsymbol{p}_{i+1}={}^0\boldsymbol{p}_i+{}^0_i\boldsymbol{R}\,{}^i\boldsymbol{p}_{i+1} \tag{5-33}
$$

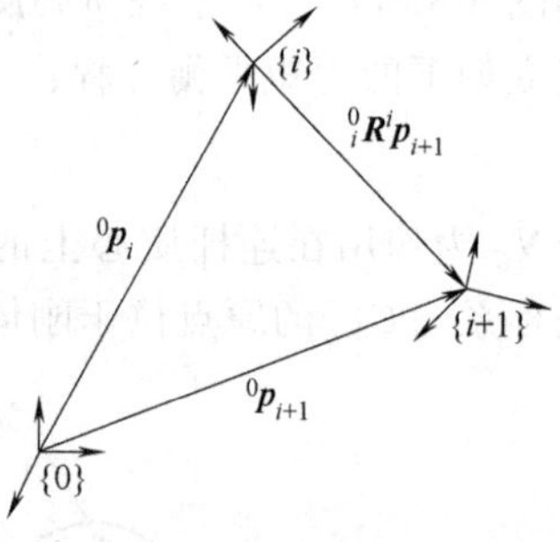

图 5-9　三位置矢量构成的矢量三角形

式（5-33）相对于时间 t 求导，可得坐标系 $\{i+1\}$ 的原点在基坐标系 $\{0\}$ 中的线速度为

$$
\begin{aligned}{}^0\boldsymbol{v}_{i+1}&={}^0\boldsymbol{v}_i+{}^0_i\boldsymbol{R}\,{}^i\dot{\boldsymbol{p}}_{i+1}+{}^0\boldsymbol{\omega}_i\times{}^0_i\boldsymbol{R}\,{}^i\boldsymbol{p}_{i+1}\\&={}^0\boldsymbol{v}_i+{}^0_i\boldsymbol{R}\,{}^i\boldsymbol{v}_{i+1}+{}^0\boldsymbol{\omega}_i\times{}^0_i\boldsymbol{R}\,{}^i\boldsymbol{p}_{i+1}\end{aligned} \tag{5-34}
$$

由于 ${}^{i+1}_{0}\boldsymbol{R}={}^{i+1}_{i}\boldsymbol{R}\,{}^{i}_{0}\boldsymbol{R}$，对式（5-34）两侧同时乘以 ${}^{i+1}_{0}\boldsymbol{R}$，得

$$
{}^{i+1}\boldsymbol{v}_{i+1}={}^{i+1}_{i}\boldsymbol{R}\,{}^{i}\boldsymbol{v}_{i}+{}^{i+1}_{i}\boldsymbol{R}\,{}^{i}\boldsymbol{v}_{i+1}+{}^{i+1}_{i}\boldsymbol{R}({}^{i}\boldsymbol{\omega}_{i}\times{}^{i}\boldsymbol{p}_{i+1}) \tag{5-35}
$$

下面按关节 $i+1$ 是转动关节和移动关节分别求坐标系 $\{i+1\}$ 原点的线加速度。

1）当关节 $i+1$ 为转动关节时，有 ${}^{i}\boldsymbol{v}_{i+1}=0$，式（5-35）可化简为

$$
{}^{i+1}\boldsymbol{v}_{i+1}={}^{i+1}_{i}\boldsymbol{R}\,{}^{i}\boldsymbol{v}_{i}+{}^{i+1}_{i}\boldsymbol{R}({}^{i}\boldsymbol{\omega}_{i}\times{}^{i}\boldsymbol{p}_{i+1}) \tag{5-36}
$$

式（5-36）相对于时间 t 求导，可得坐标系 $\{i+1\}$ 原点的线加速度为

$$
{}^{i+1}\dot{\boldsymbol{v}}_{i+1}={}^{i+1}_{i}\boldsymbol{R}[{}^{i}\dot{\boldsymbol{v}}_{i}+{}^{i}\dot{\boldsymbol{\omega}}_{i}\times{}^{i}\boldsymbol{p}_{i+1}+{}^{i}\boldsymbol{\omega}_{i}\times({}^{i}\boldsymbol{\omega}_{i}\times{}^{i}\boldsymbol{p}_{i+1})] \tag{5-37}
$$

2）当关节 $i+1$ 为移动关节时，有 ${}^{i+1}\boldsymbol{v}_{i+1}=\dot{\boldsymbol{d}}_{i+1}\,{}^{i+1}\boldsymbol{Z}_{i+1}$，$\dot{\boldsymbol{d}}_{i+1}$ 是关节 $i+1$ 的移动速度标量，

则式（5-35）可化简为

$$ {}^{i+1}\boldsymbol{v}_{i+1} = {}^{i+1}_{i}\boldsymbol{R}\,{}^{i}\boldsymbol{v}_{i} + {}^{i+1}_{i}\boldsymbol{R}({}^{i}\boldsymbol{\omega}_{i} \times {}^{i}\boldsymbol{p}_{i+1}) + \dot{d}_{i+1}\,{}^{i+1}\boldsymbol{Z}_{i+1} \tag{5-38} $$

式（5-38）相对于时间 t 求导，可得坐标系 $\{i+1\}$ 原点的线加速度为

$$ \begin{aligned} {}^{i+1}\dot{\boldsymbol{v}}_{i+1} &= {}^{i+1}_{i}\boldsymbol{R}[{}^{i}\dot{\boldsymbol{v}}_{i} + {}^{i}\dot{\boldsymbol{\omega}}_{i} \times {}^{i}\boldsymbol{p}_{i+1} + {}^{i}\boldsymbol{\omega}_{i} \times {}^{i}\dot{\boldsymbol{p}}_{i+1}] + \frac{\mathrm{d}(\dot{d}_{i+1}\,{}^{i+1}\boldsymbol{Z}_{i+1})}{\mathrm{d}t} \\ &= {}^{i+1}_{i}\boldsymbol{R}[{}^{i}\dot{\boldsymbol{v}}_{i} + {}^{i}\dot{\boldsymbol{\omega}}_{i} \times {}^{i}\boldsymbol{p}_{i+1} + {}^{i}\boldsymbol{\omega}_{i} \times (\dot{d}_{i+1}\,{}^{i+1}\boldsymbol{Z}_{i+1} + {}^{i}\boldsymbol{\omega}_{i} \times {}^{i}\boldsymbol{p}_{i+1})] + \ddot{d}_{i+1}\,{}^{i+1}\boldsymbol{Z}_{i+1} + {}^{i+1}\boldsymbol{\omega}_{i+1} \times \\ &\quad \dot{d}_{i+1}\,{}^{i+1}\boldsymbol{Z}_{i+1} \\ &= {}^{i+1}_{i}\boldsymbol{R}[{}^{i}\dot{\boldsymbol{v}}_{i} + {}^{i}\dot{\boldsymbol{\omega}}_{i} \times {}^{i}\boldsymbol{p}_{i+1} + {}^{i}\boldsymbol{\omega}_{i} \times ({}^{i}\boldsymbol{\omega}_{i} \times {}^{i}\boldsymbol{p}_{i+1})] + \ddot{d}_{i+1}\,{}^{i+1}\boldsymbol{Z}_{i+1} + 2\,{}^{i+1}\boldsymbol{\omega}_{i+1} \times \dot{d}_{i+1}\,{}^{i+1}\boldsymbol{Z}_{i+1} \end{aligned} \tag{5-39} $$

所以，求坐标系 $\{i+1\}$ 原点的线加速度的递推式为

$$ {}^{i+1}\dot{\boldsymbol{v}}_{i+1} = \begin{cases} {}^{i+1}_{i}\boldsymbol{R}[{}^{i}\dot{\boldsymbol{\omega}}_{i} \times {}^{i}\boldsymbol{P}_{i+1} + {}^{i}\boldsymbol{\omega}_{i} \times ({}^{i}\boldsymbol{\omega}_{i} \times {}^{i}\boldsymbol{P}_{i+1}) + {}^{i}\dot{\boldsymbol{v}}_{i}] & \text{（关节 } i+1 \text{ 为转动关节）} \\ {}^{i+1}_{i}\boldsymbol{R}[{}^{i}\dot{\boldsymbol{\omega}}_{i} \times {}^{i}\boldsymbol{P}_{i+1} + {}^{i}\boldsymbol{\omega}_{i} \times ({}^{i}\boldsymbol{\omega}_{i} \times {}^{i}\boldsymbol{P}_{i+1}) + {}^{i}\dot{\boldsymbol{v}}_{i}] & \\ \quad + 2\,{}^{i+1}\boldsymbol{\omega}_{i+1} \times \dot{d}_{i+1}\,{}^{i+1}\boldsymbol{Z}_{i+1} + \ddot{d}_{i+1}\,{}^{i+1}\boldsymbol{Z}_{i+1} & \text{（关节 } i+1 \text{ 为移动关节）} \end{cases} \tag{5-40} $$

需要说明的是，应用上述递推公式计算连杆 1 的速度和加速度时：${}^{0}\boldsymbol{\omega}_{0} = {}^{0}\dot{\boldsymbol{\omega}}_{0} = 0$。

假设连杆 i 的质心为 C_i，以该质心为原点建立坐标系 $\{C_i\}$，该质心坐标系与连杆坐标系 $\{i\}$ 具有相同的姿态，${}^{i}\boldsymbol{P}_{C_i}$ 是质心 C_i 在连杆坐标系 $\{i\}$ 中的位置矢量，则质心 C_i 在坐标系 $\{i\}$ 中的线速度为

$$ {}^{i}\boldsymbol{v}_{C_i} = {}^{i}\boldsymbol{\omega}_{i} \times {}^{i}\boldsymbol{P}_{C_i} + {}^{i}\boldsymbol{v}_{i} \tag{5-41} $$

对式（5-41）求导，可得连杆 i 的质心 C_i 在连杆坐标系 $\{i\}$ 中的线加速度为

$$ {}^{i}\dot{\boldsymbol{v}}_{C_i} = {}^{i}\dot{\boldsymbol{\omega}}_{i} \times {}^{i}\boldsymbol{P}_{C_i} + {}^{i}\boldsymbol{\omega}_{i} \times ({}^{i}\boldsymbol{\omega}_{i} \times {}^{i}\boldsymbol{P}_{C_i}) + {}^{i}\dot{\boldsymbol{v}}_{i} \tag{5-42} $$

无论关节 i 是转动关节还是移动关节，式（5-42）都适用。

由计算出的连杆线加速度、角速度和角加速度，可以通过牛顿-欧拉方程计算出施加在连杆质心的惯性力和惯性转矩为

$$ \begin{aligned} {}^{i}\boldsymbol{F}_{i} &= m_{i}\,{}^{i}\dot{\boldsymbol{v}}_{C_i} \\ {}^{i}\boldsymbol{N}_{i} &= {}^{C_i}\boldsymbol{I}\,{}^{i}\dot{\boldsymbol{\omega}}_{i} + {}^{i}\boldsymbol{\omega}_{i} \times {}^{C_i}\boldsymbol{I}\,{}^{i}\boldsymbol{\omega}_{i} \end{aligned} \tag{5-43} $$

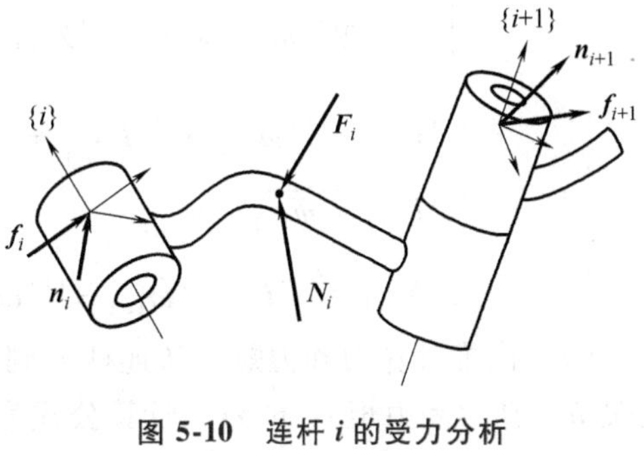

图 5-10　连杆 i 的受力分析
（包括惯性力和惯性力矩）

2. 力和力矩的内推公式

在计算出每个连杆所受的惯性力和惯性转矩后，下一步计算各关节需提供的驱动力/力矩。对于图 5-10 所示的连杆 i，根据达朗贝尔原理建立连杆 i 的力平衡方程和力矩平衡方程。

力平衡方程：${}^{i}\boldsymbol{F}_{i} = {}^{i}\boldsymbol{f}_{i} - {}^{i}_{i+1}\boldsymbol{R}\,{}^{i+1}\boldsymbol{f}_{i+1}$（不考虑重力）

力矩平衡方程：${}^{i}\boldsymbol{N}_{i} = {}^{i}\boldsymbol{n}_{i} - {}^{i}\boldsymbol{n}_{i+1} + (-{}^{i}\boldsymbol{P}_{C_i}) \times {}^{i}\boldsymbol{f}_{i} - ({}^{i}\boldsymbol{P}_{i+1} - {}^{i}\boldsymbol{P}_{C_i}) \times {}^{i}\boldsymbol{f}_{i+1}$（向连杆 i 的质心转化）

这里，$^{i}\boldsymbol{f}_i$ 是连杆 $i-1$ 作用于连杆 i 的力在坐标系 $\{i\}$ 中的表达，$^{i}\boldsymbol{n}_i$ 是连杆 $i-1$ 作用于连杆 i 的力矩在坐标系 $\{i\}$ 中的表达，$^{i}\boldsymbol{P}_{C_i}$ 是质心点的位置矢量在坐标系 $\{i\}$ 中的表达；$^{i}\boldsymbol{f}_{i+1}$ 是连杆 $i+1$ 作用于连杆 i 的力在坐标系 $\{i\}$ 中的表达，$^{i}\boldsymbol{n}_{i+1}$ 是连杆 $i+1$ 作用于连杆 i 的力矩在坐标系 $\{i\}$ 中的表达，$^{i}\boldsymbol{P}_{i+1}$ 是坐标系 $\{i+1\}$ 的原点在坐标系 $\{i\}$ 中的表达。

将力平衡方程代入力矩平衡方程，并用旋转矩阵做坐标系转化可将力矩平衡方程写为

$$^{i}\boldsymbol{N}_i = {}^{i}\boldsymbol{n}_i - {}^{i}_{i+1}\boldsymbol{R}\,{}^{i+1}\boldsymbol{n}_{i+1} - {}^{i}\boldsymbol{P}_{C_i} \times {}^{i}\boldsymbol{F}_i - {}^{i}\boldsymbol{P}_{i+1} \times {}^{i}_{i+1}\boldsymbol{R}\,{}^{i+1}\boldsymbol{f}_{i+1} \tag{5-44}$$

可以得到连杆 $i+1$ 作用于连杆 i 的力和力矩的递推计算公式为

$$\begin{cases} {}^{i}\boldsymbol{f}_i = {}^{i}_{i+1}\boldsymbol{R}\,{}^{i+1}\boldsymbol{f}_{i+1} + {}^{i}\boldsymbol{F}_i \\ {}^{i}\boldsymbol{n}_i = {}^{i}\boldsymbol{N}_i + {}^{i}_{i+1}\boldsymbol{R}\,{}^{i+1}\boldsymbol{n}_{i+1} + {}^{i}\boldsymbol{P}_{C_i} \times {}^{i}\boldsymbol{F}_i + {}^{i}\boldsymbol{P}_{i+1} \times {}^{i}_{i+1}\boldsymbol{R}\,{}^{i+1}\boldsymbol{f}_{i+1} \end{cases} \tag{5-45}$$

通过式（5-45）递推公式，可以从机器人末端连杆 n 开始计算，依次递推，直至机器人的基座，从而得到机器人各连杆对相邻连杆施加的力和力矩。

如果关节 i 是转动关节，关节 i 的驱动转矩为

$$\boldsymbol{\tau}_i = {}^{i}\boldsymbol{n}_i^{\mathrm{T}} \cdot {}^{i}\boldsymbol{Z}_i \tag{5-46}$$

如果关节 i 是移动关节，关节 i 的驱动力为

$$\boldsymbol{f}_i = {}^{i}\boldsymbol{f}_i^{\mathrm{T}} \cdot {}^{i}\boldsymbol{Z}_i \tag{5-47}$$

3. 递推的牛顿-欧拉动力学算法

对递推的牛顿-欧拉动力学方法做个总结，该方法主要包括下面两部分内容。

（1）外推计算速度和加速度　从连杆 1 到连杆 n 递推计算各连杆的速度和加速度，并由此计算出各连杆所受的惯性力和惯性转矩，i：$0 \to n-1$，计算公式为

$$^{i+1}\boldsymbol{\omega}_{i+1} = {}^{i+1}_{i}\boldsymbol{R}\,{}^{i}\boldsymbol{\omega}_i + \dot{\theta}_{i+1}\,{}^{i+1}\boldsymbol{Z}_{i+1}$$

$$^{i+1}\dot{\boldsymbol{\omega}}_{i+1} = {}^{i+1}_{i}\boldsymbol{R}\,{}^{i}\dot{\boldsymbol{\omega}}_i + {}^{i+1}_{i}\boldsymbol{R}\,{}^{i}\boldsymbol{\omega}_i \times \dot{\theta}_{i+1}\,{}^{i+1}\boldsymbol{Z}_{i+1} + \ddot{\theta}_{i+1}\,{}^{i+1}\boldsymbol{Z}_{i+1}$$

$$^{i+1}\dot{\boldsymbol{v}}_{i+1} = \begin{cases} {}^{i+1}_{i}\boldsymbol{R}[{}^{i}\dot{\boldsymbol{\omega}}_i \times {}^{i}\boldsymbol{P}_{i+1} + {}^{i}\boldsymbol{\omega}_i \times ({}^{i}\boldsymbol{\omega}_i \times {}^{i}\boldsymbol{P}_{i+1}) + {}^{i}\dot{\boldsymbol{v}}_i] & \text{（关节 } i+1 \text{ 为转动关节）} \\ {}^{i+1}_{i}\boldsymbol{R}[{}^{i}\dot{\boldsymbol{\omega}}_i \times {}^{i}\boldsymbol{P}_{i+1} + {}^{i}\boldsymbol{\omega}_i \times ({}^{i}\boldsymbol{\omega}_i \times {}^{i}\boldsymbol{P}_{i+1}) + {}^{i}\dot{\boldsymbol{v}}_i] & \\ \quad + 2\,{}^{i+1}\boldsymbol{\omega}_{i+1} \times \dot{d}_{i+1}\,{}^{i+1}\boldsymbol{Z}_{i+1} + \ddot{d}_{i+1}\,{}^{i+1}\boldsymbol{Z}_{i+1} & \text{（关节 } i+1 \text{ 为移动关节）} \end{cases}$$

$$^{i+1}\dot{\boldsymbol{v}}_{C_{i+1}} = {}^{i+1}\dot{\boldsymbol{\omega}}_{i+1} \times {}^{i+1}\boldsymbol{P}_{C_{i+1}} + {}^{i+1}\boldsymbol{\omega}_{i+1} \times ({}^{i+1}\boldsymbol{\omega}_{i+1} \times {}^{i+1}\boldsymbol{P}_{C_{i+1}}) + {}^{i+1}\dot{\boldsymbol{v}}_{i+1}$$

$$^{i+1}\boldsymbol{F}_{i+1} = m_{i+1}\,{}^{i+1}\dot{\boldsymbol{v}}_{C_{i+1}}$$

$$^{i+1}\boldsymbol{N}_{i+1} = {}^{C_{i+1}}\boldsymbol{I}_{i+1}\,{}^{i+1}\dot{\boldsymbol{\omega}}_{i+1} + {}^{i+1}\boldsymbol{\omega}_{i+1} \times {}^{C_{i+1}}\boldsymbol{I}_{i+1}\,{}^{i+1}\boldsymbol{\omega}_{i+1}$$

（2）内推计算力和力矩　从连杆 n 到连杆 1 递推计算各连杆内部相互作用的力和力矩及关节驱动力和力矩 i：$n \to 1$，计算公式为

$$\begin{cases} {}^{i}\boldsymbol{f}_i = {}^{i}_{i+1}\boldsymbol{R}\,{}^{i+1}\boldsymbol{f}_{i+1} + {}^{i}\boldsymbol{F}_i \\ {}^{i}\boldsymbol{n}_i = {}^{i}\boldsymbol{N}_i + {}^{i}_{i+1}\boldsymbol{R}\,{}^{i+1}\boldsymbol{n}_{i+1} + {}^{i}\boldsymbol{P}_{C_i} \times {}^{i}\boldsymbol{F}_i + {}^{i}\boldsymbol{P}_{i+1} \times {}^{i}_{i+1}\boldsymbol{R}\,{}^{i+1}\boldsymbol{f}_{i+1} \end{cases}$$

$$\begin{cases} \boldsymbol{\tau}_i = {}^{i}\boldsymbol{n}_i^{\mathrm{T}}\,{}^{i}\boldsymbol{Z}_i & \text{关节 } i \text{ 为转动关节} \\ \boldsymbol{f}_i = {}^{i}\boldsymbol{f}_i^{\mathrm{T}}\,{}^{i}\boldsymbol{Z}_i & \text{关节 } i \text{ 为移动关节} \end{cases}$$

机器人在自由空间运动时，机器人末端所受的力为 0，则

$$\begin{cases} {}^{n+1}\boldsymbol{f}_{n+1} = 0 \\ {}^{n+1}\boldsymbol{n}_{n+1} = 0 \end{cases}$$

机器人与外部环境有接触时，机器人末端所受的力不为零，需要求得对应的力和力矩分量 ${}^{n+1}\boldsymbol{f}_{n+1}$ 和 ${}^{n+1}\boldsymbol{n}_{n+1}$，将其代入到力和力矩的递推计算式中。

另外，如果需要考虑机器人各连杆自身重力的作用，可令 ${}^{0}\dot{\boldsymbol{v}}_0 = g$，即将机器人基座所受的支承力等效为基座朝上做加速度为 g 的直线运动。这种处理方式与考虑各连杆重力的作用完全等效。

在机器人的动力学应用中，牛顿-欧拉动力学递推方法有两种不同的用法：数值计算方式和封闭公式方式。

数值计算方式可在已知连杆质量、惯性张量、质心矢量、相邻连杆坐标系转换矩阵等机器人信息时，利用牛顿-欧拉动力学递推方法直接数值计算出机器人实现任意运动所需的关节驱动力/力矩。

封闭公式方式就是由牛顿-欧拉动力学递推方法推导出以关节位置、速度、加速度为变量的关节驱动力/力矩的解析表达式，这样就可以定性分析动力学公式的结构、不同动力学分项（如惯性力项）对驱动力/力矩的影响。

【例 5-2】 一种新型重载上下料机器人机构坐标系的建立与变形协调示意如图 5-11 所示，试利用牛顿-欧拉方程求解此机器人机构的动力学，并推导其变形协调方程，其中用于

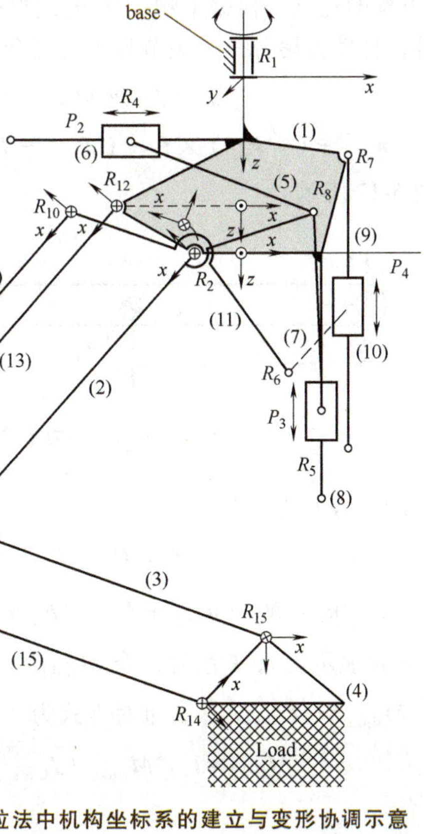

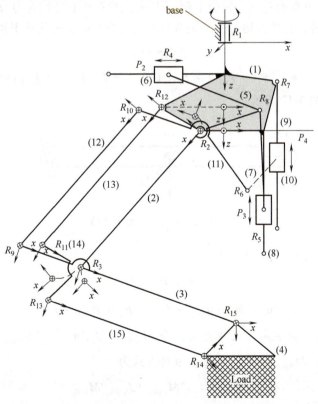

图 5-11 牛顿-欧拉法中机构坐标系的建立与变形协调示意

各个杆件角速度、加速度与角加速度的前向递推公式与求解惯性力与惯性力矩的牛顿-欧拉方程见表5-2。

表5-2　串联支链中杆件运动量与惯性力/力矩求解

运动量递推与牛顿-欧拉方程

前向递推：计算 $\boldsymbol{\omega}_i,\boldsymbol{\alpha}_i$ 和 $\boldsymbol{a}_{c,i}$

初始条件：$\boldsymbol{\omega}_0=0,\boldsymbol{\alpha}_0=0,\boldsymbol{a}_{c,0}=0$ and $\boldsymbol{a}_{e,0}=0$

For 支链-k：=1 to 6 do

For 杆件-i：=1 to n do

$$^{i}\boldsymbol{\omega}_i \leftarrow \boldsymbol{R}_{i-1}^{i}\,{}^{i-1}\boldsymbol{\omega}_{i-1}+z_i\dot{\boldsymbol{q}}_i;$$

$$^{i}\boldsymbol{a}_i \leftarrow \boldsymbol{R}_{i-1}^{i}\,{}^{i-1}\boldsymbol{\alpha}_{i-1}+z_i\ddot{\boldsymbol{q}}_i+\boldsymbol{R}_{i-1}^{i}\,{}^{i-1}\boldsymbol{\omega}_{i-1}\times z_i\dot{\boldsymbol{q}}_i$$

$$^{i}\boldsymbol{a}_{e,i} \leftarrow \boldsymbol{R}_{i-1}^{i}({}^{i-1}\boldsymbol{a}_{e,i-1}+{}^{i-1}\dot{\boldsymbol{\omega}}_{i-1}\times{}^{i-1}\boldsymbol{r}_i+{}^{i-1}\boldsymbol{\omega}_{i-1}\times({}^{i-1}\boldsymbol{\omega}_{i-1}\times{}^{i-1}\boldsymbol{r}_i))+z_i\ddot{\boldsymbol{d}}_i+2\,{}^{i}\boldsymbol{\omega}_i\times z_i\dot{\boldsymbol{d}}_i$$

$$^{i}\boldsymbol{a}_{c,i} \leftarrow {}^{i}\boldsymbol{a}_{e,i}+{}^{i}\dot{\boldsymbol{\omega}}_i\times{}^{i}\boldsymbol{r}_{c_i}+{}^{i}\boldsymbol{\omega}_i\times({}^{i}\boldsymbol{\omega}_i\times{}^{i}\boldsymbol{r}_{c_i})$$

$$^{i}\boldsymbol{F}_i \leftarrow \boldsymbol{m}_i\,{}^{i}\boldsymbol{a}_{c,i}$$

$$^{i}\boldsymbol{N}_i \leftarrow {}^{i}\boldsymbol{I}_i\,{}^{i}\boldsymbol{\alpha}_i+{}^{i}\boldsymbol{\omega}_i\times{}^{i}\boldsymbol{I}_i\,{}^{i}\boldsymbol{\omega}_i$$

end for

End for

解：

（1）牛顿-欧拉方程的建立　根据牛顿-欧拉公式求得质心处惯性力 $^{i}\boldsymbol{F}_i$ 与惯性转矩 $^{i}\boldsymbol{N}_i$。对于常规的串联支链，杆件首尾各一个关节且不是复合铰时，可构建平衡方程：

$$\begin{cases} {}^{i}\boldsymbol{f}_i-{}^{i}\boldsymbol{f}_{i+1}+\boldsymbol{m}_i g={}^{i}\boldsymbol{F}_i \\ {}^{i}\boldsymbol{n}_i-{}^{i}\boldsymbol{n}_{i+1}+(-{}^{i}\boldsymbol{P}_{c,i})\times{}^{i}\boldsymbol{f}_i+({}^{i}\boldsymbol{P}_{i+1}-{}^{i}\boldsymbol{P}_{c,i})\times(-{}^{i}\boldsymbol{f}_{i+1})={}^{i}\boldsymbol{N}_i \end{cases}$$

杆受力情况如图5-12所示。

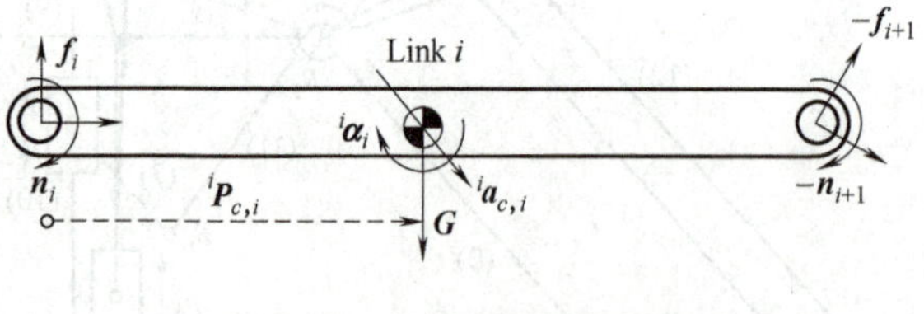

图5-12　杆件 i 受力示意图

令 $^{i}\boldsymbol{F}'_i=\boldsymbol{m}_i({}^{i}\boldsymbol{a}_{c,i}-g)$，改写上式为

$$\begin{cases} {}^{i}\boldsymbol{f}_i={}^{i}\boldsymbol{F}'_i+{}^{i}\boldsymbol{f}_{i+1} \\ {}^{i}\boldsymbol{n}_i={}^{i}\boldsymbol{N}_i+{}^{i}\boldsymbol{n}_{i+1}+{}^{i}\boldsymbol{P}_{c,i}\times{}^{i}\boldsymbol{F}'_i+{}^{i}\boldsymbol{P}_{i+1}\times{}^{i}\boldsymbol{f}_{i+1} \end{cases}$$

将杆件 i 首位坐标系表示为 i，k 系时，令 $^{i}\boldsymbol{M}_{\mathrm{link}i}=({}^{i}\boldsymbol{f}_i,{}^{i}\boldsymbol{n}_i)^{\mathrm{T}}$，$^{k}\boldsymbol{M}_{\mathrm{link}i}=({}^{k}\boldsymbol{f}_k,{}^{k}\boldsymbol{n}_k)^{\mathrm{T}}$，自身惯性力/力矩表示为 $^{C_i}\boldsymbol{M}_{\mathrm{link}i}=({}^{i}\boldsymbol{F}',{}^{i}\boldsymbol{N}_i)^{\mathrm{T}}$，重写上式为

$$^{i}\boldsymbol{M}_{\mathrm{link}i}=\boldsymbol{J}_{i,k}\,{}^{k}\boldsymbol{M}_{\mathrm{link}i}+\boldsymbol{J}_{\mathrm{link}i}\,{}^{C_i}\boldsymbol{M}_{\mathrm{link}i}$$

式中，$J_{i,k}=\begin{pmatrix} {}_k^iR & 0_{3\times3} \\ S({}^iP_k){}_k^iR & {}_k^iR \end{pmatrix}$；$J_{\text{link}i}=\begin{pmatrix} I_{3\times3} & 0_{3\times3} \\ S({}^iP_{c,i}) & I_{3\times3} \end{pmatrix}$；$S({}^iP_k)$ 为矩阵 ${}^iP_k$ 的反对称矩阵。

上述的力/力矩平衡方程均适用于杆件 4~10、12、13、15 的受力平衡方程的建立，其相对应的力/力矩转换矩阵分别为 $J_{R15,R14}$，$J_{R4,R8}$，$J_{P2,R4}$，$J_{R5,R8}$，$J_{P3,R5}$，$J_{R7,P4}$，$J_{P4,R6}$，$J_{R10,R9}$，$J_{R12,R11}$，$J_{R13,R14}$。

杆件 2、杆件 3、杆件 14、杆件 11、杆件 1 受到多个作用力，列写力/力矩平衡方程为

$$\begin{cases} {}^{R2}M_{\text{link}2,1}=J_{R2,R3}{}^{R3}M_{\text{link}3,2}+J_{R2,R8}({}^{R81}M_{\text{link}5,2}+{}^{R82}M_{\text{link}7,2})+ \\ \qquad J_{R2,R31}{}^{R31}M_{\text{link}14,2}+J_{\text{link}2}{}^{C_2}M_{\text{link}2} \\ {}^{R3}M_{\text{link}3,2}=J_{R3,R15}{}^{R15}M_{\text{link}4,3}+J_{R3,R9}{}^{R9}M_{\text{link}3,12}+J_{\text{link}3}{}^{C_3}M_{\text{link}3} \\ {}^{R11}M_{\text{link}14,13}=J_{R11,R31}(-{}^{R31}M_{\text{link}14,2})+J_{R11,R13}{}^{R13}M_{\text{link}15,14}+J_{\text{link}14}{}^{C_{14}}M_{\text{link}14} \\ {}^{R21}M_{\text{link}11,1}=J_{R21,R6}(-{}^{R6}M_{\text{link}11,10})+J_{R21,R10}{}^{R10}M_{\text{link}12,11}+J_{\text{link}11}{}^{C_{11}}M_{\text{link}11} \\ {}^{R1}M_{\text{link}1,\text{Base}}=J_{R1,R2}{}^{R2}M_{\text{link}2,1}+J_{R1,R21}{}^{R21}M_{\text{link}11,1}+J_{R1,P2}{}^{P2}M_{\text{link}6,1}+ \\ \qquad J_{R1,P3}{}^{P3}M_{\text{link}8,1}+J_{R1,R7}{}^{R7}M_{\text{link}9,1}+J_{\text{link}1}{}^{C_1}M_{\text{link}1} \end{cases}$$

（2）变形协调方程的建立　对重载机器人而言，为提高机构刚度，一般内部会设计闭环支链，因此也会造成机构存在局部冗余的现象，一般要在力/力矩平衡方程的基础上补充变形协调方程，首先需要确立过约束的方向，引入变形协调条件。

在本例题中杆件被视为匀质杆，当杆件受到 $F=(f_x\ \ f_y\ \ f_z\ \ n_x\ \ n_y\ \ n_z)^{\mathrm{T}}$ 的外力/力矩作用时，将产生由拉伸、弯曲和扭转引起的线/角变形，$X=(\delta_x\ \ \delta_y\ \ \delta_z\ \ \psi_x\ \ \psi_y\ \ \psi_z)^{\mathrm{T}}$，即 $X=CF$，C 为柔度矩阵，为

$$C=\begin{pmatrix} \frac{l}{EA} & 0 & 0 & 0 & 0 & 0 \\ 0 & \frac{l^3}{3EI_z} & 0 & 0 & 0 & \frac{l^2}{2EI_z} \\ 0 & 0 & \frac{l^3}{3EI_y} & 0 & -\frac{l^2}{2EI_y} & 0 \\ 0 & 0 & 0 & \frac{l}{GI_p} & 0 & 0 \\ 0 & 0 & -\frac{l^2}{2EI_y} & 0 & \frac{l}{EI_y} & 0 \\ 0 & \frac{l^2}{2EI_z} & 0 & 0 & 0 & \frac{l}{EI_z} \end{pmatrix}$$

式中，I_y、I_z、I_p 为截面惯性矩、极惯性矩；l、A 分别为杆长和截面面积；E、G 分别为弹性模量和切变模量。

以轻质二连杆为例，在末端添加一外力，连杆间受力如图 5-13 所示。

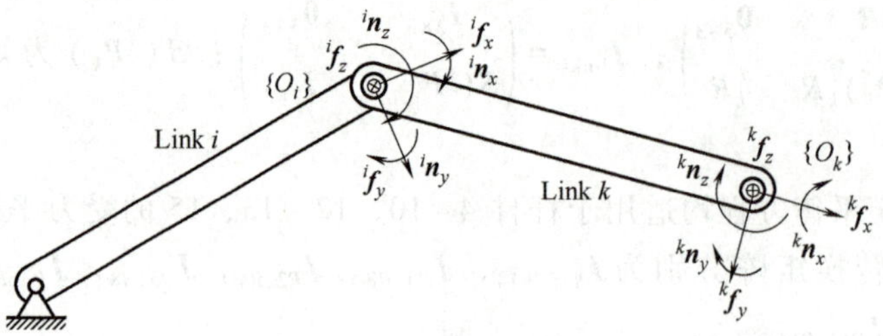

图 5-13　二连杆受力示意

求解末端变形可分为如下几个步骤：根据各个杆件约束力求连杆末端的弹性变形，杆件 i 在 O_i 处受到的约束反力在杆件 i 的末端产生变形 ${}^{i}\boldsymbol{X}_{\mathrm{link}i}=\boldsymbol{C}_{\mathrm{link}i}{}^{i}\boldsymbol{M}_{\mathrm{link}i}$，将该处变形投影至杆件 k 末端，可以得到

$$
{}^{k}\boldsymbol{X}_{\mathrm{link}i}=\begin{pmatrix} {}_{i}^{k}\boldsymbol{R} & \boldsymbol{S}({}^{k}\boldsymbol{P}_i){}_{i}^{k}\boldsymbol{R} \\ \boldsymbol{0}_{3\times3} & {}_{i}^{k}\boldsymbol{R} \end{pmatrix}{}^{i}\boldsymbol{X}_{\mathrm{link}i}=\boldsymbol{J}_{i,k}{}^{\mathrm{T}i}\boldsymbol{X}_{\mathrm{link}i}
$$

杆件 k 在 O_k 处受到的约束反力在杆件 k 的末端产生变形 ${}^{k}\boldsymbol{X}_{\mathrm{link}k}=\boldsymbol{C}_{\mathrm{link}k}{}^{k}\boldsymbol{M}_{\mathrm{link}k}$。

因此在外力 $\boldsymbol{M}$ 作用下运动链末端的叠加变形为

$$
{}^{k}\boldsymbol{X}=\sum_{i=1}^{k}\boldsymbol{J}_{i,k}{}^{\mathrm{T}}\boldsymbol{C}_{\mathrm{link}i}{}^{i}\boldsymbol{M}_{\mathrm{link}i}
$$

机构中含多闭链，产生的过约束均为沿关节轴线方向的一个约束力和另外两个方向的二维约束力偶。首先对各个过约束位置建立变形协调方程，需将前述建立的关节约束力，投影至图 5-13 所示的杆长方向。

以驱动Ⅲ为例，取包含杆 11 变形的 R_2R_6 为 Limb1，包含杆 9 变形的 R_7P_4 为 Limb2，如图 5-14 所示，分析各条支链变形情况：

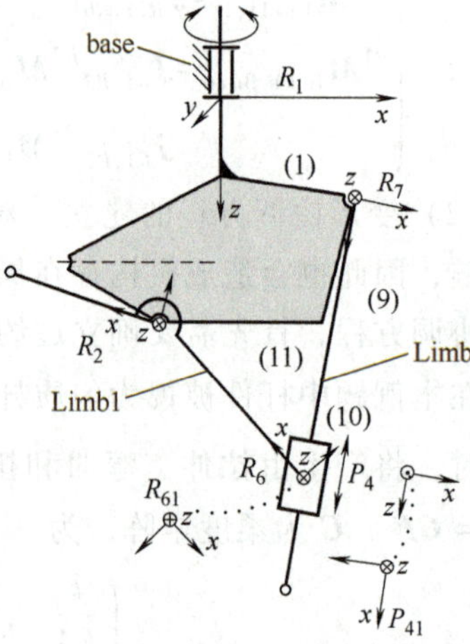

图 5-14　驱动Ⅲ各支链变形协调示意

$$
{}^{A}\boldsymbol{X}_{R61\_\mathrm{Limb1}}=\boldsymbol{J}_{R61,A}^{\mathrm{T}}(\boldsymbol{C}_{11}\cdot{}^{R61}\boldsymbol{M}_{\mathrm{link}11,10})
$$

$$
{}^{A}\boldsymbol{X}_{P41\_\mathrm{Limb2}}=\boldsymbol{J}_{P41,A}^{\mathrm{T}}(\boldsymbol{C}_{9}{}^{P41}\boldsymbol{M}_{\mathrm{link}10,9})
$$

式中，

$$
{}^{R61}\boldsymbol{M}_{\mathrm{link}11,10}=\mathrm{diag}(\mathrm{Rot}(z,\pi),\mathrm{Rot}(z,\pi))\cdot{}^{R6}\boldsymbol{M}_{\mathrm{link}11,10}
$$

$$
{}^{P41}\boldsymbol{M}_{\mathrm{link}10,9}=\mathrm{diag}(\mathrm{Rot}(z,\pi/2),\mathrm{Rot}(z,\pi/2))\cdot\boldsymbol{J}_{R7,P4}^{0}{}^{P4}\boldsymbol{M}_{\mathrm{link}10,9}
$$

对于驱动模组Ⅱ中的支链 1 和支链 2，link2 前端与 link2（大臂）进行单独考虑时，由于 link2 前端杆在两条支链中参与受力，其在 R2 处受力为不可求的未知量，而 ${}^{R81}\boldsymbol{M}_{\mathrm{link}5,2}$（${}^{R82}\boldsymbol{M}_{\mathrm{link}7,2}$）和 $\boldsymbol{M}_{\mathrm{link}5,6}$（$\boldsymbol{M}_{\mathrm{link}7,8}$）为待求量。根据以上分析，可将 R2 处的铰链视作起始点，另外由于 link6、link8 为驱动滑块，可视作受到六维约束的固定端，如图 5-15 所示。

可得驱动模组Ⅱ支链 1 与支链 2 在 R4 与 R5 处的末端变形分别为

$$
{}^{A}\boldsymbol{X}_{R4}=\boldsymbol{J}_{R41,A}^{\mathrm{T}}(\boldsymbol{J}_{R81,R41}^{\mathrm{T}}\boldsymbol{C}_{21}{}^{R81}\boldsymbol{M}_{\mathrm{link}2,5}+\boldsymbol{C}_{5}{}^{R41}\boldsymbol{M}_{\mathrm{link}5,6})
$$

$$
{}^{A}\boldsymbol{X}_{R5}=\boldsymbol{J}_{R51,A}^{\mathrm{T}}(\boldsymbol{J}_{R82,R51}^{\mathrm{T}}\boldsymbol{C}_{21}{}^{R82}\boldsymbol{M}_{\mathrm{link}2,7}+\boldsymbol{C}_{7}{}^{R51}\boldsymbol{M}_{\mathrm{link}8,7})
$$

式中，${}^{R81}\boldsymbol{M}_{\mathrm{link}2,5}=\mathrm{diag}(\mathrm{Rot}(z,\pi),\mathrm{Rot}(z,\pi))$；${}^{R81}\boldsymbol{M}_{\mathrm{link}2,5}$ 以变换至杆件坐标系，${}^{R41}\boldsymbol{M}_{\mathrm{link}5,6}$、

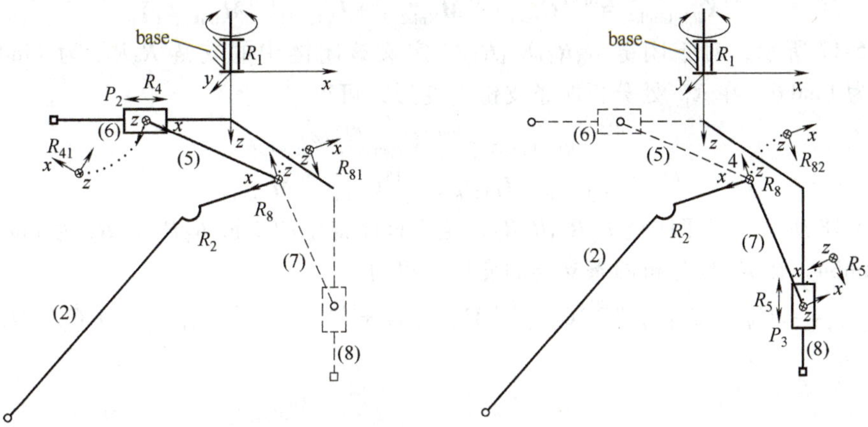

图 5-15　驱动模组 Ⅱ 各支链变形协调示意

$^{R82}\boldsymbol{M}_{\text{link}2,7}$、$^{R51}\boldsymbol{M}_{\text{link}8,7}$ 同理。

驱动机构支链的变形必须彼此兼容以满足几何约束，体现在沿着 z 轴的线变形和 x、y 轴的角变形。

$$\begin{cases}{}^{A}\boldsymbol{X}_{R61\_\text{Limb}1}(k,1)={}^{A}\boldsymbol{X}_{P41\_\text{Limb}2}(k,1)\\ {}^{A}\boldsymbol{X}_{R4}(k,1)=0\\ {}^{A}\boldsymbol{X}_{R5}(k,1)=0\end{cases}\qquad (k=3,4,5)$$

执行机构中的辅助连杆形成的双平行四边形中，将短杆 link14 和 link4 视作刚体，对于闭链 $R_2R_{12}R_{11}R_3$，如图 5-16 所示，定义该闭链中的支链 $R_{12}R_{11}R_{31}$ 为 Limb3，支链 R_2R_3 为 Limb4，在 R_3 处分析两条支链的变形，可得

$$^{R3}\boldsymbol{X}_{R3\_\text{Limb}3}=\boldsymbol{J}_{R11,R3}^{\mathrm{T}}\boldsymbol{J}_{R12,R11}^{0}{}^{\mathrm{T}}(\boldsymbol{C}_{13}\boldsymbol{J}^{0}_{R12,R11}{}^{R11}\boldsymbol{M}_{\text{link}14,13})$$

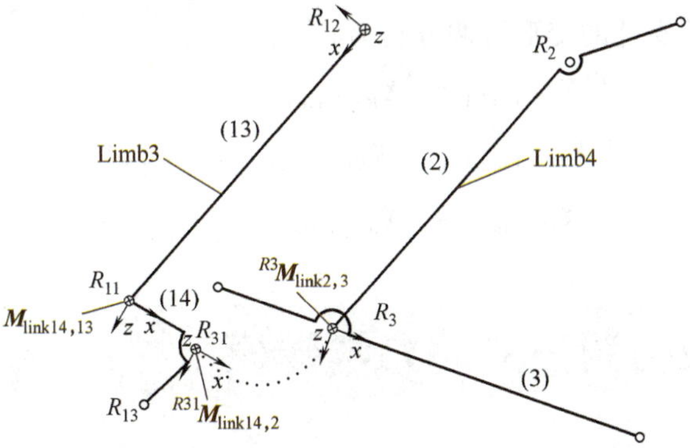

图 5-16　辅助连杆 $R_2R_{12}R_{11}R_3$ 受力/变形示意

令 $^{\text{link}13}\boldsymbol{C}_{\text{trans}}=\boldsymbol{J}_{R12,R11}^{0}{}^{\mathrm{T}}\boldsymbol{C}_{13}\boldsymbol{J}_{R12,R11}^{0}$，式中，$\boldsymbol{J}_{R12,R11}^{0}=[{}^{R12}_{R11}\boldsymbol{R}\quad \boldsymbol{0}_{3\times3};\boldsymbol{0}_{3\times3}\quad {}^{R12}_{R11}\boldsymbol{R}]$，其物理意义为 link13 末端受力（力的方向投影在运动链的下一杆件）对应的柔度矩阵，其余杆件表示方法也类似。改写上式为

$$^{R3}\boldsymbol{X}_{R3\_\text{Limb}3}=\boldsymbol{J}_{R11,R3}^{\mathrm{T}}{}^{\text{link}13}\boldsymbol{C}_{\text{trans}}\boldsymbol{M}_{\text{link}14,13}$$

$${}^{R3}\boldsymbol{X}_{R3\_Limb4} = {}^{\text{link2}}\boldsymbol{C}_{\text{trans}}\left({}^{R3}\boldsymbol{M}_{\text{link2,3}} + \boldsymbol{J}_{R3,R31}\,{}^{R31}\boldsymbol{M}_{\text{link2,14}}\right)$$

如图 5-17 所示，对于闭链 $R_3R_{13}R_{14}R_{15}$，定义该闭链中的支链 R_3R_{15} 为 Limb5，支链 $R_3R_{13}R_{14}$ 为 Limb6，在 R_{15} 处分析两条支链的变形，可得

$${}^{R15}\boldsymbol{X}_{R15\_Limb5} = {}^{\text{link3}}\boldsymbol{C}_{\text{trans}}\,{}^{R15}\boldsymbol{M}_{\text{link4,3}}$$

$${}^{R15}\boldsymbol{X}_{R15\_Limb6} = \boldsymbol{J}^{\mathrm{T}}_{R14,R15}\,{}^{\text{link15}}\boldsymbol{C}_{\text{trans}}\,{}^{R14}\boldsymbol{M}_{\text{link15,4}}$$

如图 5-18 所示，对于闭链 $R_2R_{10}R_9R_3$，定义该闭链中的支链 $R_2R_{10}R_9R_3$ 为 Limb7，支链 R_2R_3 为 Limb4，在 R_3 处分析两条支链的变形，可得

$${}^{R3}\boldsymbol{X}_{R3\_Limb7} = \boldsymbol{J}^{\mathrm{T}}_{R9,R3}\left(\boldsymbol{J}^{\mathrm{T}}_{R10,R9}\,{}^{\text{link11}}\boldsymbol{C}_{\text{trans}}\,{}^{R10}\boldsymbol{M}_{\text{link11,12}} + {}^{\text{link12}}\boldsymbol{C}_{\text{trans}}\,{}^{R9}\boldsymbol{M}_{\text{link12,3}}\right) + \boldsymbol{C}_3\,{}^{R3}\boldsymbol{M}_{\text{link3,2}}$$

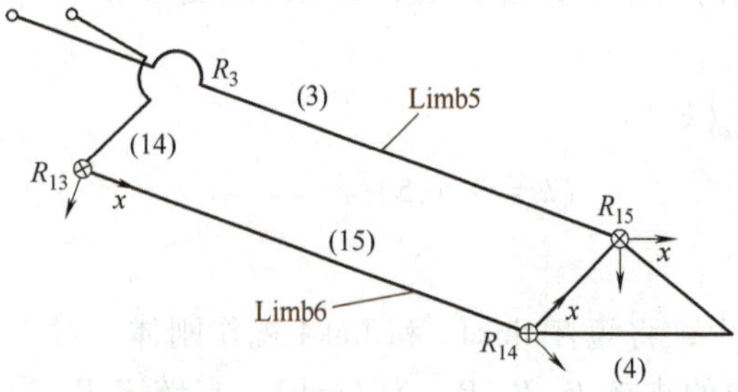

图 5-17　辅助连杆 $R_3R_{13}R_{14}R_{15}$ 变形示意

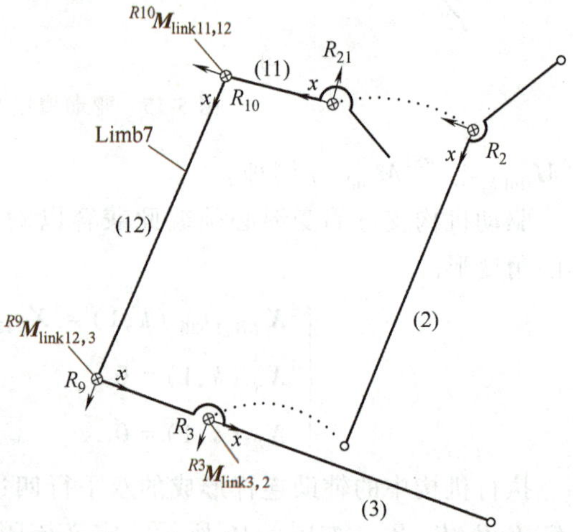

图 5-18　平行四杆机构 $R_2R_{10}R_9R_3$ 受力/变形示意

因此，执行机构的支链的变形协调方程为

$$\begin{cases} {}^{R3}\boldsymbol{X}_{R3\_Limb3} = {}^{R3}\boldsymbol{X}_{R3\_Limb4} \\ {}^{R15}\boldsymbol{X}_{R15\_Limb5} = {}^{R15}\boldsymbol{X}_{R15\_Limb6} \\ {}^{R3}\boldsymbol{X}_{R3\_Limb7} = {}^{R3}\boldsymbol{X}_{R3\_Limb4} \end{cases} \quad (k = 3,4,5)$$

5.4　基于拉格朗日的动力学建模

拉格朗日方程是基于分析力学的动力学建模方法，以系统能量为基础建立动力学模型，可以避免内部构件之间出现的作用力，简化建模过程，但缺点是物理意义不明确，对于复杂系统，拉格朗日函数的微分运算会变得十分烦琐。

拉格朗日函数 L 定义为系统的动能 $\boldsymbol{T}$ 和势能 $\boldsymbol{U}$ 之差，即

$$\boldsymbol{L} = \boldsymbol{T} - \boldsymbol{U} \tag{5-48}$$

第一类拉格朗日方程和第二类拉格朗日方程是经典力学中的两个重要概念。第一类拉格

朗日方程可以用于描述有约束的系统，它将约束力引入到系统的动力学方程中，从而更准确地描述了系统的运动。第二类拉格朗日方程则是经典力学的基本动力学方程之一，它通过引入拉格朗日量来描述系统的运动。第二类拉格朗日方程具有广泛的应用，包括描述多自由度系统、非保守系统和相对论性力学系统等。在实际应用中，可以利用第一类拉格朗日方程和第二类拉格朗日方程来解决各种问题，包括机械系统的运动、电磁场的传播和量子力学系统的行为等。因此，深入理解第一类拉格朗日方程和第二类拉格朗日方程对于研究物理学、工程学和应用数学等领域都具有重要意义。

5.4.1 第一类拉格朗日方程

1. 拉格朗日方程的一般形式

牛顿运动方程可以被转换为

$$\frac{\mathrm{d}}{\mathrm{d}t}\left(\frac{\partial \boldsymbol{K}}{\partial \dot{\boldsymbol{q}}_r}\right)-\frac{\partial \boldsymbol{K}}{\partial \boldsymbol{q}_r}=\boldsymbol{F}_r \tag{5-49}$$

式中，

$$\boldsymbol{F}_r=\sum_{i=1}^{n}\left(F_{ix}\frac{\partial \boldsymbol{f}_i}{\partial \boldsymbol{q}_r}+F_{iy}\frac{\partial \boldsymbol{g}_i}{\partial \boldsymbol{q}_r}+F_{iz}\frac{\partial \boldsymbol{h}_i}{\partial \boldsymbol{q}_r}\right) \tag{5-50}$$

式（5-50）被称为拉格朗日方程。式中，$\boldsymbol{K}$ 为 n 自由度系统的动能；$\boldsymbol{q}_r$（$r=1$，2，…，n）为常规的坐标系统；$\boldsymbol{F}_i=(F_{ix}\quad F_{iy}\quad F_{iz})^{\mathrm{T}}$ 为施加系统中第 i 个质点上的外力；$\boldsymbol{F}_r$ 为与 $\boldsymbol{q}_r$ 关联的力。

2. 拉格朗日方程的显式形式

假设每个质点的坐标是坐标 q_1、q_2、q_3、…、q_n 的函数，但不是时间 t 的函数。由 n 个质点所构成的系统的动能可以被写成

$$K=\frac{1}{2}\sum_{i=1}^{n}m_i(\dot{x}_i^2+\dot{y}_i^2+\dot{z}_i^2)=\frac{1}{2}\sum_{j=1}^{n}\sum_{k=1}^{n}a_{jk}\dot{\boldsymbol{q}}_j\dot{\boldsymbol{q}}_k \tag{5-51}$$

这里，系数 a_{jk} 是 q_1、q_2、q_3、…、q_n 的函数，并且有

$$a_{jk}=a_{kj} \tag{5-52}$$

拉格朗日运动方程表示为

$$\frac{\mathrm{d}}{\mathrm{d}t}\left(\frac{\partial \boldsymbol{K}}{\partial \dot{\boldsymbol{q}}_r}\right)-\frac{\partial \boldsymbol{K}}{\partial \boldsymbol{q}_r}=\boldsymbol{F}_r \qquad (r=1,2,\cdots,n) \tag{5-53}$$

这时，将式（5-51）中动能代入拉格朗日运动方程中，得

$$\frac{\mathrm{d}}{\mathrm{d}t}\sum_{m=1}^{n}a_{mr}\dot{\boldsymbol{q}}_m-\frac{1}{2}\sum_{j=1}^{n}\sum_{k=1}^{n}\frac{\partial a_{jk}}{\partial \boldsymbol{q}_r}\dot{\boldsymbol{q}}_j\dot{\boldsymbol{q}}_k=\boldsymbol{F}_r \tag{5-54}$$

或者

$$\sum_{m=1}^{n}a_{mr}\ddot{\boldsymbol{q}}_m+\sum_{j=1}^{n}\sum_{k=1}^{n}\boldsymbol{\Gamma}_{j,k}^{r}\dot{\boldsymbol{q}}_j\dot{\boldsymbol{q}}_k=\boldsymbol{F}_r \tag{5-55}$$

式中，$\boldsymbol{\Gamma}_{j,k}^{r}$ 被称为克里斯托费尔算子（Christoffel operator）。

$$\boldsymbol{\Gamma}_{j,k}^{i}=\frac{1}{2}\left(\frac{\partial a_{ij}}{\partial \boldsymbol{q}_k}+\frac{\partial a_{ik}}{\partial \boldsymbol{q}_i}-\frac{\partial a_{kj}}{\partial \boldsymbol{q}_i}\right) \tag{5-56}$$

5.4.2 第二类拉格朗日方程

第二类拉格朗日方程是用广义坐标表示的受理想约束力学系统的运动微分方程。

1. 虚位移原理

(1) 广义坐标 实际的质点系一般不是完全自由的，而是受到约束作用，即系统中质点的位置（或速度）不独立，受到限制。这样的质点系成为非自由质点系。对于这样的系统，除了动力学方程外，还需要一组约束方程来描述系统的运动特性。假设质点 P_i（$i=1$，2，…，n）的矢径为 $\boldsymbol{r}_i=(x_i \quad y_i \quad z_i)^{\mathrm{T}}$，则约束方程一般可表达为

$$\begin{cases} \boldsymbol{f}_1(r_1,\cdots,r_n,t)=0 \\ \boldsymbol{f}_2(r_1,\cdots,r_n,t)=0 \\ \quad\vdots \\ \boldsymbol{f}_S(r_1,\cdots,r_n,t)=0 \end{cases} \tag{5-57}$$

式中，S 为约束方程的个数。方程中不显含时间 t 的约束成为定常约束，否则成为非定常约束。

因此，系统中的 $3n$ 个坐标中只有 $k=3n-S$ 个坐标是独立的，k 称为系统的自由度数。因此可以选择 k 个独立参数，将系统坐标表示成它们的函数，即

$$\boldsymbol{r}_i=\boldsymbol{r}_i(q_1,q_2,\cdots,q_k) \qquad (i=1,2,\cdots,n) \tag{5-58}$$

独立坐标不一定是直角坐标，也可以是其他坐标。这些独立坐标又称为广义坐标。因此广义坐标是描述动力学系统状态的最少的一组独立变量。

(2) 虚位移原理 机器人系统是一个复杂的多体系统，利用矢量法建立它们的动力学方程时，将出现很多系统内部的约束力，而这些内部约束力在研究的问题中往往不需要知道。应用虚位移原理求解系统的平衡问题，能直接得到主动力的关系，而不需要给出内部理想约束力，因而方程的数目将减少，使运算简化。

在给定瞬时，约束所被允许的系统各质点任何无限小的位移称为虚位移。虚位移与实位移是不同的，实位移与作用在质点系上的力、初始条件及时间有关，随着这些条件的变化而发生变换。虚位移与质点系上的力、初始条件及时间无关，完全由约束的性质决定。

质点系的虚位移由各质点的虚位移 $\delta\boldsymbol{r}_i$（$i=1$，2，…，n）组成。在广义坐标系中，各质点的虚位移 $\delta\boldsymbol{r}_i$（$i=1$，2，…，n）也可以用广义坐标的变分 $\delta\boldsymbol{q}_j$（$j=1$，2，…，k）来表示，对式（5-58）进行变分得

$$\delta\boldsymbol{r}_i=\sum_{j=1}^{k}\frac{\partial\boldsymbol{r}_i}{\partial\boldsymbol{q}_j}\delta\boldsymbol{q}_j \qquad (i=1,2,\cdots,n) \tag{5-59}$$

当质点系统处于平衡状态时，作用于质点系中任一点 $\boldsymbol{P}_i$ 上的合力 $\boldsymbol{F}_i=0$。$\boldsymbol{F}_i$ 所引起的质点 i 的虚位移为 $\delta\boldsymbol{r}_i$，相应的虚功也为 0，即 $\boldsymbol{F}_i\delta\boldsymbol{r}_i=0$，系统中各质点的虚功之和也为 0，即

$$\sum_{i=1}^{n}\boldsymbol{F}_i\delta\boldsymbol{r}_i=0 \tag{5-60}$$

由于 $\boldsymbol{F}_i=\boldsymbol{F}_i^e+\boldsymbol{F}_i^i$，$\boldsymbol{F}_i^e$ 为施加在质点上的主动力，$\boldsymbol{F}_i^i$ 为质点所受约束力，且 $\sum\limits_{i=1}^{n}\boldsymbol{F}_i^i=0$，

因此有

$$\delta W = \sum_{i=1}^{n} \boldsymbol{F}_i^e \delta \boldsymbol{r}_i = 0 \tag{5-61}$$

因此可得，对于具有理想约束的质点系，其平衡的充分必要条件是：系统内所有主动力对于质点系的任意虚位移所做的元功之和为 0。上述结论称为虚位移原理或虚功原理。虚位移原理的最大优点是在计算质点系的平衡问题时直接给出了主动力之间的关系而无须考虑理想约束力。

（3）广义力　由于质点系内力的虚功之和为 0，主动力所做的虚功为

$$\delta W = \sum_{i=1}^{n} \boldsymbol{F}_i^e \delta \boldsymbol{r}_i \tag{5-62}$$

将式（5-59）代入式（5-62）可得

$$\delta W = \sum_{i=1}^{n} \boldsymbol{F}_i^e \sum_{j=1}^{k} \frac{\partial \boldsymbol{r}_i}{\partial \boldsymbol{q}_j} \delta \boldsymbol{q}_j = \sum_{j=1}^{k} \left(\sum_{i=1}^{n} \boldsymbol{F}_i^e \frac{\partial \boldsymbol{r}_i}{\partial \boldsymbol{q}_j} \right) \delta \boldsymbol{q}_j \tag{5-63}$$

令

$$\boldsymbol{Q}_j = \sum_{i=1}^{n} \boldsymbol{F}_i^e \frac{\partial \boldsymbol{r}_i}{\partial \boldsymbol{q}_j} \tag{5-64}$$

$\boldsymbol{Q}_j$ 称为作用于系统所有主动力关于广义坐标 $\boldsymbol{q}_j$（$j=1$，2，…，k）的广义力。系统的总虚功可表示为

$$\delta W = \sum_{j=1}^{k} \boldsymbol{Q}_j \delta \boldsymbol{q}_j \tag{5-65}$$

2. 仅考虑动能的情况

考虑由 n 个质点构成的系统，由达朗贝尔原理可知，作用在整个质点系上的主动力、约束力和惯性力构成平衡力系。若系统只受理想约束作用，由虚功原理有

$$\sum_{i=1}^{n} (\boldsymbol{F}_i^e + \boldsymbol{F}_i^i + \boldsymbol{F}_{Ii}) \delta \boldsymbol{r}_i = \sum_{i=1}^{n} (\boldsymbol{F}_i^e - m_i \ddot{\boldsymbol{r}}_i) \delta \boldsymbol{r}_i = 0 \tag{5-66}$$

$\boldsymbol{F}_{Ii}$ 为第 i 个质点上虚加的惯性力。式（5-66）表明：在理想约束条件下，质点系在任一瞬时所受的主动力系和虚加的惯性力系在虚位移上所做功的和为 0。式（5-66）为质点系虚功形式的动力学普遍方程。

将式（5-59）代入式（5-66）可得

$$\sum_{i=1}^{n} (\boldsymbol{F}_i^e - m_i \ddot{\boldsymbol{r}}_i) \sum_{j=1}^{k} \frac{\partial \boldsymbol{r}_i}{\partial \boldsymbol{q}_j} \delta \boldsymbol{q}_j = 0 \tag{5-67}$$

改变求和次序，有

$$\sum_{j=1}^{k} \left(\sum_{i=1}^{n} \boldsymbol{F}_i^e \frac{\partial \boldsymbol{r}_i}{\partial \boldsymbol{q}_i} - \sum_{i=1}^{n} m_i \ddot{\boldsymbol{r}} \frac{\partial \boldsymbol{r}_i}{\partial \boldsymbol{q}_j} \right) \delta \boldsymbol{q}_j = 0 \tag{5-68}$$

称其为作用于系统所有主动力关于广义坐标 $\boldsymbol{q}_j$（$j=1$，2，…，k）的广义力。

可以证明 $\dfrac{\partial \boldsymbol{r}_i}{\partial \boldsymbol{q}_j} = \dfrac{\partial \dot{\boldsymbol{r}}_i}{\partial \dot{\boldsymbol{q}}_j}$ 和 $\dfrac{\mathrm{d}}{\mathrm{d}t}\left(\dfrac{\partial \boldsymbol{r}_i}{\partial \boldsymbol{q}_j}\right) = \dfrac{\partial \dot{\boldsymbol{r}}_i}{\partial \boldsymbol{q}_j}$ 成立，因此有

$$\begin{aligned}\sum_{i=1}^{n} m_i \ddot{\boldsymbol{r}} \frac{\partial \boldsymbol{r}_i}{\partial \boldsymbol{q}_j} &= \sum_{i=1}^{n} m_i \frac{\mathrm{d}}{\mathrm{d}t}\left(\dot{\boldsymbol{r}} \frac{\partial \boldsymbol{r}_i}{\partial \boldsymbol{q}_j}\right) - \sum_{i=1}^{n} m_i \dot{\boldsymbol{r}} \frac{\mathrm{d}}{\mathrm{d}t}\left(\frac{\partial \boldsymbol{r}_i}{\partial \boldsymbol{q}_j}\right) \\ &= \sum_{i=1}^{n} m_i \frac{\mathrm{d}}{\mathrm{d}t}\left(\dot{\boldsymbol{r}} \frac{\partial \dot{\boldsymbol{r}}_i}{\partial \dot{\boldsymbol{q}}_j}\right) - \sum_{i=1}^{n} m_i \dot{\boldsymbol{r}} \frac{\partial \dot{\boldsymbol{r}}_i}{\partial \boldsymbol{q}_j} \\ &= \frac{\mathrm{d}}{\mathrm{d}t} \sum_{i=1}^{n} \left(m_i \dot{\boldsymbol{r}} \frac{\partial \dot{\boldsymbol{r}}_i}{\partial \dot{\boldsymbol{q}}_j}\right) - \frac{\partial}{\partial \boldsymbol{q}_j} \sum_{i=1}^{n} \left(\frac{1}{2} m_i \dot{\boldsymbol{r}} \cdot \dot{\boldsymbol{r}}\right) \\ &= \frac{\mathrm{d}}{\mathrm{d}t}\left[\frac{\partial}{\partial \dot{\boldsymbol{q}}_j} \sum_{i=1}^{n} \left(\frac{1}{2} m_i \dot{\boldsymbol{r}} \cdot \dot{\boldsymbol{r}}\right)\right] - \frac{\partial}{\partial \boldsymbol{q}_j} \sum_{i=1}^{n} \left(\frac{1}{2} m_i \dot{\boldsymbol{r}} \cdot \dot{\boldsymbol{r}}\right) \\ &= \frac{\mathrm{d}}{\mathrm{d}t}\left(\frac{\partial \boldsymbol{T}}{\partial \dot{\boldsymbol{q}}_j}\right) - \frac{\partial \boldsymbol{T}}{\partial \boldsymbol{q}_j} \end{aligned} \tag{5-69}$$

将式（5-64）和式（5-69）代入式（5-68），有

$$\sum_{j=1}^{k} \left[\boldsymbol{Q}_j - \frac{\mathrm{d}}{\mathrm{d}t}\left(\frac{\partial \boldsymbol{T}}{\partial \dot{\boldsymbol{q}}_j}\right) + \frac{\partial \boldsymbol{T}}{\partial \boldsymbol{q}_j}\right] \delta \boldsymbol{q}_j = 0 \tag{5-70}$$

式（5-70）是以动能表达的动力学普遍方程。对于完整和非完整约束的系统均成立。对于非完整的约束系统，其广义坐标的变分 $\delta \boldsymbol{q}_j$ 相互独立，所以式（5-63）成立的唯一条件是

$$\frac{\mathrm{d}}{\mathrm{d}t}\left(\frac{\partial \boldsymbol{T}}{\partial \dot{\boldsymbol{q}}_j}\right) - \frac{\partial \boldsymbol{T}}{\partial \boldsymbol{q}_j} = \boldsymbol{Q}_j \tag{5-71}$$

式（5-71）即为第二类拉格朗日方程。该方程只适用于具有完整约束的系统。式（5-71）只给出了系统的动能和广义力之间的关系。

3. 仅考虑势能的情况

若作用于质点系上的主动力均为有势力，则质点系势能 V 是各质点坐标的函数，记为

$$\boldsymbol{V} = \boldsymbol{V}(x_1, y_1, z_1, \cdots, x_n, y_n, z_n) \tag{5-72}$$

若用广义坐标 $\boldsymbol{q}_j(j=1, 2, \cdots, k)$ 来表示质点系的位置，则质点系的势能可写为广义坐标的函数，即

$$\boldsymbol{V} = \boldsymbol{V}(q_1, q_2, \cdots, q_k) \tag{5-73}$$

作用于质点系中任意点上力的投影可以写成势能表达的形式，即

$$\begin{cases} F_{xi} = -\dfrac{\partial \boldsymbol{V}}{\partial x_i} \\ F_{yi} = -\dfrac{\partial \boldsymbol{V}}{\partial y_i} \\ F_{zi} = -\dfrac{\partial \boldsymbol{V}}{\partial z_i} \end{cases} \tag{5-74}$$

即

$$\boldsymbol{F}_i = -\frac{\partial \boldsymbol{V}}{\partial \boldsymbol{r}_i} \tag{5-75}$$

将式（5-75）代入式（5-64），得到势力场中的广义力表达式为

$$\boldsymbol{Q}_j = -\sum_{i=1}^{n} \frac{\partial \boldsymbol{V}}{\partial \boldsymbol{r}_i} \frac{\partial \boldsymbol{r}_i}{\partial \boldsymbol{q}_j} = -\frac{\partial \boldsymbol{V}}{\partial \boldsymbol{q}_j} \quad (j=1,2,\cdots,k) \tag{5-76}$$

将式（5-76）代入式（5-71），有

$$\frac{\mathrm{d}}{\mathrm{d}t}\left(\frac{\partial \boldsymbol{T}}{\partial \dot{\boldsymbol{q}}_j}\right)-\frac{\partial(\boldsymbol{T}-\boldsymbol{V})}{\partial \boldsymbol{q}_j}=0 \quad (j=1,2,\cdots,k) \tag{5-77}$$

定义拉格朗日函数 $\boldsymbol{L}$ 为

$$\boldsymbol{L}=\boldsymbol{T}-\boldsymbol{V} \tag{5-78}$$

由于势能不是广义速度的函数，所以式（5-77）又可写为

$$\frac{\mathrm{d}}{\mathrm{d}t}\left(\frac{\partial \boldsymbol{L}}{\partial \dot{\boldsymbol{q}}_j}\right)-\frac{\partial \boldsymbol{L}}{\partial \boldsymbol{q}_j}=0 \quad (j=1,2,\cdots,k) \tag{5-79}$$

4. 拉格朗日方程一般形式

如果作用在质点系上的广义力还有非势力的作用，将这些力记为 $\boldsymbol{Q}'_j(j=1,\ 2,\ \cdots,\ k)$，则有

$$\boldsymbol{Q}_j=-\frac{\partial \boldsymbol{V}}{\partial \boldsymbol{q}_j}+\boldsymbol{Q}'_j \quad (j=1,2,\cdots,k) \tag{5-80}$$

将式（5-80）代入式（5-81）可得

$$\frac{\mathrm{d}}{\mathrm{d}t}\left(\frac{\partial \boldsymbol{L}}{\partial \dot{\boldsymbol{q}}_j}\right)-\frac{\partial \boldsymbol{L}}{\partial \boldsymbol{q}_j}=\boldsymbol{Q}'_j \quad (j=1,2,\cdots,k) \tag{5-81}$$

式（5-81）即为机器人动力学方程的拉格朗日方程。

5.4.3　重载串联机器人的拉格朗日方程

1. 重载机器人的特点

在工业机器人领域中，通常把末端载荷在100kg以上的机器人称为重载机器人。当前，在冶金、矿业、建筑和航空装备装配等众多行业中，重载工业机器人得到了广泛的应用。然而，随着工作环境和生产要求的提高，机器人必须具有更好的负载能力和运动稳定性，更佳的速度、加速度性能和更高的定位精度值，这也要求重载工业机器人在模型建立、性能分析和后期优化过程中，必须考虑机器人系统柔性环节的影响。

机器人系统柔性环节主要有两种表现形式，分别为关节柔性形式和杆件柔性形式。产生关节柔性的主要原因是传动元件刚度较低，如刚度值较低的减速器、支承刚度较低的轴承、同步带和转动轴等。产生杆件柔性的主要原因是机器人机械臂的结构刚度较低，尤其是工业机器人的大臂和小臂部分。在实际中，就重载工业机器人而言，机械臂的刚度比传动元件的刚度大得多，关节柔性形式比杆件柔性形式更加显著。因此，在重载工业机器人分析中，一般不考虑杆件柔性形式，仅考虑关节柔性形式。

机器人在自身质量和末端负载的共同作用下，各传动元件会产生弹性变形，进而在各转动关节处产生转角误差，这些转角误差通过机器人各个连杆得到放大累积，从而在机器人的末端位置处产生较大的位置误差，进而影响到机器人末端的定位精度。此外，由于关节柔性的存在，在机器人起动和停止运动阶段，机器末端会有残余振动现象，这严重影响了机器人的运动平稳性，同时也降低了机器人的定位精度，因此，对重载机器人进行模态和动刚度的分析也尤为重要。

2. 重载串联机器人拉格朗日方程求解一般步骤

利用拉格朗日方程方法，建立机器人的动力学模型可分五步进行：①计算连杆各点速度；②计算系统的动能；③计算系统的势能；④构造拉格朗日函数；⑤推导操作臂的动力学方程。

（1）连杆各点速度　连杆 i 上的一点对坐标系 $\{i\}$ 和基坐标系 $\{0\}$ 的齐次坐标分别为 ${}^i\boldsymbol{r}$ 和 $\boldsymbol{r}$，则有

$$\boldsymbol{r} = {}^0_i\boldsymbol{T}\,{}^i\boldsymbol{r} \tag{5-82}$$

于是，该点的速度为

$$\dot{\boldsymbol{r}} = \frac{\mathrm{d}\boldsymbol{r}}{\mathrm{d}t} = \left[\sum_{j=1}^{i}\frac{\partial({}^0_i\boldsymbol{T})}{\partial\boldsymbol{q}_j}\dot{\boldsymbol{q}}_j\right]{}^i\boldsymbol{r} \tag{5-83}$$

速度的平方为

$$\dot{\boldsymbol{r}}^{\mathrm{T}}\dot{\boldsymbol{r}} = \mathrm{tr}(\dot{\boldsymbol{r}}\dot{\boldsymbol{r}}^{\mathrm{T}}) \tag{5-84}$$

式（5-84）中，用求迹 tr(·) 代替矢量点乘。将式（5-83）代入式（5-84）得

$$\begin{aligned}\dot{\boldsymbol{r}}^{\mathrm{T}}\dot{\boldsymbol{r}} &= \mathrm{tr}\left\{\sum_{j=1}^{i}\frac{\partial({}^0_i\boldsymbol{T})}{\partial\boldsymbol{q}_j}\dot{\boldsymbol{q}}_j{}^i\boldsymbol{r}\left[\sum_{k=1}^{i}\frac{\partial({}^0_i\boldsymbol{T})}{\partial\boldsymbol{q}_k}\dot{\boldsymbol{q}}_k{}^i\boldsymbol{r}\right]^{\mathrm{T}}\right\}\\ &= \mathrm{tr}\left[\sum_{j=1}^{i}\sum_{k=1}^{i}\frac{\partial({}^0_i\boldsymbol{T})}{\partial\boldsymbol{q}_j}{}^i\boldsymbol{r}\,{}^i\boldsymbol{r}^{\mathrm{T}}\frac{\partial({}^0_i\boldsymbol{T})^{\mathrm{T}}}{\partial\boldsymbol{q}_k}\dot{\boldsymbol{q}}_j\dot{\boldsymbol{q}}_k\right]\end{aligned} \tag{5-85}$$

（2）系统的动能　在连杆 i 的 ${}^i\boldsymbol{r}$ 处，质量为 dm 的质点的动能为

$$\begin{aligned}\mathrm{d}\boldsymbol{T}_i &= \frac{1}{2}\mathrm{tr}\left[\sum_{j=1}^{i}\sum_{k=1}^{i}\frac{\partial({}^0_i\boldsymbol{T})}{\partial\boldsymbol{q}_j}{}^i\boldsymbol{r}\,{}^i\boldsymbol{r}^{\mathrm{T}}\frac{\partial({}^0_i\boldsymbol{T})^{\mathrm{T}}}{\partial\boldsymbol{q}_k}\dot{\boldsymbol{q}}_j\dot{\boldsymbol{q}}_k\right]\mathrm{d}m\\ &= \frac{1}{2}\mathrm{tr}\left[\sum_{j=1}^{i}\sum_{k=1}^{i}\frac{\partial({}^0_i\boldsymbol{T})}{\partial\boldsymbol{q}_j}{}^i\boldsymbol{r}\,{}^i\boldsymbol{r}^{\mathrm{T}}\mathrm{d}m\frac{\partial({}^0_i\boldsymbol{T})^{\mathrm{T}}}{\partial\boldsymbol{q}_k}\dot{\boldsymbol{q}}_j\dot{\boldsymbol{q}}_k\right]\end{aligned} \tag{5-86}$$

于是，连杆 i 的动能为

$$\begin{aligned}\boldsymbol{T}_i &= \int_{\mathrm{link}i}\mathrm{d}\boldsymbol{T}_i = \frac{1}{2}\mathrm{tr}\left[\sum_{j=1}^{i}\sum_{k=1}^{i}\frac{\partial({}^0_i\boldsymbol{T})}{\partial\boldsymbol{q}_j}\int_{\mathrm{link}i}{}^i\boldsymbol{r}\,{}^i\boldsymbol{r}^{\mathrm{T}}\mathrm{d}m\frac{\partial({}^0_i\boldsymbol{T})^{\mathrm{T}}}{\partial\boldsymbol{q}_k}\dot{\boldsymbol{q}}_j\dot{\boldsymbol{q}}_k\right]\\ &= \frac{1}{2}\mathrm{tr}\left[\sum_{j=1}^{i}\sum_{k=1}^{i}\frac{\partial({}^0_i\boldsymbol{T})}{\partial\boldsymbol{q}_j}\bar{\boldsymbol{I}}_i\frac{\partial({}^0_i\boldsymbol{T})^{\mathrm{T}}}{\partial\boldsymbol{q}_k}\dot{\boldsymbol{q}}_j\dot{\boldsymbol{q}}_k\right]\end{aligned} \tag{5-87}$$

式中，$\bar{\boldsymbol{I}}_i$ 为连杆 i 的伪惯性矩阵，即

$$\bar{\boldsymbol{I}}_i = \int_{\mathrm{link}i}{}^i\boldsymbol{r}\,{}^i\boldsymbol{r}^{\mathrm{T}}\mathrm{d}m \tag{5-88}$$

机器人（n 个连杆）总的动能为

$$\boldsymbol{T} = \sum_{i=1}^{n}\boldsymbol{T}_i = \frac{1}{2}\sum_{i=1}^{n}\mathrm{tr}\left[\sum_{j=1}^{i}\sum_{k=1}^{i}\frac{\partial({}^0_i\boldsymbol{T})}{\partial\boldsymbol{q}_j}\bar{\boldsymbol{I}}_i\frac{\partial({}^0_i\boldsymbol{T})^{\mathrm{T}}}{\partial\boldsymbol{q}_k}\dot{\boldsymbol{q}}_j\dot{\boldsymbol{q}}_k\right] \tag{5-89}$$

除了机器人各个连杆的动能之外，驱动各连杆运动的传动机构的动能也不能忽略，各关节传动机构的动能可表示成传动机构的等效惯量以及对应的关节速度的函数，即

$$\boldsymbol{T}_i = \frac{1}{2}\boldsymbol{I}_{ai}\dot{\boldsymbol{q}}_i^2 \tag{5-90}$$

式中，$\boldsymbol{I}_{ai}$ 为广义等效惯量，对于移动关节 $\boldsymbol{I}_{ai}$ 是等效质量，对于旋转关节 $\boldsymbol{I}_{ai}$ 是等效惯性矩。

把求迹运算与求和运算交换次序，再加上传动机构的动能，最后得到机器人系统的动能为

$$\boldsymbol{T}=\frac{1}{2}\sum_{i=1}^{n}\left[\sum_{j=1}^{i}\sum_{k=1}^{i}\operatorname{tr}\left(\frac{\partial({}_{i}^{0}\boldsymbol{T})}{\partial\boldsymbol{q}_{j}}\bar{\boldsymbol{I}}_{i}\frac{\partial({}_{i}^{0}\boldsymbol{T})^{\mathrm{T}}}{\partial\boldsymbol{q}_{k}}\dot{\boldsymbol{q}}_{j}\dot{\boldsymbol{q}}_{k}\right)+\boldsymbol{I}_{ai}\dot{\boldsymbol{q}}_{i}^{2}\right] \tag{5-91}$$

（3）系统的势能　各个连杆的势能为

$$U_{i}=-m_{i}\boldsymbol{g}\boldsymbol{p}_{ci}=-m_{i}\boldsymbol{g}({}_{i}^{0}\boldsymbol{T}^{i}\boldsymbol{p}_{ci}) \tag{5-92}$$

式中，m_i 为连杆 i 的质量；$\boldsymbol{g}=(g_x\ g_y\ g_z\ 0)$ 为重力行矢量。机器人的总势能为

$$\boldsymbol{U}=-\sum_{i=1}^{n}m_{i}\boldsymbol{g}_{i}^{0}\boldsymbol{T}^{i}\boldsymbol{p}_{ci} \tag{5-93}$$

（4）拉格朗日函数　根据系统的动能 $\boldsymbol{T}$ 的表达式（5-91）和势能 $\boldsymbol{U}$ 的表达式（5-93），便可得到拉格朗日函数为

$$\boldsymbol{L}=\boldsymbol{T}-\boldsymbol{U}=\frac{1}{2}\sum_{i=1}^{n}\left\{\sum_{j=1}^{i}\sum_{k=1}^{i}\left[\operatorname{tr}\left(\frac{\partial({}_{i}^{0}\boldsymbol{T})}{\partial\boldsymbol{q}_{j}}\bar{\boldsymbol{I}}_{i}\frac{\partial({}_{i}^{0}\boldsymbol{T})^{\mathrm{T}}}{\partial\boldsymbol{q}_{k}}\right)\dot{\boldsymbol{q}}_{j}\dot{\boldsymbol{q}}_{k}\right]+\boldsymbol{I}_{ai}\dot{\boldsymbol{q}}_{i}^{2}\right\}+\sum_{i=1}^{n}m_{i}\boldsymbol{g}_{i}^{0}\boldsymbol{T}^{i}\boldsymbol{p}_{ci} \tag{5-94}$$

（5）操作臂的动力学方程　利用拉格朗日函数式（5-94）便可得到关节 i 驱动连杆 i 所需的广义力矩 $\boldsymbol{\tau}_i$，即有

$$\boldsymbol{\tau}_{i}=\frac{\mathrm{d}}{\mathrm{d}t}\left(\frac{\partial\boldsymbol{L}}{\partial\dot{\boldsymbol{q}}_{i}}\right)-\frac{\partial\boldsymbol{L}}{\partial\boldsymbol{q}_{i}}\quad(i=1,2,\cdots,n) \tag{5-95}$$

得

$$\boldsymbol{\tau}_{i}=\sum_{j=1}^{n}\sum_{k=1}^{j}\left[\operatorname{tr}\left(\frac{\partial({}_{j}^{0}\boldsymbol{T})}{\partial q_{i}}\bar{\boldsymbol{I}}_{j}\frac{\partial({}_{j}^{0}\boldsymbol{T})^{\mathrm{T}}}{\partial\boldsymbol{q}_{k}}\right)\ddot{\boldsymbol{q}}_{k}\right]+\boldsymbol{I}_{ai}\ddot{\boldsymbol{q}}_{i}+\sum_{j=i}^{n}\sum_{k=1}^{j}\sum_{m=1}^{j}\operatorname{tr}\left(\frac{\partial({}_{j}^{0}\boldsymbol{T})}{\partial\boldsymbol{q}_{i}}\bar{\boldsymbol{I}}_{j}\frac{\partial^{2}({}_{j}^{0}\boldsymbol{T})^{\mathrm{T}}}{\partial\boldsymbol{q}_{k}\partial\boldsymbol{q}_{m}}\right)\dot{\boldsymbol{q}}_{k}\dot{\boldsymbol{q}}_{m}-$$

$$\sum_{j=i}^{n}m_{j}\boldsymbol{g}\frac{\partial^{2}({}_{j}^{0}\boldsymbol{T})_{j}}{\partial\boldsymbol{q}_{i}}\boldsymbol{p}_{ci}\quad(i=1,2,\cdots,n) \tag{5-96}$$

式（5-96）可写成矩阵形式和矢量形式为

$$\boldsymbol{\tau}_{i}=\sum_{k=1}^{n}\boldsymbol{D}_{ik}\ddot{\boldsymbol{q}}_{k}+\sum_{k=1}^{n}\sum_{m=1}^{n}\boldsymbol{h}_{ikm}\dot{\boldsymbol{q}}_{k}\dot{\boldsymbol{q}}_{m}+\boldsymbol{G}_{i}\quad(i=1,2,\cdots,n) \tag{5-97}$$

$$\boldsymbol{\tau}(t)=\boldsymbol{D}(\boldsymbol{q}(t))\ddot{\boldsymbol{q}}(t)+\boldsymbol{h}(\boldsymbol{q}(t),\dot{\boldsymbol{q}}(t))+\boldsymbol{G}(\boldsymbol{q}(t)) \tag{5-98}$$

式中，$\boldsymbol{\tau}(t)$为加在各关节上的 $n\times1$ 的广义力矩矢量，为

$$\boldsymbol{\tau}(t)=\begin{pmatrix}\tau_{1}(t) & \tau_{2}(t) & \cdots & \tau_{n}(t)\end{pmatrix}^{\mathrm{T}} \tag{5-99}$$

$\boldsymbol{q}(t)$为操作臂的关节变量（矢量），为

$$\boldsymbol{q}(t)=\begin{pmatrix}q_{1}(t) & q_{2}(t) & \cdots & q_{n}(t)\end{pmatrix}^{\mathrm{T}} \tag{5-100}$$

$\dot{\boldsymbol{q}}(t)$ 为操作臂的关节速度矢量，为

$$\dot{\boldsymbol{q}}(t)=\begin{pmatrix}\dot{q}_{1}(t) & \dot{q}_{2}(t) & \cdots & \dot{q}_{n}(t)\end{pmatrix}^{\mathrm{T}} \tag{5-101}$$

$\ddot{\boldsymbol{q}}(t)$ 为操作臂的关节加速度矢量，为

$$\ddot{\boldsymbol{q}}(t)=\begin{pmatrix}\ddot{q}_{1}(t) & \ddot{q}_{2}(t) & \cdots & \ddot{q}_{n}(t)\end{pmatrix}^{\mathrm{T}} \tag{5-102}$$

$\boldsymbol{D}(q)$为操作臂的质量矩阵，是 $n\times n$ 的对称矩阵，其元素为

$$\boldsymbol{D}_{ik}(q)=\sum_{j=\max(i,k)}^{n}\left[\operatorname{tr}\left(\frac{\partial({}_{j}^{0}\boldsymbol{T})}{\partial\boldsymbol{q}_{i}}\bar{\boldsymbol{I}}_{j}\frac{\partial({}_{j}^{0}\boldsymbol{T})^{\mathrm{T}}}{\partial\boldsymbol{q}_{k}}\right)+\boldsymbol{I}_{ai}\delta_{ik}\right],\quad\delta_{ik}=\begin{cases}1,i=k\\0,i\neq k\end{cases} \tag{5-103}$$

$\boldsymbol{h}(q,\dot{q})$为 $n\times1$ 的非线性科氏力和离心力矢量，为

$$\boldsymbol{h}(q,\dot{q}) = (h_1 \quad h_2 \quad \cdots \quad h_n)^{\mathrm{T}} \tag{5-104}$$

其元素为

$$\begin{aligned} \boldsymbol{h}_i &= \sum_{k=1}^{n}\sum_{m=1}^{n} \boldsymbol{h}_{ikm}\dot{\boldsymbol{q}}_k\dot{\boldsymbol{q}}_m \\ \boldsymbol{h}_{ikm} &= \sum_{j=\max(i,k,m)}^{n} \mathrm{tr}\left(\frac{\partial({}_j^0\boldsymbol{T})}{\partial \boldsymbol{q}_i}\bar{\boldsymbol{I}}_j \frac{\partial^2({}_j^0\boldsymbol{T})^{\mathrm{T}}}{\partial \boldsymbol{q}_k \partial \boldsymbol{q}_m}\right) \end{aligned} \tag{5-105}$$

$\boldsymbol{G}(q)$为 $n\times1$ 的重力矢量，为

$$\boldsymbol{G}(q) = (G_1 \quad G_2 \quad \cdots \quad G_n)^{\mathrm{T}} \tag{5-106}$$

其元素为

$$\boldsymbol{G}_i = \sum_{j=i}^{n}\left(-m_j\boldsymbol{g}\frac{\partial({}_j^0\boldsymbol{T})}{\partial \boldsymbol{q}_i}{}^j\boldsymbol{p}_{cj}\right) \tag{5-107}$$

系数 $\boldsymbol{D}_{ik}$、$\boldsymbol{h}_{ikm}$ 和 $\boldsymbol{G}_i$ 是关节变量和连杆惯性参数的函数，有时称为操作臂的动力学系数。其物理意义介绍如下：

1）系数 $\boldsymbol{G}_i$ 是连杆 i 的重力项。

2）系数 $\boldsymbol{D}_{ik}$ 与关节（变量）加速度有关。当 $i=k$ 时，$\boldsymbol{D}_{ii}$ 与驱动力矩 $\boldsymbol{\tau}_i$ 产生的关节 i 的加速度有关，成为有效惯量；当 $i\neq k$ 时，$\boldsymbol{D}_{ik}$ 与关节 k 的加速度引起的关节 i 上的反作用力矩（力）有关，称为耦合惯量。由于惯性矩阵是对称的，又因对于任意矩阵 $\boldsymbol{A}$，有 $\mathrm{tr}\boldsymbol{A}=\mathrm{tr}\boldsymbol{A}^{\mathrm{T}}$，可证明 $\boldsymbol{D}_{\mathrm{ik}}=\boldsymbol{D}_{ki}$。

3）$\boldsymbol{h}_{ikm}$ 与关节速度有关，下标 k、m 表示该项与关节速度 $\dot{\boldsymbol{q}}_k\dot{\boldsymbol{q}}_m$ 有关，下标 i 表示感受动力的关节编号。当 $k=m$ 时，$\boldsymbol{h}_{ikm}$ 表示关节 i 所感受的关节 k 的角速度引起的离心力的有关项；当 $k\neq m$ 时，$\boldsymbol{h}_{ikm}$ 表示关节 i 所感受到的 $\dot{\boldsymbol{q}}_k$ 和 $\dot{\boldsymbol{q}}_m$ 引起的科氏力有关项。可以看出，对于给定的 i，有 $\boldsymbol{h}_{ikm}$ 等于 $\boldsymbol{h}_{imk}$。

这些系数有些可能为零。其原因如下：

1）操作臂的特殊运动学设计可消除某些关节之间的动力耦合（系数 $\boldsymbol{D}_{ik}$ 和 $\boldsymbol{h}_{ikm}$）。

2）某些与速度有关的动力学系数实际上是不存在的，如 $\boldsymbol{h}_{iii}$ 通常为零（但是也可能不为零）。

3）机器人处于某些形位时，有些系数可能变为零。

【例 5-3】 一种新型重载上下料机器人的结构如图 5-19 所示，试利用拉格朗日方程求解该机器人的逆动力学。

解：拉格朗日方法基于系统能量的角度求解动力学，不求解内部作用力且可直接得到动力学方程的显式表达式，计算效率高，适合用于实时性和求解精度适中的系统。

非保守系统的拉格朗日方程为

$$\frac{\mathrm{d}}{\mathrm{d}t}\left(\frac{\partial \boldsymbol{L}}{\partial \dot{\boldsymbol{q}}_j}\right) - \frac{\partial \boldsymbol{L}}{\partial \boldsymbol{q}_j} = \boldsymbol{\tau}_j \quad (j=1,2,\cdots,m)$$

式中，$\boldsymbol{L}$ 为拉格朗日函数；$\boldsymbol{q}_j(j=1,\ 2,\ \cdots,\ m)$ 为机构的广义坐标；$\boldsymbol{\tau}_j(j=1,\ 2,\ \cdots,\ m)$ 为所对应广义坐标的广义力。

拉格朗日函数为系统总动能和总势能的差值，将 $\boldsymbol{L}=\boldsymbol{E}_k-\boldsymbol{E}_p$ 代入上式后可得

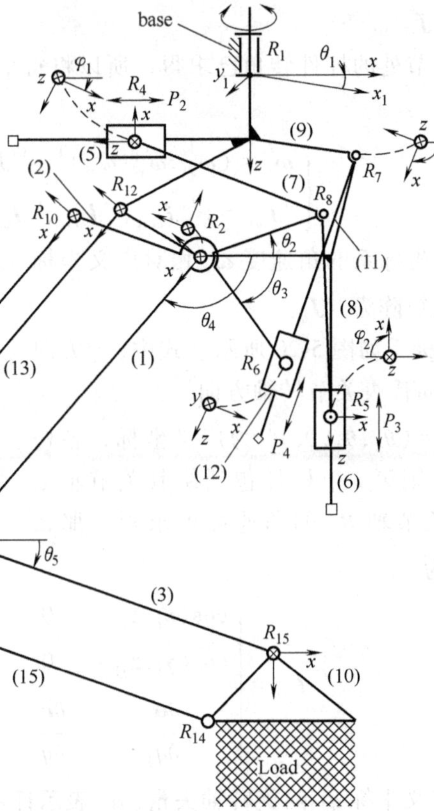

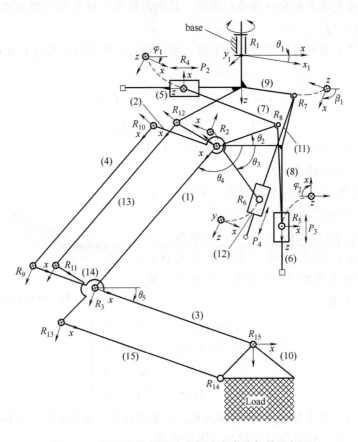

图 5-19 用于拉格朗日法求解动力学的杆件坐标系

$$\frac{\mathrm{d}}{\mathrm{d}t}\left(\frac{\partial \boldsymbol{E}_k}{\partial \dot{\boldsymbol{q}}_j}\right)-\frac{\partial \boldsymbol{E}_k}{\partial \boldsymbol{q}_j}+\frac{\partial \boldsymbol{E}_p}{\partial \boldsymbol{q}_j}=\boldsymbol{\tau}_j \quad (j=1,2,\cdots,m)$$

以系统的第 i 个连杆为例，其动能由连杆质心处的平动动能 $\boldsymbol{E}_{kti}$ 和绕质心转动的角动能 $\boldsymbol{E}_{kri}$ 组成，即

$$\begin{cases}\boldsymbol{E}_{ki}=\boldsymbol{E}_{kti}+\boldsymbol{E}_{kri}=\dfrac{1}{2}m_i\cdot{}^0\boldsymbol{v}_{ci}^{\mathrm{T}}\cdot{}^0\boldsymbol{v}_{ci}+\dfrac{1}{2}\boldsymbol{\omega}_i^{\mathrm{T}}\cdot{}^{ci}\boldsymbol{I}_i\cdot\boldsymbol{\omega}_i\\ \boldsymbol{E}_{pi}=-m_i\boldsymbol{g}^{\mathrm{T}0}\boldsymbol{p}_{ci}\end{cases}$$

式中，m_i、$\boldsymbol{v}_{ci}$、$\boldsymbol{\omega}_i$ 分别为连杆 i 的质量、平动速度和角速度；${}^{ci}\boldsymbol{I}_i$ 为杆件 i 在质心坐标系 $\{C_i\}$ 下的惯性张量；$\boldsymbol{g}^{\mathrm{T}}=(0,\ 0,\ 9.81)$。$\boldsymbol{v}_{ci}$ 可通过质心位置 ${}^0\boldsymbol{p}_{ci}$ 求导得到；${}^0\boldsymbol{p}_{ci}$ 为相对基坐标系的杆件 i 的质心位置矢量，即

$$\begin{cases}{}^0\boldsymbol{p}_{ci}=({}^0p_{xci},{}^0p_{yci},{}^0p_{zci})^{\mathrm{T}}\\ \boldsymbol{v}_{ci}={}^0\dot{\boldsymbol{p}}_{ci}={}^{Ci}\boldsymbol{J}_{vi}\dot{\boldsymbol{q}}\\ {}^{Ci}\boldsymbol{J}_{vi}=\left(\dfrac{\partial{}^0\boldsymbol{p}_{ci}}{\partial\boldsymbol{q}_1},\dfrac{\partial{}^0\boldsymbol{p}_{ci}}{\partial\boldsymbol{q}_2},\cdots,\dfrac{\partial{}^0\boldsymbol{p}_{ci}}{\partial\boldsymbol{q}_m}\right)\end{cases}$$

基于上式，首先求取各个杆件质心坐标，其次求取各个杆件质心线速度 $\boldsymbol{v}_{ci}$ 相对广义坐标速度 $\dot{\boldsymbol{q}}$ 的雅可比 ${}^{Ci}\boldsymbol{J}_{vi}$。

由于该机构各关节处的杆件转角已求得，所以将每个杆件角速度分解到杆件质心坐标系 $O_{ci}\text{-}x_iy_iz_i$ 下为

$$\begin{cases}\boldsymbol{\omega}_i=(\omega_{xi},\omega_{yi},\omega_{zi})^{\mathrm{T}}={}^{Ci}\boldsymbol{J}_{\omega i}\dot{\boldsymbol{q}}\\ {}^{Ci}\boldsymbol{J}_{\omega i}=({}^{Ci}\boldsymbol{J}_{\omega xi},{}^{Ci}\boldsymbol{J}_{\omega yi},{}^{Ci}\boldsymbol{J}_{\omega zi})^{\mathrm{T}}\end{cases}$$

各个杆件沿质心坐标系的角速度 $\boldsymbol{\omega}_i$ 相对广义坐标上的速度 $\dot{\boldsymbol{q}}$ 的雅可比矩阵为 ${}^{Ci}\boldsymbol{J}_{\omega i}$。

杆件 i 的质心坐标系如图 5-20 所示。式中，x_i 方向代表杆长方向；z_i 方向代表关节转轴方向。

本例题中选取 $\boldsymbol{q}=(\theta_1,\theta_4,\theta_5)^{\mathrm{T}}$ 为广义坐标，各杆件的转角已经给出，则第 i 个杆件包括绕其关节轴 z_i 的角速度以及伴随关节轴 R_1 的角速度可求得。那么 $\boldsymbol{\omega}_i$ 和 $\dot{\boldsymbol{q}}$ 的映射关系为

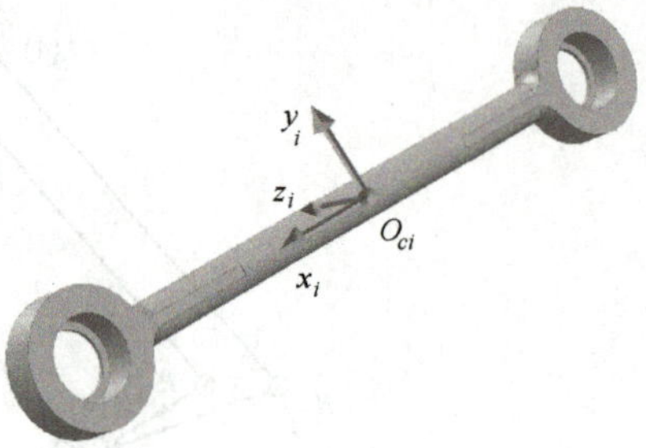

图 5-20 杆件 i 的质心坐标系

$${}^{Ci}\boldsymbol{J}_{\omega i}=\begin{pmatrix}\cos\langle x_i,\boldsymbol{z}_{q1}\rangle & 0 & 0\\ \cos\langle y_i,\boldsymbol{z}_{q1}\rangle & 0 & 0\\ \dfrac{\partial\boldsymbol{\alpha}_i}{\partial q_1} & \dfrac{\partial\boldsymbol{\alpha}_i}{\partial q_2} & \dfrac{\partial\boldsymbol{\alpha}_i}{\partial q_3}\end{pmatrix}$$

式中，$\boldsymbol{z}_{q1}$ 表示沿着广义坐标 q_1 的旋转轴矢量；$\boldsymbol{\alpha}_i$ 表示杆件 i 绕其关节轴 z_i 的旋转角。

所以可得出，重写拉格朗日方程为封闭形式为

$$\boldsymbol{M}(q)\ddot{\boldsymbol{q}}+\boldsymbol{C}(q,\dot{q})\dot{\boldsymbol{q}}+\boldsymbol{g}(q)=\boldsymbol{\tau}$$

式中，

$$\begin{cases}\boldsymbol{M}(q)=\sum\limits_{i}^{n}(m_i{}^{Ci}\boldsymbol{J}_{vi}^{\mathrm{T}}{}^{Ci}\boldsymbol{J}_{vi}+{}^{Ci}\boldsymbol{J}_{\omega i}^{\mathrm{T}}{}^{Ci}\boldsymbol{I}_{Ci}{}^{Ci}\boldsymbol{J}_{\omega i})\\ \boldsymbol{C}(q,\dot{q})=\dfrac{1}{2}(\dot{\boldsymbol{M}}+\boldsymbol{U}^{\mathrm{T}}-\boldsymbol{U})\\ \boldsymbol{U}=(\boldsymbol{I}_{n\times n}\otimes\dot{\boldsymbol{q}}^{\mathrm{T}})\dfrac{\partial\boldsymbol{M}}{\partial\boldsymbol{q}}\\ \boldsymbol{g}(q)=-({}^{Ci}\boldsymbol{J}_{v1}^{\mathrm{T}}\quad{}^{Ci}\boldsymbol{J}_{v2}^{\mathrm{T}}\quad\cdots\quad{}^{Ci}\boldsymbol{J}_{vn}^{\mathrm{T}})(m_1g\quad m_2g\quad\cdots\quad m_ng)^{\mathrm{T}}\end{cases}$$

式中，n 为系统中杆件的数目。

进一步可以得到科里奥利力和离心力矩阵 $\boldsymbol{C}$ 的显示形式，并可得具有反对称性质的项 $\dot{\boldsymbol{M}}-2\boldsymbol{C}$，有利于构建控制结构。对该系统 $\boldsymbol{C}$ 为 3×3 的方阵，通过惯性矩阵求得。

$$\boldsymbol{C}_{i,j}=\frac{1}{2}\sum_{k=1}^{3}\left(\frac{\partial\boldsymbol{M}_{ij}}{\partial\boldsymbol{q}_k}+\frac{\partial\boldsymbol{M}_{ik}}{\partial\boldsymbol{q}_j}-\frac{\partial\boldsymbol{M}_{kj}}{\partial\boldsymbol{q}_i}\right)\dot{\boldsymbol{q}}_k\quad(i,j=1,2,3)$$

以上给出了基于拉格朗日法的封闭形式逆动力学的推导过程。

机构的惯性矩阵为

$$M = \begin{pmatrix} M_{11} & 0 & 0 \\ 0 & M_{22} & M_{23} \\ 0 & M_{32} & M_{33} \end{pmatrix}$$

惯性矩阵中各项进行整理如下，对于惯量 M_{11}，该项包含了所有杆件在 R_1 轴上的惯量，全部展开较为冗长，在此进行简写，并对其余各项进行简化以明晰其物理意义，具体如下：

$$M_{11} = \sum_{i=1}^{11} (m_i x_{ci}^2 + [I_{xxi}, I_{yyi}, I_{zzi}][\cos^2\langle x_i, z_{q1}\rangle, \cos^2\langle y_i, z_{q1}\rangle, \cos^2\langle z_i, z_{q1}\rangle]^{\mathrm{T}})$$

$$\begin{aligned} M_{22} = {} & (l_{c1}^2 + l_{c1y}^2)m_1 + l_1^2 m_3 + l_1^2 m_4/4 + m_5(-R_1\sin\theta_2 - R_1\cos\theta_2\tan\varphi_1)^2 + \\ & m_6(R_1\cos\theta_2 + R_1\sin\theta_2/\tan\varphi_2)^2 + m_7(R_1\sin\theta_2 + R_1\cos\theta_2\tan\varphi_1/2)^2 + \\ & R_1^2 m_7\cos\theta_2^2/4 + m_8(R_1\cos\theta_2 + l_{c8}R_1\sin\theta_2/(l_8\tan\varphi_2))^2 + R_1^2 m_8\sin\theta_2^2(l_8 - l_{c8})^2/l_8^2 + \\ & l_1^2 m_{10} + l_{c13}^2 m_{13} + l_1^2 m_{14} + l_1{}^2 m_{15} + I_{zz1} + I_{zz4} + \\ & I_{zz7}R_1^2\cos\theta_2^2/(l_7^2\cos^2\varphi_1) + I_{zz8}R_1^2\sin\theta_2^2/(l_8^2\sin^2\varphi_2) + I_{zz13} \end{aligned}$$

$$\begin{aligned} M_{33} = {} & I_{zz2} + I_{zz3} + I_{zz15} + (l_{c2}^2 + l_{c2y}^2)m_2 + l_{c3}^2 m_3 + l_2^2 m_4 + l_3^2 m_{10} + \\ & R_2^2(m_{11}l_{c11}^2 + I_{zz11})(R_2 - M_1\cos\theta_3 - M_2\sin\theta_3)^2/t_3^4 + R_2^2 m_{12} + l_{c15}^2 m_{15} + \\ & \frac{I_{yy12}R_2^2(R_2 - M_1\cos\theta_3 - M_2\sin\theta_3)^2}{t_3^4} \end{aligned}$$

$$M_{23} = M_{32} = \frac{(2l_3 m_{10} - l_2 m_4 + 2l_{c3}m_3 + 2l_{c15}m_{15})l_1\cos(\theta_4 - \theta_5)}{2}$$

式中，$M_{ii}(i=1,\ 2,\ 3)$ 为广义坐标轴上的惯量总和；$M_{ij}(i=1,\ 2,\ 3,\ j=1,\ 2,\ 3,\ i\neq j)$ 为耦合惯量。

惯量矩阵 $\boldsymbol{M}$ 为 3×3 正定、对称、时变矩阵。其中轴 q_1 惯量与转角 q_2、q_3 相关，轴 q_2、q_3 惯量均与各自转角相关，为时变量；轴 q_2、q_3 与轴 q_1 之间解耦，且轴 q_2、q_3 的耦合惯量相等，与 θ_4、 θ_5 的差值直接相关，为有界量。

分析机器人的非保守力有负载外力 $\boldsymbol{F}_{\text{load}}$ 与驱动力/力矩 $\boldsymbol{\tau}^*$， 为

$$\boldsymbol{\tau}^* = (\tau_1, \tau_2, \tau_2', \tau_3)^{\mathrm{T}}$$

式中，τ_1、τ_2、τ_2'、τ_3 分别为模组 Ⅰ 的驱动力矩、驱动 Ⅱ 的两条支链与驱动 Ⅲ 的驱动力，分别对应于各驱动的方向，即 θ_1、t_2、t_2'、t_3（此时冗余支链上 τ_2、τ_2' 的方向不协同）。

该机器人机械臂的非有势力包含驱动力 $\boldsymbol{\tau}^*$ 和外部负载 $\boldsymbol{F}_{\text{load}}$，对应的虚功为

$$\delta W = \boldsymbol{\tau}^{*\mathrm{T}}\delta(\theta_1, t_2, t_2', t_3)^{\mathrm{T}} + \boldsymbol{F}_{\text{load}}^{\mathrm{T}}\delta\boldsymbol{\chi}$$

式中，$\boldsymbol{\chi} = (x, y, z)^{\mathrm{T}}$，为动平台位置矢量。

广义坐标 $\boldsymbol{q}$ 的广义力为 $\boldsymbol{\tau} = (\tau_1, \tau_4, \tau_5)^{\mathrm{T}}$，根据虚功原理有

$$\delta W = \boldsymbol{\tau}^{\mathrm{T}}\delta\boldsymbol{q}$$

引入机构运动学计算量：q_2 向 t_2 的速度投影雅可比矩阵 $\boldsymbol{J}_2$，q_2 向 t_2' 的速度投影雅可比矩阵 $\boldsymbol{J}_2'$，q_3 向 t_3 的速度投影雅可比矩阵 $\boldsymbol{J}_3$，以及广义坐标 $\boldsymbol{q}$ 向动平台位置 $\boldsymbol{\chi}$ 的速度投影雅可比矩阵 $\boldsymbol{J}$，代入上式可得

$$\delta W = (\tau_1, \tau_2\boldsymbol{J}_2 + \tau_2'\boldsymbol{J}_2', \tau_3\boldsymbol{J}_3)\delta\boldsymbol{q} + \boldsymbol{F}_{\text{load}}^{\mathrm{T}}\boldsymbol{J}\delta\boldsymbol{q}$$

联立以上两式可得

$$\begin{cases}\boldsymbol{\tau}-\boldsymbol{J}^{\mathrm{T}}\boldsymbol{F}_{\text{load}}=\boldsymbol{D}\boldsymbol{\tau}^{*}\\ \boldsymbol{D}=\begin{pmatrix}1 & 0 & 0 & 0\\ 0 & \boldsymbol{J}_2 & \boldsymbol{J}_2' & 0\\ 0 & 0 & 0 & J_3\end{pmatrix}\end{cases}$$

就非齐次线性方程组而言，系数矩阵 $\boldsymbol{D}\in\mathbf{R}^{m\times n}$，且 $m<n$，$\operatorname{rank}(\boldsymbol{D})=m$，矩阵存在无数多解，且存在伪逆矩阵 $\boldsymbol{D}^{+}$，使方程组求得最小二范数解 $\|\boldsymbol{\tau}^{*}\|_{\min}$。

$$\begin{cases}\|\boldsymbol{\tau}^{*}\|\,{}_{R}^{-}(\boldsymbol{\tau}-\boldsymbol{J}^{\mathrm{T}}\boldsymbol{F}_{\text{load}})_{\min}\\ \boldsymbol{D}_{R}^{-}=\boldsymbol{D}^{\mathrm{T}}(\boldsymbol{D}\boldsymbol{D}^{\mathrm{T}})^{-1}\end{cases}$$

总之，为系统性地分析机构的动力学特性，【例 5-2】和【例 5-3】两个例题，分别使用了牛顿-欧拉法和拉格朗日法进行动力学建模。为获取关节间约束力，由牛顿-欧拉法构建力/力矩平衡方程，基于过约束建立变形协调方程，获取驱动力与全部关节处约束力，适合分析多刚体系统的力学行为，基于关节间约束力可利于构件关节处摩擦。基于拉格朗日法与虚功原理求取该机构的逆动力学模型方法，使用最小二范数法对驱动力进行分配，从系统能量角度，通过系统的总能量（动能和势能）构建方程，具有统一性强的特点，方便处理复杂的约束条件和广义坐标，简化系统分析。

【例 5-4】 以图 5-21 所示的华恒 500kg 重载机器人为研究对象，采用拉格朗日法对机器人进行动力学建模和分析。

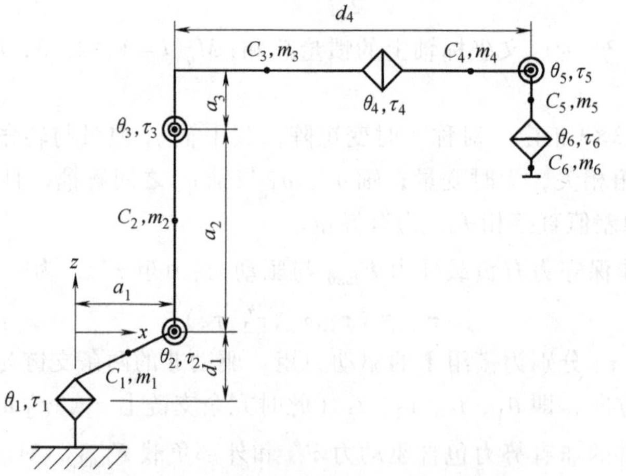

图 5-21 华恒 500kg 重载机器人机构简图

解：拉格朗日法建模的理论基础是第二类拉格朗日方程，因此首先介绍第二类拉格朗日方程，该方程表达形式为

$$\frac{\mathrm{d}}{\mathrm{d}t}\frac{\partial \boldsymbol{T}}{\partial \dot{\boldsymbol{q}}}-\frac{\partial \boldsymbol{T}}{\partial \boldsymbol{q}}=\boldsymbol{Q}$$

式中，$\boldsymbol{T}$ 为整个系统的动能；$\boldsymbol{Q}$、$\boldsymbol{q}$ 分别为广义坐标与广义力。引入拉格朗日函数，即 $\boldsymbol{L}=\boldsymbol{T}-\boldsymbol{V}$，$\boldsymbol{V}$ 为系统的势能，因为势能函数仅与位置有关，是关于 $\boldsymbol{q}$ 的函数，因此 $\partial \boldsymbol{V}/\partial\dot{\boldsymbol{q}}=0$，进一步可得到拉格朗日方程的另一种形式为

$$\frac{\mathrm{d}}{\mathrm{d}t}\frac{\partial \boldsymbol{L}}{\partial \dot{\boldsymbol{q}}}-\frac{\partial \boldsymbol{L}}{\partial \boldsymbol{q}}=\boldsymbol{Q}$$

这里的 $\boldsymbol{Q}$ 表示的物理意义为系统中非保守的主动力所对应的广义力。

根据上述理论，开始建立机器人的动力学模型，在机器人系统中，机器人在某一时刻的位置可以由各个关节的关节角度 $\boldsymbol{q}$ 确定，因此选取各关节的关节角度作为机器人的广义坐标。对应于广义坐标 $\boldsymbol{q}_i$ 的非保守广义力则为作动器沿着关节 i 的轴向施加给机器人的力 $\boldsymbol{\tau}_i$，此处的 $\boldsymbol{\tau}_i$ 可以是力（当关节 i 为移动关节）或者是力矩（当关节 i 为转动关节），即有 $\boldsymbol{Q}_i=\boldsymbol{\tau}_i$。在动力学公式推导前，首先引入齐次坐标与齐次速度的概念，对于杆 i 上的任一质点 i，定义其在杆件坐标系 i 中的齐次坐标为

$${}^i\tilde{\boldsymbol{r}}=({}^ix,{}^iy,{}^iz,1)^{\mathrm{T}}$$

该点的齐次速度表达式为

$$\dot{\tilde{\boldsymbol{r}}}={}^0\dot{\boldsymbol{A}}_i{}^i\tilde{\boldsymbol{r}}=\left(\sum_{j=1}^{i}\frac{\partial {}^0\boldsymbol{T}_i}{\partial \boldsymbol{q}_j}\boldsymbol{q}_j\right)$$

该点的动能为

$$\mathrm{d}\boldsymbol{T}_i=\frac{1}{2}\dot{\tilde{\boldsymbol{r}}}\cdot\dot{\tilde{\boldsymbol{r}}}\mathrm{d}m=\frac{1}{2}\mathrm{tr}(\dot{\tilde{\boldsymbol{r}}}\dot{\tilde{\boldsymbol{r}}}^{\mathrm{T}})\mathrm{d}m=\frac{1}{2}\mathrm{tr}\left[\sum_{j=1}^{i}\sum_{k=1}^{i}\frac{\partial {}^0\boldsymbol{T}_i}{\partial \boldsymbol{q}_j}{}^i\tilde{\boldsymbol{r}}{}^i\tilde{\boldsymbol{r}}^{\mathrm{T}}\frac{\partial({}^0\boldsymbol{T}_i)^{\mathrm{T}}}{\partial \boldsymbol{q}_k}\dot{\boldsymbol{q}}_j\dot{\boldsymbol{q}}_k\right]\mathrm{d}m$$

从而可以得到整个杆 i 的动能为

$$\begin{aligned}\boldsymbol{T}_i&=\int_{杆i}\mathrm{d}\boldsymbol{T}_i=\frac{1}{2}\int_{杆i}\mathrm{tr}\left[\sum_{j=1}^{i}\sum_{k=1}^{i}\frac{\partial {}^0\boldsymbol{T}_i}{\partial \boldsymbol{q}_j}{}^i\tilde{\boldsymbol{r}}{}^i\tilde{\boldsymbol{r}}^{\mathrm{T}}\frac{\partial({}^0\boldsymbol{T}_i)^{\mathrm{T}}}{\partial \boldsymbol{q}_k}\dot{\boldsymbol{q}}_j\dot{\boldsymbol{q}}_k\right]\mathrm{d}m\\&=\frac{1}{2}\mathrm{tr}\left\{\sum_{j=1}^{i}\sum_{k=1}^{i}\frac{\partial {}^0\boldsymbol{T}_i}{\partial \boldsymbol{q}_j}\left[\int_{杆i}{}^i\dot{\tilde{\boldsymbol{r}}}{}^i\dot{\tilde{\boldsymbol{r}}}^{\mathrm{T}}\mathrm{d}m\right]\frac{\partial({}^0\boldsymbol{T}_i)^{\mathrm{T}}}{\partial \boldsymbol{q}_k}\dot{\boldsymbol{q}}_j\dot{\boldsymbol{q}}_k\right\}\\&=\frac{1}{2}\mathrm{tr}\sum_{j=1}^{i}\sum_{k=1}^{i}\mathrm{tr}\left\{\frac{\partial {}^0\boldsymbol{T}_i}{\partial \boldsymbol{q}_j}\boldsymbol{J}_i\frac{\partial({}^0\boldsymbol{T}_i)^{\mathrm{T}}}{\partial \boldsymbol{q}_k}\right\}\dot{\boldsymbol{q}}_j\dot{\boldsymbol{q}}_k\end{aligned}$$

在杆 i 的动能表达式中，$\boldsymbol{J}_i$ 用来刻画连杆 i 的质量分布情况，其具体表达式为

$$\begin{aligned}\boldsymbol{J}_i&=\int_{杆i}(\dot{\tilde{\boldsymbol{r}}}\dot{\tilde{\boldsymbol{r}}}^{\mathrm{T}})\mathrm{d}m=\int_{杆i}\begin{pmatrix}{}^ix\\{}^iy\\{}^iz\\1\end{pmatrix}({}^ix\quad{}^iy\quad{}^iz\quad 1)\mathrm{d}m\\&=\begin{pmatrix}\dfrac{-{}^iI_x+{}^iI_y+{}^iI_z}{2}&{}^iI_{xy}&{}^iI_{xz}&m_i{}^ix_{ci}\\{}^iI_{xy}&\dfrac{{}^iI_x-{}^iI_y+{}^iI_z}{2}&{}^iI_{xy}&m_i{}^iy_{ci}\\{}^iI_{xz}&{}^iI_{yz}&\dfrac{{}^iI_x+{}^iI_y-{}^iI_z}{2}&m_i{}^iz_{ci}\\m_i{}^ix_{ci}&m_i{}^iy_{ci}&m_i{}^iz_{ci}&m_i\end{pmatrix}\end{aligned}$$

式中，$({}^ix_{ci},\ {}^iy_{ci},\ {}^iz_{ci})$ 为编号为 i 的连杆的质心在杆件固连坐标系 i 中的坐标。$\boldsymbol{J}_i$ 不仅包含了连杆的基础惯性参数——质心与质量，而且还描述了连杆的转动惯量和惯性积。

同时，根据杆 i 的动能公式，可以进一步推导整个刚体的动能为

$$\begin{aligned}\boldsymbol{T} &= \sum_{i}^{n} \boldsymbol{T}_i = \frac{1}{2}\sum_{i=1}^{n}\sum_{j=1}^{i}\sum_{k=1}^{i} \operatorname{tr}\left(\frac{\partial^0 \boldsymbol{T}_i}{\partial \boldsymbol{q}_j}\boldsymbol{J}_i\frac{\partial({}^0\boldsymbol{T}_i)^{\mathrm{T}}}{\partial \boldsymbol{q}_k}\right)\dot{\boldsymbol{q}}_j\dot{\boldsymbol{q}}_k \\ &= \frac{1}{2}\sum_{j=1}^{n}\sum_{i=k}^{n}\sum_{k=1}^{i} \operatorname{tr}\left(\frac{\partial^0 \boldsymbol{T}_i}{\partial \boldsymbol{q}_j}\boldsymbol{J}_i\frac{\partial({}^0\boldsymbol{T}_i)^{\mathrm{T}}}{\partial \boldsymbol{q}_k}\right)\dot{\boldsymbol{q}}_j\dot{\boldsymbol{q}}_k \\ &= \frac{1}{2}\sum_{j=1}^{n}\sum_{k=1}^{n}\left[\sum_{i=\max\{j,k\}}^{n} \operatorname{tr}\left(\frac{\partial^0 \boldsymbol{T}_i}{\partial \boldsymbol{q}_j}\boldsymbol{J}_i\frac{\partial({}^0\boldsymbol{T}_i)^{\mathrm{T}}}{\partial \boldsymbol{q}_k}\right)\right]\dot{\boldsymbol{q}}_j\dot{\boldsymbol{q}}_k \\ &\triangleq \frac{1}{2}\sum_{j=1}^{n}\sum_{k=1}^{n} \boldsymbol{h}_{jk}\dot{\boldsymbol{q}}_j\dot{\boldsymbol{q}}_k = \frac{1}{2}\dot{\boldsymbol{q}}^{\mathrm{T}}\boldsymbol{H}(q)\dot{\boldsymbol{q}}\end{aligned}$$

式中，$\boldsymbol{H}(q)$ 为机器人的惯性矩阵，该矩阵具有对称性和正定性。

接着推导机器人的势能表达式，势能推导按照从杆 i 到整个机器人的分析思路，得到表达式为

$$\boldsymbol{V}_i = -m_i\bar{\boldsymbol{g}}\cdot\tilde{\boldsymbol{r}}_{Ci} = -m_i\bar{\boldsymbol{g}}^{\mathrm{T}\,0}\boldsymbol{T}_i{}^i\tilde{\boldsymbol{r}}_{Ci}$$

$$\boldsymbol{V} = \sum_{i=1}^{n}\boldsymbol{V}_i = -m_i\bar{\boldsymbol{g}}\cdot\tilde{\boldsymbol{r}}_{Ci} = -m_i\bar{\boldsymbol{g}}^{\mathrm{T}\,0}\boldsymbol{T}_i{}^i\tilde{\boldsymbol{r}}_{Ci}$$

以上两式中，$\bar{\boldsymbol{g}} \triangleq (\boldsymbol{g}^{\mathrm{T}}0)^{\mathrm{T}}$，${}^i\tilde{\boldsymbol{r}}_{Ci}$ 表示连杆 i 的质心在固连坐标系 i 中的齐次坐标。得到机器人的动能、势能表达式后，再结合拉格朗日方程即可得到机器人的动力学方程，首先计算拉格朗日函数的偏导为

$$\boldsymbol{L} = \boldsymbol{T} - \boldsymbol{V}$$

$$\frac{\partial \boldsymbol{L}}{\partial \dot{\boldsymbol{q}}_j} = \frac{\partial \boldsymbol{T}}{\partial \dot{\boldsymbol{q}}_j} = \sum_{k=1}^{n}\boldsymbol{h}_{jk}\dot{\boldsymbol{q}}_k$$

$$\frac{\mathrm{d}}{\mathrm{d}t}\frac{\partial \boldsymbol{L}}{\partial \dot{\boldsymbol{q}}_j} = \sum_{k=1}^{n}\boldsymbol{h}_{jk}\ddot{\boldsymbol{q}}_k + \sum_{k=1}^{n}\dot{\boldsymbol{h}}_{jk}\dot{\boldsymbol{q}}_k$$

$$\frac{\partial \boldsymbol{L}}{\partial \boldsymbol{q}_j} = \frac{\partial \boldsymbol{T}}{\partial \boldsymbol{q}_j} - \frac{\partial \boldsymbol{V}}{\partial \boldsymbol{q}_j} = \frac{1}{2}\dot{\boldsymbol{q}}^{\mathrm{T}}\frac{\partial \boldsymbol{H}}{\partial \boldsymbol{q}_j}\dot{\boldsymbol{q}} - \left(-\sum_{i=1}^{n}m_i\bar{\boldsymbol{g}}^{\mathrm{T}}\frac{\partial^0 \boldsymbol{A}_i}{\partial \boldsymbol{q}_j}{}^i\tilde{\boldsymbol{r}}_{Ci}\right) \triangleq \frac{1}{2}\dot{\boldsymbol{q}}^{\mathrm{T}}\frac{\partial \boldsymbol{H}}{\partial \boldsymbol{q}_j}\dot{\boldsymbol{q}} - g_j$$

代入拉格朗日方程后为

$$\sum_{k=1}^{n}\boldsymbol{h}_{jk}\ddot{\boldsymbol{q}}_k + \sum_{k=1}^{n}\dot{\boldsymbol{h}}_{jk}\dot{\boldsymbol{q}}_k - \frac{1}{2}\dot{\boldsymbol{q}}^{\mathrm{T}}\frac{\partial \boldsymbol{H}}{\partial \boldsymbol{q}_j}\dot{\boldsymbol{q}} + g_j = \tau_j \qquad (j = 1, 2, \cdots, n)$$

根据

$$\begin{aligned}\sum_{k=1}^{n}\dot{\boldsymbol{h}}_{jk}\dot{\boldsymbol{q}}_k - \frac{1}{2}\dot{\boldsymbol{q}}^{\mathrm{T}}\frac{\partial \boldsymbol{H}}{\partial \boldsymbol{q}_j}\dot{\boldsymbol{q}} &= \sum_{k=1}^{n}\sum_{i=1}^{n}\frac{\partial \boldsymbol{h}_{jk}}{\partial \boldsymbol{q}_i}\dot{\boldsymbol{q}}_k\dot{\boldsymbol{q}}_i - \frac{1}{2}\sum_{k=1}^{n}\sum_{i=1}^{n}\frac{\partial \boldsymbol{h}_{ki}}{\partial \boldsymbol{q}_j}\dot{\boldsymbol{q}}_k\dot{\boldsymbol{q}}_i \\ &= \sum_{k=1}^{n}\sum_{i=1}^{n}\left(\frac{\partial \boldsymbol{h}_{jk}}{\partial \boldsymbol{q}_i} - \frac{\partial \boldsymbol{h}_{ki}}{\partial \boldsymbol{q}_j}\right)\dot{\boldsymbol{q}}_k\dot{\boldsymbol{q}}_i \triangleq \dot{\boldsymbol{q}}^{\mathrm{T}}C_j\dot{\boldsymbol{q}}\end{aligned}$$

可将动力学方程简化为

$$\sum_{k=1}^{n}\boldsymbol{h}_{jk}\ddot{\boldsymbol{q}}_k + \dot{\boldsymbol{q}}^{\mathrm{T}}\boldsymbol{C}_j\dot{\boldsymbol{q}} + g_j = \tau_j \qquad (j = 1, 2, \cdots, n)$$

进一步写成矩阵形式为

$$\boldsymbol{H}(q)\ddot{\boldsymbol{q}} + \boldsymbol{C}(q,\dot{q})\dot{\boldsymbol{q}} + \boldsymbol{G}(q) = \boldsymbol{\tau}$$

式中，

$$\boldsymbol{H}(q) \triangleq [\boldsymbol{h}_{ij}],\ \boldsymbol{C}(q,\dot{q}) \triangleq \begin{pmatrix} \dot{q}^{\mathrm{T}} C_1 \\ \vdots \\ \dot{q}^{\mathrm{T}} C_n \end{pmatrix},\ \boldsymbol{G}(q) \triangleq \begin{pmatrix} g_1 \\ \vdots \\ g_n \end{pmatrix},\ \boldsymbol{\tau} \triangleq \begin{pmatrix} \tau_1 \\ \vdots \\ \tau_n \end{pmatrix}$$

5.5 重载机器人的模态分析

模态分析是研究结构动力特性的一种重要方法。模态是机械结构的固有振动特性，每一个模态都有特定的固有频率、阻尼比和模态振型。通过模态分析方法，得到被测物体易受影响的频率范围和模态振型，即识别出系统的模态参数，就可预测出物体在此频段内各种振源的影响下的实际振动响应，为后续的振动故障诊断和预报以及结构动力特性的优化设计提供重要依据。

5.5.1 模态分析基础

1. 模态的概念

模态分析的经典定义：将线性定常系统振动微分方程组中的物理坐标变换为模态坐标，使方程组解耦，成为一组以模态坐标及模态参数描述的独立方程，以便求出系统的模态参数。坐标变换的变换矩阵为模态矩阵，其每列为模态振型。

简单来说，模态是指机械结构的固有振动特性，是系统的一种基本属性，反映系统在特定条件下的振动行为。每一个模态都有特定的固有频率、阻尼比和模态振型。分析这些模态参数的过程称为模态分析。

固有频率是指一个系统在没有外部驱动或阻尼的情况下，自由振动时所具有的频率。这个频率是系统本身的固有特性，取决于系统的质量和刚度等参数。

阻尼比是衡量振动系统中阻尼程度的一个无量纲参数。它描述了系统在自由振动时，能量衰减的速度。阻尼比通常用 ζ 表示。

模态振型是指在自由振动或共振状态下，振动系统的各个部分按照某种特定方式运动的模式。每一个模态振型对应于一个特定的固有频率。模态振型描述了系统在该固有频率下的运动形态，是振动分析中一个重要的概念。

对于一个线性时不变系统，传递函数定义为输出的拉普拉斯变换与输入的拉普拉斯变换之比，假设初始条件为零。若输入为 $X(s)$，输出为 $Y(s)$，则传递函数 $H(s)$ 为

$$H(s) = \frac{Y(s)}{X(s)} \tag{5-108}$$

频响函数是传递函数 $H(s)$ 在复平面上 $s = \mathrm{j}\omega$ 处的值。式中，j 为虚数单位；ω 为角频率。频响函数 $H(\mathrm{j}\omega)$ 表示为

$$H(\mathrm{j}\omega) = H(s)\big|_{s=\mathrm{j}\omega} \text{ 或 } H(\mathrm{j}\omega) = |H(\mathrm{j}\omega)|\mathrm{e}^{\mathrm{j}\phi(\omega)} \tag{5-109}$$

式中，$|H(\mathrm{j}\omega)|$ 为系统在频率 ω 下的幅值响应；$\phi(\omega)$ 为相位响应。

模态分析过程若是由有限元计算的方法取得的，则称为计算模态分析；若通过试验将采

集的系统输入与输出信号经过参数识别获得模态参数，则称为试验模态分析。

计算模态分析主要采用有限元法，它是将弹性结构离散化为有限数量的弹性特性单元后，在计算机上做数学运算的理论计算方法。它的优点是可以在结构设计初期，根据有限元分析结果，预知产品的动态性能，可以在产品概念设计阶段预估振动、噪声的强度和其他动态问题，并且可以通过改变结构形状来消除或抑制这些问题。有限元法的缺点是计算繁杂，耗资费时。这种方法除要求计算者有熟练的技巧与经验外，有些参数（如阻尼、结合面特征等）目前尚无法定值，并且利用有限元法计算得到的结果只是一个近似值。

试验模态分析是模态分析中最常用的，它与计算模态分析方法是解决现代复杂结构动力学问题的两大主要方法。利用试验模态分析研究系统动态性能是一种更经济、更实效的方法。首先，将结构物在静止状态下进行人为激振，通过测量激振力与响应并进行双通道快速傅里叶变换（FFT）分析，得到任意两点之间的传递函数。用模态分析理论通过对传递函数的曲线拟合，识别出结构物的模态参数，从而建立起结构物的模态模型。根据模态叠加原理，在已知各种载荷时间历程的情况下，就可以预测结构物的实际振动响应与动力学特性。

所有的结构都存在固有频率和模态振型：结构的质量和刚度决定了固有频率和模态振型。只有确定这些频率，才能知道当有外力激励结构时，它们将会导致怎样的变形与振动。系统的固有频率和模态振型，对于排除结构运行问题是至关重要的。

2. 模态分析原理

在实际工程中，机械结构都是连续性多自由度振动系统，如果按照连续系统进行测量分析是很难的。因此，在研究实际工程对象时，往往将其离散为有限自由度的离散振动系统。

多自由度系统与单自由度系统在本质上相同，单自由度系统用一个坐标方程来描述其参数模型，对一个有 n 自由度的系统来说，则需 n 个独立方程来建立系统的参数模型，n 个具有特定形态（简谐或衰减）主振动的线性叠加形成了系统的自由振动。每个主振动都具有振动频率、振动形态、阻尼，这些参数同时为系统的主模态，即 n 自由度系统有 n 个主频率、n 个主振型以及 n 个模态阻尼。

要进行模态分析，需要通过将系统的振动微分方程进行解耦，进而求解物理坐标中的响应，最终得到反应模态参数的频响函数。求解频响函数的过程主要有拉氏变换法和坐标变换法。坐标变换法虽然能明确给出各种模型和参数的物理意义，但适用范围窄，仅能应用于简谐激励且模态参数识别精度较差。拉氏变换法应用广泛，适用于一般激励情况，只要系统的输入输出满足积分变换的条件，就可用此类方法求频响函数。用拉氏变换直接得到的是复数域 $s=\sigma+\mathrm{j}\omega$ 上的传递函数，只要令 $s=\mathrm{j}\omega$，便得到虚数域（频率域）上的频响函数。

在实际工程结构中大多为有阻尼的多自由度系统，因此，本节将以多自由度黏性系统为例，来阐述具体的模态分析理论。

多自由度的具有黏性阻尼的系数偏微分方程可以写为

$$\begin{cases} m_1\ddot{x}_1+c_1\dot{x}_1+k_1x_1=f_1(t) \\ \vdots \\ m_n\ddot{x}_n+c_n\dot{x}_n+k_nx_n=f_n(t) \end{cases} \tag{5-110}$$

整理成矩阵形式，为

$$\boldsymbol{M}\ddot{\boldsymbol{x}}+\boldsymbol{C}\dot{\boldsymbol{x}}+\boldsymbol{K}\boldsymbol{x}=\boldsymbol{F}(t) \tag{5-111}$$

式中，$\boldsymbol{M}$ 为维度为（n，n）的质量矩阵；$\boldsymbol{C}$ 为维度为（n，n）的阻尼矩阵；$\boldsymbol{K}$ 为维度为（n，n）的刚度矩阵；$\boldsymbol{F}$ 为维度为（n，1）的力矢量；$\boldsymbol{x}$ 为维度为（n，1）的位移矢量；速

度 $\dot{\boldsymbol{x}}$ 和加速度 $\ddot{\boldsymbol{x}}$ 也是维度为（n，1）的矢量。这些方程是耦合的。

设初始条件为 0，即 $\dot{x}(0)=0$，$\ddot{x}(0)=0$，并对式（5-111）的系统微分方程进行拉普拉斯变换，令 $\boldsymbol{X}(s)=\zeta[\boldsymbol{x}(t)]$，$\boldsymbol{F}(s)=\zeta[\boldsymbol{f}(t)]$，式中，$s=\sigma+\mathrm{j}\omega$ 为复变量，则有

$$(\boldsymbol{M}s^2+\boldsymbol{C}s+\boldsymbol{K})\boldsymbol{X}(s)=\boldsymbol{F}(s) \tag{5-112}$$

齐次方程可写作

$$(\boldsymbol{M}s^2+\boldsymbol{C}s+\boldsymbol{K})\boldsymbol{x}(s)=0\Rightarrow\boldsymbol{B}(s)\boldsymbol{x}(s)=0 \tag{5-113}$$

式中，$\boldsymbol{B}(s)$ 为系统矩阵，并且为对称矩阵。

当有 n 个齐次方程时，将会产生 $2n$ 个解。如果是欠阻尼，那么这个方程包含的解就是系统的极点，且是以复数共轭对的形式出现，即

$$\det(\boldsymbol{M}s^2+\boldsymbol{C}s+\boldsymbol{K})=0\Rightarrow p_k=-\sigma_k\pm\mathrm{j}\omega_{\mathrm{d}k} \tag{5-114}$$

式中，实部是阻尼比 ζ 与系统无阻尼固有频率 ω_{n} 的乘积；虚部是有阻尼固有频率 ω_{d}。

根据式（5-112），可以得到响应与激励之比为

$$\boldsymbol{B}(s)\boldsymbol{x}(s)=\boldsymbol{F}(s)\Rightarrow\boldsymbol{B}(s)^{-1}=\frac{\boldsymbol{x}(s)}{\boldsymbol{F}(s)} \tag{5-115}$$

系统矩阵 $\boldsymbol{B}(s)$ 的逆矩阵就是系统的传递矩阵，即

$$\boldsymbol{B}(s)^{-1}=\boldsymbol{H}(s)=\frac{\mathrm{Adj}[\boldsymbol{B}(s)]}{\det[\boldsymbol{B}(s)]}=\frac{\boldsymbol{A}(s)}{\det[\boldsymbol{B}(s)]} \tag{5-116}$$

这个矩阵是系统矩阵的伴随矩阵除以系统矩阵的行列式。$\boldsymbol{A}(s)$ 为留数矩阵，$\det[\boldsymbol{B}(s)]$ 称为特征方程，是一个标量。由此可知系统传递函数对应的是一个复数值的曲面。

为了得到更多有用的信息，现在写出

$$\boldsymbol{B}(s)\boldsymbol{B}(s)^{-1}=\boldsymbol{I} \tag{5-117}$$

代入系统传递函数方程，得

$$\boldsymbol{B}(s)\boldsymbol{A}(s)=\det[\boldsymbol{B}(s)]\boldsymbol{I} \tag{5-118}$$

这个方程中的两个部分是试验模态分析最基本的两项。

$\boldsymbol{A}(s)$　留数　→　模态振型

$\det[\boldsymbol{B}(s)]$　特征方程　→　极点

特征方程的行列式会产生一个高阶多项式，从中能够解出系统的根或极点。留数矩阵需要进行进一步的运算处理，即可得到系统的模态振型。当在系统的一个极点处估计系统的传递函数时，可以写作

$$\boldsymbol{B}(p_k)\boldsymbol{A}(p_k)=0 \tag{5-119}$$

分解成列的形式为

$$\boldsymbol{B}(p_k)\begin{pmatrix}a_1(p_k)\\a_2(p_k)\\\vdots\end{pmatrix}=\begin{pmatrix}0\\0\\\vdots\end{pmatrix} \tag{5-120}$$

留数矩阵每一列可写作一个单独的方程，如

$$\begin{gathered}\boldsymbol{B}(p_k)a_1(p_k)=0\\\boldsymbol{B}(p_k)a_2(p_k)=0\\\boldsymbol{B}(p_k)a_3(p_k)=0\end{gathered} \tag{5-121}$$

可以看出，式（5-121）中的每一列都是式（5-119）的解。由于对称性，矩阵的每一行也是这个方程的解，即每一行或每一列都可以用来估计系统的传递函数。

系统传递函数有多种表达形式，如多项式形式为

$$\boldsymbol{H}(s)=\sum_{k=1}^{m}\left(\frac{\boldsymbol{A}_k}{s-p_k}+\frac{\boldsymbol{A}_k^*}{s-p_k^*}\right) \tag{5-122}$$

极点-零点形式为

$$\boldsymbol{H}(s)=\prod_{k=1}^{m}\left(\frac{(s-z_k)(s-z_k^*)}{(s-p_k)(s-p_k^*)}\right) \tag{5-123}$$

以及进行拉普拉斯变换，得到时域的脉冲响应函数为

$$\boldsymbol{h}(t)=\sum_{k=1}^{m}\frac{1}{m_k\omega_{dk}}\mathrm{e}^{-\sigma_k t}\sin\omega_{dk}t \tag{5-124}$$

频响函数是传递函数沿 $s=\mathrm{j}\omega$ 轴得到的。令 $s=\mathrm{j}\omega$（是传递函数曲面的一个切面），则频响函数为

$$\boldsymbol{H}(s)_{s=\mathrm{j}\omega}=\boldsymbol{H}(\mathrm{j}\omega)=\sum_{k=1}^{m}\left(\frac{\boldsymbol{A}_k}{\mathrm{j}\omega-p_k}+\frac{\boldsymbol{A}_k^*}{\mathrm{j}\omega-p_k^*}\right) \tag{5-125}$$

当在系统的一个极点处估计系统传递函数时，可用系统矩阵 $\boldsymbol{B}(s)$ 任何一行或一列求解系统方程，得到相应的振型矢量。进一步，当在一个极点处估计 $\boldsymbol{H}(s)$ 时，可得到 $\boldsymbol{H}(s)$ 是奇异的，秩为 1，可以分解为

$$\boldsymbol{H}(s)_{s=pk}=\boldsymbol{u}_k\left(\frac{q_k}{s-p_k}\right)\boldsymbol{u}_k^{\mathrm{T}} \tag{5-126}$$

可将留数矩阵和模态振型之间的关系写为

$$\boldsymbol{A}(s)_k=q_k\boldsymbol{u}_k\boldsymbol{u}_k^{\mathrm{T}} \tag{5-127}$$

式中，q_k 为比例常数，写作

$$q_k=\frac{1}{2\mathrm{j}\omega_k} \tag{5-128}$$

则式（5-127）可展开为系统的第 k 阶模态，即

$$\begin{pmatrix} a_{11k} & a_{12k} & a_{13k} & \cdots \\ a_{21k} & a_{22k} & a_{23k} & \cdots \\ a_{31k} & a_{32k} & a_{33k} & \cdots \\ \vdots & \vdots & \vdots & \ddots \end{pmatrix}=q_k\begin{pmatrix} u_{1k}u_{1k} & u_{1k}u_{2k} & u_{1k}u_{3k} & \cdots \\ u_{2k}u_{1k} & u_{2k}u_{2k} & u_{2k}u_{3k} & \cdots \\ u_{3k}u_{1k} & u_{3k}u_{2k} & u_{3k}u_{3k} & \cdots \\ \vdots & \vdots & \vdots & \ddots \end{pmatrix} \tag{5-129}$$

可见，由系统的特征值和特征矢量最终可以得到频响函数，如果得到了频响函数，那么就可以获得系统的频率、阻尼、模态振型等其他信息。

5.5.2 模态分析方法

1. 计算模态分析方法

模态分析用于分析结构的振动特性，即确定结构的固有频率和振型，它也是谐响应分析、瞬态动力学分析以及谱分析等其他动力学分析的基础。

模态分析时不能加载载荷，模态又可以简单地分为有约束的普通模态和无约束的自由模态。普通模态至少有一个约束边界条件，而自由模态无任何约束边界条件。由于模态存在极

端的无任何约束边界条件工况，因此造成很多初学者盲目地进入模态分析，随便分析一下了事，对其结果处理似是而非。

通过模态分析，可以求出模型的固有频率和模态振型，将得到的固有频率与激励频率进行对比，就能找出易发生共振的部位，即设计薄弱点。下面以一个装配组件受到轴向 400Hz 的激励工况为例，说明模态分析共振的过程。

模态分析的基本步骤有建立模型、实体模型接触设置、网格划分、加载边界条件、模态求解与结果分析。

（1）建立模型　装配组件由一个阵列孔板和一个圆管组成，如图 5-22 所示，建模过程如下：

1）在 *xy* 平面建立草图 1，绘制一个外径为 150mm，内径为 20mm 的圆环，然后使用“挤出”命令将其拉伸，高度为 3mm，并单击“生成”生成模型。

2）在 *xy* 平面建立草图 2，绘制一个直径为 40mm 的圆，距圆环圆心 50mm，然后使用“挤出”命令，修改操作为“切割材料”并设置方向，深度为 3mm，并单击“生成”生成模型。

3）单击“创建”“模式”，选择阵列类型为“圆形”，选择被阵列的面和轴，选择复制个数为 5 个，单击“生成”，即会生成包含 6 个孔的圆环板。

4）单击“创建”“新平面”，选择以 *xy* 平面为基准，向 *z* 轴偏移 2mm，建立新基准面。在此基准面上创建草图 3，绘制一个外径为 20mm，内径为 17mm 的圆环，然后使用“挤出”命令，修改操作为“添加冻结”并单击“生成”，长度为 100mm，以建立一根圆管。

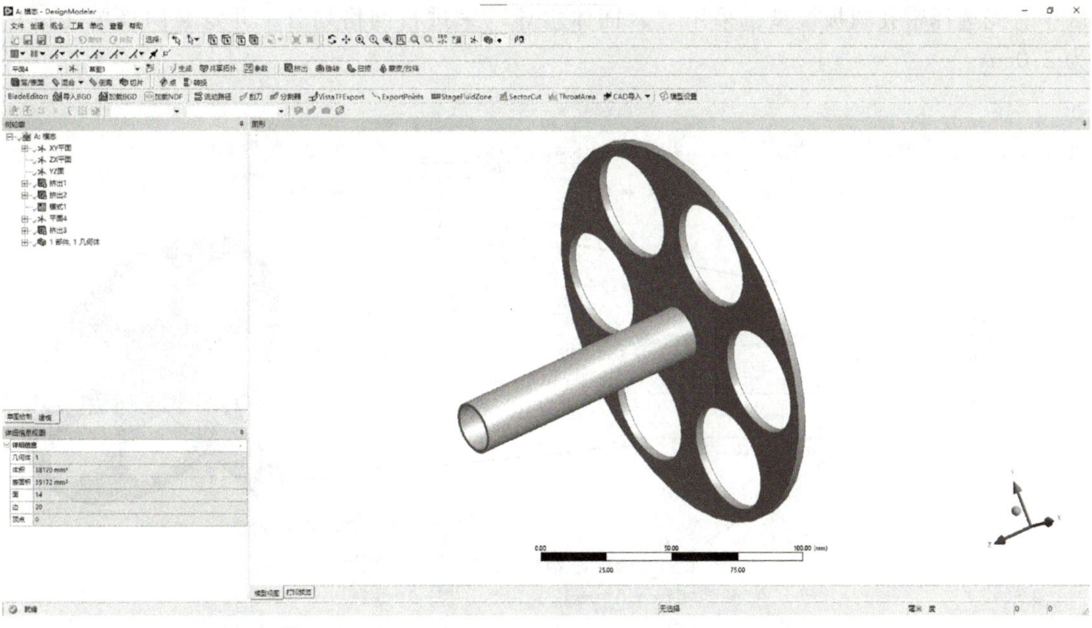

图 5-22　建立模型

（2）实体模型接触设置　在前处理中均为默认设置。接触设置如图 5-23 所示。其中“接触”几何体选择带孔圆板的中心内孔面，“目标”几何体选择圆管的外表面，接触“类型”选择“绑定”，其余均为默认。

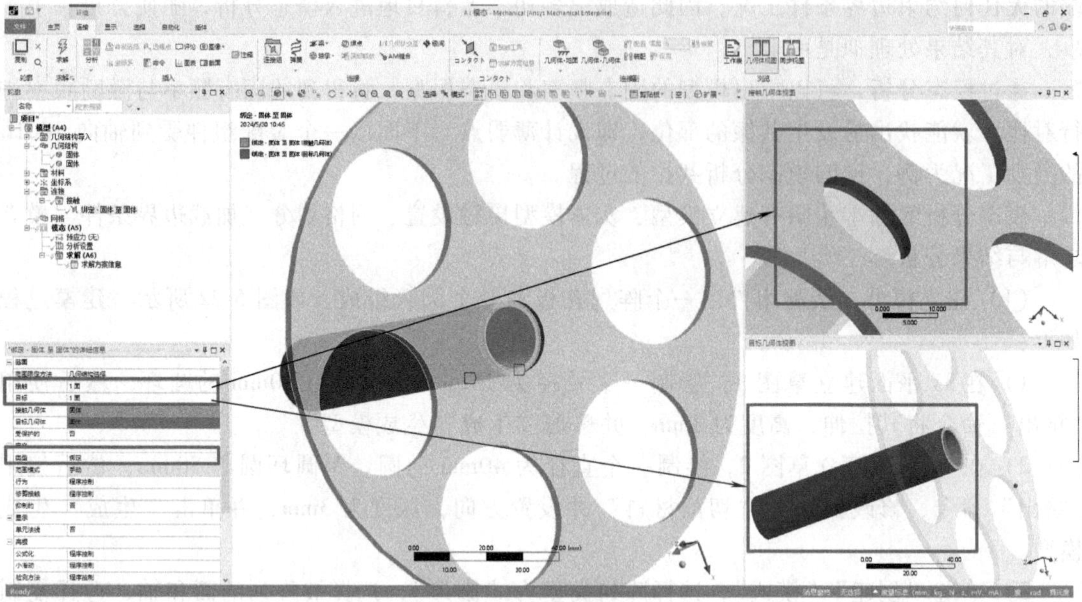

图 5-23　接触设置

（3）网格划分　网格划分如图 5-24 所示，在 1 区中，选中圆管模型，采用“扫掠”模式对其划分网格，其中自由面网格类型选择“四边形/三角形”；在 2 区中，先选择圆管端面模型，采用“面网格剖分”模式对其进行网格划分，其中“分区的内部数量”为 3；在 3 区中，先选择带孔圆板模型，采用“六面体主导”来进行网格划分，并定义网格单元尺寸为 2. 0mm。

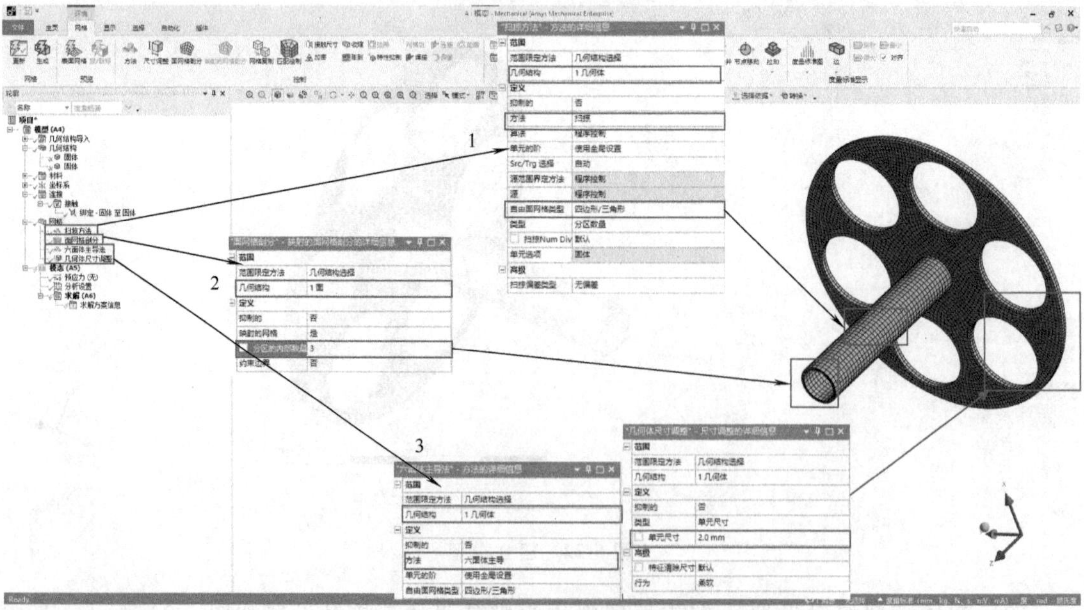

图 5-24　网格划分

（4）加载边界条件　“分析设置”中的全部选项都采用默认设置。加载边界条件如

图 5-25 所示，选择“远程位移”条件，选择圆管端面，其中“X、Y、Z 分量”均设置为 0，“旋转 X、旋转 Y”设置为 0°，“旋转 Z”定义为自由，即仅对圆管释放一个 z 轴旋转自由度的约束。

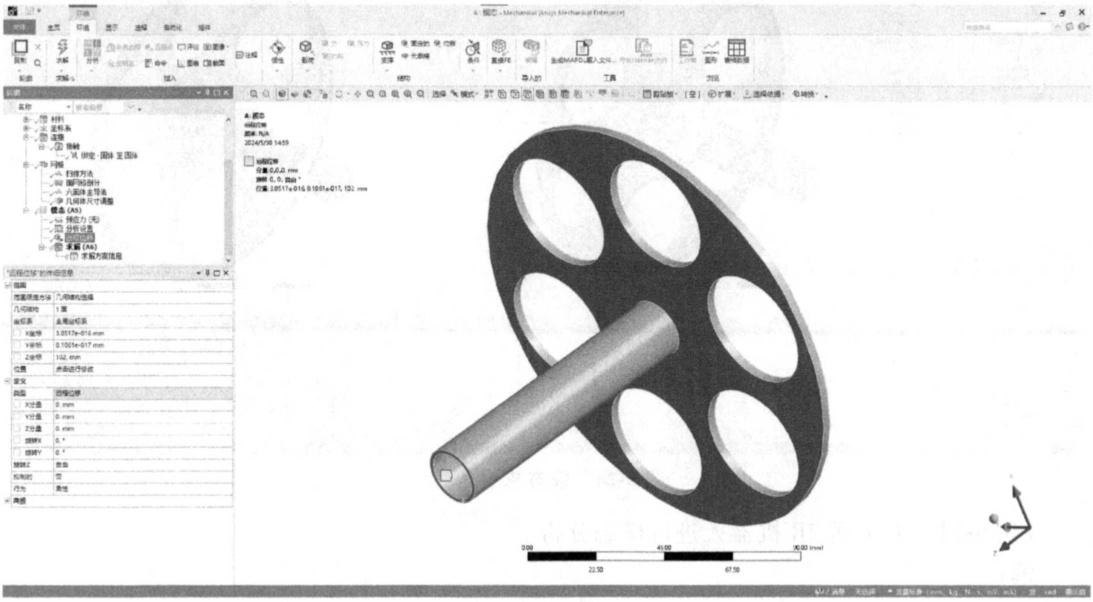

图 5-25　加载边界条件

需要注意的是，题干描述，该组件受到轴向（z 向）400Hz 的激励，但在边界条件中并没有设置。原因是 z 向激励属于是外载工况，而模态分析仅能求得组件自身的固有频率，所以设置边界条件时与外部激励无关，只能在得出组件本身的固有频率后，再与外部激励进行对比判断。

（5）模态求解与结果分析　模态求解结果如图 5-26 所示，计算所得前 6 阶频率为 0. 007Hz、306. 03Hz、306. 04Hz、410. 57Hz、520. 55Hz、520. 56Hz。其中第 1 阶模态的频率为 0. 007Hz，振型图如图 5-26 中 1 区所示，表现为绕 z 轴旋转，这与定义的边界条件相匹配；第 2、3 阶模态频率为 306. 03Hz、306. 04Hz，为方向不同但是频率相近的振型，表现为对称性；第 4 阶模态频率为 410. 57Hz，振型图如图 5-26 中 2 区所示，表现为 z 轴方向上的平移，这是与题干激励频率对比的模态；第 5、6 阶模态频率为 520. 55Hz、520. 56Hz，同样表现为对称性。

一般来说，当外界激励频率等于固有频率时，系统会发生共振。但由于共振带的存在，所以当外界激励频率接近固有频率时，系统也会发生共振。一般，算法上共振带为固有频率的 40%。以该模型为例，激励频率为 400Hz，则共振带为 240~560Hz。但是很多情况下，取 40%的共振带不太现实，一些行业规定了具体的共振带范围。例如，在汽车行业中，一般取距离固有频率 3~4Hz 或者 15%~20%的范围，B 级车白车身第 1 阶模态为 30Hz 左右，15%的频率范围即对应±4. 5Hz。以该模型为例，激励频率为 400Hz，共振带取值参照汽车行业的规范，则共振带为 340~460Hz。由于模型第 4 阶模态为 410. 57Hz，因此会发生共振。

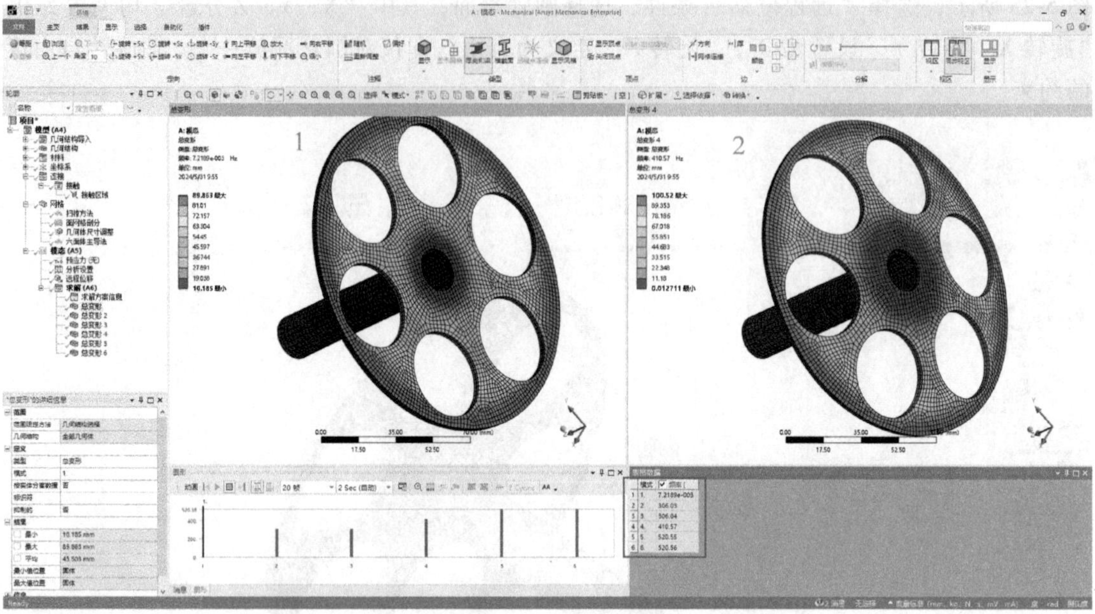

图 5-26　模态求解结果

【例 5-5】　对平面 2R 机器人进行模态分析。

解：

（1）建立模型　首先，对进行模态分析的物体进行模型建立，该简易模型为一根杆通过转动副与大地相连，同时与另一根杆通过转动副相连接，杆长为 500mm，宽度为 50mm，杆的厚度为 20mm，如图 5-27 所示。

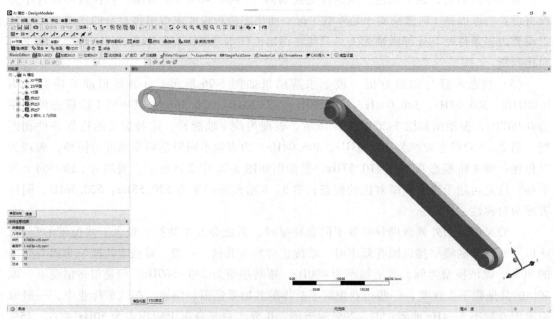

图 5-27　平面 2R 机器人模型建立

（2）实体模型接触设置　在前处理中均为默认设置。接触设置如图 5-28 所示。其中

“接触”几何体选择下端连杆圆柱面，“目标”几何体选择上端连杆内孔面，接触“类型”选择“无分离”，其余均为默认。

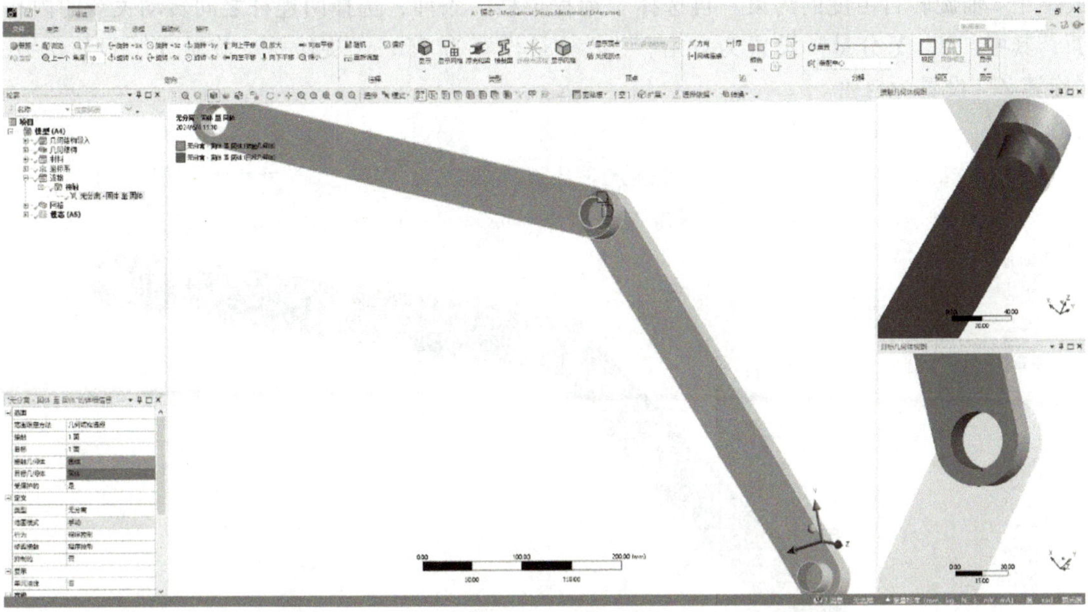

图 5-28　接触设置

（3）网格划分　选中两根连杆，采用“六面体主导”来进行网格划分，并定义网格单元尺寸为 5mm，如图 5-29 所示。

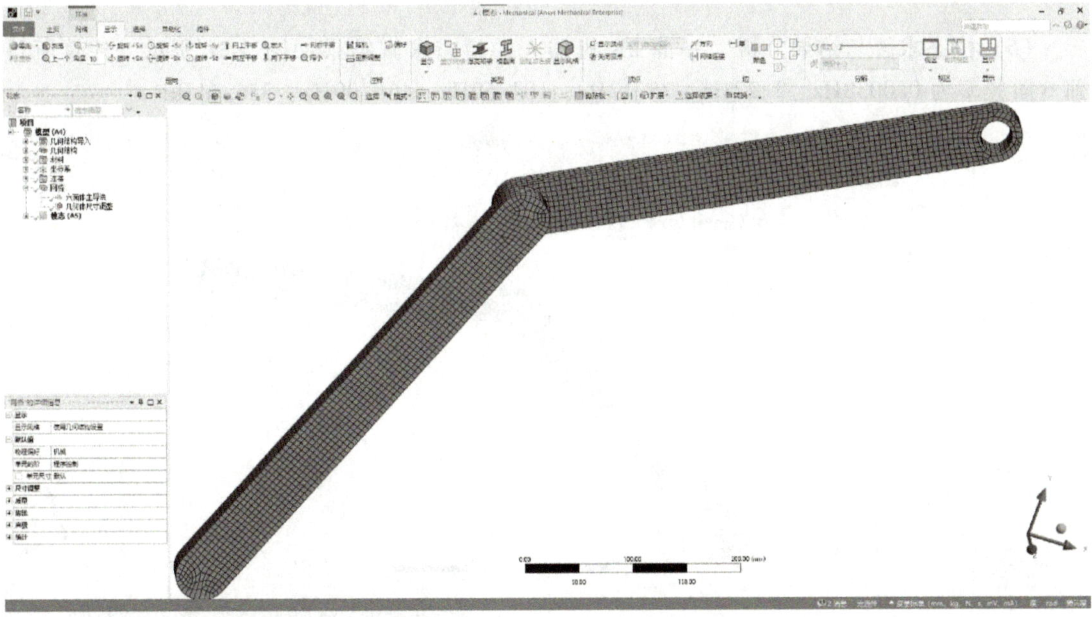

图 5-29　网格划分

（4）加载边界条件　“分析设置”中的全部选项都采用默认设置。加载边界条件如

图 5-30 所示，选择“远程位移”条件，选择下方转动关节圆柱面，其中“X、Y、Z 分量”均设置为 0，“旋转 X、旋转 Y”设置为 0°，“旋转 Z”定义为自由，即仅对下方转动关节释放一个 z 轴旋转自由度的约束。再选择“远程位移”条件，选择两连杆之间转动关节的内孔面，其中“X、Y 分量”设置为自由，“Z 分量设置为 0”，“旋转 X、旋转 Y”设置为 0，“旋转 Z”设置为自由。

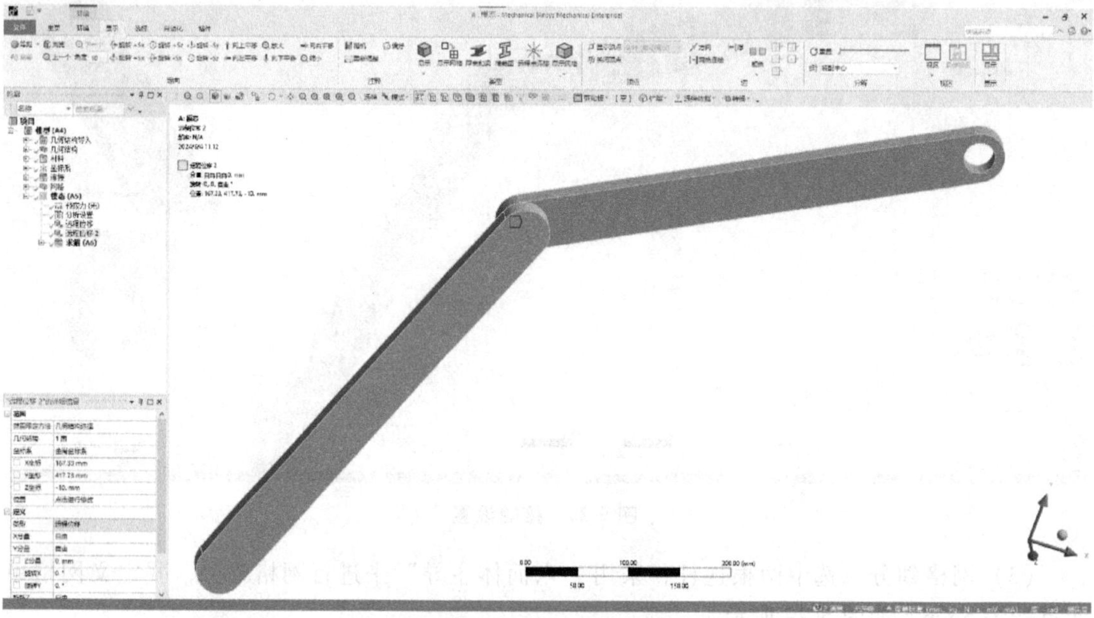

图 5-30　加载边界条件

（5）模态求解与结果分析　平面 2R 机器人的模态求解结果如图 5-31 所示，计算所得前 6 阶频率为 0.0038Hz、2.22Hz、75.12Hz、104.69Hz、466.09Hz、556.61Hz。

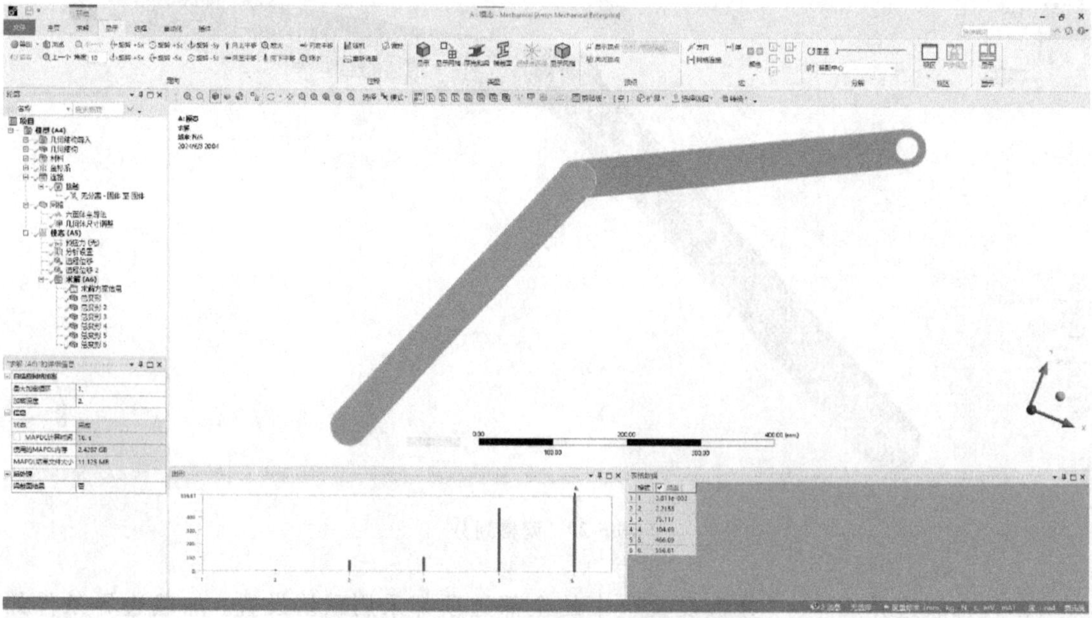

图 5-31　平面 2R 机器人的模态求解结果

2. 试验模态分析方法

结构的试验模态分析是振动工程领域的一个主要分支，它为产品研发提供了极为有力的平台，能够进行更为可靠的设计和评估。因此在设计结构的过程中，多用于对产品的改进和优化。在计算机和各种算法的大力发展下，使得试验模态分析的应用拥有了更广阔的空间。

（1）试验模态分析概述　试验模态分析其实就是针对模态分析进行的试验，对数字信号处理、动态测试技术，以及线性振动理论进行综合性的运用，识别相应的系统，分析结构系统。试验模态分析是指人为的对物理结构给予一个激励信号，然后采集每点的振动响应信号，根据其收集的响应信号来分析计算获取模态参数。分析方法主要包括多输入多输出（MIMO）、单输入多输出（SIMO）、单输入单输出（SISO）等三种试验方法，需根据被测物的体积特征、结构复杂程度、设备本身以及质量等因素来选择。同时，根据输入信号的特征还可分为正弦扫描（快速扫描和慢速扫描）、稳态随机（宽带随机和窄带随机）、瞬间激励（半正弦激励或前后峰锯齿波激励）等。其中，SISO 方法要求同时采集输出与输入两个点的信号信息，用不断移动激励点位置的办法取得振动数据。MIMO 方法和 SIMO 方法则需要采集大量通道的并行数据，因此，需要很多振动测量传感器、传感线和激振器，试验比较费时、费力，并且成本较高。

（2）试验前的准备与规划　在试验开始前，应首先在模态分析的软件中，建立简化的机器人模型，并对各手臂进行节点划分，可以对手臂进行单独分析，也可以整体分析。注意，模型方向要与实际传感器的安装方向保持一致。

接下来设置测点。测点的选定应考虑以下两方面的要求：能够在变形后明确显示在试验频段内的所有模态的变形特征及各模态间的变形区别；保证所关心的结构点都在所选的测量点之中。对于复杂的空间结构，一般情况下将表现为三维空间变形。这就要求在结构的一个几何点上测量三个方向的响应。在这种情况下，测量点数和几何点数并不相等。所有测点均应在测量之前在结构上标号注明。测点的数目取决于所选频率范围、期望的模态数、被测物体上所关心的区域及现有的传感器数目等多项因素。测点数目不足或测点位置选择不当，可能会使可观性条件遭到破坏，即没有测到结构上重要部分或重要方向的运动。因此，在测试过程中对机器人的各个机械臂要划分足够的网格，保证测点数大于模态数。

还要选择合适的激励方法。一般采用的激励方法主要有两种：一种是测力法（即锤击法），另一种是电动激振器与试件相连。前者是利用力锤激励待测部件的各个测点，通过收集各个测点的响应，分析部件模态的一种方法，主要优点是设置简单，不会影响试件的动态特性（如不会受附加质量的影响），具有快速、方便的特点，一般在较小构件的模态测试中使用。

激励点选择的基本原则是：尽量避开节点，同时使各测点的响应值最大。所以，在现场需要通过“试采样”比较不同点激励参数的信号，进而确定激励点的位置，同时注意力锤的连击会导致响应结果不准确。测力法的模态试验设备连接图如图 5-32 所示。需要用到的设备有力锤、力传感器、加速度传感器、动态信号测试分析系统和计算机。

（3）数据采集技术　关于数据的采集过程，要基于机械臂模态测试系统，使用力锤在参考点激励，记录加速度传感器采集响应信号，要经过多组测量，采集所有测点。

在试验过程中，要设定合适的采样频率，参考点一般选择在结构振动响应比较大的位置，要避开结构的节点。因此，机器人测试前需要多次调整参考点位置，利用力锤“试击”的方法找到合适的参考点位置。每采集完一批数据需进行备份操作，以免误操作将数据覆盖。采集过程中应时刻观察每个通道的时域信号，以免信号过载，尤其是达到共振点时，振动明显变大，最易发生过载；若采集过程中有信号过载的现象发生，应停止采样，更改量程后重新采集。

（4）信号处理与分析　时域（也称为时间域）是描述数学函数或物理信号对时间的关系的领域。时域中，自变量（即横轴）是时间，纵轴表示信号（如幅值）的变化。例如，一个信号的时域波形可以表达信号的幅值随着时间的变化。

频域（也称为频率域）是描述信号在频率方面特性时用到的一种坐标系。频域中，自变量（即横轴）是频率，纵轴表示该频率信号的幅度，通常称为频谱图。

傅里叶变换是一种数学变换，可以通过傅里叶变换将信号从时域转换到频域，通过逆傅里叶变换可将信号从频域转换回时域。图 5-33 显示了 4 个不同幅值和相位的正弦波叠加之后的信号，这个信号在时域是很难解释的。然而，在频域，有关信号的频率成分、幅值和相位等信息变得更加清楚明了。傅里叶变换就是具有这种转换能力的一个工具，它将一个复杂的时域描述的信号表征成为一系列包含幅值和相位的不同频率的正弦波。

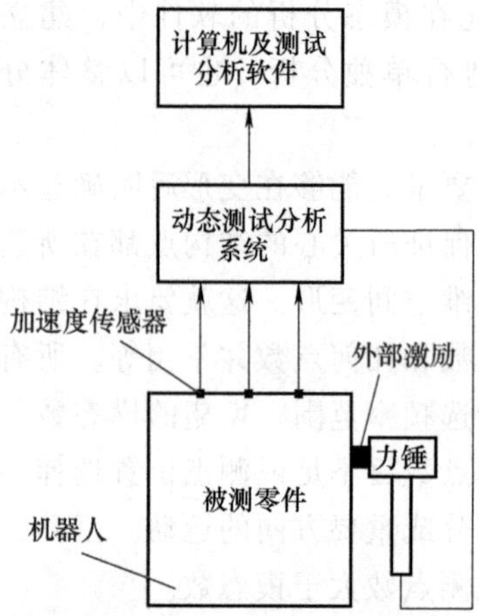

图 5-32　测力法的模态试验设备连接图

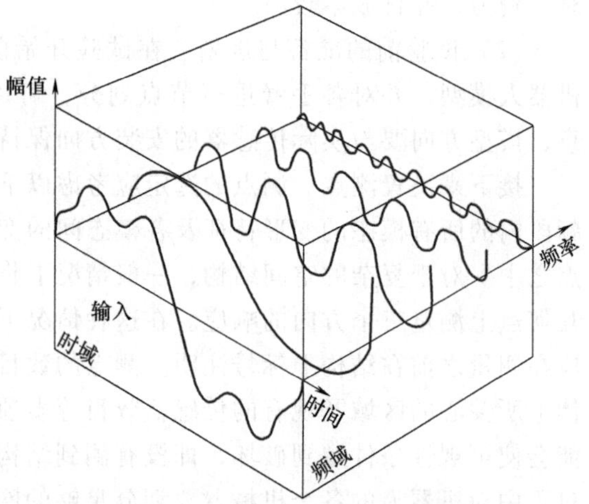

图 5-33　信号时（频）域描述

当在一个数据块内，测量的信号不是周期信号时，就会出现不正确的信号幅值和频率，这个误差称为泄露。对测量信号施加的窗函数是一种加权函数。窗函数能使测量信号在一个样本间隔内更具有周期性，因而能减少泄漏的影响。试验模态分析中常用的窗函数有矩形窗、汉宁窗、平顶窗、力窗、指数窗等。对于大部分试验模态分析而言，汉宁窗用于随机信号，平顶窗用于校准，当能保证信号满足周期性要求时使用矩形窗，力窗、指数窗用于锤击测试。

传统的试验模态参数识别方法是建立在系统输入、输出数据均已知的基础上，利用激励和响应信号的完整信息，对频率响应函数进行估计的参数识别方法。该在方法根据识别域的不同，可分为时域识别法和频域识别法。当在只有响应可测或激励未知的条件下，对结构动力学参数进行识别的方法还有峰值提取技术、圆拟合、最小二乘复指数法等。

峰值提取技术是早期提出的一种简单的模态参数识别方法。通过峰值位置确定频率，通过半功率带宽法估计阻尼。若是在系统的固有频率处估算频响函数，则留数可用单自由度系统近似，即

$$h(\mathrm{j}\omega)_{\omega\to\omega_\mathrm{n}} = \frac{a_1}{(\mathrm{j}\omega_\mathrm{n} + \sigma - \mathrm{j}\omega_\mathrm{d})} + \frac{a_1^*}{(\mathrm{j}\omega_\mathrm{n} + \sigma + \mathrm{j}\omega_\mathrm{d})} \tag{5-130}$$

对于小阻尼系统，有阻尼固有频率和固有频率近似，因此可将留数近似为

$$a_1 = \sigma h(\mathrm{j}\omega)|_{\omega\to\omega_\mathrm{n}} \tag{5-131}$$

这意味着频响函数的峰值直接与留数相关。虽然峰值提取技术并不是最精确的方法，但是可以对模态振型做出较为全面的描述。

最小二乘复指数法是一种使用时域数据的方法，系统时域响应形式为有阻尼的指数衰减的正弦响应。最小二乘复指数法通过对采集的时域数据进行分解以提取模态参数，可写为

$$h(t) = \sum_{k=1}^{m} \frac{1}{m_k\omega_{dk}} \mathrm{e}^{-\sigma kt} \sin\omega_{dk} t \tag{5-132}$$

由于通常采集到的是频响函数，所以测量到的频域数据必须进行傅里叶变换，才能获得时域数据。通常，复指数按指数形式写出。在这种形式下，通过采样数据，可以将解写成 $2m$ 阶常系数的线性微分方程。得到的特征方程可以用最小二乘法对高度超定方程组进行求解。在将方程转化为归一形式的过程中，形成了一个紧凑系数矩阵，即协变矩阵，这个矩阵的秩用于使用最小二乘误差图或奇异值图方法确定模态数量。这种方法是模态测试早期使用的第一个多自由度技术之一，它现在仍被应用于几种不同的曲线拟合技术中。

（5）结果验证与分析　相干函数为互功率谱密度函数的模的平方除以激励和响应自谱乘积所得到的商，即

$$\gamma^2 = \frac{G_{yx}G_{xy}}{G_{xx}G_{yy}} \tag{5-133}$$

式中，G_{xx} 为输入自功率谱密度函数的估计；G_{yy} 为输出自功率谱密度函数的估计；G_{yx} 和 G_{xy} 为互功率谱密度函数的估计。

相干函数是激励信号和响应信号在频域内相关程度的指标，是一个标量，其取值范围为 0~1。当相干为 0 时，输出信号与输入信号不相关，二者没有任何因果关系；当相干为 1 时，所有测量的输出信号与输入信号都是相关的。一般认为相干大于或等于 0.8 时，频响函数的估计结果比较准确可靠。相干是评估测量频响函数充分性的重要工具。

3. 模态分析的趋势

模态分析作为研究结构动力学特性的重要工具，其发展趋势体现在：考虑复杂结构中材料、几何和边界条件等的非线性，从传统线性模态分析向非线性模态分析的拓展；借助更先进的传感技术和数据处理算法对高频模态和微小变形的准确测量；开发更有效的信号处理技术，提高模态参数识别的准确性和鲁棒性；为应对更加复杂的系统，将多领域交叉融合，形成多场耦合的模态分析方法；利用人工智能、机器学习等技术，优化模态参数识别过程，自动化模态试验的设置与分析，提高分析效率和精确度；将模态分析技术集成到在线监测系统中，实现对结构状态的实时评估与早期故障预警等。

5.6 重载机器人动刚度分析

由于重载机器人的重载特性，工作过程中各个构件会产生较大的惯性力，所以，机器人整体和各个关键部件在工作中所受的各种力和力矩不仅很大，而且复杂。机器人结构的动刚度直接影响工作过程的精度和稳定性，通过动刚度的分析不仅有助于保持末端执行器的位姿精确性，同时可以识别结构中的薄弱环节并进行优化设计。例如，若已知机器人在某驱动关节处的动态刚度，则其在此处的变速器的选择就能更加精准，机器人的精度、使用寿命也能得到提高和延长。由于机器人动态刚度和机器人的位姿有一定关系，那么在路径规划的时候，若能够在不影响机器人工作的情况下避开变形较大的位姿，则机器人的精度也能得到进一步提高。所以，对重载机器人进行动态刚度的研究，是非常必要的。

5.6.1 动刚度建模

物体在静载荷下抵抗变形的能力称为静刚度，动载荷下抵抗变形的能力称为动刚度，即引起单位振幅所需要的动态力。

静刚度一般用结构在静载荷作用下的变形量来衡量，动刚度则是用结构的固有频率来衡量。当动作用力的频率远大于结构的固有频率时，结构的动刚度相对激扰较大，因此，动刚度是衡量结构抵抗预定动态激扰能力的特性，而频响函数是系统在频域中动刚度的直观表现方式。以 ω 表示系统的固有频率，频响函数是系统输出响应和输入激励力 $F(\omega)$ 之比，以位移 $X(\omega)$ 为输出时，该频响函数表示动柔度频响 $C(\omega)$，表示为 $C(\omega)=X(\omega)/F(\omega)$，动刚度频响 $K(\omega)$ 则为力与位移之比，即 $K(\omega)=F(\omega)/X(\omega)$。

5.6.2 动刚度辨识方法概述

1. 轨迹法

轨迹法采用五阶傅里叶级数轨迹作为激励轨迹，通过设置基础频率的大小来确保理论轨迹的频率避开扰动力矩的频率区间，且高通滤波器截止频率应大于激励轨迹频率，进而可滤除理论轨迹对伺服驱动器实际位置跟踪误差和电动机力矩的影响，高通滤波后的位置跟踪误差和电动机力矩仅与扰动力矩有关。

$$q_i(t)=a_{i,0}+\sum_{k=1}^{5}\left(\frac{a_{i,k}}{k\omega_f}\sin k\omega_1 t+\frac{b_{i,k}}{k\omega_f}\cos k\omega_f t\right) \tag{5-134}$$

式中，$a_{i,0}$、$a_{i,k}$、$b_{i,k}$（$k=1，2，\cdots，5$）为常数项；$q_i(t)$ 为工业机器人第 i 关节轨迹；ω_f 为基础频率。

通过研究扰动力矩与位置跟踪误差、电动机力矩之间的关系，可提取扰动力矩及其所产生的位置跟踪误差。电动机实际位置跟踪误差 $\Delta\theta$ 是由于输入信号和扰动力矩共同作用在控制器上产生的。

$$\Delta\theta(s)=\frac{\theta_{\mathrm{ref}}(s)}{1+G_1(s)G_2(s)}+T_{\mathrm{dis}}(s)\frac{G_2(s)}{1+G_1(s)G_2(s)} \tag{5-135}$$

式中，$G_1(s)$为伺服系统简化模型；$G_2(s)$为被控对象简化模型；θ_{ref} 为理论输入位置指令；T_{dis} 为扰动力矩。对位置跟踪误差 $\Delta\theta$ 进行高通滤波，滤除理论轨迹的影响，滤波后的位置跟踪误差可视为扰动力矩所引起的位置跟踪误差 $\Delta\theta_1$。

电动机实际力矩 T_{m} 也是由于输入信号和扰动力矩共同作用在控制器上产生的。

$$T_{\mathrm{m}}(s)=T_{\mathrm{dis}}(s)\frac{G_1(s)G_2(s)}{G_1(s)G_2(s)-1}+\theta_{\mathrm{ref}}(s)\frac{G_1(s)}{1+G_1(s)G_2(s)} \tag{5-136}$$

通过设置合理的伺服驱动器控制参数能满足无扰动 $T_{\mathrm{dis}}(s)$下的位置跟踪误差 $\Delta\theta_2(s)\approx 0$，即满足 $G_1(s)G_2(s)\gg 1$，则式（5-136）可简化为

$$T_{\mathrm{m}}(s)\approx T_{\mathrm{dis}}(s)+\theta_{\mathrm{ref}}(s)\frac{G_1(s)}{1+G_1(s)G_2(s)} \tag{5-137}$$

对实际电动机力矩 T_{m} 通过高通滤波器去除输入信号的影响后的力矩也可认为是扰动力矩 T_{dis}。经以上分析，轨迹法可按以下步骤辨识工业机器人关节伺服动刚度：

1）确定五阶傅里叶级数的基础频率 ω_{f}，保证理论轨迹频率避开扰动频率区间，并综合考虑机器人动力学参数辨识对轨迹的约束要求来设计最优激励轨迹。

2）运行五阶傅里叶级数轨迹，实时采集电动机实际位置跟踪误差和实际力矩。

3）对实际位置跟踪误差和实际力矩进行高通滤波，截止频率应大于激励轨迹最高频率，通过滤波获得伺服系统扰动力矩 T_{dis} 和产生的位置跟踪误差 $\Delta\theta_1$。

4）采用最小二乘法计算刚度 K 大小：

$$K=T_{\mathrm{dis}}\Delta\theta_1^{\mathrm{T}}(\Delta\theta_1\Delta\theta_1)^{-1} \tag{5-138}$$

2. 响应面法

响应面法是将研究对象结合面间的刚度与动态性能指标——模态固有频率关系显示化，从而实现结合面间的参数辨识的方法。通过响应函数的选型对结合部刚度间的耦合关系显示化，进而分析结合部刚度间耦合对组合件动态性能的影响。响应面法的原理如下。

为研究结合部刚度间的耦合关系，选择响应面函数为含交叉项二次多项式，函数模型为

$$\widetilde{\boldsymbol{Y}}(x)=\sum_{i=0}^{p-1}\beta_i k_i \tag{5-139}$$

式中，β_i 为函数待定系数，因所选形式为含交叉项的二次多项式，其个数 $p=(n+1)(n+2)/2$，n 为结合面间不同刚度参数数目。

$\boldsymbol{\xi}$ 为响应面函数 $\widetilde{\boldsymbol{Y}}$ 与真实函数 $\boldsymbol{Y}$ 的随机误差矢量，即

$$\boldsymbol{\xi}=\widetilde{\boldsymbol{Y}}(k)-\boldsymbol{Y}(k) \tag{5-140}$$

为找到最接近所有试验数据点的响应面，利用最小二乘原理使 $\boldsymbol{\xi}$ 的平方和最小，即满足式（5-141）的条件，即

$$\begin{aligned}&S(\beta)=\sum_{j=0}^{m-1}(\xi^j)^2=\sum_{j=0}^{m-1}\left(\sum_{i=0}^{p-1}\beta_i k_i^j-y^j\right)^2\rightarrow \min,\\&\frac{\partial S}{\partial\beta}=2\sum_{j=0}^{m-1}\left[k_i^j\left(\sum_{i=0}^{p-1}\beta_i k_i^j-y^j\right)\right]=0\end{aligned} \tag{5-141}$$

式中，m 为取样次数，将式（5-141）化简可得回归系数矢量 $\boldsymbol{\beta}$ 为

$$\boldsymbol{\beta} = (\boldsymbol{K}^{\mathrm{T}}\boldsymbol{K})^{-1}\boldsymbol{K}^{\mathrm{T}}\boldsymbol{Y} \tag{5-142}$$

将式（5-142）代入式（5-139）即可得到设计变量的近似响应函数二次多项式。

为了评价响应面函数对响应值（试验数据）拟合的程度，需要采用评价指标来评价，常用的评价指标有复相关系数 R^2，为

$$R^2 = 1 - \frac{\boldsymbol{Y}^{\mathrm{T}}\boldsymbol{Y} - \boldsymbol{\beta}^{\mathrm{T}}\boldsymbol{X}^{\mathrm{T}}\boldsymbol{Y}}{\boldsymbol{Y}^{\mathrm{T}}\boldsymbol{Y} - \dfrac{(\boldsymbol{I}^{\mathrm{T}}\boldsymbol{Y})^2}{m}} \tag{5-143}$$

式中，R^2 是一个在［0，1］之间变化的值，其值越接近 1 说明误差的影响越小，即响应面函数对响应值的拟合越准确。

3. 模态法

基于模态分析的方法是一种常见且有效的技术。模态分析是用于了解结构的动态特性（如固有频率、模态形状和阻尼）的强大工具，而这些特性与动刚度密切相关。通过模态分析，能够更准确和系统地分析和计算动刚度。

根据振动系统理论，对于一个单自由度弹性阻尼系统，其动力学方程为

$$m\ddot{\boldsymbol{x}} + c\dot{\boldsymbol{x}} + k\boldsymbol{x} = \boldsymbol{F} \tag{5-144}$$

式中，m 为质量；c 为阻尼系数；k 为静刚度；$\boldsymbol{F}$ 为载荷；$\boldsymbol{x}$ 为系统位移；$\dot{\boldsymbol{x}}$ 为系统速度；$\ddot{\boldsymbol{x}}$ 为系统加速度。假设系统做简谐运动，将方程解 $\boldsymbol{x} = \boldsymbol{x}_0\mathrm{e}^{\mathrm{j}\omega t}$ 代入式（5-144），得到系统频域方程为

$$(-\omega^2 m + \mathrm{j}\omega c + k)x_0 = F_0 \tag{5-145}$$

式中，ω 为激励圆频率；x_0 和 F_0 为复常数。

动刚度 K_{d} 为

$$K_{\mathrm{d}} = \frac{\boldsymbol{F}}{\boldsymbol{x}} = \frac{F_0}{x_0} = k - \omega^2 m + \mathrm{j}\omega c \tag{5-146}$$

动刚度是与频率有关的复数，其幅值为

$$|K_{\mathrm{d}}| = \sqrt{(k - \omega^2 m)^2 + (\omega c)^2} \tag{5-147}$$

由于加速度信号的测量比位移、速度信号的测量更加方便，故采集振动信号时，通常采用加速度信号。原点加速度导纳（IPI）反映了激励点的动刚度特性，IPI 分析是在一定频率范围内对激励点施加单位力，同时将该点作为响应点，测得该点的加速度导纳随频率变化的曲线（IPI 曲线）。若曲线在某频率处出现峰值，则说明测点在此频率下的动刚度特性较差，此时进行模态分析，通过分析模态频率与振型来判断产生峰值的原因。IPI 计算公式为

$$\mathrm{IPI} = \frac{\ddot{\boldsymbol{x}}}{\boldsymbol{F}} = \frac{-\omega^2 x_0 \mathrm{e}^{\mathrm{j}\omega t}}{F_0 \mathrm{e}^{\mathrm{j}\omega t}} = \frac{-\omega^2}{K_{\mathrm{d}}} = \frac{-\omega^2}{k - \omega^2 m + \mathrm{j}\omega c} \tag{5-148}$$

由于 IPI 分析时只关注其幅值，不考虑相位，故 IPI 可表示为

$$\mathrm{IPI} = \left|\frac{\ddot{\boldsymbol{x}}}{\boldsymbol{F}}\right| = \frac{\omega^2}{\sqrt{(k - \omega^2 m)^2 + (\omega c)^2}} = \frac{(2\pi f)^2}{K_{\mathrm{d}}} \tag{5-149}$$

式中，f 为激励频率。

5.6.3 重载机器人动刚度辨识

重载机器人关节柔性是机器人重要特性之一，机器人关节柔性在偏差分析及控制等方面

具有重要作用。通过动力学建模过程构建的动力学方程难以完全描述机器人的动态性能，必须对动力学方程中的部分参数进行辨识，包括连杆运动学参数、连杆质量、质心坐标以及惯性参数等。连杆运动学参数一般由厂商给出，而其他参数与连杆的质量分布有关，无法直接得到。根据辨识得到的动力学参数，可以建立精准的机器人动力学模型计算接触力，从而实现末端的柔顺控制。

以 COMAU SMART5 NJ 165-3.0 机器人为例，确定其 D-H 参数模型的确立原则，基于传统刚度模型进行分析，并通过安装于末端法兰的 ATI 六维力传感器获取承受负载分力数据，对应的变形位移数据由 FARO 激光跟踪仪检测记录，计算机器人各关节刚度值并设计验证试验以证明所求刚度的准确性，最终获得一种标准化且精确的机器人系统刚度识别求解手段。

1. 运动学模型与静刚度模型的建立

针对机器人进行运动学方向的建模分析是对其进行研究尤其是刚度辨识研究的必要条件。采用标准 D-H 法建立机器人的连杆坐标系，坐标系建立于结构中各杆后端的关节处，且与该连杆固连，即前一坐标系 i-1 与对应的关节 i 对齐，同时规定该坐标系 i-1 的 z 轴即为机器人关节 i 的轴线，但其转向不完全与该关节轴转向相同，限定坐标系 x 正向为相邻两 z 轴间的公共垂线方向，y 轴方向则通过右手定则判断。最终得到机器人各关节连杆坐标系，如图 5-34 所示。另外，机器人各连杆参数如图 5-35 所示。D-H 参数见表 5-3。

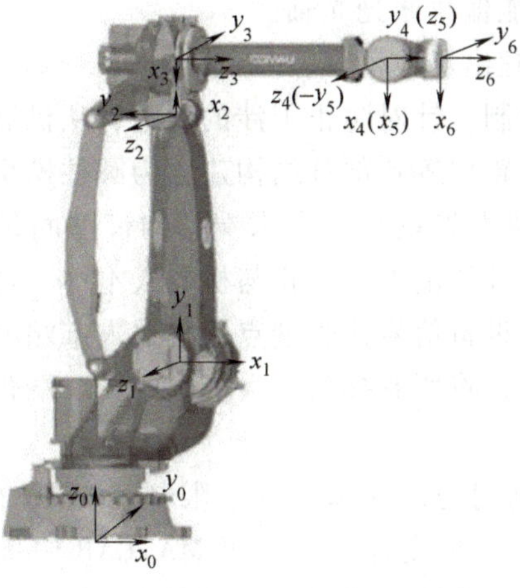

图 5-34　机器人各关节连杆坐标系

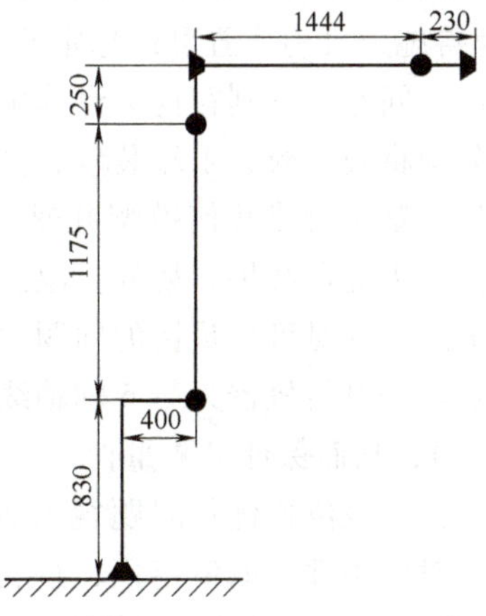

图 5-35　机器人各连杆参数

表 5-3　D-H 参数

杆号	θ_i(°)	d_i/mm	a_i/mm	α_i(°)
0—1	θ_1	830	400	90
1—2	θ_2 + 90°	0	1175	0
2—3	θ_3 + 180°	0	-250	-90
3—4	θ_4	1444	0	90
4—5	θ_5	0	0	-90
5—6	θ_6	230	0	0

表中，θ 为对应关节的旋转角；α 为相邻轴线间所成角度；a 为 z 轴间沿公法线的距离长度，即对应连杆尺寸；d 为相邻 x 轴间距离，即相邻杆之间的距离。

为使整体建模过程得到简化，降低具体计算难度，采用传统刚度模型完成对机器人加工系统刚度模型的建立。机器人关节多存在易弹性变形且刚度较低的传动部件，由于重载机器臂刚度大，在允许载荷范围内均可将各关节处的变形合量认定为机器人的末端法兰处变形。同时，基于外载荷作用下引起的变形统计数据，驱动、传动等部件引发的变形在总变形中占绝大部分，因此首先进行变形假设：视机器人连杆为不可变形的刚性杆，而将关节视为扭簧，并以常量矩阵来表示关节刚度。因此，由假设可将机器人关节刚度矩阵表示为 $\boldsymbol{K}_\theta = \mathrm{diag}(K_{\theta 1} \quad K_{\theta 2} \quad K_{\theta 3} \quad K_{\theta 4} \quad K_{\theta 5} \quad K_{\theta 6})$ 的形式，式中，$K_{\theta i}$ 为机器人第 i 个关节的刚度，且为常量也是待求量。机器人笛卡儿刚度矩阵 $\boldsymbol{K}$ 与其关节刚度矩阵 $\boldsymbol{K}_\theta$ 的关系可表示为

$$\boldsymbol{K} = \boldsymbol{J}^{-\mathrm{T}} \boldsymbol{K}_\theta \boldsymbol{J}^{-1} \tag{5-150}$$

式中，$\boldsymbol{J}$ 为雅可比矩阵。

2. 基于 MATLAB 的试验条件参数优化

针对刚度辨识试验设计加工了安装于机器人法兰处的专用加载测量装置，作为负载力施加位置，并进行变形测量。其中，装置留有激光跟踪仪靶球固定点，变形测量通过激光跟踪仪设备主体实现。因此，结合装置形状尺寸以及试验现场的环境限制，需要在施力机构位置优化建模过程中注意以下几个问题：

1）负载力矢量不能与末端装置、机器人本体、现场其他物品和设备干涉。

2）末端测量点需要易于测量，靶球反射不能偏离激光光轴。

3）获得施力机构位置可以稳定放置，不能超出场地范围。

基于以上问题，分别在优化计算中进行了限制。针对防止干涉的问题，从机器人末端法兰面开始分别将安装板、末端装置、激光跟踪仪靶球等各部分结构建立为圆柱模型，并表示负载力矢量。基于所建几何模型并通过函数求解力矢量与所有末端结构模型间是否存在交点，最终保留无交点结果。另外，限制施力装置放置范围，防止与机器人本体、现场其他物品和设备干涉。针对可测量性的问题，表示测量设备信号接收端点与机器人末端测量点间矢量，并求解各矢量与机器人第 6 轴轴线间的夹角，将所有夹角最大值限制于末端靶球可测量角度 60°之内，从而保证可测量性。

因此，可将该位置优化问题视为有约束优化问题，并基于以上限制，在 MATLAB 程序中分别设置对应条件与取值范围，进行坐标与位姿角度计算，选用 MATLAB 中优化功能函数 fmincon 进行计算。其中，计算所用的坐标数据均设置或转换为系统基坐标系下的结果。考虑计算结果精度与时间合理性，对函数选项进行设置，算法选用序列二次规划法，并设置函数及变量的终止限度均为 10^{-16}，函数最大评价次数为 20000。在优化过程中，进行了多次不同初值选取，多个最终优化结果对比表明其结果与该因素无紧密联系。

获取初始优化位置结果后，将施力结构摆放到对应位置以验证是否可用，从而保证了最终位置结果的可用性。多次迭代计算后，得到的最佳位置结果与机器人位姿组合，见表 5-4 和表 5-5。

表 5-4 迭代计算生成负载位置坐标结果

序号	1	2	3	4	5	6
x/mm	−1	2801	999	2801	1499	1999
y/mm	−2001	−1001	1401	1401	1200	1001

表 5-5 迭代计算生成关节角度计算

θ_1(°)	θ_2(°)	θ_3(°)	θ_4(°)	θ_5(°)	θ_6(°)
43.939	8.171	-113.031	-17.99	92.217	-67.025
42.007	8.172	-124.705	-3.165	-87.495	-53.112
-0.587	-12.41	-85.956	-170.487	-65.145	120.113
12.481	-21.903	-113.032	86.666	-94.703	55.756
-0.928	-5.249	-154.955	-169.619	98.435	221.323
-51.583	19.853	-113.032	-30.7	-87.495	25.538

3. 关节刚度辨识试验

试验设备包括 COMAU 机器人、FARO 三维激光跟踪仪、负载施力机构、ATI 六维力传感器及专用末端测量装置。施力机构通过钢丝绳将负载力施加到机器人末端，激光跟踪仪通过设备与靶球测量机器人末端 x、y、z 三向位移变化，ATI 六维力传感器连接法兰与专用测量装置并实时测量六自由度负载力信号与转矩信号。机器人型号为 COMAU SMART5 NJ165-3.0，其设计负载为 165kg。

基于胡克定律分析机器人刚度计算中力与变形关系设计试验方案，其试验原理图如图 5-36 所示。将测量装置安装于末端，调整机器人关节角度至预定位姿并将施力装置安放于优化后坐标保证负载力的方向。向施力机构吊盘中添加负载，滑轮改变力的方向，实现将拉力施加到机器人末端。

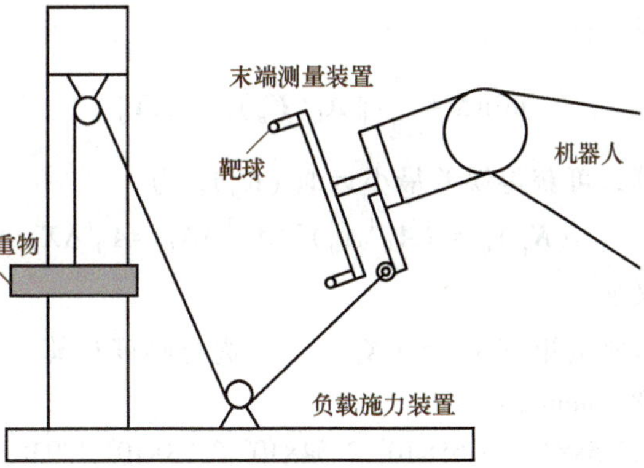

图 5-36 刚度辨识试验原理图

试验时每次添加 10kg 重物负载，逐步添加至 100kg。空载状态及每次添加负载后分别测量 4 个测量点对应变化的坐标 5 次，取其平均值作为当前位置坐标。在测量靶球坐标的同时，记录力传感器示数并取平均值，改为基坐标系下实际负载分力，作为计算负载力的分力数据。坐标值与分力值分别减去空载状态的值即可获得每组负载下的变形量与负载分力。基于机器人卡尔刚度模型中的力与变形规律，并根据已建立的机器人刚度模型，计算求出机器人的关节刚度。

试验结果数据基于机器人基坐标系，机器人笛卡儿刚度矩阵、负载力与变形量满足胡克定律 $\boldsymbol{F}=\boldsymbol{K}\Delta\boldsymbol{X}$，式中，力矢量 $\boldsymbol{F}=(F_x \quad F_y \quad F_z \quad T_x \quad T_y \quad T_z)$；变形矢量 $\Delta\boldsymbol{X}=(\Delta x \quad \Delta x \quad \Delta x \quad \delta y_x \quad \delta y_y \quad \delta y_z)^{\mathrm{T}}$，$\boldsymbol{K}$ 为机器人笛卡儿刚度矩阵，则可得

$$\Delta \boldsymbol{X} = \boldsymbol{J}\boldsymbol{K}_{\theta}^{-1}\boldsymbol{J}^{\mathrm{T}}\boldsymbol{F} \tag{5-151}$$

式中，$\boldsymbol{K}_{\theta}^{-1}$ 为关节柔度矩阵 $(\boldsymbol{K}_{\theta})_C$，即为关节刚度矩阵取逆，表示为 $(\boldsymbol{K}_{\theta})_C = \mathrm{diag}(K_{\theta 1}^{-1}\quad K_{\theta 2}^{-1}\quad K_{\theta 3}^{-1}\quad K_{\theta 4}^{-1}\quad K_{\theta 5}^{-1}\quad K_{\theta 6}^{-1})$。

将 $(\boldsymbol{K}_{\theta})_C$ 分离可得变形量 $\Delta\boldsymbol{X}$ 与关节柔度矩阵 $(\boldsymbol{K}_{\theta})_C$ 之间的关系为

$$(\Delta \boldsymbol{X}) = \boldsymbol{A}(\boldsymbol{J},\boldsymbol{F})(\boldsymbol{K}_{\theta})_C \tag{5-152}$$

式中，$\boldsymbol{A}$ 矩阵仅与雅可比矩阵 $\boldsymbol{J}$、外力 $\boldsymbol{F}$ 有关。为便于计算，将 $(\boldsymbol{K}_{\theta})_C$ 以 6 维矢量形式表示，即 $\boldsymbol{H} = (K_{\theta 1}^{-1}\quad K_{\theta 2}^{-1}\quad K_{\theta 3}^{-1}\quad K_{\theta 4}^{-1}\quad K_{\theta 5}^{-1}\quad K_{\theta 6}^{-1})^{\mathrm{T}}$。

则 $\boldsymbol{A}$ 可表示为

$$\boldsymbol{A} = \begin{pmatrix} J_{11}\sum_{i=1}^{6} J_{i1}F_i & J_{12}\sum_{i=1}^{6} J_{i2}F_i & \cdots & J_{16}\sum_{i=1}^{6} J_{i6}F_i \\ J_{21}\sum_{i=1}^{6} J_{i1}F_i & J_{22}\sum_{i=1}^{6} J_{i2}F_i & \cdots & J_{26}\sum_{i=1}^{6} J_{i6}F_i \\ \vdots & \vdots & & \vdots \\ J_{61}\sum_{i=1}^{6} J_{i1}F_i & J_{62}\sum_{i=1}^{6} J_{i2}F_i & \cdots & J_{66}\sum_{i=1}^{6} J_{i6}F_i \end{pmatrix} \tag{5-153}$$

优化后的加载位置共有 6 个，且 4 个测量点位置均进行 10 组测量，并忽略转角和转矩的影响，因此 $\boldsymbol{A}$ 矩阵最终维数为（720 × 6）记作 $\boldsymbol{A}_0$。变形矢量最终为（720 × 1），记作 $\Delta\boldsymbol{X}_0$。由于矩阵与变形矢量的规格问题，不能用正常矩阵求解手段，因此通过近似误差最小的近似解表示最终结果，即

$$\min\Delta = \frac{1}{2}\parallel \boldsymbol{A}_0(\boldsymbol{K}_{\theta})_C - \Delta\boldsymbol{X}_0 \parallel^2 \tag{5-154}$$

通过矩阵伪逆计算，可获得误差最小近似 $(\boldsymbol{K}_{\theta})_C$ 为

$$(\boldsymbol{K}_{\theta})_C = (\boldsymbol{A}_0^{\mathrm{T}}\boldsymbol{A}_0)^{-1}\boldsymbol{A}_0^{\mathrm{T}}\Delta\boldsymbol{X}_0 = \boldsymbol{A}_0^{\,l}\Delta\boldsymbol{X}_0 \tag{5-155}$$

式中，$\boldsymbol{A}_0^{\,l}$ 为 $\boldsymbol{A}_0$ 的广义逆。

因此由机器人关节刚度矩阵 $\boldsymbol{K}_{\theta} = (\boldsymbol{K}_{\theta})_C^{-1}$，进行刚度计算。根据测量数据计算得到的刚度结果为（单位为 N · mm/rad）：

$\boldsymbol{K}_{\theta} = \mathrm{diag}(9.62\times10^8, 3.58\times10^9, 9.65\times10^8, 2.54\times10^8, 2.28\times10^8, 1.93\times10^8)$

刚度计算过程中，由于获取数据不包括三方向的扭转分量，为确保结果的正确，广义力矢量的取值考虑了转矩产生的影响，对其数据进行了补偿。

在进行刚度辨识试验并求解获得关节刚度矩阵后，设计结果验证试验并记录数据，用以证明所求刚度矩阵可靠有效。根据所得刚度矩阵求解理论变形量，并计算所有实际变形量与理论变形量的差值。

习题

5-1　振动问题通常分为几类？其振动特性是什么？

5-2　理论模态分析和试验模态分析的特点分别是什么？

5-3　频响函数有哪三种类型？三者有什么关系？

5-4　什么叫试验模态分析？有哪几种情形？

5-5　模态参数有哪几个？常关心哪几个模态参数？

5-6　拉氏变换求传递函数（频响函数）的方法有什么优点？

5-7　传递函数与频响函数有什么关系？传递函数与脉冲响应函数有什么关系？

5-8　留数的物理意义是什么？如何求留数？

5-9　模态分析试验一般分哪几步？

5-10　激励方式有哪几种？分别适用于什么情形？

5-11　做模态试验时，激振点选取原则是什么？实际测试时如何确定合适的激振点？

5-12　什么是信号的泄露现象？举例说明。

5-13　常用的窗函数有哪几种？各适用于哪种信号？

5-14　模态分析试验使用的设备有哪些？

5-15　如图 5-37 所示，RP 操作臂连杆的惯性张量为

$$ {}^{C1}\boldsymbol{I}_1=\begin{pmatrix} I_{xx1} & 0 & 0 \\ 0 & I_{yy1} & 0 \\ 0 & 0 & I_{zz1} \end{pmatrix},\quad {}^{C2}\boldsymbol{I}_2=\begin{pmatrix} I_{xx2} & 0 & 0 \\ 0 & I_{yy2} & 0 \\ 0 & 0 & I_{zz2} \end{pmatrix} $$

总质量为 m_1 和 m_2。从图 5-37 中可知，连杆 1 的质心与关节 1 的轴相距 l_1，连杆 2 的质心与关节 1 的轴的距离为变量 d_2。用牛顿-欧拉法求此操作臂的动力学方程。

5-16　图 5-38 所示为一个安装在墙壁上的 3R 机械手，因此 $\boldsymbol{g}=-g\,{}^0\hat{i}_0$。

1）试用牛顿-欧拉法中外推公式求机械手的运动方程。

2）试用牛顿-欧拉法中内推公式求机械手的运动方程。

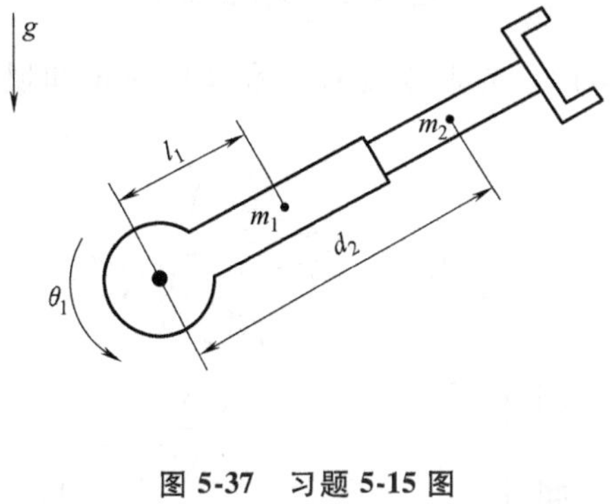

图 5-37　习题 5-15 图

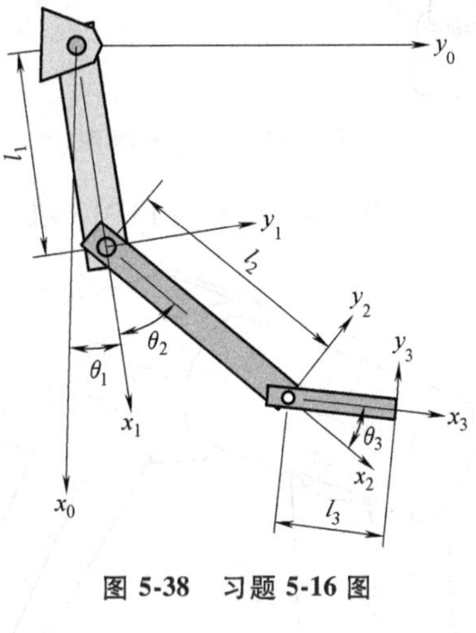

图 5-38　习题 5-16 图

5-17　图 5-39 所示为一个 2 自由度极坐标平面机械手。

1）试用牛顿-欧拉法中外推公式求机械手的运动方程。

2）试用牛顿-欧拉法中内推公式求机械手的运动方程。

5-18　RRRP 关节的 SCARA 机器人如图 5-40 所示，$\boldsymbol{g}=-g\,{}^0\hat{i}_0$。

1）试用牛顿-欧拉法中外推公式求机械手的运动方程。

2）试用牛顿-欧拉法中内推公式求机械手的运动方程。

5-19　图 5-41 所示为一个具有无质量机械臂和两个质点 m_1 和 m_2 的关节式机械手。利用拉格朗日法确定机械手的运动方程。

5-20　利用拉格朗日法试求图 5-42 所示的极坐标平面机械手运动方程。

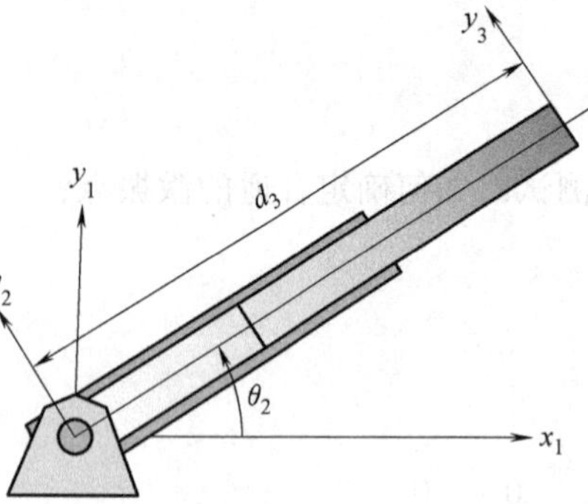

图 5-39　习题 5-17 图

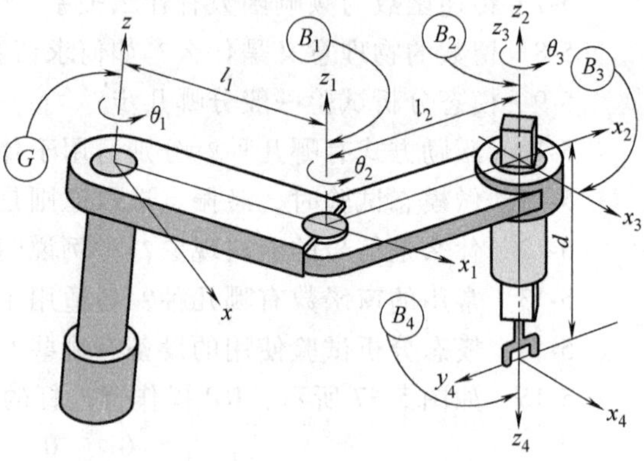

图 5-40　习题 5-18 图

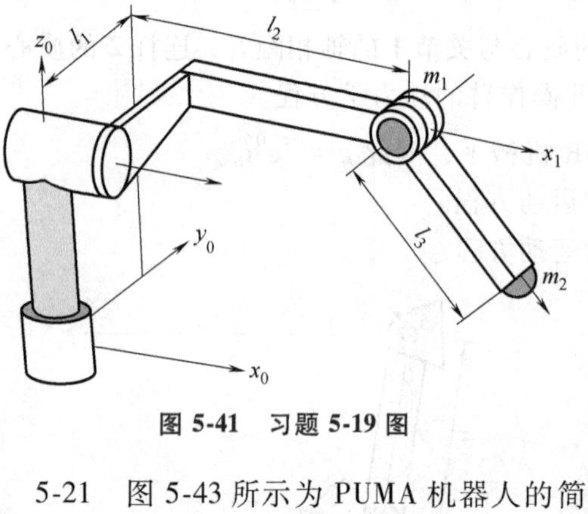

图 5-41　习题 5-19 图

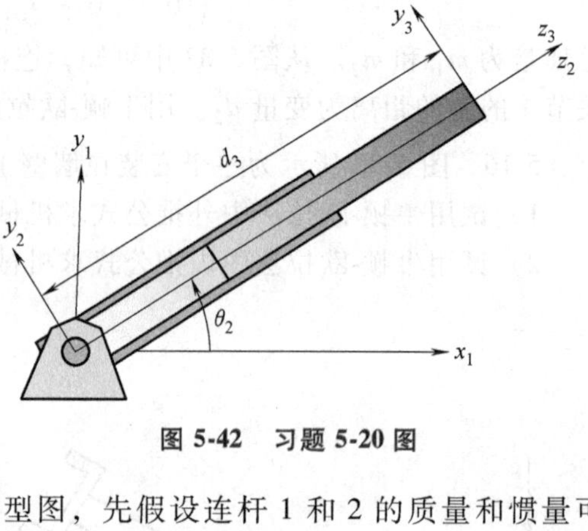

图 5-42　习题 5-20 图

5-21　图 5-43 所示为 PUMA 机器人的简化模型图，先假设连杆 1 和 2 的质量和惯量可

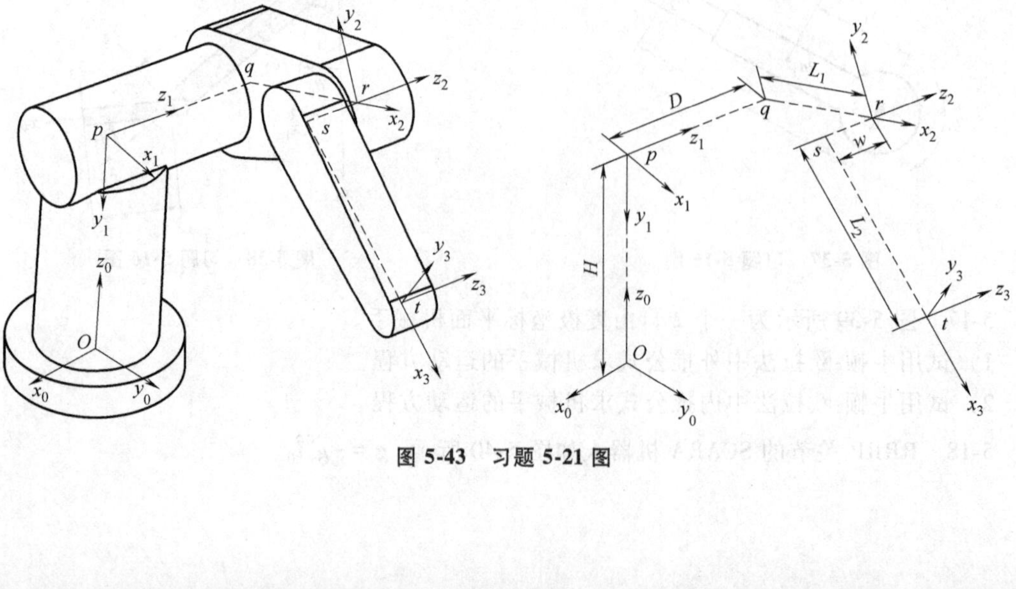

图 5-43　习题 5-21 图

以忽略不计，而连杆 3 的质量和惯量可以近似为集中的质点 m_3，质量 m_3 集中在点 t。驱动力矩 M_1、M_2 和 M_3 分别围绕 z_0、z_1 和 z_2 轴驱动关节 1、2 和 3，将关节变量 θ_1、θ_2 和 θ_3 作为广义坐标，利用拉格朗日方程求出该系统的运动方程。

5-22　考虑图 5-44 所示的球形腕关节。设 m_1、m_2 和 m_3 分别为连杆 1、2 和 3 的质量。设 t_1、t_2 和 t_3 为驱动球腕关节的驱动力矩。利用非保守系统的拉格朗日函数方程，通过将各连杆近似为一个质点，推导出该系统的运动方程。

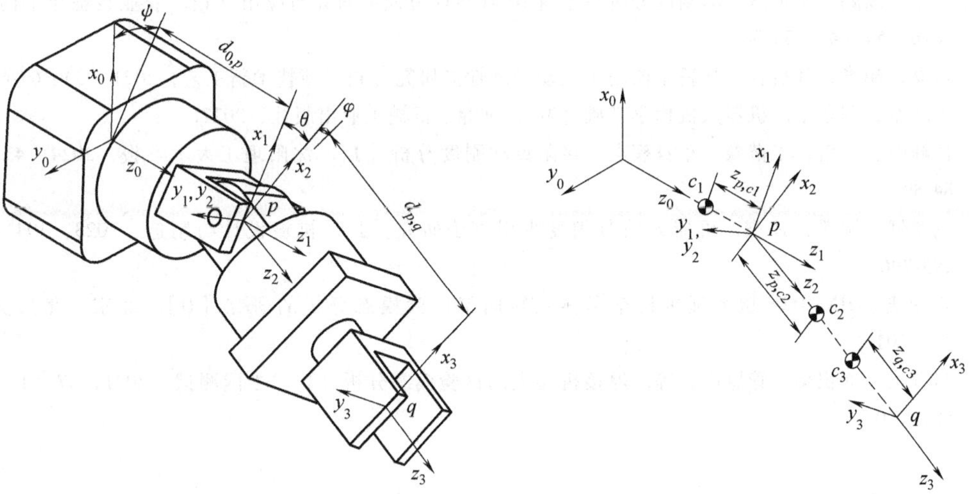

图 5-44　习题 5-22 图

参考文献

[1]　CRAIG J J. 机器人学导论［M］. 贠超，王伟，译. 4 版. 北京：机械工业出版社，2017.

[2]　张羽斌. 新型重载酒醅上下料机器人机构设计及控制策略研究［D］. 太原：太原理工大学，2024.

[3]　霍伟. 机器人动力学与控制［M］. 北京：机械工业出版社，2004.

[4]　战强. 机器人学：机构、运动学、动力学及运动规划［M］. 北京：清华大学出版社，2019.

[5]　JAZAR R N. 应用机器人学：运动学，动力学与控制技术［M］. 周高峰，等译. 2 版. 北京：机械工业出版社，2018.

[6]　严大亮. 重载机器人动力学参数辨识与轨迹跟踪控制研究［D］. 南京：南京航空航天大学，2023.

[7]　傅志方，华宏星. 模态分析理论与应用［M］. 上海：上海交通大学出版社，2000.

[8]　梁君，赵登峰. 工作模态分析理论研究现状与发展［J］. 电子机械工程，2006，22（6）：7-8.

[9]　刘延柱，陈立群，陈文良. 振动力学［M］. 3 版. 北京：高等教育出版社，2019.

[10]　AVITABILE P. 模态试验实用技术：实践者指南［M］. 谭祥君，钱小猛，译. 北京：机械工业出版社，2019.

[11]　潘海鸿，陈韬，贾丙琪，等. 采用激励轨迹实现机器人关节伺服动刚度的辨识［J］. 组合机床与自动化加工技术，2024（1）：25-28.

[12]　朱健，刘长毅，施宇豪. 串联型制孔机器人的关节刚度识别［J］. 机械设计与制造，2013（8）：66-69.

[13] DUMAS C, CARO S, GARNIER S, et al. Joint stiffness identification of six-revolute industrial serial robots [J]. Robotics and Computer Integrated Manufacturing: An International Journal of Manufacturing and Product and Process Development, 2011, 27 (4): 881-888.
[14] 赵敬，苏辰，刘鹏，等. 汽车悬置支架动刚度对车身 NVH 性能影响的分析 [J]. 汽车工程师，2019 (5): 50-51, 59.
[15] 刘洋，劳兵，焦兰，等. 车身接附点动刚度后处理方法对比 [J]. 汽车实用技术，2022, 47 (15): 139-144.
[16] 王宇，潘鹏，辛丕海. 动刚度分析在车身 NVH 性能方面的研究与应用 [J]. 农业装备与车辆工程，2016, 54 (4): 34-38.
[17] 葛磊，胡淼，孙后青. 某轿车前副车架动刚度性能研究 [J]. 新技术新工艺，2021 (3): 67-69.
[18] 于靖军，刘辛军. 机器人机构学基础 [M]. 北京：机械工业出版社，2022.
[19] 岳峰丽，王培，王楷焱. 车身模态及接附点动刚度分析 [J]. 沈阳理工大学学报，2024, 43 (3): 84-89.
[20] 兰孝健，国凯，孙杰. 机器人关节刚度辨识方法研究 [J]. 机械设计与制造，2023, 394 (12): 293-296.
[21] 臧家普. HX_D2F 型大轴重机车车体及转向架试验模态分析的研究 [D]. 北京：北京交通大学，2016.
[22] 赵言正，刘积昊，管恩广，等. 焊接机器人的试验模态分析 [J]. 中国测试，2021, 47 (11): 64-68, 100.

第6章 重载机器人轨迹规划

轨迹规划是机器人运动控制与应用的基础，轨迹规划的好与坏直接决定着机器人工作特性的优良。重载机器人的轨迹规划是重载机器人技术中的一个核心环节，它涉及重载机器人在执行特定任务时如何有效地从起始状态过渡到目标状态，是在机器人运动学和动力学的基础上，讨论在关节空间和笛卡儿空间中机器人运动的轨迹规划和轨迹生成方法。相比于轻载机器人，重载机器人的惯量大，其运动轨迹除考虑机器人运动过程中的位移和速度，还必须考虑加速度。本章在内容组织过程中较深入地考虑了重载机器人的结构特点对轨迹规划的影响，主要内容包括重载机器人的路径与轨迹、运动轨迹的约束条件、轨迹规划的基本方法以及轨迹规划性能指标。

6.1 重载机器人的路径与轨迹

6.1.1 路径与轨迹的概念

重载机器人路径规划是指重载机器人通过某种算法，自主寻找从起点到终点的最优路径。它涉及一系列复杂的数学和计算机科学概念，包括图论、优化理论等。重载机器人路径规划可以定义为在一个有障碍物的环境中，寻找一条从起点到终点的最优路径，往往是不包含速度、加速度以及时间信息的，解决的是可达性的问题。

重载机器人轨迹规划就是确定动点在空间的位置随时间连续变化而形成的曲线，它规划的结果是机器人关节角度或机器人末端参考点位姿随时间变化的关系。轨迹规划不仅需要考虑重载机器人的运动路径，还需要考虑其速度、加速度、时间和负载等因素，以确保运动的平滑性、准确性和效率。

6.1.2 路径与轨迹的区分

路径规划与轨迹规划在重载机器人运动控制中各自扮演着不同的角色，它们之间存在明显的区别。

1）定义不同。路径规划主要关注在重载机器人的工作环境中寻找一条从起始位置到目标位置的合适路径。它主要解决的是如何在复杂环境中避开障碍物，找到一条可行的路径。

轨迹规划则更侧重于确定重载机器人在运动过程中实际所经过的路径，即根据作业任务的要求，确定轨迹参数并实时计算和生成运动轨迹。

2）目标不同。路径规划的目标是生成重载机器人运动的最优路径，使重载机器人能够在给定的起点和终点之间以最短的距离或最短的时间到达终点。轨迹规划的目标则是生成一条重载机器人可以实际运动的路径，使重载机器人在运动过程中保持平稳、准确和高效。

3）实现方式不同。路径规划通常是在重载机器人的自由空间中进行，通过搜索算法或优化算法生成重载机器人的路径。轨迹规划则可能是在重载机器人的关节空间或笛卡儿空间中进行，通过规划重载机器人的关节或末端参考点的位姿来生成重载机器人的轨迹。

4）侧重点不同。路径规划更侧重于环境感知和全局规划，需要获取环境信息，如障碍物位置、地图信息等，以进行路径搜索和规划。轨迹规划则更关注于运动的连续性和可行性，要求生成平滑、连续的运动路径，并考虑重载机器人的动力学限制和运动状态的连续性。

在重载机器人运动控制中，路径规划与轨迹规划是相互关联的，但又有各自独特的任务和作用。路径规划为轨迹规划提供了基础，而轨迹规划则进一步细化和优化了重载机器人的运动过程。

6.1.3 在线轨迹规划与离线轨迹规划

轨迹规划是确保重载机器人能够按照预定的路径和速度进行运动的关键技术。根据规划的时间点和方式，轨迹规划可以分为在线轨迹规划和离线轨迹规划。

1. 在线轨迹规划

在线轨迹规划是重载机器人在运行过程中，根据实时的环境信息、传感器数据以及任务需求，实时地进行轨迹的生成和调整，具有以下特点。

1）实时性：能够实时感知环境的变化，并据此调整轨迹。

2）动态性：适用于环境变动较大的情况，如动态避障、实时调整等。

3）灵活性：能够实时响应环境变化和任务需求，具有更高的灵活性。

例如，大工件装配机器人的在线轨迹规划可以根据实时的传感器反馈调整装配路径，以适应工件表面的不规则性；建筑砌砖机器人的在线轨迹规划可以根据实时的环境信息和障碍物位置，动态地规划出一条安全的路径。

重载机器人在线轨迹规划的方法主要强调实时性、动态性和灵活性，以适应不断变化的环境和任务需求。以下是几种常见的在线轨迹规划方法，它们各自具有不同的特点和应用场景。

（1）基于模型的在线轨迹规划　这种方法通常利用重载机器人的动力学模型，结合实时的传感器数据，进行轨迹的生成和调整。在使用该方法进行重载机器人的轨迹规划时需要考虑重载机器人的物理约束，如速度、加速度和姿态等，以生成平滑且可行的轨迹。该轨迹规划方法具有较强的实时性，能够快速响应环境的变化。

（2）基于传感器信息的在线轨迹规划　这种方法依赖于重载机器人搭载的传感器，如激光雷达、摄像头等，实现环境信息的实时感知，然后通过处理传感器数据，如目标检测、障碍物识别等，动态地规划出一条安全的轨迹。该方法能够实时避障和调整轨迹，较适用于动态环境。

(3) 启发式搜索算法　如 A^* 算法、Dijkstra 算法等，这些算法可以根据实时的环境信息和目标位置，搜索出一条最优或次优的路径，同时通过设置启发式函数，可以引导搜索方向，提高搜索效率。该方法广泛应用于机器人导航、路径规划等任务中。

(4) 随机搜索算法　如 RRT（Rapidly-exploring Random Trees，快速扩展随机树）算法，该方法通过随机采样来探索环境，并在采样点附近生成树结构以实现路径规划。该方法的实时性较好，生成的轨迹可能不是最优的，但能够在复杂、非凸的环境中快速找到一条可行路径。

(5) 模型预测控制（MPC）算法　该算法通过对机器人动态模型进行预测，将机器人的运动状态通过预测引导到预设的路径上，以达到能够实时调整和优化轨迹，满足环境和任务的变化需求。该算法适用于对轨迹精度和稳定性要求较高的场合，如自动化生产线、精密操作等。

(6) 人工智能与机器学习技术　近年来，随着人工智能和机器学习技术的发展，越来越多的方法被应用于在线轨迹规划中。例如，使用强化学习算法训练机器人，使其能够自主学习如何规划轨迹并适应不同的环境。这种方法具有较高的灵活性和适应性，但通常需要大量的训练数据和计算资源。

综上所述，重载机器人在线轨迹规划的方法多种多样，各有优缺点。在实际应用中，需要根据具体的应用场景和需求来选择合适的方法。同时，也可以结合多种方法的优势，实现更加高效、灵活的在线轨迹规划。

2. 离线轨迹规划

离线轨迹规划是在重载机器人实际运行之前，根据已知的环境信息、任务需求和重载机器人动力学特性，预先在计算机上完成轨迹的生成和优化，具有以下特点。

1）预先规划：在重载机器人实际运行之前，就已经完成了轨迹的规划。

2）效率性：由于可提前考虑到各种约束条件，因此具有较高的规划效率。

3）可预测性：由于轨迹是预先规划好的，因此具有较高的可预测性。

例如，在装配任务中，离线轨迹规划可以提前考虑到工件形状、工艺要求等约束条件，生成一条精确的装配路径。

下面是几种常见的机器人离线轨迹规划方法。

(1) 基于插值法的轨迹规划

1）定义：通过对一系列选定的轨迹结点（插值点）上的位姿、速度和加速度给出显式约束，从一类函数（如 n 次多项式）中选取参数化轨迹，对这些结点进行插值，并满足约束条件。

2）特点：能够生成平滑且满足动力学约束的轨迹，适用于点位作业或连续路径作业。

3）应用：常用于重载机器人的点位控制和轮廓运动规划中。

(2) 基于解析式的轨迹规划

1）定义：直接给出运动路径的解析式，如直线、圆弧或其他复杂曲线。

2）特点：直观易懂，计算简单，但可能不适用于所有环境和任务需求。

3）应用：在某些特定任务中，如简单的直线运动或固定曲线的运动，可以直接使用解析式进行轨迹规划。

（3）基于优化算法的轨迹规划

1）定义：通过构建优化问题，利用优化算法（如梯度下降法、遗传算法等）来寻找最优或次优的轨迹。

2）特点：能够考虑多种约束条件（如时间、能量、安全性等），生成高效的轨迹。

3）应用：在复杂环境或高要求任务中，如自动化生产线、精密操作等，通过优化算法可以找到最优的轨迹规划方案。

（4）基于仿真技术的轨迹规划

1）定义：通过计算机仿真技术，在非实际运行环境中对重载机器人轨迹进行规划和编程，即离线轨迹编程（Off-line Programming，OLP）。

2）特点：可以在计算机环境中模拟实际的工作场景，对重载机器人的运动轨迹进行反复的调整和优化，以找到最佳的运动路径和速度。

3）应用：离线轨迹编程技术以其高效、精准和灵活的特点，逐渐受到制造业的广泛青睐。它不仅可以提高机器人的生产率，降低生产成本，还可以提高重载机器人的工作精度和安全性。

（5）其他方法　除了上述方法外，还有一些其他方法，如基于几何法的轨迹规划、基于运动学模型的轨迹规划等。这些方法各有特点，适用于不同的环境和任务需求。

总之，在线轨迹规划适用于环境变动较大、需要实时响应的场合，如动态避障、实时调整等；它能够根据实时的环境信息和任务需求，动态地生成和调整轨迹，具有较高的灵活性和实时性。离线轨迹规划适用于环境相对稳定、对轨迹精度要求较高的场合；它可以在重载机器人实际运行之前，根据已知的环境信息和任务需求，预先在计算机上完成轨迹的生成和优化，具有较高的规划效率和可预测性。

6.2　运动轨迹的约束条件

轨迹优化通常需要首先明确目标函数，然后针对决策变量设置一些约束条件，如机器人的动力学约束（如最大速度、最大加速度等）、环境约束（如障碍物、工作空间限制等）以及任务约束（如精度要求、时间限制等），这些约束条件缩小了可行域的范围。约束条件会存在以下几种可能性。

1）正常约束：简化了目标函数的求解，去掉了鞍点，留下了最值点。

2）过约束：发现不可能满足所有的约束条件，可行域为空集。

3）欠约束：约束不足，发现可行域太大，搜索算法很费时。

此外，根据是否严格满足约束条件，可以将约束划分为硬约束和软约束两种，下面分别介绍硬约束条件和软约束条件。

6.2.1　硬约束条件

1. 硬约束的定义

轨迹规划中的硬约束是指那些必须严格满足的约束条件，这些条件直接决定了轨迹的可行性和安全性。在轨迹规划过程中，硬约束是不可违反的，否则可能会导致重载机器人无法按照规划路径运行，或者出现碰撞、超出重载机器人性能限制等严重后果。

（1）定义　硬约束是必须严格遵守的条件，没有任何违反的余地。它们通常与系统的物理极限或安全要求有关。

（2）特点

1）不可违反，硬约束在任何情况下都必须被满足，没有妥协的余地。

2）明确性，硬约束通常有明确的数学表达式，如速度和加速度的上限、关节角度的限制等。

（3）应用

1）避免碰撞，确保重载机器人的任何部分都不会与障碍物或其他物体发生碰撞。

2）安全限制，防止重载机器人进入可能导致损坏或危险的区域。

3）性能限制，限制重载机器人的加速度和速度，以避免机械故障或超出电动机和驱动器的能力。

2. 硬约束条件的常见类型

在重载机器人领域中，硬约束是指那些必须严格遵守的条件，它们对重载机器人的行为和性能有着决定性的影响。下面是重载机器人中常见的一些硬约束类型。

（1）几何约束　这类约束涉及重载机器人的物理尺寸、形状和可达范围。例如，重载机器人的关节角度限制、连杆长度以及末端执行器的位置范围都属于几何约束。这些约束确保了重载机器人在执行任务时不会超出其物理限制。

（2）动力学约束　动力学约束涉及重载机器人的运动学和动力学特性。它们包括重载机器人的最大速度、加速度、力或转矩限制。这些约束确保了重载机器人在运动过程中不会超出其动力学性能的极限，从而避免机械损坏或不稳定的情况。

（3）安全性约束　安全性是重载机器人设计中至关重要的方面。安全性约束要求重载机器人在操作过程中避免与人或其他物体发生碰撞，确保操作员和周围环境的安全。这些约束通常涉及碰撞检测、安全距离设置以及紧急停机机制等。

（4）任务约束　任务约束与重载机器人需要执行的具体任务有关。例如，对于抓取任务，重载机器人可能需要满足特定的抓取力或精度要求；对于导航任务，重载机器人可能需要遵循特定的路径或避免特定的区域。这些约束确保了重载机器人能够按照预期完成任务。

需要注意的是，硬约束是机器人设计和控制中不可或缺的一部分。违反硬约束可能会导致机器人性能下降、任务失败甚至损坏。因此，在设计和控制机器人时，必须充分考虑并严格遵守这些硬约束。同时，随着机器人技术的不断发展，新的硬约束类型也可能不断出现，以适应更加复杂和多样化的任务需求。

此外，硬约束的处理方法通常涉及优化算法和控制策略的设计。这些算法和策略需要能够在满足硬约束的同时，实现机器人的高效、稳定和可靠运行。这通常是一个复杂且具有挑战性的任务，需要综合考虑机器人的动力学特性、感知能力、任务需求以及外部环境等多个因素。

3. 硬约束条件的处理与表示

硬约束条件的处理方法通常包括以下几种方式。

（1）直接优化处理　硬约束条件可以直接被纳入优化过程中，作为必须满足的条件。

在每次优化计算时，都需要重新考虑这些约束，以确保其得到满足。例如，在MPC（模型预测控制）方法中，硬约束可以直接放入优化过程中，通过线性规划、QP（二次规划）、序列QP、罚函数法等多种方法进行处理。

（2）罚函数法　罚函数法是一种常用的处理硬约束条件的方法。通过引入罚函数，将约束条件纳入目标函数中，从而将原问题转化为无约束优化问题。在优化过程中，如果违反了约束条件，罚函数会产生一个正的惩罚值，从而引导优化算法找到满足约束条件的解。罚函数法包括外部罚函数法、内部罚函数法、二次罚函数法和线性罚函数法等多种具体形式。

无论采取哪种方法，处理硬约束条件的关键是确保在优化过程中这些条件始终得到满足，以保证最终解的有效性和可行性。具体选择哪种方法取决于问题的性质、约束条件的复杂性以及可用的计算资源等因素。在实际应用中，可能还需要结合具体的领域知识和经验来进行调整和优化。

在机器人技术中，硬约束的表示方法通常涉及数学模型的构建和优化算法的应用。这些方法确保重载机器人在执行任务时能够严格遵守特定的限制条件。下面是一些常见的硬约束表示方法。

（1）等式约束　这种约束通常以数学等式的形式表示，规定了重载机器人在特定时刻或位置必须满足的精确条件。例如，始末点的位置、速度和加速度可能受到严格的等式约束，确保机器人在任务的起始和结束阶段符合预定要求。

（2）不等式约束　不等式约束则定义了重载机器人参数或状态的上限和下限。这些约束可以包括机器人的最大速度、加速度、力或转矩等，确保机器人在任何情况下都不会超出其物理能力的范围。

（3）轨迹约束　对于重载机器人的运动轨迹，硬约束可能涉及轨迹的形状、连续性或平滑性。例如，基于贝塞尔曲线的轨迹优化方法可以通过控制点的选择和权重的调整来确保轨迹满足特定的约束条件。

（4）安全性约束　安全性约束通常通过碰撞检测、安全距离设置等方式来表示。这些方法可以确保机器人在运行过程中避免与其他物体发生碰撞，保证操作员和周围环境的安全。

（5）优化问题中的硬约束　在解决重载机器人轨迹规划或控制问题时，硬约束通常被直接嵌入优化问题中。这些约束作为优化问题的必要条件，确保重载机器人在寻找最优解时不会违反任何硬约束。

需要注意的是，硬约束的表示方法可能因具体应用场景和重载机器人类型的不同而有所差异。在选择和设计硬约束表示方法时，需要综合考虑重载机器人的动力学特性、感知能力、任务需求以及外部环境等多个因素。同时，随着重载机器人技术的不断发展，新的硬约束表示方法也可能不断出现，以适应更加复杂和多样化的任务需求。

6.2.2　软约束条件

1. 软约束的定义

在重载机器人领域中，软约束（Soft Constraints）与硬约束相对应，指的是在轨迹规划、优化或控制过程中倾向于满足但不一定严格满足的条件。这些约束通常作为优化问题目标函数中的惩罚项，用于引导重载机器人的行为，使其倾向于满足某些要求，但不保证在所有情况下都能满足。下面是关于重载机器人中软约束的详细介绍。

（1）定义　软约束是在轨迹规划、优化或控制过程中，作为优化目标函数的惩罚项存在的条件。这些条件不是强制性的，但它们的满足度会影响优化问题的解。

（2）特点

1）非强制性：软约束不是重载机器人必须严格满足的条件，但在优化过程中会倾向于满足这些条件。

2）引导性：通过在目标函数中设置惩罚项，软约束可以引导重载机器人向满足这些条件的方向移动。

3）灵活性：软约束的满足度可以根据任务需求和环境条件进行调整，以实现更好的性能。

4）优先级：软约束通常具有较低的优先级，可以在不牺牲系统安全和基本性能的前提下适当放宽。

（3）应用

1）路径平滑：在轨迹优化中，软约束可用于要求轨迹的平滑性。通过设置一个与轨迹曲率或加速度变化率相关的惩罚项，可以使重载机器人生成的轨迹更加平滑。

2）速度限制：虽然速度限制通常作为硬约束处理，但在某些情况下也可以作为软约束存在。例如，在优化过程中可以设置一个与速度超过某阈值相关的惩罚项，以鼓励机器人在可能的情况下降低速度。

3）避障：在路径规划中，软约束可以用于引导重载机器人远离障碍物。通过设置一个与障碍物距离相关的惩罚项，可以使重载机器人在规划路径时倾向于远离障碍物。

4）时间优化：减少完成任务所需的时间，提高效率。

5）能耗优化：规划能耗较低的轨迹，延长电池寿命或减少运行成本。

2. 软约束的常见类型

在重载机器人技术中，软约束类型多样且灵活，用于指导重载机器人的行为、优化性能以及确保在复杂环境中安全有效地执行任务。下面是一些在重载机器人领域中常见的软约束类型。

（1）安全性约束

1）碰撞避免：确保重载机器人不会与障碍物、其他机器人或人发生碰撞。

2）安全边界：设定重载机器人操作的安全区域，避免进入危险区域或接近敏感对象。

（2）运动平滑性约束

1）轨迹平滑：要求重载机器人的运动轨迹连续且平滑，以减少机械磨损和提高任务执行的精度。

2）加速度和速度限制：限制重载机器人的加速度和速度，避免快速或突然的运动导致的不稳定或损坏。

（3）能量效率约束

1）功耗优化：通过优化重载机器人的运动轨迹、速度和加速度，减少能源消耗，延长工作时间。

2）节能模式：在不需要高性能时切换到节能模式，减少不必要的能量消耗。

(4) 任务完成质量约束

1) 精度要求：确保重载机器人执行任务时达到特定的精度要求，如定位精度、抓取精度等。

2) 任务完成时间：对任务的完成时间进行限制，以满足实时性或效率要求。

(5) 环境适应性约束

1) 环境感知：根据环境感知信息调整重载机器人的行为，以适应不同的工作环境和条件。

2) 动态响应：对环境中的变化做出快速响应，如调整运动策略或重新规划路径。

(6) 交互友好性约束

1) 人机交互：确保重载机器人在与人交互时表现出适当的行为，如响应速度、语言交流等。

2) 隐私保护：在收集和处理个人信息时，确保用户的隐私得到保护。

(7) 可维护性和可靠性约束

1) 易维护性：设计易于维护和修理的机器人，降低维护成本和提高可靠性。

2) 故障恢复：在发生故障时，机器人能够自主检测并尝试恢复正常工作。

这些软约束可以根据具体的应用场景和需求进行组合和调整。在设计和实现机器人系统时，需要综合考虑这些软约束，以确保机器人在满足基本任务要求的同时，还能够适应复杂多变的环境并保持良好的性能。

3. 软约束条件的处理与表示

(1) 软约束条件的处理　软约束条件的处理方法多种多样，具体取决于问题的性质、目标以及可用资源。下面是一些常见的处理软约束条件的方法。

1) 加权方法：为每个软约束条件分配一个权重，这个权重反映了该约束条件相对于其他约束条件的重要性。在优化过程中，通过加权和的方式来平衡不同软约束条件的影响。例如，在规划问题中，可以为每个约束条件分配一个成本，并寻求最小化总成本（包括硬约束和软约束的成本）的解决方案。

2) 松弛方法：允许软约束条件在一定程度上被违反，但通常要支付一定的“代价”或“惩罚”。这种方法通常是在目标函数中加入与软约束条件相关的罚项，当软约束条件不满足时，罚项的值会增加，从而推动优化过程尽量满足这些条件。

3) 优先级排序：根据软约束条件的重要性或紧急程度进行排序。在决策过程中，首先满足优先级最高的约束条件，然后再考虑其他约束条件。

4) 启发式方法：利用领域知识或经验，通过启发式规则来指导软约束条件的处理。这种方法不依赖于严格的数学模型，而是基于专家的判断和直觉。

5) 局部搜索和元启发式方法：在已找到的可行解附近进行搜索，以找到满足更多软约束条件的解。元启发式方法（如遗传算法、模拟退火、蚁群算法等）可在更大的解空间内搜索，以找到更好的解决方案。

6) 约束传播：通过约束传播技术，在求解过程中不断传递和更新约束信息。这有助于更好地理解和处理软约束条件，得到更高效的求解过程。

7) 混合整数线性规划（MILP）或混合整数非线性规划（MINLP）：将软约束条件转化为整数变量或连续变量的形式，并加入到优化模型中。通过求解这个扩展的优化模型，可以找到满足软约束条件的解。

8）多目标优化：将软约束条件转化为优化目标，与其他优化目标一起考虑。通过多目标优化算法，可以找到一组均衡的解，这些解在不同目标之间取得平衡。

需要注意的是，处理软约束条件的方法需要根据具体问题的特点和需求进行选择。在实际应用中，可能需要根据问题的复杂性和计算资源的限制，采用一种或多种方法的组合来求解问题。此外，对于某些复杂问题，可能还需要结合领域知识和专家意见来制定合适的处理策略。

（2）软约束条件的表示　软约束条件的表示方法可以根据问题的性质和所使用的优化方法而有所不同。下面是一些常见的表示软约束条件的方法。

1）加权和的形式：在优化问题中，可以将软约束条件转化为目标函数中的加权项。每个软约束条件都分配一个权重，表示其重要性或优先级。通过最小化或最大化这个加权和，可以找到满足软约束条件的解。

2）罚函数：对于违反软约束条件的解，可以定义一个罚函数，该函数在约束条件不满足时会产生一个正值（惩罚），而在满足时则为零。将这个罚函数添加到目标函数中，可以引导优化算法寻找满足软约束条件的解。

3）不等式约束：软约束条件有时可以表示为不等式约束，这些不等式不一定需要严格满足，但应该尽量接近或等于某个期望值。

4）逻辑表达式：对于某些问题，软约束条件可以用逻辑表达式来表示，这些表达式描述了变量之间的关系或条件。这些逻辑表达式可以作为约束条件的一部分，用于指导搜索或优化过程。

5）偏好关系：在某些决策问题中，软约束条件可以表示为偏好关系，即决策者对某些解或解的某些特征有偏好。这些偏好关系可以通过定义偏好函数或偏好序来表示。

6）模糊逻辑：对于涉及不确定性和模糊性的软约束条件，可以使用模糊逻辑来表示和处理这些约束。通过定义模糊集合和模糊隶属度函数，可以量化约束条件的满足程度。

需要注意的是，软约束条件的表示方法应根据问题的特性和求解方法来确定。在某些情况下，可能需要结合多种方法来表示和处理软约束条件。此外，在实际应用中，还需要考虑如何平衡软约束条件和硬约束条件之间的关系，以确保最终解的质量。

6.3 轨迹规划的基本方法

轨迹规划既可在关节空间也可在笛卡儿空间中进行，但是不论哪个空间，所规划的轨迹函数都必须连续和平滑，使重载机器人的运动平稳，一旦重载机器人的运动不平稳将加剧机械部件的磨损，并导致重载机器人发生振动和冲击。为此，要求机器人的运动轨迹函数必须连续，而且它的一阶导数，甚至二阶导数也连续。

在关节空间进行规划是指将关节变量表示成时间的函数，并规划它的一阶和二阶时间导数。在笛卡儿空间进行规划是指将重载机器人末端参考点的位姿、速度和加速度表示成时间的函数。相应的关节位移、速度和加速度由重载机器人末端参考点的信息导出。通常通过运动学反解得出关节位移、用逆雅可比矩阵求解关节速度，用逆雅可比矩阵及其导数求解关节加速度。

6.3.1 插补方式分类与轨迹控制

1. 插补方式分类

机器人的路径控制方式通常包含点位（PTP）控制和连续路径（CP）控制，两种路径对应的插补方式见表 6-1。

1）点位（PTP）控制通常没有路径约束，多以关节坐标运动表示。点位控制只要求满足起点、终点位姿，在轨迹中间只有关节的几何限制、最大速度和加速度约束；为了保证运动的连续性，要求速度连续，各轴协调。

2）连续路径（CP）控制有路径约束，因此要对路径进行设计。

表 6-1 路径控制与插补方式分类

路径控制	不插补	关节插补（平滑）	空间插补
点位（PTP）控制	1）各轴独立快速到达 2）各关节最大加速度限制	1）各轴协调运动定时插补 2）各关节最大加速度限制	—
连续路径（CP）控制	—	1）在空间插补点间进行关节定时插补 2）用关节的低阶多项式拟合空间直线使各轴协调运动 3）各关节最大加速度限制	1）直线、圆弧、曲线等距插补 2）起停线速度、线加速度给定，各关节速度、加速度限制

机器人的基本操作方式是示教-再现，即首先教机器人如何做，机器人记住了这个过程，于是它可以根据需要重复这个动作。操作过程中，不可能把空间轨迹的所有点都示教一遍使机器人记住，这样太烦琐，也浪费很多计算机内存。实际上，对于有规律的轨迹，仅示教几个特征点，计算机就能利用插补算法获得中间点的坐标，如直线需要示教两点，圆弧需要示教三点。通过机器人逆向运动学算法，由这些点的坐标求出机器人各关节的位置和角度，然后通过机器人关节的角度位置控制系统控制机器人各关节到达轨迹上的一点，继续插补并重复上述过程，从而实现要求的轨迹。

给出各个路径结点后，轨迹规划的任务包含解变换方程，进行运动学反解和插值计算。插补算法在以上步骤中，占据着举足轻重的地位，是整个机器人轨迹规划控制过程的重要步骤，如图 6-1 所示。

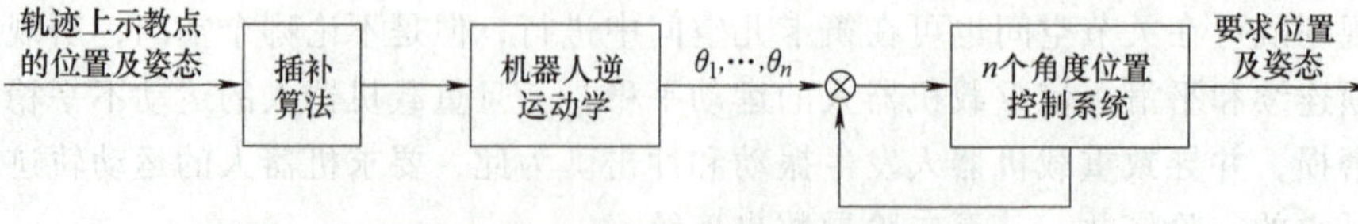

图 6-1 机器人轨迹规划控制过程示意图

机器人终端执行器在笛卡儿空间中的描述，包括位置描述与姿态描述，因此其插补算法中也包括位置插补与姿态插补。其中，姿态插补一般采取线性方式，即把终端执行器在曲线上的终点和起点的方位差均匀地分配到插补的每一步，算法简单。位置插补方式，包括直线插补、圆弧插补、抛物线插补和样条线插补等。直线插补和圆弧插补是机器人系统中的基本插补算法。对于非直线和圆弧轨迹，可以采用直线或者圆弧逼近，以实现这些轨迹。

2. 直线插补

已知空间直线的起点坐标为 $A(X_A, Y_A, Z_A)$，终点坐标 $B(X_B, Y_B, Z_B)$，V 为要求的沿直线运动的速度，t_s 为插补时间间隔，如图 6-2 所示。

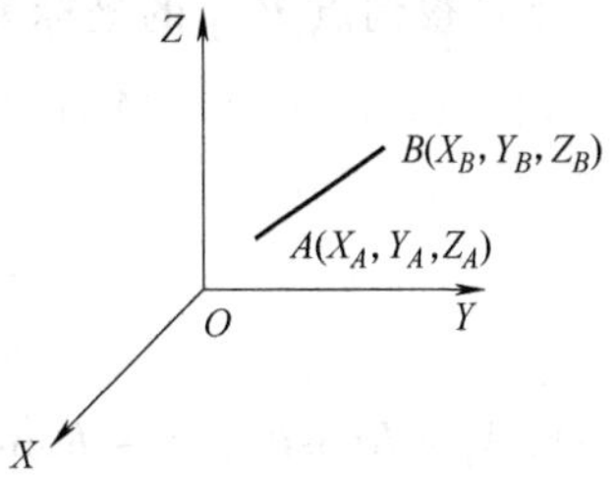

图 6-2　空间直线插补

直线长度 L 可表示为

$$L=\sqrt{(X_A-X_B)^2+(Y_A-Y_B)^2+(Z_A-Z_B)^2} \tag{6-1}$$

插补时间内的行程 d 可表示为

$$d=Vt_s \tag{6-2}$$

当插补次数为 N 时，插补点沿着 X、Y、Z 轴的增量分别为

$$\begin{cases}\Delta X=(X_B-X_A)/N\\ \Delta Y=(Y_B-Y_A)/N\\ \Delta Z=(Z_B-Z_A)/N\end{cases} \tag{6-3}$$

各插补点的坐标为

$$\begin{cases}X_{i+1}=X_i+i\Delta X\\ Y_{i+1}=Y_i+i\Delta Y\\ Z_{i+1}=Z_i+i\Delta Z\end{cases} \tag{6-4}$$

式中，$i=0, 1, 2, \cdots, N$。

由此可见，两个插补点之间的距离正比于要求的运动速度，只有插补点之间的距离足够小，才能满足一定的轨迹控制精度要求。

3. 平面圆弧插补

平面圆弧是指圆弧平面与基坐标系的三大平面之一重合，以 XOY 平面圆弧为例。已知不在一条直线上的三点 P_1、P_2、P_3 及这三点对应的机器人末端的姿态，如图 6-3 和图 6-4 所示。

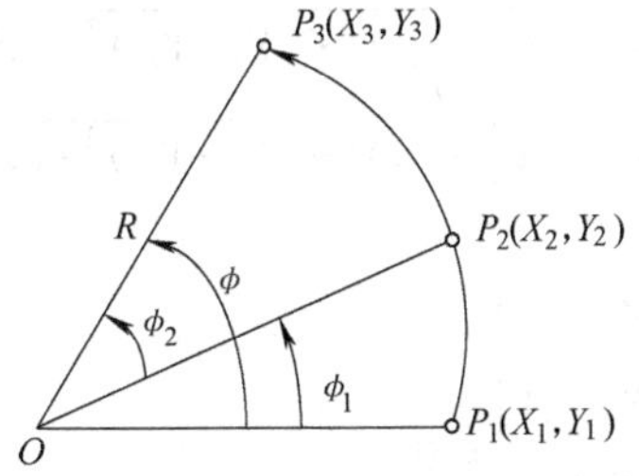

图 6-3　由已知的三点 P_1、P_2、P_3 决定的圆弧

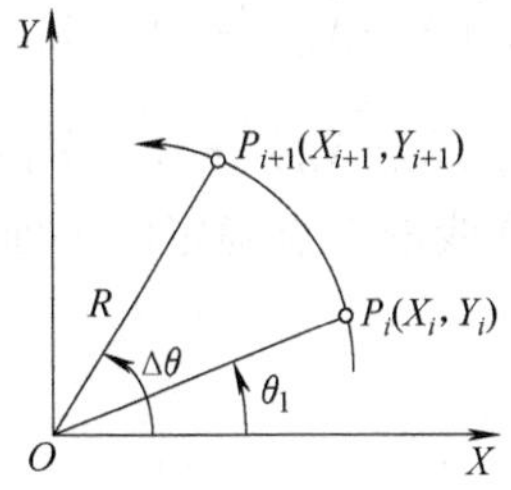

图 6-4　圆弧插补

设 v 为沿圆弧运动速度，t_s 为插补时间间隔。类似直线插补情况计算出：

1）由 P_1、P_2、P_3 决定的圆弧半径 R。

2）总的圆心角 $\phi=\phi_1+\phi_2$，即

$$\begin{aligned}\phi_1&=\arccos\{[(X_2-X_1)^2+(Y_2-Y_1)^2-2R^2]/2R^2\}\\ \phi_2&=\arccos\{[(X_3-X_2)^2+(Y_3-Y_2)^2-2R^2]/2R^2\}\end{aligned} \tag{6-5}$$

3）t_s 时间内角位移量为 $\Delta\theta=t_s v/R$ 。

4）总的插补步数为 $N=\phi/\Delta\theta+1$，取整数。

5）得到点 P_{i+1} 的坐标为

$$\begin{aligned}X_{i+1}&=R\cos(\theta_i+\Delta\theta)=R\cos\theta_i\cos\Delta\theta-R\sin\theta_i\sin\Delta\theta\\&=X_i\cos\Delta\theta-Y_i\sin\Delta\theta\\Y_{i+1}&=R\sin(\theta_i+\Delta\theta)=R\sin\theta_i\cos\Delta\theta+R\cos\theta_i\sin\Delta\theta\\&=Y_i\cos\Delta\theta+X_i\sin\Delta\theta\end{aligned}\tag{6-6}$$

式中，$X_i=R\cos\theta_i$；$Y_i=R\sin\theta_i$。

由 $\theta_{i+1}=\theta_i+\Delta\theta$ 可判断是否到插补终点。若 $\theta_{i+1}\leqslant\phi$，则继续插补下去；若 $\theta_{i+1}>\phi$，则修正最后一步的步长 $\Delta\theta$，并以 $\Delta\theta'$ 表示，则

$$\Delta\theta'=\phi-\theta_i\tag{6-7}$$

则平面圆弧位置插补的各插补点的坐标可表示为

$$\begin{cases}X_{i+1}=X_i\cos\Delta\theta-Y_i\sin\Delta\theta\\Y_{i+1}=Y_i\cos\Delta\theta+X_i\sin\Delta\theta\\\theta_{i+1}=\theta_i+\Delta\theta\end{cases}\tag{6-8}$$

4. 空间圆弧插补

空间圆弧是指三维空间任一平面内的圆弧。空间圆弧插补可分三步来处理：

1）把三维问题转化为二维问题，找出圆弧所在平面。

2）利用二维平面插补算法求出插补点坐标。

3）把该点的坐标值转变为笛卡儿坐标下的值。

已知空间任意三点为圆弧起点 $A(X_A,Y_A,Z_A)$、中间点 $B(X_B,Y_B,Z_B)$ 和终点 $C(X_C,Y_C,Z_C)$，A、B、C 三点不在同一直线上，以及插补次数 N（不包括点 A、C），求此三点所在空间圆弧上的插补点坐标。步骤如下：

1）求圆弧圆心 $O(X_O,Y_O,Z_O)$ 的坐标和半径 R。

由 $|AO|=|BO|$，$|BO|=|CO|$ 得

$$\begin{cases}\sqrt{(X_A-X_O)^2+(Y_A-Y_O)^2+(Z_A-Z_O)^2}=\sqrt{(X_B-X_O)^2+(Y_B-Y_O)^2+(Z_B-Z_O)^2}\\\sqrt{(X_B-X_O)^2+(Y_B-Y_O)^2+(Z_B-Z_O)^2}=\sqrt{(X_C-X_O)^2+(Y_C-Y_O)^2+(Z_C-Z_O)^2}\end{cases}\tag{6-9}$$

由不共线的三点确定的平面方程，可知

$$\begin{vmatrix}X_O&Y_O&Z_O&1\\X_A&Y_A&Z_A&1\\X_B&Y_B&Z_B&1\\X_C&Y_C&Z_C&1\end{vmatrix}=0\tag{6-10}$$

联立式（6-9）和式（6-10），即可求出圆心坐标 $O(X_O,Y_O,Z_O)$。求出圆心后，圆弧上任意一点到圆心的距离即为半径，例如

$$|AO|=\sqrt{(X_A-X_O)^2+(Y_A-Y_O)^2+(Z_A-Z_O)^2}=R\tag{6-11}$$

2）求圆弧所在平面的法向量 $\boldsymbol{n}(u,v,w)$：$\vec{n}=\overrightarrow{AB}\times\overrightarrow{BC}=u\boldsymbol{i}+v\boldsymbol{j}+w\boldsymbol{k}$，式中

$$\begin{cases} u=(Y_B-Y_A)(Z_C-Z_B)-(Z_B-Z_A)(Y_C-Y_B) \\ v=(Z_B-Z_A)(X_C-X_B)-(X_B-X_A)(Z_C-Z_B) \\ w=(X_B-X_A)(Y_C-Y_B)-(Y_B-Y_A)(X_C-X_B) \end{cases} \tag{6-12}$$

3）求圆心角 θ，如图 6-5 所示，有两种情况：

① 当 $\theta \leqslant \pi$（圆弧 ABC）时，

$$\theta=2\arcsin\{[(X_C-X_A)^2+(Y_C-Y_A)^2+(Z_C-Z_A)^2]^{1/2}/(2R)\} \tag{6-13}$$

② 当 $\theta > \pi$（圆弧 ABC′）时，

$$\theta=2\pi-2\arcsin\{[(X_C-X_A)^2+(Y_C-Y_A)^2+(Z_C-Z_A)^2]^{1/2}/(2R)\} \tag{6-14}$$

如何判断 θ 与 π 的关系呢？设矢量 $\overrightarrow{OA}\times\overrightarrow{AC}$ 在各坐标轴方向上的分量为

$$\begin{cases} u_1=(Y_A-Y_O)(Z_C-Z_A)-(Z_A-Z_O)(Y_C-Y_A) \\ v_1=(Z_A-Z_O)(X_C-X_A)-(X_A-X_O)(Z_C-Z_A) \\ w_1=(X_A-X_O)(Y_C-Y_A)-(Y_A-Y_O)(X_C-X_A) \end{cases} \tag{6-15}$$

并设 $H=uu_1+vv_1+ww_1$，则当 $H\geqslant 0$ 时，矢量 $\overrightarrow{OA}\times\overrightarrow{AC}$ 与圆弧所在平面的法向量 $\overrightarrow{AB}\times\overrightarrow{BC}$ 方向相同，此时 $\theta\leqslant\pi$；当 $H<0$ 时，矢量 $\overrightarrow{OA}\times\overrightarrow{AC}$ 与圆弧所在平面的法向量 $\overrightarrow{AB}\times\overrightarrow{BC}$ 方向相反，此时 $\theta>\pi$。

4）求步距角 δ。每次插补走过的步距角 δ 是不变的，可表示为

$$\delta=\frac{\theta}{N+1} \tag{6-16}$$

5）求插补递推公式。如图 6-6 所示，圆弧上任一点 $P_i(X_i, Y_i, Z_i)$ 沿前进方向的切向量可表示为

$$m_i\boldsymbol{i}+n_i\boldsymbol{j}+l_i\boldsymbol{k}=n\times\overrightarrow{OP}_i=\begin{vmatrix} \boldsymbol{i} & \boldsymbol{j} & \boldsymbol{k} \\ u & v & w \\ X_i-X_O & Y_i-Y_O & Z_i-Z_O \end{vmatrix} \tag{6-17}$$

可得

$$\begin{cases} m_i=v(Z_i-Z_O)-w(Y_i-Y_O) \\ n_i=w(X_i-X_O)-w(Z_i-Z_O) \\ l_i=u(Y_i-Y_O)-w(X_i-X_O) \end{cases} \tag{6-18}$$

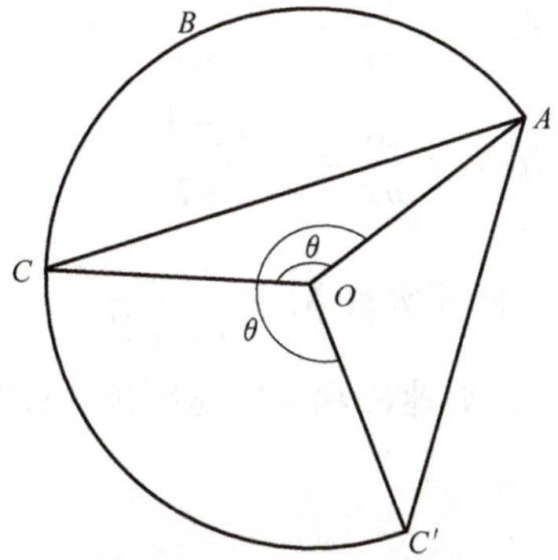

图 6-5　圆心角的计算

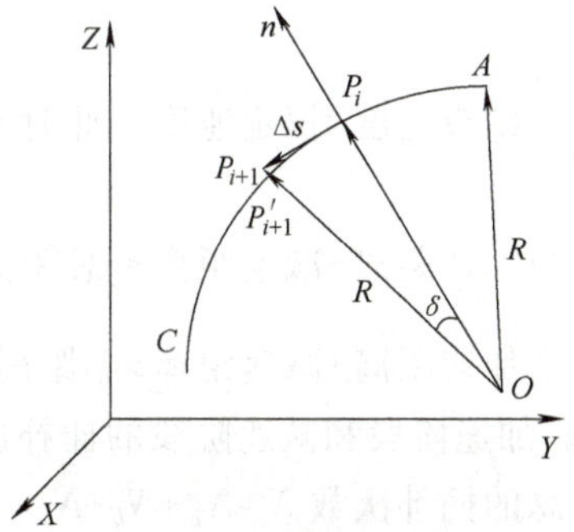

图 6-6　空间圆弧插补原理

设经过一个插补周期后，机器人终端执行器从点 $P_i(X_i, Y_i, Z_i)$ 沿圆弧切向移动距离 Δs（$\Delta s \approx \delta R$），到达点 P_{i+1}（X_{i+1}，Y_{i+1}，Z_{i+1}），则有

$$\begin{cases} X_{i+1} = X_i + \Delta X_i = X_i + Em_i \\ Y_{i+1} = Y_i + \Delta Y_i = Y_i + En_i \\ Z_{i+1} = Z_i + \Delta Z_i = Z_i + El_i \end{cases} \tag{6-19}$$

式中，

$$E = \Delta s/(m_i^2 + n_i^2 + l_i^2)^{1/2} \tag{6-20}$$

$$\begin{aligned} m_i^2 + n_i^2 + l_i^2 &= (u^2 + v^2 + w^2) \cdot [(X_i - X_O)^2 + (Y_i - Y_O)^2 + (Z_i - Z_O)^2] + \\ &\quad [(X_i - X_O)u + (Y_i - Y_O)v + (Z_i - Z_O)w] \\ &= (u^2 + v^2 + w^2)R^2 \end{aligned} \tag{6-21}$$

所以，$E = \Delta s/[R(u^2+v^2+w^2)^{1/2}]$，为一常量。

此时，点 P_{i+1} 是沿切线方向移动，并未落在圆弧上，为使所有插补点都落在圆弧上，需要对式（6-19）进行修正。连接 OP_{i+1} 交圆弧于点 P'_{i+1}，以 P'_{i+1} 代替 P_{i+1} 作为实际插补点。此时有

$$\begin{cases} X_{i+1} = X_O + G(X_i + Em_i - X_O) \\ Y_{i+1} = Y_O + G(Y_i + En_i - Y_O) \\ Z_{i+1} = Z_O + G(Z_i + El_i - Z_O) \end{cases} \tag{6-22}$$

式中，$G = R/(R^2 + \Delta s^2)^{1/2}$。

至此，得到了插补的递推公式。

6）终点判别，有以下两种方法。

① 长度法：首先计算出总的弧长 $L = R\theta$，则插补次数 $N = L/\Delta s = (R\theta)/\Delta s$。

② 角度法：首先计算出角度增量 $\Delta\theta = \arcsin(\Delta s/R) \approx \Delta s/R$，则插补次数 $N = \theta/\Delta\theta = (R\theta)/\Delta s$。

可以看出，两种计算方法得到的公式相同。

7）加减速处理。第6）步中计算出的插补次数 N，理论上是恒速时的插补次数，实际运行过程中存在加速过程、恒速过程以及减速过程。每个过程中的插补次数不同，计算方法如下：

① 当恒定速度>起始速度，此时允许加速，插补次数 $N_a = \dfrac{\Delta v}{aT} = \dfrac{V_{\text{stable}} - V_{\text{start}}}{aT}$。

② 当结束速度<恒定速度，此时允许减速，插补次数 $N_b = \dfrac{\Delta v}{aT} = \dfrac{V_{\text{end}} - V_{\text{stable}}}{aT}$。

③ 当加速距离+减速距离≤总距离，恒速阶段存在，插补次数 $N_s = \dfrac{S_{\text{stable}}}{V_{\text{stable}}T}$。

④ 当加速距离+减速距离>总距离，此时不允许恒速，加速距离=恒速距离=总距离/2；重新计算加速阶段和减速阶段的插补次数 N_a 和 N_b。

⑤ 总的插补次数 $N = N_a + N_b + N_s$。

各个阶段的插补速度计算如下，式中 i 为当前插补次数。

① 加速段：$V_{\text{current}} = V_{\text{start}} + iaT(i < N_a)$。

② 恒速段：$V_{\text{current}} = V_{\text{stable}}(N_a \leqslant i < N_a + N_s)$。

③ 减速段：$V_{\text{current}} = V_{\text{stable}} - (i - N_a - N_s)aT(N_a + N \leqslant i < N_a + N_s + N_b)$。

将计算得到的当前速度 V_{current} 代入到插补公式（6-22）中，即可得到当前位置，当 $N > N_a + N_s + N_b$ 或者加速距离+减速距离+恒速距离>总长时，结束插补。

根据以上步骤，分别绘制三种不同情况下的空间圆弧。首先在空间上确定三点，通过插补后，插补点实时在圆弧上移动，并记录轨迹，观察轨迹的加、减、恒速变化以及是否落在所画圆弧上。对起始速度 V_{start}、恒定速度 V_{stable}、结束速度 V_{end}、加速度 a 以及插补周期 T 赋值，待插补结束后取用三次图形结果如下。

1）当加速过程、恒速过程以及减速过程都存在并且恒定速度较小的情况下，加减速的距离较短，绘制的空间圆弧如图 6-7 所示。

2）当加速过程、恒速过程以及减速过程都存在并且恒定速度较大的情况下，加减速的距离较长，绘制的空间圆弧如图 6-8 所示。

3）当加速过程以及减速过程存在，但是不允许恒速过程的情况下，绘制的空间圆弧如图 6-9 所示。

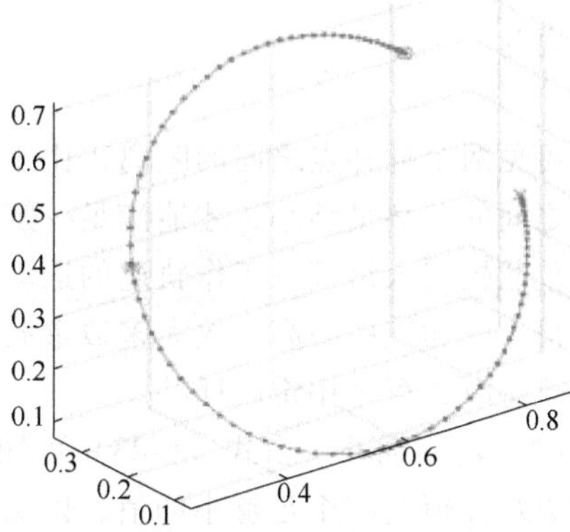

图 6-7　空间圆弧（一）

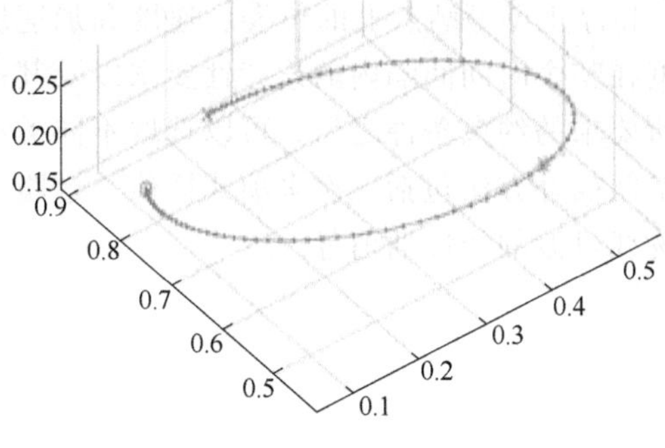

图 6-8　空间圆弧（二）

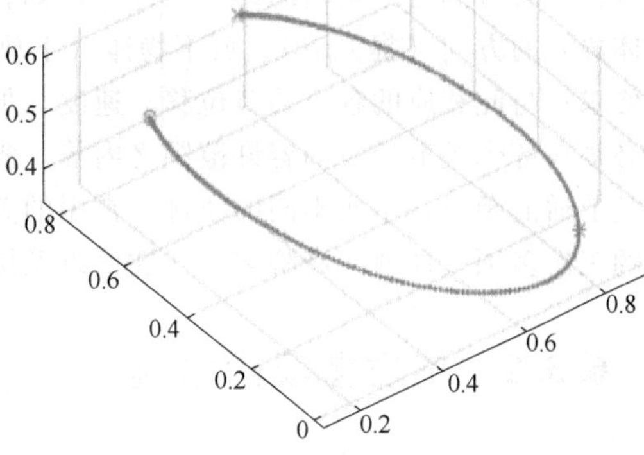

图 6-9　空间圆弧（三）

5. 定时插补和定距插补

重载机器人实现一个空间轨迹的过程即是实现估计离散的过程，若离散点间隔很大，则机器人运动轨迹与要求轨迹可能有较大误差。只有插补得到的离散点彼此距离很近，才有可能使机器人轨迹以足够的精确度逼近要求的轨迹。模拟 CP 控制实际上是多次执行插补点的 PTP 控制，插补点越密集，越能逼近要求的轨迹曲线。可以使用定时插补和定距插补的方法来保证轨迹不失真和运动连续平滑。

（1）定时插补　每隔一个时间间隔 t_s 插补出一个轨迹点的坐标值，并转换成相应的关节角度值并加载到位置伺服系统以实现这个位置。

为保证运动的平稳，显然时间间隔不能太长。由于重载机器人的末端负载大，相对刚度不高，t_s 一般存在时间间隔的上限值。通常，时间间隔越小越好，但是它的下限值受到计算量限制，即对于机器人的控制，计算机要在 t_s 时间内完成一次插补运算和一次逆向运动学计算。对于目前的大多数重载机器人控制器，完成这样一次计算约需几毫秒。这样就产生了时间间隔的下限值。

以一个 XOY 平面内的直线运动轨迹为例说明定时插补的方法。设机器人需要的运动轨迹为直线，运动速度为 v（mm/s），时间间隔为 t_s（ms），则每个时间间隔内机器人应走过的距离为

$$P_iP_{i+1}=vt_s \tag{6-23}$$

可见两个插补点之间的距离正比于要求的运动速度，两点之间的轨迹不受控制，只有插补点之间的距离足够小，才能满足一定的轨迹精度要求。

重载机器人沿某一工作轨迹的运动速度通常较低。同时，重载机器人总的运动精度不如数控机床、加工中心高，故大多数重载机器人采用定时插补方式。当要求以更高的精度实现运动轨迹时，可采用定距插补。

（2）定距插补　由式（6-23）可知 v 是要求的运动速度，不能变化。如果要两插补点的距离 P_iP_{i+1} 恒为一个足够小的值，以保证轨迹精度，时间间隔要随着不同工作速度的变化而变化：速度慢的地方运动时间长，速度快的地方运动时间短。

定时插补和定距插补的基本算法相同，只是前者固定时间间隔，易于实现；后者保证轨迹插补精度，但是时间间隔要随机变化，实现起来比前者困难。

6. 关节空间插补

在关节空间中进行轨迹规划，需要给定机器人在起始点和终止点的位置和姿态。对关节进行插值时应满足一系列的约束条件。例如，抓取物体时手部的运动方向（起始点）、提升物体离开的方向（提升点）、放下物体（下放点）和停止点等结点上的位姿、速度和加速度的要求；与此相应的各个关节位移、速度、加速度在整个时间间隔内的连续性要求以及其极值必须在各个关节变量的容许范围之内等。满足所要求的约束条件之后，可以选取不同类型的关节插值函数，生成不同的轨迹。常用的关节空间插补方法包括三次多项式插值、过路径点的三次多项式插值、高阶多项式插值以及用抛物线过渡的线性插值等。

6.3.2　三次多项式插值

1. 三次多项式的基本形式

基于三次多项式轨迹规划的基本形式通常表示为一个关于时间 t 的三次多项式方程，用于描述某个物理量（如位置、速度或加速度）随时间的变化。这个方程的一般形式为

$$\theta(t)=a_0+a_1t+a_2t^2+a_3t^3 \tag{6-24}$$

式中，$\theta(t)$ 为机械臂在 t 时的关节位置；a_0、a_1、a_2 和 a_3 为多项式的系数，它们需要根据给定的约束条件（如起始和终止位置、速度、加速度等）来确定。

在轨迹规划中，通常使用三次多项式来规划重载机器人的运动轨迹，以确保轨迹的平滑性和连续性。具体来说，可以通过设定起始和终止位置、速度等约束条件，然后解一个包含这些条件的方程组，从而求得三次多项式的系数。一旦得到了这些系数，就可以使用三次多

项式方程来计算任意时刻的物理量值，从而得到完整的轨迹规划结果。

2. 插值条件

基于三次多项式轨迹规划的插值条件，主要涉及轨迹的起始点和终止点的位置、速度以及可能的其他约束条件。下面是具体的插值条件。

1）位置插值条件：三次多项式轨迹在起始点和终止点的位置应与给定的起始位置和终止位置相匹配。

2）速度插值条件：在很多情况下，特别是当轨迹的起始点和终止点需要与机器人的运动状态（如静止或匀速）相匹配时，还需要约束起始点和终止点的速度。通常假设起始点速度和终止点速度都为 0。如果起始点或终止点的速度不为 0，那么需要相应地调整这些条件。

3）其他可能的约束条件：除了位置和速度条件外，还可能存在其他的约束条件，如加速度约束、轨迹的平滑性约束等。这些约束条件可以根据具体的应用场景和需求来确定，并相应地调整三次多项式的系数以满足这些条件。

通过解这个由插值条件构成的方程组，可以得到三次多项式的系数，从而确定整个轨迹的形状。这个过程就是基于三次多项式轨迹规划的插值过程。

3. 起始点与终止点约束

为了实现单个关节的平稳运动，轨迹插值函数 $\theta(t)$ 至少需要满足四个约束条件。其中两个约束条件是关于起始点和终止点所对应关节角的位置。

在操作臂运动的过程中，由于对应起始点的关节角度 θ_0 是已知的，而终止点的关节角 θ_f 可以通过运动学反解得到。因此，令 $\theta(t)$ 在时刻 $t_0=0$ 的值等于起始关节角度 θ_0，在终端时刻 t_f 的值等于终止关节角度 θ_f，如图 6-10 所示，可得如下表达式。

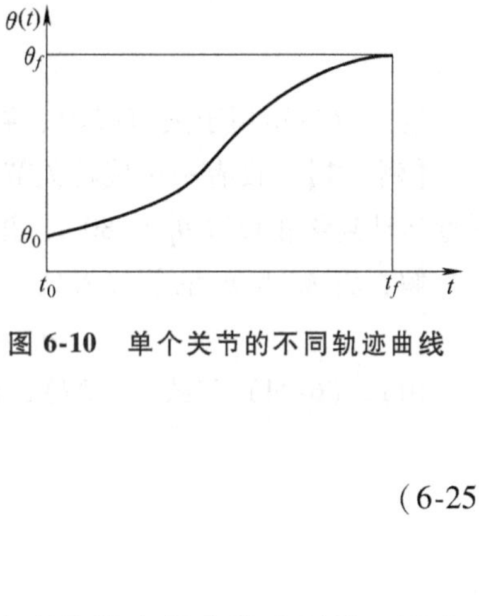

图 6-10　单个关节的不同轨迹曲线

$$\begin{cases}\theta(0)=\theta_0\\ \theta(t_f)=\theta_f\end{cases} \tag{6-25}$$

4. 角速度与角加速度约束

在基于三次多项式轨迹规划的过程中，角速度与角加速度的约束是非常重要的，因为它们直接影响到轨迹的平滑性和机械系统的动力学性能。对于三次多项式轨迹规划，可以设定以下关于角速度和角加速度的约束。

1）角速度约束：在起始点 t_0，机械系统的角速度通常被设定为零（即静态开始）；在终点 t_f，若要求机械系统在此处也静止，则角速度同样被设定为零，即

$$\begin{cases}\dot{\theta}(0)=0\\ \dot{\theta}(t_f)=0\end{cases} \tag{6-26}$$

2）角加速度约束：角加速度的约束通常不是直接给出的，但在重载机器人的轨迹规划中通常需要考虑角加速度的限制，以避免过大的加速度对系统造成冲击或损坏。这可以通过在轨迹规划过程中添加对角加速度的约束来实现，如限制角加速度的最大值或变化率。

对式（6-24）求时间的一阶导或二阶导，可得运动轨迹上的关节速度和加速度为

$$\begin{cases}\dot{\theta}(t)=a_1+2a_2t+3a_3t^2\\ \ddot{\theta}(t)=2a_2+6a_3t\end{cases} \tag{6-27}$$

将式（6-24）和式（6-27）代入相应的约束条件［式（6-25）和式（6-26）］，得到有关系数 a_0、a_1、a_2 和 a_3 的四个线性方程为

$$\begin{cases}\theta_0=a_0\\ \theta_f=a_0+a_1t_f+a_2t_f^2+a_3t_f^3\\ 0=a_1\\ 0=a_1+2a_2t_f+3a_3t_f^2\end{cases} \tag{6-28}$$

求解上述线性方程组可得

$$\begin{cases}a_0=\theta_0\\ a_1=0\\ a_2=\dfrac{3}{t_f^2}(\theta_f-\theta_0)\\ a_3=-\dfrac{2}{t_f^3}(\theta_f-\theta_0)\end{cases} \tag{6-29}$$

这组解只适用于关节起始、终止速度为零的运动情况。对于其他情况，后面另行讨论。

【例 6-1】 设有一个旋转关节的单自由度操作臂处于初始位置时，$\theta_0=0°$，要使其在 2s 内平稳运动到终止位置 $\theta_f=80°$，并且在终止点的速度为零，试求其三次多项式关节插值函数。

解：将 θ_0 和 θ_f 的值代入式（6-29），得到三次多项式的系数如下：

$$a_0=0,a_1=0,a_2=60,a_3=-20$$

由式（6-24）与式（6-27），确定操作臂的位移、速度和加速度为

$$\theta(t)=60t^2-20t^3$$

$$\dot{\theta}(t)=120t-60t^2$$

$$\ddot{\theta}(t)=120-120t$$

图 6-11 所示为三次多项式插值函数曲线。显然，任何三次多项式函数的速度曲线均为抛物线，相应的加速度曲线均为直线。

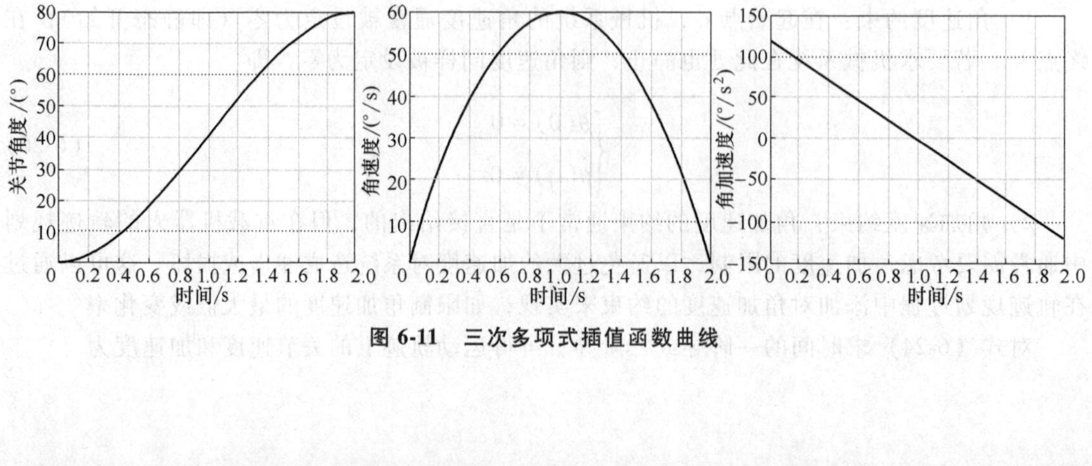

图 6-11　三次多项式插值函数曲线

6.3.3　过路径点的三次多项式插值

1. 路径点的定义与确定

在轨迹规划中，路径点通常被定义为空间中的位置或关节角度。路径规划的目标是找到一系列要经过的路径点，这些路径点连接起点位置和终点位置，形成机器人的运动路径。在确定路径点时，主要的目标是使路径与障碍物尽量远离，同时使路径尽量短。

确定路径点的方法可能因具体的应用场景和规划策略而异。一种常见的方法是使用路径规划算法，如 A^* 算法、RRT 算法等，这些算法可以在给定的空间中找到一条从起始点到终止点的无碰撞路径，并确定路径上的关键点。

在关节空间的轨迹规划中，路径点的确定可能涉及对起始点、终止点以及路径点的位置、速度甚至加速度的约束。这通常包括确定期望路径的各路径点上的位姿，然后通过逆运动学将路径点变换成一组期望的关节角。

2. 插值条件

过路径点的三次多项式插值条件主要依赖于具体的路径点以及这些点上的约束条件。这些条件通常包括以下内容。

1）路径起始点和终止点的位置：在起始点和终止点，关节的位置分别是已知的。

2）路径起始点和终止点的速度：在某些情况下，路径起始点和终止点的速度也是已知的。

3）路径中间点的位置（可选）：如果在路径中插入了中间点，那么中间点的关节角度也是已知的。这时，需要分别构造从起始点到中间点和从中间点到终止点的两个三次多项式函数，并满足在中间点处两个函数的值相等。

4）路径中间点的速度（可选）：同样地，如果中间点的速度也是已知的，那么还需要满足在中间点处两个函数的一阶导数相等。

根据这些约束条件，可以列出一个包含四个未知数（a_0，a_1，a_2，a_3）的方程组，并求解出这些未知数的值，从而得到描述路径的三次多项式函数。若插入了中间点，则需要分别求解两个区间的三次多项式函数，并在中间点处进行组合。

需要注意的是，以上条件是基于一般情况的描述，具体的插值条件可能因应用场景的不同而有所变化。在实际应用中，需要根据具体的需求和约束条件来选择合适的插值方法。

3. 路径点速度与加速度约束

一般情况下，要求规划过路径点的轨迹。若操作在路径点停留，则可直接使用前面三次多项式插值的方法；若只是“经过”路径点，并不停留，则需要拓展上述方法。

实际上，可以把所有路径点都看作“起始点”或“终止点”，求解逆运动学，得到相应的关节矢量值，然后确定所要求的三次多项式插值函数，把路径点平滑地连接起来。但是，在这些“起始点”和“终止点”关节运动速度不再是零。

路径点上的关节速度可以根据需要设定，这样一来，确定三次多项式的方法与前面所述的完全相同，只是速度约束条件［式（6-26）］变为

$$\begin{cases}\dot{\theta}(0)=\dot{\theta}_0 \\ \dot{\theta}(t_f)=\dot{\theta}_f\end{cases} \tag{6-30}$$

确定三次多项式的四个方程为

$$\begin{cases}\theta_0=a_0 \\ \theta_f=a_0+a_1t_f+a_2t_f^2+a_3t_f^3 \\ \dot{\theta}_0=a_1 \\ \dot{\theta}_f=a_1+2a_2t_f+3a_3t_f^2\end{cases} \tag{6-31}$$

求解以上方程组，即可求得三次多项式的系数为

$$\begin{cases}a_0=\theta_0 \\ a_1=\dot{\theta}_0 \\ a_2=\dfrac{3}{t_f^2}(\theta_f-\theta_0)-\dfrac{2}{t_f}\dot{\theta}_0-\dfrac{1}{t_f}\dot{\theta}_f \\ a_3=-\dfrac{2}{t_f^3}(\theta_f-\theta_0)+\dfrac{1}{t_f^2}(\dot{\theta}_0-\dot{\theta}_f)\end{cases} \tag{6-32}$$

实际上，由式（6-32）确定的三次多项式描述了起始点和终止点具有任意给定位置和速度的运动轨迹，它是式（6-29）的推广。

【例 6-2】 一个旋转关节在 3s 内从起始点 $\theta_0=20°$ 运动到终止点 $\theta_f=60°$，起始的速度为 2°/s，终止的速度为 1°/s，求关节的三次多项式轨迹函数 $\theta(t)$。

解：由三次多项式的系数求解式（6-32），可得各系数为

$$\begin{cases}a_0=20 \\ a_1=2 \\ a_2=\dfrac{3}{t_f^2}(\theta_f-\theta_0)-\dfrac{2}{t_f}\dot{\theta}_0-\dfrac{1}{t_f}\dot{\theta}_f=11.67 \\ a_3=-\dfrac{2}{t_f^3}(\theta_f-\theta_0)+\dfrac{1}{t_f^2}(\dot{\theta}_0-\dot{\theta}_f)=-2.63\end{cases}$$

将上述系数代入三次多项式中，可得关节的三次多项式运动轨迹函数为

$$\theta(t)=20+2t+11.67t^2-2.63t^3$$

该轨迹函数对应的一阶和二阶导数分别对应了 3s 内该关节的角速度和角加速度变化情况，其表达式为

$$\begin{cases}\dot{\theta}(t)=2+23.34t-7.89t^2 \\ \ddot{\theta}(t)=23.34-15.78t\end{cases}$$

该关节在 3s 内的角度、角速度、角加速度随时间的变化如图 6-12 所示。可以看出，该关节的角度、角速度以及角加速度的变化都是光滑的，并且关节角速度曲线为抛物线，关节角加速度曲线为直线。

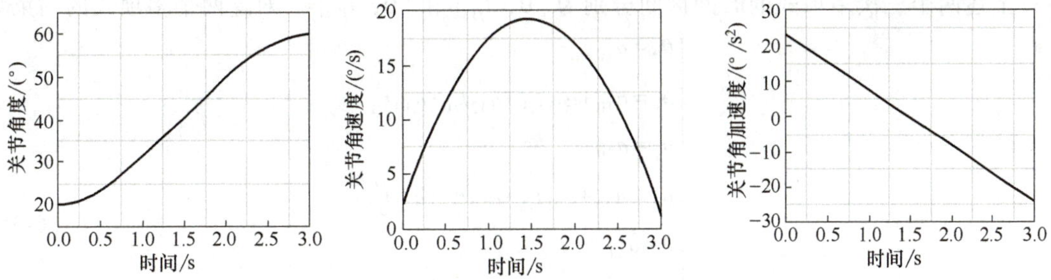

图 6-12　关节角度、角速度、角加速度随时间的变化情况

剩下的问题就是如何来确定路径点上的关节速度，可由以下三种方法规定关节速度：

1）根据工具坐标系在笛卡儿坐标空间中的瞬时线速度和角速度确定各路径点的关节速度。

2）在笛卡儿坐标空间或关节空间中采用启发式方法，由控制系统自动地选择路径点的速度。

3）为了保证每个路径点上的加速度连续，由控制系统自动地选择路径点的速度。

在方法 1）中，利用操作臂在此路径点上的逆雅可比矩阵，把该点的直角坐标速度映射为所要求的关节速度。当然，如果操作臂的某个路径点是奇异点，这时就不能任意设置速度值。按照方法 1）生成的轨迹虽然能满足用户设置速度的需要，但是逐点设置速度毕竟有很大的工作量。因此，机器人的控制系统最好具有方法 2）或 3）对应的功能，或者二者兼而有之。

在方法 2）中，系统采用某种启发式方法自动选取合适的路径点速度。图 6-13 所示为一种启发式选择路径点速度的方式。其中，θ_0 为起始点，θ_D 为终止点，θ_A、θ_B、θ_C 是路径点；细实线表示过路径点时的关节运动速度。这里所用的启发式信息从概念到计算方法都很简单：假设用直线段把这些路径点依次连接起来，若相邻线段的斜率在路径点处改变符号，则把速度选定为零；若相邻线段的斜率不改变符号，则选取路径点两侧的线段斜率的平均值作为该点的速度。因此，系统就能够按此规则自动生成相应的路径点速度。

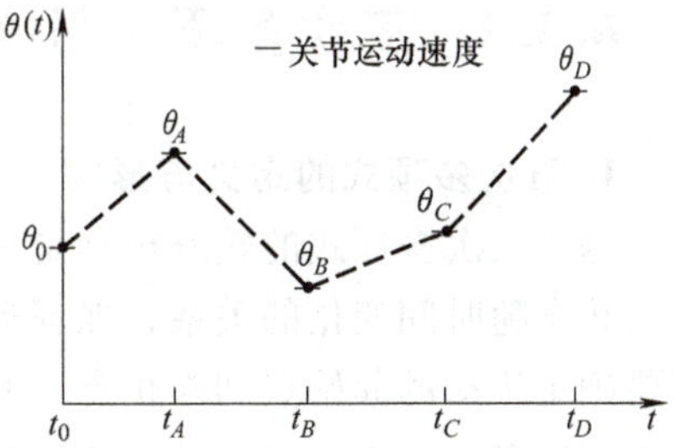

图 6-13　路径点上速度的自动生成

对于方法 3)，为了保证路径点处的加速度连续，可以设法用两条三次曲线将路径点按一定规则连接起来，拼凑成所要求的轨迹。其约束条件是：连接处不仅速度连续，而且加速度也连续。下面具体地介绍这种方法。

4. 插值多项式的构建

设所经过的路径点处的关节角度为 θ_y，与该点相邻的前后两点的关节角分别为 θ_0 和 θ_g。从 θ_0 到 θ_y 的插值三次多项式为

$$\theta(t)=a_{10}+a_{11}t+a_{12}t^2+a_{13}t^3 \tag{6-33}$$

从 θ_y 到 θ_g 的插值三次多项式为

$$\theta(t)=a_{20}+a_{21}t+a_{22}t^2+a_{23}t^3 \tag{6-34}$$

上述两个三次多项式的时间区间分别为 $[0, t_{f1}]$ 和 $[0, t_{f2}]$。对这两个多项式的约束为

$$\begin{cases}\theta_0 = a_{10} \\ \theta_y = a_{10} + a_{11} t_{f1} + a_{12} t_{f1}^2 + a_{13} t_{f1}^3 \\ \theta_y = a_{20} \\ \theta_g = a_{20} + a_{21} t_{f2} + a_{22} t_{f2}^2 + a_{23} t_{f2}^3 \\ 0 = a_{11} \\ 0 = a_{21} + 2a_{22} t_{f2} + 3a_{23} t_{f2}^2 \\ a_{11} + 2a_{12} t_{f1} + 3a_{13} t_{f1}^2 = a_{21} \\ 2a_{21} + 6a_{13} t_{f1} = 2a_{22}\end{cases} \tag{6-35}$$

以上约束组成了含有 8 个未知数的 8 个线性方程。对于 $t_{f1} = t_{f2} = t_f$ 的情况，这个方程组的解为

$$\begin{cases}a_{10} = \theta_0, a_{11} = 0, a_{12} = \dfrac{12\theta_y - 3\theta_g - 9\theta_0}{4t_f^2}, a_{13} = \dfrac{-8\theta_y + 3\theta_g + 5\theta_0}{4t_f^2} \\ a_{20} = \theta_y, a_{21} = \dfrac{3\theta_g - 3\theta_0}{4t_f}, a_{22} = \dfrac{-12\theta_y + 6\theta_g + 6\theta_0}{4t_f^2}, a_{23} = \dfrac{8\theta_y - 5\theta_g - 3\theta_0}{4t_f^3}\end{cases} \tag{6-36}$$

一般情况下，一个完整的轨迹由多个三次多项式表示，约束条件（包括路径点处的关节加速度连续）构成的方程组可以表示成矩阵的形式。用矩阵来求路径点的速度，由于系数矩阵是三角形的，易于达到目的。

6.3.4 五次多项式插值

1. 五次多项式的定义与形式

基于五次多项式的轨迹规划是一种常用的平滑轨迹规划方法，它通过高阶多项式来描述运动状态随时间变化的关系，保证运动轨迹的连续与平滑。在五次多项式轨迹规划中，首先需要确定运动的起始点和终止点，并给出这些点的位置、速度和加速度等约束条件。然后，使用五次多项式来描述运动轨迹，其中多项式的系数需要通过给定的约束条件进行求解。

五次多项式的形式通常表示为

$$\theta(t) = a_0 + a_1 t + a_2 t^2 + a_3 t^3 + a_4 t^4 + a_5 t^5 \tag{6-37}$$

在轨迹规划中，需要确定起始点和终止点的位置、速度和加速度，并设置合适的初始和终止条件。通过求解五次多项式的系数，可以得到完整的路径拟合函数，该函数描述了从起始点到终止点的运动轨迹。

相比传统的插值法或样条曲线拟合方法，五次多项式轨迹规划具有轨迹更加平滑、运动状态可控性强和适用范围广等特点，可以确保重载机器人在移动过程中速度和加速度的连续性，避免由于轨迹不连续或突变导致的重载机器人损坏或任务失败。

2. 五次多项式插值的实现

某段路径的起始点和终止点的位置、速度和加速度均已知，分别为 θ_0、θ_f、$\dot{\theta}_0$、$\dot{\theta}_f$、$\ddot{\theta}_0$、$\ddot{\theta}_f$，由此可得

$$\begin{cases}\theta_0=a_0,\theta_f=a_0+a_1t_f+a_2t_f^2+a_3t_f^3+a_4t_f^4+a_5t_f^5\\ \dot{\theta}_0=a_1,\dot{\theta}_f=a_1+2a_2t_f+3a_3t_f^2+4a_4t_f^3+5a_5t_f^4\\ \ddot{\theta}_0=2a_2,\ddot{\theta}_f=2a_2+6a_3t_f+12a_4t_f^2+20a_5t_f^3\end{cases}\tag{6-38}$$

这个线性方程组含有 6 个未知数和 6 个方程，其解为

$$\begin{cases}a_0=\theta_0\\ a_1=\dot{\theta}_0\\ a_2=\dfrac{\ddot{\theta}_0}{2}\\ a_3=\dfrac{20\theta_f-20\theta_0-(8\dot{\theta}_f+12\dot{\theta}_0)t_f-(3\ddot{\theta}_0-\ddot{\theta}_f)t_f^2}{2t_f^3}\\ a_4=\dfrac{30\theta_0-30\theta_f+(14\dot{\theta}_f+16\dot{\theta}_0)t_f+(3\ddot{\theta}_0-2\ddot{\theta}_f)t_f^2}{2t_f^4}\\ a_5=\dfrac{12\theta_f-12\theta_0-(6\dot{\theta}_f+6\dot{\theta}_0)t_f-(\ddot{\theta}_0-\ddot{\theta}_f)t_f^2}{2t_f^5}\end{cases}\tag{6-39}$$

【例 6-3】 一个旋转关节在 3s 内从起始点 $\theta_0=20°$ 运动到终止点 $\theta_f=60°$，起始的速度为 2°/s，终止的速度为 1°/s，起始的加速度为 $4°/s^2$，终止的加速度为 $1°/s^2$，求关节的五次多项式轨迹函数 $\theta(t)$。

解：由五次多项式的系数求解式（6-39），可得各系数为

$$\begin{cases}a_0=20\\ a_1=2\\ a_2=2\\ a_3=11.20\\ a_4=-6\\ a_5=0.82\end{cases}$$

将上述系数代入五次多项式（6-37），可得五次多项式关节运动轨迹函数为

$$\theta(t)=20+2t+2t^2+11.20t^3-6t^4+0.82t^5$$

该轨迹函数对应的一阶和二阶导数分别对应了 3s 内该关节的角速度和角加速度变化情况，其表达式为

$$\begin{cases}\dot{\theta}(t)=2+4t+33.60t^2-24t^3+4.10t^4\\ \ddot{\theta}(t)=4+67.2t-72t^2+16.4t^3\end{cases}$$

该关节在 3s 内的角度、角速度、角加速度随时间的变化如图 6-14 所示。从图中可以看出，该关节的角度、角速度以及角加速度的变化都是光滑的，并且采用五次多项式函数的关节速度曲线为抛物线，加速度曲线为正弦曲线。

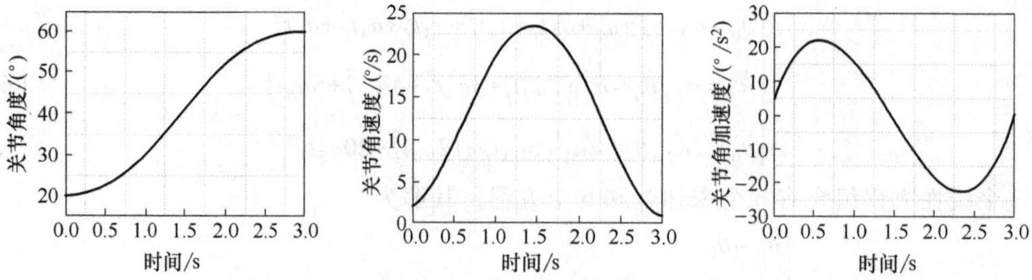

图 6-14 关节角度、角速度、角加速度随时间的变化情况

6.3.5 用抛物线过渡的线性函数插值

线性插值就是将起始点和终止点的路径用直线插值函数来表示，通常会导致起始点和终止点的关节运动速度不连续、加速度无限大。为了生成一条位置、速度都连续的平滑运动轨迹，在使用线性插值时，可在每个结点的领域内增加一段抛物线的过渡区域。抛物线插值法也称为二次插值法，是一种多项式插值法，它通过给定的离散点信息（如位置、速度等）来构造一个二次多项式函数，以逼近或预测这些点之间的连续运动轨迹。

1. 抛物线插值与线性插值的结合方式

在轨迹规划中，抛物线插值与线性插值的常见结合方式主要包括以下几种。

（1）分段插值　将轨迹按照某种规则划分为多个区间，并在每个区间上分别应用不同的插值方法。例如，在某些需要高平滑度的区域使用抛物线插值，而在其他对平滑度要求不高的区域使用线性插值。分段插值可以充分利用两种插值方法的优势，既保证了轨迹的平滑性，又降低了计算复杂度。

（2）过渡插值　在某些情况下，轨迹的起始点和终止点可能分别需要使用抛物线插值和线性插值。此时，可以在起始点和终止点之间引入一个过渡区域，该区域采用抛物线插值，以确保轨迹的平滑过渡。图 6-15 所示为线性函数与两段抛物线函数平滑地衔接在一起形成的轨迹，称为带抛物线过渡域的线性轨迹。

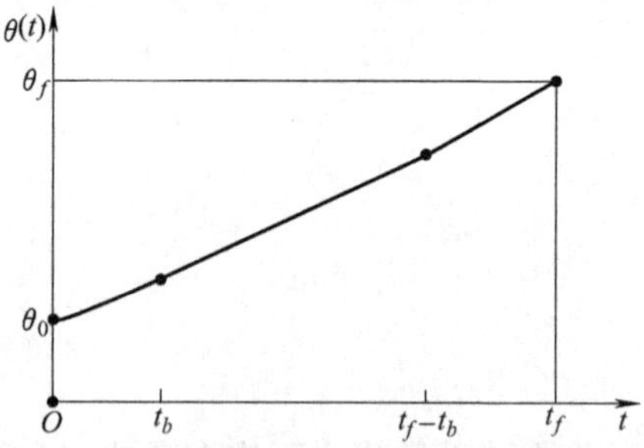

图 6-15 带抛物线过渡域的线性轨迹

（3）组合插值　在某些复杂的轨迹规划中，可能需要同时使用抛物线插值和线性插值来构建完整的轨迹。此时，可以将轨迹分为多个部分，每个部分使用不同的插值方法。例如，在某些需要高精度控制的区域使用抛物线插值，而在其他区域使用线性插值。这种结合方式可以灵活应对不同区域的轨迹需求，提高轨迹规划的精度和效率。

需要注意的是，在选择抛物线插值与线性插值的结合方式时，应根据具体的轨迹需求、约束条件和计算资源来决策。同时，还需要注意插值方法的计算复杂度、稳定性和精度等因素，以确保轨迹规划的有效性和可靠性。

2. 抛物线过渡线性插值的实现

针对图 6-15 所示的运动轨迹，假设两端的过渡域（抛物线）具有相同的持续时间，因而在这两个域中采用相同的恒加速度值，只是符号相反。此时运动轨迹存在多个解，得到的轨迹不唯一，如图 6-16 所示，每个结果都关于时间中点 t_h 和位置中点 θ_h 对称。由于过渡域 $[t_0, t_b]$ 终点的速度必须等于线性域的速度，所以

$$\dot{\theta}_{t_b} = \frac{\theta_h - \theta_b}{t_h - t_b} \tag{6-40}$$

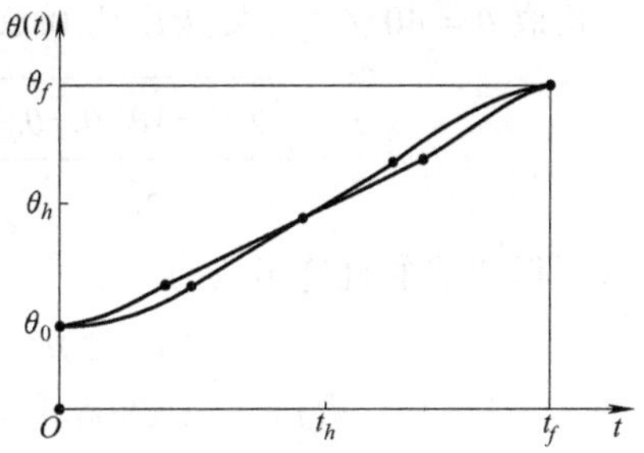

图 6-16　带抛物线过渡的线性插值

式中，θ_b 为过渡域终点 t_b 处的关节角度。用 $\ddot{\theta}$ 表示过渡域内的加速度，θ_b 的值可按下式解得

$$\theta_b = \theta_0 + \frac{1}{2}\ddot{\theta}t_b^2 \tag{6-41}$$

令 $t = 2t_h$，根据式（6-40）和式（6-41）可得

$$\ddot{\theta}t_b^2 - \ddot{\theta}tt_b + (\theta_f - \theta_0) = 0 \tag{6-42}$$

式中，t 为所要求的运动持续时间。

这样，对于任意给定的 θ_f、θ_0 和 t，可以按式（6-42）选择相应的 $\ddot{\theta}$ 和 t_b，得到路径曲线。通常的做法是先选择加速度 $\ddot{\theta}$ 的值，然后按式（6-42）算出相应的 t_b，有

$$t_b = \frac{t}{2} - \frac{\sqrt{\ddot{\theta}^2 t^2 - 4\ddot{\theta}(\theta_f - \theta_0)}}{2\ddot{\theta}} \tag{6-43}$$

由式（6-43）可知，为保证 t_b 有解，过渡域加速度值 $\ddot{\theta}$ 必须选得足够大，即

$$\ddot{\theta} \geqslant \frac{4(\theta_f - \theta_0)}{t^2} \tag{6-44}$$

当式（6-44）中的等号成立时，线性域的长度将缩减为零，整个路径段由两个过渡域组成，这两个过渡域在衔接处的斜率（代表速度）相等。当加速度的取值越来越大时，过渡域的长度会越来越短。若加速度选为无限大，则路径又恢复到简单的线性插值情况。

在得到 $\ddot{\theta}$ 和 t_b 之后，可以依次得到 $\dot{\theta}_{t_b}$ 和 θ_b，并得到关节轨迹的分段函数为

$$\theta(t) = \begin{cases} \theta_0 + \dfrac{1}{2}\ddot{\theta}t^2 & (0 \leqslant t < t_b) \\ \theta_0 + \dfrac{1}{2}\ddot{\theta}t_b^2 + \ddot{\theta}(t - t_b) & (t_b \leqslant t < t - t_b) \\ \theta_f - \dfrac{1}{2}\ddot{\theta}(t - t_f)^2 & (t - t_b \leqslant t < t_f) \end{cases} \tag{6-45}$$

【例 6-4】　一个旋转关节在 3s 内从起始点 $\theta_0 = 20°$ 运动到终止点 $\theta_f = 80°$，求关节的抛物线过渡的线性插值轨迹函数。

解： 首先选取过渡域的加速度为 $\ddot{\theta}$，其应满足：

$$\ddot{\theta} \geqslant \frac{4(\theta_f - \theta_0)}{t^2} = \frac{240°}{9\text{s}^2} \approx 26.67°/\text{s}^2$$

选取 $\ddot{\theta}=40°/s^2$，求得 t_b 为 0.6339s，即

$$t_b=\frac{t}{2}-\frac{\sqrt{\ddot{\theta}^2t^2-4\ddot{\theta}(\theta_f-\theta_0)}}{2\ddot{\theta}}=\frac{3}{2}-\frac{\sqrt{40^2\times3^2-4\times40\times(80-20)}}{2\times40}\text{s}=0.6339\text{s}$$

可得关节的轨迹函数为

$$\theta(t)=\begin{cases}20+20t^2 & (0\leqslant t<0.6339)\\ 2.6806+40t & (0.6339\leqslant t<2.3661)\\ -20t^2+120t-100 & (2.3661\leqslant t<3)\end{cases}$$

3s 内关节的角度、角速度、角加速度随时间的变化如图 6-17 所示。从图中可以看出，关节的角度变化是光滑的。关节的角速度曲线呈梯形，由加速段、匀速段和减速段组成，属于等加速等减速运动。关节的加速度曲线由多个线段组成，变化不光滑，存在加速度瞬时要达到某个值及瞬时又要变为零的突变，这会造成关节的振动冲击。

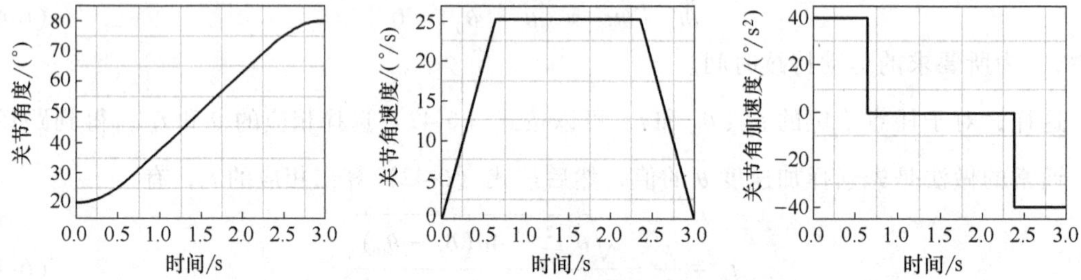

图 6-17　关节角度、角速度、角加速度随时间的变化情况

由于加速度是可以任意选取的，所以采用抛物线过渡的直线插值函数规划机器人关节的运动轨迹有无穷多条。

3. 用于路径点的抛物线过渡的线性插值

如图 6-18 所示，某个关节在运动中设有 n 个路径点，其中三个相邻的路径点分别表示为 j、k 和 l，每两个相邻的路径点之间都以线性函数相连，而所有路径点附近则以抛物线过渡。在点 k 的过渡域的持续时间为 t_k，在点 j 和点 k 之间线性域的持续时间为 t_{jk}，连接点 j 与点 k 的路径段的全部持续时间为 t_{djk}。另外，在点 j 与点 k 之间的线性域速度为 $\dot{\theta}_{jk}$，在点 j 过渡域的加速度为 $\ddot{\theta}_j$。现在的问题是，在含有路径点的情况下，如何确定带抛物线过渡域的线性轨迹。

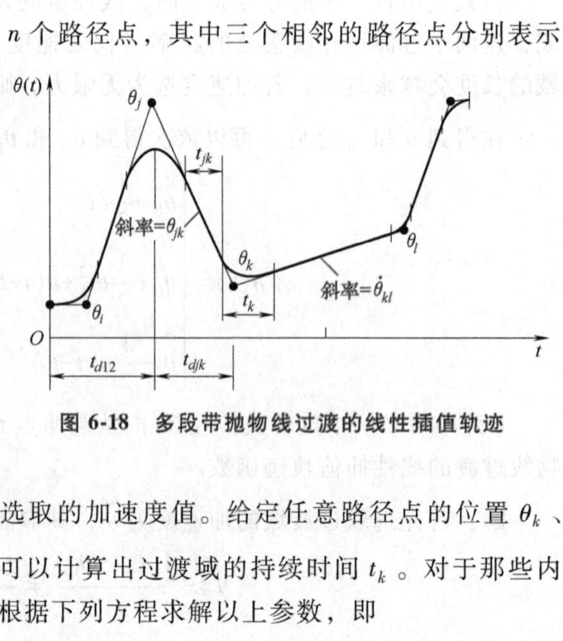

图 6-18　多段带抛物线过渡的线性插值轨迹

与上述用抛物线过渡的线性插值相同，这个问题有很多种解，每一种解对应于一个选取的加速度值。给定任意路径点的位置 θ_k、持续时间 t_{djk}，以及加速度的绝对值 $|\ddot{\theta}_k|$，可以计算出过渡域的持续时间 t_k。对于那些内部路径段（j，$k\neq1$，2；j，$k\neq n-1$，n），可根据下列方程求解以上参数，即

$$\begin{cases}\dot{\theta}_{jk}=\dfrac{\theta_k-\theta_j}{t_{djk}}\\ \ddot{\theta}_k=\operatorname{sgn}(\dot{\theta}_{kl}-\dot{\theta}_{jk})\,|\ddot{\theta}_k|\\ t_k=\dfrac{\dot{\theta}_{kl}-\dot{\theta}_{jk}}{\ddot{\theta}_k}\\ t_{jk}=t_{djk}-\dfrac{1}{2}t_j-\dfrac{1}{2}t_k\end{cases}\tag{6-46}$$

第一个路径段和最后一个路径段的处理与式（6-46）略有不同，因为轨迹端部的整个过渡域的持续时间都必须计入这一路径段内。

对于第一个路径段，令线性域速度的两个表达式相等，可求出 t_1 为

$$\frac{\theta_2-\theta_1}{t_{d12}-\dfrac{1}{2}t_1}=\ddot{\theta}_1 t_1\tag{6-47}$$

用式（6-47）算出起始点过渡域的持续时间 t_1 之后，再求出 $\dot{\theta}_{12}$ 和 t_{12}，即

$$\begin{cases}\ddot{\theta}_1=\operatorname{sgn}(\dot{\theta}_2-\dot{\theta}_1)\,|\ddot{\theta}_1|\\ t_1=t_{d12}-\sqrt{t_{d12}^2-\dfrac{2(\theta_2-\theta_1)}{\ddot{\theta}_1}}\\ \dot{\theta}_{12}=\dfrac{\theta_2-\theta_1}{t_{d12}-\dfrac{1}{2}t_1}\\ t_{12}=t_{d12}-t_1-\dfrac{1}{2}t_2\end{cases}\tag{6-48}$$

对于最后一个路径段，路径点 $n-1$ 与终止点 n 之间的参数与第一个路径段相似，即

$$\frac{\theta_{n-1}-\theta_n}{t_{d(n-1)n}-\dfrac{1}{2}t_n}=\ddot{\theta}_n t_n\tag{6-49}$$

根据式（6-49）可求出

$$\begin{cases}\ddot{\theta}_n=\operatorname{sgn}(\dot{\theta}_{n-1}-\dot{\theta}_n)\,|\ddot{\theta}_n|\\ t_n=t_{d(n-1)n}-\sqrt{t_{d(n-1)n}^2-\dfrac{2(\theta_{n-1}-\theta_n)}{\ddot{\theta}_n}}\\ \dot{\theta}_{(n-1)n}=\dfrac{\theta_n-\theta_{n-1}}{t_{d(n-1)n}-\dfrac{1}{2}t_n}\\ t_{(n-1)n}=t_{d(n-1)n}-t_n-\dfrac{1}{2}t_{n-1}\end{cases}\tag{6-50}$$

式（6-46）~式（6-50）可用来求出多段轨迹中各个过渡域的时间和速度。通常用户只需给定路径点，以及各个路径段的持续时间。在这种情况下，系统使用各个关节的隐含加速度值，有时为简便起见，系统还可按隐含速度值来计算持续时间。对于各段的过渡域，加速度值应取得足够大，以使各路径段有足够长的线性域。

6.4 轨迹规划的性能指标

重载机器人的运动规划可以描述为针对重载机器人的作业任务进行轨迹规划，并在机器人运动学和动力学约束条件下就相关性能指标对规划的轨迹进行优化。重载机器人由于负载重、惯性大，在高速运动、变速运动、快速起动与停止过程中极易出现明显的抖动和较大的轨迹误差，因此，其运动规划不同于轻载机器人的运动规划，不仅需要考虑运动学性能指标，还要兼顾动力学性能指标。通常在进行轨迹规划时，不仅要考虑机器人的运动学要求，同时还要就相关性能指标对规划轨迹进行优化。轨迹规划的性能指标有多种形式，常应用的主要有最优时间轨迹规划、最优能量轨迹规划以及时间能量综合最优轨迹规划等。

6.4.1 最优时间轨迹规划

最优时间轨迹规划是指通过控制重载机器人的运动路径和速度，在满足生产任务和约束条件的前提下，最小化完成作业所需的时间。这种规划方式主要是在限定时间内提高生产率，减少在制品数量和缩短生产周期。实现最优时间轨迹规划需要考虑以下几个方面。

（1）运动学和动力学建模　首先需要建立重载机器人的运动学和动力学模型，以便准确模拟机器人的运动过程并预测其性能。

（2）路径规划　规划出重载机器人完成作业所需要的最佳路径，同时确保路径的安全性和可行性。

（3）速度规划　根据任务需求和重载机器人的运动性能，制定重载机器人沿最佳路径移动的速度计划，以保证生产率和产品质量。

目前，最优时间轨迹规划方法主要基于数学规划和人工智能算法，如遗传算法、模拟退火算法。然而，这些方法可能存在计算量大、优化时间长等缺点。为改进现有方法，可以从以下几个方面着手。

1）利用机器学习技术：通过大量的实际生产数据训练重载机器人，学习并优化重载机器人的运动模式，提高规划速度和准确性。

2）引入强化学习：让重载机器人通过试错学习寻找最优解，实现自我优化和改进。

3）考虑动态环境：在规划过程中考虑生产环境的动态变化，如物料供应、设备故障等因素，以提高规划的适应性。

6.4.2 最优能量轨迹规划

最优能量轨迹规划是指通过控制重载机器人的运动路径和速度，在满足生产任务和约束条件的前提下，最小化机器人完成作业所需的能量消耗。能量最优是工业生产中很重要的性能指标。利用能量最优进行轨迹规划产生的运动轨迹不仅光滑平缓，还可以降低轨迹伺服跟踪的难度。同时，在能源紧张的今天，还可以节省能量，减少碳排放，有利于环境保护。

实现最优能量轨迹规划需要考虑以下几个方面。

（1）能量模型 首先需要建立重载机器人的能量模型，以描述重载机器人在运动过程中能量消耗的情况。这需要考虑重载机器人的电动机功耗、负载功耗等多方面因素。

（2）路径规划 除了考虑重载机器人完成作业的路径和速度，还需要考虑重载机器人运动过程中的加速度和角加速度等因素，以降低能源消耗。

（3）优化算法 采用适当的优化算法，如梯度下降法、遗传算法等，对规划好的路径进行优化，以实现最小化能源消耗的目标。

目前，最优能量轨迹规划方法主要基于实验研究和经验总结。为了进一步优化现有方法，可从以下几个方面着手。

1）建立全面的能量模型：除了电动机功耗和负载功耗，还应考虑其他影响因素，如摩擦力、风阻等，以更精确地预测能源消耗。

2）引入人工智能算法：将人工智能算法引入优化过程，以加快优化速度和提高优化准确性。例如，采用深度学习技术对海量数据进行学习，提取特征并预测能源消耗。

3）考虑多种能源优化：除了电动机能源消耗外，还应考虑其他能源的消耗，如液压系统、冷却系统等，以实现全面优化。

6.4.3 时间能量综合最优轨迹规划

在实际生产过程中，最优时间轨迹规划和最优能量轨迹规划并不是相互独立的，它们之间存在密切的联系和影响。为了达到更好的优化效果，需要综合考虑时间和能量的需求。

最优时间和最优能量轨迹规划在目标、方法和侧重点上存在一定区别。最优时间轨迹规划更注重如何在限定时间内完成作业任务，而最优能量轨迹规划更注重降低能源消耗。然而，在实际生产中，重载机器人的运动时间和能源消耗密切相关。

为了实现时间和能量的综合优化，可采用基于多目标优化算法（如遗传算法、粒子群算法等），同时优化时间轨迹和能量轨迹。通过调整各目标函数的权重系数，可以权衡时间和能源消耗的矛盾关系，得到综合最优解。多性能指标加权优化过程中，往往不存在所有优化目标都达到最优的结果，而需要设计者在多个优化目标之间进行权衡和折中处理，从而使得各个性能指标都尽可能地接近最优解，进而寻找到优化问题的最优解决方案。

习题

6-1 1R 转动机械手从关节角为 0°静止开始，在 5s 内平滑无冲击的运动到关节角为 100°的位置停止。

1）试求解五次多项式的系数。

2）试计算带抛物线过渡域的直线样条的各参数，并画出位置、速度和加速器曲线图。

6-2 有一个重载机械手在三维空间中移动，其当前位置为 $P_0 = (1, 2, 3)$，目标位置为 $P_1 = (7, 8, 9)$，机械手希望沿直线从 P_0 移动到 P_1。步长为 1，要求用直线插补生成机械手的移动路径。

6-3 假设一个末端执行器在三维空间中起始点为 $P_0 = (0, 0, 0)$，目标位置为 $P_1 = (5, 5, 5)$。现在需要末端执行器沿一条半径为 3 的圆弧从 P_0 移动到 P_1，要求通过空间圆弧插补生成末端执行器的移动路径。

6-4 一个重载机械手需要从初始位置 $P_0 = (0, 0)$ 移动到目标位置 $P_1 = (10, 10)$，移动需要在总时间 $T = 5\text{s}$ 内完成，要求设计一个定时插补算法，生成机械手的移动路径。

6-5 平面 2θ 重载机械手的两连杆长为 1m，要求从 $(x_0, y_0) = (1.96, 0.50)$ 移至 $(x_1, y_1) = (1.00, 0.75)$，已知起始点和终止点的速度和加速度均为零，求出每个关节的三次多项式的系数，可将关节轨迹分成几段路径。

6-6 平面机械手需要从初始位置 $P_0 = (0, 0)$ 移动到目标位置 $P_3 = (10, 10)$，并经过两个路径点 $P_1 = (2, 3)$ 和 $P_2 = (5, 8)$，要求最大速度为 1.5m/s，最大加速度为 2m/s^2，确保在总移动时间 $T = 6\text{s}$ 内机械手速度变化平缓，不超过预设的最大速度和加速度限制，试求解三次多项式的系数。

6-7 试求单个关节从 θ_0 运动到 θ_f 的三次样条（多项式）曲线，要求 $\theta(0) = 0$，$\theta(t_f) = 0$，而且 $\|\dot{\theta}(t)\| < \dot{\theta}_{\max}$，$\|\ddot{\theta}(t)\| < \ddot{\theta}_{\max}$，$t \in [0, t_f]$。求出三次多项式的系数及 t_f 值。

6-8 针对以下两种情况，用 MATLAB 编写一个程序，以建立单关节多项式关节空间轨迹生成方程，对给定任务输出结果。对于每种情况，给出关节角、角速度、角加速度及角加速度变化率的多项式函数。

1）三阶多项式。令起始点和终止点的角速度为 0。已知初始点的 $\theta_0 = 120°$，终止点的 $\theta_f = 60°$，$t_f = 1\text{s}$。

2）五阶多项式。令起始点和终止点的角速度和角加速度均为 0。已知初始点的 $\theta_0 = 120°$，终止点的 $\theta_f = 60°$，$t_f = 1\text{s}$。把计算结果与 1）进行比较。

6-9 假设有一个 6R 重载串联机械臂，根据表 6-2 所列机械臂的运动描述，利用三次多项式插值法和五次多项式插值法分别对其进行轨迹规划。通过对比两种插值法的效果，选取效果更优者对六自由度机械臂进行轨迹规划，并说明为什么选择此方法。

表 6-2 机械臂的运动描述

序号	位置/cm	速度/(cm/s)	加速度/(cm/s^2)	时间/s
1	0	0	0	0
2	50	10	20	3
3	150	20	30	6
4	100	-15	-20	12
5	0	0	0	14

6-10 设关节路径点序列为 10°、35°、25°、10°，三个轨迹段的持续时间分别为 2s、1s 和 3s。各过渡域的隐含加速度绝对值不超过 $50°/\text{s}^2$，计算各段的速度、过渡持续时间和线性持续时间。

参考文献

[1]　蔡自兴，谢斌．机器人学基础［M］．3 版．北京：机械工业出版社，2020.

[2]　战强．机器人学：机构、运动学、动力学及运动规划［M］．北京：清华大学出版社，2019.

[3]　蔡自兴，谢斌．机器人学：Robotics［M］．4 版．北京：清华大学出版社，2022.

[4]　殷际英，何广平．关节型机器人［M］．北京：化学工业出版社，2003.

[5]　谭冠政，王越超．工业机器人时间最优轨迹规划及轨迹控制的理论与实验研究［J］．控制理论与应用，2003，20（2）：185-192.

[6]　胡小平，彭涛，左富勇．一种基于多项式和 Newton 插值法的机械手轨迹规划方法［J］．中国机械工程，2012，23（24）：2946-2949.

[7]　朱世强，刘松国，王宣银，等．机械手时间最优脉动连续轨迹规划算法［J］．机械工程学报，2010，46（3）：47-52.

[8]　郭锐，石月，李永涛，等．液压凿岩机器人机械臂轨迹规划研究［J］．中国工程机械学报，2021，19（4）：289-294.

[9]　李海虹，林贞国，杜娟，等．挖掘机自主挖掘分段可变阶多项式轨迹规划［J］．农业机械学报，2016，47（4）：319-325.

[10]　孙志毅，张韵悦，李虹，等．挖掘机的最优时间轨迹规划［J］．机械工程学报，2019，55（5）：166-174.

[11]　陈栋，李世其，王峻峰，等．并联机构的运动学多目标轨迹规划方法［J］．机械工程学报，2019，55（15）：163-173.

[12]　HU X，PENG T，ZUO F．A trajectory planning method based on Newton interpolation and polynomial for manipulator［J］．China Mechanical Engineering，2012，23（24）：2946-2949.

[13]　NIU X J，WANG T．C2-continuous orientation trajectory planning for robot based on spline quaternion curve［J］．Assembly Automation，2018，38（3）：282-290.

[14]　HU Y H，ZHANG S L，CHEN Y H．Trajectory planning method of 6-DOF modular manipulator based on polynomial interpolation［J］．Journal of Computational Methods in Sciences and Engineering，2023，23（3）：1589-1600.

第7章 重载机器人运动控制技术

重载机器人广泛应用于制造、矿山、基础设施建设等复杂且对负载要求严苛的工作环境。面对多样化的工作场景，重载机器人的运动控制技术必须满足一系列高标准，包括高精度、高负载能力、高可靠性、高安全性以及高速响应等，这些标准共同构成了重载机器人运动控制系统的核心技术指标和卓越性能要求。作为执行各类任务的关键，重载机器人的运动控制技术融合了伺服电动机控制系统、先进的运动控制算法、高精度轨迹规划、前沿的传感器技术以及高效的信息通信技术等多个重要方面。随着这些技术的不断进步和创新，重载机器人的运动控制技术将持续得到优化和提升，使得机器人拥有更加灵活多变的运动轨迹和操作方式，展现出更强大的环境适应性和更高的操作安全性与可靠性，从而能够更加灵活地适应各种复杂和严苛的生产需求。这些都将进一步提升重载机器人在工业生产、基础设施建设等领域的应用价值，推动自动化、智能化水平的显著提升。

7.1 重载机器人信息通信技术

一般对于工业现场来说，需要不同自动化设备之间协调工作，如机器人与机器人协调、机器人与PLC协调、PLC与上位机协调、PLC与伺服驱动协调等。只有通过这种设备间的协调工作才可以完成具体的复杂工艺任务，而这些协调工作的基础离不开信息通信技术。对于重载机器人来说，信息通信技术主要指的是机器人与机器人、机器人与其他设备或系统之间实时、高效、准确的信息传输和交互。

7.1.1 机器人常见通信接口

输入/输出（I/O）接口用于连接和控制外部设备，以实现机器人与周围环境的交互和协作，机器人常见的I/O接口如下。

1）数字输入口：用于捕获来自外部环境的数字信息，如传感器的工作状态、开关的通断情况等。它们可以触发机器人动作或对外部事件做出响应。

2）数字输出口：用于向外部设备发送数字指令，如控制开关的闭合或继电器的触发，以实现对机器人动作的精确控制。

3）模拟输入口：能够接收连续的模拟信号，如温度、压力或位置传感器的信号。这些信号对于监测和控制机器人在操作过程中的物理参数至关重要。

4）模拟输出口：用于发送连续的模拟信号给外部设备，如调节伺服电动机的速度或位置。

5）通信端口：每种品牌的机器人通常均配备多种通信端口，如以太网、串行接口、Profibus、DeviceNet 等，以实现与其他自动化设备和系统的数据共享和集成。

6）安全 I/O 端口：部分机器人还设有专门的安全 I/O 端口，用于与安全设备（如安全光栅、紧急停止开关等）连接，确保工作区域的安全和机器人的稳定运行。

7）USB 接口：可供机器人连接外部 USB 设备，如 USB 存储设备，用于数据传输和文件读写等。USB 接口也常用于二次开发，连接外部设备和机器人控制器。

8）无线接口：无线连接是一种无实体线连接的通信方式，传输速率快。

图 7-1 所示为 ABB 公司的 DSQC 652 型号 I/O 板，其包含了 16 位数字输入接口、16 位数字输出接口和 DeviceNet 接口。

图 7-1　DSQC 652 型号 I/O 板

一般来说，不同的接口对应不同的通信方式，ABB 机器人常见的通信方式如图 7-2 所示。

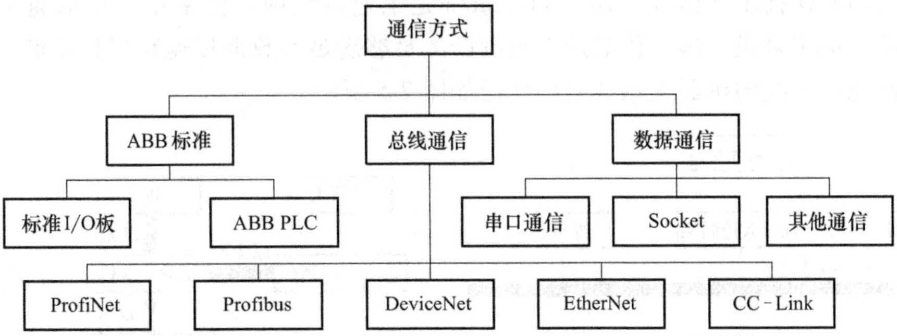

图 7-2　ABB 机器人常见的通信方式

常用的串口通信接头有 9 针串口（简称 DB-9）和 25 针串口（简称 DB-25）两种，每种接头都有公头和母头之分，其中带针状的接头是公头，而带孔状的接头是母头。串口通信接口按电气标准及协议来分包括 RS-232、RS-422、RS-485 等，其中 RS-485 接口更为常用。RS-485 多采用的是两线制接线方式，这种接线方式为总线式拓扑结构，在同一总线上最多可以挂接 32 个节点。

现场总线是近年来快速发展的一种工业数据通信系统，其主要功能是解决工业现场智能化设备（如仪器仪表、控制器、执行机构等）之间的数字通信问题，同时也用于实现这些现场控制设备与高级控制系统之间的信息传递。现场总线由于其简单、可靠、经济实用等一系列突出的优点，在机器人通信中得到广泛应用。

现场总线是一种全数字、双向、多站的通信系统，它以数字通信方式取代了传统的4~20mA模拟信号和普通开关量信号的传输。

1）DeviceNet是一种低成本的通信连接，它将工业设备连接到网络，省去了昂贵的硬线连接。DeviceNet基于CAN总线技术，可连接开关、光电传感器、阀组、电动机启动器、过程传感器、变频调速设备、固态过载保护装置、I/O和人机界面等设备。其传输速率为125~500kbit/s，每个网络的最大节点数是64个，干线长度范围为100~500m。一种基于DeviceNet现场总线的机器人系统结构框图如图7-3所示。

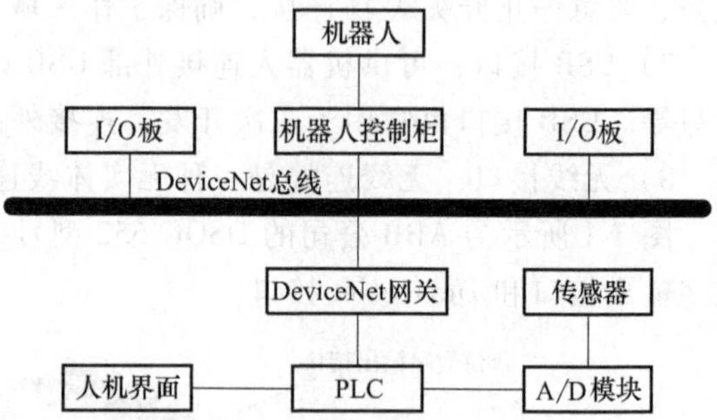

图7-3 基于DeviceNet现场总线的机器人系统结构框图

2）Profibus支持主从系统、纯主站系统和多主多从混合系统等几种传输方式，主站具有对总线的控制权，可主动发送信息。Profibus的传输速率范围为9.6kbit/s~12Mbit/s。在9.6kbit/s时，最大传输距离为1200m；在12Mbit/s时，最大传输距离为200m，但通过中继器可延长至10km。其传输介质可以是双绞线或光缆，最多可挂接127个站点。一种基于Profibus现场总线的机器人系统结构框图如图7-4所示。

3）工业以太网（如ProfiNet和EtherNet）是基于IEEE 802.3标准的强大区域和单元网络。工业以太网具有较低的通信延迟，能够满足工业控制系统对实时性的要求。对于机器人系统而言，这意味着可以实现实时的数据采集、传输和控制。工业以太网的传输速率主要依赖于所使用的具体技术和标准，10~100Mbit/s是工业以太网广泛采用的传输速率范围，对于工业机器人应用来说，这个传输速率范围已经足够满足其数据传输和控制需求。一种基于工业以太网现场总线的机器人系统结构框图如图7-5所示。

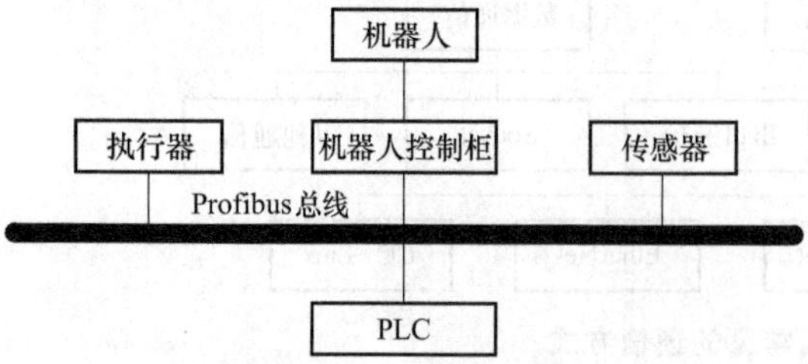

图7-4 基于Profibus现场总线的机器人系统结构框图

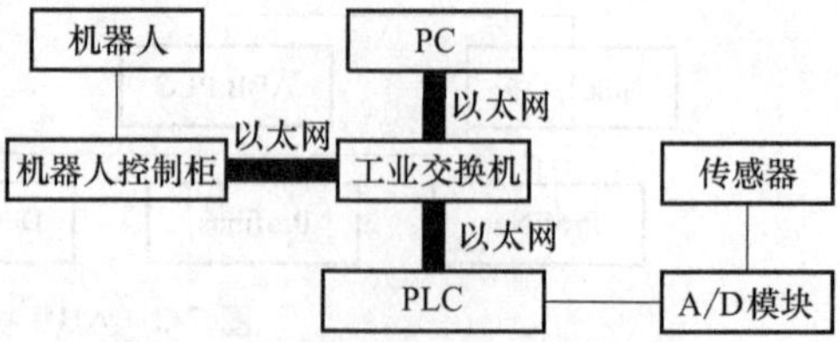

图7-5 基于工业以太网现场总线的机器人系统结构框图

4）CC-Link是控制与通信链路系统（Control & Communication Link）的简称。它是一种复合的、开放的、适应性强的网络系统，能够适应从较高的管理层网络到较低的传感器层网络的不同范围。支持大量数据的传输和存储，并提供多种通信速度选择，最高可达10Mbit/s。一种基于CC-Link现场总线的机器人系统结构框图如图7-6所示。

7.1.2 机器人常用通信协议

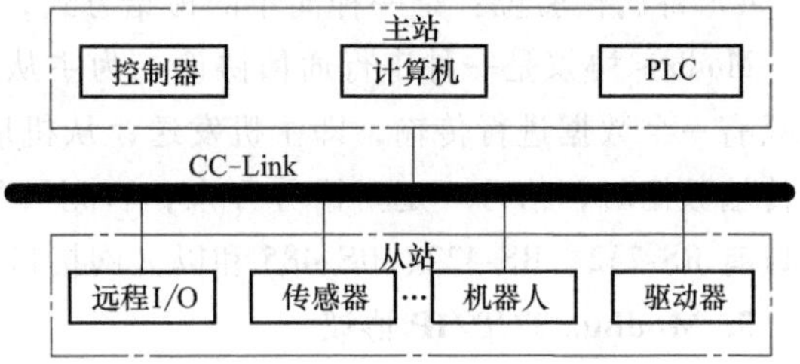

图 7-6　基于 CC-Link 现场总线的机器人系统结构框图

通信协议是指双方实体完成通信或服务所必须遵循的规则和约定。协议定义了数据单元使用的格式，信息单元应该包含的信息与含义、连接方式、信息发送和接收的时序，从而确保网络中数据顺利地传送到确定的地方。

1. EtherCAT 协议

EtherCAT 协议是由德国的 Beckhoff（倍福）公司开发，它属于开放但不开源的技术，即可以任意使用该项技术，但如果要进行相关设备的开发需获取相关授权。EtherCAT 协议是 MAC 层协议，对于如 TCP/IP、UDP、Web 服务器等任何更高级别的以太网协议而言都是透明的。在拓扑方面，EtherCAT 协议几乎支持任何拓扑类型，包括总线型、树形、星形等。EtherCAT 协议主要应用于工业自动化、机器人控制和运动控制等领域，它可以用于连接各种自动化设备，如传感器、执行器、PLC、伺服驱动器等，并实现实时、高效的数据传输和控制。

2. EtherNet/IP 协议

EtherNet/IP 协议是由罗克韦尔自动化公司开发，可应用于工业自动化和控制应用中的工业以太网通信协议。该协议使用以太网的物理层网络，并架构在 TCP/IP 的通信协议上，采用的是商业以太网通信芯片、物理介质和星形拓扑结构，采用以太网交换机实现各设备间的点对点连接，能同时支持 10Mbit/s 和 100Mbit/s 以太网商用产品，实现高速度的数据传输，可以满足实时监控和控制的需求，仅用微处理器上的软件即可实现。另外，EtherNet/IP 协议使用标准以太网和交换机，它在系统中拥有的节点数不受限制。

3. ProfiNet 协议

ProfiNet 协议是一项源于西门子和 PROFIBUS&PROFINET 国际协会的基于以太网的工业通信协议。它不仅支持实时通信，还兼容非实时通信需求，可有效处理海量的实时数据与控制指令。在 ProfiNet 协议体系中，能够发现 Controller 与 Device 的对应关系，这与 Profibus 协议中的 Master 和 Slave 相类似。由于 ProfiNet 协议基于以太网技术，它支持星形、树形和总线型等多样化的网络拓扑结构，而 Profibus 则仅限于总线型拓扑结构。实质上，ProfiNet 是 Profibus 与 EtherNet 技术的融合，它将 Profibus 的传统主从结构移植至以太网平台上。

4. 串口通信协议

串口通信协议是指在串口通信中所使用的数据格式和传输方式，规定了数据包的内容，包括起始位、主体数据、校验位及停止位，从而通信双方能够相互理解和交换信息。其中，关键参数有以下内容。

1）波特率：表示通信速度的参数，表示每秒传输的信号元素的数目。常见的波特率有 4800、9600、115200 等。

2）数据位：表示通信中实际数据位的参数，标准的值是 5、7 和 8 位。

3）停止位：用于表示单个包的最后一位，典型值为 1、1.5 和 2 位。

4）奇偶校验位：是一种简单的检错方式，如奇校验和偶校验，也可以没有校验位。

Modbus 协议是一种串行通信协议，为主从方式通信，即不能同步进行通信，总线上每次只有一个数据进行传输，即主机发送，从机应答，主机不发送，总线上就没有数据通信；在传输数据时，信号一定要错分开来，否则可能会导致数据丢失。Modbus 协议支持的物理接口有 RS-232、RS-422、RS-485 和以太网接口。

5. Modbus TCP/IP 协议

基于以太网技术，实现了 Modbus 协议在 TCP/IP 网络上的无缝对接。通过将 Modbus 协议映射至 TCP/IP 协议栈，Modbus TCP/IP 协议使得 Modbus 设备能够轻松通过以太网进行通信。这种通信方式采用面向连接的机制，每一个呼叫都要求一个应答，这种呼叫/应答的机制与 Modbus 协议的主/从机制一致，同时借助工业以太网交换技术，显著提升了通信的确定性和效率，有效克服了传统一主多从轮询机制的限制。该机制与 Modbus 协议的主/从机制相契合，Modbus TCP/IP 协议作为一种广泛使用的工业自动化通信协议，为设备间的数据交换和控制提供了强有力的支持。

7.2 重载机器人的控制系统组成

重载机器人的控制系统是确保重载机器人能够准确、高效地完成各项工作的核心。从控制结构和数据通信协议的角度，控制系统可分为集中式控制系统、分布式控制系统和现场总线控制系统。

重载机器人的控制系统涉及以下几个关键部分：

（1）运动控制单元　这是控制系统的核心，负责规划机器人的行走路径，生成控制指令，并通过驱动单元实现机器人的精确运动控制。运动控制单元需要具备高性能的计算能力，以应对重载机器人在复杂环境中的运动规划和控制需求。

（2）驱动单元　作为机器人的运动执行单元，驱动单元负责驱动机器人各关节的运动。由于重载机器人需要承担大尺度的重负载，驱动单元必须具备足够的驱动能力，以确保机器人的稳定、可靠运行。

（3）传感器单元　传感器单元在重载机器人的控制系统中起着至关重要的作用。它负责采集机器人关节位置信息、各关节驱动力信息、机体位姿信息以及机器人足底力信息等。通过实时反馈这些信息，传感器单元能够帮助控制系统精确地掌握机器人的运动状态，从而进行精确的控制。

（4）通信单元　通信单元负责机器人各单元模块之间的数据通信。运动控制单元通过与传感器单元的通信可以实时掌握机器人的运动情况，与驱动单元的通信可以实时控制机器人各关节的运动。此外，通信单元还负责机器人与其他设备或系统之间的信息交换，实现协同工作或远程监控等功能。

（5）电气辅助单元　这部分包括供电电源等，是机器人控制系统中不可缺少的组成部分。电气辅助单元为整个控制系统提供稳定的电力供应，确保机器人在各种工作环境下都能正常运行。

7.2.1 集中式控制系统

重载机器人的集中式控制系统（Centralized Control System，CCS）是一种将机器人的所有控制功能集中在一个中央控制中的系统架构。这种架构的特点是高度集成化，能够实现统一的控制逻辑和数据处理，从而确保重载机器人在执行任务时的工作效率和精确性。

集中式控制系统结构如图 7-7 所示，其一般由以下几部分组成：

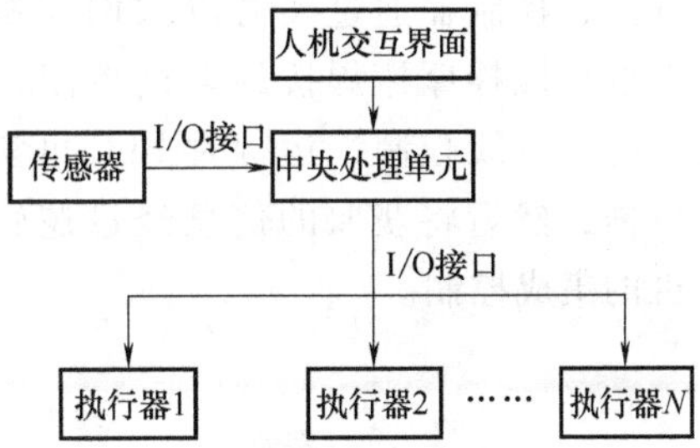

图 7-7　集中式控制系统结构

（1）中央处理单元　作为系统的核心，中央处理单元负责处理传感器采集的数据，执行控制算法，并给执行器发出控制指令。按照应用领域其可被进一步划分为通用处理器（GPP）、数字信号处理器（DSP）和专用处理器。通用处理器（GPP）一般集成了各功能模块，如 X86、ARM、MIPS、PowerPC 等；数字信号处理器（DSP）是针对通信、图像、语音和视频处理等领域而设计的；专用处理器是针对一些专门化应用而设计的，其与专用集成电路共同使用。

（2）输入/输出（I/O）接口　I/O 接口可确保数据在正确的时间内被传输，以维持系统的稳定运行。另外，I/O 接口能缓冲传送数据，以消除计算机与外设在数据处理速度上的差异，实现数据的同步处理。此外，I/O 接口可提供计算机与外设之间的信息格式变换，如电平转换、A/D 转换等，以保证计算机与外设的兼容性。在重载机器人的集中式控制系统中，I/O 接口用于连接传感器、执行器和中央处理单元，将传感器的采集信号传递给中央处理单元，并将中央处理单元的控制指令传递给执行器。

（3）传感器　传感器是一种由敏感元件和转换元件组成的设备。其可以感知被测信息，并将感知到的信息按一定规律转换为电信号或其他形式的信号输出，以满足信息的传输、处理、存储、显示、记录和控制等要求。传感器可用于监测机器人的状态，如位置、速度、加速度、应力、应变、温度等，以便中央处理单元做出相应的控制决策。常用的传感器有力传感器、速度传感器、加速度传感器、温度传感器、湿度传感器等。

（4）执行器　执行器是以电能、压缩空气或液压油为动力，输出与控制信号相应的转角或直线位移，以一定的转矩或推力推动调节机构，从而完成生产过程参数控制要求的装置。执行器可根据中央处理单元的控制指令执行相应的动作，如驱动机器人的关节和控制机器人的抓握力度等。常用的执行器有夹爪、焊枪、刀具等。根据采用的动力源不同，可将执行器进一步划分为电动执行器、气动执行器、液动执行器。

集中式控制系统的运行过程大致如下：

1）传感器会采集机器人的多种状态数据，包括但不限于位置、速度、加速度、压力、变形以及温度。

2）传感器采集数据经由 I/O 端口传递至中央处理单元。

3）中央处理单元对传感器采集数据进行分析加工，利用控制算法筛选重要信息，并产生控制指令。

4）控制指令通过 I/O 端口传递给执行器，执行器响应控制指令，驱动机器人执行指定任务。

下面介绍集中式控制系统在重载机器人领域的应用实例——柔性搅拌摩擦焊接系统。

图 7-8 所示为一种基于 KUKA 重载机器人的柔性搅拌摩擦焊接系统，在搅拌摩擦焊接过程中设备要承受很大的载荷，搅拌系统会受到轴向力、前进抗力、侧向力以及旋转转矩等，因此该系统采用了 KUKA KR1000 重载机器人作为系统执行部件，控制系统采用集中控制的方式，控制器通过实时以太网与机器人控制器相连，进行数据的交换和启停控制，机器人进行搅拌摩擦焊接的轨迹控制，搅拌主轴进行搅拌摩擦焊接的回抽装置轴向伸缩控制。通过总线控制，运行时 PLC 可实时获取机器人的坐标位置等状态信息和搅拌主机单元数据，然后将获取的信息经过逻辑运算，向机器人下发控制指令，从而实现机器人与主机的集成控制。

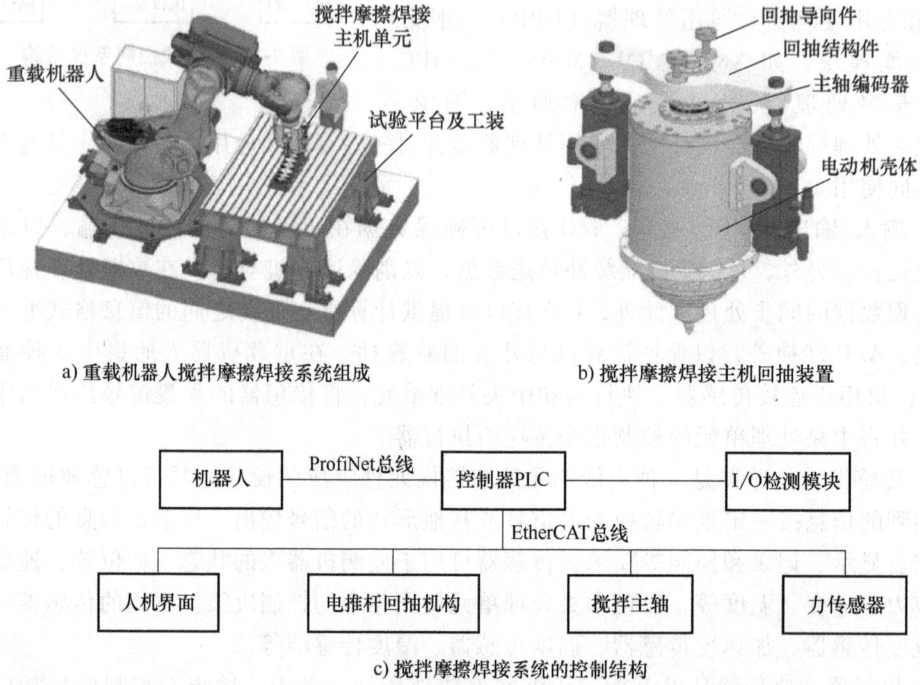

a) 重载机器人搅拌摩擦焊接系统组成　　b) 搅拌摩擦焊接主机回抽装置

c) 搅拌摩擦焊接系统的控制结构

图 7-8　一种基于 KUKA 重载机器人的柔性搅拌摩擦焊接系统

集中式控制系统在重载机器人的应用中显现出极高的优势和价值，特别是在对控制精度与响应速度要求高的环境中。但是，所有的控制计算都依赖中央处理单元，这无疑给中央处理单元带来了巨大压力，使得整个系统对中央处理单元的依赖性过强。上述问题也导致维护成本增加、系统稳定性不足、出现故障时影响范围广，且适应性与扩展性差。另外，系统广泛使用信号线缆限制了模拟信号传输和抗干扰性能。为解决这些问题，许多重载机器人开始采用分布式或分层控制策略，将控制功能分散到多个控制单元或者层级，以提高系统的可靠性和扩展性。另外，部分高新技术的出现也改善了集中式控制系统的性能，新型处理器提高了中央处理单元的稳定性，智能传感器减轻了中央处理单元的运算负担，新型执行器简化了运动控制工作。

7.2.2　分布式控制系统

随着重载机器人技术、人工智能技术、无线通信技术和计算机技术的快速发展，控制系统的规模变得更大，控制任务也变得更加复杂。同时，为了解决集中式控制系统缺乏灵活性、控制危险集中等问题，分布式控制系统（Distributed Control System，DCS）应运而生。它是一种将控制任务分散到多个控制器或节点，通过网络连接实现协同工作的控制系统架构。这种系统架构实时性好，易于实现高速、高精度控制，并且易于扩展，可实现智能控制，但对网络的带宽有一定要求。

1. 分布式控制系统的发展阶段

从1975年第一套分布式控制系统诞生到现在，分布式控制系统经历了三个发展阶段。

第一代分布式控制系统是指1975—1980年出现的第一批系统。第一代分布式控制系统的代表产品有TDC-2000系统、Yawpark系统、Spectrum系统、Network90系统、P4000系统、TelepermM系统以及TOSDIC系统等。第一代分布式控制系统一般由过程控制单元、数据采集单元、操作员站及连接各个单元的数据高速公路组成。其注重控制功能的实现，但人机界面功能则相对较弱，且在功能上很接近仪表控制系统。

第二代分布式控制系统是指在1980—1985年推出的各种系统。其中包括TDGC-3000系统、PROVOX系统、MOD300系统、WDPF系统等。第二代分布式控制系统的最大特点是引入了局域网（LAN）作为系统骨干，按照网络节点的概念组织过程控制站、中央操作站、系统管理站和网关。该系统开始摆脱仪表控制系统的形式，逐步向计算机控制系统过渡。

第三代分布式控制系统以1987年Foxboro公司推出的I/Aseries为代表，采用MAP网络。这一时期的代表系统还有TDC-3000/UCN系统、Centnum-XL系统、INFI-90系统、WD-PFII系统、MAX1000系统、HIACS系统等。第三代分布式控制系统在功能上实现了进一步扩展，增加了上层网络，形成了直接控制、监督控制和协调优化、上层管理的三层功能结构，形成了现代分布式控制系统的标准体系结构。该系统是一个典型的计算机网络系统。

2. 分布式控制系统的主要特点

分布式控制系统的主要特点包括以下几方面。

（1）分散控制　控制系统将控制功能分散到多个微处理机或控制器，每个控制器负责一部分区域的控制。这样可以降低系统对单一控制器的依赖，提高系统的可靠性和稳定性。

（2）集中监视和管理　虽然控制功能被分散到各个控制器上，但整个系统仍然可以被集中监视和管理。操作人员可以通过操作站对整个系统进行监视和控制，实现全局的优化和协调。

（3）高速通信　分布式控制系统采用高速通信网络将各个控制器、现场设备和操作站连接起来。这样可以实现实时数据的传输和共享，确保系统的高效运行。

（4）冗余和诊断功能　为了提高系统的可靠性和工作效率，分布式控制系统通常具有冗余和诊断功能。当某个控制器或设备出现故障时，系统可以自动切换到备用设备或控制器，同时进行故障诊断和报警，帮助操作人员及时发现和处理问题。

（5）灵活性　由于控制功能被分散到多个控制器，分布式控制系统可以很容易地扩展和修改。当需要增加新的设备或改变控制策略时，只需要在相应的控制器上进行修改即可，无需对整个系统进行大规模的改造。

3. 分布式控制系统的组成部分

分布式控制系统通常由以下几部分组成。

(1) 上位机　上位机负责整个系统的调度管理和人机交互等功能。它通常采用高性能的工控机，并可通过可视化编程环境进行程序编写。

(2) 下位机　下位机和上位机通过通信模块联系。下位机主要承担执行器的控制工作，但不指定具体负责的执行器，而是通过上位机调度后，再分配给下位机。

(3) 示教盒　示教盒用于演示重载机器人的工作轨迹和参数，以及所有人机交互操作。示教盒通常拥有独立的CPU和存储单元，并通过串行通信方式与工控机交互数据。

(4) 通信模块　通信模块通过网络将各相关设备连接在一起，并负责实时信息交互。

(5) 控制器　控制器接收工控机的控制命令，控制执行器的运动。

(6) 传感器　传感器采集重载机器人信息，并通过通信模块将信息传递给工控机。

(7) 执行器　执行器接收控制器的控制命令，执行相应动作。

4. 分布式控制系统的工作流程

分布式控制系统结构如图7-9所示，其工作流程大致如下：

1) 将整个控制任务分解成若干子任务，并明确具体要求和目标。

2) 根据重载机器人的能力和任务的性质，分配子任务。

3) 各控制节点通过通信接口进行信息交换，确保工作协同性。

4) 重载机器人实时更新自己的状态，并根据收到的信息调整自己的行动。

5) 重载机器人执行分配的子任务，并通过传感器收集环境数据和执行结果。这些数据会反馈给控制系统，以便进行实时监控和调整。

6) 在任务执行的时候，控制系统将持续采集信息，并借助采集数据对优化任务调度。

7) 控制系统在出现偏差、故障时，会及时做出响应，执行必要的控制指令，以确保系统稳定运行。

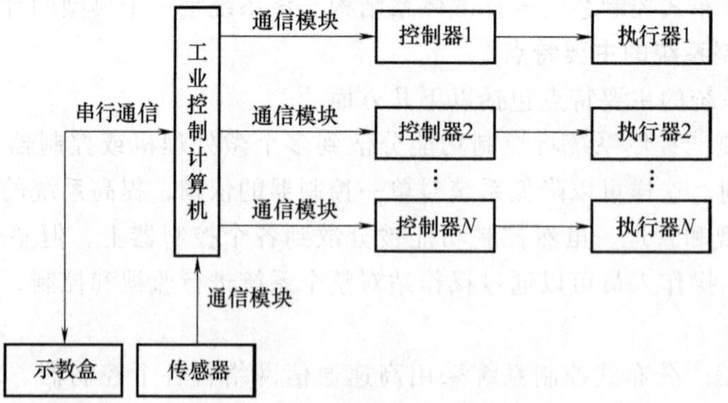

图7-9　分布式控制系统结构

使用分布式控制系统，可以实现对重载机器人的精确指导和管理。这种系统利用先进的通信技术，可以远程监视和操作重载机器人，以确保在多样复杂的场景下，重载机器人能够高效安全地完成工作。此外，该控制系统能与其他的生产调配系统协作，从而实现整个生产过程的自我调整和效率提升。

5. 分布式控制系统的经典应用案例——ABB 公司的 Industrial IT 系统

Industrial IT 系统是由 ABB 公司推出的控制管理一体化系统，其系统结构如图 7-10 所示。该系统的核心设计理念是工厂信息的高度集成，其具有过程控制、逻辑控制、操作监视、历史趋势以及报警处理等综合性的系统控制能力，形成了现场控制到高层经营管理的一体化信息平台。该系统以控制网络为核心，向下连接现场总线网络，向上连接工厂管理网络。该系统具有很高的开放性、适应性且功能完善，可针对不同行业的特点进行专门化开发，以充分满足应用需要。

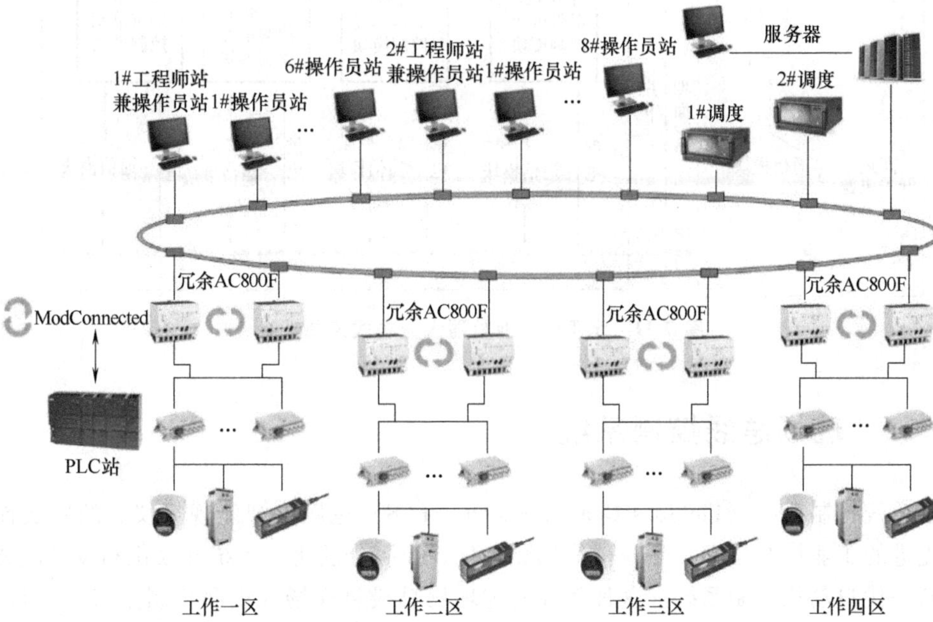

图 7-10　Industrial IT 系统结构

6. 分布式控制系统在重载机器人领域的应用实例——水平井作业机器人分布式控制系统

水平井作业机器人分布式控制系统如图 7-11 所示，根据水平井作业机器人的独特架构和功能，该系统设计了一种新颖的分布式架构，包含两个主要层次：一个上位机和若干分散的下位机，上位机和下位机通过电力线进行通信。其中，上位机提供了一个直观的人机界面，使得地面操作人员能够轻松地对水平井作业机器人进行控制，并实时观察其工作状态。下位机部分则细分为几个关键模块，包括牵引单元控制模块、操作单元控制模块、井下状态检测单元控制模块和定位单元控制模块。这些模块分别负责执行水平井作业机器人的各项任务。

分布式控制系统虽有诸多优点，但仍存在不足。分布式控制系统的通信多基于串行通信接口，速度慢，而且通信协议封闭，这极大地约束了系统的集成和应用。重载机器人协同完成工作使得控制系统和控制算法的设计难度很大，易引发任务冲突。此外，该设计引入了大量控制器、通信接口，这些会增加大量成本。

未来，分布式控制系统将朝着自动化、智能化的方向发展。随着物联网和云计算技术的逐步完善，分布式控制系统的配合性将进一步提高。然而，该系统的发展也会面临如何加快任务分配算法的处理流程、如何简化人机互动的复杂度以及如何缩短机械设备间的通信时间等挑战。

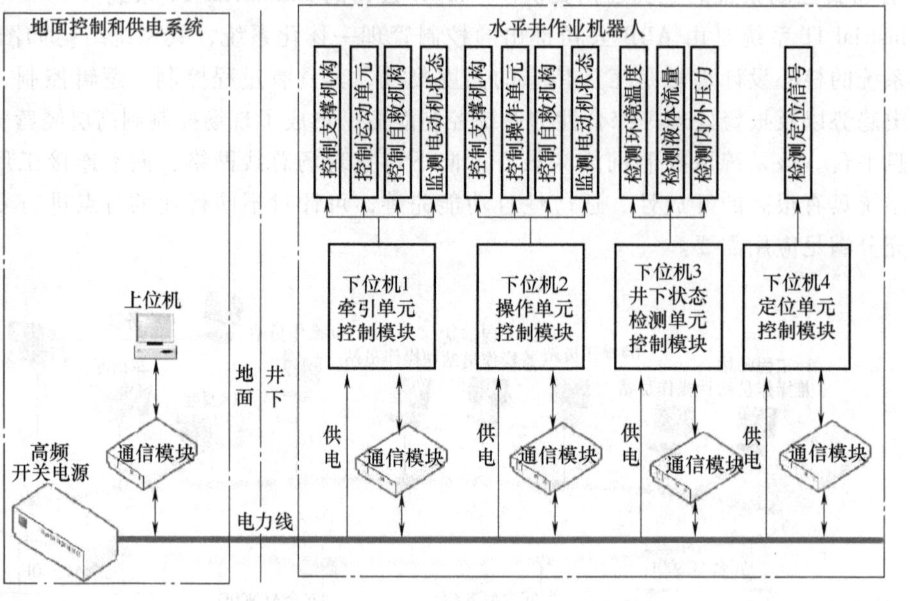

图 7-11 水平井作业机器人分布式控制系统

7.2.3 现场总线控制系统

现场总线控制系统（Fieldbus Control System，FCS）是顺应智能现场仪表的发展而兴起的一种先进的工业控制技术，是一种信息数字化、控制分散化、系统开放化和设备间相互可操作的新一代自动化控制系统。这种系统通过现场总线将现场仪表和控制室仪表连接起来，实现全数字化、双向、多站的互连通信，融合了智能化仪表、计算机控制网络和开放系统互连等技术。如图 7-12 所示，现场总线控制系统采用数字信号传输，允许在一条通信线缆上

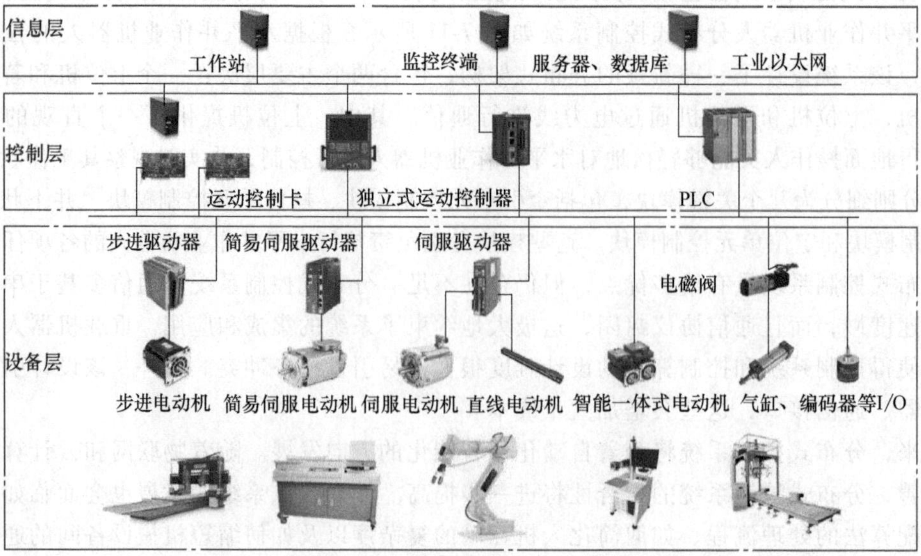

图 7-12 现场总线控制系统实例

挂接多个现场设备，而不再需要 A/D、D/A 等组件。当需要增加现场控制设备时，现场仪表可就近连接在原有的通信线上，无须增设其他组件。

1. 现场总线控制系统的主要特点

（1）开放性　在遵循统一技术标准的条件下，用户可以把不同品牌的产品集成在同一个控制系统内，构成一个集成的现场总线控制系统。在同一个系统内的不同产品之间能够进行自由的交替，使用户具有自动化控制设备选择和集成的主动权。

（2）现场设备智能化　现场总线控制系统实现了现场设备智能化、彻底的控制分散化，使微型控制系统不需要依赖控制中心的计算机或主控制装置，可以在现场就近完成控制功能，简化了系统结构，提高了系统的可靠性和方便性。

（3）数字化通信　采用数字化通信，提高了信号传输的可靠性和精度，利用现场总线控制技术能够形成完全分散、全数字化的微观控制网络。

（4）灵活的系统结构　现场总线控制系统采用“工作站—现场总线智能仪表”二层结构，降低了系统总成本，提高了系统可靠性。国际标准统一后可实现真正的开放式互联系统结构。

（5）现场环境的适应性　该系统支持多种通信方式，包括双绞线、光纤、同轴电缆、无线射频、红外线和电力线路，这确保了系统在不同场景下的稳定性和抗干扰能力。此外，该系统还支持双线制传输。

（6）工程成本低　相对于大范围、大规模分布式控制系统，现场总线控制系统节省了电缆、I/O 装置及电缆敷设费用。按每 2~3 台现场仪器连接一根电缆计算，总体可减少 1/2 左右的电缆连接和安装费用。

2. 重载机器人现场总线控制系统结构

重载机器人现场总线控制系统是一种先进的工业自动化控制方案。现场总线控制系统能够实现便捷的设备集成工作，使得生产线能够适应复杂多变的生产需求。现场总线控制系统结构如图 7-13 所示，现场总线控制系统的组成单元和分布式控制系统基本相同，区别是各单元通过现场总线连接。

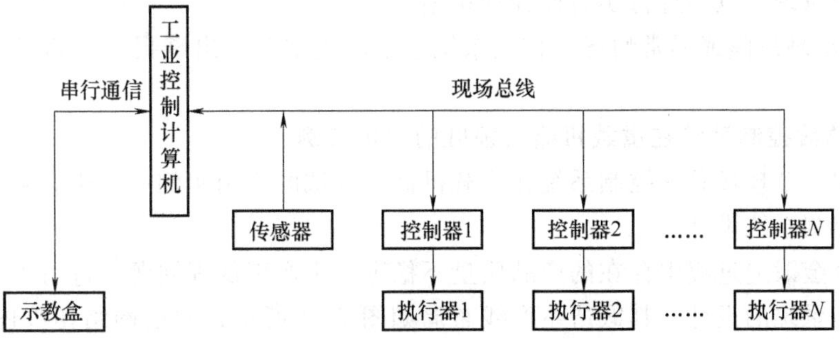

图 7-13　现场总线控制系统结构

现场总线是一种能为多个部件分时共享信息的信息传送线路。在重载机器人现场总线控制系统中，现场总线将现场设备连接在一起，利用现场总线的高传输速度，可实现高效数据传输和信息交互。现场总线有多种标准，如 Profibus、Modbus、CAN、ControlNet、FF、LonWorks、HART 标准等，以便实现不同品牌自动化设备的集成。

按照连接范围可将现场总线进一步划分为片内总线、片间总线、系统总线以及外部总线。其中，片内总线用于连接 CPU 内部的运算器、寄存器和控制器，片间总线用于连接主板内部的 CPU、I/O 芯片和存储芯片，系统总线用于连接主板和扩展接口板，外部总线用于连接计算机系统与其他计算机系统、其他仪器系统等。按照功能可将现场总线进一步划分为数据总线、地址总线和控制总线，分别用来传输数据、数据地址和控制信号。按照数据格式可将现场总线进一步划分为并行总线和串行总线。按照其数据传输的同步与否又可细分为同步、半同步、异步并行/串行总线。

常用的现场总线有 GPIB 总线、VXI 总线、PXI 总线、RS-232C 串行总线、RS-422/485 串行总线、USB 总线等。CPIB 总线具有通用性、灵活性、经济性和可靠性等优点，但其通信速度较慢、传输距离较近；VXI 总线具有机械结构紧凑、电磁兼容性良好、小型便携、灵活通信、模块化设计、系统结构开放等优点；PXI 总线具有高精度同步、高精度定时、扩展性强、兼容性好等优点；RS-232C 串行总线具有通用性强、使用方便的优点，但其传输速度慢、传输距离近、一个串口只能与一个设备进行通信，且由于其采用单端双极性电路，导致其抗干扰能力弱；RS-422/485 串行总线具有差分接收、传输速度快、传输距离远、支持多点数据通信、抗干扰能力强等优点，且其能与 RS-232C 总线兼容；USB 总线具有即插即用、速度快、连接灵活、供电方式灵活、容错性好、支持传输类型多、成本低廉和易于扩展等优点，但其最大传输距离仅为 5m，不过其仍凭借着高速度和高通用性正在逐步取代串口、并口总线，成为计算机与外围设备相连的标准接口。

3. 现场总线控制系统的工作流程

现场总线控制系统的工作流程大致如下：

1）将整个控制任务分解成若干子任务，并明确具体要求和目标。

2）根据重载机器人的能力和任务的性质，分配子任务。

3）各设备通过现场总线进行信息交换，以确保工作协同性和通信效率。

4）重载机器人实时更新自己的状态，并根据收到的信息调整自己的行动。

5）重载机器人执行分配的子任务，并通过传感器收集环境数据和执行结果。这些数据会反馈给控制系统，以便进行实时监控和调整。

6）如果出现故障或异常情况，控制系统会采取措施并发出警报，以确保系统稳定运行和现场安全。

4. 现场总线控制系统在重载机器人领域的应用实例

下面介绍一个现场总线控制系统在重载机器人领域的应用实例——铝合金转向节自动化锻造生产线控制系统设计。

针对铝合金锻造过程中存在的产品质量不稳定、生产率低等问题，进行了自动化锻造生产线及其控制系统的设计，其锻造生产线布局如图 7-14 所示，通信网络拓扑图如图 7-15 所示。该生产线采用现场总线控制技术，选用西门子 1515F-2PN 作为总控 PLC 与各设备进行通信，通信协议采用 ProfiNet。PLC 向生产线的设备发出指令，控制各设备的动作并监控其运行状态。通过触摸屏显示设备状态和生产数据、写入生产工艺参数和监控生产线运行状态。此外，PLC 采用冗余控制的工作方式，搭配安全输入/输出模块以及专用安全逻辑程序，可有效保证生产线的安全、可靠运行。

现场总线控制系统展现了多项显著优势。它利用现场总线的连接方式实现了低延迟通

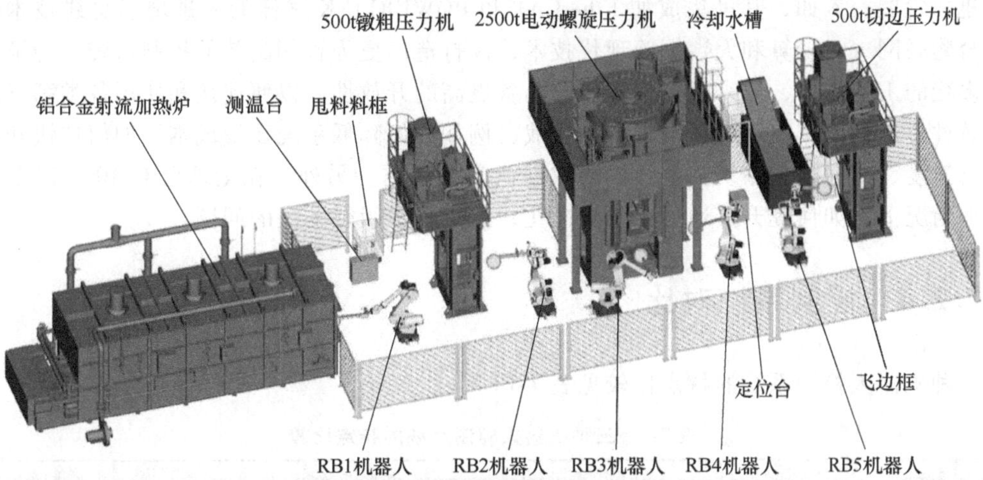

图 7-14　铝合金转向节锻造生产线布局

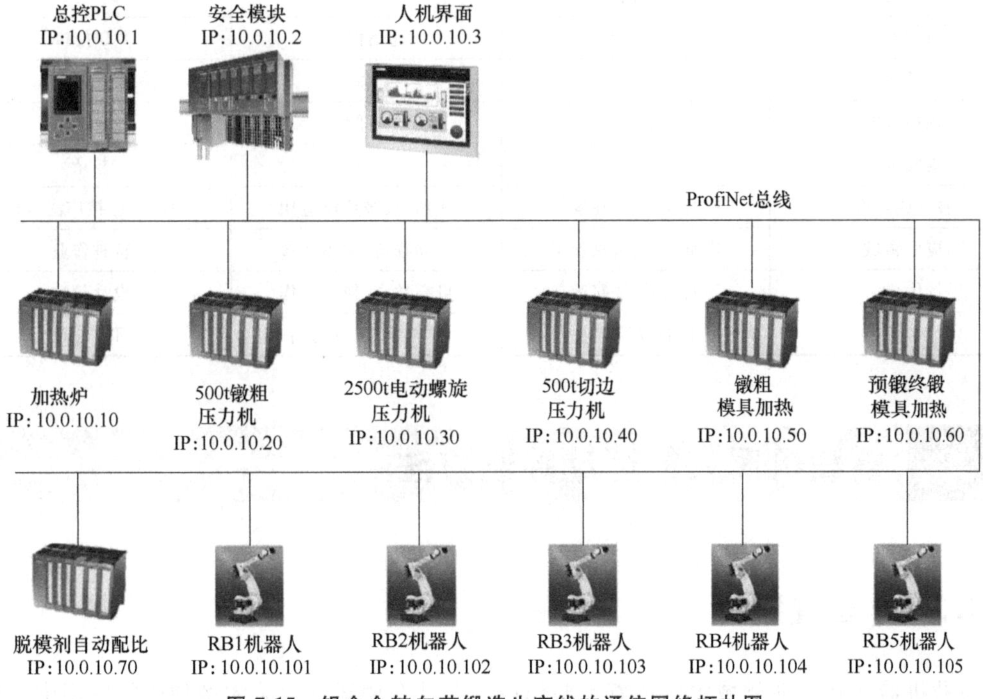

图 7-15　铝合金转向节锻造生产线的通信网络拓扑图

信，现场总线的屏蔽层能有效防止电磁干扰，确保数据传输的稳定性，从而提高了系统的控制精度。此外，由于采用现场总线连接所有设备，减少了所需的接线数量，简化了布线方式。尽管如此，现场总线控制系统也存在一些局限性。例如，由于线路长度的限制，其控制范围不如分布式控制系统大、挑选合适的总线标准比较烦琐、系统构建的工作量大。此外，系统的调试过程通常较为困难，因为它涉及整合总线标准、通信协议及硬件设备。

5. 现场总线控制系统发展趋势

在工业自动化持续发展的过程中，重载机器人的现场总线控制系统正朝着新技术整合的方向迅速发展。例如，其可集成如 EtherCAT 和 POWERLINK 这样的先进现场总线技术，并可结合物联网、云计算和大数据等现代技术，以打造出更为智能高效的控制系统。为了能够适应多变的工业需求，未来控制系统需要具备更高的开放性，以便连接和使用各类第三方设备与软件。然而，其发展也伴随着各种挑战，例如如何降低系统建设成本、如何加快新技术的融合速度、如何强化系统安全性以防数据泄露等问题。另外，在全球已有 40 种以上现场总线的情况下，如何提升其通用性和标准化，也是一个亟待解决的问题。

7.2.4 控制系统对比

三种机器人控制系统的特点比较见表 7-1。

表 7-1 三种机器人控制系统的特点比较

特点	控制系统		
	现场总线控制系统	分布式控制系统	集中式控制系统
控制策略	分布式	分布式	集中式
通信方式	现场总线	通信模块	I/O 接口
扩展性	好	较好	较差
维护难度	简单	一般	复杂
集成难度	简单	一般	复杂
技术成熟度	相对稚嫩、仍在发展	成熟、已被广泛应用	成熟、已被广泛应用
应用领域	建筑施工、机械加工	仓储物流、灾难救援	特种作业
优势	延迟较低、线路简单	可靠性高、协同工作	设计简单
劣势	控制范围有限	结构复杂、延迟高	可靠性差

7.3 重载机器人的运动控制方法

7.3.1 位置控制

重载机器人在工业领域中发挥着重要作用，尤其在搬运和组装大型物体的应用中，其位置控制是确保机器人在工作空间中能够准确到达并保持在指定位置的关键技术。还有许多机器人的作业是控制机械手末端工具的位置和姿态，以实现点到点的控制（PTP 控制，如搬运、点焊机器人）或连续路径的控制（CP 控制，如弧焊、喷漆机器人），位置控制模式在需要高精度定位的应用中非常常见，如机床加工和机器人装配等。因此，实现机器人的位置控制是机器人最基本的控制任务。机器人位置控制有时也称为位姿控制或轨迹控制。重载机器人的运动控制方法需要综合考虑机器人的动力学特性、任务需求和环境因素等多个方面，位置控制的精度和可靠性会直接影响到重载机器人的性能和作业效率，在实际应用中，可以根据具体情况选择合适的控制算法和策略，以实现高效、稳定和安全的运动控制。例如，行之有效的方法是通过输入位置指令（脉冲）来控制机器人的运动位置，每个脉冲代表电动机转动的度数，通过改变输入脉冲的频率和数量，可以控制机器人的运动速度和位置。

一般来说，重载机器人的位置控制可分为两种方法：位置开环控制和位置闭环控制。

1. 位置开环控制

位置开环控制（Open-Loop Control）是基于预设的控制指令直接进行操作，不依赖于反馈信息，也被称为前馈控制。其工作原理可描述为通过计算目标位置和预设轨迹，直接生成控制信号驱动机器人执行相应动作。控制器不接收来自传感器的反馈信息，只根据预先设定的模型和参数运行。在机器人的开环控制系统中，输入部分通常由各种传感器组成，这些传感器收集环境参数，如作用力、温度、湿度、磁场、光照强度等，并将这些非电量变化转化为电量变化。控制（处理）部分通常由电子电路或微处理器组成，它通过对输入的电信号进行比较、分析和处理后发出指令。输出部分则由电动机、电磁继电器等执行机构组成，它们根据控制（处理）部分的指令执行操作，如移动、夹持、传动等。在这种控制方式下，控制器接收到输入信号（如期望的位置或轨迹），然后按照预设的逻辑或算法计算出相应的控制信号，并将这些信号直接传输给执行器（如电动机或驱动器），以驱动机器人到达指定的位置。常见的位置开环控制方式为开环脉冲控制，如图 7-16 所示，即由 PLC、定位模块或者运动控制器发送一定数量的脉冲给伺服驱动器、步进电动机或者变频器，驱动器控制电动机旋转，电动机驱动负载移动实现定位控制。

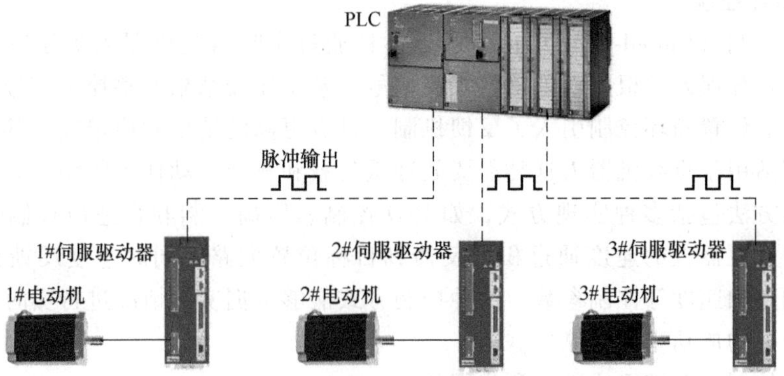

图 7-16　开环脉冲控制

位置开环控制系统应用最广泛，为数字式运动控制系统，通常都采用步进电动机，如图 7-17 所示。操作者接通机器电源、按下自动加工按钮后，运动控制器根据自动加工程序向电动机驱动器发送指令脉冲 P；驱动器采集指令脉冲的频率、脉冲数，并对控制信号进行功率放大，通过调节步进电动机线圈的电流 i 从而控制步进电动机的运动；步进电动机将电流信号转换为机械运动，输出相应的转速和转角 α；传动机构将电动机输出的转角信号转换为运动平台的位移量 x。

图 7-17　基于步进电动机的位置开环控制

对于重载机器人来说，开环控制方法具有以下优缺点。

(1) 优点

1) 结构简单：系统结构相对简单，不需要复杂的传感器和反馈机制。

2) 实时性高：由于不需要处理反馈信息，控制响应速度较快，适合对时间要求较高的任务。

(2) 缺点

1) 精度依赖模型：控制精度高度依赖系统模型。如果模型不准确，实际执行的结果可能偏离预期。

2) 抗干扰能力弱：缺乏反馈机制，系统无法自行校正偏差，对外界干扰较为敏感。

位置开环控制适用于环境相对稳定、干扰较少的场景，如固定轨迹的搬运任务或重复性较高的简单组装工作。在实际应用中，开环控制系统通常用于那些对精度要求不是特别高的场合，或者在环境变化不大、任务重复性强的情况下。开环控制系统的结构相对简单，成本较低，维护也相对容易。不过，位置开环控制没有考虑机器人实际运动过程中的各种干扰和不确定性因素（如摩擦力、负载变化、外部环境干扰等），因此很难实现高精度的位置控制。

在重载机器人的应用中，机器人可能需要处理重负载和复杂的运动任务，对位置控制的精度和稳定性要求较高，这时开环控制可能无法满足要求，则需要采用闭环控制或更高级的控制策略来实现精确的位置控制。

2. 位置闭环控制

位置闭环控制（Closed-Loop Control）是一种通过实时监测机器人实际位置并与期望位置进行比较，计算误差并根据误差调整控制信号，基于比较结果调整控制信号以实现精确位置控制的方法。位置闭环控制引入了反馈机制，具有更高的精度和稳定性，其鲁棒性和适应性更强，特别适用于重载机器人这类需要处理重负载和复杂运动任务的场景。对于重载机器人，闭环控制方法包括多种实现方式，如 PID 控制、模糊控制和自适应控制等。在位置闭环控制系统中，机器人的速度通过积分反馈到目标位置回路，同时速度反馈到速度控制回路，进一步调整加速度等控制参数。这种控制方式能够根据实际情况进行实时调整，提高了机器人执行任务的成功率和可靠性。

位置闭环控制的关键组成部分和步骤如下。

(1) 位置传感器　位置传感器（如编码器、激光测距仪、视觉系统等）可实时监测机器人的实际位置，并将其转换为电信号供控制系统使用。

(2) 期望位置输入　控制系统接收来自操作员、编程软件或更高层次控制器的期望位置输入。这个期望位置可以是静态的（固定目标位置），也可以是动态的（随时间变化的轨迹）。

(3) 比较器　在控制系统中，比较器将实际位置与期望位置进行比较，计算出位置误差。这个误差信号是控制系统调整控制信号的基础。

(4) 控制器　基于位置误差信号，控制器计算出需要施加给执行器的控制信号。控制器可以采用多种算法，如 PID（比例-积分-微分）控制、模糊控制、神经网络控制等，以优化位置控制的性能。

(5) 执行器　执行器（如伺服电动机、驱动器）接收来自控制器的控制信号，并将其转换为机械动作，驱动机器人向期望位置移动。

（6）反馈循环 整个过程不断重复，形成一个闭环控制系统。随着机器人接近期望位置，位置误差逐渐减小，控制器不断调整控制信号，直到机器人准确到达并保持在期望位置。

重载机器人位置闭环控制具有以下优点。

（1）高精度 通过实时监测和反馈调整，可以实现非常高的位置控制精度。

（2）稳定性好 闭环控制系统能自动补偿外部干扰和机器人内部变化对位置的影响，保持系统稳定。

（3）适应性强 适用于各种复杂的运动任务和环境条件。

与开环控制相比，闭环控制不仅依赖于预设的指令，还能通过传感器或其他检测设备获取执行任务过程中的状态信息，并将这些信息反馈给控制系统，以便实时调整机器人的动作，确保其按预期方式完成任务。

位置闭环控制系统又分为半闭环控制系统和全闭环控制系统，它们的控制精度不同。

半闭环控制系统也是数字式系统，如图 7-18 所示。这种系统中的电动机都配有旋转编码器，它将电动机输出的转速、转角信号反馈到电动机驱动器中，在电动机驱动器闭环控制下，可以确保电动机输出的转角位置十分精确。目前交流伺服电动机、直流伺服电动机，以及部分步进电动机都配有旋转编码器，其驱动器都具有位置闭环控制功能。

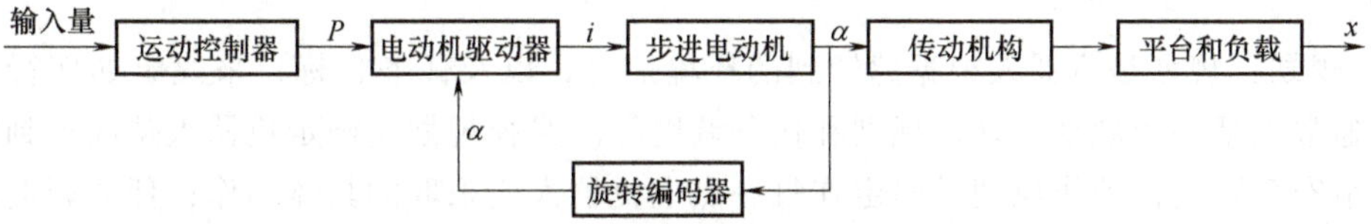

图 7-18 半闭环控制系统

全闭环控制系统的运动平台上安装了光栅尺，用于检测平台的实际位置，并反馈给运动控制器，如图 7-19 所示。控制器根据反馈信号随时调整发给电动机驱动器的信号，使运动平台的误差始终控制在精度范围以内。全闭环控制系统的传动机构、运动平台和负载产生的各种误差都能即时反馈到运动控制器中，并能立即得到补偿，所以其具有控制精度高的特点。全闭环控制系统多为模拟式系统，现在也有数字式闭环控制系统。

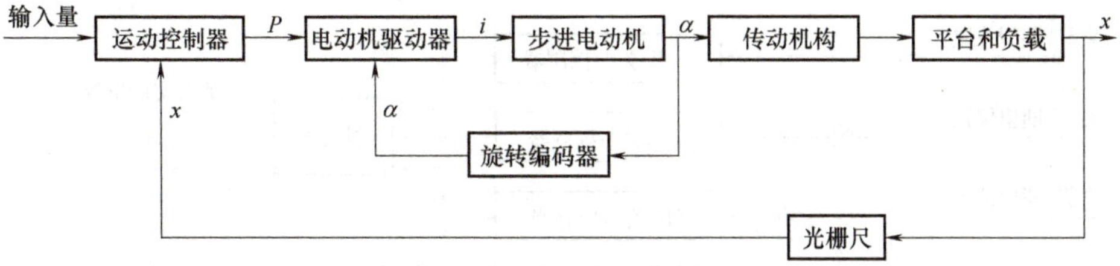

图 7-19 全闭环控制系统

因此，对于工业机器人的位置闭环控制，位置检测元件是必不可少的，工业机器人每个关节的控制系统都是闭环控制系统。关节位置控制器常采用 PID 算法，也可采用模糊控制算法等智能方法。

对于重载机器人来说，位置闭环控制适用于要求高精度和高稳定性的任务，如精密组装、大型物体的搬运和定位、复杂环境下的操作等。

7.3.2 自主任务规划控制

自主任务规划是指机器人在未知或部分已知环境中，自主决定执行任务的顺序和方式。对于重载机器人，任务规划的难点在于需要考虑负载影响、路径规划和任务协调等方面。自主控制是指机器人在执行任务过程中，根据实时反馈进行调整和优化控制策略，以确保任务的高效和安全执行。自主任务规划控制不仅提高了重载机器人的作业效率和灵活性，还增强了其在不确定环境中的适应能力，这种能力对于重载机器人在重型制造领域的应用至关重要，如汽车制造、船舶建造和航空航天等。

1. 自主任务规划控制的原理与框架

（1）自主任务规划控制的原理　自主任务规划控制的核心在于使机器人能够在无人工干预的情况下，根据任务要求和环境信息，自主地规划和执行任务。其基本原理包括以下几个方面。

1）感知与环境建模：感知是机器人自主任务规划控制的起点，它涉及机器人如何理解和解释其所处的环境。重载机器人通过传感器（如激光雷达、摄像头、超声波传感器等）感知环境信息、构建环境模型，并进行实时更新。这一过程包括障碍物检测、地图构建和目标识别。

2）规划：规划是机器人根据感知到的环境信息，以及任务目标，来决定如何行动的过程。这通常包括路径规划、动作规划和任务调度等。路径规划是确定机器人从起点到终点的最短或最安全路线；动作规划是确定在每一点上机器人应采取的具体动作；任务调度则是决定各个任务的执行顺序和优先级。

3）运动控制：运动控制是机器人根据规划结果，通过执行器来实现预定动作的过程，包括速度控制、姿态控制等。机器人通过运动控制算法调整各关节和执行器的动作，确保机器人按照规划的路径和动作准确无误地执行任务。

独立关节的 PID 控制实现简单，如图 7-20 所示，不需要复杂的动力学计算。但是无法保证系统用在工作空间内算法的稳定性，使得机器人在不同工作区间内需要给出特定的 PID 控制参数。

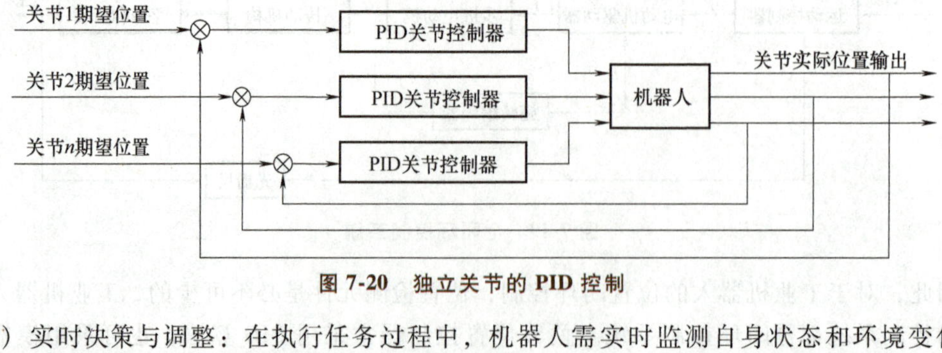

图 7-20　独立关节的 PID 控制

4）实时决策与调整：在执行任务过程中，机器人需实时监测自身状态和环境变化，依据预设的决策规则或学习算法（如强化学习、神经网络等）动态调整任务规划和执行策略。

（2）自主任务规划控制的框架　自主任务规划控制的框架通常包括以下几个模块。

1）感知模块。

① 传感器数据采集：通过激光雷达、摄像头、超声波等传感器获取环境信息。

② 数据处理与融合：对采集到的多源数据进行处理和融合，生成环境模型。

2）规划模块。

① 任务规划：根据任务要求生成任务序列和目标点。

② 路径规划：基于环境模型和任务目标，计算最优路径。

3）控制模块。

① 运动控制：将路径规划结果转换为具体的运动控制指令。

② 执行控制：通过控制算法调整机器人执行器的动作，确保任务按规划路径完成。

4）决策与学习模块。

① 实时决策：根据实时感知数据和任务执行情况进行动态决策。

② 自学习：通过机器学习算法，不断优化任务规划和控制策略。

以上框架的设计和实现，需要综合运用人工智能、机器学习、控制理论等多个学科的知识，以实现机器人的高度自主化和智能化。

2. 自主任务规划与控制

机器人自主任务规划与控制是机器人工程领域的重要分支，它涉及如何使机器人能够独立地完成特定的任务。

（1）机器人自主任务的控制流程　机器人自主任务控制流程如图 7-21 所示。

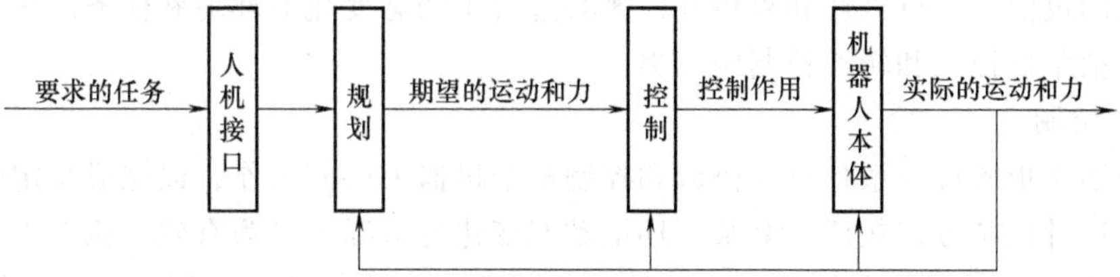

图 7-21　机器人自主任务控制流程

（2）自主任务规划模型的表示方法　例如运载火箭已把机器人 R 送到火星进行探索，机器人正位于 S3 处，它要把位于工具箱 T 内的探测仪 I 取出并放到探测架 D（D 上为空时才能放）上，以对火星地表进行探测，工具箱 T 和探测架 D 分别位于 S1 和 S2 处，如图 7-22 所示。为完成这个任务需要规划机器人的这一行动过程。

规划的目的就是“找出”一系列的操作，并将这些“操作”告诉机器人，机器人就可以按预定的操作将初始状态转化为目标状态。操作可以分为先决条件和行为动作两个部分，只有当前状态的先决条件被满足时，才能进行相应的动作，同时使得当前状态转变到下一个状态。

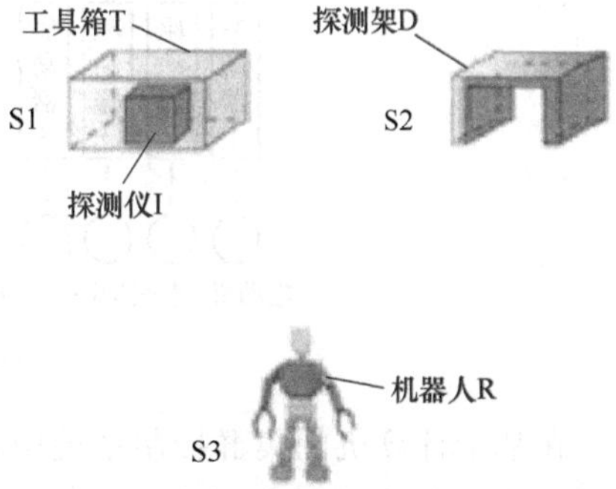

图 7-22　自主任务规划模型的示例

（3）重载机器人自主任务规划与控制的常见应用场景

1）大型货物搬运。在仓库或码头，重载机器人需自主规划路径搬运大型货物。感知模块首先识别货物位置和周围环境，规划模块生成搬运路径，控制模块执行搬运操作，决策模块根据实时环境变化调整路径和动作。

2）建筑施工。在建筑工地，重载机器人负责搬运和安装建筑材料。机器人通过感知模块构建工地环境模型，规划模块生成材料搬运和安装路径，控制模块执行任务，决策模块动态调整路径和策略以应对工地环境的复杂性和变化。

3）深海作业。重载机器人在深海环境中执行勘探和维护任务。感知模块通过声呐和摄像头获取海底环境信息，规划模块生成勘探和维护路径，控制模块执行深海操作，决策模块根据实时海洋环境调整任务执行策略。

随着技术的发展，机器人自主任务规划与控制的方法也在不断进步。例如，一些研究正在尝试将语义网技术引入任务建模和分配中，提出包括语义功能建模与匹配的自动发现与服务分配机制。此外，还有研究者在探索如何将机器人系统的任务规划与执行系统设计得更加灵活和智能，以便能够适应不断变化的环境和任务需求。

7.3.3 多机器人协同控制

随着任务复杂度的增加，单个机器人已无法满足任务需求，多机器人协同控制技术成为提高重载机器人作业效率和灵活性的关键。多机器人协同控制是指多个机器人在没有中心化控制的情况下，通过本地信息交换和自我组织，共同完成复杂任务的技术。这种控制方式可以提高系统的灵活性、可靠性和鲁棒性，尤其适合于动态变化的环境和任务。多机器人协同控制通常包括集群控制和转移控制两大类。

1. 集群控制

集群控制是指通过一系列算法协调和控制多个机器人协同工作，以完成特定任务或达到特定目标。这种控制方式在任务复杂、环境动态变化的情况下尤为有效。机器人集群控制结构如图 7-23 所示，包括作业控制、运动控制、驱动控制等任务的协同。集群控制在许多领域都有着广泛的应用，包括工业自动化、服务机器人、灾难救援、太空探索等。

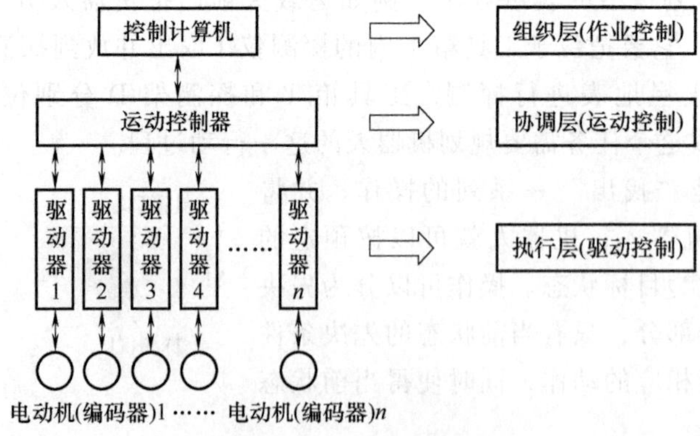

图 7-23 机器人集群控制结构

在基于计算机的集群控制系统中，充分利用了计算机资源开放性的特点，可以实现很好的开放性，多种控制卡、传感器设备等都可以通过标准 PCI 插槽或标准串口、并口集成到控制系统中。集群式控制系统的优点为硬件成本较低，便于信息的采集和分析，易于实现系统的最优控制，整体性与协调性较好。其缺点为系统控制缺乏灵活性，控制危险容易集中，一旦出现故障，其影响面广，后果严重；由于工业机器人的实时性要求很高，当系统进行大量数据计算时，会降低系统实时性，系统对多任务的响应能力也会与系统的实时性相冲突；系统连线复杂，会降低系统的可靠性。

集群控制算法可以分为以下几类。

（1）集群协同行为算法

1）领航者/跟随者（Leader/Follower）：一个机器人被指定为领航者，其他机器人跟随领航者的运动。这种方法适用于需要集中协调的任务。

2）分布式目标追踪：机器人分布式地协作以追踪一个或多个目标，通过通信和相互感知来调整运动。

（2）分布式路径规划算法

1）虚拟结构：机器人形成一种虚拟结构，通过调整结构中每个机器人的位置来完成任务。这种方法常用于搜索和救援任务。

2）分布式路径规划：机器人根据环境信息，分布式地规划自己的路径，避免碰撞并实现任务目标。

（3）群体行为算法

1）群体聚集和分散：机器人按照一定的规则聚集在一起或分散开来，以适应不同的任务需求。

2）群体协同搜索：机器人群体通过相互协作搜索未知环境，如用于探险或勘察任务。

（4）协同控制与通信算法

1）分布式决策与协同控制：机器人通过相互通信实现分布式决策，以协同工作或共同解决问题。

2）网络流动控制：机器人通过构建网络来协同工作，网络的拓扑结构可以根据任务的需要进行调整。

（5）人工势场算法　虚拟势场：机器人通过在环境中感知虚拟势场来决定运动方向，避免障碍物并协同工作。

（6）深度学习与强化学习　深度强化学习：使用深度神经网络来学习机器人在不同状态下采取的动作，以最大化任务性能。这对于复杂的机器人集群控制任务具有潜在的优势。

（7）自组织算法　自组织映射网络：机器人根据彼此的相对位置自组织形成特定的结构，以协同工作或完成任务。

在选择合适的多机器人集群控制算法时，需要考虑具体的机器人集群任务、环境条件和硬件平台。不同的算法具有各自的优点和缺点，如领航者/跟随者方法虽然实现简单，但对领航者单点故障敏感；虚拟结构方法可以在机器人之间建立灵活的关系，但可能需要复杂的结构设计和更多的通信和计算资源。因此，在设计机器人集群控制系统时，通常会采用多种算法的组合，以达到更好的性能和鲁棒性。

2. 转移控制

转移控制是指在多机器人系统中，通过协调和控制多个机器人的动作，使它们能够高效、安全地完成特定的转移任务，以提高作业效率和灵活性。机器人转移控制结构如图7-24所示。对于转移控制系统，所有的智能体都处于同一级别，拥有相同的设备。每个智能体利用本地传感器获取其邻居节点的相对状态信息，然后做出下一步移动和探索环境的决策。每个智能体不需要全局信息，只与相邻的智能体进行通信。这种控制方式通常涉及机器人之间的通信、协作、路径规划、运动规划等多个方面。

转移控制系统中常采用两级控制方式，其构成框图如图 7-25 所示。两级分布式控制系统通常由上位机、下位机和网络组成。上位机可以进行不同的轨迹规划和算法控制，下位机用于进行插补细分、控制优化等。上位机和下位机通过通信总线相互协调工作。这里的通信总线可以是 RS-232、RS-485、IEEE-488 及 USB 总线等形式。目前，以太网和现场总线技术的发展为机器人提供了更快速、稳定、有效的通信服务，尤其是现场总线。现场总线应用于生产现场，在微机化测量控制设备之间实现双向多结点数字通信，从而形成了新型的网络集成式全分布控制系统。

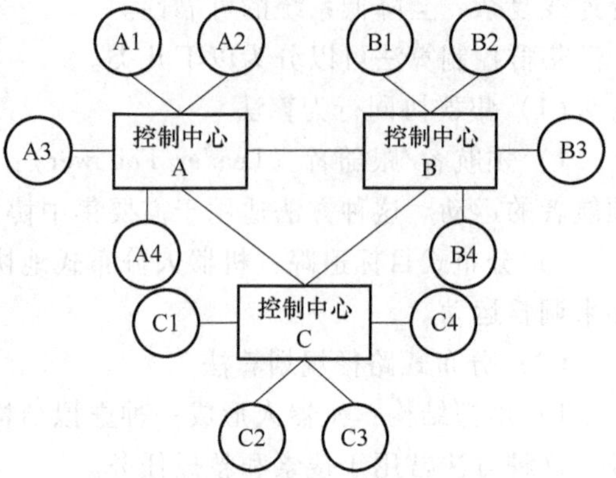

图 7-24 机器人转移控制结构

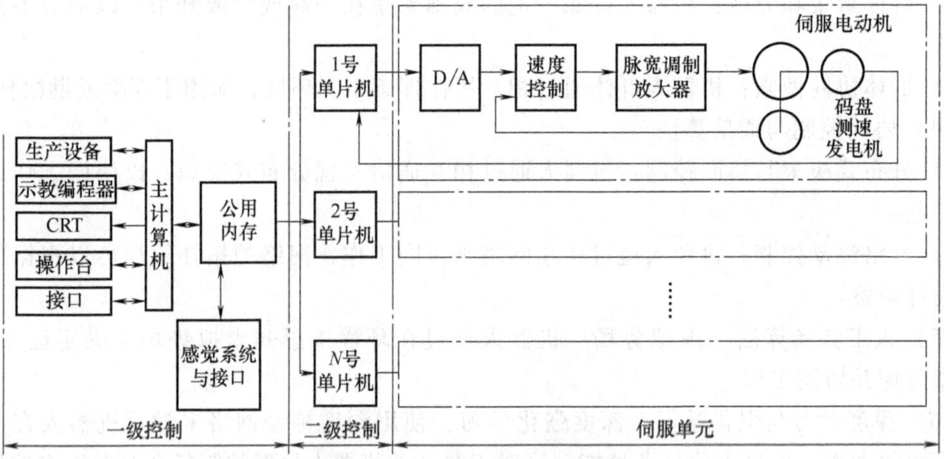

图 7-25 两级控制方式构成框图

转移控制系统的优点为系统灵活性好，控制系统的危险性降低，采用多处理器的分散控制，有利于系统功能的并行执行，提高系统的处理效率，缩短响应时间；对于具有多自由度的工业机器人而言，集群控制对各个控制轴之间的耦合关系处理得很好，可以很简单地进行补偿。其缺点为当轴的数量增加到使控制算法变得很复杂时，其控制性能会恶化；当系统中的数量或控制算法变得很复杂时，可能会导致系统的重新设计；转移控制结构的每一个运动轴都由一个控制器处理，这意味着系统有较少的轴间耦合和较高的系统重构性。

重载机器人的转移控制主要包括以下三个流程。

（1）任务分配与调度

1）动态任务分配：根据实时环境和任务需求，动态分配任务给合适的机器人。

2）拍卖算法：机器人通过竞标的方式自主选择任务，提高任务分配的公平性和效率。

（2）负载转移与协调

1）力觉传感器：监测负载的质量和重心，确保转移过程中的平稳和安全。

2）协同控制策略：通过实时通信和控制，协调机器人之间的动作，实现负载的平稳转移。

（3）路径优化

1）协同路径规划：结合多个机器人的路径规划，优化整体路径，提高转移效率。

2）实时调整：根据环境变化实时调整路径，确保转移过程中的顺畅和安全。

转移控制在多种场景中都非常有用，如在制造业、物流、救援行动和探索任务中。多机器人转移控制的研究仍处于起步阶段，尽管已经取得了一些进展，但仍然面临许多挑战。例如，如何在保证系统稳定性的同时提高机器人的自主性和适应性，如何在复杂环境中实现高效的协同控制，以及如何处理机器人之间的通信延迟和数据丢失等问题。随着技术的不断进步，未来多机器人转移控制的研究将更加注重系统的智能化、自适应性和鲁棒性，以满足更多复杂场景下的应用需求。

重载机器人在多机器人协同控制方面的研究不断深入，集群控制和转移控制技术逐步成熟，并在各个应用领域展现出广阔的前景。未来，随着技术的进一步创新，重载机器人将在更复杂、更动态的环境中发挥重要作用。

7.4 重载机器人的常用传感器

在机器人机构中，传感器大致可分为两大类：内部传感器和外部传感器。前者测量的是与机器人关节相关的物理状态信息（如位移、速度、倾斜角等），主要用作控制系统的反馈；后者测量机器人与外界物体相关的反应或环境变量（如力矩、距离、形变等），与机器人的目标识别和安全作业等有关。此外，有些传感器既可作为内部传感器，又可作为外部传感器使用。例如，当力传感器用于末端执行器的自重补偿时，可视为内部传感器；当其用于测量作用于操作对象上的力大小时，则视为外部传感器。因此，内部和外部传感器的划分需根据其在系统中的具体作用来确定。

7.4.1 位移和位置传感器

位移和位置传感器负责实时监测和精确测量机器人的位移和位置信息，为机器人的运动控制和导航提供关键数据。位移和位置传感器按照运动形式大致可分为直线位移和角位移两种类型，其中，直线位移传感器有电位计式传感器和可调变压器两种；角位移传感器则涵盖电位计式、可调变压器（旋转变压器）以及光电编码器等多种形式。常见的光电编码器又包括增量式编码器和绝对式编码器。增量式编码器通常应用于零位不确定的位置伺服控制系统中，而绝对式编码器则能够直接提供与编码器初始锁定位置相对应的驱动轴瞬时角度值。下面对几种典型位移和位置传感器进行介绍。

1. 差动变压器式位移传感器

线性可变差动变压器（Linear Variable Displacement Transducer，LVDT）是通过磁路长度变化实现变压比调节的设备，属于直线位移传感器，用于测量物体线性位移，可在输出端产生与位移成比例的交流电压。

如图 7-26a 所示，LVDT 传感器主要由以下几部分组成。

1）一次绕组：用于接收交流电信号。

2）二次绕组：位于一次绕组的两侧，用于产生感应电动势。

3）铁心：可自由移动的杆状铁心，其位移量决定了输出电压的大小。

4）绕组骨架：支撑和固定一次绕组和二次绕组的骨架。

5）外壳：保护内部结构的外部壳体。

当铁心位于绕组的中心位置时，两个二次绕组产生的感应电动势相等且相位相反，因此输出电压为零（或接近零）。当铁心在绕组内部移动并偏离中心位置时，两个二次绕组产生的感应电动势不相等，从而产生输出电压。一般来说，该输出电压是交流调制信号，需进一步借助后续测量电路中的解调和放大功能，分别实现 LVDT 二次绕组输出信号中位移信息的提取和解调后信号的放大。

旋转可变差动变压器（Rotary Variable Differential Transformer，RVDT）是一种用于测量角位移的传感器，如图 7-26b 所示。RVDT 的工作原理与 LVDT 类似，不同的是，RVDT 传感器结构中有一个与待测物体相连的旋转轴，当旋转轴（和固定在上面的铁心）旋转时，铁心与二次绕组之间的相对位置会发生变化，二次绕组会输出与角位移成比例的感应电动势。

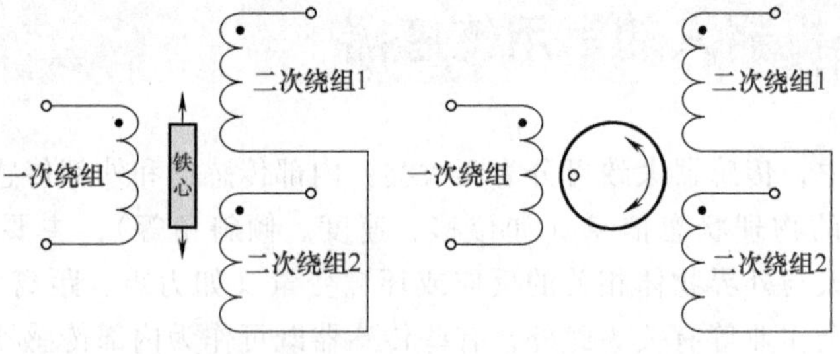

a) 线性可变差动变压器　　b) 旋转可变差动变压器

图 7-26　差动变压器式位移传感器

2. 电位计

电位计通过电阻把位置信息转化为随位置变化的电压，通常用作内部反馈传感器，以检测关节和连杆的位置。

电位计的工作原理如图 7-27 所示。假如 x 为被测对象的位置，会随电位计的触头位置变化。根据电阻串联分压原理，可得输出电压为

$$U_{out}=U_{in}\frac{1}{\dfrac{l}{x}+\left(\dfrac{R_l}{R_L}\right)\left(1-\dfrac{x}{l}\right)}\approx U_{in}\frac{x}{l} \quad (7\text{-}1)$$

式中，x 为位移量；l 为电位器的总长度；U_{out} 为输出电压；U_{in} 为电源电压；R_L 为负载电阻；R_l 为电位器导线电阻。当 $R_l/R_L\to 0$ 时，式（7-1）的约等于号成立，即输出电压 U_{out} 与位移量 x 呈线性关系。

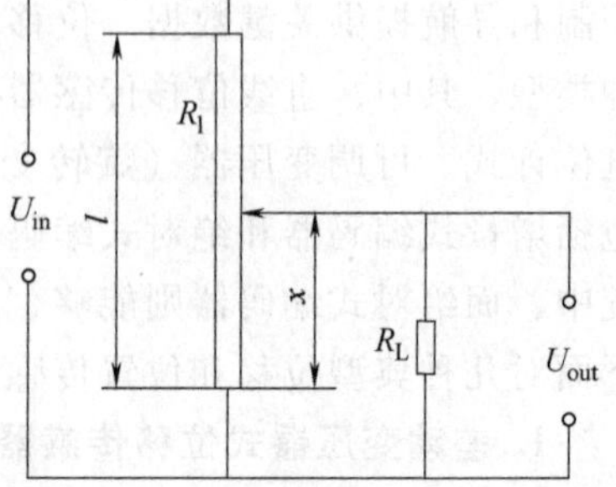

图 7-27　电位计的工作原理

3. 倾角传感器

倾角传感器（又称为测斜仪）是基于重力来测量物体的斜度或角度的。倾角传感器的工作原理是基于牛顿第二定律，通过测量重力加速度和物体相对于垂直方向的加速度来工作的。传感器内部有多个微小的质量块，当物体没有受到外力时，重力会使加速度计指向地球的重力方向；当物体发生倾斜时，加速度计会感应到重力分量的改变，通过计算和处理这些数据，倾角传感器可以准确测量出物体的倾斜度。

通常，倾角传感器指的是单轴的倾角传感器。此外，还有双轴倾角传感器，它的精度比单轴的要低，虽然能测量 x 轴和 y 轴两个方位的角度，但无法同时测量两个轴，若要同时测量则会引起横轴误差。近些年，随着 MEMS（Micro Electro Mechanical System，微机电系统）技术的不断发展，倾角传感器把 MCU（Microcontroller Unit，微控制器）、MEMS 加速度计、模数转换电路、通信单元全都集成在一块非常小的电路板上面，可以直接输出角度等倾斜数据。

如图 7-28a 所示，两种灰度代表的部件相当于电容器的两个电极，其中，浅色部分是可移动的，而深色部分是固定的。在传感器水平放置时，浅色电极位于两个深色电极的中间，此时 $C_1=C_2$，表示倾角为零，如图 7-28b 所示；当传感器沿旋转轴转动时，在重力分量的作用下，浅色可移动部件会向左或右移动，此时 $C_1\neq C_2$，通过测量 C_1 和 C_2 的大小，即可确定运动加速度，进而计算出角度，如图 7-28c 所示。

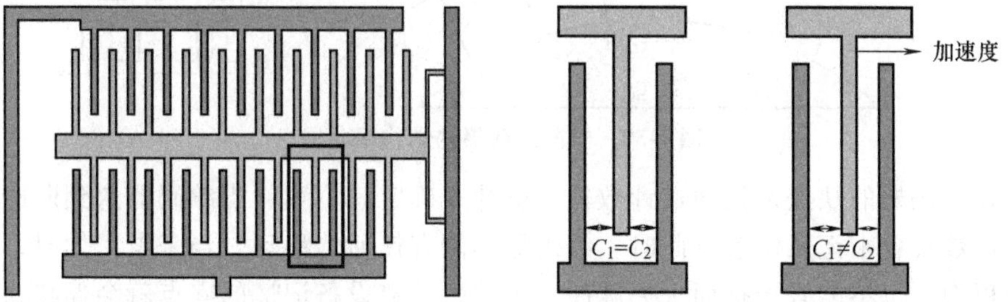

a) 倾角传感器机构示意图　　b) 未倾斜时　　c) 倾斜时

图 7-28　MEMS 倾角传感器的传感原理

4. 编码器

编码器（Encoder）是一种能够将某种物理量转换成数字脉冲输出，用以通信、传输和存储的信号形式的装置。它可以获取机器人运动状态信息，并在机器人的精准定位和运动控制中起着关键作用。按照测量方式的不同，主要分为旋转编码器（码盘）和线性编码器（码尺）两种。以旋转编码器中的光电编码器（图 7-29）为例，其基本工作原理为光源向接收器发出光束，光源和接收器都安装在旋转连接轴承的静止部位，编码器是一个带有透明小窗的遮光圆盘，被安装在轴承的转动部分。当轴承转动时，编码器会让光束交替通过小窗。光敏元件则随着位置的变化输出对应的高电平或低电平信号，光敏元件的输出可以通过专门的电路转化为位置信息。旋转编码器可分为增量式编码器和绝对式编码器。

（1）增量式编码器　增量式编码器能够以数字形式输出转轴相对于某一基准位置的角位移增量，即只能记录轴的相对位置变化量，不能给出绝对位置。该种编码器需要使用 PLC 或计数器等额外的电子设备进行脉冲计数，并将脉冲数据转换为位移或速度数据，通常用于

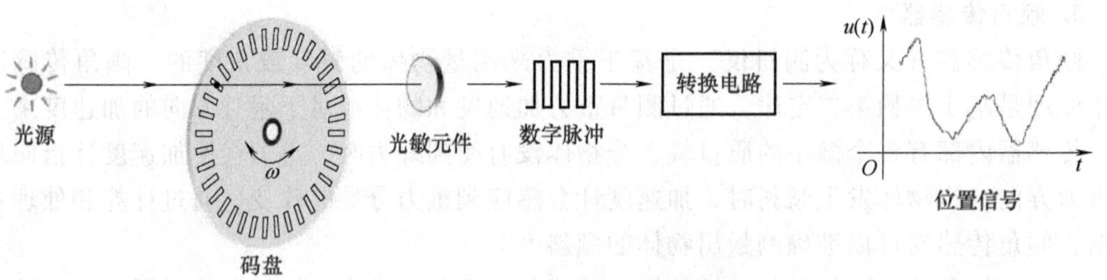

图 7-29　光电编码器的基本工作原理

定位精度不高的搬运、喷涂机器人等。

图 7-30 所示的测量方式不能获取码盘的时序和相位关系，为此需采用两套光电转换装置，使其相对位置有一定的关系，得到码盘角度位移量的增加（正方向）或减少（负方向）。如图 7-30 所示，安装的光敏元件 A 和 B 可接收的脉冲信号时序正好相差四分之一周期，通过判断 A 和 B 脉冲的先后顺序即可判断旋转方向。

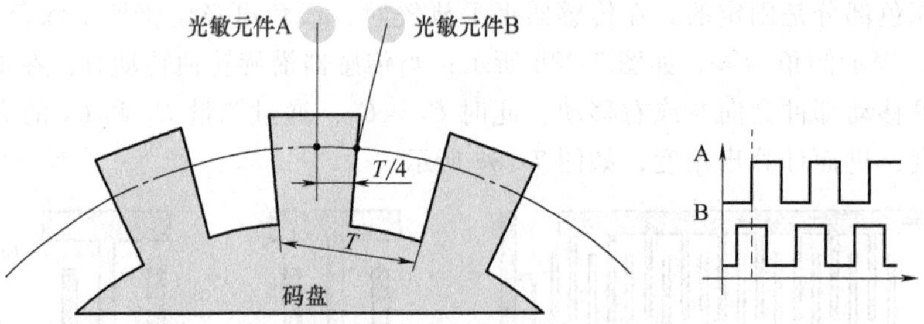

图 7-30　辨向编码器的结构示意图

增量式编码器的缺点是仅通过计数输出脉冲来确定其位置，当编码器遇到断电停止工作时，依靠计数设备来记忆位置。此时，编码器不能有任何的移动，当来电工作时，编码器输出脉冲过程中，也不能有干扰而丢失脉冲，不然，计数设备记忆的零点就会偏移，而且这种偏移的量是无从知晓的，只有错误的生产结果出现后才能知道。

（2）绝对式编码器　区别于增量式编码器，绝对式编码器的最大变化是码盘，码盘上按照一定规律分布着多个同心的码道，每个码道上分为遮光段和透光段，这样在码盘径向上就具有了不同二进制权值。绝对式编码器因每一个位置绝对唯一、抗干扰强、无需掉电记忆等特点，已经越来越广泛地应用于各种工业系统中的角度、长度测量和定位控制中。

码道数决定了码盘的细分个数，满足 2 的幂次方关系，如 n 个码道可以细分的个数为 2^n。图 7-31a 和图 7-31b 所示分别为具有三个码道的二进制码盘和格雷码码盘，可将一周进行 8 个细分，即每个细分为 45°，其中，码道上的黑色区域表示遮光段，白色区域为透光段。

对于二进制码盘，它采用标准二进制编码方式，每一个码道独立表示一个二进制位。当码盘转动时，各个码道的状态（透光或不透光）独立变化，表示不同的二进制数值。然而，由于二进制码是有权码，当某一较高位的数码改变时，所有比它低的各位的数码应同时改变。这可能导致由于码盘制作或安装误差，造成多个码道转换不完全同步，从而产生错码。例如，从“011”进位到“100”时，三个码道都发生代码转换，若不完全同步，则可能产生如“000”的错码。

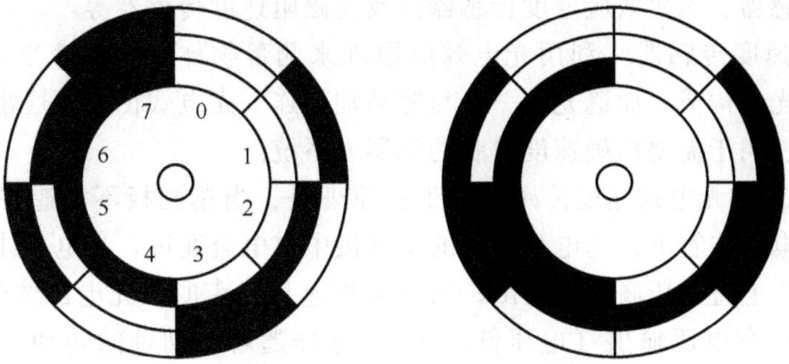

a) 二进制码盘　　b) 格雷码码盘

图 7-31　两种码制所对应的码盘

对于格雷码码盘，任意相邻两组之间只有一位不同，其余各位都相同。这种特性使得格雷码在形成和传输过程中引起的误差较小。当码盘转动时，格雷码的变化是逐步的，每次只有一位发生变化，从而减少了计数错误的可能性。此外，格雷码是一种循环码，具有反射特性和循环特性，这进一步增强了其可靠性。

重载机器人在工业应用中通常需要处理重型负载和复杂的工作，因此选择合适的位移传感器至关重要，需要综合考虑传感器的类型、精度、线性度、频率响应特性和稳定性等性能参数。

精度：指其输出值与实际位移的偏差度量。常见的位移传感器精度为 1 ~ 10μm，而高精度位移传感器可以达到 0.1μm 以下。对于重载机器人来说，高精度的传感器能够确保机器人运动的准确性和稳定性。

线性度：指在其测量范围内，输出值与输入值之间的比例关系是否恒定。线性度好的传感器能够提供更准确的测量结果，适用于重载机器人的高精度运动控制。

频率响应特性：高性能位移传感器在 40Hz 以下频率下的响应都会非常好。对于需要快速响应的重载机器人来说，选择具有高频率响应特性的传感器能够提高机器人的运动速度和响应能力。

稳定性：指其测量性能长时间保持稳定状态。对于重载机器人来说，选择稳定性好的传感器能够确保机器人在长时间运行过程中保持准确的运动状态。

7.4.2　速度和加速度传感器

速度和加速度传感器负责实时监测和测量机器人的运动状态，这些传感器能够精确测量机器人的速度、加速度以及方向等运动参数，确保重载机器人在执行任务时具有高度的稳定性和准确性。

在重载机器人的速度和加速度传感器的选择上，需要考虑多种因素，包括测量范围、精度、可靠性、耐用性等。重载机器人通常需要承受较大的负载和冲击力，因此传感器必须具有足够的耐用性和稳定性，以确保在恶劣的工作环境下仍能正常工作。同时，传感器的精度和分辨率也需要足够高，以满足重载机器人对运动状态精确感知的需求。

1. 速度传感器

速度传感器主要用于测量机器人的运动速度，包括线速度和角速度。常见的速度传感器有光电式速度传感器、霍尔效应速度传感器以及变磁阻速度传感器等。

（1）光电式速度传感器　利用光电效应原理来测量物体的运动速度，由发光二极管、光电晶体管和遮光板构成，而遮光板一般与驱动轴相连。光电式传感器通常具有高精度和快速响应的特点，适用于需要精确速度控制的机器人系统。

如图 7-32 所示，光电式速度传感器的工作原理是：当遮光板不能遮住光束时，发光二极管的光射到光电晶体管上，光电晶体管的集电极中有电流通过，光电晶体管便处于导通状态，此时输出端子上有电压高电平输出；当遮光板遮住光束时，光电晶体管处于截止状态，此时输出端子上没有电压输出（电压低电平）。这样随着驱动轴的转动，在遮光板的作用下，输出端会输出脉冲，再通过遮光板上的透光单元个数，便可计算出转动速度。

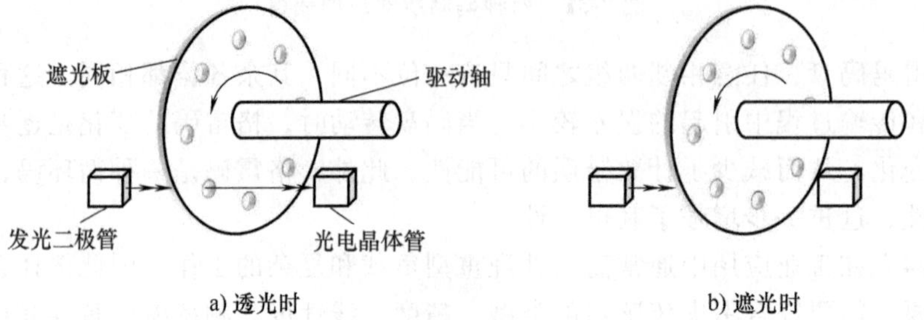

图 7-32　光电式速度传感器的工作原理

（2）霍尔效应速度传感器　利用霍尔效应来测量旋转物体的速度，适用于电动机控制和位置反馈等场景。霍尔效应（Hall Effect）是指当霍尔元件放置在一个磁场 B 内，且有电流 I 通过时，霍尔元件内的电荷载流子受到洛伦兹力而偏向一边，继而产生霍尔电压 U_h 的现象，如图 7-33a 所示。

$$U_h = K_h IB\sin\theta \tag{7-2}$$

式中，U_h 为霍尔电压；I 为电流；B 为磁场感应强度；K_h 为霍尔常数；θ 为磁场与霍尔元件的夹角。

霍尔效应速度传感器内部有一个永磁铁和一个霍尔元件，如图 7-33b 所示，将霍尔效应速度传感器置于齿轮附近，随着齿轮的转动，齿轮的齿顶和齿根交替作用于霍尔效应速度传感器，会使磁场线不断的增强或减弱，从而引起输出霍尔电压的脉冲变化。由于霍尔效应速度传感器产生的电势差是微小的，还需要配合其他电路和器件，如运算放大器、ADC（模数转换器）等，经过信号放大、滤波等处理才能得到准确的速度信息。

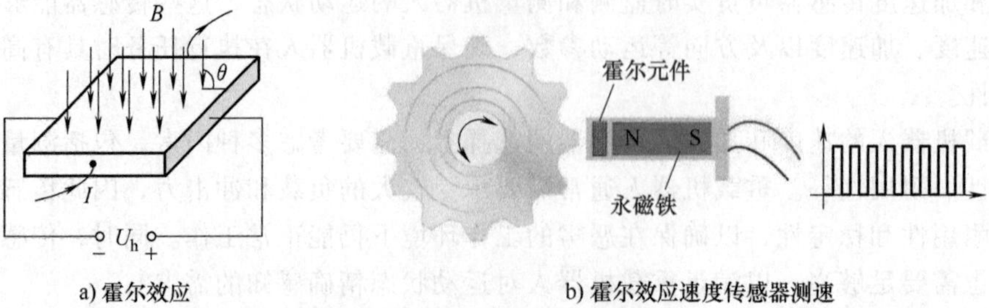

图 7-33　霍尔效应速度传感器原理

（3）变磁阻速度传感器　又称为自感式电感传感器，主要由线圈、铁心和衔铁三部分组成。其中，铁心和衔铁由导磁材料如硅钢片或坡莫合金制成，它们之间存在一定的气隙。当被测量（如速度）发生变化时，会导致衔铁产生相应的位移；衔铁的位移会改变磁路中的磁阻，从而导致电感线圈的电感量发生变化；线圈电感量的变化可以通过测量电路转换为电压或电流的变化量输出。通过测量这个电信号的变化，可以推算出被测量的具体数值，如速度的大小和方向。其中，电感线圈自感系数 L 的计算公式为

$$L = \frac{N^2}{R_m} \tag{7-3}$$

式中，N 为线圈的匝数；R_m 为磁路中的总磁阻。

实际中，铁心的磁导率远远大于空气的磁导率，而衔铁位置的移动造成气隙 δ 的变化，因而磁路中的总磁阻主要由如图 7-34a 所示气隙 δ 决定。根据式（7-3）可知，自感系数 L 会随被测量的变化而变化。为了提高灵敏度，改善线性特性，一般采用差动式电感传感器，如图 7-34b 所示，其灵敏度是原来电感传感器灵敏度的 2 倍。电感传感器的输出是电感量，其属于电参量，需要后接测量电路，将电参量的变化转换为电压或电流的变化。可采用交流电桥并后接微分、放大、检波和滤波电路作为测量电路。

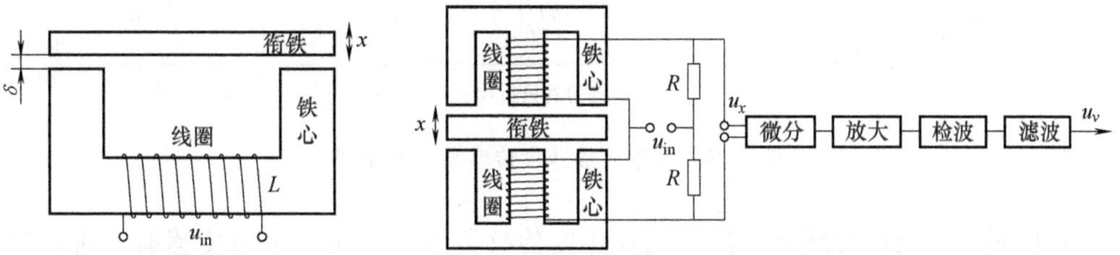

a) 变磁阻传感器　　b) 差动式电感传感器及其测量方式

图 7-34　变磁阻速度传感器的测量原理

2. 加速度传感器

加速度传感器主要用于测量机器人的加速度。这种传感器可以检测机器人在各个方向上的加速度变化，从而反映出机器人的运动状态。

加速度传感器通常由质量块、阻尼器、弹性元件和敏感元件等组成。当机器人发生加速运动时，质量块受到惯性力的作用，通过测量这个力的大小和方向，就可以得到机器人的加速度信息。

（1）压电式加速度传感器　基于压电效应，当加速度计受到振动时，加在压电元件上的力会随之变化，若被测振动的频率远低于加速度计的固有频率，则力的变化与被测加速度成正比。

压电效应是指某些电介质在沿一定方向上受到外力的作用而变形时，其内部会产生极化现象，同时在它的两个相对表面上出现正负相反的电荷，如图 7-35a 所示。当外力去掉后，它又会恢复到不带电的状态。压电加速度传感器的力学模型如图 7-35b 所示，传感器内部由弹簧、质量块和阻尼器组成了一个二阶传递模型，通过质量块对压电体施加作用力，使压电体发生压电效应，从而输出电信号。具体信号转换过程如图 7-35c 所示，可描述为壳体/基座的移动通过弹簧-阻尼器带动质量块运动，即将位移转换成加速度；质量块的振动产生一

个作用力；这个力作用于压电体，在压电效应的作用下，压电体两个表面产生正负异种电荷，并且通过内部集成电荷放大电路，将电荷转换成电压信号；最后借助外部电压放大器，将电压信号进一步放大，得到放大后的与加速度呈线性关系的电压输出。

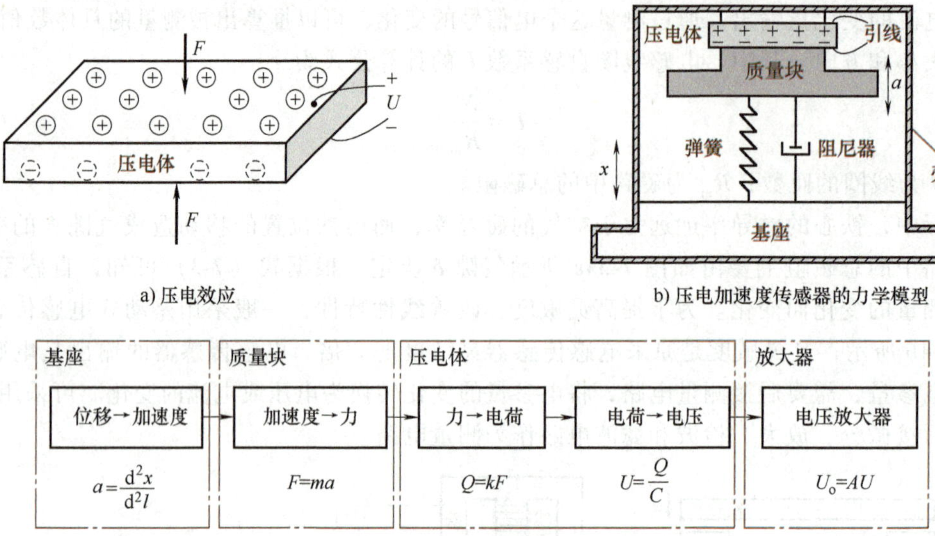

图 7-35　压电式加速度传感器工作原理

（2）压阻式加速度传感器　压阻式加速度传感器本质上是一个力传感器，通过测量惯性质量块在受到加速度作用时产生的力 F 来测得加速度 a。如图 7-36 所示，当有加速度 a 作用于传感器时，传感器的惯性质量块便会产生一个惯性力 $F=ma$。惯性力 F 作用于传感器的弹性梁上，使弹性梁产生一个正比于 F 的应变，而弹性梁上的压敏电阻也会随之产生一个变化量 ΔR。这个变化量 ΔR 通过惠斯通电桥转化为一个与 ΔR 成正比的电压信号 U，从而实现加速度的测量。

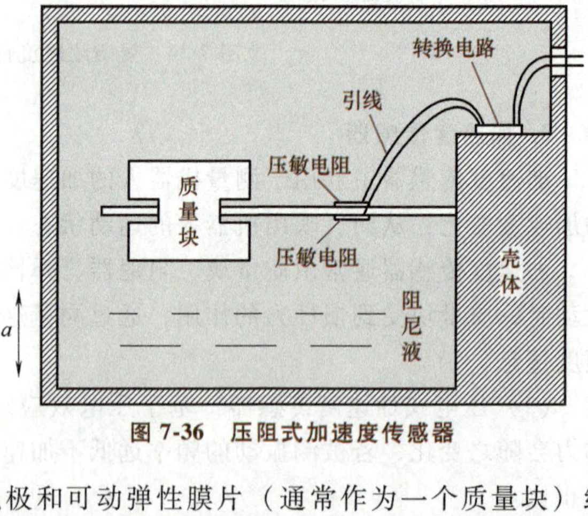

图 7-36　压阻式加速度传感器

（3）电容式加速度传感器　一种基于电容原理的极距变化型传感器，由固定电极和可动弹性膜片（通常作为一个质量块）组成。当受到外力（如气压、液压或加速度）作用时，弹性膜片会发生位移，从而改变其与固定电极之间的电容值。这种变化可以被检测并转换成电信号输出，从而实现对加速度的测量。常规和 MEMS 两种类型的电容加速度传感器如图 7-37 所示。MEMS 电容加速度传感器采用 MEMS 技术，这种技术使得传感器能够在非常小的尺寸内集成高性能的加速度测量功能，具有微型化的特点。同时，MEMS 电容加速度传感器具有灵敏度高、频率范围广、功耗低、易于集成等优点，特别适用于需要高精度、低功耗和紧凑设计的应用场景。

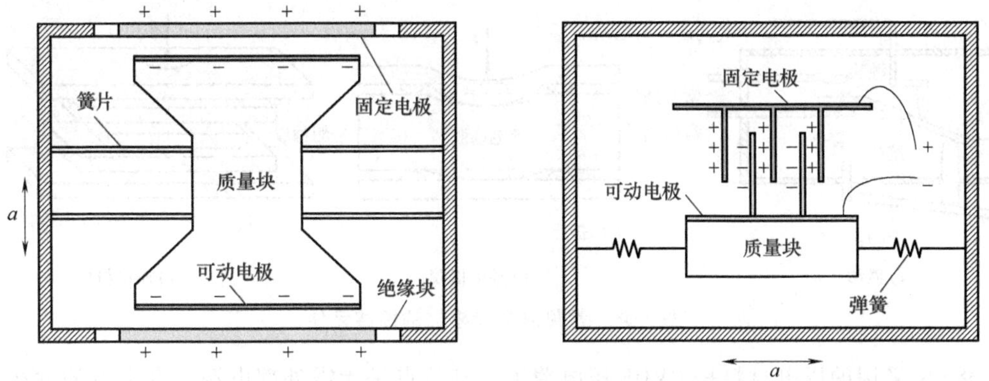

a) 常规电容加速度传感器　　b) MEMS电容加速度传感器

图 7-37　电容式加速度传感器

7.4.3　触觉传感器

机器人触觉传感器是一种能够检测和响应机器人接触表面物体的物理特性的装置。它使得机器人能够感知和适应环境，从而执行更精确和复杂的任务。在重载机器人的应用中，触觉传感器具有很多重要作用。首先，它们能够帮助机器人在处理重型或易碎物品时，避免过度施力或损坏物体。其次，触觉传感器可以提供实时的反馈，帮助机器人调整其姿态和力度，以适应不同的工作环境和物体特性。此外，它们还可以用于实现机器人的碰撞检测和避障功能，提高机器人的安全性和可靠性。

触觉传感器通常安装在重载机器人的末端执行器或关键部位，通过与物体接触并测量接触力的大小和方向。这些传感器可以测量多种类型的力，包括压力、剪切力和振动等，使得机器人能够感知到物体的形状、纹理、位置和动态变化。

触觉传感器的工作原理可能基于不同的技术和原理，如压阻效应、电容变化、压电效应或光学方法等。它们通过将这些物理量转换为电信号，以便机器人控制系统能够处理和分析，电信号可以进一步用于机器人的导航、定位、物体识别、抓取和操作等任务。

根据不同的应用场景和需求，触觉传感器使用的敏感元件各有特点，在选择时，需要根据具体的项目需求和场景特点进行综合考虑。常见的触觉敏感元件根据其工作原理和应用场景的不同，包括如下类型。

（1）微动开关　由端子、压杆、簧片和触头等构成。当压杆接触外界物体后使触头断开常闭（开）端子的连接，造成信号通路断开（连通），从而测到与外界物体的接触，如图 7-38a 所示。其特点是使用方便、结构简单，但易产生机械振荡且触头易氧化。

（2）导电橡胶　在受到外界压力时，胶体的几何尺寸和电阻值会同时发生变化，这种现象称为压阻效应。当导电橡胶受到外力作用时，胶体中导电粒子之间的间距发生变化，进而导致胶体的电阻率发生变化，如图 7-38b 所示。根据导电橡胶的压阻特性，由测得的电阻值即可确定压力大小。其特点是具有柔性，但由于导电橡胶的材料配方存在差异，出现的漂移和滞后特性可能不一致。

（3）压电材料　具有压电效应的材料，主要包括压电晶体、压电陶瓷和压电薄膜。

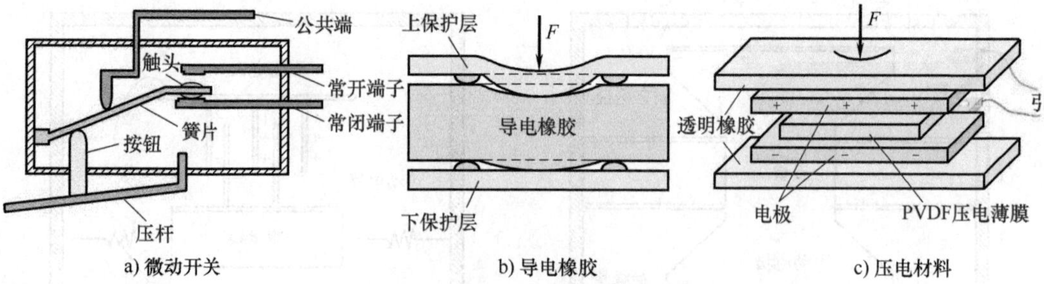

图 7-38　常见触觉传感器的敏感元件

图 7-38c 中采用的压电材料是 PVDF 压电薄膜。其特点是无需外部电源，有出色的耐久性和宽广的动态范围，能准确测量压力变化。

（4）导体聚合物和电极　基于导体聚合物和电极之间的电阻变化来工作。当受到压力时，导电材料的电阻会发生变化，通过测量电阻值来感知外界刺激。其特点是具有高耐久性和过载耐受性，适用于各种场景。

（5）其他类型　含碳海绵、碳素纤维等材料作为敏感元件的触觉传感器。

随着技术的不断进步，机器人触觉传感器将继续发展和完善。未来的触觉传感器可能会具有更高的灵敏度和分辨率，能够更精确地感知物体的属性和形态。同时，随着人工智能和机器学习技术的发展，触觉传感器将与这些技术相结合，实现更智能的感知和决策能力，为重载机器人的发展带来更多的可能性。

7.4.4　力觉传感器

力觉传感器能够实时地感知机器人手臂和手腕在重载操作中所产生的力或所受的反力，并将这些力转换成可测量的电信号输出。力觉传感器是机器人主动柔顺控制必不可少的组成部分，它直接影响着机器人的力控制性能，确保操作的准确性和稳定性，在重载机器人领域发挥着至关重要的作用。根据力的检测方式不同，力觉传感器可分为应变片式（检测应变或应力）、压电式、差动变压器式、电容位移计式（用位移计测量负载产生的位移）等。其中，应变片式力觉传感器最为普遍，它利用金属拉伸时电阻变大的现象，通过输出电压检测出电阻的变换，从而感知力的变化。

机器人力传感器根据其测量维度和用途的不同，常见的类型有以下几种。

1）一维力传感器：主要测量单一方向上的力，如 x 轴、y 轴或 z 轴方向上的力。

2）二维力传感器：能够同时测量两个正交方向上的力，如 x 轴和 y 轴，或 y 轴和 z 轴。相比一维力传感器，二维力传感器提供了更多的信息，但仍有局限性。

3）三维力传感器：能够同时测量 x、y、z 三个方向上的力。这类传感器在需要全面了解物体在三维空间中受力情况的应用中非常有用。

4）六维力传感器：又称为六轴力传感器或六维度力和力矩传感器。除了能够测量 x、y、z 轴三个方向上的力外，还能测量绕这三个轴的力矩，即 F_x、F_y、F_z、M_x、M_y、M_z，受力方式如图 7-39 所示。目前，六维力传感器主要搭载在机械臂上，通过检测力在空间作用的全部信息，从而对机械臂的受力进行精密测量与控制。

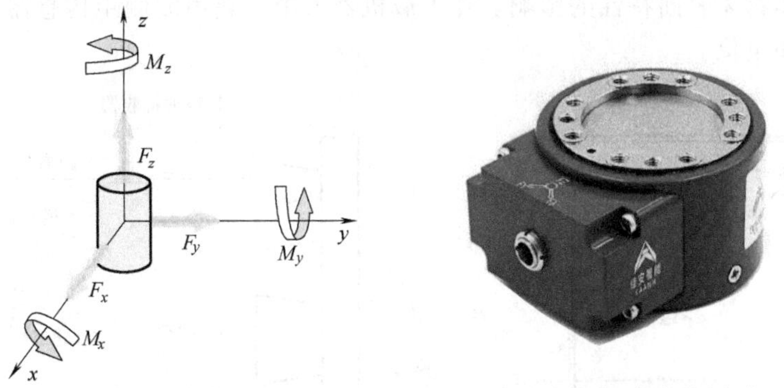

a) 受力方式　　b) 六维力传感器实物(佳安智能)

图 7-39　六维力传感器

六维力传感器有两个主要的组成部分：敏感元件和信号处理电路。敏感元件通常采用弹性体（一种能够根据外部力的变化而发生变形的材料）结构，它是六维力传感器的核心，当物体对其施加力或转矩时，弹性体会发生相应的变形，从而引起内部应变片的电阻值发生变化，这个电阻值的变化最终会转化为电信号输出；信号处理电路对敏感元件输出的电信号进行再加工和再处理。例如，放大器将微弱的电信号放大，使后续电路可以更容易地处理信号。滤波器可以消除噪声和干扰，提高信号的信噪比。数字化处理则是将模拟信号转化为数字信号，便于计算机识别、分析和处理这些数据。

由于重载机器人需要承受大负载和高强度的操作，因此用于重载机器人的力觉传感器需要具备更高的精度、可靠性和稳定性。它们通常采用高品质的材料和精密的制造工艺，以确保在重载环境下能够保持准确的测量和稳定的性能。例如，在工业自动化领域，它们可以用于装配、搬运和加工等任务，确保机器人能够准确地执行操作并避免过载或损坏。此外，在物流、建筑和采矿等领域，力觉传感器也可以用于实现精确的重物搬运和操作，提高工作效率和安全性。

7.4.5　距离传感器

距离传感器用于精确测量机器人与周围环境或物体之间的距离。这种传感器对于重载机器人的导航、定位、避障以及物体抓取等操作至关重要，能够确保机器人在复杂环境中安全、高效地执行任务。根据测距工作原理的不同，距离传感器包括激光测距传感器、超声波测距传感器和红外测距传感器等，这些传感器各有其特点和适用场景。

（1）激光测距传感器　激光测距传感器由内部激光器发射激光束，激光束被聚焦到被测物体上，反射光被透镜收集，投射到线性 CCD 阵列上；信号处理单元根据三角函数关系（三角测距方式）以及 CCD 阵列上的光点位置即可计算出具体的距离，如图 7-40 所示。激光测距传感器具有高精度、长距离测量能力强的特点，在重载机器人中，常用于环境感知和障碍物检测，帮助机器人实现精确导航和避障。

（2）超声波测距传感器　超声波测距传感器通过超声波发射器产生一个频率在几十 kHz 的超声波脉冲包，系统检测高于某阈值的反射声波，然后根据测量到的传输时间计算距离，如图 7-41 所示。这种传感器成本低、实现方法简单、技术成熟，但一般作用距离较短，普通的有效探测距离在几米范围内，同时会有一个几十毫米左右的最小探测盲区，此外，可能受到环境噪声和物体表面特性的影响。在重载机器人中，超声波测距传感器通常用于近距离的障碍物检测和定位。

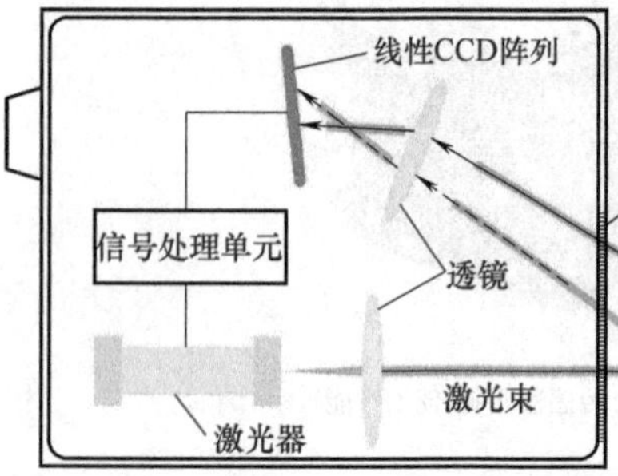

图 7-40　激光测距传感器

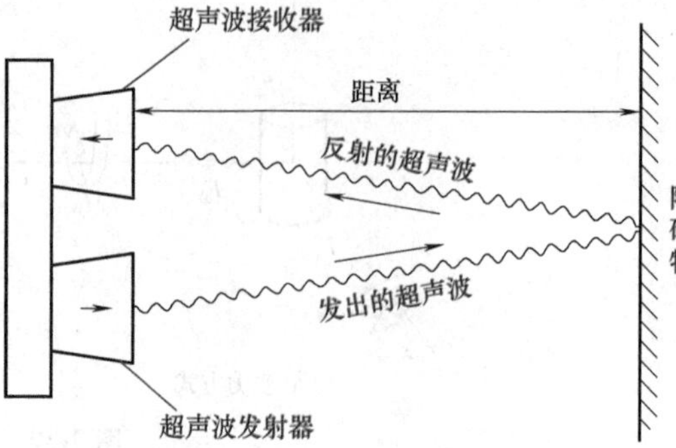

图 7-41　超声波测距传感器

（3）红外测距传感器　红外测距传感器主要指的是主动红外传感器，需要发射器和接收器。采用三角测距的原理，红外发射器按照一定角度发射红外光束，遇到物体之后，光会反向回来，通过检测反射光并结合结构上的几何三角关系，计算出物体距离。红外测距传感器在测量较近距离时具有较高的精度，因此适用于短距离和特定材质的物体检测，但对于透明或近似黑色的物体无法检测距离。在重载机器人中，红外测距传感器可以用于光线条件较差或需要快速响应的场景下物体的识别和定位。

由于在红外光谱中，所有物体都会发出某种形式的热辐射。红外测距传感器的发射器是一个发射特定波长的红外发光二极管，探测器是一个只对红外发光二极管发出的相同波长的红外光敏感的红外光电二极管。当红外光照射到光电二极管上时，输出电压将随接收到的红外光的大小呈比例变化。此外，为了避免可见光的干扰，有的光电传感器将发射光进行调制后发出，接收头需对反射光进行解调输出。

图 7-42 所示的红外测距传感器是基于三角测距原理。红外线发射器以一定的角度 θ 发射红外光线，红外光线遇到物体后会反射至透镜，进而会被 CCD 检测器检测得到一个偏移值 L，利用发射角 θ、中心距 C、透镜焦距 f 之间的三角关系，可以计算出传感器到物体的距离 D。

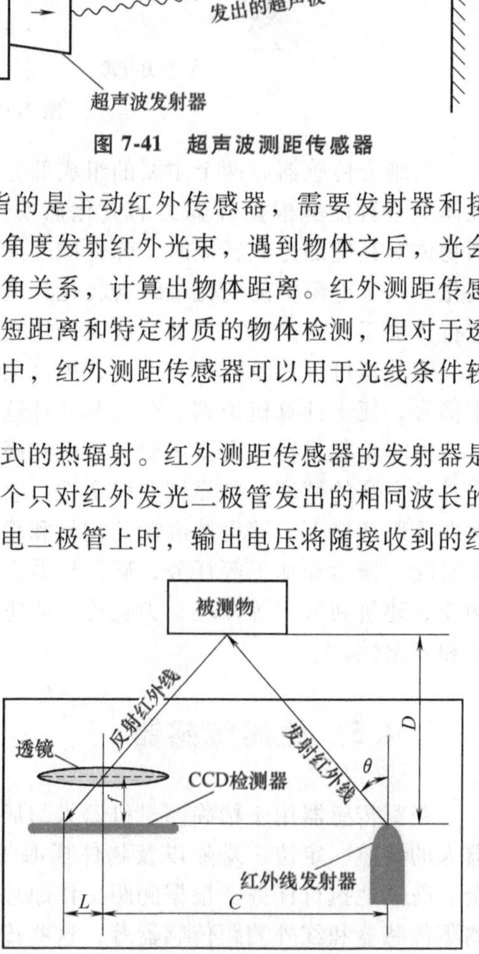

图 7-42　红外测距传感器

距离传感器的选择和应用需要根据具体任务和环境进行考虑。例如，在需要高精度测量的场景中，激光测距传感器可能更为合适；在对成本有严格要求的场景中，超声波测距传感器可能更具竞争力。此外，为了提高重载机器人的感知能力，还可以将多种类型的距离传感器进行组合使用，以实现更全面的环境感知和更准确的物体定位。

7.4.6　激光雷达

激光雷达可分成两个大的系统：激光测距仪系统和扫描系统。

激光测距仪系统的基本工作流程包括四个核心环节：激光发射、光束传播、回波接收和数据处理。激光发射器发出短促且能量集中的激光脉冲，这些脉冲在空气中接近光速直线传播。激光脉冲接触到目标物体后发生散射，部分散射光会沿着原路径反射回来。传感器配备的光学接收器捕捉并收集从目标反射回来的激光脉冲，然后利用光速已知的特性，通过记录发射脉冲和接收到回波之间的时间差，精确计算出目标物的距离。

激光雷达系统按扫描方式可以分为 ToF（Time of Flight，飞行时间）和 FMCW（Frequency Modulated Continuous Wave，调频连续波）两大类。其中，ToF 又可以细分为机械式、半固态式（转镜、MEMS 等）、固态式（OPA、Flash 等），其常见的扫描方式如图 7-43 所示，不同的扫描方式对应不同的扫描部件。

激光雷达系统接收到的回波信号经过电子电路转化为电信号，并进一步通过算法处理，可以得出目标物的位置、尺寸和形状等信息。

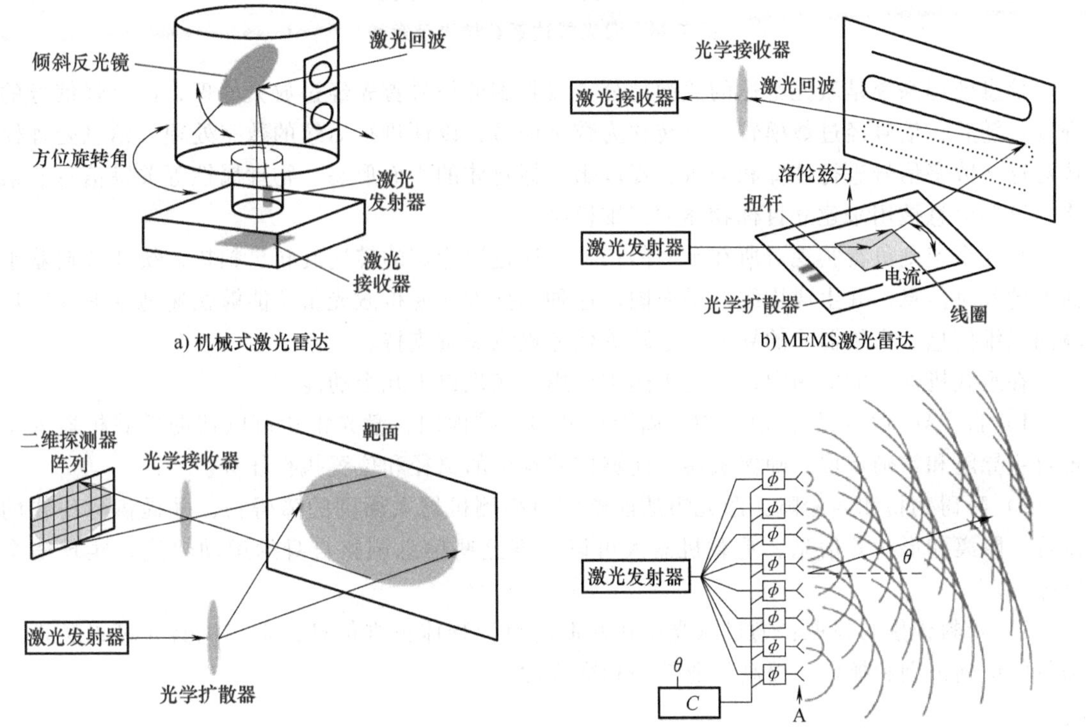

a) 机械式激光雷达　b) MEMS激光雷达　c) Flash激光雷达　d) OPA激光雷达

图 7-43　按扫描方式分类的激光雷达系统

图 7-44 所示激光雷达系统由四个核心子系统组成，这些子系统分别是激光发射、激光接收、信息处理和扫描系统。

在激光发射系统中，首先，通过激励源周期性地驱动激光器，产生激光脉冲。接着，激光调制器利用光束控制器精确控制发射激光的方向和线数，确保激光能够准确指向目标物体。最后，通过发射光学系统，激光脉冲被发射至目标物体。

在激光接收系统中，当激光脉冲照射到目标物体并反射回来时，这些反射光经过接收光学系统被聚焦，随后被光电探测器接收。光电探测器将接收到的光信号转换为电信号，即接收信号。

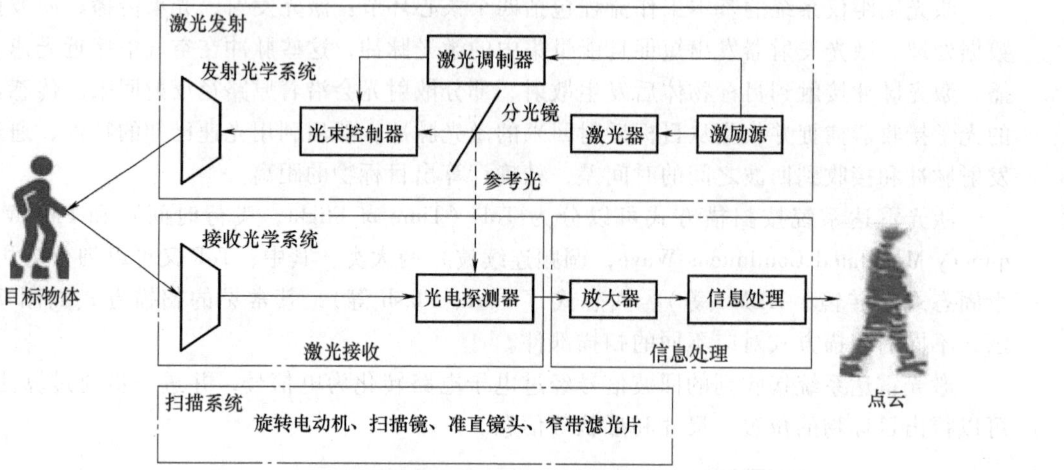

图 7-44　激光雷达系统结构示意图

信息处理系统是激光雷达的关键部分。接收到的信号首先经过放大处理，以增强信号的强度。随后，信号经过数模转换，转化为数字信号，以便进行后续的数字处理。信息处理模块对这些数字信号进行计算和分析，提取出目标物体的表面形态、物理属性等关键信息。最终，这些信息被用来建立目标物体的三维模型。

扫描系统则负责实现对所在平面的扫描。通过以稳定的转速旋转，扫描系统能够捕获平面上的实时信息，并生成详细的平面图。这种扫描方式使得激光雷达能够快速地获取周围环境的三维信息，为机器人的导航、避障等任务提供关键支持。

在重载机器人的应用中，激光雷达主要用于实现以下几个功能。

1）自主导航与定位：通过构建周围环境的三维地图，激光雷达可以帮助重载机器人实现自主导航和精确定位，确保机器人能够按照预定的路径和位置执行任务。

2）障碍物检测与避障：激光雷达能够实时检测机器人周围的障碍物，并提供障碍物的位置、距离和形状等信息。重载机器人可以根据这些信息调整自身的运动轨迹，实现安全避障。

3）物料识别与抓取：通过激光雷达获取的目标物体三维信息，重载机器人可以实现对物料的精确识别和抓取，提高作业效率和准确性。

7.4.7　机器人视觉装置

视觉装置是重载机器人系统中的重要组成部分，它负责获取、处理和分析机器人工作环境中的图像信息，以实现机器人的自主导航、目标识别、定位抓取等功能。本节将对重载机器人视觉装置的硬件组成及其原理进行详细介绍。

1. 视觉装置硬件组成与原理

视觉装置主要由以下几部分组成。

（1）视觉传感器　视觉传感器是视觉装置的核心部件，用于捕获机器人工作环境的图像信息。常见的视觉传感器包括 CCD 相机、CMOS 相机等，它们通过镜头将光线聚焦在感光元件上，将光信号转换为电信号，进而生成图像数据。视觉传感器的性能直接影响视觉装置的整体性能，因此需要根据实际应用场景选择合适的视觉传感器。

图 7-45 所示为 CCD 图像传感器结构及工作过程，在 P 型或 N 型硅衬底上生长一层很薄（约 120nm）的二氧化硅，再在二氧化硅薄层上沉积金属或掺杂多晶硅电极（栅极），形成规则的 MOS 电容器阵列就构成了 CCD 传感器。CCD 图像传感器工作涉及以下四个主要过程。

1）信号电荷生成：在光照的作用下，衬底中处于价带的电子将吸收光子的能量而跃入导带，形成电子-空穴对。

2）信号电荷存储：当偏置电压>U_{th} 时，空穴被排开，电子被吸引到绝缘层表面，形成反型层，反型层（势阱）表明 MOS 结构存储电荷的功能。

3）信号电荷传输：通过控制时钟脉冲，将势阱中存储的电荷依次从一个 MOS 元位置转移到另一个 MOS 元位置，并传输出来，实现电荷的转移。

4）信号电荷检测与输出：将转移到输出级的电荷转化为电流或者电压的过程。

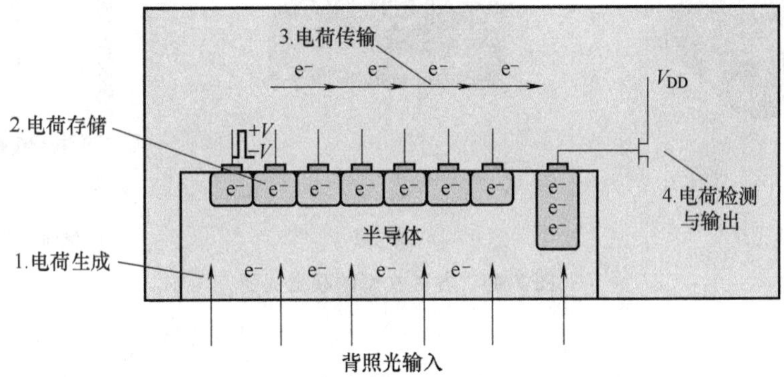

图 7-45　CCD 图像传感器结构及工作过程

（2）光源与照明　光源与照明是视觉装置中的重要辅助设备，用于提供稳定、均匀的光照条件，以提高图像的质量和清晰度。光源的类型和照明方式应根据具体应用场景进行选择，如使用 LED 灯作为光源，采用合适的照明角度和亮度，以确保视觉传感器能够获取到高质量的图像信息。各种类型的视觉光源如图 7-46 所示。

LED 光源，即发光二极管光源，是一种半导体光源。它利用半导体材料的特性，在电流的作用下产生光。LED 光源具有体积小、寿命长、效率高等优点，可连续使用长达 10 万 h。

LED 光源的主要特点如下。

1）发光效率高：LED 光源经过技术改良，发光效率得到了显著提升。其光效可达 50~200lm/W，远高于传统光源。这意味着在同样的耗电量下，LED 光源能产生更亮的光。

2）耗电量少：LED 单管功率低，采用直流驱动，反应速度快，可在高频操作。在相同照明效果下，LED 光源的耗电量远低于白炽灯和荧光灯。

3）使用寿命长：LED 光源采用电子光场辐射发光，不易破碎，平均寿命可达 10 万 h。这大幅降低了灯具的维护成本，减少了更换灯具的频率。

4）安全可靠性强：LED 光源发热量低，无热辐射性，属于冷光源。此外，它还具有精确控制光形和发光角度的能力，光色柔和，无眩光。

5）环保：LED 光源为全固体发光体，耐震、耐冲击不易破碎，废弃物可回收，没有

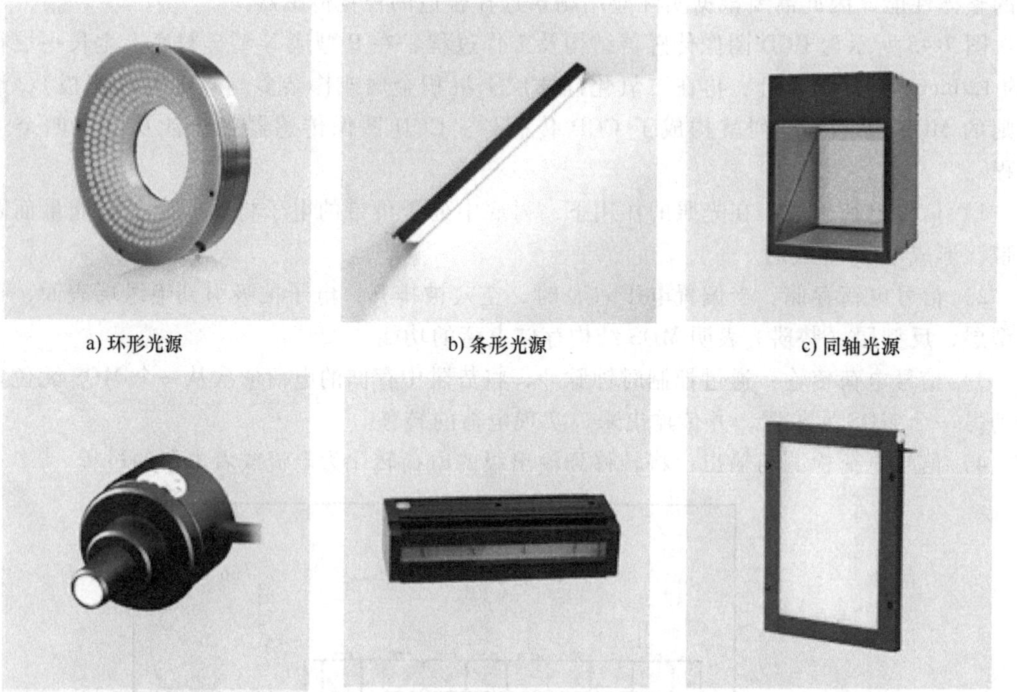

a) 环形光源　　b) 条形光源　　c) 同轴光源

d) 点光源　　e) 线光源　　f) 侧面导光源

图 7-46　各种类型的视觉光源

污染。

此外，LED 光源的种类繁多，包括环形光源、条形光源、线光源、回形光源、背光源、外同轴反射光源、内同轴点状光源和半球形垄罩光源等。这些不同种类的 LED 光源适用于不同的应用场景和照明需求。

另外，视觉光源一般需要搭配光源控制器一起工作。光源控制器的主要目的是给光源供电，控制光源的照明状态（亮灭）以及亮度，还可以通过给控制器触发信号来实现光源的频闪，进而大幅延长光源的寿命。市面上常用的控制器有模拟控制器和数字控制器，模拟控制器通过手动调节，数字控制器可以通过计算机或其他设备远程控制。

（3）图像采集卡　机器人图像采集卡的原理主要涉及将模拟图像信号转换为计算机可处理的数字信号，并传输给机器人系统以进行进一步的分析和处理。其基本组成部分有以下内容。

1）输入接口：负责接收来自摄像头或其他图像源的模拟图像信号。

2）模数转换器（ADC）：将模拟图像信号转换为数字信号。ADC 的性能直接影响到采集到的图像质量，包括图像的分辨率、色彩深度等。

3）通道数：同一块图像采集卡进行 A/D 转换的数目，即同时对多个相机进行图像数据采集。目前，常见的可选通道有单通道、双通道、四通道等。

4）采样频率：图像采集卡采集图像信息时的频率，代表了采集卡处理图像的速度和能力。

5）数字信号处理器（DSP）：对转换后的数字图像信号进行初步处理，如去噪、增强等。

6）输出接口：将处理后的数字图像信号传输给机器人系统的计算机或其他处理设备。常见的接口包括 PCI、PCIe、USB 等。

（4）图像处理单元　图像处理单元负责对视觉传感器捕获的图像数据进行预处理和特征提取。预处理包括去噪、分割、增强、灰度化、二值化、腐蚀和膨胀等操作，以提高图像的质量和对比度；特征提取则是从图像中提取出有用的信息，如边缘、角点、纹理等，以便后续的目标识别和定位操作。图像处理单元的性能决定了视觉装置对图像信息的处理能力，因此需要选择高性能的处理器和算法。

1）图像预处理。

① 图像的灰度化和二值化：摄像头获取的图像通常为彩色图像，尽管彩色图像包含更多有用信息，但处理过于复杂，会大幅降低处理速度，而灰度图像已包含足够的信息。因此，可以对待测图像进行灰度化处理。

② 图像去噪：在图像采集过程中，强脉冲或电磁干扰可能导致原始图像中产生大量噪声，影响图像质量。因此，需要使用滤波器对图像进行过滤。滤波器将图像信号转换为能量信号，过滤掉低能量的噪声信号，从而消除或减弱图像中的噪声。常见的滤波方法包括高斯滤波、均值滤波和中值滤波等。

③ 图像分割：基于特定规则将图像分成具有特定性质的区域。图像分割后，更容易选择感兴趣的信息。图像分割通常依据一个阈值将图像信息和背景分开，但当目标信息和背景颜色不明显时，区分图像信息和背景非常困难，因此需要在不同位置采用不同的阈值进行分割。图像分割是图像识别的基础，常用的图像分割算法包括聚类、小波变换和模糊集理论。

④ 腐蚀和膨胀：对于纹理丰富的图像，需要先进行腐蚀、膨胀以及开闭合运算等形态学处理。图像腐蚀通常用于去除图像中的某些部分，其具体方法是判断中心像素的颜色是否与周围像素的颜色完全一致。若一致则保留该点，若不一致则去掉该点，这样可以去除大量不确定的点，使有用信息更加明确。

2）图像特征提取。图像特征提取是机器人视觉中的关键任务，目的是从图像中提取能够代表图像局部结构和外观信息的特征，从而辅助识别、分类、检测和跟踪对象。下面是几种常用的图像特征提取算法及其应用。

① 颜色直方图（Color Histogram）：颜色直方图表示图像中各种颜色的分布情况。通过将图像像素分成颜色通道（如 RGB）并计算每个通道的颜色值分布，可以捕捉图像的颜色信息。颜色直方图常用于图像检索、分类和匹配等任务。

② 局部二值模式（Local Binary Pattern，LBP）：LBP 是一种纹理特征提取方法。它通过比较每个像素与其邻域像素的灰度值来构建特征，对纹理的变化和结构有良好的描述能力。LBP 常用于人脸识别、纹理分类和目标检测等任务。

③ 方向梯度直方图（Histogram of Oriented Gradients，HOG）：HOG 是一种物体检测特征提取方法，特别适用于行人检测。它通过计算图像中每个像素的梯度方向并构建梯度方向直方图来表示图像。HOG 广泛应用于行人检测、目标识别和行为分析等领域。

④ 卷积神经网络特征（Convolutional Neural Network Features）：基于深度学习的方法，如卷积神经网络（CNN），在图像特征提取任务上取得了显著成功。通过在预训练的 CNN 模型上提取特征矢量，可以获得强大的图像表示。CNN 特征广泛用于图像分类、目标检测、

图像生成等各种计算机视觉任务。

(5) 机械装置与结构　机械装置与结构是机器人视觉装置的支撑和固定部件，包括相机支架、镜头调整机构、机械臂等。这些部件的设计和制造需要考虑重载机器人的工作环境和负载要求，确保视觉装置能够稳定、可靠地工作。此外，还需要对机械装置进行定期维护和保养，以延长其使用寿命和保证重载机器人的正常运行。

在实际应用中，机器光源和相机固定装置需要协同工作，以实现最佳的检测效果。例如，在自动化生产线中，可能需要根据生产流程的不同，调整光源的位置和角度，以及相机的固定位置，以确保每一次检测都能获得高质量的图像数据。此外，一些固定装置还设计有滑台等联动机构，以适应待检面积很大的对象，需要多相机的协调联动。

2. 硬件选型

(1) 相机的选型　相机在选型的过程中需要考虑的因素和主要流程如图 7-47 所示。

(2) 镜头的选型　在许多工作场景下，能够允许的工作距离和所需的视场都是已知的。可以认为镜头在物方空间对被测物体的张角与在像方空间对传感器的张角是相等的，如图 7-48 所示。

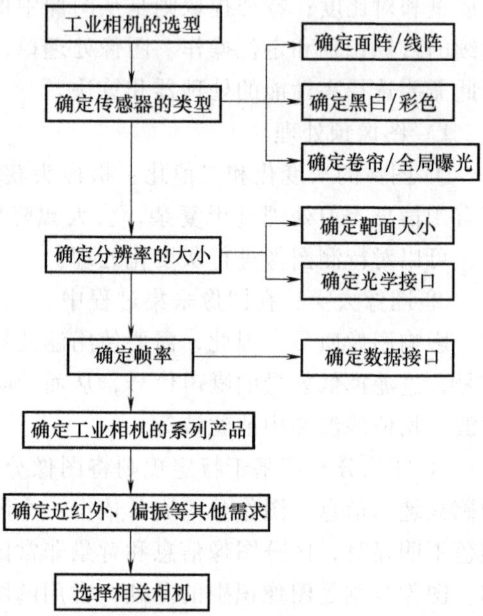

图 7-47　相机的选型

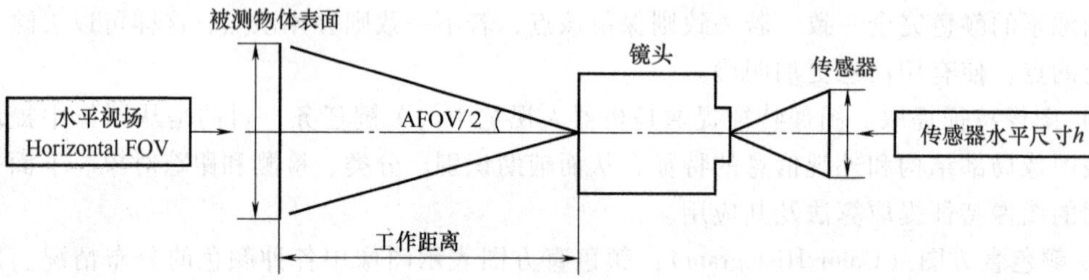

图 7-48　镜头成像的原理

镜头的视场角

$$AFOV = 2 \times \arctan\frac{\text{Horizontal FOV}}{2\text{WD}} \tag{7-4}$$

式中，WD 为被观测物体到镜头前端的距离（mm）；AFOV 为镜头的水平视场角（°）；Horizontal FOV 为水平视场的距离（mm）。

如果图像传感器的尺寸已经选定，可以进一步通过式（7-5）和式（7-6）确定所需镜头的焦距 f 和成像系统的光学放大倍率 β：

$$f = \frac{h\text{WD}}{\text{Horizontal FOV}} \tag{7-5}$$

$$\beta = \frac{f}{\mathrm{WD}} \tag{7-6}$$

在镜头选型时，不仅要考虑视野在水平方向上是否满足需求，还要考虑在竖直方向上是否满足需求，其计算方法与水平方向计算相同。

（3）光源的选型　机器人视觉旨在将所需求的图像特征提取出来，以便视觉系统的下一步动作，因此图像质量决定了整个机器视觉系统的成败。一张理想的效果图像，直接决定了软件算法的快速性及稳定性，而图像质量的高低又取决于合适的照明方式，因此光源是机器视觉系统中不可忽略的一个重要组件。针对不同的检测内容，不同的检测物体，需要选用不同的光源和不同的打光方式来达到最佳的检测效果。

1）光源类型。

① 环形光源：提供不同的照射角度、不同的颜色组合，更能突出物体的三维信息。

② 背光源：用高密度 LED 阵列面提供高强度背光照明，能突出物体的外形轮廓特征，尤其适合显微镜的载物台。

③ 条形光源：条形光源是较大方形结构被测物的首选光源。

④ 同轴光源：同轴光源可以消除物体表面不平整引起的阴影，从而减少干扰，部分采用分光镜设计，减少光损失，提高成像清晰度，均匀照射物体表面。

⑤ 线光源：超高亮度，采用柱面透镜聚光，适用于各种流水线连续检测场合。

⑥ 点光源：大功率 LED，体积小，发光强度高，适合作为镜头的同轴光源。

2）光源选型。

① 了解产品需要检测的特征点面积大小，选择合适尺寸的光源。

② 了解产品的特性，选择不同类型的光源。

③ 了解产品的材质，选择不同颜色的光源。

④ 了解安装空间和其他可能产生的障碍，选择合适的光源。

3）不同光源类型的选择要领。

环形光源：了解光源安装距离，过滤掉某些角度光源；目标面积小，且主要特征在表面中间；目标需要检测的特征在边缘；目标表面有划伤。

背光源/平行背光源：背光源四周由于外壳遮挡，亮度会低于中间部位，因此要尽量不要使被测物体位于边缘；一般在检测轮廓时，背光源尽量使用波长短的光源，衍射性弱，不易产生重影，对比度更高；检测液位可以将背光源侧立；圆轴类、螺旋状的产品尽量使用平行背光源。

条形光源：条形光源照射宽度最好大于检测距离；若照明物体是高反光物体，则最好加上漫射板，若是黑色则不需要。

同轴光源：选择同轴光主要看其发光面积，根据目标大小选择；同轴光的发光面积最好比目标尺寸大 1.5~2 倍，因为同轴光的光路设计是让光路通过一片 45°半反半透镜，光源靠近灯板的地方会比远离灯板的地方亮度高，因此尽量选择大一点的发光面，避免光线左右不均匀；同轴光在安装时不要离目标太远，越远，同轴光越大才能保证光线均匀。

（4）图像采集卡的选型

1）图像采集卡种类。图像采集卡根据输入信号的类型可以分为模拟图像采集卡和数字图像采集卡两类；若按其功能可以分为单纯功能图像采集卡和集成图像处理功能采集卡。

2）图像采集卡的选取。图像采集卡的选取需要考虑五个因素，它们分别是视频信号接口、数据采集能力、软件开发包、技术支持能力、品牌及产品线。

习题

7-1　重载机器人常见的通信接口以及常用的通信协议有哪些？

7-2　重载机器人的控制系统由哪几个关键部分组成？

7-3　从控制结构和数据通信协议的角度，重载机器人的控制系统可以分为哪几种？简述每种控制系统的特点、组成和工作流程。

7-4　重载机器人的运动控制方法有哪几种？

7-5　重载机器人的位置控制具体可以分为哪两种？简述对于重载机器人来说，每种控制方法的优缺点。

7-6　位置闭环控制系统的关键组成部分有哪些？

7-7　位置闭环控制系统可以分为哪两种？简述每种方式的特点。

7-8　简述重载机器人自主任务规划控制的原理与框架。

7-9　多机器人协同控制包括哪两大类？每一类的优点是什么？

7-10　简述重载机器人常用的几种传感器。

7-11　在重载机器人的应用中，激光雷达主要用于实现什么功能？

参考文献

[1]　李正军，李潇然. 现场总线及其应用技术［M］. 3版. 北京：机械工业出版社，2023.

[2]　张新棋，董传杰，谢冬，等. 基于KUKA重载机器人的柔性搅拌摩擦焊接系统开发与试验研究［J］. 宇航材料工艺，2024，54（1）：79-85.

[3]　李占英. 分散控制系统（DCS）和现场总线控制系统（FCS）及其工程设计［M］. 2版. 北京：电子工业出版社，2015.

[4]　刘明尧，杨凯，岳慧. 水平井作业机器人分布式控制系统设计［J］. 石油机械，2015，43（9）：109-112.

[5]　李卫平，左力. 运动控制系统原理与应用［M］. 武汉：华中科技大学出版社，2013.

[6]　白鹭，李思奇，梁培新，等. 铝合金转向节自动化锻造生产线控制系统设计［J］. 锻压技术，2023，48（10）：200-206.

[7]　蔡自兴，谢斌. 机器人学［M］. 4版. 北京：清华大学出版社，2022.

[8]　费雪峰. 一种基于智慧物流仓储管理的AGV机器人智能搬运控制分析系统：CN202210987724.4［P］. 2022-11-22.

[9]　陈翀，李星，邱志强，等. 建筑施工机器人研究进展［J］. 建筑科学与工程学报，2022，39（4）：58-70.

[10]　李加强. 基于视觉辅助定位的水下机器人目标抓取控制［D］. 哈尔滨：哈尔滨工程大学，2021.

[11]　宁祎. 工业机器人控制技术［M］. 北京：机械工业出版社，2021.

[12] 熊诗波. 机械工程测试技术基础 [M]. 4 版. 北京：机械工业出版社，2018.
[13] 郭彤颖，张辉. 机器人传感器及其信息融合技术 [M]. 北京：化学工业出版社，2017.
[14] 郁有文，常健，程继红. 传感器原理及工程应用 [M]. 5 版. 西安：西安电子科技大学出版社，2021.
[15] LI Y，IBANEZ-GUZMAN J. Lidar for autonomous driving：the principles，challenges，and trends for automotive lidar and perception systems [J]. IEEE Signal Processing Magazine，2020，37 (4)：50-61.
[16] 周红平. CCD 图像传感器原理 [J]. 中国新技术新产品，2009 (20)：28-29.
[17] 余文勇，石绘. 机器视觉自动检测技术 [M]. 北京：化学工业出版社，2013.

第8章 基于强化学习的重载机器人交互控制

机器人交互控制是目前机器人科学研究和工程应用的热门话题。机器人交互控制的主要目标是实现机器人与环境之间安全、精准的预期相互作用。随着重载机器人技术的不断发展，在一些危险恶劣的重工业环境中需要重载机器人具备与环境进行自主交互的能力，从而自主完成复杂作业任务。机器人交互控制方法主要包括经典交互控制和基于强化学习的交互控制。经典交互控制仍需依靠人类操作，使得机器人难以自主地针对目标任务进行决策，如以阻抗、导纳控制为主的间接力控制思想使机器人在交互中表现出机械顺从性，使机器人可适应较为简单的环境变化。然而，随着基于强化学习的交互控制方法的不断突破，使得包括重载机器人在内的诸多机器人具备处理大规模动作空间问题的能力，推动了重载机器人交互控制技术的发展。

8.1 强化学习的基本原理和算法

8.1.1 强化学习基本原理

强化学习是一种机器学习方法，它通过让智能体（Agent）与环境的交互来学习如何做出最优的行动选择以获得最大的累积奖励。这种方法的核心是奖励（Reward），智能体通过不断尝试和改进来获得更高的奖励分数，从而学习到在特定状态下采取的最佳行动策略。为了更好地掌握强化学习的基本原理，下面首先对一些关键概念做出解释。

智能体（Agent）：智能体是参与强化学习的主体，它负责观察环境、选择动作并获得奖励。智能体的目标是通过与环境的交互学习一个策略，以最大化长期奖励。

环境（Environment）：环境是智能体所处的外部环境，它会对智能体的动作做出响应，并根据智能体的行为提供奖励。环境的状态会随着智能体的动作而改变。

动作（Actions）：动作是智能体可以执行的操作，它会影响环境的状态。在每个时间步，智能体需要选择一个动作来执行，以影响环境并获取奖励。

状态（State）：状态是描述环境当前情况的信息。智能体的决策取决于当前状态，同时环境的状态也会随着智能体的动作而变化。

奖励（Reward）：奖励是环境针对智能体的动作提供的反馈信号，表示动作的好坏程度。智能体的目标是通过最大化长期奖励来学习一个优秀的策略。

策略（Policy）：策略定义了智能体在特定状态下选择动作的方式。它可以是确定性的（直接映射状态到动作）或者是随机性的（根据概率分布选择动作）。

状态转移（State Transition）：状态转移描述了在智能体执行动作后，环境状态如何发生变化。这是强化学习中一个重要的概念，智能体需要理解不同状态之间的转移关系来做出优化的决策。

除了智能体和环境之外，强化学习系统有八个主要元素：状态 S_t，动作 A_t，奖励 R_t，策略 π，值函数 $V_\pi(S_t)$，奖励折扣因子 γ、状态转移概率矩阵 $\boldsymbol{P}_{ss}^{a}$，和探索率 ε。基于强化学习的机器人学习过程，如图 8-1 所示，智能体在时刻 t 的状态 S_t 按照当前策略执行动作 A_t，然后到达时刻 $t+1$ 的状态 S_{t+1}，并在时刻 t 获得奖励 R_{t+1}。通过采样得到观测序列 H、状态、动作和奖励。通过价值函数得到最优策略，可用于指导机器人操作。

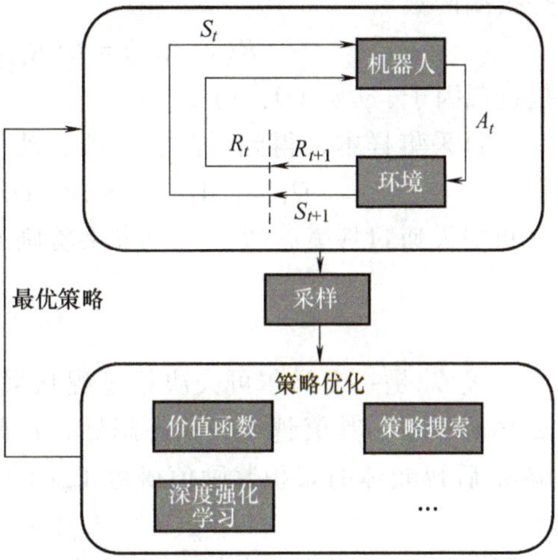

图 8-1　基于强化学习的机器人学习过程

8.1.2　强化学习中的数学理论基础

在不确定和非结构化环境下，图 8-2 所示的马尔可夫决策过程常被用于对决策问题进行建模。几乎全部强化学习问题，均可以表示为马尔可夫决策过程的形式。迁移后的状态由迁移前的状态和行动决定，奖励由迁移前和迁移后的状态决定。这个性质称为马尔可夫性，拥有马尔可夫性的环境称为马尔可夫决策过程。

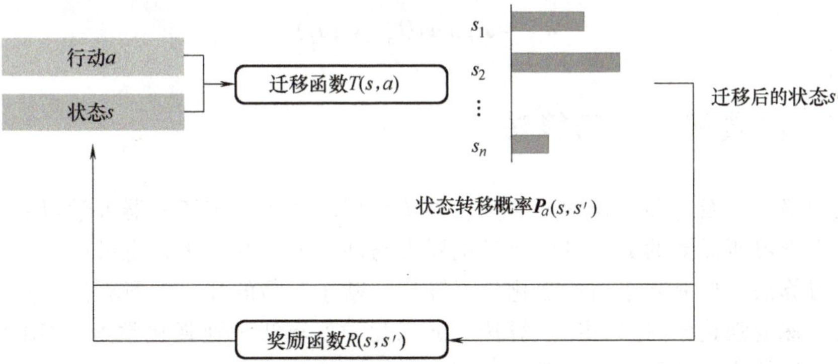

图 8-2　马尔可夫决策过程

强化学习是像迭代神经网络一样通过一系列状态-动作对运行智能体的过程。它通过采样的方式从数据中提取信息，并将马尔可夫决策过程与大量的状态-动作对相结合。奖赏的复杂概率分布模型与之相关联。马尔可夫决策过程通常被定义为元组（S, A, $\boldsymbol{P}$, R, γ）：S 是一个有限状态集；A 是一个有限的动作集合；$\boldsymbol{P}$ 为状态转移概率，即智能体在选择执行动作到下一状态时状态转移的概率矩阵。

$$\boldsymbol{P}(s' \mid s,a) = Pr[s_{t+1} = s' \mid S_t = s, A_t = a] \tag{8-1}$$

R 是报酬函数

$$R(s,a,s') = E(R_{t+1} \mid S_t = s, A_t = a, S_{t+1} = s') \tag{8-2}$$

γ 是折现因子，$\gamma \in (0,\ 1)$。

通过采集样本，得到观测、测站、动作、奖励的序列 H

$$O_1, S_1, A_1, \cdots, S_t, A_t, O_t, R_{t+1}, S_{t+1}, A_{t+1}, O_{t+1}, R_{t+2}, \cdots \tag{8-3}$$

机器人通过搜索，以最大化未来奖励 G_t 的折现总和，即

$$G_t = \sum_{i=0}^{\infty} \gamma^i R_{t+i+1} \tag{8-4}$$

回报 G_t 是一个马尔可夫决策过程从采样开始到结束所有回报的衰减之和，代表了一个好或坏的状态。其值越大，状态越好，从而获得更多的奖励。基于贝尔曼方程，状态 s_t 执行策略 π 后智能体的累积奖励值函数 $V_\pi(s_t)$ 为

$$V_\pi(s_t) = E_\pi[R_{t+1} + \gamma V_\pi(S_{t+1}) \mid S_t = s] \tag{8-5}$$

同理，也可以得到动作-价值函数的迭代关系为

$$Q_\pi(s,a) = E_\pi[R_{t+1} + \gamma Q_\pi(S_{t+1}, A_{t+1}) \mid S_t = s, A_t = a] \tag{8-6}$$

找到一个最优策略可以更好地解决强化学习问题，使机器人在与环境交互的过程中总能获得比其他策略更多的收益。该问题被转化为求解最优动作值函数，即

$$Q^*(s,a) = \max_\pi Q_\pi(s,a) \tag{8-7}$$

因此，最优策略可以定义为

$$\boldsymbol{\pi}^*(a \mid s) = \begin{cases} 1 \text{ if } a = \operatorname{argmax}_{a \in A} Q^*(s,a) \\ 0 \text{ else} \end{cases} \tag{8-8}$$

由于贝尔曼方程不是线性的，所以引入非线性 max 函数。该函数不能像贝尔曼方程那样直接求解得到闭式解，可以通过值迭代、Q 学习或策略迭代等求解。当 $i \to \infty$，不断迭代使动作状态值函数收敛，即 $Q_\pi \to Q_\pi^*$。智能体在状态 s_t 中执行的最佳动作为

$$a_t^* = \operatorname*{argmax}_{a_t} Q_\pi^*(s_t, a_t) \tag{8-9}$$

8.1.3 经典强化学习算法

机器人的研究涉及许多强化学习算法。训练数据的产生决定了机器人学习所采用的具体方法。机器人学习所需要的数据可以通过机器人与环境的交互产生，也可以由专家提供。目前，强化学习算法主要有基于值的强化学习算法、基于策略的强化学习算法、基于模型的强化学习算法、深度强化学习（DRL）算法、元强化学习算法和逆强化学习（IRL）算法。几种强化学习算法的优点和不足见表 8-1。

表 8-1 几种强化学习算法的优点和不足

类别	主要特点	优点	不足
基于值的强化学习算法	评估行动并改进策略，而不是直接采取行动	灵活且易于实施	不适用于不连续和大状态空间的情况，奖励函数设计困难，占用更多内存

（续）

类别	主要特点	优点	不足
基于策略的强化学习算法	将状态映射到操作或分发操作	比基于值的强化学习算法更简单易收敛，直接优化目标函数，获得最优策略	易于收敛到局部最优并遇到高方差
基于模型的强化学习算法	已知模型可以描述环境并预测下一个状态和返回	训练速度更快，易于收敛	难以获得模型和设计奖励函数
深度强化学习算法	原始输入图像的端到端控制	决策、感知、更快收敛和更低的数据关联	数据效率低下、样本复杂度高、不稳定、局部最优、奖励函数设计难
逆强化学习算法	没有指定的奖励功能	易于量化奖励函数并获得奖励函数	通过不同的奖励功能，轻松导致相同的专家政策
元强化学习算法	学会学习	灵活、小规模的样本和更快的学习速度	大尺度参数空间和二次梯度

8.2 重载机器人交互控制策略

8.2.1 柔顺控制算法分类

重载机器人柔顺控制是指通过传感器反馈末端信息给控制系统，使机器人末端产生具有柔顺特性的期望力，以使机器人与环境交互时表现出良好的顺应性运动轨迹。

柔顺控制分为被动柔顺控制和主动柔顺控制。被动柔顺控制一般是通过外加辅助装置、利用机构装置本身的特性来减缓机器人与环境交互时产生额外的冲击力。主动柔顺控制主要通过传感器采集末端信息反馈给控制策略，进而利用算法来控制机器人表现出柔顺运动。柔顺控制分类如图 8-3 所示。

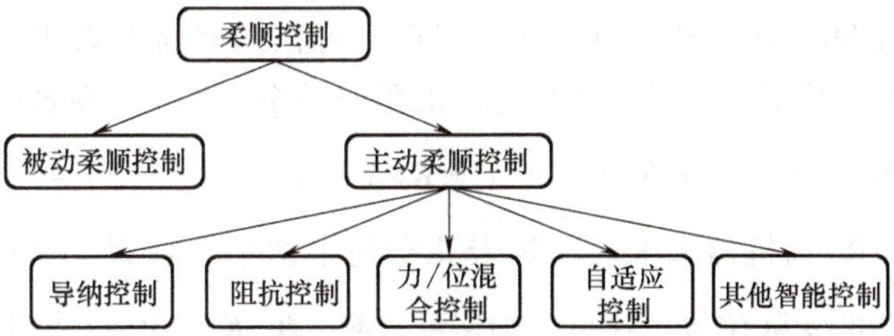

图 8-3　柔顺控制分类

1. 主动柔顺控制

主动柔顺（Active Compliance）是指机器人能够利用力反馈信息采用一定的控制算法去控制作用力。图 8-4a 所示为主动柔顺控制，当操作机器人将一个柱销装进某个零件的圆孔中时，由于柱销轴与孔轴不对准，无论机器人怎样用力（甚至将零件挤坏）都无法将柱销插入孔内。此时若采用一个力反馈或组合反馈控制系统，带动柱销转动某个角度，直至柱销轴与孔轴对准，那么柱销装入孔内的阻力就消失了，这样装配工作便可顺利完成，这种技术称为主动柔顺技术。

主动柔顺控制方法包括导纳控制、阻抗控制、力/位混合控制、自适应控制和其他智能控制。

2. 被动柔顺控制

被动柔顺（Passive Compliance）是指机器人凭借辅助的柔顺机构与环境接触时能够对外部作用力产生自然顺从，图 8-4b 所示为被动柔顺控制。对于与图 8-4a 所示相同的任务，若不采用反馈控制，也可通过操作机器人终端机械结构的变形来适应操作过程中遇到的阻力，这种技术称为被动柔顺技术。如图 8-4b 所示，柱销与操作机器人之间设有类似弹簧的机械结构，当柱销插入孔内遇到阻力时，弹簧系统就会产生变形，使阻力减小，以使柱销轴与孔轴重合保证柱销顺利地插入孔内。

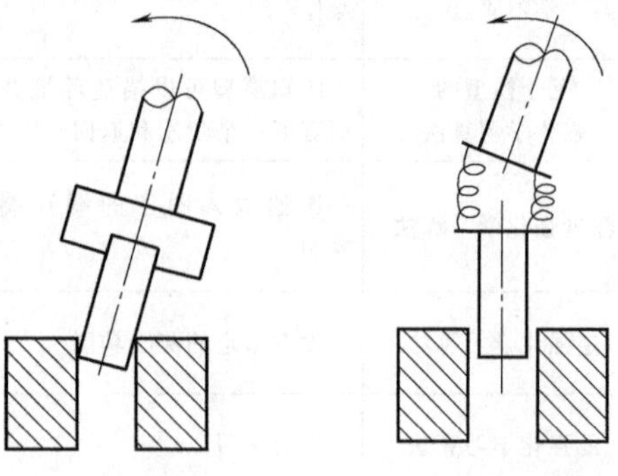

a) 主动柔顺控制　　b) 被动柔顺控制

图 8-4　主动柔顺控制与被动柔顺控制

被动柔顺控制有如下缺陷：

1）在机械系统中永远存在机器高刚度和高柔顺之间的矛盾。

2）被动柔顺控制器大多为标准件，专用性强，适应性较差，适用于少数特定场合。

3）被动柔顺控制器本身不具备控制性，只存在机械与外界力的交换，属于纯机械范畴，无法主动控制。

8.2.2　重载机器人的柔顺控制

阻抗控制、导纳控制和力/位混合控制是三种经典柔顺控制方法。

1. 阻抗控制

阻抗控制通过在机器人各关节端加入（质量-弹簧-阻尼）控制系统来达到柔顺的目的，通过传感器的反馈来调节机器人关节的力、位置、速度和加速度等参数。

阻抗控制将位置和接触力置于同一框架当中，可以同时对两者进行控制，如图 8-5 所示。在笛卡儿空间中，机械臂末端与环境之间的阻抗关系为如下二阶微分方程的形式，即

$$\boldsymbol{M}(\ddot{X}-\ddot{X}_r)+\boldsymbol{B}(\dot{X}-\dot{X}_r)+\boldsymbol{K}(X-X_r)=\boldsymbol{F}_e-\boldsymbol{F}_d=\boldsymbol{E}_f \tag{8-10}$$

式中，X_r、$\dot{X}_r$、$\ddot{X}_r\in\mathbf{R}^3$ 为机器人末端在笛卡儿空间中的参考位置、速度、加速度；X、$\dot{X}$、$\ddot{X}\in\mathbf{R}^3$ 为机器人末端的实际位置、速度、加速度；$\boldsymbol{M}$、$\boldsymbol{B}$、$\boldsymbol{K}\in\mathbf{R}^{3\times3}$ 为阻抗关系惯性、阻尼、刚度的正定对角矩阵；$\boldsymbol{F}_e\in\mathbf{R}^3$ 为测量得到的接触力；$\boldsymbol{F}_d\in\mathbf{R}^3$ 为给定的期望接触力；$\boldsymbol{E}_f\in\mathbf{R}^3$ 为接触力误差。

2. 导纳控制

导纳控制的控制系统与阻抗控制是对偶的，阻抗控制器输入端为位置，输出端为力，而导纳控制器输入端为力，输出端为位置，同样都有力和位置的反馈。

基于位置的阻抗控制，一般称为导纳控制，是指通过给定的阻抗关系，将接触力误差转换成参考轨迹的修正量。然后，控制机器人末端沿着修正后的路径运动，即可实现对于接触

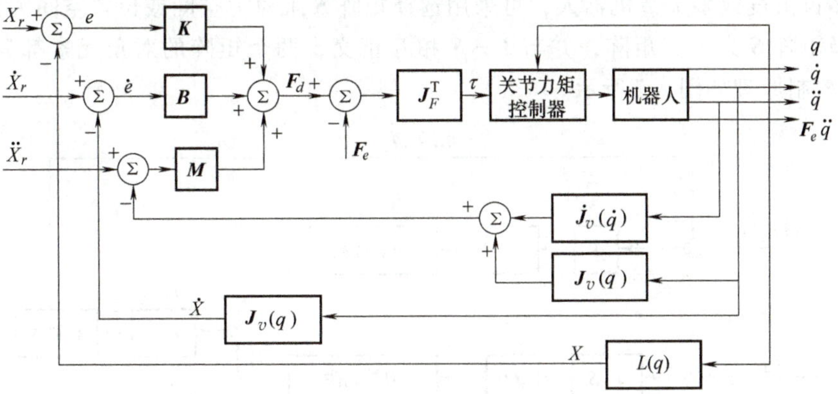

图 8-5　阻抗控制原理

力的控制。该控制系统的结构由阻抗部分和机器人位置控制部分组成，如图 8-6 所示。

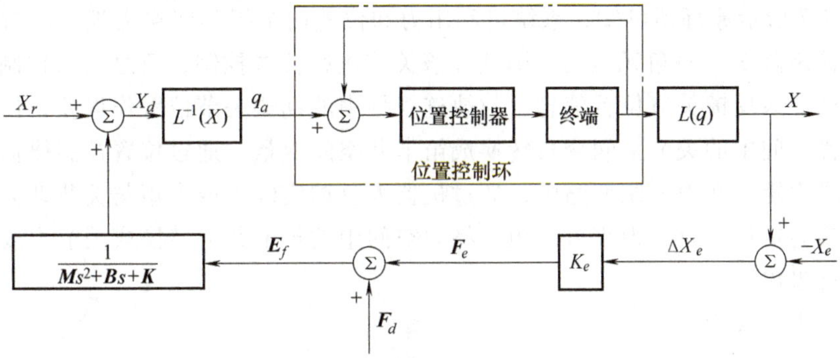

图 8-6　导纳控制原理

根据工作原理，阻抗部分的输入是接触力误差，输出是给定参考轨迹的修正量，因此阻抗部分的传递函数可以表示为

$$x_f(s)=\frac{1}{\boldsymbol{M}s^2+\boldsymbol{B}s+\boldsymbol{K}}\boldsymbol{E}_f(s) \tag{8-11}$$

机器人末端与环境之间的接触力是由环境形变产生的，一般情况下，将接触力建模为弹簧模型，表示为

$$f_e=\begin{cases}k_e(x_e-x) & (x<x_e)\\ 0 & (x\geqslant x_e)\end{cases} \tag{8-12}$$

式中，k_e 为环境刚度；x_e 为环境位置。

3. 力/位混合控制

力/位混合控制是对机器人的所有关节分别独立地进行力控制和位置控制，主要通过雅可比矩阵将机器人工作空间的力和位置的部分完全解耦，即将机器人关节独立成两个部分，一部分进行力的控制，另一部分进行位置或角度的控制。因为位置和力是完全解耦的，因此在设计控制方式时可以分开设计，但力/位混合控制较难实现。力/位混合控制策略是同时对机器人的力空间和位置空间进行控制。在力空间中控制关节力或力矩，在位置空间中控制关节位置，可实现期望力和期望位置的跟踪。

对于多自由度或多关节机器人，可采用选择矩阵 $\boldsymbol{S}$ 来对力空间或位置空间关节进行相关控制，选择矩阵 $\boldsymbol{S}$ 为正交矩阵，并与 $\boldsymbol{I}-\boldsymbol{S}$ 相互正交，两个矩阵的对角元素都只为 0 或 1。力/位混合控制原理如图 8-7 所示。

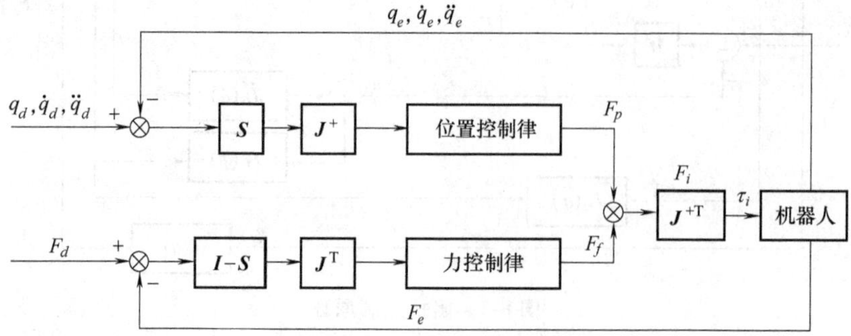

图 8-7 力/位混合控制原理

根据图 8-7 所示原理图可知，系统可利用力和位置两个闭环回路去控制。对于位置控制回路中的选择矩阵 $\boldsymbol{S}$，对角元素为 1 则选择该关节进行位置控制，反之为力控制。位置控制回路是通过机器人反馈关节位置信息，与轨迹规划中的期望关节位置作误差，伪逆雅可比矩阵将选择位置空间中的关节空间变量转换成笛卡儿空间变量，通过位置控制律输出位置空间中的关节力或力矩。在力控制回路中，通过机器人反馈实际力或力矩与关节动力学所计算的期望关节力或力矩作误差，力雅可比矩阵将力空间中的笛卡儿力转换成关节力或力矩，给予力控制器进行输出。

关节输入表达式为

$$\boldsymbol{\tau}=\boldsymbol{S}\boldsymbol{\tau}_p+(\boldsymbol{I}-\boldsymbol{S})\boldsymbol{\tau}_f \tag{8-13}$$

式中，$\boldsymbol{I}$ 为单位矩阵；$\boldsymbol{S}$ 为选择位置控制空间的矩阵；$\boldsymbol{I}-\boldsymbol{S}$ 为选择力控制空间的矩阵；$\boldsymbol{\tau}$ 为关节输入力或力矩；$\boldsymbol{\tau}_p$ 为位置空间输出的关节力或力矩；$\boldsymbol{\tau}_f$ 为力空间输出的关节力或力矩。

8.2.3 基于强化学习的变阻抗位置/力控制

强化学习是一个经验学习的过程，智能体通过反复循环探索过程获得对环境的认识。根据是否在训练前基于预先设置的经验模型对所交互环境进行建模，强化学习分为有模型（Model-based）和无模型（Model-free）两类算法。

有模型算法在训练前针对目标任务和交互环境构造预测模型，智能体在训练时通过读取该经验预测模型，预测出后续训练过程中每一步交互的状态和所能获得的奖励。在 Model-based 算法中，智能体通过参考读取预测模型，只需要采样较少的数据即可实现训练过程收敛，样本效率高，训练速度快，但其算法复杂性更高，且需要基于所交互背景提前建模，导致方法的泛化性有限，且训练好坏取决于预测模型建模的准确性。

无模型算法则不需要对环境进行建模，智能体从交互中直接进行学习和迭代，相对更简单，应用更加方便，但算法中智能体只能基于随机采样进行学习，需要大量的样本数据，样本效率较低，学习时间长。

对于强化学习而言，初始的强化学习算法并无交互力的反馈，训练出的策略缺少相对应的力控制约束，容易导致安全问题，故在强化学习框架中结合经典力控制方法必不可少。

经典力控制方法分为显式或隐式控制：显式力控制直接控制重载机器人末端的作用力大小方向，但目前从技术上难以实现复杂交互任务的要求。隐式力控制设置机器人交互作用力与其动力学参数间的动态关系，间接实现交互力控制，能使机器人具有对外力的顺从机械特性，即机器人能在接触交互的过程中根据外力表现出顺应外力大小方向变化的动力学性能，成为接触交互安全的关键。隐式力控制实现机器人顺从特性的代表是阻抗控制，其核心思想是为机器人的交互建立一种虚拟质量-弹簧-阻尼动力学模型，即

$$\boldsymbol{M}(\ddot{x}_r-\ddot{x}_d)+\boldsymbol{B}(\dot{x}_r-\dot{x}_d)+\boldsymbol{K}(x_r-x_d)=\boldsymbol{F}_e \tag{8-14}$$

式中，$\boldsymbol{M}$、$\boldsymbol{B}$、$\boldsymbol{K}$ 为交互方向上的惯性、阻尼、刚度矩阵；$\boldsymbol{F}_e$ 为交互方向上的作用力矩阵；x_r、x_d 为交互方向上的实际位置和预期位置。

通过将虚拟模型设置到重载机器人各种交互点（如机器人末端、机器人各关节），并设定相关的弹簧刚度、系统阻尼系数。当交互状态发生时，机器人在空间中仍会按照设定轨迹运动，但其会根据外力大小，与设定的增益成比例地偏离轨迹，基于模型参数表现出顺从的机械状态，以实现机器人的柔性控制。

8.3 重载机器人碰撞检测

8.3.1 基于传感器的碰撞检测方法和原理

1. 基于末端六维力传感器的碰撞检测

末端执行器的碰撞检测是机器人力觉感知的重要组成部分，也是机器人与外界环境交互不可或缺的功能，仅依靠碰撞力和力矩数据来求解碰撞位置的难点在于多解问题，需要借助额外的约束条件来求解唯一解。现有的方法大多采用几何约束条件，其缺点在于无法应用于非结构化的环境和无法应对碰撞物的形变。根据碰撞表面接触点数量的不同，可以将实际应用中的碰撞分为 3 种：单触点碰撞、平面或表面均匀接触碰撞、多触点碰撞，如图 8-8a ~ c 所示。单触点碰撞又可以分为结构化环境（可预测建模）碰撞和非结构化环境下的碰撞，如图 8-8d、e 所示。除此之外，形变也是碰撞过程中经常遇到的一种情况，如图 8-8f 所示。事实上，平面或表面均匀接触的碰撞和多触点碰撞都可以看作是单触点碰撞的特殊组合形式，因此本节重点对非结构环境下的单触点碰撞及形变进行分析。

（1）碰撞定位模型　以图 8-9 所示的重载机械臂系统为例，设最终检测到的触点位置为 ${}^R\boldsymbol{P}$，根据机械臂的运动学模型可以得到

$${}^R\boldsymbol{P}={}^0_1\boldsymbol{T}{}^1_2\boldsymbol{T}\cdots{}^{n-1}_{\ \ n}\boldsymbol{T}{}^{\ \ n}_{\text{sensor}}\boldsymbol{T}{}^S\boldsymbol{P} \tag{8-15}$$

式中，${}^S\boldsymbol{P}$ 为触点在力传感器坐标系中的位置。因此，对于整个机器人系统来说，首先应该标定传感器在系统中的位置，之后触点检测问题可简化为在传感器坐标系中求解触点位置。

根据六维力传感器的数据格式，碰撞力和力矩均可以被分解为 3 个坐标轴上的分量，因此，设碰撞力和力矩分别为 $\boldsymbol{F}(F_x, F_y, F_z)$，$\boldsymbol{M}(M_x, M_y, M_z)$，则两者与触点位置的关系可表示为

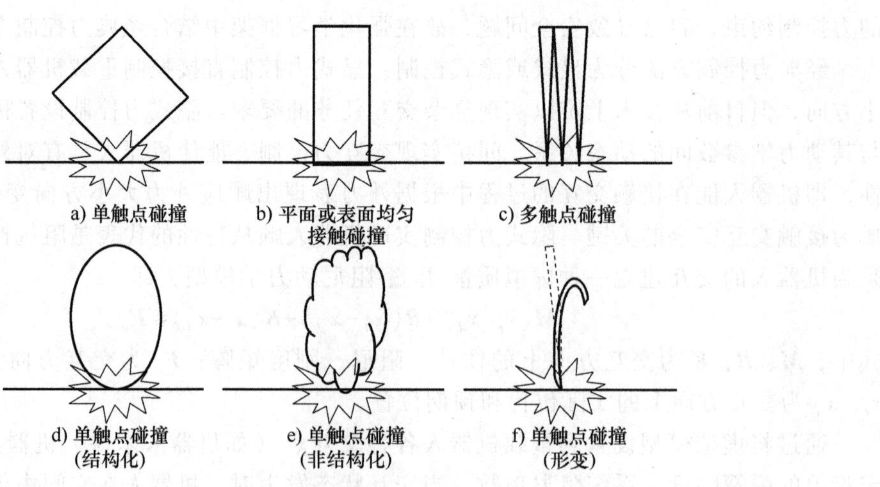

图 8-8　碰撞分类示意图

$$\boldsymbol{M}(M_x,M_y,M_z)=\boldsymbol{L}(x,y,z)\times\boldsymbol{F}(F_x,F_y,F_z) \tag{8-16}$$

式中，$\boldsymbol{L}$ 为坐标原点到触点的向量。式（8-16）用矩阵形式可表达为

$$\begin{pmatrix} F_y & -F_x & 0 \\ 0 & F_z & -F_y \\ -F_z & 0 & F_x \end{pmatrix}\begin{pmatrix} x \\ y \\ z \end{pmatrix}=\begin{pmatrix} M_z \\ M_x \\ M_y \end{pmatrix} \tag{8-17}$$

基于力/力矩传感器的触点位置检测算法即可通过求解式（8-17）获取触点位置 $\boldsymbol{P}(x,\ y,\ z)^{\mathrm{T}}$，但由于该方程存在多解，需要借助其他约束条件来求解唯一的触点位置。传统的方法大多依靠碰撞物体表面的形状等先验信息提供几何约束：假设碰撞表面的几何模型为 $\boldsymbol{S}(x,\ y,\ z)=0$，则触点位置可以通过求解以下方程来获得，即

$$\{\boldsymbol{P}(x,y,z)\mid(x,y,z)\in\boldsymbol{L}\times\boldsymbol{F}=\boldsymbol{M}\cap\boldsymbol{S}(x,y,z)=0\} \tag{8-18}$$

事实上，当 $\boldsymbol{F}(F_x,\ F_y,\ F_z)$ 与 $\boldsymbol{M}(M_x,\ M_y,\ M_z)$ 为常数时，式（8-18）的解集 $\{P\}$ 分布在一条空间曲线上，这条空间曲线被称为外力矢量线，将其定义为 $L_c(P)$，参数形式可表达为

$$L_c(P):\frac{x}{F_x}=\frac{y+M_z/F_x}{F_y}=\frac{z+M_y/F_x}{F_z} \tag{8-19}$$

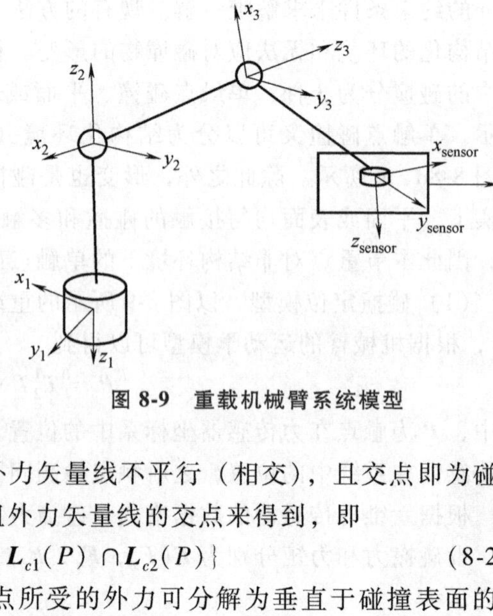

图 8-9　重载机械臂系统模型

显然 $\boldsymbol{F}(F_x,\ F_y,\ F_z)$ 为直线的方向向量，因此，不同的碰撞力决定了不同方向的外力矢量线，通常情况下，由于碰撞物体的运动方向和碰撞力方向不同，就会导致不同时刻的两组外力矢量线不平行（相交），且交点即为碰撞接触点。综上所述，触点位置可以通过求解两组外力矢量线的交点来得到，即

$$\{\boldsymbol{P}(x,y,z)\mid(x,y,z)\in\boldsymbol{L}_{c1}(P)\cap\boldsymbol{L}_{c2}(P)\} \tag{8-20}$$

（2）碰撞测量数据预处理　碰撞过程中触点所受的外力可分解为垂直于碰撞表面的压

力和与碰撞表面相切的摩擦力。在将碰撞过程看作一个动态过程来求解触点位置时，碰撞外力可以不用分解。此外，力传感器检测到的力除了碰撞外力 $\boldsymbol{F}_{\text{contact}}$ 外，还包括一个内力 $\boldsymbol{F}_{\text{inter}}$ 和一个动态力 $\boldsymbol{F}_{\text{dynamic}}$，即

$$\boldsymbol{F}_{\text{sensor}}=\boldsymbol{F}_{\text{contact}}+\boldsymbol{F}_{\text{inter}}+\boldsymbol{F}_{\text{dynamic}} \tag{8-21}$$

内力主要来源于工具和力传感器装配过程中产生的挤压力，通常在装配完成后就可视为定值。动态力则来自于末端工具的重力，会随着重载机器人末端姿态变化而变化。由碰撞产生的外力还可以通过下式来计算，即

$$\boldsymbol{F}_{\text{contact}}=\boldsymbol{F}_{\text{sensor}}-\boldsymbol{F}_{\text{inter}}-\boldsymbol{F}_{\text{gravity}}\boldsymbol{R}_{g\to s} \tag{8-22}$$

式中，$\boldsymbol{F}_{\text{gravity}}$ 为末端工具在大地坐标系中的重力；$\boldsymbol{R}_{g\to s}$ 为大地坐标系到力传感器坐标系的转换矩阵。

此外，基于几何约束的方法一般要通过重力补偿和动态补偿将碰撞外力从传感器采集到的数据中分离出来。将碰撞产生的外力视为外力，其他力均视为内力。同时，利用获取到的多组传感数据可建立时间函数，即

$$\boldsymbol{F}_{\text{contact}}(t)=\boldsymbol{F}_{\text{sensor}}(t)-\boldsymbol{F}_{\text{inter}}-\boldsymbol{F}_{\text{gravity}}\boldsymbol{R}_{g\to s} \tag{8-23}$$

对式（8-23）求导可得

$$\Delta\boldsymbol{F}_{\text{contact}}=\Delta\boldsymbol{F}_{\text{sensor}} \tag{8-24}$$

显然 $\Delta\boldsymbol{F}_{\text{contact}}$ 也同样适用于式（8-16）。因此，采用碰撞力的导数，即传感器两帧数据之间的差值作为式（8-16）的输入量。

（3）基于投影法的外力矢量线交点求解　由于力传感器数据误差的存在，导致空间中两条外力矢量线不一定相交于触点，如图 8-10a 所示。此种情况下可借助三个坐标平面投影线来分步求解触点的坐标，设 $L_c(P)$ 在 xOy 平面的投影为 L'_{xOy}，在 xOz 平面的投影为 L'_{xOz}，在 yOz 平面的投影为 L'_{yOz}，有

$$\begin{cases}L'_{xOy}:F_yF_zx-F_xF_zy=-F_xM_x-F_yM_y\\ L'_{xOz}:F_yF_zx-F_xF_yz=F_xM_x+F_zM_z\\ L'_{yOz}:F_xF_zy-F_xF_yz=-F_yM_y-F_zM_z\end{cases} \tag{8-25}$$

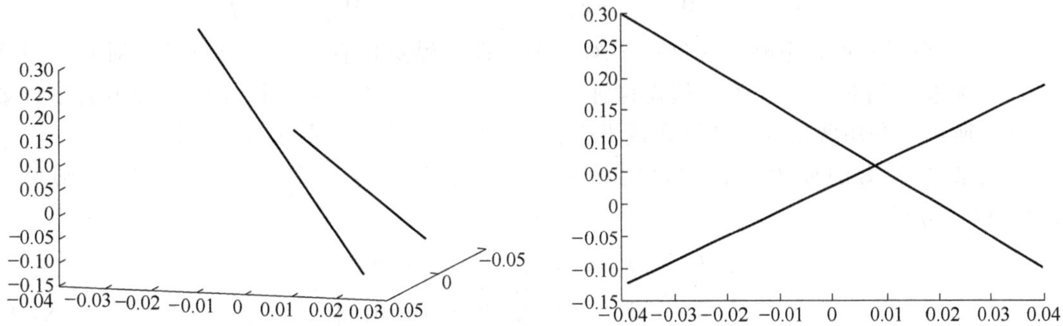

a) 空间分布　　b) 平面投影

图 8-10　两条随机外力矢量线的空间分布及平面投影

图 8-10b 所示为两条外力矢量线在某个坐标面上的投影。虽然两条外力矢量线在三维空间可探测范围内不相交，但是其在坐标系平面上投影线的交点却会落在触点投影的附近。因此，可先通过投影法求解触点在三个坐标平面的投影点坐标，然后结合原始的外力矢量线方程求解触点的三维坐标值，如图 8-11 所示。

设 $P'(x,y)$ 为投影线 $L'_{xOy,1}$ 和 $L'_{xOy,2}$ 的交点，P_1 和 P_2 为投影点在外力空间曲线 L_{c1} 和 L_{c2} 上的对应点。由于无法确定真实碰撞点更接近于 P_1 和 P_2 中的哪个点，将触点初步定义为 $P=0.5(P_1+P_2)$，即 P_1 和 P_2 的中点。其中，P_1 和 P_2 可通过下式进行求解

$$\begin{cases}\sigma L'_1(P')\\ \sigma L'_2(P'),\\ L_{c1}(P)\end{cases}\begin{cases}\sigma L'_1(P')\\ \sigma L'_2(P')\\ L_{c2}(P)\end{cases}\tag{8-26}$$

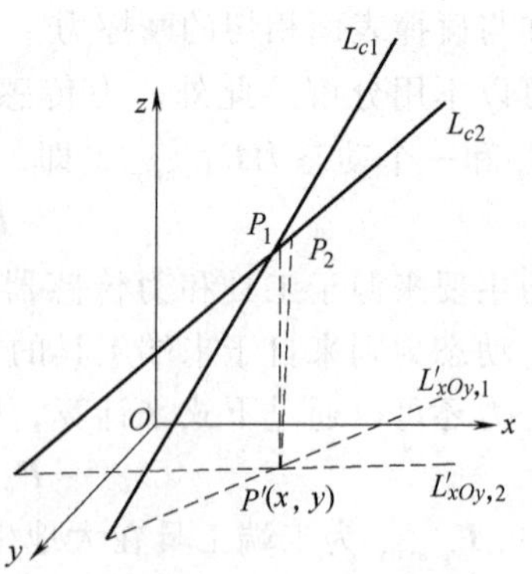

图 8-11　投影法求解触点坐标原理图

式中，σ 为判定因子，用于三个坐标平面选择一个最优的作为投影平面，其具体规则为

$$\begin{cases}L'_n=L'_{xOy,n},\max(\theta_{xOy},\theta_{xOz},\theta_{yOz})=\theta_{xOy}\\ L'_n=L'_{xOz,n},\max(\theta_{xOy},\theta_{xOz},\theta_{yOz})=\theta_{xOz}\\ L'_n=L'_{yOz,n},\max(\theta_{xOy},\theta_{xOz},\theta_{yOz})=\theta_{yOz}\end{cases}\tag{8-27}$$

式中，$n=\{1,\ 2\}$；θ_{xOy} 为 $L'_{xOy,1}$ 和 $L'_{xOy,2}$ 之间的夹角；θ_{xOz} 和 θ_{yOz} 同理，即

$$\begin{cases}\theta_{xOy}=F_{y1}/F_{x1}-F_{y2}/F_{x2}\\ \theta_{xOz}=F_{z1}/F_{x1}-F_{z2}/F_{x2}\\ \theta_{yOz}=F_{y1}/F_{z1}-F_{y2}/F_{z2}\end{cases}\tag{8-28}$$

假设最终选定的投影平面为 xOy，则 $P_1(x,\ y,\ z_1)$ 和 $P_2(x,\ y,\ z_2)$ 的计算公式为

$$\begin{pmatrix}F_{y1}F_{z1} & -F_{x1}F_{z1} & 0\\ F_{y2}F_{z2} & -F_{x2}F_{z2} & 0\\ -F_{z1} & 0 & -F_{x1}\end{pmatrix}\begin{pmatrix}x\\ y\\ z_1\end{pmatrix}=\begin{pmatrix}-F_{x1}M_{x1}-F_{y1}M_{y1}\\ -F_{x2}M_{x2}-F_{y2}M_{y2}\\ M_{y1}\end{pmatrix}\tag{8-29}$$

$$\begin{pmatrix}F_{y1}F_{z1} & -F_{x1}F_{z1} & 0\\ F_{y2}F_{z2} & -F_{x2}F_{z2} & 0\\ -F_{z2} & 0 & -F_{x2}\end{pmatrix}\begin{pmatrix}x\\ y\\ z_2\end{pmatrix}=\begin{pmatrix}-F_{x1}M_{x1}-F_{y1}M_{y1}\\ -F_{x2}M_{x2}-F_{y2}M_{y2}\\ M_{y2}\end{pmatrix}\tag{8-30}$$

（4）最小误差搜索策略　为进一步缩小误差提高触点位置检测的鲁棒性，对碰撞过程中的多组数据进行最优解搜索。假设碰撞过程中的多组力传感器数据生成的外力矢量线如图 8-12a 所示，利用两组相邻数据通过投影法求得的触点集，如图 8-12b 所示。

最小误差搜索的原理为设定最终的触点位置检测结果为 $P''(x'',\ y'',\ z'')$，则通过式（8-17）可得

$$\begin{pmatrix}F_y & -F_x & 0\\ 0 & F_z & -F_y\\ -F_z & 0 & F_x\end{pmatrix}\begin{pmatrix}x''\\ y''\\ z''\end{pmatrix}=\begin{pmatrix}M_x+\delta_{M_z}\\ M_y+\delta_{M_x}\\ M_z+\delta_{M_y}\end{pmatrix}\tag{8-31}$$

式中，$\delta(\delta_{M_x},\ \delta_{M_y},\ \delta_{M_z})$ 为误差，其定义为

$$\begin{cases}\delta_{M_z}=F_yx''-F_xy''-M_z\\ \delta_{M_x}=F_zy''-F_xz''-M_x\\ \delta_{My}=F_xz''-F_zx''-M_y\end{cases}\tag{8-32}$$

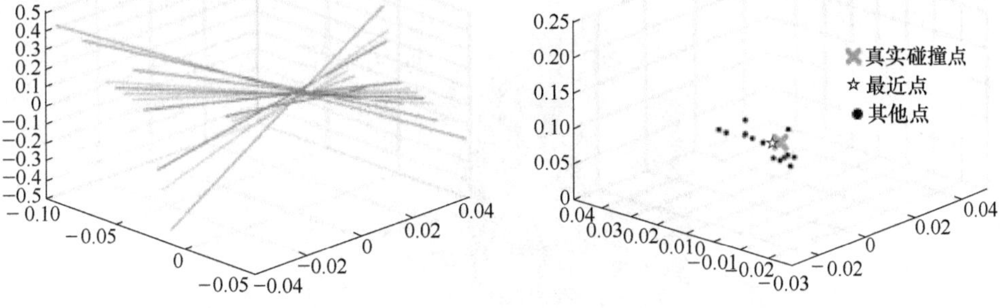

a) 外力矢量线　　b) 检测结果

图 8-12　碰撞过程中产生的多组外力矢量线及投影法触点位置检测结果

设 $|\delta|=\sqrt{\delta_{M_x}^2+\delta_{M_y}^2+\delta_{M_z}^2}$，在投影法所计算出多组触点位置的基础上，寻找误差值 $|\delta|$ 最小对应的触点即视为触点位置检测的最优结果。此外，由于外力矢量线交点数量有限，采用穷举法实现对最小误差结果的搜索，即遍历所有点寻找使误差最小的一组传感数据。因此，基于末端六维力传感器的碰撞检测流程如图 8-13 所示。

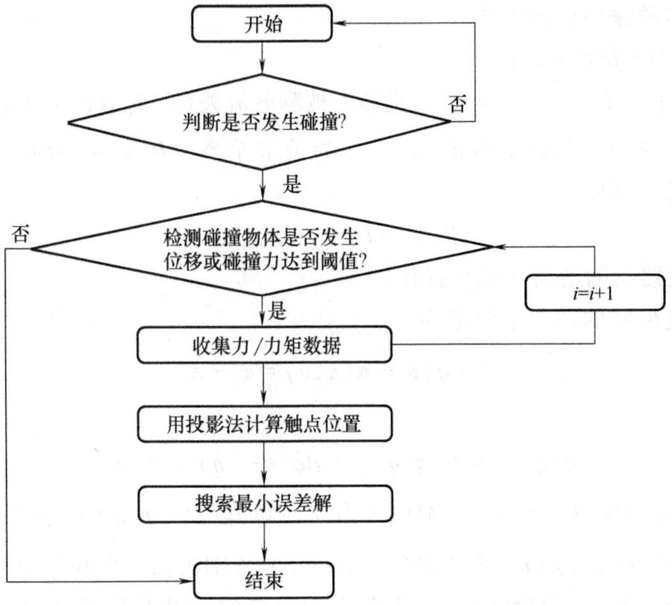

图 8-13　基于末端六维力传感器的碰撞检测流程

2. 基于电子皮肤的碰撞检测

电子皮肤采用碰撞中段检测技术，在保证生产率的同时，为协作机器人提供非接触式的接近感知与碰撞预防等人机协作安全性解决方案。电子皮肤通过在协作机器人表面包裹皮肤式传感器，通常为温度传感器、压力传感器等，来检测“碰撞”产生的外力矩。

电子皮肤解决方案采用穿戴式包裹在机器人外表（图 8-14），具有即装即用、部署灵活的特点，不占用工作空间，不会增加机器人的额外成本。同时，电子皮肤是360°检测，具有覆盖面积大、感知距离远、响应速度快、抗干扰性强的特点，增强了机器人的感知能力。

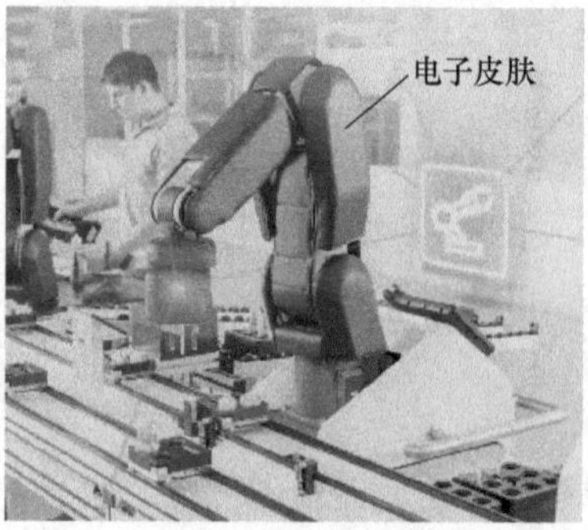

图 8-14　装有电子皮肤的机械臂

8.3.2　无外部传感器的碰撞检测

相对于基于外部传感器的碰撞检测方法，无外部传感器的碰撞检测方法不仅能够降低应用成本，还能降低系统集成难度，因而得到了学术界与工业界的关注与重视。本节主要介绍几种无外部传感器的碰撞检测方法。

1. 基于电动机电流的碰撞检测

设$\boldsymbol{I}(t)=[\boldsymbol{I}_i(t)]$（$i=1, \cdots, n$），为机器人被测电流矢量，$\boldsymbol{I}_{\mathrm{DM}}(t)=[\boldsymbol{I}_{\mathrm{DM},i}(t)]$（$i=1, \cdots, n$），为机器人动力学模型估计的电流矢量，$n$为关节个数，$\boldsymbol{R}(t)=[\boldsymbol{R}_i(t)]$（$i=1, \cdots, n$）为当前的残差向量，其中

$$\boldsymbol{R}(t)=\boldsymbol{I}(t)-\boldsymbol{I}_{\mathrm{DM}}(t) \tag{8-33}$$

式中，$\boldsymbol{I}_{\mathrm{DM}}(t)$由机器人的动力学模型提供。

设某一刚性机械臂的动力学模型为

$$\boldsymbol{M}(\boldsymbol{q})\ddot{\boldsymbol{q}}+\boldsymbol{n}(\boldsymbol{q},\dot{\boldsymbol{q}})=\boldsymbol{\tau}-\boldsymbol{\lambda} \tag{8-34}$$

式中，

$$\boldsymbol{n}(\boldsymbol{q},\dot{\boldsymbol{q}})=C(\boldsymbol{q},\dot{\boldsymbol{q}})\dot{\boldsymbol{q}}+B\dot{\boldsymbol{q}}+\tau_s(\dot{\boldsymbol{q}})+\boldsymbol{g}(\boldsymbol{q}) \tag{8-35}$$

上述模型中，$\boldsymbol{q}$为位置关节矢量，$\boldsymbol{M}(\boldsymbol{q})$为惯性矩阵；$C(\boldsymbol{q},\dot{\boldsymbol{q}})\dot{\boldsymbol{q}}$为科氏力和离心项；$B\dot{\boldsymbol{q}}$和$\tau_s(\dot{\boldsymbol{q}})$用于模拟摩擦力；$\boldsymbol{g}(\boldsymbol{q})$为重力矢量；$\boldsymbol{\tau}$和$\boldsymbol{\lambda}$分别为指令转矩矢量和碰撞转矩矢量。

本节所考虑的机器人控制系统包括机器人动力学的前馈补偿以及PID型控制算法，如图8-15所示。

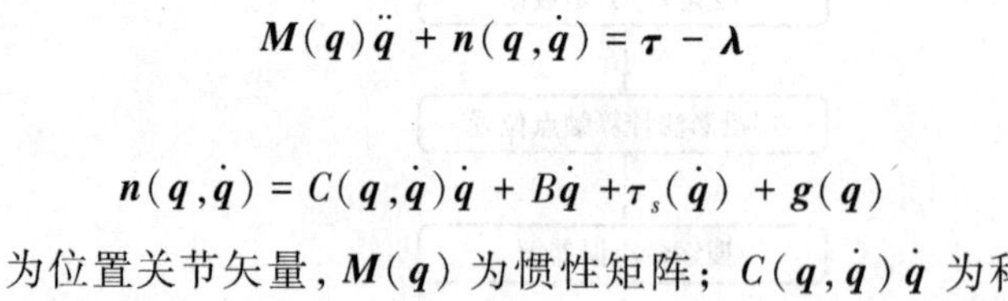

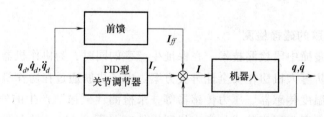

图 8-15　机器人控制方案

则机器人的输入电流是前馈模块产生的电流 $\boldsymbol{I}_{ff}$ 和 PID 型关节调节器产生的电流 $\boldsymbol{I}_r$ 的总和，即

$$\boldsymbol{I}=\boldsymbol{I}_{ff}+\boldsymbol{I}_r \tag{8-36}$$

式中，

$$\boldsymbol{I}_{ff}=\boldsymbol{K}_I^{-1}(\hat{\boldsymbol{M}}(\boldsymbol{q}_d)\ddot{\boldsymbol{q}}_d+\hat{\boldsymbol{n}}(\boldsymbol{q}_d,\dot{\boldsymbol{q}}_d))+\boldsymbol{I}_l \tag{8-37}$$

式中，$\boldsymbol{K}_I$ 为从电流到转矩的转换系数 $K_{I,i}$ 的对角矩阵；$\boldsymbol{I}_l$ 为可能存在的线性前馈项；矩阵 $\hat{\boldsymbol{M}}(\cdot)$ 和 $\hat{\boldsymbol{n}}(\cdot,\cdot)$ 分别为惯性矩阵 $\boldsymbol{M}(\cdot)$ 和 $\boldsymbol{n}(\cdot,\cdot)$。将式（8-37）代入式（8-36），则

$$\boldsymbol{I}=\boldsymbol{K}_I^{-1}(\hat{\boldsymbol{M}}(\boldsymbol{q}_d)\ddot{\boldsymbol{q}}_d+\hat{\boldsymbol{n}}(\boldsymbol{q}_d,\dot{\boldsymbol{q}}_d))+\boldsymbol{I}_l+\boldsymbol{I}_r \tag{8-38}$$

由于 $\boldsymbol{\tau}=\boldsymbol{K}_I\boldsymbol{I}$，则指令转矩矢量为

$$\boldsymbol{\tau}=\hat{\boldsymbol{M}}(\boldsymbol{q}_d)\ddot{\boldsymbol{q}}_d+\hat{\boldsymbol{n}}(\boldsymbol{q}_d,\dot{\boldsymbol{q}}_d)+\boldsymbol{K}_I\boldsymbol{I}_l+\boldsymbol{K}_I\boldsymbol{I}_r \tag{8-39}$$

将式（8-34）代入式（8-39）可以得到

$$\boldsymbol{K}_I(\boldsymbol{I}_l+\boldsymbol{I}_r)=\boldsymbol{\lambda}-\boldsymbol{\delta} \tag{8-40}$$

式中，

$$\boldsymbol{\delta}=\hat{\boldsymbol{M}}(\boldsymbol{q}_d)\ddot{\boldsymbol{q}}_d-\boldsymbol{M}(\boldsymbol{q})\ddot{\boldsymbol{q}}+\hat{\boldsymbol{n}}(\boldsymbol{q}_d,\dot{\boldsymbol{q}}_d)-\boldsymbol{n}(\boldsymbol{q},\dot{\boldsymbol{q}}) \tag{8-41}$$

式（8-37）中的第一项表示动力学模型提供的 $\boldsymbol{I}_{\mathrm{DM}}(t)$ 当前估计值，将其代入式（8-33）中得

$$\boldsymbol{R}=\boldsymbol{I}-\boldsymbol{K}_I^{-1}(\hat{\boldsymbol{M}}(\boldsymbol{q}_d)\ddot{\boldsymbol{q}}_d+\hat{\boldsymbol{n}}(\boldsymbol{q}_d,\dot{\boldsymbol{q}}_d)) \tag{8-42}$$

将式（8-38）代入式（8-42）得

$$\boldsymbol{R}=\boldsymbol{I}_r+\boldsymbol{I}_l \tag{8-43}$$

将式（8-43）代入式（8-40）得

$$\boldsymbol{R}=\boldsymbol{K}_I^{-1}\boldsymbol{\lambda}-\boldsymbol{K}_I^{-1}\boldsymbol{\delta} \tag{8-44}$$

则可以得到碰撞检测函数为

$$\begin{cases}\text{if}\,|\boldsymbol{R}_i(t)|>\boldsymbol{S}_i(t) & \text{第 } i \text{ 个关节在时刻 } t \text{ 发生碰撞}\\ \text{if}\,|\boldsymbol{R}_i(t)|\leqslant \boldsymbol{S}_i(t) & \text{第 } i \text{ 个关节在时刻 } t \text{ 无碰撞}\end{cases} \tag{8-45}$$

式中，$\boldsymbol{S}_i(t)$ 为动态阈值向量函数。基于机器人整个工作周期中获得的所有 $\boldsymbol{I}(t)$ 和 $\boldsymbol{I}_{\mathrm{DM}}(t)$ 的值，可以确定仅由模型误差而导致的 $|\boldsymbol{R}(t)|$ 的估计 $\hat{\boldsymbol{R}}_{\mathrm{NC}}(t)$，则阈值函数可定义为

$$\boldsymbol{S}(t)=\hat{\boldsymbol{R}}_{\mathrm{NC}}(t) \tag{8-46}$$

2. 基于动量偏差观测器的碰撞检测

由于机械臂广义动量与外力矩之间具有解耦性的特点，通过设计动量偏差观测器可以间接获取碰撞力，并通过性能调整函数进一步改进观测器动态响应特性，进而判定碰撞是否发生。

设某一机器人与周围环境发生碰撞时，其动力学方程为

$$\boldsymbol{M}(\boldsymbol{\theta})\ddot{\boldsymbol{\theta}}+\boldsymbol{C}(\boldsymbol{\theta},\dot{\boldsymbol{\theta}})\dot{\boldsymbol{\theta}}+\boldsymbol{g}(\boldsymbol{\theta})=\boldsymbol{\tau}+\boldsymbol{\tau}_e \tag{8-47}$$

式中，$\boldsymbol{\theta}$、$\dot{\boldsymbol{\theta}}$、$\ddot{\boldsymbol{\theta}}$ 为各个关节的角度矢量、角速度矢量和角加速度矢量；$\boldsymbol{M}(\boldsymbol{\theta})$ 为机器人的惯性矩阵；$\boldsymbol{C}(\boldsymbol{\theta},\dot{\boldsymbol{\theta}})$ 为机器人的科氏矩阵；$\boldsymbol{C}(\boldsymbol{\theta},\dot{\boldsymbol{\theta}})\dot{\boldsymbol{\theta}}$ 包含了科氏力和离心力项；$\boldsymbol{g}(\boldsymbol{\theta})$ 为作用在各关节的重力矩矢量；$\boldsymbol{\tau}$ 为关节驱动力矩；$\boldsymbol{\tau}_e$ 为外部作用力等效到各关节的力矩，其中 $\boldsymbol{\tau}_e=$

$\boldsymbol{J}_k^{\mathrm{T}}\boldsymbol{F}_e$，$\boldsymbol{F}_e$ 为作用于机器人的外部力和力矩，$\boldsymbol{J}_k$ 为力作用位置的雅可比矩阵。

机器人的广义动量为

$$\boldsymbol{p}=\boldsymbol{M}(\boldsymbol{\theta})\dot{\boldsymbol{\theta}} \tag{8-48}$$

由机器人动力学无源性质定理可知，$\dot{\boldsymbol{M}}(\theta)-2\boldsymbol{C}(\theta,\dot{\theta})\in\mathbb{R}^{n\times n}$ 为一个反对称矩阵，故有

$$\dot{\boldsymbol{M}}(\theta)=\boldsymbol{C}(\boldsymbol{\theta},\dot{\boldsymbol{\theta}})+\boldsymbol{C}^{\mathrm{T}}(\boldsymbol{\theta},\dot{\boldsymbol{\theta}}) \tag{8-49}$$

对式（8-48）求导可得

$$\dot{\boldsymbol{p}}=\boldsymbol{\tau}+\boldsymbol{\tau}_e+\boldsymbol{C}^{\mathrm{T}}(\boldsymbol{\theta},\dot{\boldsymbol{\theta}})\dot{\boldsymbol{\theta}}-\boldsymbol{g}(\boldsymbol{\theta}) \tag{8-50}$$

由此可以看出，方程中含有外力矩分量，并且动量与外力矩间具有解耦性。因此，可以依赖动量设计外力矩观测器，通过观测值判断机器人是否发生碰撞，定义为

$$\boldsymbol{r}=\boldsymbol{K}_1\int_0^t(-\boldsymbol{K}_2\boldsymbol{r}+(\boldsymbol{p}-\hat{\boldsymbol{p}}))\mathrm{d}t \tag{8-51}$$

式中，$\boldsymbol{r}$ 为观测的外力矩值；$\boldsymbol{K}_1>0$，$\boldsymbol{K}_2>0$ 为增益矩阵；$\hat{\boldsymbol{p}}$ 为动量估计值，有

$$\dot{\hat{\boldsymbol{p}}}=\boldsymbol{\tau}+\boldsymbol{r}+\boldsymbol{C}^{\mathrm{T}}(\boldsymbol{\theta},\dot{\boldsymbol{\theta}})\dot{\boldsymbol{\theta}}-\boldsymbol{g}(\boldsymbol{\theta}) \tag{8-52}$$

将式（8-51）展开得

$$\boldsymbol{r}=\boldsymbol{K}_1\int_0^t\left[-\boldsymbol{K}_2\boldsymbol{r}+\boldsymbol{p}(t)-\int_0^t(\boldsymbol{\tau}+\boldsymbol{C}^{\mathrm{T}}(\boldsymbol{\theta},\dot{\boldsymbol{\theta}})\dot{\boldsymbol{\theta}}-\boldsymbol{g}(\boldsymbol{\theta})+\boldsymbol{r})\mathrm{d}t\right]\mathrm{d}t \tag{8-53}$$

由于式（8-53）会产生较大延迟，并伴有较大振荡，因此，构造调整函数：

$$\boldsymbol{f}_e=\boldsymbol{p}(t)-\int_0^t(\boldsymbol{\tau}+\boldsymbol{C}^{\mathrm{T}}(\boldsymbol{\theta},\dot{\boldsymbol{\theta}})\dot{\boldsymbol{\theta}}-\boldsymbol{g}(\boldsymbol{\theta}))\mathrm{d}t \tag{8-54}$$

将式（8-54）作为式（8-53）的前馈调节，可得如下观测器：

$$\boldsymbol{r}(t)=\boldsymbol{K}_1\int_0^t\left[-\boldsymbol{K}_2\boldsymbol{r}+\boldsymbol{p}(t)-\int_0^t(\boldsymbol{\tau}+\boldsymbol{C}^{\mathrm{T}}(\boldsymbol{\theta},\dot{\boldsymbol{\theta}})\dot{\boldsymbol{\theta}}-\boldsymbol{g}(\boldsymbol{\theta})+\boldsymbol{r})\mathrm{d}t\right]\mathrm{d}t+\boldsymbol{K}_1\boldsymbol{K}_3\boldsymbol{f}_e \tag{8-55}$$

式中，$\boldsymbol{K}_3>0$ 为增益矩阵。

对式（8-55）求导，并将式（8-50）、式（8-52）代入得

$$\dot{\boldsymbol{r}}=-\boldsymbol{K}_1\boldsymbol{K}_2\boldsymbol{r}+\boldsymbol{K}_1\boldsymbol{p}(t)+\boldsymbol{K}_1\boldsymbol{K}_3\boldsymbol{\tau}_e-\boldsymbol{K}_1\int_0^t(\boldsymbol{\tau}+\boldsymbol{C}^{\mathrm{T}}(\boldsymbol{\theta},\dot{\boldsymbol{\theta}})\dot{\boldsymbol{\theta}}-\boldsymbol{g}(\boldsymbol{\theta})-\boldsymbol{r})\mathrm{d}t \tag{8-56}$$

$$\ddot{\boldsymbol{r}}=-\boldsymbol{K}_1\boldsymbol{K}_2\dot{\boldsymbol{r}}-\boldsymbol{K}_1\boldsymbol{r}+\boldsymbol{K}_1\boldsymbol{\tau}_e+\boldsymbol{K}_1\boldsymbol{K}_3\dot{\boldsymbol{\tau}}_e \tag{8-57}$$

对式（8-51）进行拉氏变换可得传递函数为

$$\frac{\boldsymbol{r}(s)}{\boldsymbol{\tau}_e(s)}=\frac{\boldsymbol{K}_3s+1}{\left(\dfrac{1}{\boldsymbol{K}_1}\right)s^2+\boldsymbol{K}_2s+1} \tag{8-58}$$

若忽略摩擦力的作用，在无碰撞时，$\boldsymbol{r}=\boldsymbol{0}$；当机器人发生碰撞时，$\boldsymbol{r}$ 将会迅速增大；当碰撞消失后，$\boldsymbol{r}$ 将会迅速趋于 $\boldsymbol{0}$。由于实际系统中会存在摩擦，且对于给定系统，各关节摩擦力将在一确定的区域内变动，因此，可设定一碰撞力阈值 $r_{\mathrm{th}}>0$，当 $\|\boldsymbol{r}\|>r_{\mathrm{th}}$ 或者向量中的某一元素 $|\boldsymbol{r}_j|>r_{\mathrm{th},j}$ 时，说明机器人发生了碰撞。

8.3.3 基于强化学习算法的碰撞检测

Actor-Critic 算法是一种基于策略梯度（Policy Gradient）和价值函数（Value Function）的强化学习方法，通常被用于解决连续动作空间和高维状态空间下的强化学习问题，Actor-Critic 算法流程图如图 8-16 所示。该算法将一个 Actor 网络和一个 Critic 网络组合在一起，通过 Actor 网络产生动作，并通过 Critic 网络估计状态值函数或状态-动作值函数，最终通过策略梯度算法训练 Actor 网络和 Critic 网络。Actor-Critic 算法的优点是在处理大型状态空间时具有较高的效率和可扩展性。

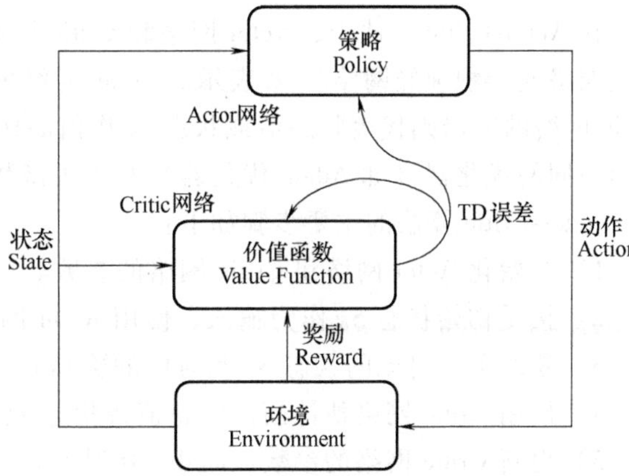

图 8-16　Actor-Critic 算法流程图

对于连续动作和高维状态空间下的强化学习问题，直接使用策略梯度算法的效率较低，因为其需要对所有的动作做出预测，并找到最大化奖励的动作。为了提高训练效率，可以将动作值函数或状态-动作值函数引入到策略梯度算法中，这就是 Actor-Critic 算法的核心思想。

Actor-Critic 算法中的 Actor 网络用于学习策略，用于生成动作。Critic 网络则用于学习值函数，用于评估状态或状态动作对的价值。Actor 网络和 Critic 网络之间的交互便是 Actor-Critic 算法的核心机制。

在 Actor-Critic 算法中，有两个更新任务：Actor 网络的策略梯度更新和 Critic 网络的值函数更新。对于 Actor 网络的策略梯度更新，需要使用 Glearning 策略梯度定理，根据当前的策略计算更新梯度，以更新 Actor 网络的参数；对于 Critic 网络的值函数更新，则需要先计算出每一次的奖励 Reward，然后使用 TD 误差计算当前状态值和下一时刻状态值之间的误差，进而更新 Critic 网络的参数。

Actor-Critic 算法用了两个网络，两个网络都是输入状态 s，Actor 网络负责选择动作；Critic 网络负责计算每个动作的分数。那么估计动作值函数为

$$Q_{\omega}(s,a)=Q^{\pi\theta}(s,a) \tag{8-59}$$

式中，Actor-Critic 算法有两组参数，分别是 Critic 网络中用于更新动作值函数参数 ω 和 Actor 网络中以 Critic 所指导的方向更新策略参数 θ；s 为状态；a 为动作；Q 为评估值；π 为带参数 θ 的策略函数。所以，Actor-Critic 算法也是一种近似的策略梯度算法。Actor 网络更新采用策略梯度下降法 REINFORCE 算法，具体表示为

$$\nabla_{\theta}J(\theta)=E_t\sum_i[\nabla_{a_i}\ln\pi(a_t\mid s_t)(Q^{\pi}(s_t,a_t)-b_t)] \tag{8-60}$$

式中，$J(\theta)$ 为目标策略的性能，$\nabla_{\theta}J(\theta)$ 为策略梯度；$\pi(a_t\mid s_t)$ 为在状态 s_t 下选择动作 a_t 的概率；b_t 为对状态值函数（State Value Function）的估计，作用是用来减小策略梯度估计的方差。

虽然 REINFORCE 算法在 Actor-Critic 算法中被广泛使用，但它存在两个问题：高方差和计算效率低。为了解决这两个问题，可以引入一个基准函数 $B(S_t)$ ，并将奖励 $Q^\pi(s_t,a_t)-B(S_t)$作为更新中的优势函数 $A^\pi(s_t,\ a_t)$ ，则式（8-60）变为

$$\nabla_\theta J(\theta)=E_t\sum_i[\nabla_{a_i}\ln\pi(a_t\mid s_t)A^\pi(s_t,a_t)] \tag{8-61}$$

式中，$A^\pi(S_t,a_t)$为相对基准函数的优势函数，$A^\pi(s_t,a_t)=Q^\pi(s_t,a_t)-B(S_t)$。

在 Actor-Critic 算法中，Actor 网络和 Critic 网络可以使用不同的神经网络架构（如前馈神经网络或卷积神经网络）来表示。Actor 网络的输出通常代表各个动作的概率分布，而 Critic 网络的输出则代表状态值或状态-动作值的估计值。Actor 网络和 Critic 网络的优化可以使用不同的优化器（如 Adam 优化器）和损失函数（如均方误差损失函数）来进行。

Actor-Critic 算法的主要步骤如下：

1）初始化 Actor 网络和 Critic 网络的参数。

2）接受初始状态 S_0 作为输入，使用 Actor 网络生成初始动作 a_0。

3）获取下一时刻的状态 S_1 和对应的奖励 r_1。

4）使用 Critic 网络估计当前状态值或状态-动作值，并计算 TD 误差。

5）更新 Critic 网络的参数以减小 TD 误差。

6）使用 TD 误差计算优势函数 $A^\pi(s_t,\ a_t)$ 。

7）使用 REINFORCE 算法的策略梯度公式，计算 Actor 网络的梯度，提高策略性能。

8）使用更新的梯度来更新 Actor 网络的参数。

9）将状态更新为下一状态，并返回步骤 2）。

经过多轮的迭代，Actor 网络和 Critic 网络的参数将会逐渐趋于最优状态，从而实现高效的连续动作和高维状态空间下的强化学习任务。

深度确定性策略梯度（Deep Deterministic Policy Gradient，DDPG）算法是在深度 Q 网络（Deep Q Network，DQN）算法、策略梯度（Policy Gradient）算法、Actor-Critic 算法、确定性策略梯度（Deterministic Policy Gradient，DPG）算法上发展而来的。DDPG 算法流程图如图 8-17 所示。

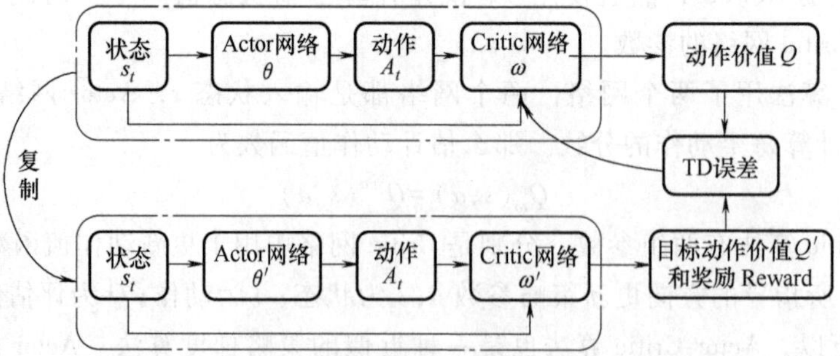

图 8-17　DDPG 算法流程图

DDPG 算法将 Actor 网络和 Critic 网络复制为目标网络，使智能体能够稳定地学习任务策略，其网络权值参数分别表示为 θ' 和 ω' 。目标网络极大地提高了智能体在训练时学习过程的稳定性。Actor 目标网络的具体更新方法为

$$\theta'\leftarrow\tau\theta+(1-\tau)\theta' \tag{8-62}$$

式中，τ 用于控制 Actor 目标网络权值 θ' 的更新速度。使用相同的方法更新 Critic 目标网络参数 ω' 为

$$\omega' \leftarrow \tau\omega + (1-\tau)\omega' \tag{8-63}$$

通过设计可反映机器人与环境关系的状态与动作，针对目标问题设计奖励函数，获取碰撞信息，从而利用深度确定性策略梯度算法使机器人避开障碍物，更快找到无碰撞构型。

8.4 重载机器人在线轨迹规划

8.4.1 环境感知与建模基本理论

1. 环境感知技术及其分类

机器人的环境感知过程主要包括目标障碍物检测、距离测量、避障、建图等方面的技术。目前，环境感知方法主要包括基于视觉的环境感知方法及基于多传感器融合技术的环境感知方法等。

（1）基于视觉的环境感知方法　机器人的视觉系统包括获取物体立体图像的成像装置和对图像进行有效处理与分析的视觉处理器。机器视觉系统分为单目视觉系统、双目视觉系统和全景视觉系统。三种视觉系统的特征对比见表 8-2。

表 8-2　三种视觉系统的特征对比

视觉系统	单目视觉系统	双目视觉系统	全景视觉系统
视觉原理	单目摄像机通过在不同位置多次拍照，实现对目标物体的定位	利用三角测量原理获得深度信息，可以重建周围景物的位置和三维形状	通过图像拼接的方式或者通过折反射光学元件实现
优点	结构简单、算法成熟、计算量小	测量距离较远，可以实现物体的三维建模	视场 360°、成像速度快
缺点	单张照片不能确定物体的真实尺寸	配置与标定复杂、计算量大	缺乏场景的深度信息，图像分辨率低

由于环境复杂多变、阴影干扰和边界模糊等因素的影响，上述很多视觉感知方法仍具有一定的局限性，导致机器人在作业过程中很难完全获取环境信息。因此，国内外研究人员基于多传感器信息融合技术进行了更深入的研究和应用。

（2）基于多传感器融合技术的环境感知方法　多传感器信息融合是指：在一定准则下，利用计算机技术对按时序获得的若干传感器的观测信息进行自动分析、综合，并完成决策和任务估计的信息处理过程。多传感器融合的实现过程可以认为类似于模拟人脑处理复杂事件的过程。融合系统在充分利用多个传感器资源的基础上，通过对多种传感器及其感知数据的合理支配、管理与利用，将多种传感器在空间和时间上的独立信息、互补信息以及冗余信息按照某种优化准则组合起来，从而得到对所感知环境的一致性解释和描述。与单传感器信号处理方式相比，多传感器信息融合技术存在多方面的优势，如较强的环境感知能力和系统的

推理与认知能力等。

信息融合系统功能模型主要包含 5 个不同级别的处理层，如图 8-18 所示。

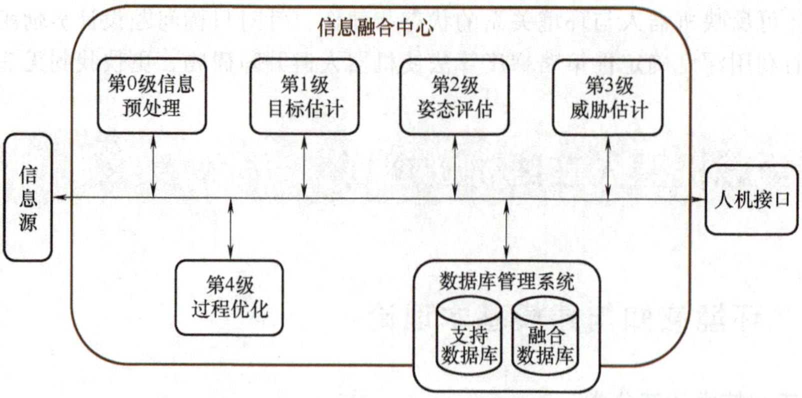

图 8-18　信息融合系统功能模型

第 0 级信息预处理：通过预先对输入数据进行格式化、标准化、批处理、压缩等操作，来满足后续的估计及处理器对计算量和计算顺序的要求。第 1 级目标估计：通过对多个传感器获得的信息完成时间配准、关联、分组或聚类、状态估计、属性融合、图像特征提取与融合等一系列处理过程，最终实现目标分类与识别，以及目标跟踪。这两级为低融合过程，适用于任何的多传感器信息融合系统。第 2 级为姿态评估，第 3 级为威胁估计，第 4 级为过程优化。

目标估计级融合有三种基本结构体系：数据级融合、特征级融合和判决级融合，如图 8-19 所示。

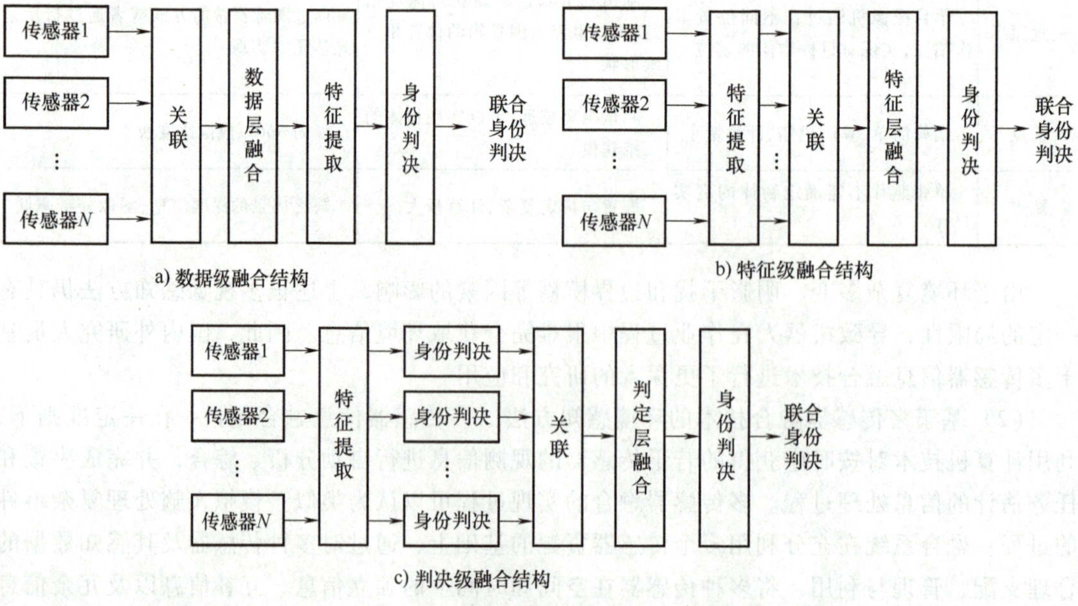

图 8-19　目标估计级融合的三种基本结构体系

数据级融合直接融合传感器采集的原始数据，然后对融合后的传感器数据进行特征提取和身份估计。需要注意的是，如果要实现数据级信息融合，必须要求所有传感器是相同介质的或是相同量级的，对于不同介质的多传感器信息，则必须用特征级或判决级融合。典型的数据级融合技术包括卡尔曼滤波、扩展卡尔曼滤波等经典的估计方法。

特征级融合首先从传感器数据中提取出观测信息的有效特征组成特征向量，随后输入到模式识别处理模块，最后利用神经网络、聚类算法、模式分析等方法进行识别。

在判决级融合方法中，每个传感器都需完成一个变换以便获得独立的属性判决，然后顺序融合来自每个传感器的属性判决。融合属性判决采用的主要方法有加权决策法、经典推理法、Bayesian 推理、Dempster-Shafer 证据理论等。

对上述三个级别的融合方法进行分析比较可得出以下结论：①融合的数据越接近信息源，获得的精度越高，即数据级融合的精度一般是最高的，其次是特征级融合，判决级融合普遍精度较差。但是，由于数据级融合只能适用于同质传感器，使得其在应用中受到很大限制。②随着融合层次的提高，系统对各传感器的同质性要求会降低，容错性也会增强。但是，融合时信息保存的细节会减少，精确度也会降低。三种融合结构的特点比较见表 8-3。

表 8-3 三种融合结构的特点比较

融合结构	信息损失	实时性	精度	容错性	抗干扰力	计算量	融合程度
数据级	小	差	高	差	差	大	低
特征级	中	中	中	良	良	中	中
判决级	大	好	低	优	优	小	高

2. 环境建模方法及不确定信息的处理方法

（1）栅格表示法　该方法是将机器人的工作环境划分成一系列的栅格，其中每一个栅格都分配一个概率值来表示该栅格被障碍物占据的可能性大小。该环境建模方法的缺点是当栅格数量增大时，如在大规模环境或对环境划分比较详细时，对于环境模型的维护行为所占用的内存和时间迅速增加，使计算机的实时处理变得很困难。

（2）几何表示法　几何表示法是用一组环境路标特征表示环境，每一个路标特征都用一个几何原型来近似。这种环境建模方法只局限于表示可参数化的环境路标特征或者可建模的对象，如点、线、面。该模型易于用计算机描述和表示，但对传感器噪声比较敏感，适用于高度结构化的环境。

（3）拓扑表示法　拓扑表示法避免了对几何环境品质的直接测量，而注重于与机器人定位最相关的环境特征。拓扑环境模型的分辨率取决于环境的复杂度。这种表示方法可以实现快速的路径规划，但当环境中存在两个很相似的地方时，拓扑表示法将很难确定这是否为同一节点，特别是当机器人从不同的路径到达这些节点时。

8.4.2 重载机器人实时状态估计

在环境建模的基础上，若想让重载机器人系统按照规划的轨迹在复杂环境中安全、高效的自主运行，需要准确获取重载机器人的运动及力状态等。

卡尔曼滤波（Kalman Filter，KF）方法是在未知环境中进行重载机器人状态参数估计的常用方法，但由于该方法仅适用于线性系统，限制了其在实际问题中的应用范围。扩展卡尔曼滤波（Extended Kalman Filter，EKF）方法是一种非线性滤波估计方法，通过泰勒展开式将实际问题中的非线性系统近似线性化，然后对近似线性系统实施标准的卡尔曼滤波。但是，扩展卡尔曼滤波方法存在计算量大、滤波不稳定的问题，虽然对滤波方法提出了各种分解、补偿算法以改善计算的稳定性和提高计算效率，但其所固有的缺陷仍然无法解决。无色卡尔曼滤波（Unscented Kalman Filter，UKF）方法通过一定数量的采样点，对状态的概率密度函数做近似，具有比扩展卡尔曼滤波方法更好的估计精度和鲁棒性。

无色卡尔曼滤波方法的具体过程如下。

（1）初始化

$$\begin{cases} \bar{\boldsymbol{x}}_0 = E[\boldsymbol{x}_0] \\ \boldsymbol{P}_0 = E[(\boldsymbol{x}_0 - \bar{\boldsymbol{x}}_0)(\boldsymbol{x}_0 - \bar{\boldsymbol{x}}_0)^{\mathrm{T}}] \end{cases} \tag{8-64}$$

式中，$\bar{\boldsymbol{x}}_0$ 为机器人的初始状态向量 $\boldsymbol{x}_0$ 的期望均值；$\boldsymbol{P}_0$ 为机器人的初始状态量的协方差期望值。

（2）计算 sigma 点　根据随机向量 $\boldsymbol{x}$ 的均值 $\bar{\boldsymbol{x}}$ 和方差 $\boldsymbol{P}_x$ 构造一组位于均值附近且关于其对称的离散 sigma 点，记为 $\boldsymbol{\chi}_i(i=1,\ 2,\ \cdots,\ 2n)$，为

$$\boldsymbol{\chi}_i = \begin{cases} \bar{\boldsymbol{x}} & (i=0) \\ \bar{\boldsymbol{x}} + (\sqrt{(n+\lambda)\boldsymbol{P}_x})_i & (i=1,2,\cdots,n) \\ \bar{\boldsymbol{x}} - (\sqrt{(n+\lambda)\boldsymbol{P}_x})_{i-1} & (i=n+1,n+2,\cdots,2n) \end{cases} \tag{8-65}$$

式中，$(*)_i$ 为矩阵 $*$ 的第 i 列；$\lambda=n(\alpha^2-1)$，α 为控制 sigma 点分布的常数。

（3）时间更新

$$\begin{cases} \boldsymbol{\chi}^*_{k|k-1} = f(\boldsymbol{\chi}_{k-1}, \boldsymbol{u}_k) \\ \bar{\boldsymbol{x}}_{k|k-1} = \sum\limits_{i=0}^{2n} \omega_i^m \boldsymbol{\chi}^*_{i,k|k-1} \\ \boldsymbol{P}_{k|k-1} = \sum\limits_{i=0}^{2n} \omega_i^c (\boldsymbol{\chi}^*_{i,k|k-1} - \bar{\boldsymbol{x}}_{k|k-1})(\boldsymbol{\chi}^*_{i,k|k-1} - \bar{\boldsymbol{x}}_{k|k-1})^{\mathrm{T}} + \boldsymbol{Q}^{\omega} \\ \boldsymbol{\chi}_{k|k-1} = [\bar{\boldsymbol{x}}_{k|k-1} \bar{\boldsymbol{x}}_{k|k-1} + \sqrt{(n+\lambda)\boldsymbol{P}_{k|k-1}} \bar{\boldsymbol{x}}_{k|k-1} - \sqrt{(n+\lambda)\boldsymbol{P}_{k|k-1}}] \\ \boldsymbol{\gamma}_{k|k-1} = h(\boldsymbol{\chi}_{k|k-1}) \\ \bar{\boldsymbol{y}}_{k|k-1} = \sum\limits_{i=0}^{2n} \omega_i^m \boldsymbol{\gamma}_{i,k|k-1} \end{cases} \tag{8-66}$$

式中，$f(\boldsymbol{\chi}_i)$ 为 sigma 点集 $\boldsymbol{\chi}_i(i=1,\ 2,\ \cdots,\ 2n)$ 的非线性函数传递；$\boldsymbol{u}_k$ 为相对应的可控制输入量；ω_i^m 和 ω_i^c 为权系数；$\boldsymbol{Q}^{\omega}$ 为已知系统的过程噪声矩阵；$h(*)$ 为相应维数的系统方程；$\bar{\boldsymbol{y}}_{k|k-1}$ 为相应的无色卡尔曼滤波器估计值。

（4）测量更新

$$\begin{cases} \boldsymbol{P}_{\bar{y}_k\bar{y}_k} = \sum_{i=0}^{2n} \omega_i^c (\boldsymbol{\gamma}_{i,k|k-1} - \bar{\boldsymbol{y}}_{k|k-1})(\boldsymbol{\gamma}_{i,k|k-1} - \bar{\boldsymbol{y}}_{k|k-1})^{\mathrm{T}} + \boldsymbol{Q}^v \\ \boldsymbol{P}_{\bar{x}_k\bar{y}_k} = \sum_{i=0}^{2n} \omega_i^c (\boldsymbol{\chi}_{i,k|k-1} - \bar{\boldsymbol{x}}_{k|k-1})(\boldsymbol{\gamma}_{i,k|k-1} - \bar{\boldsymbol{y}}_{k|k-1})^{\mathrm{T}} \\ \boldsymbol{K}_k = \boldsymbol{P}_{\bar{x}_k\bar{y}_k} \boldsymbol{P}_{\bar{y}_k\bar{y}_k}^{-1} \\ \boldsymbol{P}_k = \boldsymbol{P}_{k|k-1} - \boldsymbol{K}_k \boldsymbol{P}_{\bar{y}_k\bar{y}_k} \boldsymbol{K}_k^{\mathrm{T}} \\ \bar{\boldsymbol{x}} = \bar{\boldsymbol{x}}_{k|k-1} + \boldsymbol{K}_k(\boldsymbol{y}_k - \bar{\boldsymbol{y}}_{k|k-1}) \end{cases} \tag{8-67}$$

式中，$\boldsymbol{y}_k$ 为 k 时刻的测量值；$\boldsymbol{Q}^v$ 为测量噪声方差矩阵的估计值，且

$$\begin{cases} \omega_0^m = \dfrac{\lambda}{n+\lambda} \\ \omega_0^c = \dfrac{\lambda}{n+\lambda} + (1 - \alpha^2 + \beta) \\ \omega_i^m = \omega_i^c = \dfrac{1}{2(n+\lambda)} \quad i = 1,2,\cdots,2n \end{cases} \tag{8-68}$$

式中，β 为非负常数，其作用是使变换后的方差含有部分的高阶信息。

除上述算法外，还有高斯和容积卡尔曼滤波算法、误差状态卡尔曼滤波算法可用于机器人的状态估计。

8.4.3 基于强化学习的轨迹生成与优化算法

基于强化学习的轨迹生成与优化是重载机器人应对多变环境或者多工况下进行随意切换的方法之一，是推动“一机多用”柔性生产模式的有效途径。目前，常见的基于强化学习的轨迹生成算法包括基于值函数的轨迹生成算法、基于策略梯度的轨迹生成算法和基于深度强化学习的轨迹生成算法等。

1. 基于强化学习的轨迹生成算法

（1）基于值函数的轨迹生成算法　价值函数是对预期、积累、折现和未来收益的预测。一般地，优化最优状态和动作值函数 Q^{π^*} 代替状态值函数 V_π^*，并通过 ε-greedy 贪婪策略进行更新。更新后的策略可以表示为

$$\pi(a \mid s) = \begin{cases} \dfrac{\varepsilon}{A(s)} + 1 - \varepsilon, \text{ if } a = \operatorname{argmax}_{a \in A} Q(s,a) \\ \dfrac{\varepsilon}{A(s)}, \text{else} \end{cases} \tag{8-69}$$

式中，$\operatorname{argmax}_{a \in A} Q(s,a)$ 为最优动作价值函数（动作价值函数取最优值对应的动作 a）；ε 为 ε-greedy 贪婪策略中，采用随机动作的概率，$\varepsilon \in [0, 1]$；$A(s)$ 为在状态 s 下的动作集合，其含义是选取使得动作值函数最大的动作的概率为 $\dfrac{\varepsilon}{A(s)} + 1 - \varepsilon$，而选取其他动作的概率相等，均为 $\dfrac{\varepsilon}{A(s)}$。

蒙特卡洛（Monte Carlo，MC）、时间差分（Temporal Difference，TD）学习、SARSA 和 Q-Learning 是学习状态和动作值函数的经典无模型强化学习算法，通过价值函数求解机器人行动的最优策略。

下面是基于 Q-Learning 强化学习的机器人推动和抓握轨迹生成案例。

1）问题的形成。将任务建模为一个马尔可夫决策过程：在任意给定 t 时刻的状态 s_t 下，智能体（即机器人）根据策略 $\pi(s_t)$ 选择并执行一个动作 a_t，然后过渡到一个新的状态 s_{t+1}，并立即获得相应的奖励 $R_{a_t}(s_t,s_{t+1})$。机器人强化学习问题的目标是找到一个最优策略 π^*，将从 t 时刻到 ∞（无限远）时刻的未来回报的 γ 折现总和 $R_t=\sum_{i=t}^{\infty}\gamma R_{a_i}(s_t,s_{t+1})$ 最大化，即未来回报的期望总和达到最大化，其中 γ 是折现因子。

2）方法。

① 状态表示。将每个状态 s_t 建模为 t 时刻场景的 RGB-D 高度图图像表示。为计算该高度图，从固定安装的相机中捕获 RGB-D 图像，将数据投影到 3D 点云，并在重力方向上垂直反向投影，以构建同时具有颜色（RGB）和高度（D）通道，如图 8-20 所示。根据抓握代理工作空间的边界预先定义高度图的边缘区域。在实验中，该区域覆盖了约 0. 2007m^2 表面积。由于高度图具有 224×224 的像素分辨率，因此每个像素在空间上代表智能体工作空间中 4m^2 的垂直 3D 空间列。

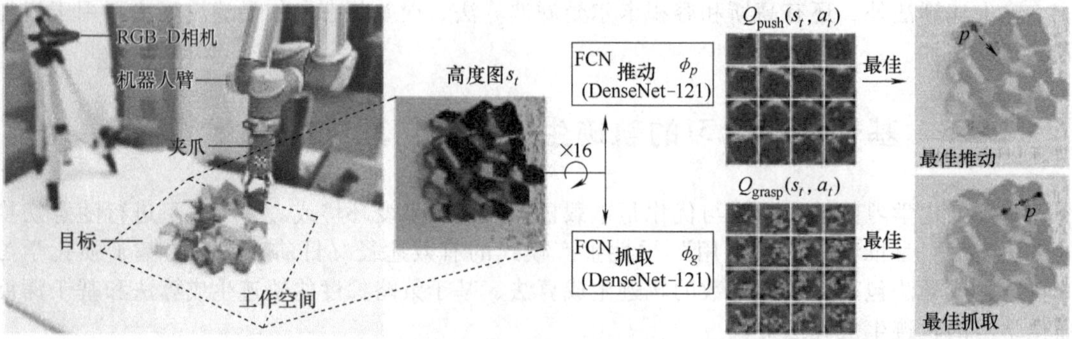

图 8-20　系统原理概述和 Q-Learning 方法

机器人在一个由静态安装的 RGB-D 相机观察到的工作空间上操作。视觉 3D 数据被重新投影到正交 RGB-D 高度图上，作为当前状态的表示。然后将高度图输入到两个 FCN（全卷积神经网络）中：一个 ϕ_p 推断像素级 Q 值（以热图显示），用于向高度图的正确位置推送，另一个 ϕ_g 用于在高度图上进行水平抓取。每个像素代表执行基元行为的不同位置，对高度图的 16 种不同旋转进行重复，以考虑不同的推动和抓取角度。这些 FCN 共同定义了深度 Q 函数，并同时进行训练。

② 原始动作。将每个动作 a_t 参数化为在 3D 位置 q 执行运动基元行为 ψ（如推动或抓握），位置 q 从表示状态 s_t 高度图图像的像素 p 投影而来，有

$$a=(\psi,q)\mid\psi\in\{\text{push},\text{grasp}\},q\to p\in s_t \tag{8-70}$$

运动基元行为定义如下。

推动：q 表示在 $k=16$ 个方向中的一个方向上的起始位置，沿该方向直线推动 10cm。该动作由闭合的两指夹持器的尖端夹持实现。

抓取：q 表示自上而下的平行爪抓取在 $k=16$ 个方向之一的中间位置。在一次抓握尝试中，两个手爪尝试在闭合手爪之前移动 q（在重力方向上）向下 3cm。在这两种基元行为下，机器人的运动规划都是通过稳定、无碰撞的 IK 求解器自动执行的。

③ 充分学习卷积的动作-值（Action-Value）函数。通过将 Q 函数（动作-值函数）建模为两个前馈全卷积神经网络（FCNs）ϕ_p 和 ϕ_g，扩展了 vanilla 深度 Q 神经网络（DQN）；每个运动基元行为对应一个前馈全卷积神经网络（ϕ_p 对应推动、ϕ_g 对应抓取）。每个个体 FCNϕ_ψ 都将状态 s_t 的高度图图像表示作为输入，并输出状态 s_t 下具有相同图像大小和分辨率的 Q 值的密集像素级映射，其中每个个体在像素 p 处的 Q 值预测表示在 3D 位置 q 处执行基元行为 ψ 的未来预期奖励，其中位置 q 对应的像素 $p\in s_t$。

前馈全卷积神经网络 ϕ_p 和 ϕ_g 具有相同的网络架构：两个并行的 121 层密集卷积网络（DenseNet）在 ImageNet 数据集上预训练，然后将两个并行模型的输出在通道维度上进行连接，这种方法通常用于合并不同模型或不同层级的特征图，可以丰富特征表示能力。连接完成后，随后引入了两个额外的 1 × 1 卷积层。这些卷积层用于特征变换和维度减少，以减少计算成本和参数数量，同时引入了非线性激活函数 ReLU。ReLU 函数的作用是增强网络的非线性表达能力，使 FCN 能够学习复杂的特征映射。每个卷积层后面都使用了空间批量归一化。批量归一化有助于加速模型的收敛速度，并提高模型的泛化能力，特别是在训练深层网络时。对处理后的特征图使用了双线性上采样技术，将其尺寸恢复到更高的分辨率或维度。一个 DenseNet 作为高度图的颜色通道（RGB）的输入，另一个作为高度图的克隆深度通道（DDD）（通过减去均值和除以标准差进行归一化）的输入。

为了简化用于推动和抓取的面向学习的运动基元，通过将输入高度图 s_t 旋转到 $k=16$ 的方向（$22.5°$ 的不同倍数）来考虑不同的方向，然后只考虑水平推动和在旋转的高度图中抓取。因此，每个 FCNϕ_ψ 的输入为 $k=16$ 个旋转高度图，总输出为 32 个像素级的 Q 值图（16 为不同方向的推动，16 为不同方向的抓取）。最大化 Q 函数的动作是所有 32 个像素地图中 Q 值最高的图元和像素：$\operatorname{argmax}_{a_t'}(Q(s_t,a_t'))=\operatorname{argmax}_{(\psi,p)}(\phi_p(s_t),\phi_g(s_t))$。

对状态空间和动作空间的像素级参数化，使得 FCNs 可以作为 Q 函数逼近器使用。首先，每个动作的 Q 值预测现在具有相对于其他动作的空间局域性的明确概念，以及对状态的输入观察（如接受域）。其次，FCNs 对于像素级计算是有效的。网络架构 ϕ_ψ 的每一次前向传递平均需要 75ms 执行，这使得在 2.5s 内计算所有 1605632 个可能的动作（即 224×224×32）的 Q 值。最后，FCN 模型可以用更少的训练数据收敛，因为末端执行器位置（逐像素采样）和方向（通过旋转 s_t）的参数化使得卷积特征可以在位置和方向（即平移和旋转的等价性）之间共享。

对于 Q 函数估计的深度网络的额外扩展，如双 Q 学习和竞争网络，具有提高性能的潜力，但不是本节介绍的重点。

④ 奖励。强化学习奖励机制设置比较简单：$R_g(s_t,s_{t+1})=1$ 用于成功抓取（通过对一次抓取尝试后夹持器手爪之间的对极距离进行阈值化计算），$R_p(s_t,s_{t+1})=0.5$ 用于对环境做出可检测变化的推送（如果高度图之间的差异之和超过某个阈值 τ，则检测到变化，即 $\sum(s_{t+1}-s_t)>\tau$）。需要注意的是，内在奖励 $R_p(s_t,\ s_{t+1})$ 并没有明确考虑一个推送是否能够使未来被把握。相反，它只是鼓励系统做出导致变化的推动力。

⑤ 训练细节。Q-Learning 前馈全卷积神经网络在每次迭代时使用 Huber 损失函数进行训

练，即

$$\mathcal{L}_i = \begin{cases} \dfrac{1}{2}(Q^{\theta_i}(s_i,a_i) - y_i^{\theta_i^-})^2, \text{ for } |Q^{\theta_i}(s_i,a_i) - y_i^{\theta_i^-}| < 1, \\ |Q^{\theta_i}(s_i,a_i) - y_i^{\theta_i^-}| - \dfrac{1}{2}, \text{ otherwise} \end{cases} \tag{8-71}$$

式中，i 为迭代次数；θ_i 为神经网络在迭代 i 次时被用来计算当前状态下采取动作的 Q 值最小化损失函数的 Q 函数参数；θ_i^- 为目标网络参数，在个体更新之间保持固定，只通过单个像素 p 和网络 ϕ_ψ 传递梯度，并由此计算执行动作 a_i 的预测值。迭代 i 次的所有其他像素反向传播，更新当前 Q 网络的参数 θ_i 以最小化损失函数。使预测的 Q 值 $Q^{\theta_i}(s_i,\ a_i)$ 与目标 Q 值 $y_i^{\theta_i^-}$ 尽可能接近。

(2) 基于策略梯度的轨迹生成算法　与基于值的强化学习不同，基于策略的强化学习是将一个状态映射到一个动作或将动作进行分配，然后通过策略优化找到最佳的映射关系。策略搜索方法主要包括随机政策搜索和确定性政策搜索。假设将初始状态预期的累计奖励作为优化目标，即

$$J_1(\theta) = V_{\pi\theta}(s_1) = E_{\pi\theta}(G_1) \tag{8-72}$$

式中，$J_1(\theta)$ 为优化目标；$V_{\pi\theta}(s_1)$ 为在策略 $\pi\theta$ 下从状态 s_1 开始的状态值函数；$E_{\pi\theta}(G_1)$ 为在策略 $\pi\theta$ 下，从初始状态开始的折扣累积奖励的期望值。

在没有明确初始状态的情况下，优化目标可以定义平均值，即

$$J_{avV}(\theta) = \sum_s d_{\pi\theta}(s) V_{\pi\theta}(s) \tag{8-73}$$

式中，$d_{\pi\theta}(s)$ 为基于 $\pi\theta$ 的关于状态的马尔可夫链的静态分布。动作-值函数的近似表示如下

$$\hat{Q}(s,a,w) \approx Q_\pi(s,a) \tag{8-74}$$

值函数由参数 w 描述，状态 s 和动作 a 作为输入。经过计算，得到近似作用量值。将 π 描述为含参数 θ 的函数，近似为 $\pi_\theta(s,a) = P(a \mid s,\theta) \approx \pi(a \mid s)$。无论采用哪种方法作为优化目标，式 (8-75) 表示 θ 求导的梯度

$$\nabla_\theta J(\theta) = E_{\pi\theta}[\nabla_\theta \ln\pi_\theta(s,a) Q_\pi(s,a)] \tag{8-75}$$

式中，$\nabla_\theta \ln\pi_\theta(s,a)$ 为得分函数，策略函数的参数 θ 按照 $\theta + \alpha\nabla_\theta \ln\pi_\theta(s_t,a_t)V(s)$ 的方向进行更新。基于 softmax 策略的函数为

$$\pi_\theta(s,a) = \frac{e^{\phi(s,a)^{\mathrm{T}}\theta}}{\sum_b e^{\phi(s,a)^{\mathrm{T}}\theta}} \tag{8-76}$$

$$\nabla_\theta \ln\pi_\theta(s,a) = \frac{[a - \phi(s)^{\mathrm{T}}\theta]\phi(s)}{\sigma^2} \tag{8-77}$$

式中，$\pi_\theta(s,\ a)$ 为参数 θ 下选择动作 a 的概率；$\phi(s,\ a)$ 为特征函数。

下面是一种具有动态准则的嵌套双记忆深度确定性策略梯度算法，将传统预定义目标点的轨迹规划推广为针对目标区域的轨迹探索问题，而无须求解逆运动学。

对于深度强化学习在拣选装配等多工序机器人任务中的应用，首要目标是使智能体能够通过与环境的交互，通过自学习找到最优的拣选策略 π^*，其中需同时考虑位置和朝向。

该任务可以描述为一个马尔可夫决策过程。假设在时间步长 t 时，智能体从环境中获得

当前状态 s_t，并根据策略 π 采取行动 a_t，从而状态 s_t 转化为 s_{t+1}，智能体从环境中获得一个奖励 r_t 作为反馈。在训练过程中，智能体通过最大化折扣的未来累积奖励 G_t 来优化策略，定义为

$$G_t = r_t + \rho r_{t+1} + \rho^2 r_{t+2} + \cdots + \rho^{n-t} r_n \tag{8-78}$$

式中，r_t 和 r_n 为当前和最后一个时间步的奖励；r_{t+i}（$i=1, 2, \cdots, n-t$）为未来的奖励；ρ 为决定未来奖励权重的折扣因子，$\rho \in [0,1]$。

如图 8-21 所示，拾取任务中的训练对象是 7-DOF 串联机械臂 KUKA LBR iiwa 7 R800。目标是生成机械臂抓取目标区域 2 中随机悬挂的圆柱主轴的最优轨迹，然后将其放置在目标区域 3 中，并回到初始状态。

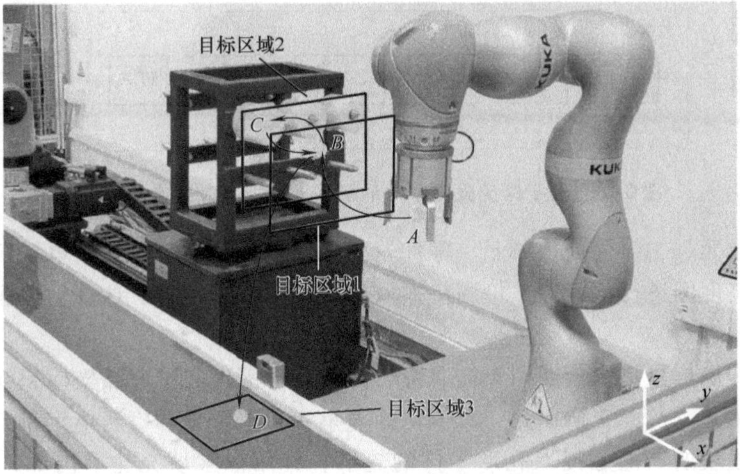

图 8-21　拾取和放置组件的物理场景

图 8-21 中，A 是刀具中心点（TCP）的初始位置。B、C 和 D 分别是目标区域 1、2 和 3 中的随机点。直接建立从状态空间到关节空间的映射，形成 IK-free 轨迹生成框架。因此，a_t 被定义为动作

$$a_t = [\Delta a_1, \Delta a_2, \Delta a_3, \Delta a_4, \Delta a_5, \Delta a_6, \Delta a_7] \tag{8-79}$$

式中，Δa_i($i = 1, 2, \cdots, 7$) 为机械臂第 i 个关节的角度增量。

从环境中观察机械臂和末端执行器的状态，以及 TCP 与目标物体之间的关系，有

$$s_t = [A_1, A_2, A_3, A_4, A_5, A_6, A_7, P_x, P_y, P_z, \Delta x, \Delta y, \Delta z, \Delta\alpha, \Delta\beta, \Delta\gamma, T] \tag{8-80}$$

式中，A_i($i = 1, 2, \cdots, 7$) 为第 i 个关节在当前时间步的角度；(P_x, P_y, P_z) 为 TCP 相对于世界坐标系的当前位置；(Δx, Δy, Δz) 和 ($\Delta\alpha$, $\Delta\beta$, $\Delta\gamma$) 分别为 TCP 和主轴之间位置和方向的偏差。当 TCP 到达目标区域时，T 是一个等于 1 的布尔值。

（3）基于深度强化学习的轨迹生成算法　在机器人抓取和装配任务中，机器人首先获得待抓取的钉形零件的姿态，然后执行抓取动作；然后，获取孔形零件的姿态，控制机器人的钉形零件根据轨迹规划与待组装的孔形零件对接，从而完成装配过程。图 8-22 所示为基于深度强化学习的机器人抓取与装配操作框架，该框架由抓取先验知识信息提取模块、装配先验知识信息提取模块、抓取深度强化学习网络模块和装配深度强化学习网络模块组成。

抓取先验知识信息提取模块捕获待抓取的钉形零件的中心点坐标。该模块由平滑处理单

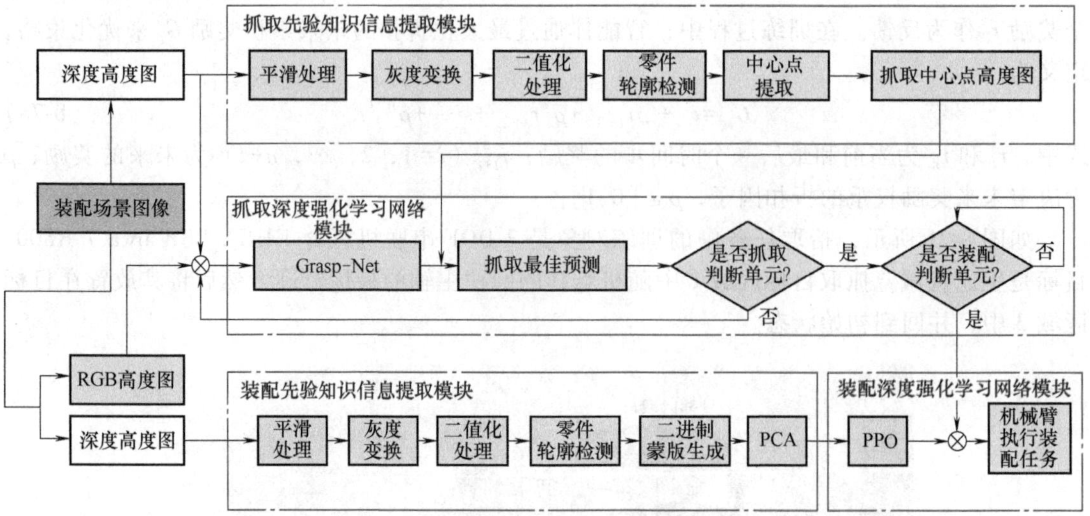

图 8-22 基于深度强化学习的机器人抓取与装配操作框架

元、灰度变换单元、二值化处理单元、零件轮廓检测单元和中心点提取单元组成。该模块的功能是对深度高度图进行预处理，检测待抓取的钉形零件的轮廓，计算轮廓面积和轮廓中心点的二维坐标。

装配先验知识信息提取模块用于提取待装配的孔形零件的中心点坐标和旋转角度。该模块由平滑处理单元、灰度变换单元、二值化处理单元、零件轮廓检测单元和二进制蒙版生成单元组成。该模块的功能是提取孔形零件的轮廓，并用像素填充轮廓内部，形成二进制蒙版。训练时大量的交互数据、对象和环境之间的泛化有限问题，可能会引起糟糕的控制策略。针对上述问题，引入待装配孔形零件的 3D 姿态等先验知识信息，基于 PCA 计算待装配孔形零件姿态信息的方法和输出的二进制掩模估计 3D 物体姿态。PCA 是一种无监督方法，可以识别数据集中方差最大的数据。通过使用 PCA 算法，可以推断出待装配的孔形零件的中心点（x，y）和旋转角度 θ。

抓取深度强化学习网络模块预测待抓取的钉形零件的姿态，并根据待抓取的钉形零件的中心点坐标优化动作策略，从而提高零件抓取的准确率和成功率。同时，引入了抓取判断单元和装配判断单元，前者做出抓取决策，提高零件抓取的成功率，后者判断机器人当前的抓取情况，判断是执行下一个装配任务还是重新执行抓取任务。

该网络模块基于深度 Q-Learning 算法设计，通过 Grasp-Net 网络学习抓取技能操作。根据 RGB-D 相机坐标系到机器人底座坐标系的坐标变换矩阵 $\boldsymbol{T}_B^A$，将 RGB 原始图像和深度原始图像的每个像素点（x_A，y_A）转换为机器人底座坐标系中的二维坐标点（x_B，y_B）。为了获取最终的高度图，将机器人底座坐标系中的二维坐标点（x_B，y_B）转换为高度图中的坐标（x_h，y_h）。网络模型的输入是 RGB 高度图和深度高度图。在网络模型中提取 RGB 高度图和深度高度图的特征，进行特征分析。采用双线性上采样层输出可视化像素 Q 值预测图，计算抓取动作的预测 Q 值。再结合钉形零件中心点的先验知识 $C(s_t)$ 引入动作策略 $\boldsymbol{\pi}(a \mid s_t)$，从而在要抓取的零件方向上获得最佳动作 a_t。

机器人抓取的成功率和准确性对于后续机器人装配任务的成功实现至关重要。为了提高机器人装配的成功率，在机器人执行装配任务之前，引入了钉在孔装配判断阈值。阈值是待抓取的钉形零件和待装配的孔形零件的像素掩模总值，因此可以判断机器人当前的抓取情况。若像素掩模减小，则表示机器人成功执行抓取任务，机器人进入装配任务的下一步。反之，若像素掩模保持不变，则表示机器人抓取任务失败，机器人需要重新执行抓取任务。

机器人装配深度强化学习网络模块将要装配的孔形零件的中心点坐标和旋转角度作为先验知识信息，并输入到 PPO 网络中。PPO 网络模型输出最优动作，驱动机器人执行装配轨迹规划动作，从而完成钉在孔装配任务。

具体流程：首先，将深度高度图输入装配先验知识信息提取模块，通过 PCA 算法推导待装配孔形零件的中心点坐标和旋转角度；然后，将中心点坐标和旋转角度作为先验知识信息输入到 PPO 网络中，网络输出最优动作 a_t。随后，将待装配孔形零件的二维中心点坐标（x，y）和旋转角 θ 与当前工业机器人的末端执行器中心点坐标（x_u，y_u）和旋转角度 θ_u 相结合，从而形成环境状态 s_t。

$$s_t=(x,y,x_u,y_u,\theta_u) \tag{8-81}$$

s_t 输入到 PPO 网络中，通过多个全连接层，PPO 最终输出当前状态 s_t 上的动作分布，即当前状态 s_t 在时间 t 处的最佳动作 a_t。

$$a_t \sim \pi(a \mid s_t) \tag{8-82}$$

最优动作 a_t 的更新控制机器人执行装配轨迹规划动作，在时间 $t+1$ 生成新的环境状态 s_{t+1}，根据环境状态 s_{t+1} 生成即时奖励 r_t。

抓取奖励功能的设置，针对抓取任务，设计了一个抓取奖励函数 r_g 来评估抓取性能。

$$r_g=G-D-\Delta R \tag{8-83}$$

$$D=\sqrt{(X_i-X'_i)^2+(Y_i-Y'_i)^2} \tag{8-84}$$

$$\Delta R=|R-R'| \tag{8-85}$$

式中，G 为抓取的结果：如果成功抓取钉形零件，将分配某一值的奖励；如果未成功抓取钉形零件，奖励为 0；D 为待抓取的钉形零件的中心点（X'_i，Y'_i）与机器人夹持器的中心点（X_i，Y_i）之间的距离，距离越小，两者之间的误差越小；ΔR 为要抓取的钉形零件的当前半径 R 与机器人夹持器的当前半径 R' 之间的绝对误差，ΔR 的值越小，半径中的偏差越小；r_g 为获得的奖励，其值越大，抓取精度越高，抓取物体时夹持器不会打滑，从而保证后续装配任务的成功实现。

分段装配奖励的设置，由于装配操作的成功取决于机器人的夹持器与待装配的孔形零件的相对位置和姿态，因此奖励函数被设置为分段函数。

针对装配任务，需要设计一个分段装配奖励函数 r_t 来评估装配效果，即

$$r_t=\begin{cases}-d_t+m-\delta D\Delta\lambda & (d_t<d_{t-1})\\ -d_t+n-\delta D\Delta\lambda & (d_t<A)\\ -d_t+p-\delta D\Delta\lambda & (d_t<B)\\ -d_t-\delta D\Delta\lambda & (d_t>d_{t-1})\\ q & (\text{有碰撞})\\ u & (\text{无碰撞})\\ v & (d_t>a)\end{cases} \tag{8-86}$$

式中，δ 为超参数；a 为机器人之外的最大工作空间；d_t 为待装配孔形零件的中心点（X''_i，Y''_i）与机器人夹持器中心点（X_i，Y_i）在时间 t 内的距离，有

$$d_t = \sqrt{(X_i - X''_i)^2 + (Y_i - Y''_i)^2} \tag{8-87}$$

式中，d_{t-1} 为待装配孔形零件的中心点与机器人夹持器在时间 $t-1$ 内的距离；$\Delta\lambda$ 为机器人夹持器的当前姿态 λ_u 与待装配的孔形零件的当前姿态 λ 之间的绝对误差，即

$$\Delta\lambda = |\lambda_u - \lambda| \quad (\lambda_u, \lambda \in [0, \pi]) \tag{8-88}$$

当机器人夹持器中心点与待装配孔形零件中心点之间的距离小于某一值 A 时，机器人进入装配阶段。机器人的夹持器控制要抓取的钉形零件，并沿 z 轴的负方向缓慢向下移动，以执行插入动作。若发生碰撞，将分配负奖励 q，在这种情况下，机器人的夹持器返回装配阶段的初始位置，机器人重新执行轨迹规划动作。若未发生碰撞，将分配正奖励 u。若 d_t 超出机器人最大工作空间，将分配负奖励 v。若机器人夹持器中心点与待装配孔形零件中心点之间的距离继续小于某一设定值 B，则机器人的夹持器将继续沿 z 轴的负方向执行插件动作。若机器人向下移动的距离为要求距离，则表示此时机器人成功完成了插件任务。

2. 基于强化学习的轨迹优化算法

（1）基于模型的轨迹优化算法　基于值和策略的强化学习是无模型的，它直接从值函数和策略函数中学习；基于模型的强化学习是有模型的，旨在综合过去的经验学习一个模型来预测未来动作。有模型强化学习是一类依赖于环境模型（状态转移函数和奖励函数）的强化学习算法，通过学习环境的模型来进行规划（Planning）和决策。常见的有模型强化学习算法包括动态规划（Dynamic Programming）算法、蒙特卡洛树搜索（Monte Carlo Tree Search，MCTS）算法等。

1）动态规划算法。动态规划算法是一种基于贝尔曼方程的有模型强化学习算法，其流程图如图 8-23 所示。动态规划算法包括策略评价（Policy Evaluation）、策略改进（Policy Improvement）和策略迭代（Policy Iteration）等方法。

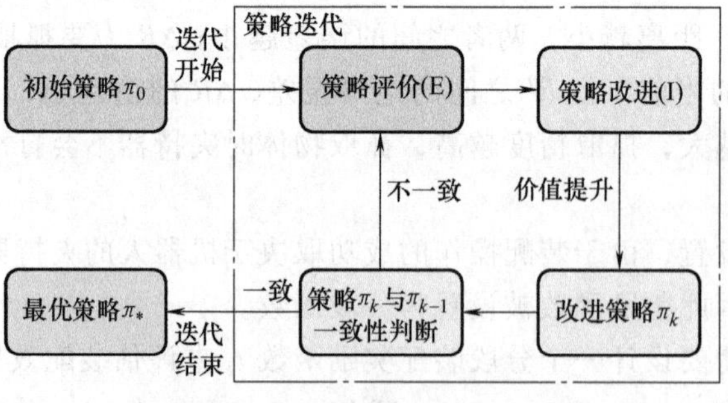

图 8-23　动态规划算法流程图

策略评价指的是给定一个马尔可夫决策过程模型 MDP $<S, A, P, R, \gamma>$ 和一个策略 π，利用贝尔曼方程，求解基于当前策略 π 的所有状态的值函数 v_π，即

$$v_\pi(s) = \sum_a \pi(a|s) \sum_{s',R} p(s',R|s,a)[R + \gamma v_\pi(s')] \tag{8-89}$$

状态 s 的值函数 $v_\pi(s)$ 可以利用后继状态 s' 的值函数 $v_\pi(s')$ 表示。即便后继状态 s' 的值函数 $v_\pi(s')$ 未知，值函数 $v_\pi(s)$ 也可通过反复策略迭代最终得到最优值函数 $v_{\pi*}(s)$。

策略改进指的是给定一个 MDP $<S, A, P, R, \gamma>$ 和一个策略 π，求解确定的最优值函数 $v_{\pi *}$ 和最优策略 π_*。策略改进的具体过程为在当前策略 π 的基础上，利用贪心算法选择动作，直接将所选择的动作改变为当前最优的动作。每次策略改进时，值函数都是单调递增的。直到 π' 和 π 一致且策略 π' 经历改进后不再变化，表示此时收敛至最优策略 π_*，即

$$\pi_* = \max_{a \in A} a_{\pi}(s,a) \tag{8-90}$$

策略迭代指的是将初始策略通过不断进行策略评价和策略改进来找到最优策略的过程。

给定初始策略 π_0，策略迭代算法首先评估该策略的价值（E），得到该策略的值函数 $v_{\pi 0}$。后续过程中，策略迭代算法会借助贪心算法对初始策略 π_0 进行策略改进（I），得到改进策略 π_1。对改进策略 π_1 进行策略评价（E）和策略改进（I），不断循环直至策略收敛至最优策略 π_*，即

$$\pi_0 \xrightarrow{\text{E}} v_{\pi 0} \xrightarrow{\text{I}} \pi_1 \xrightarrow{\text{E}} v_{\pi 1} \xrightarrow{\text{I}} \pi_2 \xrightarrow{\text{E}} \cdots \xrightarrow{\text{I}} \pi_* \xrightarrow{\text{E}} v_{\pi *} \tag{8-91}$$

2）蒙特卡洛树搜索算法。蒙特卡洛树搜索算法是一种基于随机模拟的有模型强化学习算法，常用于解决大状态空间和大动作空间的问题，包括四个步骤：选择（Selection）、扩展（Expansion）、模拟（Simulation）和回溯（Backpropagation），如图 8-24 所示。

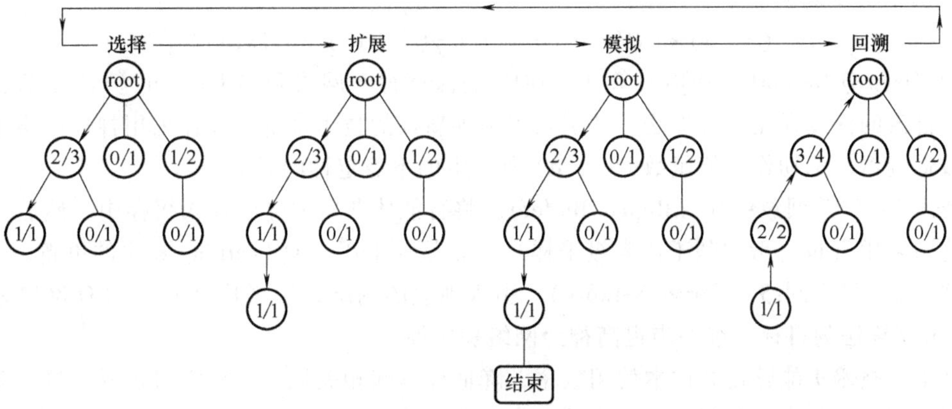

图 8-24　蒙特卡洛树搜索算法的基本步骤

① 选择：从根节点开始，递归选择最优的子节点，最终到达一个子结点。根据置信上限（Upper Confidence Bounds，UCB）判断节点的优劣，即

$$\text{UCB1}(S_i) = \overline{V_i} + c\sqrt{\frac{\ln N}{n_i}} \tag{8-92}$$

式中，$\overline{V_i}$ 为子节点 V_i 的胜率估计（总收益 Q / 总次数 n_i = 平均每次的收益），$\overline{V_i} = \dfrac{Q}{n_i}$；$c$ 为可置常数；N 为总探索次数；n_i 为当前节点 i 的探索次数。

$\overline{V_i}$ 已经有足够说服力，只要选择胜率高的下一步即可，但是为什么不能只用这一个成分呢？因为这种贪婪方式的搜索会使搜索很快结束，导致搜索不充分，错过最优解。因此 $c\sqrt{\dfrac{\ln N}{n_i}}$ 更倾向于那些未被探索的节点（n_i 较小）。

② 扩展：若当前结点不是终止节点，则创建一个或多个子节点，并选择其中一个进行扩展。

③ 模拟：从扩展节点开始，运行一个模拟的输出，直到搜索结束。

④ 回溯：使用模拟得到的奖励或结果，回溯更新选择路径中的每个节点的奖励值和访问次数。

（2）基于模型无关的轨迹优化算法　无模型强化学习是一类不依赖于环境模型（状态转移概率和奖励函数）的强化学习算法。无模型算法直接通过与环境的交互获取经验数据，并根据这些数据进行学习和优化。常见的无模型强化学习算法包括 Q-Learning 算法、SARSA 算法、Deep Q-Network（DQN）算法等。

1）Q-Learning 算法。Q-Learning 算法是一种典型的无模型强化学习算法，它通过学习一个 Q 值函数来估计在某个状态下采取某个行动的长期回报。Q-Learning 算法的更新公式为

$$Q(s,a) \leftarrow Q(s,a) + \alpha(r + \gamma \max_{a'} Q(s',a') - Q(s,a)) \tag{8-93}$$

式中，s 表示当前状态；a 表示当前行动；s' 表示下一个状态；a' 表示下一个行动；r 表示获得的即时奖励；α 表示学习率；γ 表示折扣因子。

2）SARSA 算法。SARSA 算法是另一种无模型强化学习算法，与 Q-Learning 算法类似，但 SARSA 算法是一种同轨算法（On-Policy），即在更新 Q 值时使用的是实际执行的行动。SARSA 算法的更新公式为

$$Q(s,a) \leftarrow Q(s,a) + \alpha(r + \gamma Q(s',a') - Q(s,a)) \tag{8-94}$$

3）Deep Q-Network（DQN）算法。DQN 是深度神经网络和 Q-Learning 算法相结合的一种基于价值的深度强化学习算法。其引入了两种新颖的技术来解决以往采用神经网络等非线性函数逼近器表示动作价值函数 $Q(s, a)$ 所产生的不稳定性问题。

技术 1：经验回放缓存（Replay Buffer）。将智能体获得的经验存入缓存中，然后从该缓存中均匀采用（也可考虑基于优先级采样）小批量样本用于 Q-Learning 算法的更新。

技术 2：目标网络（Target Network）。引入独立的网络，用来代替所需的 Q 网络来生成 Q-Learning 算法的目标，进一步提高神经网络稳定性。

其中，技术 1 能够提高样本使用效率，降低样本间相关性，平滑学习过程；技术 2 能够使目标值不受最新参数的影响，大大减少发散和振荡。

下面介绍一种路径规划优化策略——多信息熵轨迹优化算法，该策略利用了由逆向运动学经验指导的无模型深度强化学习框架。

机器人路径规划任务的主要目标是确定可行的运动路径，在给定的约束条件下满足一组预定义的目标。这些目标通常包括最小化运动时间、减少能源消耗、增强安全性、优化运动平滑性、提高精度、遵守特定约束、最大限度地提高工作效率和最小化机械应力。

① 运动时间。运动时间是指机械臂从初始状态运动到目标状态所需的总时间。定义了一个时间代价函数 $f_1(X)$，$f_1(X)$ 为从初始状态移动到目标状态所需要的总时间。$f_1(X)$ 为步长与速度之比的总和，即

$$f_1(X) = \sum_{i=1}^{n-1} \frac{\| x_i - x_{i+1} \|}{v_i} \tag{8-95}$$

式中，X 为一条由 n 个点组成的从初始状态到目标状态的路径，$X = [x_1, x_2, x_3, \cdots, x_n]$；$x_i$ 为机器人工具坐标系相对于基础坐标系（TCP）的位置和旋转状态，$x_i (i = 1, 2, \cdots, n)$；$v_i$ 为每一步的运动速度。当 $f_1(X)$ 最小时，X 为机器人最优运动时间路径。

② 能源消耗。能源消耗为机器人从初始状态运动到目标状态所消耗的总能量，定义能耗代价函数 $f_2(X)$，其表达式为

$$f_2(X) = \sum_{i=1}^{n-1} \sum_{j=1}^{6} |\theta_{i+1,j} - \theta_{i,j}| \tag{8-96}$$

式中，X 同上；$\theta_{i,j}$ 为关节 j 在路径 X 的第 i 步中的绝对角度。当 $f_2(X)$ 最小时，X 为机器人最优能耗路径。

③ 安全性。当机器人与人类共享一个工作空间时，安全性是一个不可或缺的考虑因素。根据机械臂的运动范围、速度、加速度以及与人或物体的最小距离等因素定义安全代价函数 $f_3(X)$ 来量化机械臂的安全性，其表达式为

$$f_3(X) = \sum (w_1 C_r + w_2 C_v + w_3 C_a + w_4 C_d) \tag{8-97}$$

式中，C_r 为运动范围的代价函数；C_v 和 C_a 分别为速度和加速度的代价函数；C_d 为与人的最小距离的代价函数，它们均为安全代价函数的子函数；w_j（$j=1, 2, 3, 4$）为平衡不同因素的权重系数。当 $f_3(X)$ 最小时，X 为机器人最优安全路径。

C_r 为运动范围的代价函数，即

$$C_r = \sum_{i=1}^{n} \exp\left(- \frac{(\theta_{\max,i} - \theta_i)(\theta_i - \theta_{\min,i})}{\sigma^2} \right) \tag{8-98}$$

式中，$\theta_i(i = 1, 2, \cdots, n)$ 为第 i 个关节的角度，安全运动范围为 $[\theta_{\min}, \theta_{\max}]$，当关节角度接近极限时，该函数迅速增加；$\sigma$ 为调节函数增长率的参数。

C_v 和 C_a 分别为速度和加速度的代价函数，即

$$C_v = \sum_{i=1}^{n} \left(\frac{\dot{\theta}_i}{v_{\max,i}} \right)^2 \tag{8-99}$$

$$C_a = \sum_{i=1}^{n} \left(\frac{\ddot{\theta}_i}{a_{\max,i}} \right)^2 \tag{8-100}$$

式中，$\dot{\theta}_i$ 和 $\ddot{\theta}_i$ 分别为第 i 个关节的绝对角速度和角加速度；$v_{\max}$ 和 $a_{\max}$ 分别为每个关节的最大速度和加速度。当速度或加速度超过其最大允许值时，成本增加很快。

C_d 为与人的最小距离的代价函数，即

$$C_d = \frac{1}{1 + \exp\left(\frac{d_{\min} - d_{\text{safe}}}{\delta} \right)} \tag{8-101}$$

式中，$d_{\min}$ 为机械臂与环境中距离最近的人或物体之间的最小距离；d_{safe} 为预定义的安全距离；δ 为调节函数增长率的参数。

④ 运动平滑性。目标是使机械臂的运动尽可能平滑，以尽量减少冲击和振动，从而提高操作的质量和稳定性。为了量化机械臂的运动平滑性，定义平滑性代价函数 $f_4(X)$ 为

$$f_4(X) = \sum_{i=2}^{n-1} \| x_{i+1} - 2x_i + x_{i-1} \|^2 \tag{8-102}$$

式（8-102）实质上是计算 TCP 轨迹离散加速度的平方和。在运动平稳的情况下，加速

度应尽可能小；因此，代价函数随着更平滑的运动而减小。因此，当 $f_4(X)$ 最小时，X 为机器人最优平滑路径。

信息熵是概率论和信息论中广泛使用的概念，用来度量随机变量的不确定性。对于一个随机变量 X，其信息熵 $H(X)$ 定义为

$$H(X) = -\sum P(x_i)\ln(P(x_i)) \tag{8-103}$$

式中，$P(x_i)$ 为随机变量 X 取 x_i 值的概率。由于信息熵的计算是基于概率分布的，对于连续型随机变量，需要其概率密度函数来计算信息熵。

机械臂轨迹规划被视为在所有可能的解空间中寻找最优解。每个潜在解可以被认为是一个随机事件，其发生概率由相应的目标函数值表示。因此，可以通过计算解空间的信息熵来衡量解的不确定性。一般而言，信息熵越大，解的不确定性越高，反之亦然。在实际应用中，往往寻求具有较高确定性的解，即较低的信息熵。然而，在多目标优化问题中，相互冲突的目标可能导致多个满足所有目标的解，形成一个 Pareto 最优集。在这种情况下，目标是找到既满足所有目标又具有高确定性的解，即在 Pareto 最优集中具有最高信息熵的解。

这里，引入一个新的目标函数 $f_5(X)$ 来量化解的信息熵，即

$$f_5(X) = -\sum P(x_i)\ln(P(x_i)) \tag{8-104}$$

式中，$P(x_i)$ 为解 x_i 的概率，可以用目标函数值表示。这样，多目标优化问题就变成了寻找一个使下面的目标函数 $F(X)$ 最小的解 X，即

$$F(X) = w_1f_1(x) + w_2f_2(x) + w_3f_3(x) + w_4f_4(x) - w_5f_5(x) \tag{8-105}$$

在这个重新构造的优化问题中，寻求既满足所有目标又具有最大信息熵的解。

(3) 基于深度强化学习的轨迹优化算法

1) 多目标优化问题。使用深度强化学习（DRL）方法进行轨迹优化，若优化目标是提高机器人的精度、增强运动平滑性、最大限度地减少能量消耗，则轨迹规划的多目标优化函数为

$$F = \min\left(\sum_{i=1}^{n} \lambda_i f_i(\theta)\right) \text{ s.t. } h_{ij}(\theta) \geqslant 0 \qquad (i, j \in 0, 1, \cdots, n) \tag{8-106}$$

式中，$\theta = [\theta_1, \theta_2, \cdots, \theta_n]$，$\theta_i$ 为机器人关节 i 的关节角；λ_i 为代价函数 $f_i(\theta)$ 的权重系数，$\lambda_i \in [0, 1]$；$h_{ij}(\theta)$ 为机器人第 i 个关节的第 j 个约束条件。

规划轨迹精度、轨迹平滑度和最小能耗的相应的代价函数定义如下。

① 准确性。准确性主要关注机器人执行轨迹时末端执行器的位置和姿态误差。通过计算期望位置与末端执行器当前位置之间的距离来定义精度代价函数，即

$$f_a(\theta) = \| p_d - p \|^2 \tag{8-107}$$

式中，$p_d = [x_d, y_d, z_d]$ 和 $p = [x, y, z]$ 分别为期望轨迹和实际轨迹的三维位置坐标。

② 平滑性。平滑的轨迹可以减少机器人各关节运动引起的振动冲击，平滑性代价函数为

$$f_s(\theta) = \sum_{k=1}^{n} (\lambda_v \dot{q}_k^2 + \lambda_{acc} \ddot{q}_k^2) \tag{8-108}$$

式中，n 为机器人的关节数；λ_v 和 λ_{acc} 分别为机器人关节 k 的速度和加速度的权重系数；$\dot{q}_k$ 和 $\ddot{q}_k$ 分别为第 k 个关节的速度和加速度。

③ 能源消耗。能源消耗代价函数主要考虑与机器人关节运动相关的能源消耗。通过考虑离散化单位时间内的角度变化和关节力矩的平方和，能源消耗代价函数为

$$f_e(\theta)=\sum_{k=1}^{n}(\Delta\theta_k\tau_k)^2 \tag{8-109}$$

式中，$\Delta\theta_k$ 为单位时间内关节 k 的角度变化；τ_k 为关节 k 的力矩。

2）基于深度强化学习的轨迹规划。

① 近端策略优化。近端策略优化（PPO）是一种深度强化学习算法，可通过控制策略更新的幅度，确保每次更新都在一个合理的范围内，避免过大的策略变动，以提升训练的稳定性和效率。

PPO 算法的目标是最大化期望收益，其目标函数为

$$L(\theta)=E_{s_t,a_t\sim\pi_{\theta_{\text{old}}}}\left[\frac{\pi_\theta(a_t\mid s_t)}{\pi_{\theta_{\text{old}}}(a_t\mid s_t)}A^{\pi_{\theta_{\text{old}}}}(s_t,a_t)\right] \tag{8-110}$$

式中，策略 $\pi_\theta(a_t\mid s_t)$ 为在给定的状态 s 下选择动作 a 的概率；θ 和 θ_{old} 分别为新策略和旧策略迭代的策略参数；$\dfrac{\pi_\theta(a_t\mid s_t)}{\pi_{\theta_{\text{old}}}(a_t\mid s_t)}$ 为在新旧策略下选择相同行动的概率之比；$A^{\pi_{\theta_{\text{old}}}}(s_t,a_t)$ 为策略 $\pi_{\theta_{\text{old}}}$ 下状态 s_t 和动作 a_t 的优势函数。

该目标函数保持了新策略相对于旧策略的相对优势，鼓励对新行为的探索，但惩罚会显著改变现行策略的偏差。PPO 的基石是引入了一个新的带裁剪的代理目标函数，它进一步将策略更新约束到旧策略周围的一个邻域，即

$$L^{\text{CLIP}}(\theta)=E_{s_t,a_t\sim\pi_{\theta_{\text{old}}}}\left[\min\left(\frac{\pi_\theta(a_t\mid s_t)}{\pi_{\theta_{\text{old}}}(a_t\mid s_t)}A^{\pi_{\theta_{\text{old}}}}(s_t,a_t),\text{clip}\left(\frac{\pi_\theta(a_t\mid s_t)}{\pi_{\theta_{\text{old}}}(a_t\mid s_t)},1-\varepsilon,1+\varepsilon\right)A^{\pi_{\theta_{\text{old}}}}(s_t,a_t)\right)\right] \tag{8-111}$$

式中，ε 为超参数，它定义了策略更新限幅的限制。这种限幅机制保证了每一步政策的适度变化，在促进学习过程稳定的同时防止了剧烈的政策偏差，可能导致次优解或收敛不稳定。

随着 PPO 算法经过迭代和更新，机器人的最终轨迹点增量式地逼近最终目标点。

② 强化学习设置。

a. 观察和行动空间。利用 PPO 强化学习算法，纳入环境观测空间的状态包括机器人各关节的当前状态 θ_{start}、当前位置 p_c、目标状态 θ_{end} 和目标位置 p_d，以及当前末端参考点与目标点的距离 d_e。如果机器人的运动状态超过其自身的约束，超出观测空间的特定关节状态将被调整到其最大极限值。

将动作空间配置为与每个关节的速度 $\dot{\theta}_k$ 相对应，用每一个提供的动作更新观测空间的状态。

b. 奖励功能。轨迹规划问题需要同时考虑时间因素和机械臂规划任务的内在复杂性，因此需要精心设计奖励函数。根据准确性、平滑性和能耗的优化原则，并结合现实世界的奖励要求，设定奖励函数 $r(s_t, a_t)$ 为

$$r(s_t,a_t)=r_{\text{a}}^t+r_{\text{s}}^t+r_{\text{e}}^t+r_{\text{ex}}^t \tag{8-112}$$

奖励函数的分量 r_{a}^t、r_{s}^t 和 r_{e}^t 分别涉及准确性、平滑性和能耗。随后，可以推导出以下最优约束条件：

$$r_{\mathrm{a}}^{t}=-\omega_{\mathrm{a}}\exp(\sigma_{\mathrm{a}}f_{\mathrm{a}}(\theta^{t})) \tag{8-113}$$

$$r_{\mathrm{s}}^{t}=-\omega_{\mathrm{s}}\sum_{k=1}^{k}(\lambda_{v}\dot{q}_{k}^{2}+\lambda_{acc}\ddot{q}_{k}^{2}) \tag{8-114}$$

$$r_{\mathrm{e}}^{t}=-\omega_{\mathrm{e}}\sum_{k=1}^{k}(\Delta\theta_{k}\tau_{k})^{2} \tag{8-115}$$

式中，ω_{a} 和 σ_{a} 为精度奖励的权重系数；ω_{s} 、λ_{v} 和 λ_{acc} 为平滑性奖励的权重系数；ω_{e} 为能耗奖励的权重系数。

当前的训练性能达到指定的阈值时，提供额外的奖励 r_{ex}^{t} ，如达到当前和期望的端点距离之间预定的最小距离。

$$r_{\mathrm{ex}}^{t}=\begin{cases}10,\mathrm{if}\ f_{\mathrm{a}}(\theta^{t})<0.005\\ \dfrac{10}{1+10f_{\mathrm{a}}(\theta^{t})},\mathrm{otherwise}\end{cases} \tag{8-116}$$

3）多目标最优轨迹规划。在强化学习框架中，智能体根据当前状态选择动作，并通过与环境交互调整策略，在整个过程中，智能体利用收到的奖励来不断更新行为策略，实现最大化奖励和最小化代价。该方法将传统的轨迹规划问题转化为基于深度强化学习的优化问题。在学习过程中，智能体逐渐适应任务需求，根据给定的输入条件生成高质量的轨迹，优化轨迹平滑度、能耗和精度的同时，根据实际应用场景的需要引入其他约束或目标，确保轨迹规划更加贴合实际需求。图 8-25 所示为基于 PPO 的多自由度机器人轨迹优化算法框架。

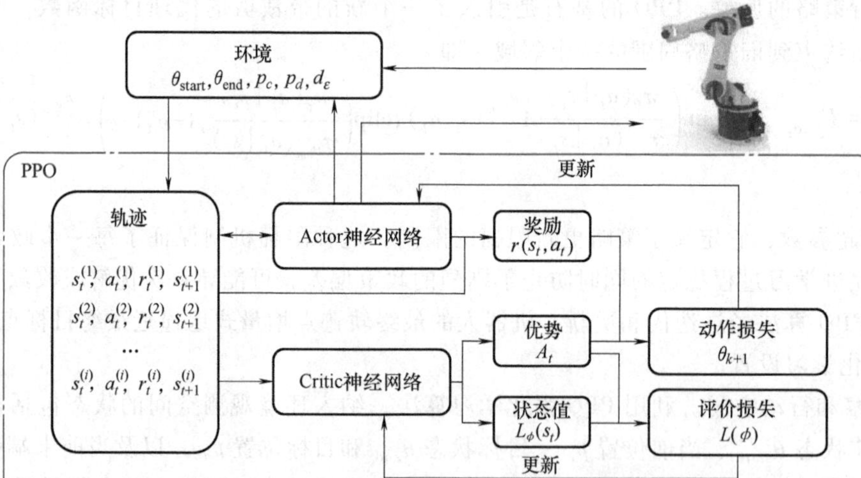

图 8-25　基于 PPO 的多自由度机器人轨迹优化算法框架

如图 8-25 所示，将多自由度机器人的轨迹规划过程依次描述为强化学习算法的状态、动作和奖励，从初始位姿开始，最终使机器人在操作环境中达到预期轨迹。

机器人的初始状态可随机设置，包含机器人的各关节位置和速度。动作是根据当前状态确定的，表示为机器人关节角度的变化。

通过控制机器人动作的执行，实现机器人的状态向新的状态过渡，在这个过程中，机器人获得奖励，奖励的程度由任务性能的准确性、动作执行过程中能耗和运动的平稳性等因素综合决定；当机器人到达目标位置，给定任务结束。

PPO 算法如下：

算法　轨迹规划的近端策略优化(Proximal Policy Optimization,PPO)

Require:开始 θ_{start}、结束角度 θ_{end}、执行器和评价器网络的超参数、学习率 α、折扣因子 γ、广义优势估计(GAE)参数 λ、裁剪参数 ε、熵系数 c_{ent}、迭代次数 N、历元数 E、批大小 B、情节长度 T、精度设置 d_e。

1:**for** $n = 1,2,\cdots,N$ **do**

2:使用运行策略 π_θ 收集 T 时间步变迁 $\{s_t \quad a_t \quad r_t \quad s_{t+1}\}$

3:**if** $f_a(\theta) < d_e$ **then**

4:　　$T \leftarrow T_{\text{current}}$

5:**end if**

6:计算优势估计值 $\hat{A}_t$

7:**for** $e = 1,2,\cdots,E$ **do**

8:　随机采样一批 B 时间步

9:　通过最小化损失来更新评价网络参数:

10:　$L(\phi) = \dfrac{1}{B}\sum_{t=1}^{B}(L_\phi(s_t) - \hat{R}_t)$

11:　使用 PPO-clip 目标和熵奖金更新行动者网络参数:

12:　$\theta_{k+1} = \operatorname{argmax}_\theta \dfrac{1}{B}\sum_{t=1}^{B} L^{\text{clip}}(\theta) + c_{\text{ent}} H(\pi_\theta(\cdot \mid s_t))$

13:　$L^{\text{clip}}(\theta) = \min\left(\dfrac{\pi_\theta(a_t \mid s_t)}{\pi_{\theta_k}(a_t \mid s_t)}\hat{A}_t, \operatorname{clip}\left(\dfrac{\pi_\theta(a_t \mid s_t)}{\pi_{\theta_k}(a_t \mid s_t)}, 1-\in, 1+\in\right)\hat{A}_t\right)$

14:　**end for**

15:　**end for**

在该算法中设置了衰减集机制，当训练精度 d_e 达到设定值时，自动将一个集的步长设置为当前集中的当前步长。

习题

8-1　强化学习系统的主要元素有哪些？分别给出各种元素的解释。

8-2　简述阻抗控制和导纳控制的区别与联系，并分别绘制它们的控制框图。

8-3　根据碰撞表面接触点数量的不同，可以将实际生活中的碰撞分为几种？以 6 自由度串联重载机器人为例，试说明如何确定碰撞的触点位置，写出推导过程。

8-4　基于电动机电流进行重载机器人的碰撞检测时，如何判定哪一关节发生碰撞，判定条件是什么？

8-5　基于动量偏差观测器对重载机器人进行碰撞检测时，如何判定碰撞发生？如果考虑关节摩擦，碰撞检测又有哪些变化？

8-6　在描述环境时主要体现环境的哪些信息？可用来描述环境的方法有哪些？

8-7　相比于卡尔曼滤波，无色卡尔曼滤波有哪些优点？试列出其算法步骤。

8-8　试以 6 自由度重载机器人为例，试基于强化学习理论设计一个可执行大型零部件抓取和装配任务的轨迹规划算法。

8-9　简述有模型强化学习算法和无模型强化学习算法的优缺点。

参考文献

[1]　ZHANG T, MO H. Reinforcement learning for robot research: a comprehensive review and open issues [J].

International Journal of Advanced Robotic Systems, 2021, 18 (3): 1-22.

[2] ZENG A, SONG S, WELKER S, et al. Learning synergies between pushing and grasping with self-supervised deep reinforcement learning [C] //2018 IEEE/RSJ International Conference on Intelligent Robots and Systems (IROS). IEEE, 2018: 4238-4245.

[3] YING F, LIU H, JIANG R, et al. Trajectory generation for multiprocess robotic tasks based on nested dual-memory deep deterministic policy gradient [J]. IEEE/ASME Transactions on Mechatronics, 2022, 27 (6): 4643-4653.

[4] CHEN C J, ZHANG H, PAN Y, et al. Robot autonomous grasping and assembly skill learning based on deep reinforcement learning [J]. The International Journal of Advanced Manufacturing Technology, 2024, 130 (11/12): 5233-5249.

[5] LIANG H, LOU X B, CHOI C Y. Knowledge induced deep q-network for a slide-to-wall object grasping [J]. arXiv preprint, 2019: 1-7.

[6] LEVINE S, FINN C, DARRELL T, et al. End-to-end training of deep visuomotor policies [J]. Journal of Machine Learning Research, 2016, 17 (39): 1-40.

[7] YANG Y, LIANG H Y, CHOI C. A deep learning approach to grasping the invisible [J]. IEEE Robotics and Automation Letters, 2020, 5 (2): 2232-2239.

[8] LI F M, JIANG Q, ZHANG S S, et al. Robot skill acquisition in assembly process using deep reinforcement learning [J]. Neurocomputing, 2019, 345: 92-102.

[9] THOMAS G, CHIEN M, TAMAR A, et al. Learning robotic assembly from cad [C] //2018 IEEE International Conference on Robotics and Automation (ICRA). IEEE, 2018: 3524-3531.

[10] BELTRAN-HERNANDEZ C C, PETIT D, RAMIREZ-ALPIZAR I G, et al. Variable compliance control for robotic peg-in-hole assembly: a deep-reinforcement-learning approach [J]. Applied Sciences, 2020, 10 (19): 6923.

[11] ZHAO X W, TAO B, QIAN L, et al. Model-based actor-critic learning for optimal tracking control of robots with input saturation [J]. IEEE Transactions on Industrial Electronics, 2020, 68 (6): 5046-5056.

[12] ZHANG H, WEI Q, LUO Y. A novel infinite-time optimal tracking control scheme for a class of discrete-time nonlinear systems via the greedy HDP iteration algorithm [J]. IEEE Transactions on Systems, Man, and Cybernetics, Part B (Cybernetics), 2008, 38 (4): 937-942.

[13] KIUMARSI B, LEWIS F L, MODARES H, et al. Reinforcement q-learning for optimal tracking control of linear discrete-time systems with unknown dynamics [J]. Automatica, 2014, 50 (4): 1167-1175.

[14] ZHAO D, DING Z, LI W, et al. Optimization of smart textiles robotic arm path planning: a model-free deep reinforcement learning approach with inverse kinematics [J]. Processes, 2024, 12 (1): 156.

[15] SCHULMAN J, LEVINE S, ABBEEL P, et al. Trust region policy optimization [C] //International conference on machine learning. PMLR, 2015: 1889-1897.

[16] SCHULMAN J, WOLSKi F, DHARIWAL P, et al. Proximal policy optimization algorithms [J]. arXiv preprint, 2017.

[17] HAARNOJA T, ZHOU A, ABBEEL P, et al. Soft actor-critic: off-policy maximum entropy deep reinforcement learning with a stochastic actor [C] //International conference on machine learning. PMLR, 2018: 1861-1870.

[18] ZHANG S, XIA Q, CHEN M, et al. Multi-objective optimal trajectory planning for robotic arms using deep reinforcement learning [J]. Sensors, 2023, 23 (13): 5974.

[19] 柯恺宸，金士博，高博扬，等. 基于强化学习的机器人多接触交互任务控制 [J]. 动力学与控制学报，2023，21 (12)：53-69.